5-7, rue de l'Ecole-Polytechnique, 75005 Paris

http://www.harmattan.fr

ISBN : 978-2-343-10043-2
EAN : 9782343100432

IMPLICATION DES BACTÉRIES SOLVANTOGÈNES ET RHIZOBACTÉRIES ÉMETTRICES DE COV DANS LES CHANGEMENTS GLOBAUX ET LA PLASTICITÉ

Sébastien VARIN

IMPLICATION DES BACTÉRIES SOLVANTOGÈNES ET RHIZOBACTÉRIES ÉMETTRICES DE COV DANS LES CHANGEMENTS GLOBAUX ET LA PLASTICITÉ

L'Harmattan

« La connaissance est le début de l'action ; l'action l'accomplissement de la connaissance. » Wang-Yang-Ming

« Ecouter et choisir entre les avis, voilà le premier pas de la connaissance ; voir et réfléchir sur ce qu'on a vu, voilà le second pas de la connaissance. » Confucius

« La connaissance est la seule chose qui s'accroît lorsqu'on la partage, C'est la connexience. » Sacha Boudjema (4 juin 2013)

AVANT-PROPOS

> *« Lorsque Gregor Samsa s'éveille, un matin, après des rêves agités, il est bel et bien métamorphosé. Doté d'une épaisse carapace d'où s'échappent de pitoyables petites pattes ! Lugubre cocasserie ? »* [Kafka F., 2000. La métamorphose. (David C., traduction et préface), Collection Folio Classique, Edition Galimard, 129p].

Dans la mythologie antique et la littérature, nombreux sont les hommes trop orgueilleux punis pour leur *hybris* (σβρις). En effet, alors qu'ils cherchent à ressembler aux Dieux, à les défier ou à les égaler, une punition et sentence divine ont lieux. Ces punitions entraînent souvent des métamorphoses et génèrent des polymorphes. Les métamorphoses d'Ovide décrivent qu'un « esprit » humain peut-être enferme dans un corps végétal, animal ou minéral.

Par exemple, dans le cas d'animaux : Arachné dans le sixième livre des *Métamorphoses d'Ovide*, se compare à Athéna et est ensuite transformée en araignée. Lycaon, quant à lui, défie Jupiter et remet en doute sa nature divine. Il sera alors transformé en loup. Il est intéressant de remarquer que comme la fable se situe dans le premier livre des *Métamorphoses*, il s'agit également de la première métamorphose humaine.

Contrairement au cinéma, la description des métamorphoses et leurs registres dans la nature sont peu détaillés dans la littérature.

Bien que la métamorphose de lycaon soit assez bien détaillée. L'auteur du moyen-âge (l'*Ovide moralisé)* se contente de deux éléments : les bras devenus cuisses et les vêtements transformes en poils. Le texte latin utilise des verbes qui montrent le changement et la transformation vers 236-237:« *in uillos abeunt uestes, in crura lacerti : fit lupus* » Traduction des vers : « *Ses vêtements se convertissent en un poil hérissé ; ses bras deviennent des jambes : il est changé en loup* ». Ovide quant à lui est en effet connu pour la description précise d'un état à un autre des victimes de métamorphoses. Il décrit souvent ce que devient chacune des parties de leurs corps.

« Toute sa rage concentrée dans sa bouche. Sa soif habituelle de carnage se tourne contre les troupeaux. Maintenant encore, il se complaît dans le sang. Ses vêtements se changent en poils, ses bras en jambes. Il devient un loup et conserve encore des traces de son ancienne apparence : même couleur claire des poils, même air farouche, même yeux ardents ; c'est toujours la même image de la férocité ». [Ovide, Les 16 Métamorphoses, I, traduit par C. Bertagna].

Par exemple dans le cas de végétaux, refusant les avances d'"Apollon (parfois Priape), la nymphe Daphné (parfois Dryopé) est à bout de force. Elle succombe à la fatigue de cette fuite rapide face au dieu, et tourne ses yeux vers l'"eau de Pénée. Elle demande de l'"aide à son père :

« Elle pâlit, épuisée par la rapidité d'une course aussi violente, et fixant les ondes du Pénée : « S'il est vrai, dit-elle, que les fleuves participent à la puissance des dieux, ô mon père, secourez-moi ! ô terre, ouvre-moi ton sein, ou détruis cette beauté qui me devient si funeste" ! À peine elle achevait cette prière, ses membres s'engourdissent ; une écorce légère presse son corps délicat ; ses cheveux verdissent en feuillages ; ses bras s'étendent en rameaux ; ses pieds, naguère si rapides, se changent en racines, et s'attachent à la terre : enfin la cime d'un arbre couronne sa tête et en conserve tout l'éclat ». [Ovide, Les 16 Métamorphoses, I, Apollon et Daphné, Daphné (I, 452-567), 543].

Ainsi, de grands poètes comme Ovide (Naissance : 20/03/43 av J.C. ; Décès : 17ou18 après J.C) aux grands scientifiques comme Leonard De Vinci (Naissance : 15/04/1452 ; Décès : 2/05/1519) dans son *Codex Atlanticus* jusqu'"aux périodes de classifications systématiques du monde du vivant, par exemple la phyllotaxie, morphotypes et la phylogénétique. De tout temps, dans chaque civilisation et aussi monstrueux que soit-il, l'"Homme s'"intéresse à la Forme et au Phénotype des Etres vivants. Ces recherches ont parfois entraîné des périodes sombres dans l'"Histoire de l'"espèce humaine avec la théorie obsolète des races au XVIIIème siècle qui est toujours d'"actualité avec la xénophobie. C'"est pourquoi, le thème de la Forme et du Phénotype est un sujet à ne pas prendre avec légèreté et souvent tabou.

De la Forme au Phénotype

La forme d'un objet n'est pas seulement intéressante du point de vue visuel ou esthétique. Elle a un impact sur ses propriétés mécaniques & physiques, et dans le cas des plantes, sur ses propriétés biochimiques, physiologiques, écologiques donc sur sa Fitness jusqu'à l'initiation de nouvelles perceptions du monde pour les animaux grâce aux modifications fonctionnelles. Les physiciens étudient depuis longtemps ces propriétés qui forment le domaine de la résistance des matériaux, de la mécanique. Où, ils étudient les déformations et modifications de matériaux sous diverses contraintes et perturbations. Sans trop s'éloigner des concepts et méthodes de mathématiques et géométriques actuelles. De plus, les botanistes, naturalistes et écologues ont réalisé un travail colossal de classification de la biodiversité notamment sur la base des formes grâce à la géométrie depuis des siècles.

Mais, la plupart des êtres vivant montrent tous une grande Plasticité généralement par exemple morphologique au cours de leur croissance et développement. Pour les plantes, c'est un moyen supplémentaire pour s'adapter au milieu environnant car, elles sont immobiles suite à leur enracinement ; pour les insectes, c'est un moyen d'accéder à de nouveaux environnements par la mise en place de nouvelles fonctions biologiques comme les ailes permettant le vol libre.

Cadrons le sujet et commençons par quelques définitions. Selon le dictionnaire Petit Larousse :

1) La Forme (n.f. ; *forma*) est I1. la Manière d'être extérieure, configuration des corps, des objets ; aspect particulier. Organisation des contours d'un objet, structure, configuration. 2. Structure expressive, plastique de l'œuvre d'art. II. 1. Mode, modalité selon lesquels quelque chose d'abstrait se présente, peut exister.

De nombreuses disciplines existent pour étudier la « Forme ». Par exemple, nous avons la géométrie. En botanique, la phyllotaxie est souvent abordée et étudié comme approche des formes dans le monde végétale. D'après le dictionnaire Petit Larousse, la Phyllotaxie (n.f.) (syn. Foliation) est 1. la Disposition des feuilles sur la tige. Elle étudie l'ordre dans lequel sont disposés les organes végétaux de chaque côté ou autour d'un axes, en particulier comment sont implantés les bourgeons, les feuilles ou les rameaux sur les tiges.

2) Le Phénotype (n.m. ; gr. *Phainein,* montrer, et *tupos*, marque) est : i) l'ensemble des somatiques apparents d'un individu, qui expriment l'interaction du génotype et du milieu ; ii) l'expression visible des gènes ; iii) l'ensemble de caractères anatomiques, physiologiques et antigéniques permettant d'identifier et de classer chaque type d'individu comme les bactéries ou virus.

3) La Plasticité (n.f.) 1. Caractéristique d'une matière très malléable. Qualité sculpturale. 2. Possibilité pour quelqu'un de s'adapter avec souplesse à une situation nouvelle. 3. Aptitude d'un tissu lésé à se reconstituer.

Qualité de ce qui est plastique, malléable. Qualité de ce qui est souple, modifiable. Qualité sculpturale d'une œuvre d'art. Propriété d'un solide dans le domaine des déformations permanentes. Théorie dont l'objet est d'expliquer et de prévoir le comportement du solide dans cet état de déformation.

4) Plastique (adj. Latin *plasticus*, du grec *plastikos,* qui concerne le moulage). I.1. Se dit de toute substance pouvant être mise en œuvre et façonné par modelage ou par moulage ; malléable. Qui concerne les « caractères » purement formels d'une œuvre, dans le domaine des arts plastiques (jeu des lignes, des formes, des couleurs). II.1. Qui vise à donner des corps, des objets une représentation, une impression esthétiques. III. Se dit des substances qui prennent part à l'édification et à la croissance des différentes parties des organismes vivants (Carbone, hydrogène, oxygène, azote et, dans une moindre mesure, soufre et phosphore).

Forces & Mécanismes forgeant le Phénotype

La forme optimale d'un individu pour un environnement donnée est le résultat de plusieurs phénomènes concomitants : les **« forces ou mécanismes » d'informations & de communications biologiques** (l'information génétique & biologique portée par l'individu), **les « forces ou mécanismes » génétiques** (l'information génétique portée par l'individu ; le génome & déterminisme génétique ; dynamique génétique : mutation, épigénétique, crossing-over, acétylation-méthylation, etc. ; les gènes de croissance, développement et embryogenèse : gènes homéotiques, ontogénétiques, etc.) ; **les « forces ou mécanismes » de croissances et développements** (phototropisme, gravi-tropisme, chimiotactisme, les méristèmes, mort cellulaire comme la senescence et l'apoptose, etc.), **les « forces ou mécanismes » biochimiques, physiologiques et nutritionnelles** (l'auto-assemblage et l'auto-organisation, métabolisme, le contrôle permanent exercé par des processus de rétroactions, hormones, hubs nutritionnels, carences, déficiences, toxicités, homéostasies et environnements internes de l'organisme en lien étroit avec l'environnement externe), **les « forces ou mécanismes » physiques intrinsèque à l'organisme** (les lois physiques et mécaniques qui interviennent dans la régulation, la croissance et le développement de la structure (comme les parois cellulaires, membrane cellulaire et pression osmotique dans les vacuoles et tissus conducteurs et liquides par exemple, dans un tissu, certaines cellules grossissent plus vite que d'autres cellules auxquelles elles sont accolées, cela crée des contraintes mécanismes et des frottements.), cinématique et dynamique (photo-tropisme, gravi-tropisme, chimiotactisme), et thermo dynamisme, physique quantique (comme dans les microtubules potentiellement le siège de la « Conscience » (Hameroff S, 1998).

A partir de là, soit l'ensemble des différents niveaux d'organisation de l'individu (moléculaire, cellulaire, tissulaire, etc.) tente de maintenir une homogénéité, soit au contraire l'hétérogénéité est amplifiée. Ainsi, nous n'observons pas un phénotype stable dans le temps mais, un phénotype qui se modifie.

Cependant, la diversité et la variabilité au sein d'une population sont des facteurs structurants, et il est tentant d'extrapoler cette hypothèse à d'autres populations que celles des cellules végétales. Par exemple, la texture lisse ou gaufrée d'une feuille serait le résultat de disparités élémentaires et contrôlées par l'ensemble des cellules. Si les tiges sont droites, les feuilles sont plates, et un tissu est lisse, ce n'est pas obligatoirement la conséquence d'une croissance cellulaire uniformément et de même vitesse. Cela est probablement dû à l'existence d'une « rétroaction » permanente. La croissance non uniforme des cellules végétales est amplifiée lorsqu'il s'agit de créer des nouveaux organes comme les feuilles ou les fleurs. L'hétérogénéité est nécessaire dans la construction de l'ensemble de l'individu, dans ce cas nous parlons de croissance. Par ailleurs, le développement est la mise en place de fonctions particulières associées à ces tissus, organes, systèmes et appareils.

Donc, le Phénotype résulte des interactions étroites entre les forces et mécanismes physico-chimiques et biologiques présentent dans l'environnement interne de l'individu (intracellulaire et tissulaire, microbiotes, etc.) et externe (Ecosystemes, Biotopes, biomes) qui régissent l'expression de l'information génétique portée par le support d'information génétique comme l'ADN, l'ARN, etc.

Alors, Pourquoi certains individus présentent-ils des phénotypes similaires mais, avec des génotypes différents ? Comme la confusion régulièrement faite entre le persil (*Petroselinum crispum* (Mill.)

Nymann ex A.W. Hill 1925 ; Genre : *Petroselinum*, Famille : *Apiaceae*, Ordre : Apiales) et la petite cigüe (*Aethusa cynapium* L., 1753, Genre : *Aethusa*, Famille : *Apiaceae*, Ordre : Apiales).

Et, Pourquoi des génotypes identiques (Clones) présent-ils des phénotypes différents ?

La Nature imprévisible dans ces formes Im-Parfaites

Le vivant a ceci de remarquable par rapport au monde « inerte », que chaque cellule, chaque être est en constante interaction avec ce qui l‟‟entoure, et s‟‟adapte ou tente de s‟‟adapter. C‟‟est la théorie de l‟‟évolution de Darwin.

La particularité du monde vivant est incroyable. Il est autonome et en même temps dépendant de son environnement. Chaque cellule est un espace relativement clos et ouvert sur le monde dans laquelle elle se développe, crois, évolue. Elle échange en permanence avec l‟‟extérieur de la matière, de l‟‟énergie et de l‟‟information. Ce sont les bases conceptuelles de la biochimie et de l‟écologie. Ainsi, des flux d‟aliments et substances diverses, d‟énergies, des signaux de communications, sensorielles et des dialogues moléculaires ont lieu au sein de cette cellule. Ainsi, comme le déclare Lamber & Rezsöhazy, (2007) et Dumont (2014), le concept récent de Plasticité montre comment un organisme vivant, sous l‟‟influence de son monde extérieur, tend à changer de forme tout en restant cohérent.

Comme le dit si bien Dumont (2014) dans sa synthèse sur les formes géométriques dans le règne végétal : « *La beauté du végétal se situe dans l'espace entre ordre logique et perturbation. L'arbre n'est pas régulier au point d'être ennuyeux, et il n'est pas biscornu au point d'être informe* » [Dumont, 2014].

Ainsi, la « Forme » d‟un organisme vivant est la conséquence et le résultat visuel macroscopique, de la somme d‟évènements et d‟interactions moléculaires, cellulaires, tissulaires, organismiques et systémiques, d‟individus et de populations complexes au sein d‟un environnement identifié et défini.

Le flux d‟informations multiples qui circulent au niveau microscopique s‟inscrit dans un environnement qui est lui-même un système complexe hors équilibre, mais qui permet de faciliter la création d‟un équilibre et de générer de l‟ordre par le Vivant. Pour aborder ces questions, de nouvelles méthodes d‟analyses de propriétés physiques constituantes, biochimiques, physiologies, éco-physiologiques, d‟écologies fonctionnelles, d‟écologie sont nécessaires.

Les flux de matières et d'énergies au sein d'un organisme peuvent être abordés par l'étude du développement ou de croissance. Certaines étapes du développement des systèmes biologiques peuvent être approchées par une problématique d'interface dynamique et d'auto-organisation. Ainsi, elles font le fruit de modélisations par des approches pluridisciplinaires à partir de domaines variés tel que des modèles géométriques et mathématiques, physiques, biochimiques, physiologiques. Dans le cas des modèles physiques, la solidification des matériaux, les milieux élastiques, les milieux excitables, (etc.) servent souvent de point de départ pour poser une vision mathématique du développement. Alors, la morphogenèse est comprise comme un phénomène d'instabilité, et généralement par une transition non-linéaire.

Les nouveaux champs de recherches multidisciplinaires sont nombreux. Ils se placent à la croisée de nombreuses disciplines, mathématiques, informatiques, physiques des matériaux et biochimie, génétique, physiologies végétales et animales, écologiques.

Aujourd'hui, les caractéristiques fonctionnelles des êtres vivants, que l'on nomme les traits d'Histoire de Vie « Trade off », traits fonctionnels, sont pour une grande part des caractéristiques et des formes morpho-anatomiques quantifiés par la géométrie. Un large éventail de chercheurs s'intéresse à ces formes géométriques chez les plantes. Citons par exemple, les agronomes et les agroforestiers qui cherchent à optimiser et améliorer : 1) la qualité et 2) les productions végétales, et les informaticiens et infographistes qui tentent de représenter les plantes d'une manière réaliste ou d'installer des réseaux de communications efficaces.

De ce fait, le problème de la Forme et notamment du Phénotypes ne sont pas des épiphénomènes inconsistants car, il participe à l'essence même des choses et à la compréhension de notre Monde. La « Forme » d'un objet vivant correspond à la terminologie de la vision du « Phénotype » au travers de l'outil d'invention « Humaine » : les mathématiques ; et des senseurs d'observations des formes présentées par la nature que sont les yeux, les appareils optiques (microscope) et d'exploration du monde vivant. Quant au « Phénotype », il est bien la résultante d'une information biologique en interaction entre le déterminisme génétique, l'auto-organisation pour une adaptation aux conditions d'un environnement. La « Forme » de la plante est le fruit de l'observation du « Phénotype » qui est le résultat d'une machinerie à la fois complexe en équilibre constant entre rigidité et souplesse.

La biologie pose aujourd'hui des défis multidisciplinaires et stimule les innovations en instrumentation, en techniques de calculs et en modélisation.

Les avancées de la biologie contemporaine et l'émergence de nouvelles disciplines, telle l'Eco-Evo-Devo viennent encore bouleverser et approfondir notre compréhension du vivant (Lambert & Rezsöhazy, 2007) car, à toutes les échelles, la constitution du vivant se fonde sur une caractéristique fondamentale et transversale : la Plasticité.

Cette Plasticité est une condition nécessaire pour que la vie apparaisse, se maintienne et puisse évoluer. Ainsi, comme le signal Lamber & Rezsöhazy (2007), nous découvrons cette étonnante capacité que peuvent avoir certains composants à s'in-former (recevoir une forme) et à se dé-former, tout en gardant unité et cohérence.

Pour montrer l'omniprésence de cette propriété et toute la fécondité du concept de Plasticité, de nombreux auteurs convient les lecteurs à des voyages au cœur des gènes, génomes, embryons, appareils & systèmes, organismes, des espèces et populations. Ainsi, les recherches actuelles montent un incroyable foisonnement d'idées, d'interactions et de projets.

Mais, parfois certaines informations sont erronées ou absentes et induisent des confusions. Ces confusions introduisent des erreurs de principes de bases et obscurcissent le concept de la Plasticité.

J'ai clarifié le concept de la Plasticité qui nous permet d'apprécier, comme le signal si bien Lambert & Rezsöhazy (2007) et Dumont (2014), cette révolution conceptuelle et nous conduit au seuil d'une nouvelle philosophie de la Vie. La Vie comme forme « libre d'elle-même », fluide et malléable, équilibre dynamique entre robustesse et vulnérabilité, résistance et fragilité (Lambert & Rezsöhazy, 2007).

Un grand débat houleux et sujet à discorde

A ce jour, les débats suscités par la « Plasticité du vivant » sont nombreux. Cette question de la Plasticité est loin d'être anecdotique et constitue un sujet brulant dans le monde de la recherche en biologie, biologie évolutive et pose un nouveau regard sur le rôle de la génétique et du concept despotique et généocentriste : de la notion de « gène » & de génome.

Pour certain le séquençage du génome humain aurait expliqué tous les maux de l'homme. Or, ce n'est pas le cas. Nous nous sommes aperçus que la génétique et le génome expliquaient une faible partie du problème.

Suite à une confusion fondamentale entre « l''**information** » génétique et le « **support** » de l''infomation génétique mêlée à la notion d''**évolution**. De nombreux chercheur ce sont placés des œillères qui présentaient la voie où « le gène explique tout » : le tout ADN. Mais, le problème est réellement plus complexe.

Intéressons-nous aux faits concrets :

- i) La métamorphose du stade larvaire au stade adulte montre bien qu''un même génotype peut se traduire en deux phénotypes différents. Une chenille et un asticot ne ressemble pas à un papillon ni à une mouche. Bien que le génome soit identique les Formes et Phénotypes sont modifiés et différents (Ontogenèse).
- ii) Certaines espèces se métamorphosent sous l''effet d''un changement de milieu ou d''un milieu changeant. Par exemple, lors de modifications des contraintes, perturbations tel les variations alimentaires, d''éclairement, de température et d''humidité (Acclimatation). Ces perturbations modifient les couleurs et motifs les ailes de papillons (Polyphénisme et polymorphisme génétique), les couleurs et comportement des criquets, les inflorescences des angiospermes et également présente chez des clones (épigénétique). Dans de nombreux cas les chercheurs ont réussi à reproduire artificiellement et à expliquer ces transformations par un contrôle des conditions environnementales absolues et en condition de production de biomasse maximale qui n''est pas obligatoirement la « croissance optimale » ou de « Fitness maximal » d''un individu.
- iii) Les anomalies de naissance sont un bon exemple d''aléas hors de portée du mécanisme de sélection naturelle. Certes, le génome et les mécanismes de croissance & de développement ont un rôle important mais, l''environnement semble être l''orchestre et maître d''œuvre (en d''autres termes : le Coupable).
- iv) Le contraste entre la versatilité de nombreuses espèces et « l''immuabilité » génétique et morphologique des espèces comme le Ginkgo ou le Cœlacanthe. Selon les espèces, les mécanismes de contrôles du phénotype serait plus ou moins strict. Ce n''est pas un hasard si les espèces aux phénotypes les plus stables de l''évolution sont aussi celles qui résistent le mieux aux radiations entrainant des mutations comme le scorpion. La structure même du support de l''infomation génétique n''est pas un hasard. Le coefficient de Chargaff (ou

rapport GC) et le pourcentage AT/GC semblent être un atout évolutif pour stabiliser le phénotype adapté à un environnement précis et stable via la présence d'un plus grand nombre de liaisons hydrogènes lors d'un fort taux de GC au niveau génétique. Ce choix adaptatif fixe de manière plus durable l'information génétique sur un support biologique plus stable et moins sujet aux aléas du temps et de l'environnement.

- v) et les mécanismes induisant un chaos (une Stochasticité) aux différents niveaux d'organisation du vivant ont également un grand rôle à jouer comme l'impact aléatoire du stress oxydants et des mutations.

Donc, le génotype n'est pas la seule explication et n'explique pas à lui seul l'ensemble des phénotypes variés et multiples que l'on retrouve dans l'environnement. Le Génotype semble être à la disposition de l'Environnement. Et, comme le dit Varin (2009) le Phénotype est le reflet du Génotype au travers du miroir de l'Environnement.

Ainsi, la Plasticité est conditionnée par la capacité d'un même génotype à produire différents phénotypes selon, le miroir de l'environnement (Varin, 2009). Finalement, le miroir environnemental peut avoir plusieurs facettes et projeter différents phénotypes pour un même génotype.

De nouvelles disciplines : les gènes et le génome n'explique pas tous dans la forme

Il y a quelques dizaines d'années, la découverte de gènes responsables du développement de la forme des organismes vivants a initié une nouvelle discipline dans le champ de la biologie. La mutation de ces quelques gènes particuliers provoque des modifications importantes dans la forme globales de la plante ou de l'animal.

Les gènes particulièrement responsables de la forme de la plante ou de l'animal sont appelés des gènes homéotiques. Ces gènes homéotiques et boites homéotiques « ou gènes chefs d'orchestres », en lien avec la différentiation cellulaire et l'épigénétique, déterminent le plan d'organisation d'un être vivant (Ontogénétique). Or, il semble que ces gènes soient presque identiques chez des espèces très éloignées dans la lignée de l'évolution. Cela confirme d'une part l'existence d'espèces communes à l'origine d'autres espèces dans l'arbre phylogénétique. Cela indique d'autre part que de petites modifications dans la séquence de ces successions nucléotidiques « gènes » peuvent avoir des effets très important sur la morphologie finale de l'organisme. Ces différences peuvent être provoquées, au cours de l'ontogénèse (onto & morphogénèse), par une simple variation de la période pendant laquelle de tels gènes sont exprimés (Phénologie).

Donc, l'étude comparée de ces quelques gènes sur des organismes très variés, que cela soit dans le monde animal ou le monde végétal, apporte des connaissances à la fois sur le développement d'une plante, d'un insecte ou mammifère et sur l'évolution du monde vivant dans son ensemble.

Le temps est venu. Nous pouvons à présent parler d'Eco-évo-devo. Il s'agit de l'un des courants de pensées les plus dynamiques en biologie de l'évolution au début du XXIe siècle. Ces nouveaux champs de recherches sont appelés : i) Evo-Dévo, contraction de l'expression anglaise *evolutionary developmental biology* en français : biologie « génétique » évolutive du développement ; et ii) Eco-Dévo, contraction de l'expression anglaise *ecological developmental biology* en français biologie du développement écologique.

Le principal objectif de la **biologie évolutive du développement écologique**, aussi connu comme « éco-évo-dévo », est de découvrir les règles qui sous-tendent les interactions entre l'environnement, les gènes, et le développement d'un organisme et d'intégrer ces règles dans la théorie évolutionniste. Elle se situe à l'intersection entre la génomique, la phylogénie moléculaire, l'embryologie et la génétique du développement.

Au sein de l'éco-évo-dévo, certains concepts clefs et émergents sont clarifiés à ce jour. Ces concepts montrent que l'environnement est une source et un inducteur de variations génotypiques et phénotypiques pour de multiples niveaux d'organisation biologique, tandis que le développement agit comme un régulateur qui peut masquer, la libération, ou créer de nouvelles combinaisons de variations. La sélection naturelle peut ensuite corriger cette variation, donnant lieu à de nouveaux phénotypes. Dans l'approche « éco-évo-dévo », la combinaison des approches génomiques et écologiques va enrichir mutuellement ces deux domaines. Enfin, il faut noter que ce perfectionnement conceptuel n'est pas la seule manière d'améliorer notre compréhension de l'évolution, des mécanismes génétiques sous-jacents aux réponses des organismes à leurs milieux naturels.

Un reproche largement ignoré : La Plasticité axée sur une vision environnementale

L‟étude des formes (Conséquence) et les explications qui permettent son induction (Causes) connaissent un renouveau scientifique. Depuis l‟augmentation de la puissance informatique qui a lieu depuis les années 1980, nous disposons d‟analyses statistiques, d‟images et les modélisations informatiques poussées. De plus, des nouveaux outils techniques d‟explorations fonctionnelles sont mis à contribution comme : i) des banques mutants (OGM), ii) des banques de phénotypes et d‟écotypes, iii) des outils d‟imagerie comme l‟IRMS, la microscopie confocale ou à fluorescence (autrefois, nous pouvions observer au microscope électronique uniquement des cellules mortes. Maintenant, la microscopie sur tissu vivant permet d‟étudier *in vivo* les zones en croissance, à savoir les méristèmes), iii) et les techniques d‟explorations fonctionnelles et de phénotypages.

Par exemple, en 2009, deux prix ont été attribués à une équipe de chercheurs (INRA, CNRS, pour leurs travaux intitulés « Comment les plantes acquièrent-elles leur forme ? » (Hamant *et al.,* 2008). Pour comprendre le monde du vivant, les équipes sont maintenant pluridisciplinaires. **Cette équipe composée de chercheurs français, américains et suédois, pilotée par des chercheurs lyonnais de l'INRA, en collaboration avec l'ENS de Lyon, le CNRS, l'Université Claude Bernard Lyon I et l'Université Paris 7, a mis en lumière un mécanisme fondamental de la morphogénèse des plantes. Au terme d'un travail interdisciplinaire combinant expérimentation et modèles informatiques. Ces chercheurs ont montré que les forces physiques générées par des tissus en croissance déterminent l'orientation du cytosquelette des cellules. Celui-ci, à son tour, contrôle la forme des cellules et détermine en grande partie celle de la plante (Hamant *et al.*, 2008).**

Les expériences consistent à modifier localement les champs de contraintes, les forces et les tensions sur les cellules, et à observer comment les protéines des microtubules réagissent en modifiant leur orientation dans l‟espace. Généralement, ces études sont menées sur la célèbre dicotylédone modèle *Arabidopsis thaliana* L. Heynh. (Arabette des dames) et monocotylédones modèle *Brachypodium distachyon* (L.) P. Beauv.

Aux yeux de nombreux chercheur et du grand public qui ont lu le gène Egoïste de Dawkins (Dawkins, 1976 ; Dawkins & Jones-Gordin, 2003), la théorie synthétique de l‟évolution a comme seul point de départ les mutations génétiques aléatoires, dont les effets sur les organismes sont soumis à la loi de la sélection naturelle. Dans ce schéma et cette vision génocentrique, l'évolution fonctionne à sens unique.

A ce jour, l'environnement est maintenant au centre du schéma et influence beaucoup d'autres niveaux. Donc, entre acquis et inné, la différence devient infime car, on pourrait presque dire que le « gène propose et l'environnement dispose ».

Le lien entre génotype et phénotype passe par une succession d'étapes critiques. Ces étapes ont lieu de préférence durant la phase embryonnaire parfois à l'âge adulte. En gros, elles ont lieu lors des phases de structuration & de mise en place, renouvellement et maintenance de la Forme donc du Phénotype ou « morphotype ». Il s'agit des mécanismes de *développement* et de la *croissance* durant laquelle se joue un enchevêtrement complexe d'interactions entre tous les niveaux et dont émerge l'incroyable plasticité du phénotype. On est à l'opposé de ce qu'affirmait Dawkins (1990) pour qui « *les détails du développement embryonnaire environnemental, aussi intéressants qu'ils soient, sont inutiles du point de vue de l'évolution* » [Dawkins, 1990].

Dans ce dessin, le pouvoir des gènes est considérablement atténué. Comme le signale Denis Noble (Noble *et al.*, 2007), on pourrait remplacer la sentence de Dawkins par son contraire, ce serait tout aussi arbitraire :« *Les gènes sont aujourd'hui piégés en grandes colonies, enfermés dans des êtres hautement intelligents, façonnés par le monde extérieur, communiquant avec lui par des processus complexes par lesquels, aveuglément, comme par magie, la fonction émerge. Ils sont en vous et en moi ; nous sommes le système qui permet à leur code d'être lu* » [Noble *et al.*, 2007].

Mais, d'une manière générale, ces études semblent toujours axées de manière génocentrique. Et, c'est le reproche anticipé que Darwin ce fit bien avant Noble ou Dawkins. Il se reprocha de ne pas avoir mis suffisamment de poids sur l'importance de l'action directe de l'environnement sur la génération du phénotype.

Ainsi, dans le cadre de l'écologie fonctionnelle et de l'écophysiologie, la Plasticité étudie la variation et l'amplitude de la variation de forme du phénotype que peut développer un génotype (Génome) pour un individu ou une population en fonction de différents environnements (Varin, 2009). Elle détermine la frontière de l'élasticité du phénotype et constitue le pivot permettant un saut génétique ou fixation génétique initiant une Evolution étroitement lié à un écosystème (Environnement). Elle constitue un point de connexion ou chainon manquant avec l'Eco-évo-devo.

Implication des bactéries solvantogènes et PGPR émettrices de COV dans les changements globaux et la Plasticité

Ce livre largement illustré est consacré à une approche moderne, physique, chimique, moléculaire et structurale, physiologique ainsi qu'éco-physiologique et d'écologie fonctionnelle de l'impact des COV biogénes impliques dans les changements globaux et la Plasticité des organismes où processus qui permet aux organismes d'avoir une forme notamment les plantes. Il est accès sur certaines bactéries émettrices de COV et leurs impacts phénotypiques lors de dialogues moléculaires multi-organismes, en neurobiologie végétale et leurs utilisations futures dans les secteurs de la santé, agronomie & matières premières et de l'énergie.

La première partie du livre est consacrée à l'étude des changements globaux modifiant la plasticité des organismes. Puis, il s'oriente vers celui faisant intervenir les composés organiques volatiles (COV). De nombreux schémas du déroulement des processus sont proposés. Ces généralités et spécificités sont accessibles au lecteur peu averti des problèmes posés par ce sujet. Elles lui serviront d'introduction aux autres parties comportant des développements beaucoup plus spécialisés.

La deuxième partie est consacrée à l'étude des bactéries solvantogènes et rhizobacteries promotrices de croissances des plantes (PGPR) émettrices de composés organiques volatiles. Cette partie est constituée de trois sous parties et comprend une introduction générale en guise d'historique (chap. 2). La première sous-partie comprend des connaissances historiques oubliées et actuelles sur les bactéries émettrices de COV (chap. 2A) particulièrement génétique, métabolique et physiologique. Elle est suivie de la deuxième sous-partie qui expose les interactions médiées par les volatils entre les bactéries, les champignons et les plantes dans le sol (chap. 2B). Enfin, la troisième sous-partie est consacrée aux propriétés physico-chimiques et toxicités des COVM pour les mammifères et l'Homme (chap. 2C). Elle place l'homme au centre du problème et permet d'évaluer les risques lors d'expérimentations (Hygiènes et sécurité) ou d'évolution dans un environnement comportant des COV. Car, « L'homme est un animal comme les autres ». 1) Il est soumis aux mêmes environnements et aux environnements synthétiques qu'il génère ; 2) Il est soumis au même processus biologique que les autres animaux. ; 3) Il a conscience de ce qu'il perçoit comme l'animal ; 4) Il fait partie avec les chimpanzés du groupe des hominidés au sein des hominoïdes.

La troisième partie est ensuite consacrée à l'implication des micro-organismes de l'environnement sur la santé humaine dans le contrôle ou la modification du Microbiote intestinal humain (chap. 3) car, nous sommes ce que nous mangeons principalement des végétaux associés à leurs micro-organismes symbiotiques ou commensaux comme les PGPR.

Ainsi, tout en présentant l'ensemble des données classiques, je me suis efforcés de montrer l'évolution des recherches vers la connaissance des réponses plastiques des êtres vivant principalement des végétaux confronté aux changements globaux et aux PGPR émetteur de volatiles comme les COV. L'ouvrage insiste sur les apports des techniques dans un objectif d'applications principalement agro-écologiques voir permaculturales et d'hygiène et sécurité qui y sont associés afin d'apprécier leurs différents effets sur les plantes et mammifères comme l'homme.

La quatrième partie est consacrée aux perspectives scientifiques et d'état (chap. 4). Elle donne pour mission d'offrir une réflexion sur les réalités auxquelles doivent faire face les chercheurs dans ce domaine naissant.

La cinquième partie du livre est consacrée aux perspectives générales d'applications technologiques des composés organiques volatiles microbiens (COVM) et des micro-organismes émetteurs de COV dans le cadre du concept de la plasticité (tome 1) pour chaque secteur d'activité (chap. 5) : Au niveau du secteur législatif et réglementation ; Au niveau du secteur militaire ; Au niveau du secteur de la santé et Hygiène & Sécurité des conditions humaines ; Au niveau du secteur agronomique et de l'alimentation ; Au niveau du secteur paysager & architectural, énergétique et des traitements des effluents.

Dans ce livre, j'ai eu recours le plus souvent possible à une représentation sous forme de schéma issue des articles d'origine pour ne pas dénaturer les idées transmises par les auteurs nommés. En revanche, lorsqu'il était nécessaire pour clarifier et classer les données abstraites dont certains sont issue de plusieurs disciplines, j'ai été amené à former des figures synthétiques. Donc, j'ai concentré un maximum d'informations tous en réduisant les figures à leur strict minimum. De même, les aspects historiques exhaustifs et les notions philosophiques de base qui me semblaient particulièrement indispensable ont été regroupés dans l‟avant-propos et développé au moment où ils étaient nécessaires. De plus, pour une navigation rapide dans le livre un résumé en français et en anglais de chaque chapitre et associé à leurs plans d‟organisation.

Ce travail émane en grande partie des activités de recherches que j‟ai effectuées depuis ce jour. Il forme mon héritage : un mémoire et un bilan des connaissances scientifiques acquit sur ce sujet. Il me permettra de tourner la page et de m‟ouvrir la porte à une nouvelle vie dans ce monde de changements globaux qui caractérise la fin du XXème et ce début de XXIème siècle (Changements environnementaux, de paysages, d‟économiques, de politiques voir de civilisations). Où, l‟Homme devra faire preuve d‟une grande plasticité comportementale pour survivre.

Mon intention première a été de rendre l‟étude de la Plasticité accessible à tous, à des non-spécialistes de cette question et à un lectorat scientifique très large : aux artistes, philosophes, aux simples passionnés, aux étudiants des classes préparatoires et des premiers et seconds cycles de l‟université, candidats aux concours du CAPES et de l‟agrégation, ainsi qu‟à leurs enseignants en agronomie, pharmacie et différentes disciplines de la biologie, de la chimie, des mathématiques et de la physique.

Sébastien Varin

« Nous ne pouvons simplifier à l'extrême des phénomènes complexes. » Auteur anonyme

RÉFÉRENCES

Dawkins R., 1976. The Selfish Gene. *Oxford University Press,* 74p.

Dawkins R., Jones-Gorlin N., 2003. Le gène égoïste. *Odile Jacob*, 200p.

Dumont E., 2014. La géométrie dans le monde végétal. *Les éditions Ulmer.* 191p.

Hamant O., Heisler M., Jönsson H., Krupinski P., Uyttewaal M., Bokov P., Corson F., Sahlin P., Boudaoud A., Meyerowitz A.M., Couder Y., Traas J., 2008. Developmental patterning by mechanical signals in *Arabidopsis. Science*, 12.

Hameroff S., 1998. Quantum compuntation in brain microtubules? The Penrose-Hameroff „Orch OR" model of consciousness. *Phil. Trans. R. Soc. Lond.* A 356, 1869-1896.

Lambert D., Rezsöhazy R., 2007. Comment les pattes viennent au serpent : essai sur l"étonnante plasticité du vivant. *Champs Fammarion,* 412p.

Noble D., Ojeda C., Assadas V., 2007. La musique de la vie : La biologie au-delà du génome [The music of life : Biology beyond the genome]. Edition Seuil. Collection Scienc. Ouv. 34-35.

Varin S., 2009. Plasticité fonctionnelle du trèfle blanc en réponse à la disponibilité en soufre. Spécialité : Physiologie, Biologie des Organismes, Populations (écologie fonctionnelle et biotechnologie), *Ecole Doctorale Normande de Chimie-Biologie, Thèse de doctorat de l'université de Caen,* 213p.

CHAPITRE 1

Composés Organiques Volatils & Changements Globaux

« Ce n'est pas parce que les choses sont difficiles à faire qu'on ne les fait pas, c'est parce qu'on ne les fait pas qu'elles sont difficiles. » Auteur anonyme

Résumé

Les composés organiques volatils (COV) participent à des phénomènes perturbant les équilibres de l'atmosphère. Les perturbations sont plus ou moins importantes selon la nature des COV. Les COV contribuent aux changements globaux notamment l'effet de serre en réalisant concomitamment : i) une production d'ozone *via* les radiations solaires et cosmiques ; ii) et de radicaux libres permettant la production de nuages de basses altitudes. Les émissions de COV génèrent deux types d'impact : un impact direct sur la santé de l'homme et un impact indirect sur l'environnement.

Il existe un grand nombre de sources d'émissions de cette pollution. Elles appartiennent à de multiples secteurs par exemple industriels, agronomiques et biogène. En novembre 1991, un protocole sur « la limitation des émissions des COV et leurs flux transfrontières » fut signé à Genève par 21 états, contraignant les pays signataires à une réduction des émissions d'au moins 30% par rapport à l'année de référence 1988, et une stabilisation du niveau d'émissions industrielles. Dans le but de réduire et contenir les émissions de COV, il est possible d'agir à la source en évitant toute production de polluant, en réduisant la consommation des solvants ou en substituant les produits polluants par exemple par des produits peu ou pas nocifs.

Du point de vue biogène, les cycles C et N sont particulièrement complexes à étudier dans l'écosystème prairial parce que les processus de production et de décomposition de litières se produisent simultanément et continuellement, alors qu’on fait peu d’erreurs en considérant qu’ils se succèdent en culture. Ainsi, les flux de carbone et d’azote sont intimement liés pendant la synthèse et la décomposition de la matière organique (MO).

Lors de la dégradation de la MO, les micro-organismes telluriques trouvent leur énergie dans la rupture des liaisons carbonées lors de l’utilisation des sucres présents dans le sol comme les exsudats, ou les produits de dégradations de la litière ; et les éléments nécessaires à la construction de leurs protéines dans l’absorption d’azote. La biomasse microbienne a un taux de renouvellement « *turnover* » rapide. Lors de la mort, la part organisée par un microbe devient un nouveau substrat pour les plantes. Ce « *turnover* » microbien entraîne la perte d’une partie du carbone par respiration lors de la croissance microbienne (CO_2), fermentation microbienne (COV) et une part de stabilisation en humus microbien. Dans le métabolisme primaire, l’organisme décompose l’environnement pour s’alimenter. Ainsi, les composés organiques volatils microbiens (COVM ou VOCM) sont des produits du métabolisme primaire et secondaire des micro-organismes. Or, ces micro-organismes émetteurs de COVM sont actuellement nommée pour certains « rhizo bacterie promotrice de croissance des plantes » (PGPR : « *Plant Growth Promoting Rhizobacteria* »). Bien que dans les années 1940 à 1990, elles étaient nommées bactéries solvantogènes. Elles semblent favoriser la croissance et augmenter les rendements agricoles des cultures végétales par un dialogue moléculaire et des interactions fines et intimes.

L’exploitation technologique des micro-organismes et PGPR émetteurs de COV et des candidats de COV dans un but agronomique, de santé ou industriel devra être mise en place avec une rigueur législative efficace, une traçabilité et des normes d’hygiène, sécurité et de santé publique plus ou moins drastiques suivants leurs applications principales mises en avant par les expertises. La présence de ces COV, COVM et micro-organismes émetteurs causeront des effets indésirables collatéraux non négligeables et très dangereux sur la santé animale et notamment humaine en plus de l’impact environnementale causé par des applications d’échelles industriels et agronomiques. Bien que les PGPR et les COVM émis jouent un rôle bénéfique certain dans la promotion de croissances des plantes et de la production de litières enrichissant le sol. Ces résultats sont principalement dus à : i) un effet direct *via* un dialogue moléculaire et rôles hormonaux spécifiques, une minéralisation et une amélioration de la disponibilité en nutriment pour les plantes ; et ii) un effet indirect via une modification du cycle du carbone, de l''eau via un impact sur la production de nuages de basses altitudes et une augmentation de la température *via* un effet de serre.

Cette synthèse bibliographique fait le point sur ces différents problèmes. Enfin, il sera nécessaire de trancher quant à la mise en place ou non de ces applications et législations encadrant ces technologies induisant des effets bénéfiques ou non, positifs et négatifs sur la civilisation humaine.

Mots clefs : *PGPR, COV, COVM, bactéries solvantogènes, changement globaux, prairie, agro-écologie.*

Abstract

Volatile Organic Compounds (VOCs) are involved into phenomena disturbing the atmospheric balance. The disturbances are more or less important depending on nature of VOCs. VOCs contribute to global change including greenhouse effect by simultaneously performing: i) an ozone production *via* solar and cosmic radiations ; ii) and increase free radicals producing of low-altitude clouds. VOCs emissions generate two types of impact: a direct impact on human health and an indirect impact on the environment.

There are a large number of emissions of air pollution. They belong to multiple areas for example industrial, agricultural and biogenic sources. In November 1991, a protocol on "limiting of VOCs emissions and their fluxes trans-borders" was signed in Geneva by 21 states. The signatory countries must reduce emissions by at least 30% compared to the reference year 1988 and stabilization of industrial emissions. In order to contain and reduce VOCs emissions, it is possible to act at the source, avoiding polluting production, reducing solvent consumption or by replacing polluting products for example by little or no harmful products.

In point of Biogenic view, the C and N cycles are particularly complex to study in prairial ecosystems because the processes of production and litter decomposition occur simultaneously and continuously. But, we made few mistakes considering to them simultaneous in culture. Thus, fluxes of carbon and nitrogen are interrelated during the synthesis and decomposition of organic matter (OM).

During degradation of MO, soil micro-organisms find their energy into breakdown of valence-bonded with carbon when using sugars present into soil for example exudates or degradation products of litter and the necessary elements for the construction of proteins by nitrogen acquisition. Microbial biomass has a rapid "turnover". At death, the share held by micro-organisms is a new substrate for plants. This "microbial turnover" results in the part loss of the carbon by respiration during microbial growth (CO_2), microbial fermentation (VOCs) and stabilized humus by microorganisms. In primary metabolism, the micro-organism breaks down the environment to feed. Thus, MVOCs are products by primary and secondary metabolism of microorganisms. However, these microorganisms emitting of MVOCs are currently appointed to some "plant-growth promoting rhizobacteria" (PGPR). Although in the 1940 to 1990 years, they were named solvantogenic bacteria. They seem to promote growth and increase agricultural yields of vegetable crops by a molecular dialogue and fine and intimate interactions.

The technological exploitation of microorganisms and VOCs emitted by PGPR and VOCs candidates in agricultural purpose, health or industrial will be implemented with a rigor effective legislative, traceability, standards methods, hygiene & safety and public health more or less drastic following their main applications put forward by experts. The presence of these VOCs, MVOCs and microorganisms emitting could cause significant and dangerous adverse collateral effects on animal and human health in particular over the environmental impact issue to industrial and agricultural applications scales. Although PGPR and MVOCs emitted play a beneficial role in promoting plant growth and production of litter enriching the soil compartment. These results are mainly due to: i) a direct effect *via* a molecular dialogue, specific hormonal roles and mineralization & increase nutrient availability to plants ; and ii) an indirect effect *via* a change in the carbon cycle, the water for example an impact on the production of low-altitude clouds and an increase in temperature via the greenhouse effect.

This literature review provides an update on these technological questions involving to micro-organisms with VOCs and problems of global changes. Finally, it would be necessary to decide on the establishment or not these applications and legislation governing these technologies inducing beneficial or not, positive and negative effects on human civilization.

Key words: *PGR, VOCs, MVOCs, solvantogenic bacteria, global changes, prairial, agro-ecology.*

Liste des abréviations

C : Carbone
CARB : California Air Resources Board
CCME : Conseil canadien des ministres de l‘‘environnement
CO_2 : Dioxyde de carbone
COV : Composé Organiques Volatils
COVM : Composés Organiques volatils Microbiens ou MVOCs
ELISA : Enzyme-Linked Immunosorbent Assay
GC/MS : Gaz Chromatography/Mass Spectrometry
MELISA : dosage des lymphocytes mémoire d‘‘une Immunostimulation
MO : Matière Organique
MOS : Matière Organique du Sol
MVOCs : Microbial Volatile Organic Compounds
N : Azote
NH_3 : Ammoniac
NO_x : Oxydes d‘‘azote
O_3 : Ozone
Ppm : parties par millions
SO_x : Oxydes de soufre
UV : Radiation Ultra Violette
VOCs : Volatile Organic Compounds

CHAPITRE 1

Composés Organiques Volatils & Changements Globaux

Introduction

Les composés organiques volatils, plus communément appelés COV, figurent parmi les principales espèces chimiques, avec les oxydes d'azote (NO_x), les oxydes de soufre (SO_x) et le dioxyde de carbone (CO_2), impliquées dans la pollution atmosphérique. Les COV participent à des phénomènes perturbant les équilibres de l'atmosphère, les perturbations étant plus ou moins importantes selon la nature des COV (composés chlorés, hydrocarbures aromatiques, etc.).

Après une succincte définition des COV, ce chapitre présentera tout d'abord les diverses sources d'émissions des COV, insistera ensuite sur leur impact aussi bien sûr l'homme que sur l'environnement, puis abordera la législation en vigueur, la « Directive Solvants » de l'Union Européenne, que les installations industrielles se doivent de respecter et, recensera enfin les différentes techniques d'abattement, existantes ou émergentes, permettant d'atteindre les valeurs limites imposées.

Ce chapitre est volontairement court car, bon nombre d'ouvrages ou de thèses relatent, de façon très détaillée, la problématique des COV.

I. Définition

A ce jour, quatre définitions ont été présentées respectivement par Art, 1993, U.S. Geological Survey, (2005), Zogorski *et al.* (2006) et Lincoln *et al.* (2006).

Les Composés Organiques Volatils (COV) ou « *Volatile Organic Compounds* » (VOCs) :

– 1) « Il s'agit de composés de la famille des hydrocarbures "qui ont de faibles points d'ébullition, généralement inférieure à

100°C, et donc s'évaporent facilement. Certains sont des gaz à température ambiante. Ces composants sont principalement le propane, le benzène, l'essence et d'autres composés qui sont tous des composés organiques volatils » (Art, 1993).

- 2) « Les COV sont des composés organiques qui peuvent être isolées à partir de la phase aqueuse d'un échantillon en purgeant l'échantillon d'eau avec un gaz inerte tel que l'hélium et, par la suite, analysé par chromatographie en phase gazeuse. De nombreux COV sont fabriqués par l'homme. Il s'agit des produits chimiques qui sont utilisées et produites dans la fabrication des peintures, des adhésifs, des produits pétroliers, les produits pharmaceutiques, solvants et, des réfrigérants. Ils sont souvent composés de carburants, solvants, fluides hydrauliques, diluants de peintures, de nettoyage à sec et des agents couramment utilisés en milieu urbain. La contamination par les COV de l'eau potable est une préoccupation de santé humaine. Il faut noter que beaucoup de ces composés sont toxiques et sont connus ou suspectés cancérigènes pour l'homme » (US Geological Survey, 2005).
- 3) « Les COV sont des contaminants préoccupants des eaux souterraines en raison de très grands rejets dans l'environnement, de leur toxicité pour l'espèce humaine, et une tendance pour certains de ces composés à persister et migrent dans les eaux souterraines, l'eau potable et d'approvisionnement par exemple en bouteille. En général, les COV ont une pression de vapeurs élevées, une solubilité dans l'eau faible à moyenne et un faible poids moléculaire. Certains COV peuvent être synthétiser et émit naturellement dans l'environnement, d'autres composés sont également produit à la suite d'activités anthropiques, et certains composés ont une double origine » (Zogorski *et al.,* 2006).
- 4) « Les composés organiques volatils sont émis dans l'atmosphère par les émissions anthropiques et naturels qui sont importants en raison de leur implication dans la pollution photochimique » (Lincoln *et al.*, 1998).

On peut dire qu'actuellement, il n'y a pas d'accord clair sur une définition exacte des COV. Ainsi, on définit comme COV toute substance organique, c'est-à-dire contenant au moins un atome de carbone, qui passent facilement à l'état de gaz, à l'exclusion du méthane, contenant du carbone et de l'hydrogène, ce dernier étant parfois substitué par un atome de chlore (Cl), de fluor (F), de soufre (S) ou de phosphore (P). Les COV sont à l'état de gaz ou de vapeur dans des conditions normales de pression et de température : ils sont donc volatils.

Dans le langage courant les COV sont souvent synonymes des solvants organiques. Aux Etats-Unis, sous l'influence des problèmes environnementaux, on appelle COV tous les composés organiques qui contribuent à la création de l'ozone photochimique. La plupart des définitions reposent sur les propriétés physiques et chimiques de ces composés : le point d'ébullition, l'équilibre gaz/liquide ou la tension de vapeur. La propriété qui est généralement prise en compte est la pression de vapeur saturante. Aux Etats-Unis, les COV sont des composés organiques dont la pression de vapeur est au-dessus de 13.3 Pa à 25°C (ASTN test method D3960-90) (Dewulf & Langenhove, 2002). En Europe, la Directive 1999/13/CE du Conseil du 11 mars 1999, (Directive Solvants), définit les COV comme des produits chimiques organiques dont la pression de vapeur est au-dessus de 10 Pa à 20°C. En Suisse, les composés considérés comme composés organiques volatils (COV) au sens de l'Ordonnance OCOV sont les composés organiques dont la pression de vapeur est au minimum de 0.1mbar à 20°C ou dont le point d'ébullition se situe au maximum à 240°C pour une pression de 1013,25mbar (OCOV, 2012). En Australie, les COV sont définis comme des composés chimiques ayant une pression de vapeur supérieure à 0.27 kPa à 25°C (Dewulf & Langenhove, 2002).

Les divergences qui existent au niveau de la définition des COV rendent difficile de dresser une liste exhaustive de ces composés. Ils incluent un éventail très large de différentes substances.

Le « Odor and VOC control handbook » (Rafson, 1998) répertorie environs 500 COV et un classement des familles a été réalisé.

Les familles de COV qui reviennent le plus souvent dans la littérature sont :

- Les aliphatiques (heptane, hexane, pentane, essences minérales, etc.) (ou solvant)
- Les aromatiques (benzène, toluène, éthylbenzène et xylène appelé aussi famille des BTEX)
- Les alcools (éthanol, méthanol, butanol, IPA : alcool isopropanol, etc.)
- Les cétones (acétone, méthyléthylcétone, cyclohexanone, etc.)
- Les esters (acétates d'éthyle, de butyle, d'isopropyle, etc.)

- Les chlorés (perchloréthylène, trichloréthylène, dichlorométhane, etc.)
- Les composés azotés (amines, nitriles, etc.)
- Les composés soufrés (mercaptans, diméthylsulfure, etc.)
- Les éthers (1,4-Dioxane, etc.)
- Les aldéhydes (méthanal ou formaldéhyde, etc.)

II. Les sources d'émissions

Il existe un grand nombre de sources de pollutions appartenant à de multiples secteurs. La figure 1 présente un inventaire des principales sources de COV (Le Cloirec, 2004).

Figure 1. Sources d''émissions de COV (Le Cloirec, 2004).

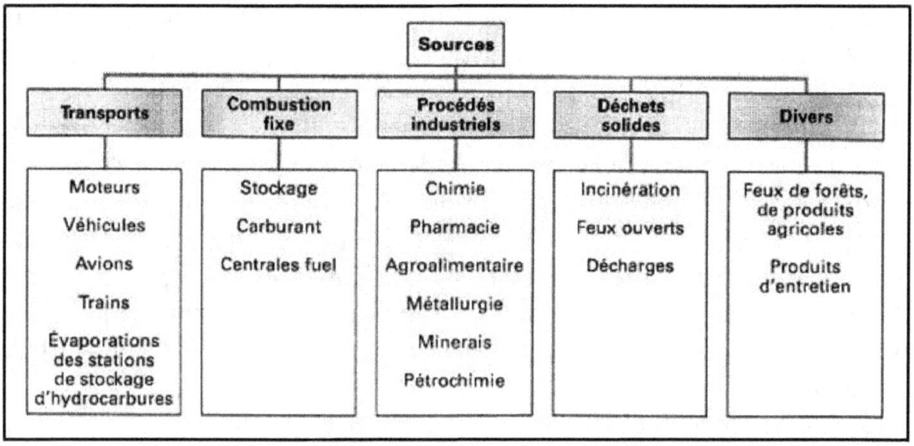

Les procédés industriels produisent une part importante des émissions de COV. Il s''agit aussi bien des industries employant des solvants (chimie de base et chimie fine, parachimie, dégraissage des métaux, application de peinture, imprimerie, colles et adhésifs, caoutchouc, plastiques, etc.) que les autres (tels que le raffinage du pétrole, l''utilisation de CFC, la production de boissons alcoolisées ou de pain, etc.). Concernant les combustibles utilisés dans les foyers, leurs contributions aux émissions de COV ne sont sans aucune comparaison avec les proportions indiquées pour le SO_2 et les NO_x. Le transport, surtout automobile, contribue assez fortement à augmenter les émissions de COV, comme le montre la figure 2 relative au cas de la Région Wallonne et en comparaison avec la France (Figure. 3 & Tableau. I). Les principaux produits domestiques responsables des émissions de COV sont les peintures, les produits d''entretien, les parfums et cosmétiques, les journaux, le tabac, etc. Bien que les sources naturelles représentent en France 43,6% des émissions globales de COV (Tableau. I), il s''agit de la part principale et non négligeable des émissions. Il faut savoir que la nature génère 90% des émissions de COV à l''échelle planétaire. Les plantes émettent une très large variété de composés organiques volatils et d''autres sources naturelles existent. De plus, la végétation peut émettre des COVNM (non méthaniques) au même titre que les zones géologiques qui contiennent du charbon, du gaz naturel ou du pétrole. Enfin, les sols, les marais et les animaux sont source de méthane.

Figure 2. Répartition des émissions anthropiques de COV en Région Wallonne en 2000 (arrêté du 25 mars 2004).

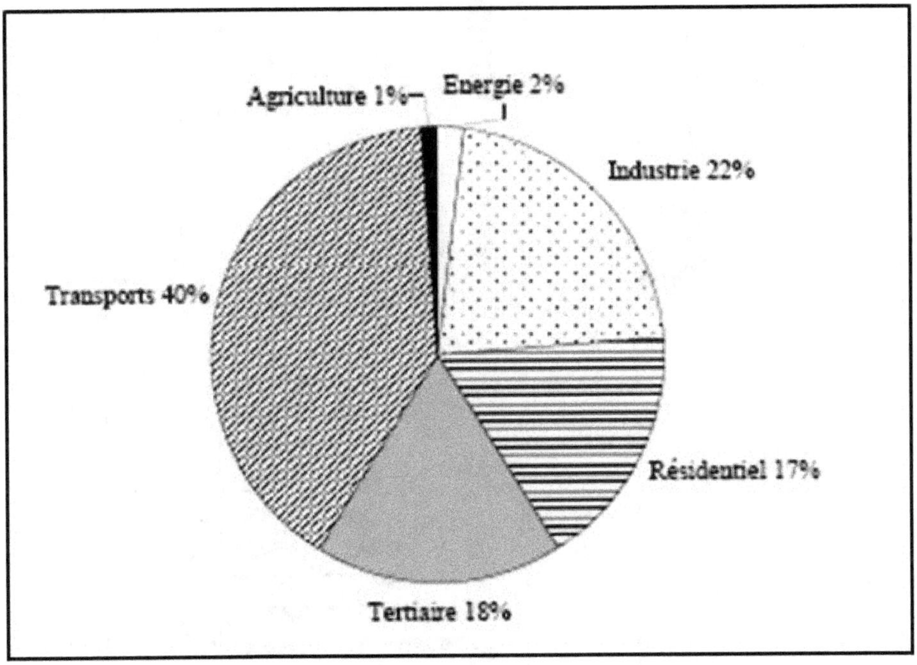

Tableau I. Répartition des sources d'émission. a. Les deux graphiques ci-dessous présente les émissions de COVNM (en kt) en France de 1960 à 2013 (estimation pour l'"année 2013) et leurs répartitions (CITEPA - Rapport SECTEN-Avril 2014)) ; **c.** Part (%) des rejets atmosphériques par secteur d'"activité. (Source : Données extraites du rapport du Citepa « Émissions dans l'"air en France, régions de la métropole » 2006, 4. Exploitation : ORS Rhône-Alpes).

a.

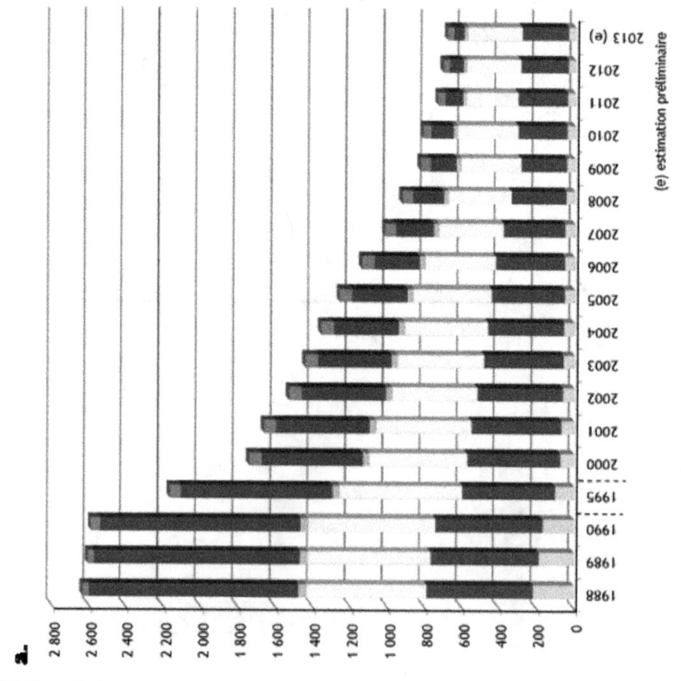

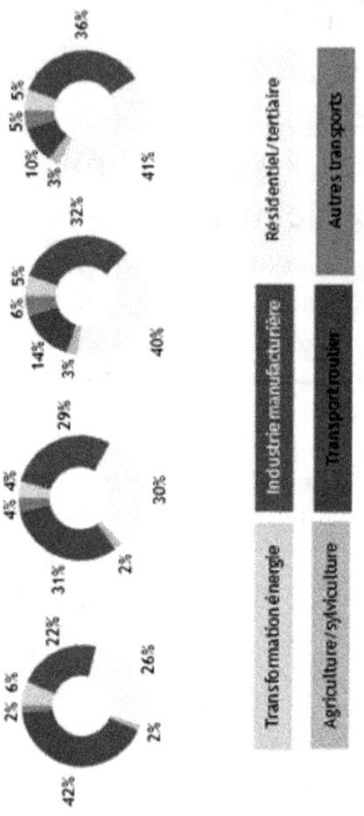

b.

COV (%)		France
Industrie	Transformation d'énergie	3,2
	Industrie manufacturière	17,2
Résidentiel tertiaire		12,1
Agriculture et sylviculture		5,8
Transports	Routiers	16,7
	Autres transports	1,4
Sources naturelles		43,6

Figure 3. Volumes atmosphériques de COV émis dans les régions de France en 2005 (en tonnes). (Source : Citepa, « Émissions dans l'"air en France, régions de la métropole », fév. 2005 4. Exploitation : ORS Rhône-Alpes- Tableau de bord santé-environnement, Région Rhône-Alpes).

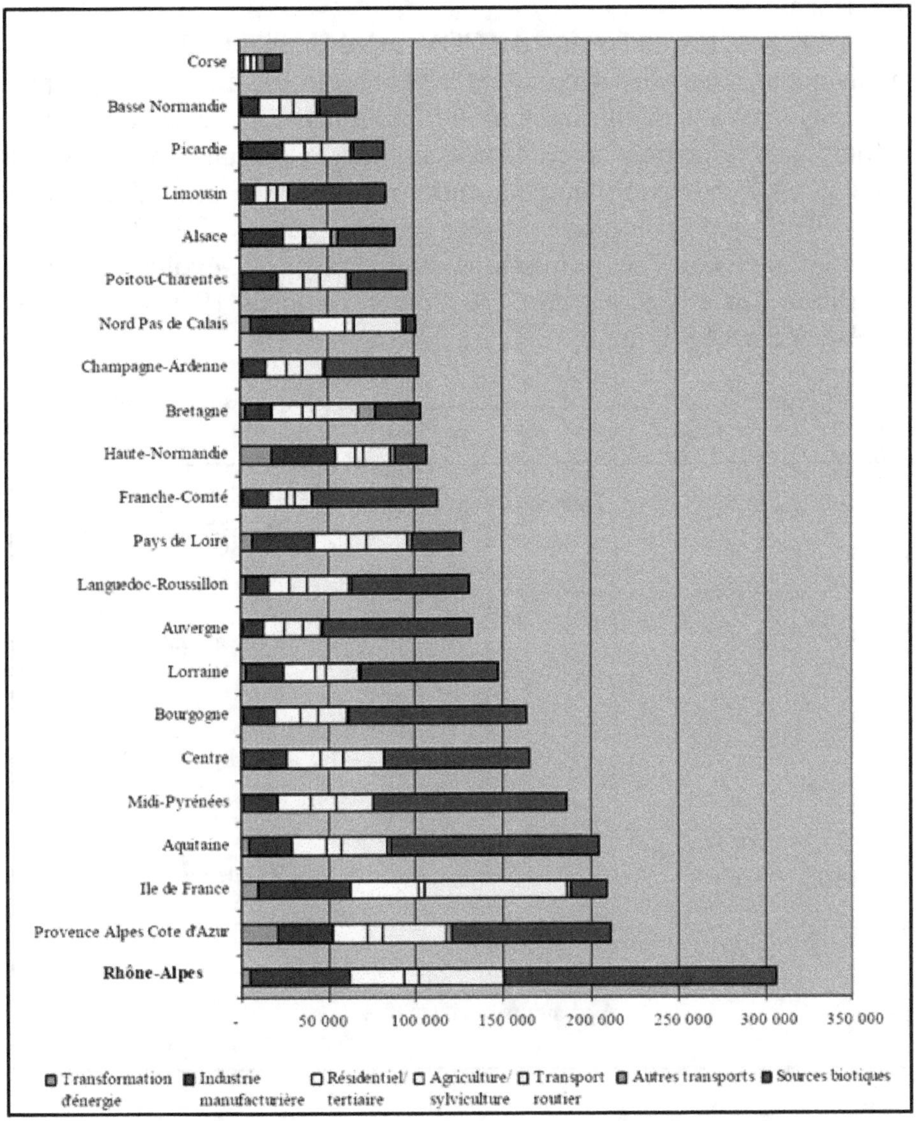

En Région Wallonne, les émissions anthropiques proviennent principalement du secteur industriel et du transport routier comme l'"indique la figure 2.

En 2000, les émissions anthropiques de COV en Région Wallonne s'"élevaient à 61,6kt tandis que les émissions naturelles atteignaient 36,6kt. A noter que les émissions anthropiques ont diminué de près de

36% en 10 ans (90kt en 1990). Cette diminution est en partie due à l’introduction des systèmes embarqués de captation de COV dans les voitures, des pots catalytiques et à la baisse de la consommation d’essence.

En France, les émissions de COV représentaient 1367kt en 2004 tandis qu’en 1990 elles s’élevaient à 2414, soit une diminution de plus de 43% en 14 ans. Contrairement à l’année 1990 où le secteur routier prédominait largement avec 45% des émissions totales de COV, en 2004, c’est l’industrie manufacturière qui génère le plus d’émissions avec 30% des émissions totales. D’un autre côté, le secteur agronomique voie ses émissions augmentées. L’évolution de la répartition des émissions de COV pour les années 1990 et 2004 est représentée sur la figure 4.

Figure 4. Répartition des sources d’émissions de COV en France (en 1990 et 2004) (source CITEPA).

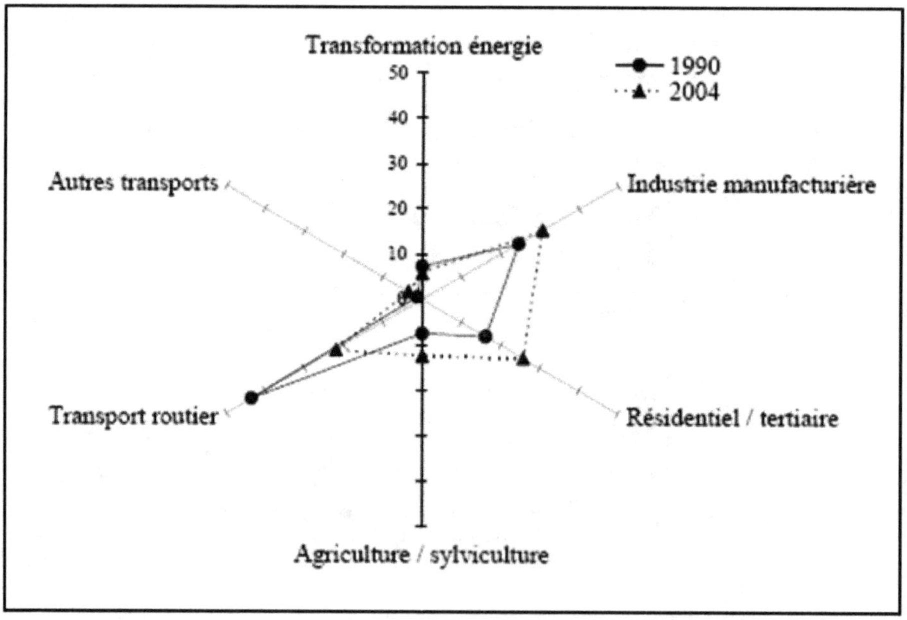

III. Les sources d’émissions biologiques

III.1. Les cycles biogéochimiques : les enjeux

La matière organique des sols (MOS) est à la fois un puits de carbone et un « réservoir à nutriments » pour les écosystèmes. Les dynamiques du carbone (C) et des nutriments en particulier de l’azote (N) contenus dans la MOS sont donc intimement liées.

Il est crucial de comprendre les mécanismes qui entrent en jeu lors de l'incorporation des litières dans la MOS, car ceux-ci conditionnent la stabilisation du carbone et la disponibilité à long terme des sols en nutriments (Aerts *et al.*, 1992). Les changements climatiques et les changements d'usages affectent fortement la quantité et le « *turnover* » de la MOS dans les écosystèmes (Arrouays *et al.*, 1999 ; Van Kessel *et al.*, 2000). Réciproquement, par son effet sur l'azote disponible, le « *turnover* » de la MOS conditionne la croissance et la nature des couverts végétaux.

Dans les écosystèmes agricoles, une prédiction de la minéralisation de l'N du sol à partir de l'étude de la dégradabilité des matières organiques est nécessaire pour ajuster les intrants dans un souci économique et écologique. L'étude de la dynamique de décompositions de divers résidus (pailles, fumiers, composts et litière) dans les sols a fait appel à de nombreuses expérimentations et à des modèles de prédictions de la fourniture en nutriments. Plus récemment, un nouvel intérêt a été porté sur le « *turnover* » des matières organiques des sols en tant que processus contrôlant les capacités de stockages de carbones atmosphériques dans les sols dans un contexte de changements climatiques.

III.2. L'écosystème prairial

Non seulement les écosystèmes prairiaux représentent un intérêt économique majeur sur le plan fourrager, mais leur intérêt écologique paraît grandissant sur de nombreux points de vues agro-écologiques : assainissement des eaux, protection des sols ou piégeage du carbone atmosphérique, etc.

Parmi les écosystèmes agricoles, la prairie représente un enjeu écologique considérable du fait de l'importance des surfaces (25% du territoire) et d'une capacité de stockage de C et N dans les sols élevées. En effet, des apport continus de litière et un turnover du C du sol plus lent qu'en culture, du fait de l'absence de perturbation du sol, favorisent l'accumulation de C dans les fractions organiques fraîches (Franzluebbers *et al.*, 1995). La prairie permanente (plus de 7 ans d'âge), qui contribue pour 80% à la surface totale des prairies, est un écosystème dont la MOS est particulièrement sensible à la gestion, aux changements climatiques et botaniques.

Les cycles C et N sont particulièrement complexes à étudier dans l'écosystème prairial parce que les processus de productions et de décompositions de litières se produisent simultanément et continuellement, alors qu''on fait peu d''erreurs en considérant qu''ils se succèdent en culture.

- ***La Production de litière*** : du fait de l''exportation de la majeure partie de la production aérienne par la fauche ou le pâturage, les principaux apports de litières au sol prairial sont issus du « *turnover* » racinaire. Pour une allocation de croissance racinaire estimée entre 40 et 60% de la production totale, le flux d''apport racinaire représente de l''ordre de 5t $C.ha^{-1}.an^{-1}$ et 120 kg $N.ha^{-1}.an^{-1}$ sous une prairie moyennement fertile. Cet apport varie pour un même couvert en fonction de sa gestion et sous une même gestion en fonction de la composition des couverts (Gastal & Saugier, 1986 ; Garay *et al.*, 2000). La nature souterraine des apports frais est à même de favoriser la stabilisation du carbone en comparaison avec des apports d''organes aériens : la matière organique des sols est souvent dérivée des racines (Balesdent & Balabane, 1996), parce que la litière racinaire est plus récalcitrante et plus facilement stabilisée dans les agrégats (Gale *et al.,* 2000).
- ***La Décomposition et stabilisation de la litière*** : dans le sol, la litière est soumise à deux grands types de processus. Une part est minéralisée, bouclant ainsi les cycles C et N, tandis que l''autre partie, non décomposée est conservée à plus long terme dans le sol. La partie décomposable de la litière peut être caractérisée par sa vitesse de décomposition. La valeur limite de la décomposition (« *limit value* ») semble être le critère le mieux apte à rendre compte de la stabilisation à moyen terme du carbone apporté avec la litière (Binkley & Giardina, 1998). Ces deux aspects du devenir des litières devraient dépendre de l''espèce végétales, par l''intermédiaire de la composition chimique des litières racinaires par les micro-organismes (Christian & Wilson, 1999; Berg, 2000).

III.3. Flux C et N pendant la décomposition : Cycle N/C dans le sol

Les flux de carbone et d''azote sont intimement liés pendant la décomposition de la MO. Les microorganismes telluriques trouvent leur énergie dans la rupture des liaisons carbonées lors de l''utilisation des sucres présents dans le sol comme les exsudats, ou les produits de dégradations de la litière ; et les éléments nécessaires à la construction de leurs protéines dans l''absorption d''azote. Pendant la décomposition d''une famille de résidus, la partie la plus facilement utilisable comme source d'énergie et de carbone est respiré ou fermenté. Le Carbone est ainsi utilisé comme substrat énergétique et carboné par les micro-organismes pour la synthèse de leur constituant et de biomasse (Berg, 2000). Nous observons une organisation au sein du sol tandis que la partie la plus récalcitrante et délaissée de la litière peut être stabilisée à plus ou moins long terme (Berg, 2000).

La biomasse microbienne a un taux de renouvellement « *turnover* » rapide. Lors de la mort, la part organisée par un micro-organisme devient un nouveau substrat pour ces congénères. Ce « *turnover* » microbien entraîne la perte d'une partie du carbone par respiration lors de la croissance microbienne (CO_2), fermentation microbienne (COV) et une part de stabilisation en humus microbien. Nous rassemblons l'ensemble de ces processus sous le terme de métabolisation par opposition au processus de stabilisation de la fraction de litière non décomposée.

Finalement, au cours de la transformation des litières, le carbone d'un résidu se décompose en deux flux : métabolisation et stabilisation. Ces mécanismes suivent les lois de thermodynamiques. Lors de la décomposition des litières ou de la MO du sol, l'azote organique constitutif est transformé en azote minéral (minéralisation). L'azote minéral libéré dans le sol peut être assimilé par la biomasse microbienne (immobilisation) ou absorbé par la plante (organisation dans la croissance épigée et racinaire). Des travaux récents montrent que les micro-organismes et les plantes peuvent aussi absorber directement des petites molécules d'azotes organiques (Hadas *et al.*, 1993). Nous considérerons ici, les flux d'absorption par la plante, de minéralisation des litières, de minéralisation de la MO du sol, d'immobilisation dans les litières et d'immobilisation dans la MO du sol.

III.4. La gestion du sol des agroécosystèmes

Le principal facteur influant sur la décomposition est le climat : la température et l'humidité du sol et de l'atmosphère favorisent la vitesse de décomposition (Swift *et al.*, 1979 ; Lavelle *et al.*, 1993). Ces paramètres stimulent la minéralisation et l'activité microbienne du sol (cf. tome 3). La gestion des prairies conditionne la décomposition des litières par le biais de la fertilisation et de l'exploitation. La fertilisation agit directement en modulant la disponibilité en azote pendant l'évolution des litières. Le mode d'exploitation peut contrôler les cycles biogéochimiques et la décomposition de la litière en agissant sur la composition bactérienne du sol, botanique des prairies ou cultures (présence de plantes adventives) et la compétition entre espèces.

III.4.1. Fertilisation azotée

D'après une revue bibliographique portant sur 66 références (Fog, 1988), l'apport d'azote semble n'avoir aucun effet ou même ralentir la décomposition de composés plus récalcitrants, comme des aiguilles de pins (Titus & Malcom, 1987 ; Prescott, 1995). Cet effet négatif de l'apport d'azote se ferait via l'inhibition des activités lignolytiques et cellulolytiques de certains champignons (Keyser *et al.*, 1978 ; Berg & Staaf, 1980) ajouté à un effet désorganisateur des réseaux microbiens (Fog, 1988 ; Bardgett *et al.*, 1999). Par contre, un engrais azoté peut avoir un effet positif sur la dégradation de débris facilement fermentescibles, comme ceux des graminées et dicotylédones. Plus récemment, les résultats de Van Vuuren & Van Der Eerden, (1992) complètent les hypothèses de Fog (1988) en avançant l'idée que l'azote exogène a un effet accélérateur si le taux de carbone disponible pour les micro-organismes est suffisant.

III.4.2. Travail du sol

Le travail du sol qui a lieu par exemple lors de la destruction d'une prairie dans le cadre d'une rotation entraîne un surplus de minéralisation d'azote par rapport à un témoin toujours cultivé, entre 200 et 450kgN.ha^{-1} pendant l'année suivant la destruction (Vertès *et al.*, 2001). Cette minéralisation microbienne se découpe en deux phases, d'abord une phase de minéralisation rapide (1.2 à 2.5kgN.ha^{-1}.jour^{-1}), qui dure 9 mois, suivie d'une phase de minéralisation lente (0.6 à 0.8kgN.ha^{-1}.jour^{-1}) (Vertès *et al.*, 2001). L'augmentation de minéralisation liée aux laboures est confirmée par Davies *et al.* (2001) avec un supplément de 140 kg.ha^{-1} d'N exporté en plus par le couvert succédant le labour par rapport à une prairie continue non fertilisée. Le travail du sol augmente temporairement la biomasse et l'immobilisation N microbiennes (Franzluebbers *et al.*, 1995).

Le travail du sol accélère aussi bien la minéralisation de la MOS que des litières. Les hypothèses avancées pour expliquer cet effet sont la modification des conditions de température et d'humidité mais, aussi de la localisation des résidus végétaux, car le travail du sol a pour effet de multiplier les contacts sol/résidus végétaux par fragmentation des résidus (Bending & Turner, 1999 ; Nicolardot & Recous, 2001). La minéralisation des résidus les moins riches en azote est dépendante de l‟augmentation des contacts sols/résidus car, les micro-organismes impliqués dans la décomposition bénéficient de contacts plus nombreux avec la matrice-sol dans laquelle ils puisent l‟azote, élément limitant sur le résidu. Toutefois, Bending & Turner (1999) montrent que l‟impact du fractionnement des résidus végétaux sur la minéralisation microbienne dépend de la composition chimique du résidu qui contribue à la formation de la matrice « sol ».

IV. Impact sur l'homme et l'environnement & changements globaux

Les émissions de COV génèrent deux types d‟impact : un impact direct sur la santé de l‟homme et un impact indirect sur l‟environnement.

IV.1. Effets directs

Les émissions de COV ont un impact direct sur la santé humaine. Les effets sur la santé (Tableau. II) sont très différents selon le polluant envisagé, allant de la simple éruption cutanée (ou irritation) à la génération de cancers, pour les COV les plus nocifs tels que le benzène. Le tableau II présente également les VLE, valeurs limites indicatives de moyenne d‟exposition pondérée (8 h/jour et 40 h/semaine) pour les travailleurs (source INRS), qu‟il ne faut pas dépasser. Les principaux effets toxiques sur la santé humaine sont présentés dans le tableau III (Le Cloirec, 1998).

Tableau II. Principaux polluants : VLE (source INRS) et effets sur la santé (source CITEPA).

Famille	Composé	VLE	Effets sur la santé
Hydrocarbures aromatiques	Toluène	100 ppm	Irritations cutanées Troubles du système nerveux
	Benzène	1 ppm	Diminution de l'immunité cellulaire Atteinte du système nerveux
Aldéhydes	Formaldéhyde	0,5 ppm	Gêne olfactive
	Acétaldéhyde	100 ppm	Irritation des voies respiratoires
Cétones	Acétone	500 ppm	Troubles neurologiques et digestifs Irritations cutanées et olfactives
Hydrocarbures aliphatiques	Hexane	50 ppm	Irritation des voies respiratoires Troubles du système nerveux Irritations cutanées

Tableau III. Caractéristiques toxicologiques de quelques COV (solvants) (Le Cloirec, 1998).

Composé	Volatilité	Pénétration cutanée	Pouvoir irritant	Pouvoir d'ébriété narcotique	Toxicité spécifique
Acétate d'aldéhyde	+++	+	++	+	-
Acétone	+++	+	+	++	-
Benzène	+++	++	+	++	Moelle osseuse Cancérogène
Dichlorométhane	+++	+	+++	++	Intoxication par le CO
Éther de glycol à chaîne courte	+	++	+	+	Moelle osseuse testicule Tératogène
Ethylène glycol	+	0	++	+	Rein (en toxicité aiguë)
N-hexane	++	++	+	++	Nerf périphérique
Isopropanol	++	0	+	++	-
Méthanol	++	++	+	+	Nerf optique (en toxicité aiguë)
Méthyl butyl cétone (MBK)	+	+	+	++	Nerf périphérique
Méthyl isobutyl cétone (MIBK)	+	+	+	++	-
Perchloréthylène	++	+	++	+	Cancérogène ? (Cancer du foie)
Styrène	+++	++	++	++	Moelle osseuse foie Cancérogène ?
Tétrahydrofurane	+++	++	+++	+	Foie Nerfs
Toluène	++	+	+	++	Système nerveux central Tératogène ?
Trichloroéthylène	++	++	++	++	Cœur Cancérogène
Xylène	+	++	+	++	Fœtotoxique

IV.2. Effets indirects

L'"atmosphère de la planète Terre est constituée de différentes couches (Figure. 5). Différents phénomènes induits par les COV se produisent dans les deux couches les moins élevées de l'"atmosphère et conduisent à un bouleversement des phénomènes naturels et à une pollution environnementale : i) la pollution photochimique observée dans la troposphère par production excédentaire de composés oxydants (ozone), ii) la destruction de la couche d'"ozone stratosphérique, dans le cas des composés chlorés, et iii) l'"effet de serre dû à une classe particulière de COV, les chlorofluorocarbures (CFC).

Figure 5. Atmosphère de la planète Terre. Elle est composée à plus de 98% d'air sec, et de 2% de vapeur d'eau. L'air Sec est lui-même composé de 78,09% d'azote (Symbole : N), de 20,94% d'oxygène (plus précisément de dioxygène : symbole O_2), et d'autres gaz et gaz rares en quantité bien plus faible (< 1%) : ce sont l'argon, le gaz carbonique, l'hydrogène, l'hélium,...) L'atmosphère devient de moins en moins dense lors qu'on s'élève : 99% de sa masse se trouve en dessous de 30 Km. A partir de 100 Km d'altitude, la pression devient tellement faible que nous pouvons parler du "vide" spatial.

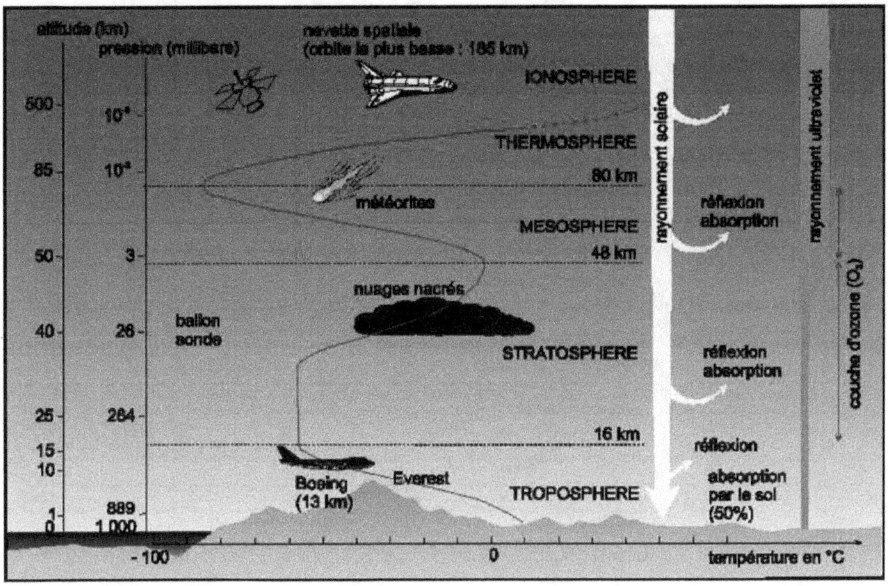

IV.2.1. Pollution photochimique

L'ozone (O_3) est naturellement présent dans l'atmosphère à raison de quelques parties par millions (ppm). Ses concentrations dans l'atmosphère ne sont pas constantes. En effet, la quantité d'ozone est plus importante dans la stratosphère (10 à 50km) que dans la troposphère (0 à 10km).

Dans la troposphère, l'ozone se forme par combinaison d'une molécule d'oxygène O_2 avec un atome d'oxygène O provenant de la dissociation du dioxyde d'azote NO_2 sous l'effet du rayonnement UV. La destruction de l'ozone est due à sa réaction avec le monoxyde d'azote pour reformer le dioxyde d'azote. Ce cycle est appelé cycle de Chapman (Figure. 6) (Soltys, 1998). En présence de COV, le cycle de Chapman est perturbé. Les radicaux générés par les COV oxydent le monoxyde d'azote pour former le dioxyde d'azote et bloquent ainsi la capacité du monoxyde d'azote à détruire l'ozone, ce qui provoque indéniablement l'augmentation d'ozone dans la troposphère (Figure. 6) (Soltys, 1998).

L'ozone a des effets néfastes sur la santé (problèmes respiratoires), l'environnement et le climat (gaz à effet de serre).

Figure 6. Cycle de Chapman (Soltys, 1998). (Abréviations : NO_2 : dioxyde d''azote ; NO : monoxyde d''azote ; O_3 : ozones ; O_2 : dioxygène ; O. : radicaux libre de l''oxygène (ROS); R-H : composé organique volatil ; R- : radical carboné ; $RCOO^{\cdot}$; $RCO_2^{\cdot}$; $RCO_3^{\cdot}$: radicaux libres organiques).

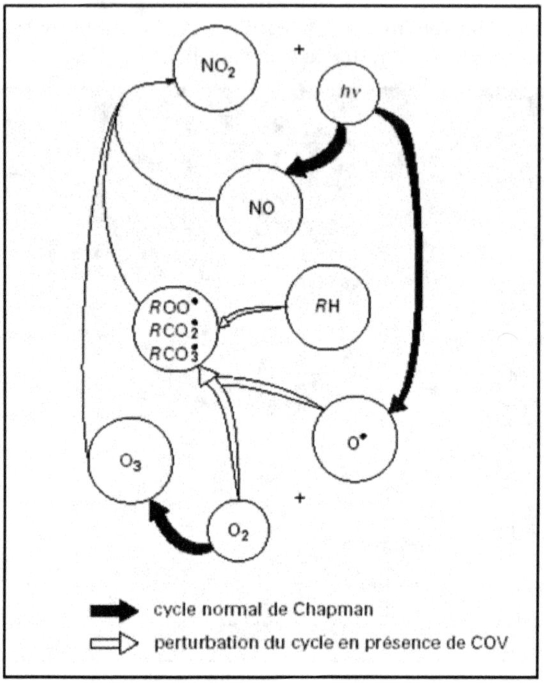

IV.2.2. Destruction de la couche d''ozone stratosphérique

L''ozone stratosphérique absorbe les rayons UV émis par le soleil ; il préserve donc, d''une part, l''homme des risques de cancers et de mutations génétiques et, d''autre part, l''activité photosynthétique des plantes. De nombreux composés chlorés, transportés dans la stratosphère, libèrent la molécule de chlore et perturbent ainsi l''équilibre naturel régissant la présence d''ozone dans cette couche de l''atmosphère suivant le principe présenté dans la figure 7 (CITEPA). Donc, nous observons une destruction de la couche stratosphérique.

Figure 7. Destruction de l'ozone stratosphérique par la pollution photochimique due aux COV type CFC (source CITEPA).

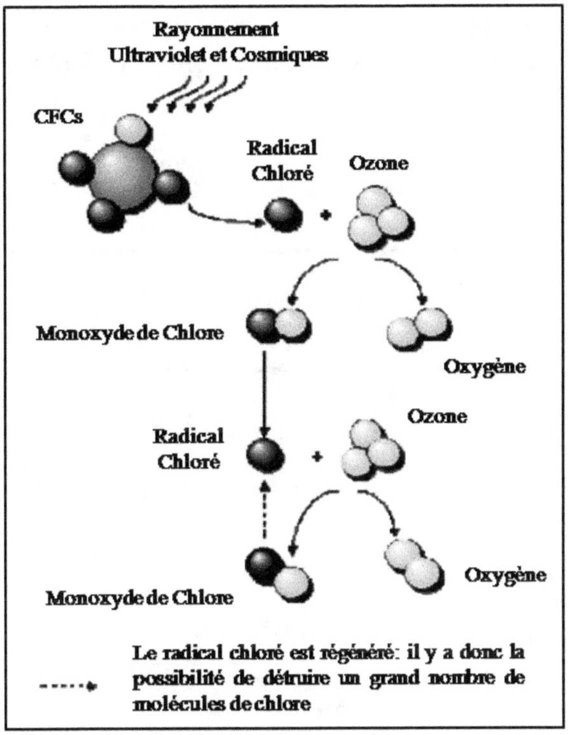

IV.2.3. Effet de serre, radicaux libres et aérosols

La définition d'un gaz à effet de serre est à la fois très simple et très compliquée pour le profane : un « gaz à effet de serre » est tout simplement un gaz présent dans l'atmosphère terrestre et qui intercepte les infrarouges émis par la surface terrestre (GIEC, 2001) et radiations ou rayonnements cosmiques émis sur la terre. Ces radiations contribuent également : i) à la formation des nuages (Figures. 8, 9, 10, 11), via la production ou présence de radicaux libres issu pour certains des COV dans l'atmosphère qui condensent les molécules d'eaux induisant une couverture nuageuse de basse altitude et une plus grande nébulosité ; ii) et conduit à certains changements globaux comme les modifications de température sur la surface du globe terrestre (Fastrup *et al.,* 2000 ; Marsh & Svensmark, 2003 ; Shaviv & Viver, 2003 ; Svensmark, 2007 ; Houffman & Simmons, 2008). Ce qui forme la deuxième hypothèse expliquant les changements globaux (Svensmark, 2007) (Figure. 12). Ainsi, cette hypothèse s'additionne à l'effet catalytique dû à l'activité humaine sur la rapidité de la mise en place de ces changements globaux notamment l'effet de serre et la formation des nuages dans l'atmosphère. Donc, il est nécessaire de ne pas négliger l'environnement cosmique dans laquelle évolue notre planète « ou vaisseau spatial : la Terre » lors de la mise en place de ces changements globaux (Figure. 13) (Svensmark, 2007).

Figure 8. Densité de noyaux de condensation d'eau permettant la formation de nuages en fonction de la densité d'ions présent dans l'atmosphère (Svensmark, 2007 ; Houffman & Simmons, 2008).

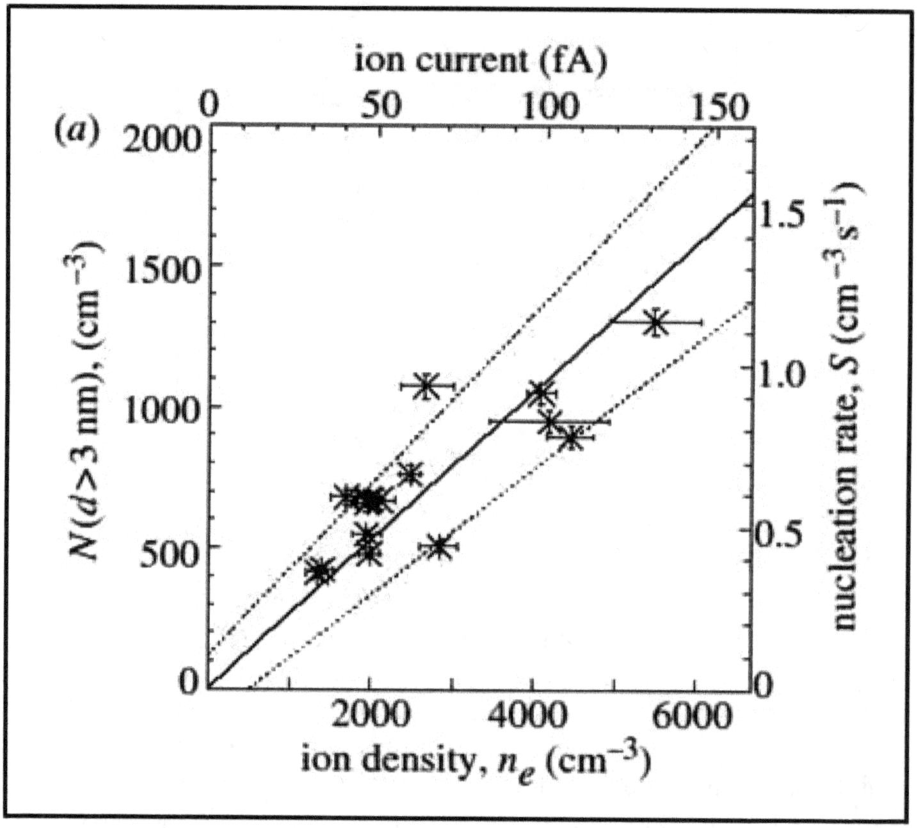

Figure 9. Corrélation entre les flux de radiations cosmiques et de la couverture nuageuse de basses altitudes (Marsh & Svensmark, 2003 ; Svensmark, 2007).

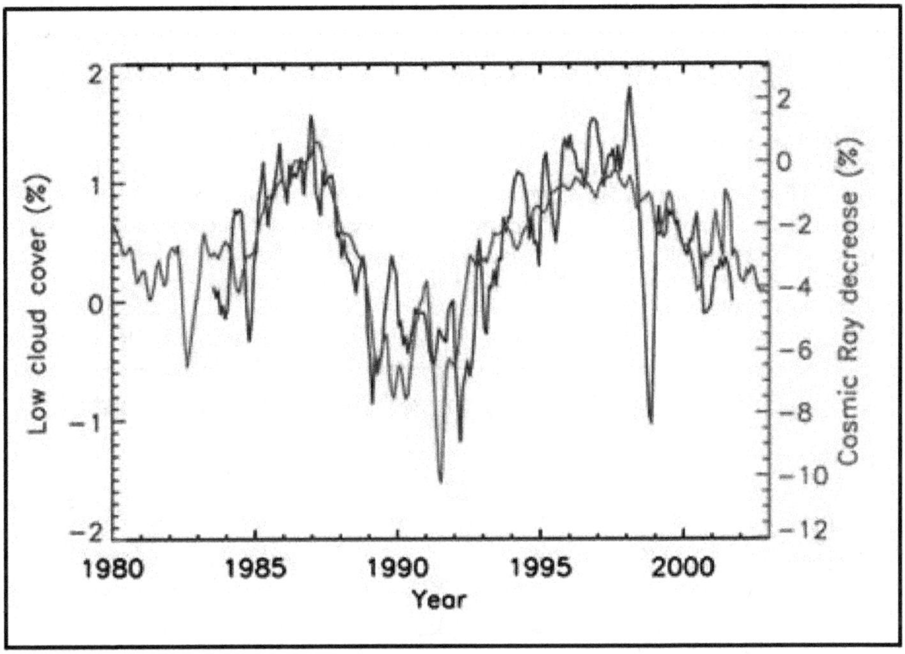

Figure 10. a) moyenne de la turbidité de l'hémisphère nord et les variations de flux de radiations cosmiques (CR) simultanée au cours de 1978-1996. b) Distribution du coefficient de corrélation (r = 1 - "rouge", r = -1 "violette") sur Terre. En Haut est illustré la fracture de la couche nuageuse (surface), en basse figure la température des nuages via une mesure du rayonnement infra rouge (IR). Région Angleterre (flèches) est un endroit où le CR est fortement corrélé de manière positive avec la fracture nuageuse et une forte corrélation négative est démontrée avec la température des nuages (IR). L'augmentation des rayons cosmiques conduit à l'augmentation de la nébulosité et la baisse de la température (Fastrup *et al.,* 2000).

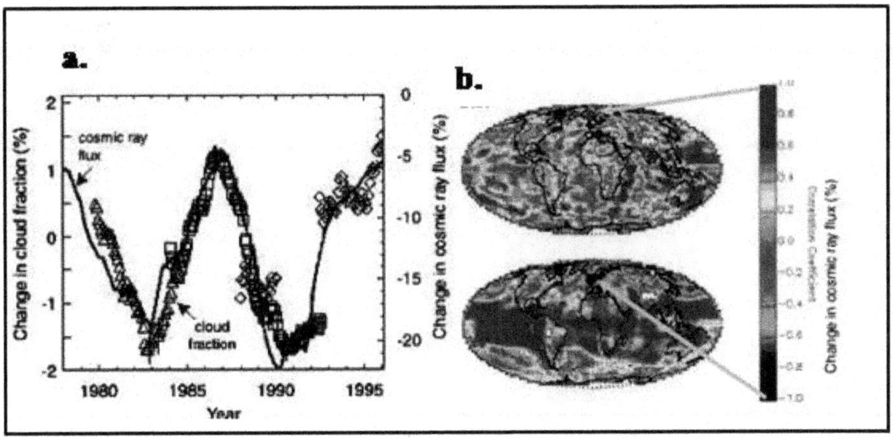

Figure 11. Flux de rayons cosmiques (Φ) et anomalie variations sur la température tropicale du Phanérozoïque (ΔT). Les courbes supérieures décrivent une reconstruction du flux de radiation cosmique (CRF) l''utilisant l''âge du fer de météorites exposé aux radiations (Shaviv, 2002b). La ligne bleue représente la CRF nominal, tandis que la trame de fond en jaune délimite la plage d''erreur statistique. Les deux courbes en pointillés sont des reconstructions supplémentaires CRF qui s''inscrivent dans la fourchette d''acceptabilité statistique (avec la ligne bleue, ces trois courbes représentent les trois reconstructions CRF utilisée dans les simulations du modèle). La courbe rouge décrit la reconstruction du CRF nominal après une correction pour mieux répondre aux anomalies de températures présentes pour les faibles latitudes. La courbe noire du bas représente le 10/50 m.y. avec les anomalies de températures (ΔT) lissées. La ligne rouge est la ΔT modèle prévue pour la courbe rouge ci-dessus, en tenant compte également de la contribution linéaire à long terme. La ligne verte est le résidu statistique. La plus grande résiduelle est à 250 m.y. B.P., où seules quelques mesures sont de δ18O en raison de la pénurie de fossiles à la suite de la plus grande manifestation d''extinction de l''Histoire de la Terre. (Shaviv & Veiver, 2003 ; Houffman & Simmons, 2008).

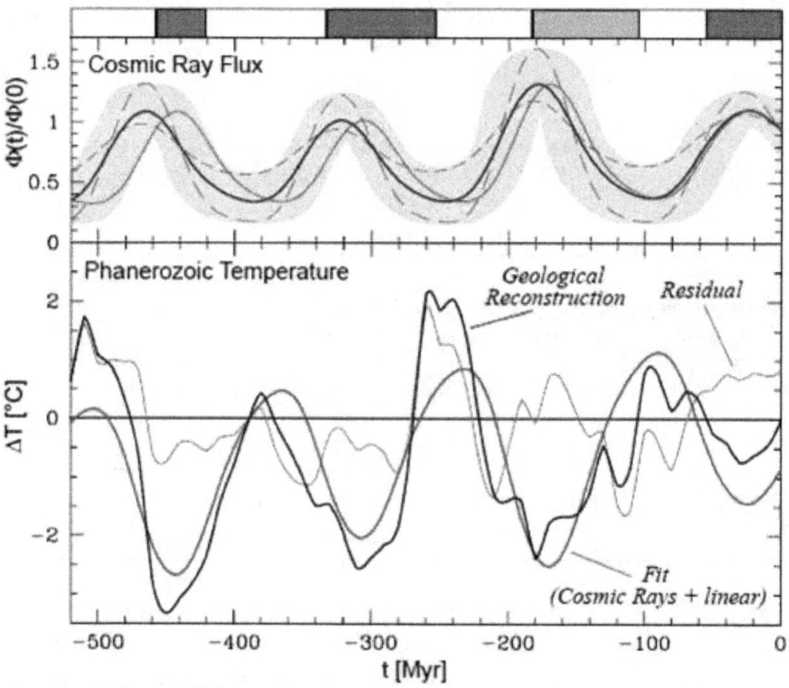

Figure 12. Effet des rayons cosmiques sur la formation **a**. des nuages; **b.** des radicaux et particules chargées et noyaux de condensations nuageuses (d'"après Shaviv & Veiver, 2003 ; d'"après Houffman & Simmons, 2008).

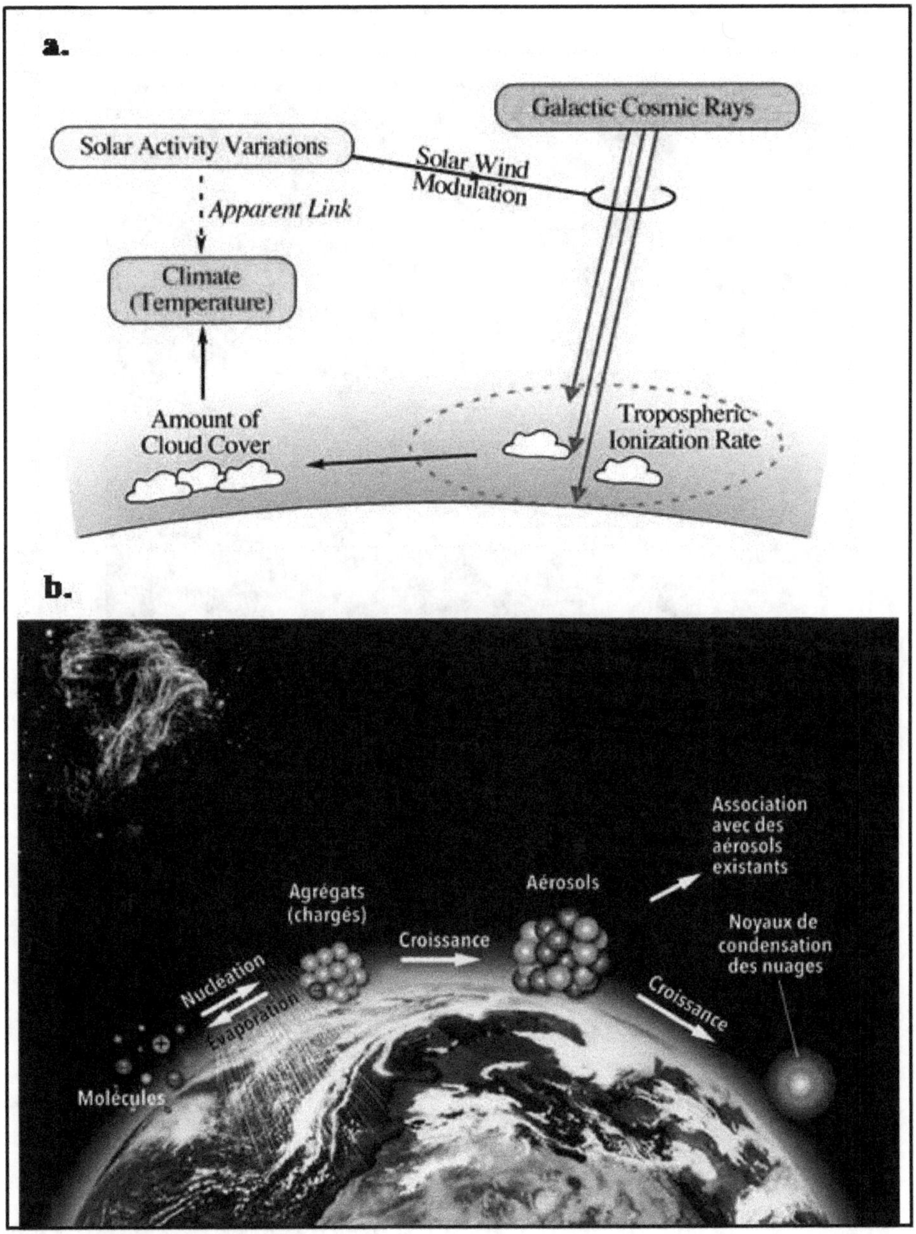

Figure 13. a. Interaction entre l'héliosphère et le Rayonnements Cosmiques ; **b.** Chemin de systèmes solaires à travers les bras de la spirale de la Voie Lactée. (d'après Svensmark, 2007 ; d'après Houffman & Simmons, 2008).

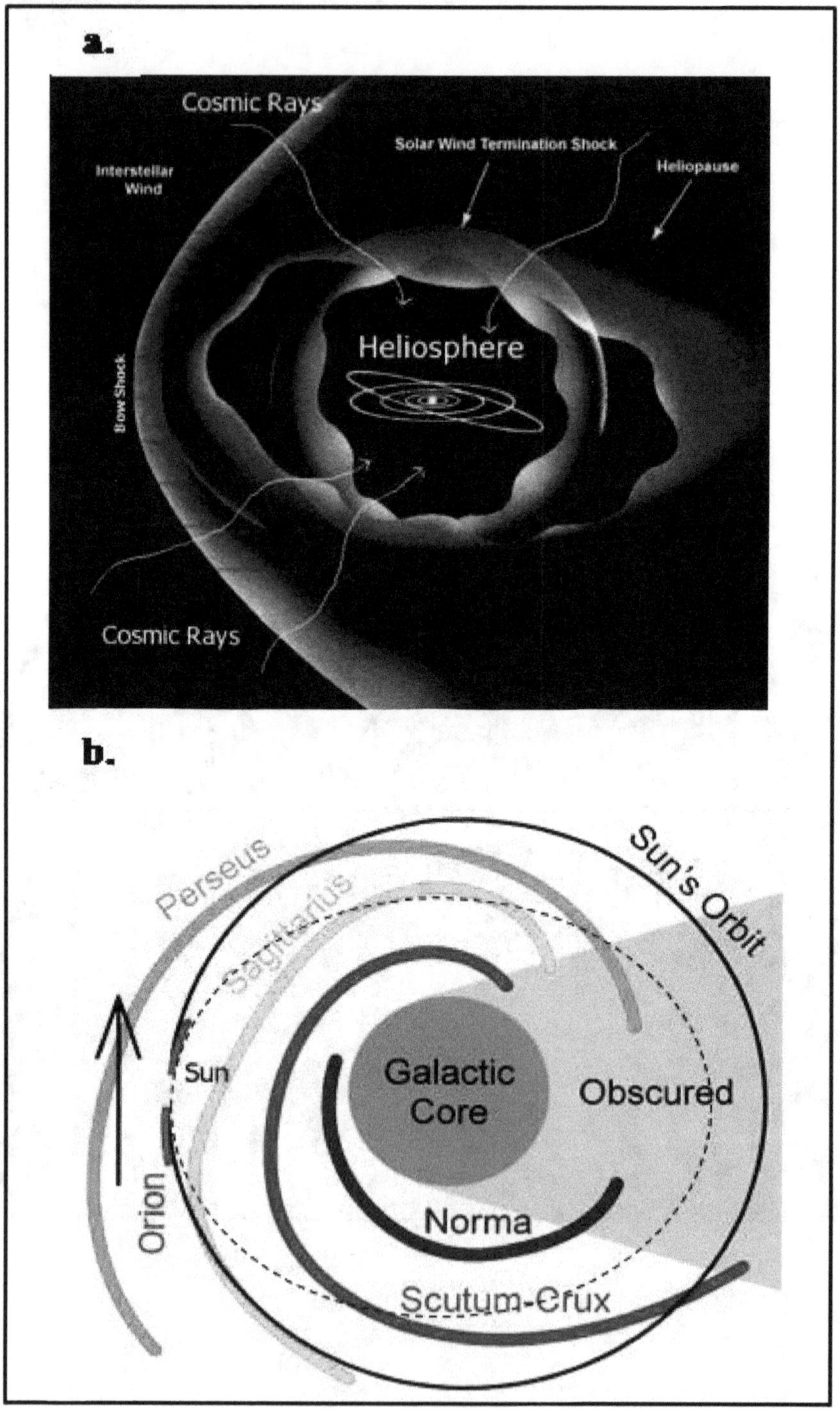

Une partie de l'impact des gaz à effet de serre que nous accumulons dans l'atmosphère est donc compensée par l'effet des aérosols et des précurseurs d'aérosols que nous mettons aussi dans l'atmosphère.

Toutefois les effets des divers gaz, comme un effet de serre supplémentaire, réchauffant, ou effet « refroidissant » des aérosols, ne sont pas identiques en tout point de la planète.

La figure 14 (GIEC, 2011) représente la distribution géographique de l'effet de serre supplémentaire engendré par :

- Les gaz autres que l'ozone (à gauche),
- L'ozone proche du sol (à droite),
- Les aérosols de type « suies » (à droite), et de type « poussières » (à gauche).
- Les couleurs rouges correspondent à un effet de réchauffement, les bleues à un effet de refroidissement.

Figure 14. Distribution géographique de l'effet de serre supplémentaire (Source : GIEC, 2001).

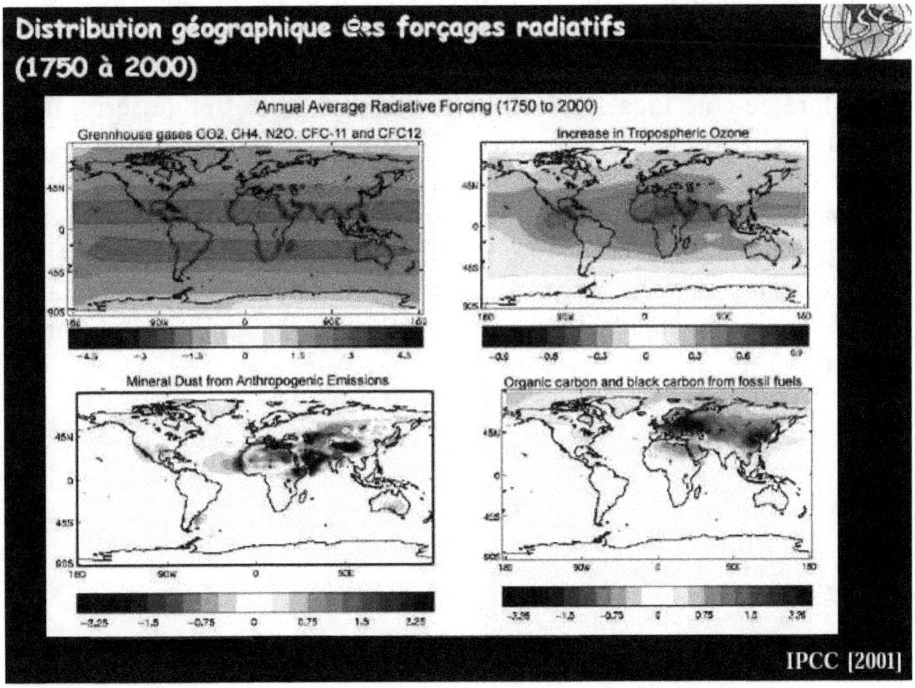

Mais, les aérosols ont une caractéristique importante qui fait que leurs effets ne perdurent pas très longtemps après leur émission. Leur durée de vie dans l'atmosphère est de quelques semaines seulement. Un nuage finit par provoquer de la pluie car, il ne reste pas des années en suspension dans l'atmosphère. Au même titre que les poussières « envoyée en l'air » par notre balai, elles retomberont assez vite sur le plancher et les meubles, donc à la surface de la Terre.

Donc, ces aérosols ne s'accumulent pas dans l'atmosphère, à la différence des gaz à effet de serre. Ainsi, les scientifiques sont certains que les aérosols ne peuvent compenser l'effet des gaz à effet de serre sur le long terme.

Par ailleurs, la durée de brassage de l'atmosphère, c'est-à-dire le temps qu'il faut pour qu'une partie d'un gaz émis en Australie se retrouve au-dessus de New-York, est de quelques mois seulement à une année tout au plus. Les lieux d'émission des gaz à effet de serre sont sans importance. Cela explique pourquoi des négociations internationales sont inévitables pour parvenir à stopper l'augmentation des gaz à effet de serre dans l'atmosphère.

Cette indifférence pour les lieux d'émissions ne concerne pas les aérosols qui influent plus particulièrement le dessus des zones où ils sont émis. Par exemple, le nuage au-dessus de New-York n'empêche pas les habitants de Sydney d'avoir chaud, et la pollution locale au soufre à côté de Pékin est sans incidence sur la formation d'aérosols soufrés à Rio de Janeiro.

Malgré ce côté local des aérosols et global de l'effet de serre, il est néanmoins possible de faire un "bilan global" des contributions des uns et des autres sur l'évolution du climat planétaire, ce qui donne alors la figure 15 (GIEC, 2007). Par ailleurs, des modèles d'évaluation de l'effet de serre devront être élaborés pas uniquement sur base du seul CO_2. Des modèles devront être réalisés et devront prendre chaque acteur de ce réchauffement dans un modèle physico chimique correcte.

Figure 15. Bilan global" des contributions à l"effet de réchauffement climatique dit « effet de serre ». De haut en bas on trouve respectivement : les contributions des gaz à effet de serre (CO_2, CH_4, N_2O, halocarbures, voir plus haut), les contributions de l"ozone stratosphérique (celui de la fameuse « couche », qui n"en est pas une !) et de l"ozone troposphérique (celui des "pics de pollution") la contribution du supplément de vapeur d"eau dans la stratosphère provenant des émissions humaines de méthane, les conséquences du changement d"albedo découlant du changement d"usage des sols (l"albedo est ce qui sert à mesurer le pouvoir de réflexion d"une surface : l"albedo d"un miroir est proche de 1 - toute lumière reçue est réfléchie - et celui d"un corps noir est proche de zéro - toute lumière reçue est absorbée). Pour toutes ces contributions, la droite du rectangle donne la valeur la plus probable et le tiret la zone d"incertitude (ces valeurs sont reprises dans la colonne "RF values", RF signifiant Radiative Forcing). Lorsque le tiret est très grand par rapport au rectangle, cela signifie que l"on n"a qu"une vague idée de la valeur. Les deux dernières colonnes donnent : l"échelle spatiale de l"effet (de global à local). Le niveau de compréhension des processus à l"œuvre et le degré de confiance dans l"estimation - de high, pour élevé, à low, pour faible (LOSU signifie Level Of Scientific Understanding). (Source : GIEC, Summary for Policymakers of the 4th assessment report, 2007 : http://www.ipcc.ch/)

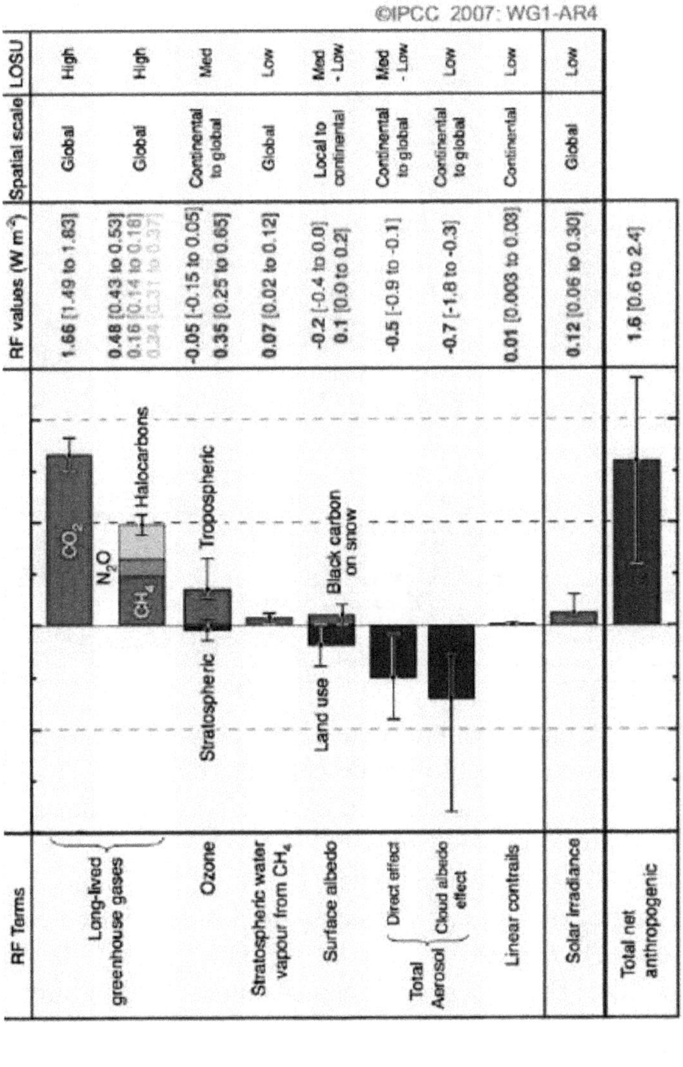

Ainsi, la température moyenne de notre planète résulte de l''équilibre entre le flux de rayonnement qui lui parvient du soleil et le flux de rayonnement IR renvoyé dans l''espace. L''effet de serre est le phénomène naturel lié à l''absorption du rayonnement IR renvoyé par la couche terrestre par des composés tels que le CO_2, le CH_4, COV mais aussi l''ozone, les composés chlorés, etc. Ces gaz interfèrent avec les rayons IR en les empêchant de s''échapper vers l''espace, ce qui provoque une hausse des températures (Figure. 16).

Figure 16. a. Principe de l''Effet de serre (source IASB) ; **b.** tableau des principales molécules à effet de serre et une estimation de leur niveau d''impact sur celui-ci.

a.

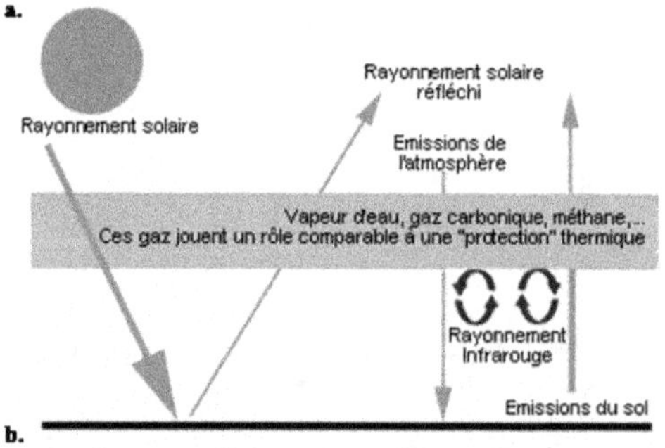

b.

Gaz		Effets					
		Proximité		A distance		Global	
		Santé	Destruction & Salissure des Bâtiments	Destruction Ecosystèmes forestiers & agricoles	Destruction éco systèmes d'eau douce	Effet de serre	Trou ozone stratos.
Produits directs							
Gaz à effet de serre							
H_2O	Eau					55%	
CO_2	Dioxyde de carbone					39%	
CH4	Méthane					2%	
N_2O	Protoxydes d'azote	Gaz hilarant/anésthésiant sur la durée : anémie, troubles neurologiques				2%	
HFC	HydroFluorocarbures					2%	
PFC	Perfluorocarbures						
SF_6	Hexafluorure de soufre						
Acidifiants							
NH_3	Ammoniaque	Irritation, ...	53% des pluies acides				
NO_x	Oxydes d'azote	Troubles respiratoires, sensibilité aux microbes	31% des pluies acides			NOx +UV -> O3	
SO_2	Oxydes de soufre	Inflammation des bronches, irritation occulaire	17% des pluies acides			Bénéfique	
Autres							
COV_{NM}	Composés organiques volatiles non méthaniques	Variables suivant le COV, d'irritation à cancers		?	?	COV +UV -> O3	
CO	Monoxyde de carbone	Mort par asphyxie si concentration élevée				via CO2	
PM_{10}	Particules < 10um	Déclenchement maladie respiratoires, allergies, cancers (suivant contenu des particules)	Saleté (noir)				
CFC	ChloroFluorocarbures						
Produits Indirects							
O_3	Ozone	Irritations poumons, gorge & yeux					

Certains COV participent directement au phénomène d''effet de serre ; c''est le cas du tétrachlorure de carbone, des CFC, etc. D''autres COV, responsables de la formation d''ozone de la basse atmosphère, y contribuent indirectement (Soltys, 1998).

Par ailleurs, un impact certain existe à la suite de l''augmentation en CO_2 sur la microflore du sol des écosystèmes prairiaux des régions tempérées où le CO_2 est le facteur limitant majeur de l''activité photosynthétique. Dans ces régions, peuplées majoritairement de plante C3, la pression partielle en CO_2 qui permettrait à la photosynthèse d'atteindre la moitié de sa vitesse maximale est voisine de 450 ppm : une variation de cette pression de 350 à 600 ppm aurait un effet important sur la production végétale brute (Aragno & Tarnawski, 2002a) et l'activité microbienne tellurique qui y est associée.

– Remarque

Le GIEC (Groupe d'Experts Intergouvernemental sur l'Evolution du Climat -http://www.ipcc.ch/) est une organisation qui a été mise en place en 1988, à la demande du G7 (groupe des 7 pays les plus riches : USA, Japon, Allemagne, France, Grande Bretagne, Canada, Italie), par :

- L'organisation Météorologique Mondiale (http://www.wmo.int/pages/index_fr.html)

et par :

- le Programme pour l'Environnement des Nations Unies (http://www.unep.org/)

Son appellation anglaise est IPCC : Intergovernmental Panel on Climate Change. Le rôle du GIEC est "d'expertiser l'information scientifique, technique et socio-économique qui concerne le risque de changements climatiques provoqués par l'homme".

V. Législation

V.1. Législation internationale

En novembre 1991, un protocole sur « la limitation des émissions des COV et leurs flux transfrontières » fut signé à Genève par 21 états Européennes, contraignant les pays signataires à (Conseil Fédéral & portail du gouvernement suisse & Parlement Européen, 1991) :

- Une réduction d'au moins 30% des émissions de 1999 par rapport à l'année de référence 1988,
- Une stabilisation du niveau d'émission en 1999 par rapport au niveau de 1988 pour les pays dont les émissions sont inférieures à 500kt pour l'année de référence, 20kg/habitant et 5t.km^{-2}.

En 1999, le protocole de Göteborg, relatif à la réduction de l'acidification, de l'eutrophisation et de la production d'ozone troposphérique, fixe des plafonds d'émission contraignants pour les NO_x, les COV, les SO_x et l'ammoniac (NH_3), à atteindre pour 2010.

En 2001, la directive 2001/81, dite « directive NEC » (*National Emission Ceilings*), a été adoptée. Elle fixe les plafonds d'émission contraignants pour les NO_x, les COV, les SO_x et le NH_3 à atteindre pour 2010. L'application de cette directive implique la mise en place d'une série de mesures par rapport aux sources fixes, pour lesquelles les responsabilités régionales et fédérales sont clairement définies, et par rapport aux sources mobiles, pour lesquelles une approche globale est préconisée. En ce qui concerne les sources fixes, le tableau IV reprend les objectifs propres à chaque région de Belgique (source IBGE).

En matière de sources mobiles (transport), la Belgique s'est engagée à réduire ses émissions de COV de 72% en 2010 par rapport à l'année 1990, ce qui porte le plafond à atteindre à 35,6kt en 2010.

Tableau IV. Plafonds d'émission à atteindre en 2010 (source IBGE).

Région	Plafond 2010 (kt)	Réduction 2010/1999 (%)
Région de Bruxelles-Capitale	4	-38,77
Région Wallonne	30,5	-38,20
Région Flamande	73,5	-48,10

V.2. Législation européenne

Au niveau européen, il existe 3 nouvelles directives depuis 1994 :

- Directive 94/63/CE du 20 décembre 1994 portant sur les émissions résultant du stockage de l'essence et de sa distribution des terminaux aux stations-services (JO n°L365 du 31/12/1994 p24-33),
- Directive 96/61/CE du 24 septembre 1996, dite directive « IPPC », relative à la prévention et à la réduction intégrées de la pollution,
- Directive 98/70/CE, relative à la qualité de l'essence et des carburants diesel. Elle modifie d'autre part les Directives 93/12/CEE et 98/69/CE relatives aux mesures à prendre contre la pollution de l'air par les émissions des véhicules à moteur,
- Directive 1999/13/CE du 11 mars 1999, dite « Directive Solvants », relative à la réduction des émissions de COV dues à l'utilisation de solvants organiques dans certaines activités et

installations (JO n°L085 du 29/03/1999 p1-22). Les activités de revêtement de textiles, de tissus, de papier, de plastique, de fils électriques notamment sont concernées par cette directive qui impose des valeurs limites portant sur diverses émissions. Les valeurs limites ainsi que leur mise en œuvre sont fonction de l'ancienneté de l'entreprise, de l'existence ou non d'un équipement de réduction et du secteur d'activité de l'entreprise. Ces directives ont été transposées dans les législations propres des différents états membres.

V.3. Directive Solvants (UE)

Comme nous l'avons vu dans la « partie bibliographie rôle de flore du sol (tome 3) », les bactéries émettrices de COV et PGPR sont utilisées depuis longtemps en bioindustrie pour la « bio » production de solvants ou substrats de synthèses organiques comme le caoutchouc (cf. partie suivante). Pour estimer les risques itinérants à cette nouvelle technologie. Je vais me fixer les deux points de vue suivants :

- 1) Risques biologiques liés aux microorganismes émetteurs de COV comme les bactéries tellurique, PGPR ou mycètes. Cette partie sera abordée dans la partie PGPR (cf. tome 4 & 5).
- 2) Le point de vie chimique-biochimique. Ce dernier point focalise les risques du point de vue des composés organiques de type solvant. Il est présenté ci-dessous.

La Directive Solvants impose soit de respecter des valeurs limites portant sur diverses émissions (gaz résiduaires, émissions diffuses et l'ensemble des émissions), soit de mettre en œuvre un schéma de réduction, impliquant une technique primaire ou secondaire, permettant de respecter ces valeurs limites.

Ces mesures doivent être mises en œuvre au 1er avril 2001 pour les nouvelles installations et au 31 octobre 2007 pour les installations déjà existantes. Cependant, les installations existantes déjà pourvues d'un équipement de réduction et qui respectent les valeurs limites, à savoir $50mgC.Nm^{-3}$ en cas d'incinération et $150mgC.Nm^{-3}$ pour les autres cas, bénéficient pour une période de 12 ans (à compter du 1er avril 2001) d'une dérogation à l'application des valeurs limites des gaz résiduaires, à condition que le total des émissions ne dépasse pas le niveau global calculé selon la nouvelle réglementation.

Les substances dangereuses, dont les phrases de risques sont R45, R46, R49, R60 et R61 selon la Directive 67/548/CEE, doivent être remplacées en raison de leurs teneurs en COV classées cancérigènes, mutagènes ou toxiques. Si le débit massique de ces émissions est supérieur à $10g.h^{-1}$, la valeur limite à respecter est de $2mgC.Nm^{-3}$. En ce qui concerne les COV halogénés (R40), si le débit massique est supérieur à $100g.h^{-1}$, la valeur limite à respecter devient $20mgC.Nm^{-3}$.

Afin de respecter les valeurs limites d'émission des COV imposées par la Directive Solvants, il est nécessaire de recourir à la mise en œuvre d'une technique d'abattement.

V.4. Législation des Etats-Unis d'Amérique

Aux Etats Unis d'Amérique, il existe diverses réglementations tant au niveau local, étatique et fédéral, fixant des teneurs limites en COV, en particulier pour les produits de consommation.

A l'origine de ces réglementations se trouve le Clean Air Act Amendements (1990) qui prescrit la réduction et la reformulation des produits dangereux pour l'environnement (Soni, 1991).

Dans l'Etat de Californie, en 1992, le California Air Resources Board (CARB) a établi une réglementation mandatée par le California Clean Air Act de 1988. Cette réglementation exige une reformulation de certains produits de consommation (Boulden, 1992 ; California Air ressources Board, 2003 ; Raymond, 1992 ; Kemelor, 1992). L'objectif du CARB est d'éliminer 85% des émissions de COV en provenance des produits de consommation d'ici 2010. Sous la pression des groupes industriels pour lesquels la reformulation de certains produits s'avérait difficile, certaines exigences ont toutefois été révisées (California Keeps, 1999). Au total, sept Etats dont la Californie, ont mis en place des réglementations à l'encontre de l'émission des COV dans les produits de consommation : les Etats du Connecticut, Massachusetts, New Jersey, New York, Oregon, Rhode Island et Texas (Environment protection agency, 2003). Par ailleurs, en 1999, l'Agence de Protection de l'Environnement (EPA : « *Environmental Protection Agency* ») a adopté une réglementation fédérale appliquée à 220 produits manufacturés et importés, très similaire à celle existant en Californie. Il s'agit de la première loi fédérale sur les émissions de COV issus de produits de consommation. Cette réglementation fédérale n'interdit pas aux Etats d'adopter une réglementation plus sévère (Baker, 1999 ; Walker, 1998).

V.5. Législation du Canada

Au Canada, en 1990, le Conseil canadien des ministres de l'environnement (CCME) a élaboré un Plan de gestion pour les oxydes d'azote (NOx) et les COV destiné à maîtriser le problème de pollution de l'air. L'une des initiatives du plan décrivait un programme de réduction des COV provenant des produits de consommation, à l'exclusion des liquides lave-glaces et des revêtements.

Un deuxième plan de réduction des émissions de composés organiques volatils provenant des produits de consommation, Harmonisé avec les normes américaines, a été proposé en 2000. Il vise tous les fabricants et importateurs de produits de consommations utilisés au Canada (Cantox environmental Inc, 2000).

V.6. Législation de Suisse

En Suisse, il existe depuis le 1er janvier 2000 une taxe d'incitation sur les COV. A peu près quatre-vingts COV, ainsi que de nombreux produits importés contenant des COV sont soumis à cette taxe. Parmi eux se trouvent une grande variété de produit principalement de natures cosmétologiques. L'ambition est que l'industrie et le commerce développent et vendent des produits exempts ou comportant peu de solvants ou COV (Confoederatio helvetica, 2003 ; Office fédéral de l'environnement des forets et du paysage, 2001 ; Von Euw R, 2003).

VI. Techniques de réduction des émissions de COV

Dans le but de réduire et contenir les émissions de COV, il est possible d'agir à la source en évitant toute production de polluant, en réduisant la consommation des solvants ou en substituant les produits polluants par des produits peu ou pas nocifs par exemple. Ces techniques sont dites primaires. Il est aussi possible d'agir après la formation des polluants : on parle alors de techniques secondaires. Ces dernières n'imposent pas le changement des produits mais l'ajout d'une unité de traitement en queue ou milieu de procédé ou « *process* », voire le changement d'une unité déjà existante. Parmi elles, il existe deux types de techniques comme illustrées sur la figure 17 : les techniques destructives et les techniques récupératrices.

Les techniques de destruction, telles que les procédés d'oxydation, l'irradiation et les procédés biologiques, permettent une valorisation énergétique des COV. Les techniques de récupération valorisent les COV en tant que matière première. On compte parmi elles : la condensation, l''adsorption, les procédés membranaires, l''absorption et le piégeage par gélification ou fixation chimique. Pour de plus ample informations, je vous propose de consulter la publication de Bourgeois (2007) pour obtenir des informations plus détaillé à ce sujet.

Figure 17. Panorama des techniques secondaires.

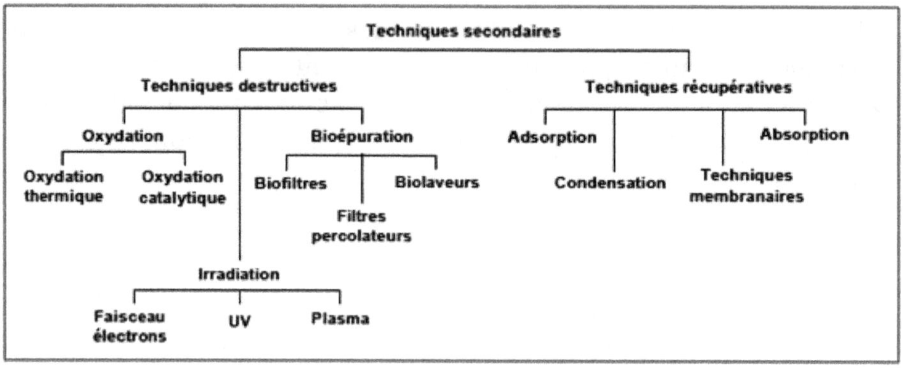

VII. Composés organiques volatils microbiens (COVM) (ou *Microbial Volatile Organic Compounds* : MVOC's)

VII.1. Origine et définition

Les Composés organiques volatils (COV) sont des substances chimiques de bas poids moléculaires à haute pression de vapeur et de faible solubilité dans l''eau. Ces caractéristiques chimiques permettent aux COV de facilement s''évaporer dans l''air ou « *off-gas* » (Ammann, 1998). Les COV peuvent être produits par des procédés industriels ou biologiques. Dans le milieu industriel, les COV sont couramment utilisés ou sont créés comme des sous-produits dans la fabrication de peintures, de produits pharmaceutiques, d''agents réfrigérants, carburants pétroliers, les nettoyants ménagers et autres produits personnalisables. Les COV peuvent également être produits par des micro-organismes tels que les champignons et les bactéries notamment du sol comme les PGPR. Au cours du métabolisme, les microorganismes peuvent produire ces produits chimiques, en particulier appelé composés organiques volatils microbiens (COVM ou « ***Microbial Volatile Organic Compounds*** » : MVOCs). De nombreux articles concernent l''étude des MVOC, par opposition aux COV produits de manière industriellement (chimie fine) et de leur pertinence dans le cadre de la santé humaine, de la qualité hygiénique des airs intérieurs, de l‟agronomie et biologie végétale et microbienne.

Les composés organiques volatils Microbiens sont des composés de faibles poids moléculaire de la famille des alcools, des aldéhydes, des cétones, des amines, des terpènes, des hydrocarbures aromatiques et chlorés et les composés à base de soufre, qui sont tous des variations de molécules à base de carbone (cf. partie suivante). Les COVM ont un seuil olfactif très bas, donc, ce qui les rend facilement détectable par l‟odorat. Ils ont souvent des odeurs fortes et sont responsables des odeurs nauséabondes et odieuses (« vieux fromages », « des chaussettes sales » ou « vestiaire ») associés aux moisissures et aux croissances bactériennes.

Les COVM sont des produits du métabolisme primaire et secondaire des microorganismes. Dans le métabolisme primaire, l‟organisme décompose l‟environnement pour s‟alimenter. Il va extraire les substances nutritives nécessaires pour le maintien de ses structures cellulaires et, ce faisant, crée des COVM comme sous-produits métaboliques. Dans le métabolisme secondaire, la production de COVM est motivée par la présence d‟une compétition pour les ressources du milieu qui souvent est un environnement pauvre en nutriments. Les COVM sont produit au cours du métabolisme bactériens ou fongique primaire comprennent l‟éthanol, le oct-1-ène-3-ol (ou 1-octène-3-ol), le oct-2-ène-1-ol (ou 2-octène-1-ol), et le cyanure de benzyle.

Les bactéries et certains champignons peuvent produire de l‟éthanol par « fermentation ». D‟autres, tels que *Aspergillus niger*, *Aspergillus flavus*, et *Penicillium roqueforti* sont en mesure de produire le oct-1-ène-3-ol (ou 1-octène-3-ol). De faibles concentrations de ces COVM particuliers dégagent une odeur de champignons ou de moisi. *Aspergillus flavus* peut également produire le oct-2-ène-1-ol qui a été décrit comme « une très forte odeur de renfermé, odeur d‟huile ». Le champignon *Botrytis cinerea* peut produire du cyanure de benzyle qui émet une odeur herbeuse.

Les COVM sont produit au cours du métabolisme secondaire (cf. partie suivante). Chez les mycètes (Walinder *et al.,* 2005), elles comprennent le 2-méthyl-isobornéol, la géosmine (1-10-diméthyl-trans-9-décalol), et des terpènes. *Chaetomium* sp est connu pour produire le 2-méthyl isobornéol et la géosmine émettant une odeur de moisi, odeur terreuse. *Penicillium aurantiogriseum* et *Penicillium vulpinum* croissante sur substrat d‟avoine ont été montrés pour produire des terpènes. Le plus grand événement de la production de

COVM, en particulier les terpènes et sesquiterpènes, semble coïncider avec la formation de spores et la production de mycotoxines comme on l'observe dans les espèces d'*Aspergillus* et *Penicillium*.

Les Informations concernant les MVOC bactériens sont limitées. Les études menées sur quelques bactéries, telles que les actinomycètes *Streptomyces griseus* et *Streptomyces odorifer* montrer qu'ils peuvent produire la géosmine, 2-méthyl-isobornéol, et 3-méthyl-butanol.

VII.2. Pourquoi la détection et quantification des COV sont une idée pertinente dans le cadre de la santé, de la salubrité des airs intérieures et de l'agronomie ?

Tout d'abord, la perception de COVM est une indication que la croissance microbienne est en cours de réalisation. Leur potentiel à déclencher des effets sur la santé demeure spéculatif dans certains points. A ce jour des dangers existe. Des informations récentes prouvent leurs effets gènotoxiques. Et, ces effets commencent à être bien documentés scientifiquement (cf. partie suivante). Ils doivent également être associé à un certains nombres de bactéries qui sont pour la plupart plus ou moins pathogènes et font parties de familles et de genres figurant sur la liste de maladies nosocomiales ou à risque.

Les champignons et les bactéries peuvent survivre ou dominer la production de produits chimiques toxiques dans leurs environnements de développement, comme les mycotoxines et COVM. Ces métabolites sont émis par les micro-organismes pour inhiber ou tuer leurs concurrents. Il s'agit de mécanisme type « antibiose ». L'étymologie et l'historique de l'antibiose commence en 1889 (*cf. supra Méd. Biol.* t. 1 1970) et 1953 avec la définition de QUILLET : « Antibiose. Antagonisme entre certains principes vivants, microbes ou bactéries. C'est le contraire de symbiose ». Il est composé du préfixe anti-* « contre » et de -biose* (< gr. β ί ο ς « vie »). Ce terme peut être sur le modèle de « symbiose » dont il est contemporain ; mais peut-être aussi influencé par l'adjectif. gr. α ' ν τ ί ϐ ι ο ς , attesté depuis Homère, au sens de « qui lutte contre » (α ' ν τ ί « contre », β ί α « force, violence »). Il s'agit donc de : « *Toute relation biologique dans laquelle, selon Vuillemin « un être vivant en détruit un autre pour assurer sa propre existence* ». (ds Méd. Biol. t. 1 1970) : 1) La compréhension de l'importance des phénomènes d'**antibiose** a eu d'immenses applications thérapeutiques. L'étude cytologique des bactéries conduisit à remplacer la conception erronée d'êtres vivants très simples par celle de cellules complètes constituées par un cytoplasme, une membrane de texture complexe, et un noyau (*Hist. gén. des sc.*, t. 3, vol. 2, 1964, p. 623) ; 2) Il convient de signaler aussi qu'il existe, dans les milieux océaniques, des phénomènes d'**antibiose** encore mal connus, mais certainement très importants. Par exemple le mucus de certains animaux, tels les gastéropodes du genre *murex,* empêche ou retarde le développement de certains germes putréfiants (PÉRÈS JM, *La Vie dans l'océan,* 1966, p. 96. **BBG.** – HUSSON 1970. – Méd. Biol. t. 1 1970. – NEYRON 1970. – PLAIS.-CAILL. 1958).

En d'autres termes, une antibiose, ou *antibiosis*, désigne les procédés utilisés par certains organismes pour affecter à distance le développement d'autres individus. Une antibiose désigne tout autant un antagonisme microbien déterminé par la synthèse d'antibiotique par exemple. C'est le comportement particulier d'une espèce A à l'encontre d'une espèce B. Par le truchement de substances qu'elle métabolise et excrète par exemple les antibiotiques. L'espèce A est capable de s'opposer à la croissance et au développement de l'espèce B. C'est l'inverse d'une synbiose! Il s'agit là d'un phénomène du plus grand intérêt lorsque l'espèce B est indésirable. En revanche, c'est un comportement très fâcheux pour une espèce B, considérée comme utile et efficace, lorsqu'elle est inhibée, voire détruite.

Une antibiose consiste ainsi en une interaction entre organismes végétaux (voir animaux) ou fongiques qui se traduit par la diminution ou l'inhibition de la croissance d'un ou plusieurs organismes de la relation, voire leur disparition. Elle résulte de la sécrétion de molécules toxiques ou de la formation de ces molécules par la dégradation des plantes mortes.

Ces produits chimiques, à des concentrations qui se produisent à l'interface microorganismes / microorganismes ou organismes peuvent interférer avec les processus cellulaires comme l'ADN, l'ARN et la synthèse des protéines et fonctions membranaires ou une enzyme. L'extrapolation de ces effets pour les plantes ou les animaux implique un examen de la résistance cellulaire (ou sensibilité) et de la dose, du temps de contact. Il s'agit donc d'une étude de toxicologie poussée. Dans l'environnement intérieur, l'exposition à des COVM de champignons a été blâmée pour avoir entrainé des maux de tête, irritations nasales, des étourdissements, de la fatigue et des nausées. Toutefois, les preuves ne sont pas concluantes sur ce point, et d'autres facteurs doivent également être pris en considération.

Quelques études ont tenté de documenter les effets de l'exposition directe à COVM, mais aucun n'a clairement présenté de documents et rapports tendant à prouver un effet sur la santé quelle que soit la concentration généralement étudié ou mesuré dans un bâtiment contaminés. Bien que quelques études aient impliqué une relation causale entre l'exposition et les symptômes de la maladie, il y a encore des aspects de cette relation qui doivent être évalués et éclairci. Donc, à ce jour, il reste à identifier les propriétés toxiques spécifiques ou de promotion de croissance et les concentrations de COVM nécessaire à la production de symptômes ou d'amélioration de la croissance qui sont encore inconnues chez l'animal, les microorganismes et les plantes. Bien que, chez les plantes, des effets de promotions de croissance soient signalés à la suite des expositions contrôlées aux COV bactériens.

Les chercheurs sont particulièrement intéressés à la détermination de la présence de « marqueurs » ou produits chimiques, tels que le COVM (Ammann, 1998). L'analyse comparative par GC/MS (chromatographie en phase gazeuse / spectrométrie de masse) des niveaux de COVM en plein air, à l'intérieur de zones touchées par l'émission de COV, et à l'intérieur des zones non touchées. Ces analysent peuvent fournir des informations sur le degré de présences et de contaminations microbiennes des volumes étudiés comme les bâtiments, les sols. Des études comparant le niveau de COV dans un air intérieur (de réacteur, d'une pièce) et les émissions COVM de micro-organismes en culture peuvent aussi éventuellement être réalisées. Toutefois, la croissance microbienne peut produire des COVM de manières variables selon le substrat et la phase de croissance du microorganisme. Dans ces deux cas une modulation de la qualité et de la quantité du spectre d'émission de COVM ont lieu. Les COVM sont émis par les microorganismes dans un domaine précis, comme aux champs, peuvent aussi différer de celles des cultures de laboratoire. Il faut bien noter que la compétition pour les ressources présente dans un environnement, un lieu prédéfinit ou dans la zone étudiée est difficile à reproduire dans le cadre du laboratoire.

En outre, certains des COV peuvent être de sources microbiennes ou non, telles que le limonène et le pinène dans les produits de nettoyages. Avec toutes ces considérations à l'esprit, d'autres études sont nécessaires pour approfondir les connaissances actuelles sur COVM et leurs effets sur le développement et la santé humaine ou des plantes.

VII.3. Composés organiques volatils microbiens (COVM) et les odeurs de « moisi »

Les Composés Organiques Volatils Microbiens (COVM) sont des gaz produits par les bactéries et moisissures. L'odeur de moisi que vous pourriez sentir est causée par ces COVM émis. Ces odeurs sont effectivement des produits chimiques organiques qui sont produites par ces microorganismes à certaines périodes du cycle de leur croissance. Ce qui a été démontré lors des premières productions bio-industrielles lors des 1er et 2ème guerres mondiales.

Des expériences en laboratoire ont identifié plus de 200 composés COVM. Ils sont généralement constitués de produits chimiques à fortes odeurs et toxicités telles que des aldéhydes, des benzènes, tulolènes et beaucoup d'autres.

VII.4. A quelle moment y-a-t-il une production de COVM et quels sont les symptômes induits par ces COV chez l'homme

Certaines moisissures produisent des COVM différentes en fonction de conditions de croissances et de développements telles que le taux d'humidité disponible et la nature du support de culture. Cependant, dans le cas des moisissures, les COVM ne sont pas produites du tout lors de la pleine croissance. Cela dépend des conditions telles que l'humidité, de température de l'air, de la sous pression, et de la lumière disponibles. Il faut bien noter que les COVM sont pour la plupart des déchets métaboliques produits par les microorganismes à mesure qu'il grandit.

Donc, si vous pouvez sentir ces COVM issu de microorganismes comme les moisissures. C'est un signe que les microorganismes se développent activement dans votre environnement. Il faut savoir que s'il s'agit d'une habitation vous devez corriger le problème de développement des microorganismes dans les meilleurs délais par exemple le cas des moisissures. Il est également nécessaire d'identifier ce genre de problèmes en laboratoire pour des questions de BPL & d'hygiènes et sécurités dans les unités de recherche qui étudient ce type de microorganismes. Bien que pour la plupart de ces microorganismes soient de classe I, II ou III. Concernant les émissions bactériennes, je vous conseille de lire la partie suivante.

VII.5. Présence d'une zone de productions et d'émission : odeur de « moisi »

Même si vous ne pouvez pas voir les microorganismes, l'odeur de « moisi » issu de COVM peut vous alerter de la présence d'une zone de productions et d'émission. Les COVM peuvent faire des dommages à votre santé, même si aucunes bactéries ou moisissures ne sont visibles.

Une fois que la croissance des microorganismes est terminée et que les microorganismes ont été retirés de la zones de production – émission par exemple les moisissures. Certains COVM peuvent encore être présents car, ils peuvent rester adsorbés ou absorbé sur des matériaux perméables tels que les papiers, textiles, bois, matières plastiques. Ces odeurs peuvent être difficiles à enlever. Même les filtres HEPA ne peuvent pas supprimer les COVM de l'air. Cependant, le nettoyage à fond des articles avec beaucoup d'air frais et le soleil devrait éliminer la plupart des COV. Un protocole de nettoyage du matériel de laboratoire est également mis en place (voir normes).

VII.6. Les symptômes causés par COVM

VII.6.1. Les symptômes généraux

Les COVM peuvent provoquer des symptômes tels des maux de tête, des nausées, des étourdissements et de la fatigue. Les COVM peuvent également irriter les yeux et les muqueuses du nez et de la gorge. Cependant, parce que la recherche sur les COVM est encore à un stade précoce, tous les symptômes et réactions générer par les COV ne sont pas encore connues.

Vous pouvez trouver les symptômes issus de moisissure, ainsi que des techniques de dépistages et de traitements dans l'exemple suivant.

- ***Les symptômes de moisissure :*** Si vous avez un problème de moisissure dans votre maison par exemple, vous pouvez souffrir de plusieurs des symptômes. En fait, de nombreuses personnes souffrent des symptômes de la moisissure et ne pas s'en rendre compte. Pour la plupart, ils assimilent leurs symptômes au rhume des foins ou à la fièvre issu de maladie quelconque.
- ***Types de symptômes de moisissure :*** Les COV peuvent causer trois principaux types de symptômes par exemple dans le cas des moisissures : 1) les symptômes allergiques et irritantes, 2) symptômes toxiques, 3) infections.

- ***Les symptômes allergiques et d'Irritation à la suite d'exposition aux moisissures :*** La plupart des symptômes sont causés par des allergies aux moisissures. Quand vous inspirez les spores de moisissure. Votre système immunitaire réagit en produisant des réactions de défenses allergiques contre les particules étrangères qui entrent dans le corps notamment les spores.

Il faut noter que certaine bactérie PGPR sporules comme *Bacillus*. Cette sporulation est un avantage biologique pour le microorganisme et un avantage technique pour les bio-productions et la stabilité de la formulation des nouveaux produits commerciaux à basse de PGPR comme le produit Bactogreen® & Mycogreen® industrialisé par Monseu® et bien d''autres (Figure. 18 ; Jansen, 2011 & Bhattacharyya & Jha, 2012). Bien qu''un danger biologique et de santé publique non négligeable existe (cf. partie suivante). Plus une personne est au contact de ces microorganismes, plus elle sera sensible. Cela signifie que les personnes peuvent se retrouver incapables de tolérer ces microorganismes par exemple moisissure ou de petites quantités de COV présent autour d''eux-mêmes. Leurs réactions allergiques deviendront également de plus en plus sévères.

Figure 18. A. Publicité de trois produits d''enrobage, suspension et de traitement phytopharmaceutique contenant des PGPR et mycètes à action de promotion de croissance sur les plantes traitées (Jansen, 2011 ; Monsieu, Bactisol d''Action Distribution Direct, site Net Green tonic) ; Table présentant des formulations de PGPR et leur mécanisme d''action stimulant la croissance des plantes. **B.** Panorama des produits commerciaux développés en utilisant différentes souches PGPR (Varin 2015 d''Après Bhattacharyya & Jha, 2012). Bactisol d''Action Distribution Direct :
http://www.a2d.fr/culture_traitement_phytosanitaire_fertilisants.htm

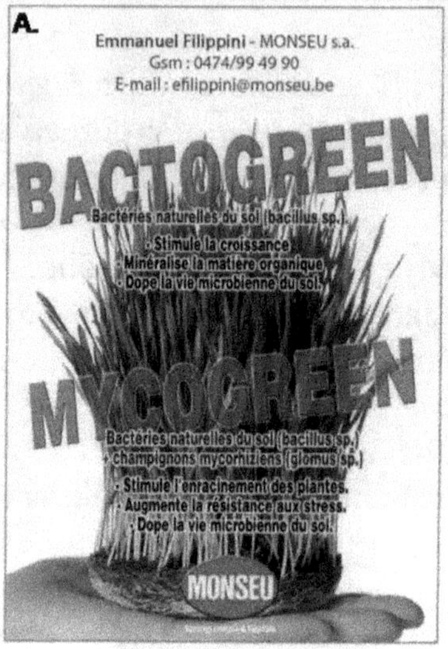

PGPR forms	Definition	Mechanism of action	References
Biofertilizer	A substance that contains live microorganisms which, when applied on the seed, plant surface or soil, colonizes the rhizosphere and promote plant growth through increased supply of primary nutrients for the host plant	Biological nitrogen fixation	Vessey (2003)
		Utilization of insoluble phosphorus	Somers et al. (2004)
Phytostimulator	Microorganism, with the ability to produce phytohormones such as indole acetic acid, gibberellic acid, cytokinins and ethylene	Production of phytohormones	Lugtenberg et al. (2002), Somers et al. (2004)
Biopesticide	Microorganisms that promote plant growth by controlling phytopathogenic agents	Production of antibiotics, siderophores, HCN	Vessey (2003)
		Production of hydrolytic enzymes	Somers et al. (2004)
		Acquired and Induced systemic resistance	Chandler et al. (2008)

B.

PGPR	Products	Intended crop
Agrobacterium radiobacter	Diegall, Galltrol-A, Nogall, Norbac 84 C	Fruit, nut, ornamental nursery stock and trees
Azospirillum brasilense	Azo-Green	Turf and forage crops
Bacillus subtilis	Epic, HiStick N/T, Kodiak, Rhizo-Plus, Serenade, Subtilex	Barley, beans, cotton, legumes peanut, pea, rice and soybean
B. amyloliquefaciens GB99	Quantum 4000	Broccoli, cabbage, cantaloupe, cauliflower, celery, cucumber, lettuce, ornamentals, peppers, tomato and watermelon
Burlkholderia cepacia	Blue Circle, Deny, Intercept	Alfalfa, barley, beans, clover, cotton, maize, peas, sorghum, vegetables and wheat
Pseudomonas fluorescens	BlightBan A506, Conquer, Victus	Almond, apple, cherry, mushroom, peach, pear, potato, strawberry and tomato
P. syringae	Bio-save10	Citrus and pome fruit
Streptomyces griseovirdis K61	Mycostop	Field, ornamental and vegetable crops

VII.6.2. Les symptômes d'"allergies aux émetteurs de COVM

Je présenterai pour exemple les symptômes issus de moisissures émettrices et certaines bactéries de COV. Rhume ou une grippe, toux, éternuements, mal de gorge, irrité, démangeaisons de la gorge, nez bouché, nez qui démange, nez qui coule, congestion des sinus, céphalées de la sinusite, difficulté à respirer, essoufflement, respiration sifflante, irrité, démangeaisons de la peau, éruption cutanée, urticaire, yeux larmoyants, rouges, yeux injectés de sang, yeux qui piquent, oreilles qui démangent, perte de cheveux, calvitie, symptômes du rhume des foins. Il faut noter également que les 16 espèces de moisissures productrices de mycotoxines sont émettrices de COV et sont hautement toxiques.

VII.6.3. Symptôme d'"une Infections aux microorganismes

Parfois, les spores de ces microorganismes sont inhalées. Ils passent dans les poumons d'"une personne et commencent à se développer à l'"intérieur de l'"hôte. Ces espèces peuvent également infecter les gens de façon opportuniste par exemple les genres *Trichoderma, Penicillium* et *Aspergillus fumigatus marneffei* . Les Infections de ce genre se développer également dans les sinus, la peau ou le système digestif. Ceci est démontré chez les moisissures.

Ces infections biologiques, en dehors des effets toxiques dus aux COV, ne se produisent généralement pas chez les personnes saines. Les personnes âgées ou celles qui sont malades y compromis les immunodéprimés c'"est-à-dire présentant un système immunitaire affaibli peuvent souffrir de ces infections. Parfois, ces infections peuvent même causer la mort. C'"est ce qui a été prouvé dans le cas de certaines moisissures présentes par exemple dans les habitations victimes d'"infiltrations ou de dégâts des eaux. L'"application de biotechnologie à but militaire peut-être envisagé comme cela a déjà été le cas avec le genre *Bacillus*.

VII.6.4. Test de symptômes et traitements

Il existe quelques tests disponibles afin de déterminer si vous avez des allergies. Ces tests peuvent être réalisés pour vous par un professionnel de la santé tel qu'"un médecin ou un allergologue par exemple les tests cutanés, tests sanguins. Le test MELISA (dosage des lymphocytes mémoire d'"une Immuno-stimulation) d'"autres tests sanguins similaires comme le test ELISA (*Enzyme-Linked Immunosorbent Assay*) et le test R AST (RAST) sont employés. De plus, quelques traitements existent concernant la contamination biologique par le microorganisme, mais aucun traitement n‟ait connu à ce jour pour traiter une exposition à un ensemble de COV émis.

VII.7. Stratégies d'échantillonnage, d'identification et de quantification des COVM

VII.7.1. Stratégies d‟échantillonnage Microbiens (COV & COVM)

Il a été montré que certains micro-organismes produisent typiquement un panel unique de composés organiques volatils microbiens également connus sous le nom COVM.

Les odeurs que produisent ces micro-organismes peuvent être attribuables aux COVM distinctement produits par certaines espèces de micro-organismes.

Les micro-organismes cultivés en laboratoire peuvent produire des COVM différents de celles qui se développent dans la nature comme aux champs au sein de la rhizosphère ou du sol, dans des matériaux de construction prise comme substrats par le microorganisme. La production de COVM peut être très variable en fonction des conditions de croissance comme la nature du substrat, la température et le degré de compétition avec d‟autres micro-organismes.

Les COVM de champignons et de bactéries (COVB) sont démontrés comme pouvant pénétrer les pare-vapeur en plastique utilisés au cours de la construction de maisons.

Ils peuvent également provenir de sources non biologiques en raison du fait que certain COVM soit utilisé comme solvants industriels. Ils sont donc présents dans les bureaux, maisons. Il existe de nombreuses sources de COV intérieurs autres que micro-organismes tels que les peintures, les vernis, les produits de nettoyages, solvants, tissus, moquettes, plastiques, matériaux de constructions et produits de combustions d‟intérieur (cheminée à l‟éthanol, carburants pour moteurs, etc.).

Il existe deux méthodes principales pour la collecte des COVM. La première est une collection d‟un échantillon d‟air dans un récipient d‟échantillonnage en acier inoxydable tel qu‟un récipient ou un mini-SUMMA possible ou de verre. L‟échantillon d‟air est prélevé facilement dans l‟environnement à diagnostiquer et envoyés au laboratoire pour une analyse ultérieure par pré-concentration cryogénique couplé avec GC/MS.

La seconde méthode consiste à prélever un échantillon d‟air sur un sorbant solide contenue dans un tube de verre (type Vial) par exemple la technique de la SPME. Les tubes absorbants sont disponibles dans le commerce auprès de fournisseurs SKC et bien d'autres. Une des difficultés de cette méthode est que le composé COVM doit être compatible avec le sorbant approprié et solvant de désorption. Si les échantillons d'air contiennent des concentrations très faibles de COVM, la méthode du tube sorbant a le potentiel de succès le plus grand grâce à la capacité dont dispose l'échantillonneur à être en contact avec de grands volumes d'air.

VII.7.2. Stratégies de collecte des COVM et analyse d'atmosphère

Lorsque vous utilisez la méthode d'échantillonnage d'air, l'humidité atmosphérique devrait être relativement faible. Des concentrations élevées d'humidités peuvent influer sur le processus de concentration cryogénique. C'est une des difficultés actuelles que l'on peut avoir avec l'analyse par GC/MS. Dans les situations où les « odeurs » perceptibles sont présentes, toute analyse d'air ou atmosphère peut être appropriée. En outre, si une scanographie de COVM de large spectre « inconnu » par GC/MS est souhaitée. Cette approche analytique d'une atmosphère peut être un outil d'analyse utile. Les informations obtenues permettront d'analyser un grand nombre d'organismes différents et de fournir des informations qualitatives et semi-quantitatives utiles sur les COVM émit. En outre, l'analyse d'atmosphères fournit des renseignements généraux d'expositions aux COV liées étroitement avec à la santé.

VII.7.3. Collection par Tube de « sorbant »

Lorsque vous utilisez la méthode du tube adsorbant, il est fort utile de savoir qu'elle est l'organisme ciblé. Cela permettra aux chercheurs de concevoir un programme d'échantillonnage et de qualité de mesure qui cible les COVM spécifiques connus pour être associés à l'organisme ciblé. Les considérations comprennent la sélection des supports, la nature du solvant de désorption, les conditions de stockage de l'échantillonnage et du matériel, et la stabilité des composés dans le temps.

Une autre méthode de collecte par tube de « sorbant » est l'utilisation de la désorption thermique en GC/MS. À l'aide d'un tube de désorption et spécialement construit avec un lit de sorbant destiné aux caractéristiques d'un micro-organisme particulier ou un groupe de micro-organismes. Ces COVM peut être mesurée sans l'utilisation d'un solvant de désorption. Les avantages de cette analyse associée au solvant de désorption permettent de détecter des niveaux faibles ou inférieurs de composés chimiquement labiles. Cette dernière technique est celle que j’ai employée lors de mon projet de recherche.

Conclusion

Ce chapitre a permis de mettre en évidence : le fait qu’il est indispensable de satisfaire les engagements, tant au niveau national qu’au niveau international, pour préserver l’homme et l’environnement des effets néfastes des COV.

Dans le cas où la réduction des émissions de COV à la source est difficilement applicable ou de performances insuffisantes. Les techniques d’abattement des COV, adaptables en sortie de procédé « *process* » des industries chimiques permettent en général d’atteindre les valeurs limites imposées par la Directive Solvants. Cependant, il n’existe pas de techniques universelles. Le choix de la meilleure technique pour faire face à une pollution industrielle s’avère assez complexe à régler car, faisant intervenir de multiples paramètres.

L’exploitation technologique des microorganismes et PGPR émetteurs de COV et des candidats de COV dans un but agronomique, de santé ou industriel devra être mise en place avec une rigueur législative efficace, une traçabilité et des normes d’hygiène, sécurité et de santé publique plus ou moins drastiques suivants leurs applications principales mises en avant par les expertises. La présence de ces COV, COVM et microorganismes émetteurs causeront des effets indésirables collatéraux non négligeables et très dangereux sur la santé animale et notamment humaine en plus de l’impact environnementale causé par des applications d’échelles industriels et agronomiques.

Ces procédures administratives et de terrains à mettre en place ne devront pas répéter les erreurs et manques de rigueurs scientifiques, techniques et législatifs itinérant aux contrôles technologiques comme nous avons pu l’observer et le constater dans le cas de la mise en place aux champs et sur le marché de la technologie « OGM » et des pesticides. Il faut bien noter que la technologie découlant des PGPR et de leurs COV combine l’ensemble des inconvenants observés pour les deux technologies précédemment c’est-à-dire des risques et dangers biologiques et chimiques simples ou combinés.

Ce type d’industries peut ne pas être considérées comme industries polluantes et ne sont donc pas les premières visées par la réglementation concernant la limitation de l’utilisation des COV. Toutefois, la tendance actuelle semble aller vers un durcissement. Il est donc important pour ce secteur naissant d'anticiper ce phénomène de politique-écologique. L'industrie devra trouver des solutions pour réduire le niveau de COV et des techniques de contrôles de ces effluents. Elle réussira ce challenge grâce aux techniques de bio-productions, à la formulation de ses produits, dans la mesure de ces composés. Par ailleurs, l'entreprise devra également faire face à d'autres contraintes : de l'ordre du techniquement et de l'économiquement possible.

La tâche n'est pas aisée et fait appel à la maîtrise des techniques d'analyses chimiques-biochimiques des COV, de la bioproduction, de la toxicologie, de la pharmacologie et de l'agronomie-écologie. Il faut dire que l'enjeu est de taille car il touche à la fois : 1) à la santé et 2) à la préservation de l'écosystème pour les générations futures.

L'agroécologie intensive (AEI) durable et Permaculture exploitant ce type de technologie devra prévoir de nombreux plans de recherches et développements.

Les résultats de l'ensemble de ces recherches sera très prometteur du point de vue : 1) de la rhizo-ingénierie – écologie fonctionnelle et ; 2) de la santé sur le plan de la gestion contrôlée des maladies nosocomiales et de la cicatrisation des tissus endommagés ou d'atmosphère modifiée sous haute pression favorisant la future production de tissus et organes de synthèse en réacteurs.

D'un point de vue technique, les contaminations par des champignons émetteurs de COV sont à prendre en compte dans d'éventuelles expérimentations *in vitro* ou sur substrat. Dans des cas de contaminations soit bactériennes ou soit par des mycètes émetteurs de COV, les phénotypes observés peuvent être erronée et les promotions de croissances attribuées aux mauvais suspects ou candidats microbiens. Le design statistique, la technique de co-culture et les effluents de COV doivent être très rigoureux et maîtrisés.

D'un point de vue agronomique, les PGPR jouent un rôle certain dans la promotion de croissance des plantes et la production litière enrichissant le sol (Figure. 19). Elles permettent également de créer un lien solide entre le cycle biogéochimique du carbone, les plantes et la microflore de la rhizosphère ainsi qu'avec les autres cycles biogéochimiques via l'alimentation minérale (Figure. 20). Mais, une question reste encore en suspens : l'effet des COV sur la promotion de croissance des plantes identifier en *in vitro* ou au laboratoire (par exemple Tableau. V ; Babalola *et al.,* 2010), est-il anecdotique dans des conditions naturelles de cultures et de développements ? Par ailleurs, qu'elles sont leurs contributions réelles vis-à-vis de cette promotion globale de la croissance du point de vue du rendement agricole, de la production de litière et de leur impact sur le cycle du carbone, de l"eau (nuage de basse altitude) et des changements globaux ?

Enfin, il sera nécessaire de trancher à la mise en place ou non de ces applications et législations encadrants ces technologies induisant des effets bénéfiques, positifs et négatifs sur la civilisation humaine.

Tableau V. Certaines PGPR et leurs effets bénéfiques sur les plantes (Babalola, 2010).

PGPR	Plant species	Effect compared with control	References
Serratia marcescens NBRI1213	Betelvine	Decreased the number of diseased plants caused by *Phytophthora*. Increases in shoot length (81%), shoot dry weight (68%), root length (152%), and root dry weight (290%)	Lavania et al. (2006)
Bacillus subtilis GB03, *B. amyloliquefaciens* IN937a, *B. pumilus* SE-34, *B. pumilus* T4, *B. pasteurii* C9, *Paenibacillus polymyxa* E681, *P. fluorescens* 89B-61, and *S. marcescens* 90-166	*Arabidopsis*	Increased foliar fresh weight	Ryu et al. (2005)
P. aeruginosa and *Serratia liquefaciens*	Broad beans	Better phytoremediation potential of broad bean plants grown in oily sand	Radwan et al. (2005)
Pseudomonas spp.	Wild plants	Increased total microbial activity, shoot and root length, total dry weight	Ahn et al. (2007)
Bradyrhizobium and PGPR	Mung bean	Increased root and shoot growth, nodulation in legume	Shaharoona et al. (2006)
Acinetobacter, *Alcaligenes faecalis*, *Bacillus cereus*, *Enterobacter hormaechei*, *Pantoae*, *P. aeruginosa*	Wheat	Improved plant growth and nutrition under salt stress	Egamberdieva (2008)
Pseudomonas brassicacearum, *P. marginalis*, *P. oryzihabitans*, *P. putida*, *Alcaligenes xylosoxidans*, *B. pumilus* and *Rhodococcus* spp.	Indian mustard and rape	Increased root elongation in cadmium supplemented soil in pot	Belimov et al. (2005)
P. fluorescens biotype G (ACC-5), *P. fluorescens* (ACC-14), and *P. putida* biotype A (Q-7)	Pea	Improved fresh and dry weight, root length, shoot length, number of leaves per plant, and water use efficiency under drought stress	Zahir et al. (2008)
Pseudomonas BA-8, *Bacillus* OSU-142, and *Bacillus* M-3	Strawberry	Increased total soluble solids, total sugar and reduced sugar	Pirlak and Kose (2009)
B. cepacia strain OSU-7	Stored potatoes	Biocontrol agent of *Fusarium* dry rot	Recep et al. (2009)
Agrobacterium rubi strain A 16, *Burkholderia gladii* strain BA 7, *P. putida* strain BA 8, *B. subtilis* strain BA 142, and *B. megaterium* strain M 3	Radish	Improved the percentage of seed germination under saline conditions	Kaymak et al. (2009)
A. amazonense	Rice	Increased grain dry matter accumulation (7–11.6%), the number of panicles (3–18.6%) and nitrogen accumulation at grain maturation (3.5–18.5%)	Rodrigues et al. (2008)

Figure 19. Aperçu des interactions plantes-volatils (COV) médiées par les plantes et microorganismes avec leur milieu environnement. a. Modifications environnementales induites par les émissions de composés organiques volatils (COV) et changements globaux. **b.** Les interactions animales-végétales comprennent l'"attraction des pollinisateurs et disséminateurs de graines par volatiles floraux et fruités, attraction / répulsion des herbivores, et attraction des ennemis naturels des herbivores attaquer à la fois dans l'"atmosphère et la rhizosphère. Les interactions entre les plantes en dehors du sol comprennent le déclenchement ou l'"amorçage des réactions de défense dans les feuilles saines et intactes de la même plante ou dans les plantes voisines non attaqués. Du point de vue souterraine, les interactions comprennent les activités sur la germination et la croissance des plantes voisines ou lors des mécanismes compétitifs compris dans la définition générique dite de « l'"allélopathique » (Olofsdotter *et al.*, 2002 ; Weston & Duke, 2003 ; Belz, 2007). Les volatils libérés par les organes au moment de la reproduction et par les racines ont une activité antimicrobienne ou de sélectivité microbienne protégeant ainsi les plantes contre les attaques pathogènes. En outre, l'"isoprène, composés organiques volatils de feuilles de confères est un photoprotection et permet une thermotolérance (Varin, 2015 adapté de Dudareva *et al.*, 2006).

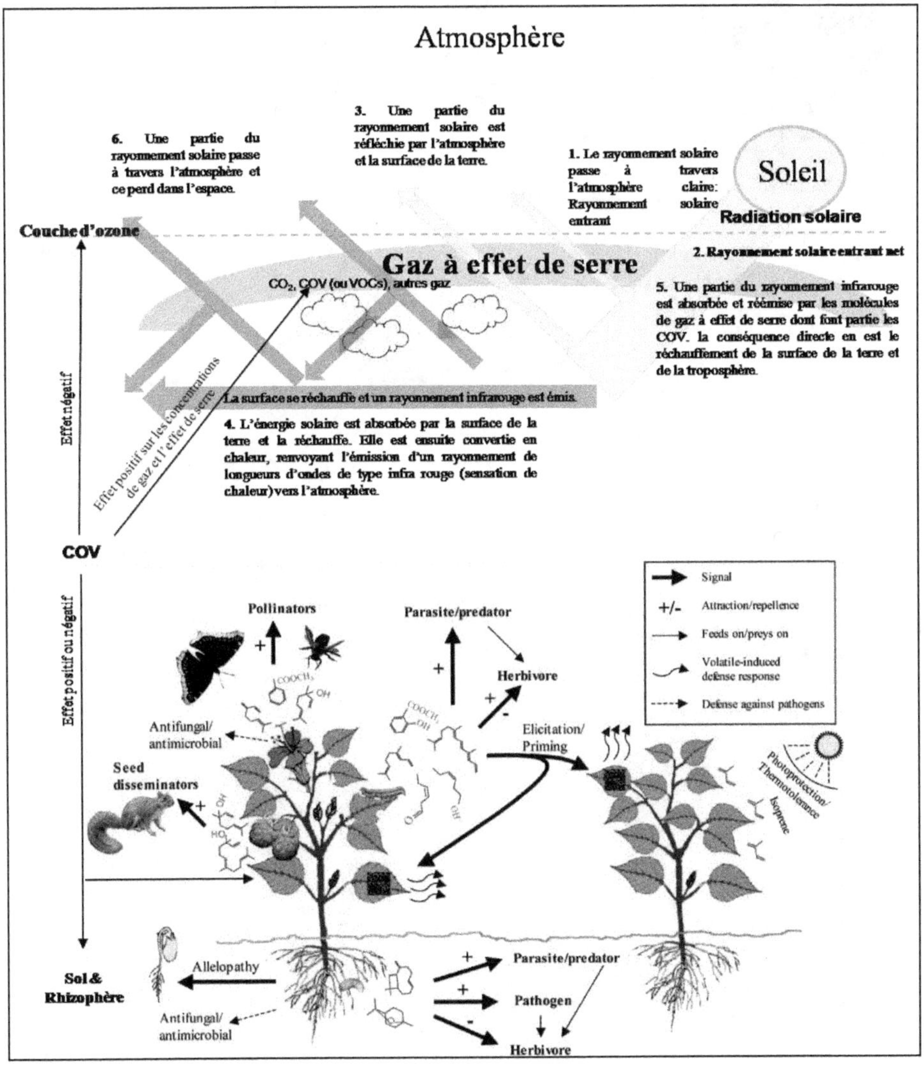

Figure 20. Mécanisme simplifié de la production de litière et de la promotion de croissance des plantes issue des PGPR ou de l''utilisation de suspension de PGPR commerciale (Varin, 2015).

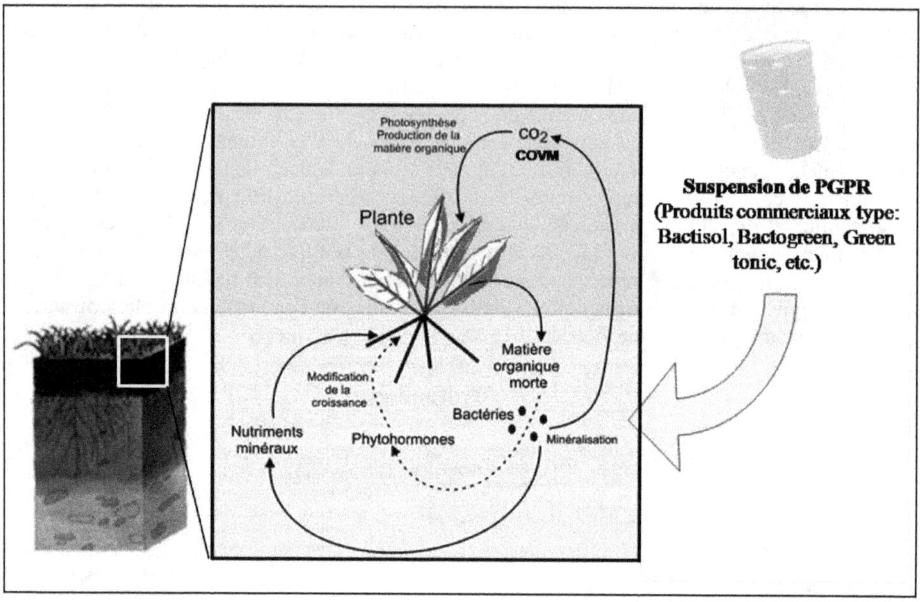

RÉFÉRENCES BIBLIOGRAPHIQUES

Les références citées dans les articles de ce manuscrit ne sont pas reprises dans cette bibliographie.

A

Aerts R., Bakker C., De Caluwe H. 1992. Root turnover as determinant of the cycling of C, N, and P in a dry heathland ecosystem. *Biogeochemistry* 15, 175-190.

Aerts R., Berendse F., Klerk N.M., Bakker C. 1989. Root production and root turnover in two dominant species of wet heathland. *Oecologia* 81, 374-378.

Aerts R. 1997. Climate, leaf litter chemistry and leaf litter decomposition in terrestrial ecosystems : a triangular relationship. *Oikos* 79, 439-449.

Agren G.I., Bosatta E. 1987. Theoretical analysis of the long-term dynamics of carbon and nitrogen in soils. *Ecology* 68, 1181-1189.

Ahn T.S., Ka J.O., Lee G.H., Song H.G. 2007. Microcosm study for revegetation of barren land with wild plants by some plant growth-promoting *rhizobacteria. J Microbiol Biotechnol* 17(1), 52–57.

Ammann H.M. 1998. Microbial Volatile Organic Compounds. *Bioaerosols: Assessment and Control.* 26-1-26-17.

Angers D.A., Recous S. 1997. Decomposition of wheat straw and rye residues as affected by particle size. *Plant and Soil* 189, 197-203.

Aragno M., Tarnawski S. 2002. Microbial communities in the rhizosphere: structures and processes. *Bulletin de la société Suisse de Pédologie* 26, 21-25.

Arnau G., Leon J.A., Centrich F. 1997. Improvement of the official guideline of the European Union for the analysis of total volatile basic nitrogen in fish samples. *Quim. Anal.* 16(1), 59-62.

Arrêté du Gouvernement wallon 25 mars 2004 - Arrêté du Gouvernement wallon portant programme de réduction progressive des émissions de SO_2, NOx, COVphot et NH_3 (M.B. 20.08.2004)

Arrouays D., Deslais W., Daroussin J., Balesdent J., Gaillard J., Dupouey J.L., Nys C., Badeau V., Belkacem S. 1999. Carbon stocks in french soils : which estimates ? *C.R. Acad. Agric. Fr.* 85(6), 278-292.

Art H.W. 1993 Volatile organic compounds, *in: A dictionary of ecology and environmental science,* (H.-W. Art, eds), New York, New York, Henry Holt and Company, 581p.

B

B abalola O.O. 2010. Benefical Bacteria of agricultural importance. *Biotechnology Letter* 32, 1559-1570.

Baker H. 1999. Guide for compliance with new federal EPA VOC regulations. *Global cosmetic industry* 164(2), 30-33.

Balesdent J., Balabane M. 1996. Major contributions of roots to soil carbon storage inferred from maize cultivated soils. *Soil Biology & Biochemistry* 28, 1261-1263.

Balesdent J., Girardin C., Grably M., Guillemot J., Mariotti A., Pétraud J.P., Picot C. 1995. Réponse des matières organiques des sols aux changements atmosphériques globaux. I. Compartimentation du carbone organique des sols cultivés. *Dossiers Environnn. INRA* 8, 71-85.

Bardgett R.D., Mawdsley J.L., Edwards S., Hobbs P.J., Rodwell J.S., Davies W.J. 1999. Plant species and nitrogen effects on soil biological properties of temperate upland grasslands. *Functional Ecology* 13(5), 650-660.

Belimov A.A., Hontzeas N., Safronova V.I., Demchinskaya S.V., Piluzza G., Bullitta S., Glick B.R. 2005. Cadmium-tolerant plant growth-promoting bacteria associated with the roots of Indian mustard (*Brassica juncea* L. Czern.). *Soil Biol Biochem* 37(2), 241–250.

Belz R.G. 2007. Review. Allelopathy in crop / weed interactions– an update. *Pest Management Science* 63, 308–326.

Bending G.D., Turner M.K., Burns I.G. 1998. Fate of nitrogen from crop residues as affected by biochemical quality and the microbial biomass. *Soil Biology & Biochemistry* 30(14), 2055-2065.

Bending G.D., Turner M.K. 1999. Interaction of biochemical quality and particle size of crop residues and its effect on the microbial biomass and nitrogen dynamics following incorporation into soil. *Biology and Fertility of Soils* 29(3), 319-327.

Berendse F., Elberse W.T. 1989. Competition and nutrient losses from the plant. Causes and consequences of variation in growth rate and productivity of higher plants. H. e. A. Lambers. The Hague, Netherlands, SPB Academic Publishing, 269-284.

Berendse F. 1994. Litter decomposability - a neglected component of plant fitness. *Journal of Ecology* 82(1), 187-190.

Berg B., Staaf H. 1980. Decomposition rate and chemical changes of Scots pine needle litter. II. Influence of chemical composition. In Structure and function of northern coniferous forests: an ecosystem study. *In: Ecol. Bull.,* (T. Persson, eds), Vol. 32, Stockholm, 373-390.

Berg B. 2000. Litter decomposition and organic matter turnover in northern forest soils. For. *Ecol. Manage* 133, 13-22.

Bhattacharyya P.N., Jha D.K. 2012. Plant growth-promoting rhizobacteria (PGPR): emergence in agriculture. *World J Microbiol Biotechnol* 28, 1327-1350.

Billès G., Bottner P., Gandais-Riollet N. 1988. Effet des racines de graminées sur la minéralisation nette de l'azote du sol. *Rev. Ecol. Biol. Sol*, 25(3), 261-277.

Billès G., Bottner P. 1981. Effet des racines vivantes sur la décomposition d'une litière racinaire marquée au ^{14}C. *Plant and Soil* 62, 193-208.

Billès G., Gandais-Riollet N., Bottner P. 1986. Effet d'une culture de graminées sur la décomposition d'une litière végétale, marquée au ^{14}C et ^{15}N, dans le sol, en conditions controlées. *Acta Oecol., Oecol. Plant*, 7(3), 273-286.

Bingeman C.W., Varner J.E., Martin W.P. 1953. The effect of the addition of organic materials on the decomposition of an organic soil. *Soil Science Society American proceedings* 29, 692-696.

Binkley D., Giardina C. 1998. Why do tree species affect soils? The warp and woof of tree-soil interactions. *Biogeochemistry*, 42, 89-106.

Blair J.M. 1988. Nitrogen, sulfur and phosphorus dynamics in decomposing deciduous leaf litter in the southern appalachians. *Soil Biology & Biochemistry* 20(5), 693-701.

Bosatta E., Agren G.I. 1985. Theoretical analysis of decomposition of heterogeneous substrates. *Soil Biology & Biochemistry* 17, 601-610.

Bosatta E., Agren G.I. 1991. Dynamics of carbon and nitrogen in the organic matter of the soil: a generic theory. *American Naturalist* 138(1), 227-245.

Boulden M.E. 1992. Low VOCs: reformulation of personal care products. *Cosmetics & Toiletries* 107(6), 57-61.

Bourgeois D. 2007. Elimination des vapeurs de polluants organiques par absorption dans des solvants visqueux et non volatils. Service de Génie des Procédés Chimiques. Thèse de Doctorat de la Faculté Polytechynique de Mons. Belgium, 201p.

Bryant D.M., Holland E.A., Seastedt T.R., Walker M.D. 1998. Analysis of litter decomposition in an alpine tundra. *Canadian Journal of Botany - Revue Canadienne de Botanique* 76(7), 1295-1304.

C

California Air Resources Board. Regulation for reducing volatile organic compound emissions from consumer products: <http://www.arb.ca.gov/consprod/regs/Cpreg.pdf> (Consulté le 01 janvier 2015).

California keeps VOCs a volatile issue. 1999. (California Air Resources Board"s regulation on use of volatile organic compounds in toiletries). *Chemical Week* 12, p. 44.

Cambardella C.A., Elliott E.T. 1993. Methods for Physical Separation and Characterization of Soil Organic Matter Fractions. *Geoderma* 56(1-4), 449-457.

Cantox Environmental Inc. Plan de réduction des émissions de composés organiques volatils provenant des produits de consommation au Canada [en ligne]. Canada: Environmental Protection Publications, 2000. <http://dsp-psd.communication.gc.ca/Collection/En46-32-4F.pdf> (Consulté le 01 janvier 2015).

Chapin F.S. III. 1980. The mineral nutrition of wild plants. *Ann. Rev. Ecol. Syst.* 11, 233-260.

Chemconnections Smells database: <http://mc2.cchem.berkeley.edu/Smells/index.html> (Consulté le 01 janvier 2015).

Cheng W., Coleman D.C. 1990. Effect of living roots on soil organic matter decomposition. *Soil Biology & Biochemistry*. 22(6), 781-787.

Cheng W., Johnson D.W., Fu S. 2003. Rhizophere effects on decomposition: controls of plant species, phenology, and fertilization. *Soil Science Society of American Journal* 67, 1418-1427.

Chimie Hebdo Juridique Directive Européenne sur les émissions de solvants : <http://recherche.france-chimie.com/bin/show?file=42/juri42-8.htm> (Consulté le 01 janvier 2015).

Christensen B.T., Sorensen L.H. 1985. The distribution of native and labelled carbon between soil particle size fractions isolated from long-term incubation experiments. *Journal of Soil Science* 36, 219-229.

Christian J.M., Wilson S.D. 1999. Long-term ecosystem impacts of an introduced grass in the northern Great Plains. *Ecology* 80, 2397-2407.

CITEPA. 2006. Centre Interprofessionnel Technique d"Etudes de la Pollution Atmosphérique Rapport « Émissions dans l"air en France, régions de la métropole » 2006 4. Exploitation : ORS Rhône-Alpes. <http://www.citepa.org/>. (Consulté le 01 janvier 2015).

Confoederatio Helvetica Art. 35a Composés organiques volatils Disponible sur : < http://www.admin.ch/ch/f/rs/814_01/a35a.html > (consulté en 2011-2012).

Confoederatio Helvetica Taxe d'incitation sur les composés organiques volatils (COV) : <http://www.admin.ch/cp/f/3675191B.7375A9D9@mbox.gseved.admin.ch.html> (Consulté le 01 janvier 2015).

Conseil de l'Union Européenne Directive 1999/13/CE du Conseil du 11 mars 1999 relative à la réduction des émissions de composés organiques volatils dues à l'utilisation de solvants organiques dans certaines activités et installations. [CD-ROM]. Bruxelles: Euratom, 1999. J.O. numéro L 085 du 29/03/1999. Disponible sur : CD-Euroloi 27. (Consulté le 01 janvier 2015).

Conseil Fédéral & portail du gouvernement suisse & Parlement Européen. 1991. Protocole à la Convention sur la pollution atmosphérique transfrontière à longue distance, de 1979, relatif à la lutte contre les émissions des composés organiques volatils ou leurs flux transfrontières (0.814.328), *Texte original* (Etat le 15 mars 2010), Parlement européen - Révisé le 1er septembre 1996 https://www.admin.ch/opc/fr/classified-compilation/20041911/index.html & URL: <http://www.europarl.ep.ec/dg7/forest/fr/s5-11-2.htm> (Consulté le 01 janvier 2015).

Cornelissen J.H.C., Thompson K. 1997. Functional leaf attributes predict litter decomposition rate in herbaceous plants. *New Phytologist* 135(1), 109-114.

Cornelissen J.H.C. 1996. An experimental comparison of leaf decomposition rates in a wide rage of temperate plant species and types. *Journal of Ecology* 84, 573-582.

Cosio R., Rene F. 1997. Composés volatils de la banane. Etude comparative de deux méthodes d'extraction appliquées à la pulpe de banane : *cavendish, poyo. Sciences des Aliments* 16(4), 515-528.

Craine J.M., Froehle J., Tilman D.G., Wedin D.A., Chapin F.S. 2001. The relationships among root and leaf traits of 76 grassland species and relative abundance along fertility and disturbance gradients. *Oikos* 93(2), 274-285.

Craine J.M., Wedin D.A., Chapin F.S., Reich P.B. 2003. Relationship between the structure of root systems and resource use for 11 North American grassland plants. *Plant Ecology* 165(1), 85-100.

D

Dalenberg J.W., Jager G. 1989. Priming effect of some organic additions to ^{14}C-labelled soil. *Soil Biology & Biochemistry* 21(3), 443-448.

Davies M.G., Smith K.A., Vinten A.J.A. 2001. The mineralisation and fate of nitrogen following ploughing of grass and grass-clover swards. *Biology and Fertility of Soils* 33, 423- 434.

Dewulf J.O., Langenhove H.V. 2002. Analysis of volatile organic compounds using gas chromatography. *Trends in Analytical Chemistry* 21(9-10), 637-645.

Dormaar J. 1990. Effect of active roots on the decomposition of soil organic materials. *Biology and Fertility of Soils* 10, 121-126.

Dukes J.S., Field C.B. 2000. Diverse mechanisms for CO_2 effects on grassland litter decomposition. *Global Change Biology* 6, 145-154.

E

Eckstein R.L., Karlsson P.S., Weih M. 1999. Research review. Leaf life span and nutrient resorption as determinants of plant nutrient conservation in temperate-artic regions. *New Phytologist* 143, 177-189.

Eco-Consommation Fiche n°24 Comment se passer de solvants organiques : <http://www.ecoconso.org/05lire/fiches-conseil/f24.htm> (Consulté le 01 janvier 2015).

Egamberdieva D. 2008. Plant growth promoting properties of rhizobacteria isolated from wheat and pea grown in loamy sand soil. *Turk J Biol* 32(1), 9–15

Eissenstat D.M., Yanai R.D. 1997. The ecology of root lifespan. *Advances in Ecological Research* 27, 1-60.

European Commission Cosmetics legislation <http://pharmacos.eudra.org/F3/home.html> (Consulté le 01 janvier 2015).

F

Fahey T.J. 1983. Nutrient dynamics of aboveground detritus in lodgepole pine (*Pinus contorta* ssp. latifolia) ecosystems, southeastern Wyoming. *Ecological monographs* 53, 51-72.

Fastrup, B., Pedersen E., Lillestol E., Thorn E., Bosteels M., Gonidec A., Harigel G., Kirkby J; Mele S., Minginette P., Nicquevert B., Schinzel D., Seidl W., Grundsoe P., Marsh N., Polny J., Svensmark H., Viisanen Y., Kurvinen K., Orava R., Hameri K., Kulmala M., Laakso L., Makela J.M, O'Dowd C.D., Afrosimov V., Basalaev A., Panov M., Laaksonen A., Joutsensaari J., Ermakov V., Makhmutov V., Maksumov O., Pokrevsky P., Stozhkov Y., Svirzhevsky N., Carslaw K., Yin Y., Trautmann T., Arnold F., Wohlfrom K.H., Hagen D., Schmitt J., Whitefield P., Aplin K., Harrison R.G., Bingham R., Close F., Gibbins C., Irving A., Kellett B., Lockwood M., Petersen D., Szymanski W.W., Wagner P.E., Vrtala A., 2000. (CLOUD Collaboration), A study of the link between cosmic rays and clouds with a cloud chamber at the CERN PS, Preprint *CERN/SPSC 2000-021, SPSC/P317*, 2000; <http://cloud.web.cern.ch/cloud/documents_cloud/cloud_proposal.pdf> (Consulté le 02 Avril 2015).

Fitter A.H., Graves J.D., Self G.K., Brown T.K., Bogie D.S., Taylor K. 1998. Root production, turnover and respiration under two grassland types along an altitudinal gradient: influence of temperature and solar. *Oecologia* 114, 20-30.

Fog K. 1988. The effect of added nitrogen on the rate of decomposition of organic matter. *Biol. Rev.* 63, 433-462.

Fontaine S., Bardoux G., Abbadie L., Mariotti A. 2001. Cellulose input to soil with low nutrient content had negative effect on soil carbon due to priming effect. *In: 11th Nitrogen Workshop,* Reims, France, 9-12 September 2001, 83 p.

Fontaine S., Bardoux G., Benest D., Verdier B., Mariotti A., Abbadie L. 2004. Mechanism of the priming effect in a savanah soil amended with cellulose. *Soil Science Society of American Journal* 68(1), 125-131.

Franzluebbers A.J., Hons F.M., Zuberer D.A. 1995. Tillage and crop effects on seasonal soil carbon and nitrogen dynamics. *Soil Science Society of American Journal* 59(6), 1618-1624.

G

Gale W.J., Cambardella C.A., Bailey T.B. 2000. Surface residue- and root-derived carbon in stable and unstable aggregates. *Soil Science Society of American Journal* 64, 196-201.

Garay A.H., Matthew C., Hodgson J. 2000. The influence of defoliation height on dry-matter partitioning and CO_2 exchange of perennial ryegrass miniature swards. *Grass and Forage Science* 55, 372-376.

Gastal F., Saugier B. 1986. Alimentation azotée et croissance de la fétuque élevée. I.- assimilation du carbone et répartition entre organes. *Agronomie* 6(2), 157-166.

GIEC. 2001. Le GIEC (Groupe d'Experts Intergouvernemental sur l'Evolution du Climat) est une organisation qui a été mise en place en 1988, à la demande du G7 (groupe des 7 pays les plus riches : USA, Japon, Allemagne, France, Grande Bretagne, Canada, Italie). <http://www.ipcc.ch/> (Consulté le 02 Avril 2015).

GIEC. 2007. Summary for Policymakers of the 4th assessment report.

Gillon D., Joffre R., Ibrahima A. 1994. Initial litter properties and decay rate: a microcosm experiment on Mediterranean species. *Canadian Journal of Botany* 72, 946-954.

Gorissen A., Cotrufo M.F. 1999. Elevated carbon dioxide effects on nitrogen dynamics in grasses, with emphasis on rhizosphere processes. *Soil Science Society of America Journal* 63(6), 1695-1702.

Gorissen A., Cotrufo M.F. 2000. Decomposition of leaf and root tissue of three perennial grass species grown at two levels of atmospheric CO_2 and N supply. *Plant and Soil* 224(1), 75-84.

Grayston S.J., Wang S., Campbell C.D., Edwards A.C. 1998. Selective influence of plant species on microbial diversity in the rhizosphere. *Soil Biology & Biochemistry* 30(3), 369-378.

Grote A.A., Kennedy E.R. 2002. Workplace monitoring for volatile organic compounds using thermal desorption-gas chromatography-mass spectrometry. *J. Environ. Monit.* 4, 679-684.

H

Hadas A., Feigenbaum S., Sofer M., Molina J.A.E., Clapp C.E. 1993. Decomposition of nitrogen-15-labeled wheat and cellulose in soil: modelling tracer dynamics, *Soil Science Society of American Journal* 57(4), 996-1001.

Harrier A.M. 1998. Microbial Volatile Organic Compounds. Bioaerosols: Assessment and Control. Pp. 26-1-26-17.

Harriet B.A. 1996. Health effects of biological contaminants. Indoor air and human health. Pp. 171-178.

Hassink J. 1995. Decomposition rate constants of size and density fractions of soil organic matter. *Soil Science Society of American Journal* 59(6), 1631-1635.

Helal H.M., Sauerbeck D.R. 1986. Effects of plant roots on carbon metabolism of soil microbial biomass. *Z. Pflanzenernaehr. Bodenkd.* 149, 181-188.

Hobbie S.E. 1992. Effects of plant-species on nutrient cycling. *Trends on Ecology and Evolution* 7(10), 336-339.

Hodge A., Paterson E., Thornton B., Millard P., Killham K. 1997. Effects of photon flux density on carbon partitioning and rhizosphere carbon flow of *Lolium perenne*. *Journal of Experimental Botany* 48(315), 1797-1805.

Hooper D.U., Vitousek P.M. 1998. Effects of plant composition and diversity on nutrient cycling. *Ecological Monographs*, 68, 121-149.

Hopkins D.W., Chudek J.A., Shiel R.S. 1993. Chemical characterization and decomposition of organic matter from two contrasting grassland soil profiles. *Journal of Soil Science* 44, 147-157.

Houffman D.L., Simmons A. 2008. The Resilient Earth: Science, Global Warning and the Future of Humanity - Chapter 11, Cosmic Rays. *BookSurge Publishing,* 121-138.

I

IASB. 2002. Institut d''Aéronomie Spatiale de Belgique <http://www.aeronomie.be> (Consulté le 01 janvier 2015).

IBGE. 2002. Institut Bruxellois pour la Gestion de l''Environnement < http://www.ibge.be> (Consulté le 01 janvier 2015).

INRS. 2006. Institut National de Recherche et de sécurité <http://www.inrs.fr/> (Consulté le 01 janvier 2015).

International Fragrance Association Code & standards : <http://www.ifraorg.org/GuideLines.asp> (Consulté le 01 janvier 2015).

J

Jansen J.P. 2011. /CRA-W info N°30/ Revue de la Fédération Walonne Horticole N°66. Mars-Avril 2011: 26.

Jenkinson D.S., Rayner J.H. 1977. The turnover of soil organic matter in some of the Rothamsted Classical Experiments. *Soil Science* 123, 298-305.

Jenkinson D.S. 1990. The turnover of organic carbon and nitrogen in soil. *Phil. Trans. R. Soc. Lond.* B 329, 361-368.

K

Kalburtji K.L., Mosjidis J.A., Mamolos A.P. 1999. Litter dynamics of low and high tannin sericea lespedeza plants under field conditions. *Plant and Soil* 208(2), 271-281.

Kaymak H.C., Guvenc I., Yarali F., Donmez M.F. 2009. The effects of bio-priming with PGPR on germination of radish (*Raphanus sativus* L.) seeds under saline conditions. *Turk J Agric For* 33(2), 173–179.

Kemelor P. 1997. Changing mist. *Chemical Marketing Reporter* 241(17), sr20-sr22.

Keyser P., Kirk T.K., Zeikus J.G. 1978. Ligninolytic enzyme system of *Phanerochaete chrysosporum* synthesized in the absence of lignin in response to nitrogen starvation. *Journal of Bacteriology* 135, 790-797.

Krichmar S.I., Barchdachev Y.N., Afendik K.F., Bezpal''chenko V.M. 1999. An electroconductometric sensor for analysis of volatile electrolytes. *Ind. Lab.* 65(5), 290-291.

Kuzyakov Y., Domanski G. 2000. Carbon input by plants into the soil. Review. *Journal of Plant Nutrition and soil Science* 163 (4), 421-431.

L

Ladd J.N., Amato M., Grace P.R., Van Veen J.A. 1995. Simulation of 14C turnover through the microbial biomass in soils incubated with ^{14}C labelled plant residues *Soil Biology & Biochemistry* 27, 777-783.

Lambers H., Poorter H. 1992. Inherent variation in growth rate between higher plants: a search for physiological causes and ecological consequences. *Advances in Ecological Research* 23, 189-261.

Larsson K., Steen E. 1988. Changes in mass and chemical composition of grass roots during decomposition. *Grass Forage Science* 43, 173-177.

Lavania M., Chauhan P.S., Chauhan S.V.S., Singh H.B., Nautiyal C.S. 2006. Induction of plant defense enzymes and phenolics by treatment with plant growth-promoting rhizobacteria *Serratia marcescens* NBRI1213. *Curr Microbiol* 52(5), 363–368.

Lavelle P., Blanchart E., Martin A., Martin S., Spain A., Toutain F., Barois I., Schaefer R. 1993. A hierarchical model for decomposition in terrestrial ecosystems-Application to soils of the humid tropics *Biotropica* 25(2), 130-150.

Le Cloirec P., Fanlo J-L., Gracian C. 2003. Traitements des odeurs. Procédés curatifs. *Tech. Ing.* G2971.

Le Cloirec P. 1998. Les composés organiques volatils dans l''environnement. *Lavoisier, Tech & Doc, Paris, 734pp.*

Le Cloirec P. 2004. COV (composés organiques volatils). *Tech. Ing.* G1835.

Liljeroth E., Kuikman P., Van Veen J.A. 1994. Carbon translocation to the rhizosphere of maize and wheat and influence on the turnover of native soil organic matter at different soil nitrogen levels. *Plant and Soil* 161, 233-240.

Lincoln R., Boxshall G., Clark P. 1998. VOC, *in: A Dictionary of Ecology, Evolution and Systematics,* (2 ed.), Cambridge University Press, United Kingdom, Cambridge, 314 p.

Loiseau P., Soussana J.F. 1999. Elevated [CO_2], temperature increase and N supply effects on the turnover of below-ground carbon in a temperate grassland ecosystem. *Plant and Soil* 210, 233-247.

Luque De Castro M.D., Gamiz-Gracia L. 2000. Analytical pervaporation: an advantageous alternative to headspace and purge-and-trap techniques. *Chromatographia* 52(5-6), 265-272.

M

Magid J., Jensen L.S., Mueller T., Nielsen N.E. 1997. Size-density fractionation for *in situ* measurements of rape straw decomposition - an alternative to the litterbag approach. *Soil Biology & Biochemistry* 29(7), 1125-1133.

Marsh N., Svensmark H. 2003. Galactic cosmic ray and El Nino–Southern Oscillation trends in International Satellite Cloud Climatology, Project D2 low-cloud properties, *Journal of Geophysical research,* 108(D6), 4195-4205.

Marin M., Hammami C., Beaumelle D. 1996. Separation of Volatile Organic Compounds from aqueous mixtures by pervaporation with multi-stage condensation. *Journal of Food Engineering* 28, 225-238.

Martin J.K. 1987. Effects of plants on the decomposition of ^{14}C-labelled soil organic matter. *Soil Biology & Biochemistry* 19(4), 473-474.

Mary B., Fresneau C., Morel J.L., Mariotti A. 1993. C-Cycling and N-Cycling During Decomposition of Root Mucilage, Roots and Glucose in Soil. *Soil Biology & Biochemistry* 25(8), 1005-1014.

Mary B., Recous S., Darwis D., Robin D. 1996. Interactions between decomposition of plant residues and nitrogen cycling in soil. *Plant and Soil* 181(1), 71-82.

Mary B., Recous S., Robin D. 1998. A model for calculating nitrogen fluxes in soil using N-15 tracing. *Soil Biology & Biochemistry* 30(14), 1963-1979.

Matich A.J., Pawliszyn J. 1999. Analysis of food and plant volatiles. *Appl. Solid Phase Microextr*, 349-363.

Melillo J.M., Aber J.D., Linkins A.E., Ricca A., Fry B., Nadelhoffer K.J. 1989. Carbon and nitrogen dynamics along the decay continuum: Plant litter to soil organic matter. *Plant and Soil* 115, 189-198.

Melillo J.M., Naiman R.J., Aber J.D., Linkins A.E. 1984. Factors controlling mass loss and nitrogen dynamics of plant litter decaying in Northern streams Bull. *Marine Science* 35(3), 341-356.

Mendes M.A., Eberlin M.N. 2000. Trace level analysis of VOCs and semi-VOCs in aqueous solution using a direct insertion membrane probe and trap and release membrane introduction mass spectrometry. *Analyst* 125(1), 21-24.

Mendes M.A., Sparrapan R., Eberlin M.N. 2000. Headspace membrane introduction mass spectrometry for trace level analysis of VOCs in soil and other solid matrixes. *Analytical chemistry* 72(9), 2166-2170.

Molina J.A.E., Clapp C.E., Shaffer M.J., Chichester F.W., Larson W.E. 1983.NCSOIL, a model of nitrogen and carbon transformations in soil: description, calibration and behaviour. *Soil Science Society of American Journal* 47, 85-91.

Moorhead D.L., Westerfield M.M., Zak J.C. 1998. Plants retard litter decay in a nutrient-limited soil: a case of exploitative competition ? *Oecologia* 113, 530-536.

Mueller T., Jensen L.S., Hansen S., Nielsen N.E. 1996. Simulating soil carbon and nitrogen dynamics with the soil-plant-atmosphere system model DAISY. *In: Evaluation of Soil Organic Matter Models*, (D.-S. Powlson, P. Smith, J.-U. Smith, eds). Springer Verlag, Berlin. 275-282.

N

Nakajima D., Ischii R., Kageyama S., Onji Y., Mineki S., Morooka N., Takatori K., Goto S. 2006. Genotoxicity of microbial Volatile Organic Compounds. *Journal of Health Science* 52(2), 148-153.

Nicolardot B., Recous S. 2001. Matières organiques et activités biologiques des sols cultivés: décomposition des résidus: une affaire d'histoire culturale et de travail du sol. *Perspectives agricoles* 272, p 49-54.

Nicolardot B., Denys D., Lagacherie B., Cheneby D., Mariotti M. 1995. Decomposition of N^{15}- labelled catch-crop residues in soil. Evaluation of N mineralisation and plant-N uptake potentials under controlled conditions. *European Journal of Soil Science* 46(1), 115-123.

Niedziella S., Rudkin S., Cooke M. 2000. Evidence for selectivity of absorption of volatile organic compounds by a polydimethylsiloxane solid-phase microextraction fibre. *Journal of Chromatography A* 885, 457-464.

Norby R.J., Cotrufo M.F., Ineson P., ONeill E.G., Canadell J.G. 2001. Elevated CO_2, litter chemistry, and decomposition: a synthesis. *Oecologia* 127(2), 153-165.

O

OCOV-Ordonnance sur la taxe d'incitation sur les composés organiques Volatils 814.018 – (Etat le 1er janvier 2012), 12 novembre 1997, *Le Conseil fédérale Suisse.* RO 1997 2972 RS 814.01, 24p.

Office Federal De l'Environnement, Des Forêts et du Paysage Ordonnance sur la taxe d'incitation sur les composés organiques volatils (OVOC) : <http://www.admin.ch/ch/f/as/2001/2834.pdf> (Consulté le 01 janvier 2015).

Olofsdotter M., Jensen L.B., Courtois B. 2002. Improving crop competitive ability using allelopathy – an example from rice. *Plant Breeding* 121, 1–9.

P

Pansu M., Sidi H. 1987. Cinétique d'humification et de minéralisation de mélanges sols résidus végétaux. *Science du Sol* 25(4), 247-265.

Parfitt R.L., Salt G.J. 2001. Carbon and nitrogen mineralisation in sand, silt, and clay fractions of soils under maize and pasture. *Australian Journal of Soil Research* 39(2), 361-371.

Parton W.J., Stewart J.W.B., Cole C.V. 1988. Dynamics of C, N, P and S in grassland soils: a model. *Biogeochemistry* 5, 109-131.

Pirlak L., Kose M. 2009. Effects of plant growth promoting rhizobacteria on yield and some fruit properties of strawberry. *J Plant Nutr* 32(7), 1173–1184.

Pivarnik L., Ellis P., Wang X., Reilly T. 2001. Standardization of the ammonia electrode method for evaluating seafood quality by correlation to sensory analysis. *Journal of food science* 66(7), 945-952.

Pivarnik L.F., Thiam M., Ellis P.C. 1998. Rapid determination of volatile bases in fish by using an ammonia ion-selective electrode. *Journal of AOAC International* 81(5), 1011-1022.

Pollien P., Ott A., Montigon F., Baumgartner M., Munoz-Box R., Chaintreau F. 1997. Hyphenated headspace-GC-sniffing technique: the "SNIF" method. *Rivista Italiana EPPOS*, 126-135.

Prescott C.E., Corbin J.P., Parkinson D. 1992. Immobilization and availability of N and P in the forest floors of fertilized Rocky Mountain coniferous forests. *Plant and Soil* 143, 1-10.

Prescott C.E. 1995. Does nitrogen availability control rates of litter decomposition in forests? *Plant and Soil* 169, 83-88.

R

Radwan S.S., Dashti N., El-Nemr I.M. 2005. Enhancing the growth of *Vicia faba* plants by microbial inoculation to improve their phytoremediation potential for oily desert areas. *Int J Phytoremediat* 7(1), 19–32.

Rafson H.J. Odor and VOC control handbook. New York: McGraw-Hill, 1998, 800p.

Ram M.S., Seitz L.M., Rengarajan R. 1999. Use of an autosampler for dynamic headspace extraction of volatile compounds from grains and effect of added water on the extraction. *Journal of agricultural and food chemistry* 47, 4202-4208.

Raymond R.L. 1992. Fragrances and VOC regulations. *Cosmetics & Toiletries* 107(6), 49-52.

Recep K., Fikrettin S., Erkol D., Cafer E. 2009. Biological control of the potato dry rot caused by *Fusarium* species using PGPR strains. *Biol Control* 50(2), 194–198.

Rodrigues E.P., Rodrigues L.S., de Oliveira A.L.M., Baldani V.L.D., Teixeira K.R.D., Urquiaga S., Reis V.M. 2008. *Azospirillum amazonense* inoculation: effects on growth, yield and N_2 fixation of rice (*Oryza sativa* L.). *Plant Soil* 302 (1–2), 249–261.

Ryser P., Lambers H. 1995. Root and leaf attributes accounting for the performance of fast- and slow-growing grasses at different nutrient supply. *Plant and Soil* 170, 251-265.

Ryser P., Notz R. 1996. Competitive ability of three ecologically contrasting grass species at low nutrient supply in relation to their maximal relative growth rate and tissue density. *Bulletin of the Geobotanical Institute ETH* 62, 3-12.

Ryser P., Urbas P. 2000. Ecological significance of leaf life span among Central European grass species. *Oikos* 91(1), 41-50.

Ryser P. 1996. The importance of tissue density for growth and life span of leaves and roots: a comparaison of five ecologically contrasting grasses. *Functional Ecology* 10(6), 717-723.

Ryu C.M., Hu C.H., Locy R.D., Kloepper J.W. 2005. Study of mechanisms for plant growth promotion elicited by *rhizobacteria* in *Arabidopsis thaliana. Plant Soil* 268(1), 285–292.

S

Schnitzler W.H., Broda S., Schaller R., Zellner S. 2000. Characterization of internal quality of vegetables by headspace gas chromatography and "electronic nose". *Acta Horticulturae* (517), 361-368.

Schomberg H.H., Steiner J.L. 1999. Nutrient dynamics of crop residues decomposing on a fallow no-till soil surface. *Soil Science Society of America Journal* 63(3), 607-613.

Seastedt T.R., Parton W.J., Ojima D.S. 1992. Mass loss and nitrogen dynamics of decaying litter of grasslands: the apparent low nitrogen immobilisation potential of root detritus. *Canadian Journal of Botany* 70(2), 384-391.

Shaharoona B., Bibi R., Arshad M., Zahir Z.A., Zia U.H. 2006. 1-Aminocylopropane-1-carboxylate (ACC) deaminase rhizobacteria extenuates ACC-induced classical triple response in etiolated pea seedlings. *Pak J Bot* 38(5), 1491–1499.

Shaviv N.J., Veiver J. 2003. Celestial driver of Phanerozoic climate? *The geological society of America* 13(7), 4-10.

Shen J., Batha R. 1997. Priming effect of glucose polymers in soil-based biodegradation tests. *Soil Biology & Biochemistry* 29(8), 1195-1198.

Silver W.L., Miya R.K. 2001. Global patterns in root decomposition: comparisons of climate and litter quality effects. *Oecologia* 129(3), 407-419.

Six J., Guggenberger G., Paustian K., Haumaier L., Elliott E.T., Zech W. 2001. Sources and composition of soil organic matter fractions between and within soil aggregates. *European Journal of Soil Science* 52(4), 607-618.
Soltys N. 1998. Procédés de traitement des COV ou composés organiques volatils. *Tech. Ing.* J3928, 1-11.
Soni A.K. 1991. The Clean Air Act Amendments of 1990: its impact on pharmaceutical processing. *Pharmaceutical Engineering* 11(5), 35-37.
Sowerby A., Blum H., Gray T.R.G., Ball A.S. 2000. The decomposition of *Lolium perenne* in soils exposed to elevated CO_2: comparisons of mass loss of litter with soil respiration and soil microbial biomass. *Soil Biology & Biochemistry* 32(10), 1359-1366.
Sullivan W.M., Jiang Z.C., Hull R.J. 2000. Root morphology and its relationship with nitrate uptake in Kentucky bluegrass. *Crop Science* 40(3), 765-772.
Svensmark H. 2007. Cosmoclimatology: a new theory emerges. *Astronomy & Geophysics* 48(1), 1.18-1.24.
Swift M.J., Heal O.W., Anderson J.M. 1979. Decomposition in Terrestrial Ecosystems. Blackwell, Oxford.

T

Tateno M., Chapin F.S. 1997. The logic of carbon and nitrogen interactions in terrestrial ecosystems. *American Naturalist* 149(4), 723-744.
Taylor B., Parkinson D., Parsons W. 1989. Nitrogen and lignin content as predictors of litter decay rates: a microcosm test. *Ecology* 70, 97-104.
Ter Heerdt G.N.J., Bakker J.P., De Leeuw J. 1991. Seasonal and spatial variation in living and dead plant material in a grazed grassland as related to plant species diversity. *Journal of Applied Ecology* 28, 120-127.
Tilman D. 1990. Mechanisms of plant competition for nutrients: the elements of predictive theory of competition. *Perspectives on Plant competition*, 117-141.
Titus B.D., Malcolm D.C. 1987. The effect of fertilization on litter decomposition in clear felled spruce stands. *Plant and Soil* 100, 297-322.
Trinsoutrot I., Recous S., Bentz B., Linères M., Chèneby D., Nicolardot B. 2000. Biochemical quality of crop residues and carbon and nitrogen mineralisation kinetics under non limiting nitrogen conditions. *Soil Science Society of American Journal* 64, 918-926.
Trinsoutrot I. 1999. Influence de la qualité biochimique et de la teneur en azote de résidus de colza (*Brassica napus* L.) sur les biotransformations du carbone et de l'azote au cours de leur décomposition dans le sol. Université Claude Bernard, Lyon I, Lyon, 114-117.
U.S. Geological Survey. 2005. Water resources data-Definition of terms: U.S. Geological Survey, access date May 28, 2010.

V

Van der Krift K., Berendse F. 2001. The effect of plant species on soil nitrogen mineralisation. *Journal of Ecology* 89(4), 555-561.
Van der Krift K., Kuikman P.J., Berendse F. 2002. The effect of living plants on root decomposition of four grass species, *Oikos* 96, 36-45.
Van der Krift T.A.J., Berendse F. 2002. Root life spans of four grass species from habitats differing in nutrient availability. *Functional Ecology* 16(2), 198-203.

Van der Krift T.A.J., Kuikman P.J., Moller F., Berendse F. 2001. Plant species and nutritionalmediated control over rhizodeposition and root decomposition. *Plant and Soil* 228(2), 191-200.

Van Ginkel J.H., Gorissen A., Van Veen J.A. 1996. Long-term decomposition of grass roots as affected by elevated atmospheric carbon dioxide. *Journal of Environmental Quality* 25(5), 1122-1128.

Van Kessel C., Horwath W.R., Hartwig U., Harris D., Luscher A. 2000. Net soil carbon input under ambient and elevated CO_2 concentrations: isotopic evidence after 4 years. *Global Change Biology* 6, 435-444.

Van Vuuren M.M., Van Der Eerden L.J. 1992. Effects of three rates of atmospheric nitrogen deposition enriched with 15N on litter decomposition in a heathland. *Soil Biology & Biochemistry* 24(6), 527-532.

Varin S., 2009b. Functional plasticity of white clover in response to sulphur availability. Spécialité : Physiologie, Biologie des Organismes, Populations (écologie fonctionnelle et biotechnologie), *Ecole Doctorale Normande de Chimie-Biologie, PhD thesis in university of Caen,* 338 p.

Vertès F., Laurent F., Recous S., Leterme P., Kerveillant P., Mary B. 2001. Measurement of C and N mineralisation following grazed grassland destruction. *In: 11th Nitrogen Workshop*, 9-12 September 2001, France, Reims, 371p.

Von Euw R. Trois pas vers un meilleur milieu de vie : <http://www.construire.ch/SOMMAIRE/0303/03soc.htm> (Consulté le 01 janvier 2015).

W

Wahl S., Ryser P. 2000. Root tissue structure is linked to ecological strategies of grasses. *New Phytologist* 148(3), 459-471.

Walinder R., Ernstgard L., Johanson G., Norback D., Venge P., Wieslander G. 2005. Acute effects of a fungal volatile compound. *Environmental health perspectives* 113(12), 1775-1778.

Walker J.H. 1999. Oregon repeals consumer product regulation. Soap & Cosmetics 75(8), 7.

Walker J.H. CARB revises draft VOC limits on consumer products. *Soap & Cosmetics* 75(8), 6.

Wardle D.A., Barker G.M., Bonner K.I., Nicholson K. 1998. Can comparative approaches based on plant ecophysiological traits predict the nature of biotic interactions and individual plant species effects in ecosystems ? *Journal of Ecology* 86(3), 406-420.

Wedin D.A., Tilman D. 1990. Species effects on nitrogen cycling: a test with perennial grasses. *Oecologia* 84, 433-441.

Weidenhamer J.D. 1996. Distinguish resource competition and chemical interference: overcoming the methodological impasse. *Agronomy Journal* 88(6), 866-875.

Weston L.A., Duke S.O. 2003. Weed and crop allelopathy. *Critical Reviews in Plant Sciences* 22, 367–389.

Wieder R.K., Lang G.E. 1982. A critique of the analytical methods used in examining decomposition data obtained from litter bags. *Ecology* 63(6), 1636-1642.

Wilson P.J., Thompson K., Hodgson J.G. 1999. Specific leaf area and leaf dry matter content as alternative predictors of plant strategies. *New Phytologist* 143(1), 155-162.

Wu J., Brookes P.C., Jenkinson D.S. 1993. Formation and destruction of microbial biomass during the decomposition of glucose and ryegrass in soil. *Soil Biology & Biochemistry* 25(10), 1435- 1441.

Wurdinger V. 1995. Hair care additives. *Drug & Cosmetic Industry* 157(6), 20-22.

Z

Zahir Z.A., Munir A., Asghar H.N., Shaharoona B., Arshad M. 2008. Effectiveness of rhizobacteria containing ACC deaminase for growth promotion of peas (*Pisum sativum*) under drought conditions. *J Microbiol Biotechnol* 18(5), 958–963.

Zhou M., Robards K., Glennie-Holmes M. 1999. Analysis of volatile compounds and their contribution to flavor in cereals. *Journal of agricultural and food chemistry* 47(10), 3941-3953.

Zogorski J.S., Carter J.M., Ivahnenko T., Lapham W.W., Moran M.J., Rowe B.L., Squillace P.J., Toccalino P.L. 2006. The quality of our nation"s waters--Volatile organic compounds in the nation"s ground water and drinking-water supply wells: U.S. Geological Survey Circular 1292, 101p.

CHAPITRE 2

Bactéries solvantogénes ou Bactéries émettrices de Composés Organiques Volatils Microbiens (COVM), métabolismes associés et effets sur les organismes

> *« Les philosophes n'ont fait qu'interpréter diversement le monde, il s'agit maintenant de le transformer »* Karl Marx, historien, journaliste, philosophe, économiste, sociologue allemand (1818-1883)

Résumé

De nombreux composés organiques volatils bactériens ont été identifiés dès les années 1940. Les énormes besoins de caoutchouc synthétique et en carburants organiques pour le remplacement des énergies fossiles, au cours de la seconde guerre mondiale ont suscité aux Etats-Unis d"Amérique, France et au Canada, à partir de 1942, de très nombreux travaux permettant la production de composés organiques plus ou moins volatils par voie microbiologique. En France, dans les années 1980-1990, un programme de développement de la fermentation acétono-butylique à partir de ressources agricoles nationales a été mis en œuvre. Dans les années 1970, l"intérêt d"utiliser les COVM comme indicateurs de présence et de la contamination biologique a été soulevée initialement par l"industrie agro-alimentaire. Dans les années 1990, les COVM ont été analysés, pour la première fois, dans des environnements de type air intérieur de pièce d"habitation de l"espèce humaine. Dans les années 1997, les agronomes ont commencé à s"intéresser à ces bactéries solvantogénes classées pour la première fois dans les années 1945-1980 par les microbiologistes industrielles dont certaines développent des maladies nosocomiales ou gênes olfactives. Ces bactéries ont été nommées bactéries PGPR à la suite d'un constat général de leurs effets sur les rendements d'un certain type de plante.

Dans une première partie de cette revue bibliographique, les connaissances sur le métabolisme de production de COVM, les technologies de génies biochimiques industrielles actuelles et la mise en évidence des futures recherches sont présentées. Elles devraient accroître nos connaissances de la boîte noire du dialogue moléculaire médié par des volatils entre les bactéries et les plantes.

Le sol est l'un des principaux habitats des bactéries et des champignons. Dans cette arène lieu de leurs interactions, ces micro-organismes font partie d'un réseau de communication qui maintient l'équilibre des micro-habitats. Des molécules médiatrices importantes de ces relations inter- et intra-organismes sont des composés inorganiques et composés organiques volatils microbiens (COVM, *microbial volatile organic compounds* : mVOCs). Cette synthèse de l'état de l'art présente la richesse d'émission des COVM. À ce jour, environ 300 bactéries et des champignons ont été décrits en tant que producteurs de COV et environ 800 COVM ont été compilées dans une base de données des substances volatiles émises par les micro-organismes.

En outre, cette partie résume les altérations morphologiques et phénotypiques et les réactions qui se produisent dans les organismes en raison de la présence de COVM. Ces effets pourraient fournir des indices pour élucider l'importance biologique et écologique des émissions COVM et aidera à démêler l'ensemble des interactions souterraines via la filière des volatils.

Les bactéries interagissent avec les plantes de manières différentes et nombreuses. Ces dernières années, la production bactérienne de matières volatiles a émergé comme un nouveau procédé par lequel les bactéries modulent la croissance des plantes. L'exposition à des substances volatiles produites par certaines souches bactériennes a été démontrée. Cela a conduit à une promotion de croissance jusqu'à 5 fois la biomasse végétale ou à induit la mort de la plante. En dépit de ces modifications drastiques de croissance, l'élucidation des molécules responsables, des mécanismes de la perception par la plante et des changements métaboliques spécifiques induits *in planta* est encore à ses balbutiements. Cette revue résume les connaissances actuelles et met en évidence les futures recherche qui devraient accroître nos connaissances de la boîte noire du dialogue moléculaire médié par des volatils entre les bactéries et les plantes.

Les composés organiques volatils microbiennes (COVM) sont constitués d'une série de composés principalement des alcools, des aldéhydes, des cétones, des esters et éthers, des acides, des terpènes, des composés soufrés et azotés. Ils sont formés à l'issue du métabolisme primaire et secondaire de bactéries et de champignons. Lors d'expériences de laboratoires, plus de 200 composés ont été identifiés comme COVM. Dans des conditions industrielles et d'habitation, aucun ne peut être considéré comme exclusivement d'origine microbienne ou spécifique de certaines espèces microbiennes. Dans le cas d'études biotechnologique, la production de COVM est très bien connue et les micro-organismes associés également. Ces micro-organismes sont nommés solvantogènes. Actuellement, les agronomes et écologues ont également identifié ces COVM et leurs microorganismes émetteurs notamment les PGPR et mycètes présent dans la litière, le sol et la rhizosphère.

Ainsi, ces composés ont également beaucoup d'autres et souvent de plus fortes sources d'émissions. Ces sources sont supplémentées par la source d'émission issue du métabolisme microbien présent dans l'environnement.

En outre, les techniques choisies pour l'échantillonnage et l'analyse des COVM à détecter doit être choisi judicieusement. Dans de nombreux cas, les 10-15 composés typiques analysés sont au préalablement sélectionnés sur la base des enquêtes précédentes et de la bibliographie du domaine de recherche. De plus, il faut envisager l'existence des installations permettant les analyses.

Dans cette revue, les propriétés physiques et chimiques essentielles de 96 COVM typiques sont résumées. Parmi ceux-ci, les 15 COVM les plus courants aux trois domaines de recherches sont énumérés ci-dessous. Ils sont le plus souvent analysés et présentées dans différents environnements colonisés ou recolonisés par les microorganismes et parfois des milieux professionnels du secteur de la chimie, utilisant des solvants et dans l'agriculture ou les installations de compostage. Il s'agit également des COVM pour lesquels les données toxicologiques et d'expositions sont régulièrement recueillies. Les composés sont les suivant : 2-Methyl-1-propanol ; 1-Octen-3-ol 3-Octanone ; 3-Methyl-1-butanol ; 2-Octen-1-ol 2-Methylisoborneol ; 3-Methyl-2-butanol; 3-Methylfuran; 2-Isopropyl-3-methoxy-pyrazine ; 2-Pentanol ; 2-Hexanone ; Geosmin ; 3-Octanol ; 2-Heptanone ; Dimethyl disulphide.

Dans les études présentant des résultats quantitatifs de COVM, les niveaux de COVM simples varie entre 1 ng.m^{-3} et 1 mg.m^{-3} à la fois dans les environnements intérieurs, de travails voir naturels. Toutefois, les données quantitatives issues des milieux de travails sont limitées à des installations de compostage qui peuvent se rapprocher des éventuelles applications biotechnologiques des PGPR en dehors des techniques d'enrobages de semence. A ce jour, les données comparables sur les niveaux de COVM dans l'environnement sont insuffisantes pour tirer des conclusions fiables quant aux expositions aux COVM. Chez les mammifères, la voie d'exposition principale des COVM est l'absorption par les poumons. Les COVM typiques sont rapidement métabolisés et excrétés dans l'urine et la bile. En règle générale, les COVM ne s'accumulent pas dans les tissus.

Les bases de données toxicologiques sur ce sujet sont de faibles nombres. Il en existe sur les 15 COVM principaux et dont les effets sont testés sur les mammifères dont l'homme. Ces études épidémiologiques sont réalisées sur les bâtiments humides et endommagés par les micro-organismes. Les COVM en plus de nombreux autres agents microbiens sont associés à des odeurs désagréables, des irritations oculaires et des irritations des voies aériennes respiratoires supérieures, des symptômes non spécifiques et même des symptômes de type asthmatique.

Toutefois, les réponses inflammatoires à la suite d'exposition aux COVM uniques ou répétées n'ont pas été clairement confirmées dans des études contrôlées en laboratoire sur l'exposition humaine. L'effet le plus évident sur la santé humaine à la suite d'une exposition aux COVM est l'irritation des yeux, des voies respiratoires supérieures, due à la stimulation des nerfs trijumeaux et « d'irritation sensorielle ». Les symptômes semblent être des effets critiques pour de nombreux COVM testé individuellement bien qu'il existe des exceptions concernant le 2-hexanone. Dans les études expérimentales d'exposition de l'homme, des symptômes d'irritation ont fait leur apparition à des concentrations importantes vis-à-vis de celles mesurées sur le terrain ou dans des environnements intérieurs.

Cette hypothèse est étayée par des données provenant d'études animales. Selon la base de données déterminé par le test biologique dose-dépendant des irritations sensorielles sur souris sont également détecté pour de nombreux COVM typiques. En supposant l'additivité de la réaction d'irritation sensorielle, les réponses d'irritations attendues lors de l'exposition à des mélanges COVM conduisent à la conclusion que les COVM sous forme combinée ou de mélanges et concentrations signalées à ce jour par la bibliographie sont bien au-delà des niveaux nécessaires pour causer une irritation sensorielle chez les mammifères.

Compte tenu des très faibles niveaux rencontrés des COVM, aucun effet toxique autre que l‟irritation n‟est attendu. D‟autre part, le présent document porte sur les données toxicologiques des seuls 15 COVM les plus couramment rencontrés parmi la liste des 200 COVM reconnus internationalement à ce jour. Ainsi, les conclusions des études toxicologiques ne s‟appliquent pas nécessairement à tous les COVM.

Jusqu‟ici, les tentatives de reconnaissance des bâtiments microbiologiquement contaminés, des zones urbaines recolonisées par les micro-organismes du sol, ou de vérification de l‟efficacité des mesures correctives par des mesures de COVM ont échoué en raison d‟un chevauchement considérable des résultats. Ces chevauchements touchent à la fois les tests pour COVM individuels et dans le cas de mélange de plusieurs COVM entre des zones suspectes et de contrôle.

Par ailleurs, il existe également des bases de données issues de tests sur supports végétales. Mais, les COVM sont testés soit pure ou via des cultures des micro-organismes émetteurs de COVM. Les résultats ont présenté des effets toxiques, d‟inhibition et également de promotion de croissance et développement chez les végétaux en contact avec les émissions de COV pour certains micro-organismes comme les bactéries solvantogènes ou PGPR.

Mots clefs : *Métabolisme, bactéries, champignon, sol, volatils, médiation volatils, organiques volatils microbiennes COVM, effet sur la santé, composés exposition professionnelle, exposition naturelles, effets respiratoires, une irritation sensorielle, la toxicité, promotion inhibition, examen, évaluation des risques.*

Abstract

Many bacterial volatile organic compounds were identified in the 1940s. From 1942 into the United States of America and Canada, the enormous needs of synthetic rubber and organic fuel for easy replacement energy during World War II have prompted numerous works for the production of more or less volatile organic compounds by microbiological engineering. In the years 1980-1990, in France, a development program of acétono-butylic fermentation with the national agricultural resources has been implemented.

In the 1970s, interest in using the MVOCs as indicators of biological contamination presence was initially raised by the food industry. In the 1990s, MVOCs were analyzed for the first time in typical environments for example air present inside living space of Human species. In 1997, agronomists have begun to take an interest these solvantogenic bacteria. They have been classified for the first time in the years 1945-1980 by industrial microbiologists, some of which develop nosocomial infections or genes for example the flagrances nauseous. These bacteria have been named PGPR bacteria following that general observation on promoting growth of a certain plant species and crops.

In the first part of this literature review, knowledge on the metabolism of MVOCs production, technology biochemical engineering industry and identification of futures researches are presented. They should increase our knowledge and understanding of the black box mediated by volatile molecular dialogue between bacteria and plant.

Soil is one of the major habitats of bacteria and fungi. In this arena their interactions are part of a communication network that keeps microhabitats in balance. Prominent mediator molecules of these inter- and intraorganismic relationships are inorganic and organic microbial volatile compounds (MVOCs). In this review the state of the art regarding the wealth of MVOCs emission is presented. To date, ca. 300 bacteria and fungi were described as VOC producers and approximately 800 MVOCs were compiled in one database of volatiles emitted by microorganisms. Furthermore, this paper summarizes morphological and phenotypical alterations and reactions that occur in the organisms due to the presence of MVOCs. These effects might provide clues for elucidating the biological and ecological significance of MVOCs emissions and will help to unravel the entirety of belowground, volatile-wired interactions.

Bacteria interact with plants in many different ways. In recent years, bacterial production of volatile materials has emerged as a new method by which bacteria modulate plant growth. Exposure to volatile substances produced by certain bacterial strains has been demonstrated. This has led to a growth promotion up to 5 times the plant biomass or induces death of the plant. Despite these drastic changes in growth, elucidation of molecules responsible, mechanisms of perception by the plant and specific metabolic changes induced in *planta* is still in its infancy. This review summarizes current knowledge and identifies future research that should increase our understanding of the black box mediated by volatile between bacteria and plant molecular dialogue.

Microbial volatile organic compounds (MVOCs) consist of a series of compounds mainly alcohols, aldehydes, ketones, ethers and esters, acids, terpenes, sulfur and nitrogen compounds. They are formed at the end of primary and secondary metabolism of bacteria and fungi. In laboratory experiments, more than 200 compounds have been identified as MVOCs. Under industrial conditions and housing, none can be considered exclusively or specific microbial origin of some microbial species. In the case of biotechnology research, the production of MVOCs is very well known and associated microorganisms as well. These microorganisms are appointed solvantogène. Currently, agronomists and ecologists also identified these MVOCs and issuers microorganisms including PGPR and mycets present in the litter, soil and rhizosphere.

Thus, these compounds also have many other and often much stronger source of emission. These sources are supplemented with the source of emission result of microbial metabolism in the environment.

In addition, the chosen techniques for sampling and analysis to detect MVOCs should be chosen wisely. In many cases, the typical 10-15 compounds analyzed are pre-selected on the basis of previous investigations and bibliography domain research. In addition, consider the existence of facilities for analysis.

In this review, the basic physical and chemical properties of 96 typical MVOCs are summarized. Among these, the 15 most common in the three areas of research MVOCs are listed below. They are most often analyzed and presented in different colonized or re-colonized by microorganisms and sometimes professional circles chemical sector environments, using solvents and in agriculture or composting facilities. These are also MVOCs for which toxicological and exposure data are regularly collected. The compounds are the following: 2-Methyl-1-propanol; Octen-1-3-3-ol Octanone; 3-Methyl-1-butanol; Octen-2-1-2-ol methylisoborneol; 3-Methyl-2-butanol; 3-Methylfuran; 2-Isopropyl-3-methoxy-pyrazine; 2-Pentanol; 2-Hexanone; Geosmin; 3-octanol; 2-Heptanone; dimethyl disulphide.

In studies with quantitative MVOCs results, single MVOCs levels have ranged from a few $ng.m^{-3}$ up to 1 $mg.m^{-3}$ both in indoor and work environments; however, quantitative data from work settings are limited to compost facilities. The comparable data on MVOCs levels in the environment published so far are inadequate for drawing reliable conclusions on the MVOCs exposure.

The main exposure route for MVOCs is absorption through the lungs. Typical MVOCs are rapidly metabolised and excreted in the urine and bile. Generally, MVOCs do not accumulate in tissues to any great extent.

The toxicological database is poor for the 15 listed MVOCs. In epidemiological studies on buildings with moisture and microbial damage, MVOCs, in addition to many other microbial agents, have been associated with unpleasant odours, eye and upper airway irritation, unspecific symptoms and even asthma-like symptoms.

However, inflammatory responses of single or repeated MVOCs exposures have not been unequivocally confirmed in controlled human exposure studies. The most obvious health effect of MVOCs exposure is eye and upper airway irritation, due to stimulation of the trigeminal nerves (sensory irritation), which seems to be the critical effect also for many individual MVOCs although there are exceptions (2-hexanone). In human experimental exposure studies, symptoms of irritation have appeared at MVOC concentrations several orders of magnitude higher than those measured under field conditions in indoor environments. This is supported by data from animal studies. According to the database determined by the ASTM mouse bioassay, dose-dependent sensory irritation has been detected for many typical MVOCs. Assuming additivity of the sensory irritation reaction, the irritation responses anticipated from exposure to MVOCs mixtures lead to the conclusion that MVOCs - as combinations and concentrations reported so far - are well below the levels needed to cause sensory irritation.

Overall, considering the very low levels encountered in the MVOCs context, no toxic effects besides irritation, and very seldom also this effect, are expected. On the other hand, the present document covers the toxicological data of only 15 out of more than 200 MVOCs recognised so far. Thus, the conclusions do not necessarily apply to all MVOCs, and not even for all of the 15 compounds evaluated, as there may be more potent compounds and/or other endpoints not yet evaluated.

So far, attempts to recognise microbiologically contaminated buildings or areas, urban re-colonized by soil micro-organisms, or to verify the success of remedial measures by MVOCs measurements have failed because of considerable overlap of the results (both for individual MVOCs and sums of several MVOCs) between suspected and control areas.

Thus, in order to identify contaminated buildings by MVOCs measurements, MVOCs of purely microbial origin and/or sophisticated data handling procedures are needed

Furthermore, there are also databases from tests on plant models. But, the MVOCs are tested either pure or with cultures of microorganisms producer of MVOCs. The results showed toxic effects, inhibitions, effects of plant growth promotion and effect of plant development promotion in contact with VOCs emissions for some microorganisms such as bacteria solvantogenics or PGPRs.

Key words: *Metabolism, bacteria, fungi, soil, volatiles, volatile mediated, microbial volatile organic compound MVOCs, health effect, occupational and natural exposure, exposure limit, respiratory effects, sensory irritation, toxicity, promotion, inhibition, review, risk assessment, interactions review, risk assessment.*

Liste des abréviations & accronymes (Abbreviations and acronyms)

ABE : Acétone, Butanol, Ethanol
ACGIH : American Conference of Governmental Industrial Hygienists
ACR : Aldéhyde/cétone réductases
ADH : Alcool déshydrogénase
ADN : Acide désoxyribonucléique
ADP : Adénosine diphosphate
AHL : N-acyl homosérine lactones
ARN : Acide ribonucléique
ASTM : American Society for Testing and Materials
ATP : Adénosine triphosphate
$CaCO_3$: Carbonate de calcium
CH_4 : Méthane
CIRC : Centre international de Recherche sur le Cancer
CL_{50} : Concentration létale 50
CO : Monoxyde de carbone
CO_2 : Dioxyde de carbone
CoA : Co enzyme A
COV : Composés Organiques Volatils
COVM : Composés Organiques Volatils d"origines Microbiennes
DL_{50} : Dose létale 50
DMS : Diméthyle sulfure organique
DMS : Disulfure de diméthyle
DMSP : Diméthylpropionate
DNPH 2,4-dinitrophenyl hydrazine
DOVE-MO : Database Of Volatiles Emitted by MicroOrganisms - base de données des substances volatiles émises par les micro-organismes

DSEO : Dose sans effet observable ou NOEL
DSSS : Dimethyltrisulfide
EMS : Méthane-sulfonate d''éthyle
FID : flame ionisation detector-Détecteur à ionisation de flamme
GC : gas chromatography-Chromatographie en phase Gazeuse à haute résolution
GC/MS : Chromatographie en gazeuse couplée à de la spectrométrie de masse
H_2 : Dihydrogène
H_2O : Eau
H_2S : Sulfure d''hydrogène
HCN : Cyanure
IARC International Agency for Research on Cancer
IBE : Isopropanol, Butanol, Ethanol
ISR : Résistance Systémique Induite
IUPAC : International Union of Pure and Applied Chemistry
KOH : Hydroxyde de potatium (Patasse)
LC50 lethal concentration for 50 % of the animals at single exposure
LCLo lowest observed lethal concentration
LD50 lethal dose for 50 % of the exposed animals at single administration
LEP : Limites d''exposition professionnelle
LOEL lowest observed effect level
MAK Maximale Arbeitsplatz-Konzentration
Mg^{2+} : Anion Magnésium
MR-VP : Méthyl-Rouge-Voges-Proskauer
MS : mass spectrometry-spectrométrie de masse
MVOC : microbial volatile organic compound
N_2 : Diazote
NADH : Nicotinamide adénine dinucléotide
NADPH : Nicotinamide adénine dinucléotide phosphate
NaOH : Hydroxyde de sodium (soude)
NH_4^+ : Ammonium
NH_4OH : Hydroxyde d''azote
NOEL : de l''anglais *No Observed Effect Level* ou DSEO
NTP : United States National Toxicology Program
OEL occupational exposure limit
PEP : Phosphoénolpyruvate
PGPR : Plant Growth Promoting Rhizobacteria - Rhizobactéries promotrice de croissance des plantes
PMN polymorphonuclear neutrophil
PNN : Polynucléaires neutrophiles

PO_4^{3-}: Phosphate
PP pyrophosphate
PTR-MS : Réactions transfert de proton/spectrométrie de masse
PYG : Peptone-Yeast-Glucose
RD50 concentration associated with a 50 % decrease in the respiratory rate
RIL : Recommended indoor air level-niveau d"air intérieur recommandé
ROS : Reactive Oxygen Species-espèce reactive de l"oxygène ou FAO formes actives de l"oxygène
RRLC : Rapid resolution liquid chromatography-chromatographie liquide à haute résolution rapide
SESI-MS : pulvérisation secondaire d"électrons permettant la ionisation/spectrométrie de masse
SIFT-MS : Sélection de flux d"ions tube/spectrométrie de masse
SO_4^{2-}: Sulfate
SPME : solid-phase microextraction - Micro-extraction en phase solide
STEL short-term exposure limit
TLV® threshold limit value
TOXNET : Bases de données toxicologie et santé environnementale
TWA time weighted average
UNESCO : United Nations Educational, Scientific and Cultural Organization
UV : Radiation Ultra-Violette
VLE : Valeurs limites d"exposition
VLEP : Valeur limites d"exposition professionnelle ou Occupational exposure limits OEL
VOC : volatile organic compound(s) en francais Composés Organiques Volatils (COV)

Rappel de quelques Définitions en toxicologie

Analyse de risques

Processus comportant trois volets : i) l"évaluation ; ii) la gestion des risques, et iii) la communication des données correspondantes.

Apport journalier maximal théorique (AJMT)

Il s"agit une prévision de l"apport maximum journalier. Elle est faite en supposant que les concentrations de la substance sont égales à la teneur réglementaire maximale autorisée. Mais également, que la consommation journalière moyenne d"aliments par personne est de 25 g d"aliments solides par kilogramme de poids corporel et de 100 ml d‟aliments liquides (lait non compris) par kilogramme de poids corporel. Généralement, elle est exprimée en milligrammes de substance par personne.

Dose journalière admissible (DJA)

Il s‟agit de l‟estimation de la dose présente dans les aliments ou l‟eau de boisson, exprimée en fonction du poids corporel. Elle peut être ingérée tous les jours pendant toute la vie, sans risque appréciable pour la santé du consommateur, compte tenu de tous les facteurs connus au moment de l‟évaluation. Elle est exprimée en milligrammes de substance par kilogramme de poids corporel.

Dose journalière tolérable (DJT)

Il s‟agit de l‟estimation de la dose présente dans les aliments ou l‟eau de boisson, exprimée en fonction du poids corporel. Elle est tolérée après ingérée tous les jours pendant toute la vie, sans risque appréciable pour la santé du consommateur, compte tenu de tous les facteurs connus au moment de l‟évaluation. Généralement elle est réservée aux contaminants et est exprimée en milligrammes de substance par kilogramme de poids corporel.

Dose sans effet observé (DSEO)

Il s‟agit de la dose maximale d‟une substance qui, lors d‟études expérimentales sur l‟animal, s‟est avérée ne pas causer d‟effets observables (altération morphologique, capacité fonctionnelle, croissance, développement, durée de vie de l‟animal). Généralement elle est exprimée en milligrammes de substance par kilogramme de poids corporel et par jour.

Dose sans effet indésirable observé (DSEIO)

Il s‟agit de la dose maximale d‟une substance qui, lors d‟études expérimentales sur l‟animal, s‟est avérée ne pas causer d‟effets toxiques détectables. Généralement elle est exprimée en milligrammes de substance par kilogramme de poids corporel et par jour.

Dose minimal ayant un effet observé (DMEO)

Il s‟agit de la dose minimale testée d‟une substance qui, lors d‟études expérimentales sur l‟animal, s‟est avérée causé d‟effets observables (altération morphologique, capacité fonctionnelle, croissance, développement, durée de vie de l'animal). Généralement elle est exprimée en milligrammes de substance par kilogramme de poids corporel et par jour.

Evaluation des risques

Processus scientifique comportant les étapes suivantes : a) identification des dangers, b) caractérisation des dangers, c) évaluation de l'exposition et d) caractérisation des risques.

Effet

Dans le contexte de cet etat de l'art, nous entendons par effet un changement biologique dans l'organisme, dans un organe ou dans un tissu biologique.

Effet déterministe

Un effet pour lequel il est possible de définir un seuil d'exposition en deçà duquel l'effet biologique n'est plus observé.

Effet probabiliste ou stochastique

Un effet pour lequel on considère qu'il n'est pas possible de définir un seuil d'exposition en deçà duquel l'effet biologique n'est plus observé.

Gestion des risques

Processus consistant à mettre en balance les différentes politiques possibles, compte tenu des résultats de l'évaluation des risques et, le cas échéant, à choisir et mettre en œuvre des mesures de contrôle appropriées, y compris des mesures réglementaires.

CHAPITRE 2

Bactéries solvantogénes ou Bactéries émettrices de Composés Organiques Volatils Microbiens (COVM), métabolismes associés et effets sur les organismes

Introduction générale

De nombreux composés organiques volatils bactériens ont été identifiés dès les années 1940. Les énormes besoins de caoutchouc synthétique, plastiques et en carburants organiques pour le remplacement des énergies fossiles, au cours de la seconde guerre mondiale, ont suscité en Europe, aux Etats-Unis d'Amérique et au Canada, à partir de 1942, de très nombreux travaux permettant la production de composés organiques plus ou moins volatils par voie microbiologique comme l'éthanol, le butane-2,3-diol (ou 2,3-butylène glycol) utilisés comme matière première à la suite du choc pétrolier pendant la 2ème guerre mondiale. Malheureusement, le développement de la pétrochimie a arrêté l'essor de ces procédés intéressants qui n'ont jamais dépassé le stade pilote ou de faible production.

En France, dans les années 1980-1990, un programme de développement de la fermentation acétono-butylique à partir de ressources agricoles nationales a été mis en œuvre. Dans cette même période, un programme français de carburants de substitution a également été mis en place. Il prévoit l'introduction dans les carburants automobiles de quantités significatives de composés organiques volatils tel que : i) l'éthanol, seul alcool pouvant atteindre des tonnages compatibles avec les carburants conventionnels fossiles de la consommation automobile à partir de pétrole, gaz naturel, charbon ou bois ; ii) le méthanol ; iii) le butanol qui est un des meilleurs tiers solvants du mélange essence-méthanol. A la suite de ces nombreux projets, l'identification des différents Composés Organiques Volatils d'origines Microbiennes (COVM, *microbial volatile organic compounds* : mVOCs) encore nommées « Solvants » et de leurs voies de productions métaboliques ont été abondamment documentés mais, sont partie peu à peu dans l''oubli collectif.

Dans les années 1970, l'intérêt d'utiliser les COVM comme indicateurs de présence et de la contamination biologique a été soulevée initialement par l'industrie agro-alimentaire. C'est à cette période où l'analyse des COVM a été considérée comme un outil pratique et rapide pour détecter les processus indésirables ou de détériorations causées par des micro-organismes pendant le stockage ou traitement des denrées alimentaires.

Dans les années 1990, les COVM ont été analysés, pour la première fois, dans des environnements de type air intérieur de pièce d'habitation de l''espèce humaine (Bayer & Crow, 1994 ; Morey *et al.*, 1997 ; Ström *et al.*, 1994 ; Wessén & Schoeps, 1996a,b ; Wilkins *et al.*, 1997). Avec une telle analyse de COVM, nous avons la possibilité de détecter la croissance microbienne cachée derrière des surfaces intérieures sans avoir à ouvrir les structures du bâtiment ou de développement de ces micro-organismes. A l''origine de ces études, les chercheurs ont supposé que, sous forme de gaz, les COVM peuvent pénétrer et diffusé dans l'air intérieur par exemple à travers les barrières de vapeur d''eau ou panneau de structure plus facilement que les spores microbien (Wessén & Schoeps, 1999 ; Ström *et al.*, 1994 ; Wessén *et al.*, 1999). A la suite de ces expériences. Dans les années 1990, l'inquiétude sur les risques possibles pour la santé liée à l'exposition de ces COVM dans les environnements intérieurs fût également soulevée. De nombreux occupants de bâtiments humides et endommagés se sont fréquemment pleins de problèmes de santés et présentaient des problèmes aux yeux et gênes aux voies respiratoires supérieures. De nombreux médecins spécialistes ont conclus que ces symptômes étaient associés à l'exposition à des substances irritantes d''origine microbienne (Burge, 1990). Chose intéressante, peu d''attention a été accordée aux COVM et leurs éventuels effets néfastes sur la santé dans le milieu de vie de l''espèce humaine qui présente des sources microbiennes plus ou moins productives ou des niveaux élevés de contamination aux COV, où la composition globale présente au moins une partie de COVM. Et, bien évidemment cette portion est plus abondante en extérieur que dans les environnements intérieurs mais, ces COVM sont moins concentré et séquestré.

Dans les années 1997, les agronomes ont commencé à s''intéresser à ces bactéries solvantogénes classées pour la première fois dans les années 1945-1980 par les microbiologistes industrielles dont certaines développent des maladies nosocomiales ou gênes comme vue ci-dessus. Ces bactéries ont été nommées bactéries PGPR à la suite d'un constat général sur les rendements d'un certain type de plantes bien que mis en avant pour la première fois en 1958 par les chercheurs de l'ex-URSS lors d'utilisations en PBI (Suslow *et al.,* 1979).

L'intérêt des agronomes est contraire à celui des spécialistes de la santé. D'un point de vue biologique, nous pouvons affirmer que l'impact et les effets des COVM émit sont individus spécifiques. Des effets de toxicité sont démontrés chez les mammifères et végétaux au même titre que des effets de promotions de croissances sont également démontrés notamment chez les plantes supérieures.

Ainsi, comme le dit Effmert *et al.* (2012), les stratégies de communication inter-et intra-organismiques sont symbolisées par les trois singes : les sourds, des muets, et les aveugles. A ce jour, de nouvelles disciplines multidisciplinaires en biologie végétale apparaissent tel que la « neurobiologie végétale ».

De ces constats historiques et scientifiques, un fait intéressant est mis en avant. Une voie de communication majeure n'a pas encore était à la mode et en vedette des chercheurs étudiant le monde végétal. Il s'agit du sens de l'odorat. Ceci est surprenant puisque le sens de l'odorat est bien établie chez de nombreux animaux et plantes.

Les vertébrés et les invertébrés sont capables de détecter des quantités infimes de substances volatiles, même sur de très longues distances, les plantes utilisent les volatils pour communiquer avec leurs pollinisateurs ainsi que des plantes de la même espèce ou d'autres plantes (Baldwin *et al.,* 2006 ; Dobson, 2006 ; Heil & Walters, 2009 ; Effmert *et al.*, 2012) (Figure. 0A). Les informations chimiques utilisées pour ces interactions inter-et intra-organismiques sont composés de nombreuses molécules volatiles organiques ou non. Ces signaux volatils sont des molécules composés de faibles masses moléculaires et ont des pressions de vapeur élevées, des faibles points d'ébullition, et pour la grande majorité un caractère lipophile (Effmert *et al.*, 2012). Toutes ces caractéristiques établis dans des conditions standard permettent de faciliter l'évaporation des composés.

Figure 0. A. Représentation schématique des organismes impliqués dans les interactions aériennes et souterraines mobilisant les volatils initiant le concept de « neurobiologie végétale » (dessiné par Marco Kai). 1. racine de végétaux, 2. bactéries, 3. les champignons, 4. ciliés (eucaryotes unicellulaires), 5. amibes, 6. nématodes, 7. Mousses, 8. mammifère terrestres type sanglier, 9. feuilles des plantes, 10. fleurs des plantes, 11. insectes (Effmert, 2012) ; **B.** Les composés organiques volatils Bactériens modulent la croissance végétale. Dans les sols hétérogènes, les micro-organismes peuvent produire des concentrations efficaces de composés ayant des effets inhibiteurs (à gauche) ou d'"amélioration voir promotion (à droite) de la productivité des plantes. Les effets observés vont de la mort de la plante à la biomasse racinaire accrue et un plus grand rendement de biomasse globale. Peu de molécules bioactifs ont été identifiées à partir des mélanges complexes de composés organiques volatils bactériens. L'"implication des différentes voies physiologiques (formes ovales, les flèches doubles : diaphonie-communication duplex ou crosstalk) est proposée, mais il est nécessaire de réaliser une enquête plus approfondie du sujet. Les points d'"interrogation soulignent un manque d'"information sur les tissus ciblés par les COV (Bailly & Weisskopf, 2012).

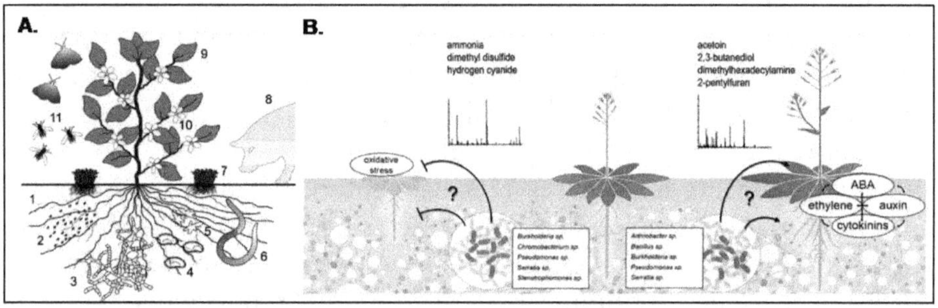

Par conséquent, ces composés se dispersent facilement dans l'"atmosphère. Ainsi, ils jouent des rôles biologiques et écologiques essentiels dans des dialogues moléculaires aériens réalisés dans l'"habitat soit hors du sol entre partie aérienne ou dans l'"atmosphère du sol entre les microorganismes et les racines voir le monde animal. Bien que connue et envisagé par de nombreux chercheurs, ces mécanismes ont été reconnus très récemment. Les organismes souterrains sont également des producteurs et émetteurs importants de substances volatiles d'"une riche diversité. Découlant de ces réflexions et observations scientifiques, un nouveau domaine de recherche en biologie végétale, microbiologie et entomologie notamment se concentre actuellement sur les interactions basées sur les volatils dans le sol et les plantes.

Les Composés Organiques Volatils Microbiens sont produits par le métabolisme des micro-organismes tels que les champignons et les bactéries. Ils sont tous les deux formés au cours du : 1) métabolisme primaire comme des composés dérivant de la synthèse de l'"ADN, des acides aminés et d'"acides gras et énérgétique par les voie fermentaire ; et 2) le métabolisme secondaire comme les produits intermédiaires du métabolisme primaire et produits secondaires, les produits et intermédiaire issus du métabolisme d'oxydation de glucose (Berry, 1988). Ainsi, la production de COVM est grandement affectée par la nature de l'espèce microbienne considère, de la phase de croissance et des conditions de croissance & développement c'est-à-dire les caractéristiques de la niche écologique dans lesquels évoluent ces microorganismes comme la disponibilité en nutriments-carbone et source d'énergie, le pH, condition rédox, l'humidité, la température (Batterman, 1995 ; Larsen & Frisvad, 1994 ; Whillans & Lamont, 1994). A ce jour, plus de 800 composés ont été considérés comme COVM dans la littérature. Les composés ont également d'autres sources d'émissions environnementales que le métabolisme microbien par exemple les plantes. Ainsi, les composés, dont l'origine est uniquement issue du métabolisme microbien, existent dans une proportion plus faible (cf. chapitre précédant).

La plupart des bactéries sont dite « malodorantes ». Cela est de notoriété commune à la plupart des êtres vivants. Mais le fait que les plantes soient également capables de « sentir », et de réagir à ces odeurs, est une découverte relativement récente. Ces odeurs semblent augmentées ou réduire la croissance des plantes. En 2003, Ryu *et al.* ont décrit ce phénomène pour la première fois. Ce qui ouvre la porte à un nouveau thème de recherche. Celui de l'impact des volatils médié par les émissions bactériennes sur les plantes. Depuis lors, des effets contrastés ont été signalés, allant de l'augmentation importante de biomasse végétale à la mort du végétal. L'effet toxique est bien connu. Car, il faut rappeler que les COV sont des composés polluants intervenant dans les changements globaux (cf. chapitre c) et nocif pour la santé publique (cf. chapitre c).Certaines de ces bactéries font partie des bactéries nosocomiales et ont un impact non négligeable sur la santé humaine (cf. chapitre c).

Malgré les effets mis en évidence, la caractérisation des molécules responsables de ces promotions ou inhibitions de croissance n'est pas aussi avancée que nous pourrions nous y attendre. Très peu de composés organiques volatils bactériens (COVB, *bacterial volatile organique compounds* : bVOCs) ont été clairement identifiés comme responsables d'un impact positif ou négatif sur le rendement des plantes (Figure. 0B, Bailly & Weisskopf, 2012) même si Bailly & Weisskopf (2012) parlent de « croissance ». Il ne s'agit pas de croissance proprement dit mais, de rendement de biomasse fraiche au stade plantule pour l'ensemble des études menées à ce jour. Cela peut être dû à la grande complexité des mélanges volatils produits par les bactéries. Plus de 300 molécules candidates ont été identifiées à ce jour, 7 pour le moment en analyse par GC-MS. De plus ce type d'analyse révèle souvent une forte proportion de composés inconnus. Ce qui suggère un grand potentiel pour la découverte de nouveaux métabolites.

Dans le secteur agronomique, la plupart des recherches ont été effectuées à l'aide de simples boîte de Pétri dont les montages expérimentaux sont réalisés par répartitions via des compartiments. Les milieux de cultures employés pour les croissances bactériennes sont riches et polyvalent. Par la prise en compte de ces informations, il y a au moins deux raisons de croire que les volatils pourraient jouer un rôle important au sein de la signalisation et communication entre les bactéries et les plantes dans une situation naturelle. Tout d'abord, les substances volatiles sont connues pour être utilisés par les plantes comme des signaux d'avertissement ou d'attraction lors des interactions ou communication plante-plante et plantes- insectes. Cela suggère que des mécanismes de reconnaissance ou senseurs existent chez les deux partis : c'est-à-dire la faune (insectes, mammifères, etc.) et flore (végétaux, etc.). Ainsi, ils permettraient aux plantes de détecter les substances volatiles. Ensuite, la deuxième raison concerne l'environnement rhizosphèrique de la plante cible. Cet environnement semble favorable à la communication médiée par les volatils. Dans la rhizosphère, les partenaires sont spatialement proches les uns des autres et des volatils. Les COV sont plus susceptibles de s'accumuler et atteindre leur seuil d'activité dans la zone rhizosphèrique plutôt que par exposition atmosphérique par le vent soufflent au-dessus du sol (figure. 0) (Bailly & Weisskopf, 2012).

Huit ans après la première mise en évidence de la promotion de la « croissance » des plantes par des substances volatiles bactériennes, le phénomène a été confirmé par de nombreuses études indépendantes. Elles utilisent différentes souches et plantes modèles. Pourtant, les molécules responsables des effets observés, ainsi que les changements métaboliques qui se produisent dans les plantes lors de la détection des substances volatiles bactériennes, sont encore mal compris.

Le but de cette synthèse bibliographique est de résumer les connaissances actuelles sur les mécanismes d'émissions et d'effets des volatils émis par les bactéries sur les plantes et mammifères. Elle permettra : i) de mettre en évidence les lacunes qui limitent l'utilisation en pratique culturale de ces composés ou bactéries ; et ii) de pointer les futures axes de recherches qui devraient nous aider à mieux comprendre cette fascinante nouvelle facette de la communication dans le sens bactéries-plantes-mammifères ; iii) pour des raisons d‟hygiènes & sécurités environnementales intégre le chercheurs dans un écosystème expérimentale.

Cette partie bibliographique passe en revue la littérature au cours du temps sur les composés organiques volatils d‟origines biogènes les plus fréquents notés COVM. Je présenterais, sous formes de quatre parties :

- i) Les informations concernant les bactéries du sol productrices de COV utilisé en bio-industrie puis en agronomie. Les aspects métaboliques et de génies biochimiques concernant ces bactéries seront abordées ici.
- ii) Dans cette seconde section, pour rappel, je décrirai brièvement le sol avec ses caractéristiques préalables d‟habitat, structures en matière de communications basées sur les volatils. Mais, pour plus de détails, je vous convie à voir la partie bibliographique à ce sujet. Ensuite, je présenterai une synthèse des émissions de volatils microbiens en accent mes informations principalement sur les bactéries dont font partie les PGPR. Cette partie sera orientée principalement sur l‟aspect de promotion de croissance des plantes par les bactéries.
- iii) Dans la dernière section, je discuterai des interactions entre des substances volatiles de bases bactériennes ou fongiques et les utilisateurs ou mammifères pouvant être exposé dans leur environnement proche. Il s‟agit d‟une partie sur l‟aspect hygiénique des COVM et bactéries productrices associées à ces composés dans l‟environnement humain. Les effets toxicologiques des émissions de composés organiques volatils microbiens seront présentés. Cet aspect est envisageable dans le cas de mise aux points technologiques, industrielles, de rhizo-ingénierie ou génie rhizosphèrique, d‟éventuelles applications de terrains ou agronomiques à grandes échelles. Donc, les aspects d‟hygiènes & sécurités, et santés seront abordées d‟un point de vue toxicologique aux vues des aspects législatifs présentés dans la partie bibliographique précédante et suivante. Ainsi, l‟ensemble de ces informations présente un panorama rigoureux et exhaustif de l‟utilisation des bactéries, des émetteurs de COV et COVM.
- iv) Enfin, la dernière partie présentera les perspectives d‟exploitations technologiques de ces connaissances acquises.

A. Bactéries solvantogènes ou émettrices de COVM, métabolismes et première classification

Introduction

La biomasse cellulosique produite dans l'environnement et celle contribuant à la formation du sol est constituée par : i) les résidus agricoles comme la paille de céréales, l'herbe pincipalement le ray-grass, tiges de maïs et d'autres espèces végétales ; ii) certains sous-produits de l'industrie agro-alimentaire comme les pulpes, mélasses, bagasses et épandages ; iii) les fourrages et bois non exploités. Outre l'aspect constitutif et d'amélioration de la qualité des sols, elle représente une réserve considérable et mal valorisée de sucres fermentescibles exploitable de manière industrielle.

De nombreux produits organiques peuvent s'accumuler au cours de la culture des microorganismes, sur ses substrats appropriés. Il faut distinguer :

- Les produits de catabolisme des réactions enzymatiques de dégradation ;
- Les produits correspondant aux stades intermédiaires de ces dégradations ;
- Les produits métabolisés ;
- Les produits intermédiaires de ces métabolites.

Ainsi, de nombreux composés organiques volatils bactériens issus de bioreactions ont été identifiés dès les années 1940. Les énormes besoins de caoutchouc synthétique, au cours de la seconde guerre mondiale, ont suscité aux Etats-Unis d'Amérique et au Canada, à partir de 1942, de très nombreux travaux, concrétisés par plus de 500 publications (Korpi *et al.,* 1997, 1998, 1999c ; Bailly & Weisskopf, 2012), par exemple en vue de la production par voie microbiologique du butane-2,3-diol ou 2,3-butylène glycol utilisés comme matière première à la suite du choc pétrolier pendant la 2ème guerre mondiale.

Malheureusement, le développement de la pétrochimie a arrêté l'essor de ces procédés intéressants qui n'ont jamais dépassé le stade pilote.

C'est pourquoi, les divers produits industriels ou composés organiques volatils pouvant être formés par les microorganismes modèles seront simplement énumérés ci-après, groupés en plusieurs classes de composés et par familles similaires :

– Les solvants industriels ;
– Les acides organiques ;

Malgré les études approfondies du mécanisme des réactions biochimiques, grâce surtout à l'usage des éléments marqués, tous ces processus ne sont qu'imparfaitement connus.

Cependant, on se reportera aux différents ouvrages de biochimie générale ou spécifique, pour trouver le schéma des cycles de transformations les mieux connus chez les microorganismes de références et autres organismes comme les végétaux. Donc, il apparaît qu'une classification des transformations et réactions industrielles mettant en œuvre les réactions cataboliques ou généralement métaboliques ne peuvent être actuellement établies.

Par ailleurs, certaines voies métaboliques ont été bien explorées comme les fermentations éthanoliques, acétonobutyliques ou permettant la production de certains acides. La fermentation acétonobutylique produit à partir de divers sucres, un mélange de solvants, riche en butanol et acétone, possédant d'excellentes qualités de carburant automobile, de solvants ou de substrats de synthèses organiques et biochimiques.

Ainsi, la fermentation acétonobutylique productrice de butanol, d'acétone et, accessoirement d'éthanol pose des problèmes physiologiques complexes et d'un grand intérêt tant au plan des connaissances que pour l'utilisation industrielle. Ces composés organiques majoritairement volatils sont collectivement qualifiés de solvants. Tel qu'exposé plus loin, si dans le passé, une maîtrise empirique remarquable de cette fermentation a été atteinte, peu d'études lui ont été consacrées entre 1960 et 1980, période où elle avait perdu beaucoup de son intérêt industriel (Simon & Meunier, 1970 ; Arnaud *et al.,* 1988 ; Vandecasteele & Marchal, 1993).

Dans la dernière décennie cependant, elle a permis de focaliser au plan international comme au plan français les efforts multidisciplinaires de nombreuses équipes de recherches à une période où des possibilités nouvelles considérables se faisaient jour tant dans le domaine génétique que celui des fermentations. Cette situation assez exceptionnelle s'est concrétisée par un apport important de résultats nouveaux qui ont considérablement amélioré notre compréhension de ces fermentations et qui ont fait l'objet de multiples revues bibliographiques plus actualisées (Simon & Meunier, 1970 ; Haggstrom, 1985 ; Liden *et al.*, 1985 ; Ennis *et al.*, 1986 ; Jones & Woods, 1986 ; Mc Neil & Kristiansen, 1986 ; Rogers, 1986 ; Arnaud *et al.*, 1988 ; Bahl & Gottschalk, 1988 ; Awang *et al.*, 1988 ; Jones & Woods, 1989 ; Vandecasteele & Marchal, 1993).

Par exemple, le programme français de carburants de substitution prévoit l'introduction dans les carburants automobiles de quantités significatives d'éthanol, seul alcool dont la production industrielle à partir de gaz naturel, charbon ou bois, peut atteindre des tonnages compatibles avec ceux de la consommation automobile (Arnaud *et al.*, 1988). Le méthanol n'étant pas parfaitement miscible à l'essence dans les conditions d'utilisation du parc automobile. Pour améliorer cette miscibilité, il est nécessaire de lui adjoindre un tiers solvant. Le butanol est un des meilleurs tiers solvants du mélange essence-méthanol.

Donc, dans les années 1980-1990, un programme de développement de la fermentation acétono-butylique à partir de ressources agricoles nationales a été mis en œuvre. Le volet de ce programme prévoit le développement d'un procédé de production d'acétone-butanol à partir de sucres obtenus par hydrolyse enzymatique de biomasse ligno-cellulosique. De nombreux ouvrages de synthèse ont été émis en association avec l'Institut français du Pétrole. Ils présentent quelques solutions apportées aux problèmes originaux posés sur la valorisation de la biomasse ligno-cellulosique. De nombreux ouvrages consernant la production d'éthanol dit de deuxième génération ont vue le jour par exemple Didderen *et al.* (2008) présente les avancés techniques concernant la valorisation de ces composés cellulosiques fermentessibles par bioraffinage. La figure 1 présente un exemple de valorisation sous forme de solvants et COV issue de la dégradation de ces composé ligno-cellulosique permettant l'obtention après distillation d'un mélange fermant approximativement de 60% de butanol, 30% d'acétone et d'éthanol et de ces vinnases multiproduits (Arnaud *et al.*, 1988).

Sans entrer dans le détail des aspects technologiques et industriels, je présente ici l'état actuel des connaissances dans ce domaine où une évolution rapide est en cours. Dans cette synthèse, je traiterai uniquement les composés classés comme composés organiques volatils ou solvants potentiellement à applications industrielles et agronomiques tel que définis dans le chapitre COV et des bactéries associés à la production de ces composés.

Figure 1. Procédé de production d'"acétone butanol à partir de biomasse lignocellulosique (Arnaud *et al.*, 1988).

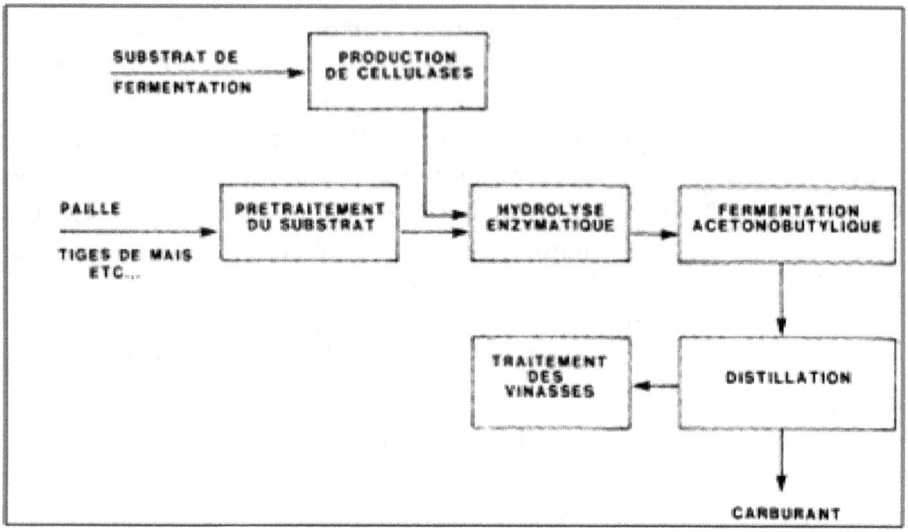

I. Définition de solvant & composé organique volatil en biochimie

I.1. Qu'est-ce que la Biochimie ?

La **biochimie** est l'"étude des réactions chimiques qui se déroulent au sein des êtres vivants, et notamment dans les cellules. La complexité des processus chimiques biologiques est contrôlée à travers la signalisation cellulaire et les transferts d'"énergies au cours du métabolisme (flux d'"électron et de matière : il s'"agit d'"électronique & protonique en solution sur conducteurs organiques). Depuis un demi-siècle, la biochimie est parvenue à rendre compte d'"un nombre considérable de processus biologiques, au point que pratiquement tous les domaines de la biologie, depuis la botanique jusqu'"à la médecine en passant par la microbiologie, sont aujourd'"hui engagés dans la recherche biochimique, voire biotechnologique. Ainsi, la biochimie s'"intéresse en particulier aux réactions chimiques biologique (métabolisme : catabolisme & anabolismes organiques et minérales, des structures, aux fonctions et aux interactions moléculaires et macromoléculaires biologiques. D'"où le préfixe « Bio » ajouté à chimie. On parle de chimie du vivant.

Dans ce cadre, la chimie supramoléculaire s'intéresse aux complexes moléculaires tels que les organites, qui constituent un niveau d'organisation de la matière vivante intermédiaire entre les molécules et les cellules. La biochimie intègre également les technologies permettant la synthèse de composés organiques médié par le vivant dans des bioréacteurs, ou par les organismes eux-mêmes, etc. De nos jours, nous parlons de « chimie vertes », il s'agit d'une nouvelle terminologie pour parler de biochimie végétale et microbiologique qui est existante depuis bien longtemps comme nous pouvons en conclure dans cette synthèse bibliographique. Les thermes de « chimie verte » est une terminologie très commerciale et issue d'une absence totale de prise en compte des connaissances historiques.

De nos jours, l'objectif principal de la biochimie est :

- i) de comprendre, en intégrant les données obtenues au niveau moléculaire, comment les biomolécules et leurs interactions génèrent les structures et les processus biologiques observés dans les cellules, ouvrant la voie à la compréhension des organismes dans leur ensemble.
- ii) de mettre en place des technologies de bio-inspirations, bio-mimétismes, etc.
- iii) l'exploitation des propriétés et avantages du vivant via les biotechnologies.

Pour mener à bien leurs études, les biochimistes font appel à des techniques et des connaissances issues de nombreuses disciplines scientifiques autres que la biologie, par exemple : chimie analytique, chimie de synthèse, cinétique chimie & catalytique, thermo-dynamique, physique et informatique.

I.2. Qu'est-ce qu'un solvant (définition) ?

L'eau est le solvant le plus courant. Nous parlons généralement de solvant de la Vie. La solution formée est qualifiée de solution aqueuse.

Un solvant est une substance, liquide à sa température d'utilisation, qui a la propriété de dissoudre certaines substances, de diluer ou d'extraire d'autres substances sans les modifier chimiquement et sans lui-même se modifier. Les solvants sont utilisés dans des secteurs très diversifiés tels que le dégraissage, les pentures, les encres, la détergence, la synthèse organique, et représentent des quantités considérables en termes de tonnage et de chiffre d'affaires. En peinture, les solvants les plus employés sont l'essence de térébenthine, le white-spirit, le trichloréthylène, l‟acétone. (Larousse, 2015). En Suisse romande et en Belgique, on utilise le terme anglais ***thinner*** pour les solvants organiques destinés à la dilution des peintures.

Le terme « solvant organique » se réfère aux solvants qui sont des composés organiques. Ces composés contiennent des atomes de carbones et d‟hydrogènes. Habituellement, les solvants ont un point de fusion faible et s‟évaporent facilement. Les solvants permettent de dissoudre les réactifs et d‟amener les réactifs en contact. Ils ne réagissent pas chimiquement avec le composé dissous : ils sont inertes. Les solvants peuvent également être utilisés pour extraire les composés solubles d‟un mélange, l‟exemple le plus commun étant l‟infusion de thé dans de l‟eau chaude et la décoction de thé dans l‟eau froide. Les solvants sont souvent des liquides transparents avec une odeur ou flagrance caractéristique. Ainsi, la concentration d‟une solution est la quantité de soluté dans un certain volume de solvant.

I.3. Origine des solvants organiques

I.3.1. Le pétrole et la biomasse « agrosourcés »

Le pétrole est connu et utilisé depuis la plus haute antiquité principalement en Europe, au Moyen Orient et en Amérique. L‟approvisionnement à l‟époque était limité aux affluents naturels du pétrole. Il était utilisé comme produit pharmaceutique, cosmétique par les mésopotamiens, comme combustible pour les lampes à pétrole (*pétrole* dit lampant), pour le caftage des bateaux par les Amérindiens. Les Egyptiens employaient l‟asphalte pour la momification. Le bitume a été utilisé pour la construction des jardins suspendus de Babylone en actuel Irak Les Byzantins et les Phéniciens l‟utilisaient pour incendier les navires ennemis ("*feu grégeois*").

Au début du XIXème siècle, il était vendu aux Etats Unis et utilisé comme remède médical miracle, pour les lampes et comme lubrifiant. En France, le premier puit foré fut en Alsace dans le canton de Woerth à Pechelbronn (littéralement fontaine de poix) par Louis-Pierre Ancillon de Sablonnière en 1745 sur une veine importante de sable bituminier. Mais il fallut attendre le 27 août 1859, où l‟Américain Edwin L. Drake extrait pour la première fois du pétrole en grande quantité par forage, à une profondeur d‟une vingtaine de mètres, à Titusville, en Pennsylvanie (*Encyclopædia Universalis, 2015)*. Il s‟inspire pour cela des techniques de forage des puits de sel. Un lourd trépan creuse le sol en étant suspendu au bout d‟un câble qui lui transmet depuis la surface un mouvement alternatif créé par un balancier. Dans cette ville, le pétrole proche de la surface est déjà utilisé à des fins médicales par la Pennsylvania Rock Oil Company dans laquelle Drake, conducteur de train du Connecticut, possède quelques actions. Drake ne réussit pourtant pas à breveter sa technique de forage alors que de nombreuses villes de l''État connaissent une expansion considérable, le pétrole supplantant très vite l''huile de baleine comme combustible pour l''éclairage. Le pétrole était certes connu depuis l''Antiquité, mais c''est la découverte de Drake qui marque le début de son exploitation industrielle. C''est également à Titusville que la première raffinerie des États-Unis voit le jour (*Encyclopædia Universalis, 2015)*.

Actuellement, les solvants *pétrochimiques* proviennent du pétrole. Donc, ils sont principalement issus de la pétrochimie. A la suite du faible coup d''extraction et d''obtention du pétrole après les années 1853 (*Encyclopædia Universalis, 2015)*, la plupart des solvants actuellement utilisés sont d''origine *pétrochimique* (héxane, benzène, acétate d''ethyle, dichlorométhane).

Les solvants dit *agrosourcés* (appelés aussi *biosolvants*) proviennent de la valorisation de la biomasse organique végétale comme le bois, les sucres, les huiles végétales, les huiles essentielles, les déchets. Ils ont été fortement exploités dès les années 1940 comme nous avons pu le voir dans l''introduction. Les exemples les plus connus sont le furan-2-carbaldéhyde (furfural), le propan-1,2,3-triol (glycerol) ou encore le Ethyl (*S*)-2-hydroxypropanoate (lactate d''éthyle).

I.3.2. Les solvants alternatifs dit « Vert »

Actuellement, la raréfaction des ressources pétrolières, la réglementation de plus en plus stricte sur l''utilisation de composés volatils, toxiques ou « reprotoxiques » (embryolétale ou tératogène) sont des raisons qui incitent les états, les industriels et les académiciens à se tourner vers de nouveaux solvant alternatifs, souvent appelés « solvants verts » (Moity *et al.,* 2010) ». Or, il ne s''avère ne pas du tout être nouveau. De plus, il n''existe pas de définition officielle d''un solvant « vert » mais plusieurs définitions. Ainsi, l''adjectif « vert » peut faire référence aux 12 principes de la « Chimie verte » présenté par le CNRS (Le département Chimie et les programmes interdisciplinaires du cnrs, 2011) dans le cas où le solvant rempli un ou plusieurs de ces principes (synthèse avec économie d''atomes, issu de matières premières renouvelables, etc.). Cependant, le terme « solvant vert » peut être employé dans différents cas, comme dans le cas où : i) le solvant n''est pas toxique ; ii) il est biodégradable ; iii) il provient de ressources renouvelables.

Ainsi, le terme « vert » peut correspondre à différentes définitions plus ou moins obscure et à but économique. C''est pourquoi différentes familles de solvants sont qualifiées de « solvants verts » : les solvants « agrosourcés » (De Caro & Thièbaud-Rioux, 2008), les liquides ioniques, les fluides supercritiques, les polymères liquides.

Les solvants « agrosourcés » sont, comme leur nom l''indique, issus « d''agro-synthons ». Il s''agit de petites molécules d''origines renouvelables pouvant être obtenues à partir de cellulose, d''hémicellulose, de lignine, d''huile végétale (plantes ou algues), etc. Deux exemples représentatifs de cette famille de solvants sont le glycérol et le lactate d''éthyle. Leur origine non pétrolière les classe parmi les solvants « verts ».

Les liquides ioniques sont classés parmi les solvants verts du fait de leur non volatilité. Cependant, de nombreux doutes subsistent sur la toxicité de ces composés. Les liquides ioniques les plus étudiés sont les dérivés imidazolium (Composés organiques aromatiques hétérocycliques de la famille des imidazoles), mais leur toxicité prouvée tend les académiciens à se tourner vers des structures moins toxiques pouvant même parfois être issues de ressources renouvelables. C''est par exemple le cas de l''additif alimentaire : acétate de choline.

Les fluides supercritiques sont classés parmi les solvants « verts » car, ils sont inertes. L''exemple le plus utilisé est le CO_2 supercritique. L''inconvénient de cet exemple est lié aux risques que présentent les installations industrielles mettant en œuvre des fluides supercritiques (sous pression).

Les polymères liquides sont aussi cités parmi les solvants « verts » du fait de leur non volatilité et, pour certains, de leur biocompatibilité. Les polyéthylènes glycols (PEG), font partie de ce groupe.

I.4. Classement des solvants

D''après Durand *et al.* (2011), il existe de nombreuses classifications des solvants. Les solvants peuvent être classés selon trois critères générique : i) Leur nature (en fonction de la nature chimique du composé) ; ii) leur charge (polarité du composé); iii) leur origine (pétrolière ou agrosourcée). Mais, nous pouvons ajouter au classement : ses propriétés physico-chimiques, son secteur d'utilisation, sa toxicité, et bien d'autres critères. Il est important de préciser que l'origine du solvant n'a pas de conséquence sur sa toxicité. Un solvant « agrosourcé » peut être très néfaste pour l'homme ou l'environnement par exemple le furan-2-carbaldéhyde (furfural).

Les solvants *organiques* contiennent des atomes de carbone. Ils sont généralement classés en trois groupes :

- solvants *hydrocarbonés* :
  - Aliphatiques : alcanes, alcènes,
  - Aromatiques : benzène, toluène, diméthylbenzène (xylène)

- solvants *oxygénés* :
  - Alcools :éthanol, méthanol
  - Cétones : 4-méthylpentan-2-one (MiBK), propan-2-one (acétone)
  - Acide : acide éthanoïque (acide acétique)
  - Esters : éthanoate d'éthyle (acétate d'éthyle)
  - Ethers : éthers, éthers de glycol
  - autres : *N,N*-Diméthylméthanamide (ou *N,N*-Diméthylformamide : DMF), diméthylsulfoxyde (DMSO), et hexamethyl phosphorotriamide (HMPT), etc.

- solvants *halogénés* : Hydrocarbures halogénés (bromés, chlorés, fluorés, ou iodés) : tétrachloroéthylène (perchloroéthylène), 1,1,2-trichloroéthène (trichloréthyléne), dichlorométhane, trichlorométhane (chloroforme), tétrachlorométhane.

I.5. Utilisations

Les solvants servent comme :

i) Chimie et en synthèse organique
- Milieux réactionnels ;
- en synthèse organique, comme substrat ou solvants classiques qui sont généralement : le propan-2-one (acétone), l'éther de pétrole (mélange d'alcanes), le cyclohexane, le dioxane, le dichlorométhane ;
- agents d'extraction et de séparation analytique ou préparative ;
- diluants, par exemple en peinture ;

ii) Maintenance, Entretient et Nettoyage de surface et textile
- agents de nettoyage ;
- dégraissants, par exemple le perchloroéthylène qui est utilisé pour le nettoyage à sec. Voir aussi bain à ultrasons ;

iii) Industrie et cosmétique
- support pour le conditionnement,
- la mise en œuvre de cosmétiques et parfums, peintures et encres et composés sophistiqués.

iv) Energie & transport
- Carburant ou combustible organique liquide ou gazeux (transport)

I.6. Composés organiques Volatils

Pour rappel, les Composés Organiques Volatils (COV en anglais VOC) sont des composés organiques pouvant facilement se trouver sous forme gazeuse dans l'atmosphère (cf. partie bibliographique sur le sujet). Ils constituent une famille de produits très large (comme le benzène C_6H_6, l'acétone CH_3COCH_3, le perchloroéthylène $Cl_2C=CCl_2$, etc.).

Leur volatilité leur confère l'aptitude de se propager plus ou moins loin de leur lieu d'émission, entraînant ainsi des impacts directs et indirects sur les animaux et la nature.

Ils peuvent être i) d'origine anthropique. Ainsi, ils proviennent du raffinage, de l'évaporation de **solvants organiques**, imbrûlés, etc. ; ii) ou d'origine naturelle via les émissions par les plantes ou certaines micro-organismes (**fermentations**, respirations). Selon les cas, ils sont plus ou moins biodégradés biologiquement par les bactéries et champignons, voire par les plantes, ou dégradé physiquement ou chimiquement par les UV ou par l'ozone.

II. Taxonomies et écologie des bactéries solvantogènes

II.1. Classification des bactéries

De nombreux genres bactériens comprennent des espèces disposant d'une capacité métabolique permettant la production de solvants. Chez les non sporulés : *Eubacterium, Treponema, Fusibacterium*, et chez les sporulés : *Bacillus* en sont des représentants (Kaiser, 1982). Toutefois, les micro-organismes les plus intéressants pour les applications technologiques se rencontrer dans le genre *Clostridium.* Ce dernier est l'un des groupes les plus vastes. Il se définit à partir des trois seuls critères qui avaient déjà été retenus à l'origine par Prazmowski en 1980 (Gottschalk *et al.,* 1981) et qui sont les suivants : i) Formation d'endospores ; ii) Métabolisme anaérobie de production de l'énergie ; iii) Incapacité a réduire les sulfates.

Pour classer les bactéries du genre *Clostridium,* on se réfère habituellement au *Bergy's Manual of Systematic Baceriology* (Cato *et al.,* 1986), mais également à d'autres ouvrages (Gottschalk *et al.,* 1981 ; Holdeman *et al.,* 1977). L'ouvrage de Prévot *et al.* (1966) mérite d'être consulté. Il apporte des précisions et une description très minutieuse des différentes espèces. Cependant, la classification établie par ces auteurs prend en compte ou non, les propriétés de protéolyse, saccharolyse et de la position de l'endospore (Vandecasteele & Marchal, 1993). Pour la caractérisation précise des espèces, on examine en complément les quatre séries de propriétés suivantes : i) L'aéro-tolérance par croissance sur gélose en aérobiose ; ii) La présence des activités enzymatiques suivantes : lécithinase, lipase, protéolyse, formation d'indole, coagulation du lait, réduction des nitrates (Beehrens *et al.,* 1962) ; iii) L'assimilation des sucres et la production d'acides (acidification des cultures sur sucres) ; iv) La nature des produits formés (acides, solvants) après culture sur milieu « peptone-extrait de levure-glucose » (PYG : *Peptone-Yeast-Glucose*).

Il faut noter que la teneur en guanine plus cytosine n'est pas un critère déterminant de classification. Elle ne présente en effet qu'un intérêt limité car, elle n'autorise qu'une répartition en deux grands groupes significativement distincts : i) celui dont la teneur « en guanine plus cytosine » est voisine de 28 à 30%, et ii) celui dont la teneur est de 45 à 50% (Cummins & Johnson, 1971 ; Gottschalk *et al.,* 1981 ; Vandecasteele & Marchal, 1993).

Par contre, les différentes espèces peuvent être repérées plus finement en analysant les homologies d'ADN, d'ARN, associé à une comparaison des compositions des lipides membranaires avec les souches de références « types » (Johnson & Francis, 1975 ; Johnson & Goldfine, 1983).

Par ailleurs, le milieu PYG constitue cependant un outil mal adapté à l'évaluation quantitative des propriétés solvantogènes des souches. Du fait de sa composition limitée en glucose (5 $g.L^{-1}$) et de son pouvoir tampon très restreint (Vandecasteele & Marchal, 1993).

A cet égard, il convient d'indiquer que Mc Coy *et al.* (1926) avait proposé une classification des bactéries saccharolytiques reposant essentiellement sur l‟analyse des produits excrétés sur un milieu riche en glucose (30g.L^{-1}). Dans celle-ci, une distinction était faite entre espèces du groupe des butyriques telles que *Clostridium butyricum* et *Clostridium pasteurianum* produisant principalement des acides et les espèces du groupe des butyliques telles que *Clostridium acetobutylicum* produisant principalement des solvants. Cette différenciation taxonomique est à l‟heure actuelle abandonnée en raison de la possibilité qu‟ont les souches de perdre leur caractère solvantogène par dégénérescence (Kutzenok & Aschner, 1952).

Elle garde cependant tout son sens dans le domaine de l‟application où il est important de faire la différence entre la fermentation butyrique et la fermentation acétonobutyrique (**Fermentation ABE**) qui produit de l‟acétone, le butanol et l‟éthanol. La fermentation isopropylique (**Fermentation IBE**) est une variante de cette dernière. Elle se caractérise par une production d‟isopropanol qui se substitue partiellement voir totalement à celle de l‟acétone.

Une liste des espèces solvantogènes habituellement acceptées dans la littérature actuelle est présentée dans le tableau I (Vandecasteele & Marchal, 1993). Il regroupe un certain nombre de caractères permettant de distinguer ces espèces bactériennes spécifiques. Les espèces les plus étudiées et les meilleures productrices de solvants sont : *C. acétobutylicum* et *Clostridium beijerinckii*. La production de solvants est d‟observation plus récente pour deux espèces assez différentes des précédentes, *Clostridium tetanomorphum* (Gottwald *et al.,* 1984) et un thermophile, *Clostridium thermosaccharolyticcum* (Freier-Schröder *et al.,* 1989). La production d‟acétone n‟a pas été détectée chez ces deux espèces.

Tableau I. Principaux caractères des espèces solvantogènes de *Clostridium* (Arnaud *et al.*, 1988 ; Vandecasteele & Marchal, 1993).

Caractères	Espèces						
	C. aceto-butylicum	C. Beijerinckii	C. Auranti-butyricum	C. Roseum	C. Puniceum	C. Tetano-morphum	C. Thermosac-charolyticum
Hydrolyse de la gélatine	+[a]	-	+	+	+	-	-
Lipase	-	-	+	-	-	+	-
Amylase	+	+	+	+	+	-	+
Lécithinase	-	-	-	-	-	ND	-
Utilisation des sucres :							
glucose	+	+	+	+	+	+	+
fructose	+	+	+	+	+	+	+
inuline	-	-	-	-	ND	ND	-
lactose	+	+	+	+	+	-	+
maltose	+	+	+	+	+	+	+
saccharose	+	+	+	+	+	+	+
xylose	+	+	-	-	+	+	+
arabinose	+	-	+	+	-	ND	+
Type de fermentation	ABE	ABE ou IBE	IBE	ABE	ABE	BE[b]	BE[b, c]

[a] *variable selon Kaiser (1982) ;* [b] *BE : fermentation butanol-éthanol (acétone non détecté) ;* [c] *température de culture 58 °C : ND : non déterminé.*

L'espèce principale, *C. acetobutylicum*, est un *Clostridium* typique. Il forme des bacilles « bâtonnets droits » d'une longueur de 2.5 à 5µm mobiles par cils péritriches. En culture jeune, les cellules sont gram-positives. Au moment de la sporulation, les bactéries sont granulose-positives. En général, la localisation des spores est subterminale. *C. acetobutylicum* est un anaérobie strict. Sa température optimale de croissance est généralement de 35 à 37°C. Une description détaillée de ces caractéristiques taxonomique est donnée par Kaiser (1982). D'autres espèces de *Clostridium* sont capables de produire une certaine quantité de butanol dans des conditions appropriées telles que *C. sporogenes* et *C. pasteurianum* (George *et al.,* 1983). Cette dernière espèce (*C. pasteurianum)* accumule des quantités importantes de solvants lors de cultures réalisées sur des concentrations en sucres élevées (Harris *et al.,* 1986).

On peut aussi remarquer que les deux principales espèces *C. acetobutylium* et *C. beijenrinckii* sont parfois classées dans des groupes distincts. Or, elles ne diffèrent en réalité que par quelques caractères phénotypiques (Holdeman *et al.,* 1977 ; Vandecasteele & Marchal, 1993). Le caractère le plus important étant l'existence d'utilisation d'un sucre pour la croissance chez *C. acetobutyicum* (Holdeman *et al.,* 1977). Chez les micro-organismes producteurs de solvants, le pH optimal d'excrétion dépend de la souche considérée. Celui-ci est de 4.8 ou même moins pour la souche de référence de *C. acetobutylicum* (ATCC 824) alors que de nombreuses souches sont incapables de se développer dans ces conditions et excrètent des solvants à des pH proches de la neutralité (Jones & Woods, 1986).

En définitive, d'après Vandecasteele & Marchal (1993), il n'est pas surprenant de constater que les trois grands types de fermentations (butyrique, ABE, IBE) peuvent relever de souches appartenant à une même espèce. C'est le cas avec les souches ATCC 14823, NRRL B592, NRRL B593 de *C. beijerinckii* (George *et al.,* 1983).

Signalons enfin deux éléments qui ajoutent de la confusion dans la classification des bactéries solvantogènes. Le premier est l'identification incorrecte des certaines souches déposée dans les collections. Par exemple, la souche NCIB 6441 est classé *C. acetobutylicum* alors qu'elle ne consomme pas l'arabinose (Tableau. I ; Vandecasteele & Marchal, 1993), et les souches ATCC 824 et NIB 8052 qui ne sont pas identiques bien que déposées comme souches de référence de *C. acetobutylicum.* Le second élément résulte des citations anciennes mentionnants des noms très divers d'espèces de *Clostridium* qui ne sont pas reconnus par une classification existante ou ayant existé : *C. madisonii, C. viscifaciens, C. inverto-acetobutylicum, C. celerifactor,* etc. Vandecasteele & Marchal (1993) constatent que l'identification précise de ces souches anciennes reste à l'heure actuelle très difficile sinon impossible à effectuer.

II.2. Caractéristiques nutritionnelles

II.2.1. Source de carbone

Les bactéries solvantogènes sont capables de fermenter l'amidon et le saccharose. Dès 1913, cette propriété est à l'origine de procédés développées sur pomme de terre, puis en 1915 sur maïs (Gabriel, 1928 ; Spivey, 1978) et enfin à partir de 1936 sur mélasses (Beesch, 1952 ; Spivey, 1978). La grande diversité des souches au regard des sucres utilisés (Tableau. I ; Vandecasteele & Marchal, 1993) explique les études effectuées en laboratoire sur des substrats naturels extrêmement variés par exemple le lactosérum en relation avec l'assimilation du lactose (Maddox, 1980), le jus de tubercules de topinambour en relation avec l'assimilation de l'inuline et du fructose (Marchal *et al.,* 1985b), hydrolysâts de paille en relation avec l'assimilation du xylose et de l'arachide (Marchal *et al.,* 1984). De plus, Ounine *et al.* (1983) & Fond *et al.* (1986a, b) ont consacrées plusieurs études à l'utilisation du xylose.

II.2.2. Eléments minéraux et facteurs de croissances

Monot *et al.* (1982) ont effectués une étude systématique des besoins nutritionnels de la souche de références de *C. acetobutylicum* (ATCC 824). Elle a permis la définition d'un milieu synthétique qui assure une bonne croissance et une bonne production de solvants. Cette composition comporte de la biotine et de l'acide p-amino-benzoïque en plus des éléments minéraux. L'utilisation de l'azote moléculaire ou fixation du diazote a été rapportée chez *C. acetobutylicum* (Kaizer, 1982) dans les milieux définis. Cependant, la source d'azote est en générale constituée par un sel d'ammonium, bien que la peptone, l'extrait de levure, puissent également satisfaire aux besoins du micro-organisme. Par ailleurs, les nitrates ne sont pas réduits.

Du fait de leur composition, les milieux naturels doivent recevoir les complémentations appropriées (Vandecasteele & Marchal, 1993). Une simple addition d'ions d'ammonium suffit dans le cas du topinambour (Marchal *et al.,* 1985b) alors que les mélasse nécessitent en plus des ions phosphates (Beesch, 1952). Ces milieux ne sont pas directement assimilables à de simples solutions sucrées. Les rendements et les productions peuvent être nettement améliorés par la présence de substances activatrices de la fermentation (Marchal *et al.*, 1985a). Cette contrainte supplémentaire explique l''importance du travail de sélection des souches pour la mise au point de procédés.

II.3. Habitat

Les bactéries solvantogènes sont aisément isolées à partie de sols et litières, ou de végétaux divers comme la pomme de terre, le topinambour, les dahlias, les graines de maïs, etc. (Kaiser, 1982). Hormis *C. thermosaccharolyticum*, espèce thermophile, elles sont des bactéries mésophiles qui présentent une croissance active entre 30 et 40°C (Kaiser, 1982 ; Vandecasteele & Marchal, 1993). Selon Mishutin & Yemtsev (1973) à la suite des études sur les répartitions de *C. pasteurianum* et *C. acetobutylicum* dans les sols russes, nous devons rencontrer ce dernier de façon prépondérante dans les sols chauds où la décomposition de la matière organique est rapide. L''endroit d''isolement a également une influence déterminante sur la température optimale de culture des souches isolées. La nature des « micro » écosystèmes, de l''habitat naturel et les paramètres physico-chimiques associés sont essentielles dans le cadre de la mise en place de cultures de bactéries solvantogènes et de l''exploitation de cette propriété.

III. Techniques d'étude

III.1. Isolement

Les méthodes d''isolement des souches solvantogènes mettent à profit la propriété de résistance à la chaleur des spores comme chez *Clostridium* (Calam, 1980). Les échantillons de terres, de matières organiques en décomposition sont soumis à un choc thermique violent de courtes durées compris entre 1 ou 2 minutes à une température de 100°C ou encore à une thermisation de 5 à 10 minutes à 70-80°C voir une pasteurisation dans certain cas.

La germination et la croissance bactérienne ont lieu en anaérobiose stricte dans des tubes contenant un milieu liquide. Après croissance bactérienne, les tubes présentant un chapeau de mousse ou dégageant une odeur de butanol sont sélectionnés pour des étalements sur boites de Pétri en anaérobiose. Les colonies isolées sont reprises en milieu liquide et sont testées pour leur pouvoir solvantogène.

III.2. Culture

Les bactéries solvantogènes sont des anaérobies strictes mais, pour lesquelles l''oxygène n''est cependant pas nécessairement létal dans certaines conditions de culture. Cette observation explique pourquoi plusieurs techniques sont utilisées pour le travail en anaérobiose lors des différentes projets de recherches réalisés à ce jour (Vandecasteele & Marchal, 1993 ; Joffin & Leyral, 2006).

Par ailleurs, ces observations expliquent en partie la survie des bactéries PGPR exploitées lors des co-cultures réalisées pour les expérimentations de mon contrat FNRS réalisé entre 2010-2013. Certaines bactéries peuvent être aéro-anaerobies ou aéro-tolérantes comme quelques espèces de la famille des *enterobacteriaceae* tel qu''*E Coli*. Mais, il faut noter que ces conditions de cultures peuvent altérer les performances et métabolismes des bactéries PGPR lors de leurs croissances dans les conditions de co-cultures synthétiques particulières utilisées lors de ce projet de recherche.

III.2.1. Atmosphère de culture

– Jarre anaérobie

La jarre anaérobie est constituée par une enceinte étanche dans laquelle est introduite une atmosphère de CO_2 et d''hydrogène. Une pratique courante consiste à créer cette atmosphère par introduction d''eau dans un sachet contenant du borohydrure de lithium ou de sodium, de l''acide citrique et du bicarbonate de sodium (GENbox & GENbag de BioMerieux, système Gas Pack de BBL) (Vandecasteele & Marchal, 1993 ; Joffin & Leyral, 2006). Un catalyseur au palladium permet l''élimination de l''oxygène par réduction avec l''hydrogène formé. L''inconvénient de cette technique réside dans le délai de quelques heures qui précède l''établissement de l''anaérobiose ; celui-ci interdit les travaux de dénombrements cellulaires car, les cellules étalées sur boites de Pétri meurent même si celles-ci sont transférées immédiatement en jarre (Kaiser, 1982). Bien qu''actuellement, avec les nouvelles techniques de culture en jarre, le dénombrement et l''identification soit possible dans certaines limites (Joffin & Leyral, 2006). Ce qui a permis l''isolement, identification et quantification de bactéries extrêmement sensible à l''oxygène et microaérophile comme les bactéries dites EOS et les *Campylobacter* (Tableau. II ; Joffin & Leyral, 2006). Par contre, les travaux en milieux liquides dits « régénérés » sont en général possibles (Kaiser, 1982 ; Vandecasteele & Marchal, 1993). La régénération est destinée à chasser l''oxygène dissous. On la réalise communément par un chauffage du milieu à 100°C pendant 20 minutes. Cette méthode est plus facile à mettre en place pour des tests de routine et moins couteuses.

Tableau II. Principales bactéries ayant besoin d''une atmosphère particulière. Pour contrôler l''atmosphère, l''utilisation d''enceintes et de systèmes de génération gazeux est nécessaire. On utilise encore la simple ébullition pour éliminer l''oxygène et les autres gaz dissous (Joffin & Leyral, 2006).

Microorganisme	Atmosphère
Actinobacillus	Microaérophile
Actinomyces	Pour certains anaérobies, pour d'autres enrichie en CO2
Bacteroides	Anaérobie
Bifidobacterium	Anaérobie
Campylobacter; Helicobacter	Microaérophile
Clostridium	Anaérobie
Eubacterium	Anaérobie
Fusobacterium	Anaérobie
Lactobacillus	Pour certains, anaérobies enrichie en CO2; pour d'autres, aérobie enrichie en CO2
Peptococcus	Anaérobie
Peptostreptococcus	Anaérobie
Propionobacterium	Anaérobie
Streptococcus	Enrichie en CO2
Veillonella	Anaérobie

– Hotte anaérobie

Il s''agit d''une boite remplie d''un mélange gazeux d''N_2, CO_2, H_2 dont le rapport est 80-10-10 en volume. Elle est munie de cartouches de catalyseur au palladium permettant l''oxydation des traces d''oxygène présentes en H_2O (Aranki & Freter, 1972 ; Vandecasteele & Marchal, 1993). Cette hotte est munie d''un sas qui permet l''introduction du matériel de travail (Aranki & Freter, 1972). Certaines hottes anaérobies comportent un incubateur thermostaté.

III.2.2. Tubes de milieux pré-réduits

Dans cette technique, les milieux de cultures liquides ou bouillons sont préparés hors chambre anaérobie et additionnés de résazurine (Vandecasteele & Marchal, 1993 ; Joffin & Leyral, 2006). La résazurite incluse dans le bouillon au thioglycolate-résazurite permet de vérifier si le milieu est utilisable sans régénération. La résazurite est un indicateur redox coloré. Sa forme oxydée est rose et sa forme réduite est incolore. Si la zone rose à la surface du milieu est très importante, celui-ci devra être dés-aéré ou régénéré avant utilisation pour la culture des bactéries anaérobies strictes (Joffin & Leyral, 2006). Les milieux sont chauffés jusqu'à décoloration de celle-ci et sont introduits en chambre anaérobie où ils sont répartis en tubes. Ces derniers sont clos par des bouchons en butyle et scellés par des capsules métalliques. Ils sont ensuite sortis et stérilisés à l'autoclave. Tous les ensemencements de milieux, prélèvements, additions de produits sont effectués à l'aide de seringues stériles (Vandecasteele & Marchal, 1993 ; Joffin & Leyral, 2006).

III.2.3. Tubes inertes et répartiteur de gaz

Dans le cas d'une pré-culture contenant un micro-organisme à l'état végétatif, la pré-réduction du milieu de culture n'est pas toujours nécessaire (Vandecasteele & Marchal, 1993). Ainsi, la technique précédente peut-être simplifiée. Dans ce cas, on se contente d'utiliser des tubes de milieu liquide bouchés et scellés. Le vide et l'introduction de gaz variés type H_2 et N_2 peuvent être réalisés aisément avant la stérilisation simultané de plusieurs tubes à l'aide d'un répartiteur de gaz (Balch *et al.,* 1979).

III.2.4. Cultures en fermenteur et anaérobiose

Au laboratoire, le refroidissement du « fermenteur » après stérilisation est effectué avec un barbotage d'un gaz inerte dans le milieu ou par circulation de ce gaz directement dans le ciel du fermenteur. Dans un pilote ou dans un réacteur d'industrie, cette technique assure une parfaite désoxygénation du milieu. Il permet également l'utilisation d'un *inoculum* de volume réduit qui est généralement inférieur à 1% du milieu de culture (Vandecasteele & Marchal, 1993). L'inertage du ciel des fermenteurs industriels, également pratiqué avant vidange en fin de fermentation, a aussi pour but de prévenir le danger d'explosion qu'entraînerait un mélange d'air et d'hydrogène (Vandecasteele & Marchal, 1993).

III.3. Conservation des souches

Dans la pratique industrielle d‟autrefois, les souches majeurs productrices de solvants ou composés organiques volatils étaient conservées à l‟état sporulé en mélange à de la terre ou du sable parfaitement stérile (Walton & Martin, 1977). Les souches conservées selon cette méthode maintiennent leur potentialité d‟excrétion pendant des dizaines d‟années au moins (Rukusko & Yamazaki, 1969). Actuellement, on utilise plus volontiers les méthodes classiques de la microbiologie des anaérobies (Vandecasteele & Marchal, 1993 ; Joffin & Leyral, 2006) : congélation et surgélation glycérolée, lyophilisation des formes sporulées ou, pour de plus courtes durées, conservation à 4°C sur milieu liquide en anaérobiose. Dans le cas de bactéries non-sporulantes et sporulantes la méthode appelée « gélose pour conservation » est employable en association à la méthode simple de stockage. Cette méthode consiste à conserver les cultures en gélose gélatine ou autres milieux spécialement conçus ensemencée en piqûre centrale et conditionnée en petits tubes étroits. Il est parfois utile de prévoir un tube VF, en particulier pour les anaérobies strictes. Le gradient de pression partielle en oxygène peut permettre une conservation optimale de certaines souches aéro-anaérobies (Joffin & Leyral, 2006).

IV. Métabolisme et régulation de la production de solvants ou composés organiques volatils et d'acides

IV.1. Voies métaboliques

IV.1.1. Rappel de la définition de la fermentation

En biologie, la fermentation est un catabolisme anaérobie des nutriments organiques. Il rend l‟organisme capable de vivre dans un environnement dépourvu d‟oxygène. Ce catabolisme n‟utilise pas de chaîne de transport d‟électron ni de phosphorylation oxydative nommé chaine respiratoire.

La fermentation est une réaction biochimique de conversion de l‟énergie chimique contenue dans une source de carbone tel le glucose en une autre forme d‟énergie directement utilisable par la cellule en absence de dioxygène (milieu anaérobie). Il s‟agit d‟une réaction d‟oxydoréduction dont l‟accepteur terminal d‟électron est organique contrairement à la respiration ou l‟accepteur final d‟électron est minéral. Généralement, l‟accepteur final d‟électron est le produit final de la réaction.

Le rendement de ce processus biochimique est inférieur à celui de la respiration cellulaire qui utilise une chaîne de transport d'électron par exemple chez l'homme et chez certains microorganismes l'accepteur final est l'oxygène. Dans ce cas nous parlons de respiration oxygénique, mais il existe des respirations nitriques et sulfuriques. Pour comparaison du rendement énergétique avec la respiration, si l'on prend comme exemple la fermentation lactique. Celle-ci permet de produire 2 molécules d'ATP par molécule de glucose utilisée, alors que le processus de respiration cellulaire en produit 36 à 38. Ainsi, la fermentation permet de produire de l'énergie sous forme d'ATP même en absence d'oxygène, mais avec un rendement plus faible. Elle est utilisée par un très grand nombre d'organismes, depuis les bactéries et mycètes jusqu'à l'être humain.

Certains organismes utilisent exclusivement ce type de voie métabolique, d'autres alternent entre fermentation et respiration, en fonction des conditions de présence d'O_2, de la concentration en glucose, etc. La fermentation est aussi utilisée dans de nombreux processus industriels, comme la production de fromage, d'alcool, de « bio »carburants, solvants.

Il existe différents types de fermentations : 1) la fermentation éthylique productrice de l'éthanol ; 2) la fermentation lactique productrice de l'acide lactique ; 3) la fermentation malolactique. La fermentation acétonobutylique est caractéristique d'une bactérie anaérobie sporulée du genre *Clostridium* dont le schéma métabolique de dégradation des sucres est une variante de la fermentation butyrique. En effet au lieu de produire les acides acétiques et butyriques, cette bactérie *Clostridium acetobutylicum* réduit se mélange de solvants. Elle produit principalement du butanol et de l'acétone auquel s'ajoute un peu d'éthanol. On parle de **mélange ABE** pour **A**cétone, **B**utanol, **E**thanol. Donc, il est important de faire la différence entre la fermentation butyrique et la fermentation acétonobutyrique (**Fermentation ABE**) qui produit de l'**A**cétone, le **B**utanol et l'**E**thanol. La fermentation isopropylique (**Fermentation IBE**) est une variante de cette dernière. Elle se caractérise par une production d'**I**sopropanol qui se substitue partiellement voir totalement à celle de l'acétone.

IV.1.2. Production du pyruvate

Comme nous l'avons mentionné précédemment, les *clostridies* solvantogènes utilisent une grande variété de sucres. C'est chez *C.*

pasteurianum que les mécanismes de transports de ces sucres ont été étudiés pour la première fois. Par la suite, Booth & Morris (1982) ont mis en évidence l'intervention de systèmes utilisant la phosphotransférase dépendante du phosphoénolpyruvate lors du transport des divers sucres comme le saccharose, le glucose et le fructose. Dans d'autres cas, un système dépendant de la force protomotrice est utilisé comme pour le galactose (Booth & Morris, 1975). Chez *C. acetobutylicum*, Ounine *et al.* (1985) ont montré que le xylose était transporté par un système réprimé par le glucose.

La figure 2 présente les schémas de dégradation, par *Clostridium acetobutylicum,* du glucose et du xylose, représentatifs des sucres en C3 et en C5 présents dans les substrats lignocellulosiques. De plus chez cette bactérie, il est admis que le métabolisme du glucose suit la voie glycolytique classique qui aboutit au pyruvate via la voie d'Embden-meyerhof-Parnas (Doelle, 1975). Cette voie est également utilisée par les *clostridies saccharolytiques* et la plupart des bactéries anaérobies (Doelle, 1975). Le xylose et les autres sucres en C5 suivent la voie des pentoses phosphates ou voie de Warburg-Dickens (Cynkin & Gibbs, 1958) caractérisée par la transaldolase (EC 2.2.1.2) et de la transcétolase (EC 2.2.1.1) qui fournit des intermédiaires : fructose-6-phosphate et glycéraldéhyde-3-phosphate. Ces intermédiaires entrent dans la voie glycolytique (Doelle, 1975 ; Pourquié & Vandecasteele, 1988). La suite de ces réactions jusqu'au niveau du pyruvate conduit aux résultats suivants présenté sous forme de bilan réactionnel (H_2O et H^+ exclus du bilan) :

Pour le glucose :

1 glucose + 2Pi + $2ADP^+$ → 2 pyruvate + 2 NADH + 2ATP

Pour le xylose :

3 xylose + 5Pi + 5ADP + $5NAD^+$ → 5pyruvate + 5NADP + 5ATP

Enfin, il faut noter que cette voie est suivie par la plupart des bactéries anaérobies, sauf cas particuliers, comme celui de certaines fermentations hétérolactiques qui utilisent la voie de la phosphocetolase (Doelle, 1975).

Figure 2. Dégradation du glucose et du xylose chez la bactérie modèle *C. acetobutylicum* (Arnaud *et al.*, 1988).

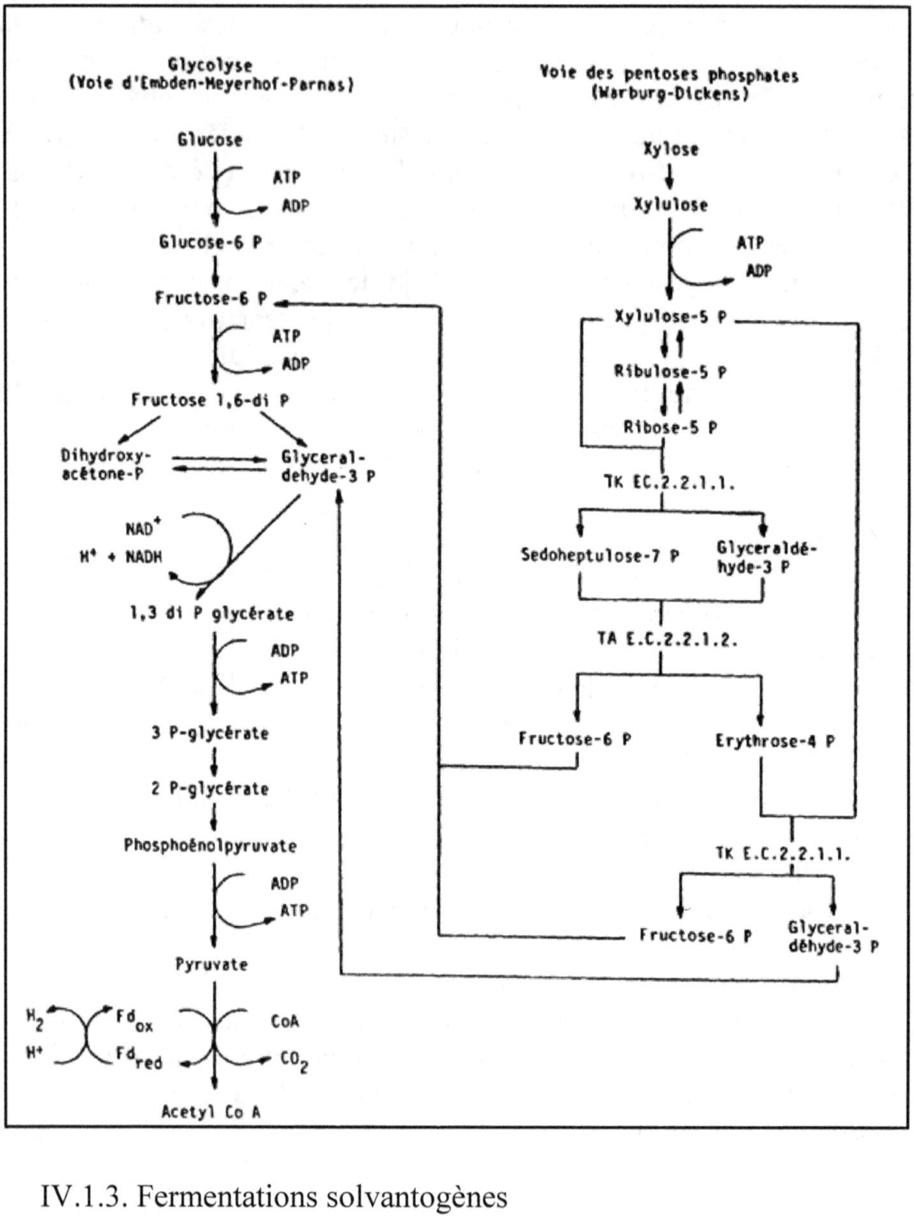

IV.1.3. Fermentations solvantogènes

Le pyruvate entre alors dans une séquence réactionnelle représentée dans la figure 3. Ce nœud catabolique conduit à la formation d'acides et de solvants principalement par voies fermentaires (Vandecasteele & Marchal, 1993). Les enzymes impliquées dans cette séquence sont également répertoriées. Le pyruvate subit d'abord la réaction dite « phosphoroclastiques » (réaction 1+2+4) mise en évidence initialement chez *C. butylicum* (Koepsell *et al.*, 1944) qui scinde le pyruvate en acétylcoenzyme A et en CO_2. Mais, il faut noter que l'élucidation de ces étapes réactionnelles a été rendue possible par la découverte chez *C. pasteurianum* de l'accepteur d'électrons nommé ferrédoxine (Mortenson *et al.*, 1963). Le bas potentiel redox de cet accepteur permet un échanger des électrons avec l'hydrogène via une hydrogénase (reaction 2). Cela conduit à une production d'hydrogène moléculaire. Le mécanisme de formation des acides (acétique et butyrique) et des solvants (butanol, acétone et éthanol) à partir de l'acétylcoenzyme A est présenté dans le schéma de la figure 4. Bien que les pyridines nucléotides NAD^+ et $NADP^+$ soient également des accepteurs d'électrons lors des réactions 3 et 19. Lors de la réaction 1, l'acétylCoA, produit initial de la décarboxylation du pyruvate est le précurseur de tous les produits de la fermentation acétonobutylique. En effet, il est à l'origine de la production d'acide acétique en premier lieu via les réactions 4 et 5 et de l'éthanol via réaction 17 et 18. Puis en second lieu, après condensation sur lui-même, il y a formation d'acétoacétylCoA via la réaction 6 qui permet un accès à la formation de tous les autres produits. C'est au niveau de l'acétoacétylCoA que divergent les voies spécifiques de l'acétone/isopropanol (réactions 12, 13, 14) et du butyrylCoA (réactions 7, 8, 9) lui-même précurseur de l'acide butyrique (réactions 15 et 16) et du butanol (réactions 10 et 11).

On remarquera que le bilan énergétique de la production d'acides est meilleur que celui de la production de solvants. Cette dernière par ailleurs, s'accompagne naturellement d'une production d'hydrogène inférieure à celle de la production d'acides. Les bilans réactionnels à partir du substrat glucose obéissent aux équations suivantes :

$$C_6H_{12}O_6 \rightarrow 2\ CH_3CH_2OH + 2\ CO_2$$

$$C_6H_{12}O_6 + H_2O \rightarrow CH_3COCH_3 + 3\ CO_2 + 4\ H_2$$

$$C_6H_{12}O_6 \rightarrow CH_3CH_2CH_2CH_2OH + 2\ CO_2 + H_2O$$

Figure 3. Voie d''acidogénèse et de solvantogénèse chez les espèce solvantogènes de références du genre *Clostridium* (Arnaud *et al.*, 1988 ; Vandecasteele & Marchal, 1993). **Réactions et enzymes impliquées** – CoA : coenzyme ; A 1 : pyruvate déshydrogénase ; 2 : hydrogénase ; 3 : ferrédoxine – NAD oxydoréductase ; 4 : phosphate acéthyl transférase ; 5 : acétate kinase ; 6 : thiolase ; 7 : hydroxybutyryl CoA déshydrogènase ; 8 : crotonase ; 9 : butyryl CoA déshydrogénase ; 10 : butyraldéhyde déshydrogénase ; 11 : butanol déshydrogénase ; 12 : acétoacétyl Coa – acétate/butyrate CoA transférase ; 13 : acétoacétate décarboxylase ; 14 : isopropanol déshydrogénase ; 15 : phosphate butyrate kinase ; 16 : butyrate kinase ; 17 : acétaldéhyde déshydrogénase ; 18 : éthanol déshydrogénase ; 19 : ferrédoxine-NADP oxydoréductase. Pour les enzymes insuffisamment caractérisées (réaction 9) la nature des donneurs d''électrons n''est pas précisée ou impliquée de façon globale (réactions 10, 11, 14, 17, 18 correspondant à des déshydrogénases à NAD(P)H dont le coenzyme peut également différer selon les espèces bactériennes). En partie pour cette raison, on a préféré utiliser les noms usuels des enzymes plutôt que d''indiquer les numéros et appellations de la nomenclature systématique.

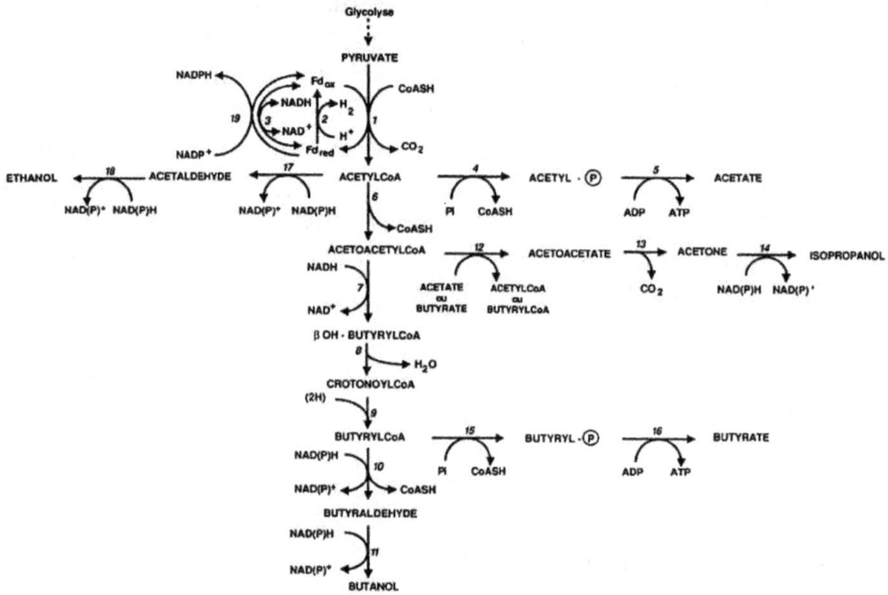

Figure 4. Métabolisme de la production de solvants chez la bactérie modèle *C. acetobutylicum* (Arnaud *et al.*, 1988).

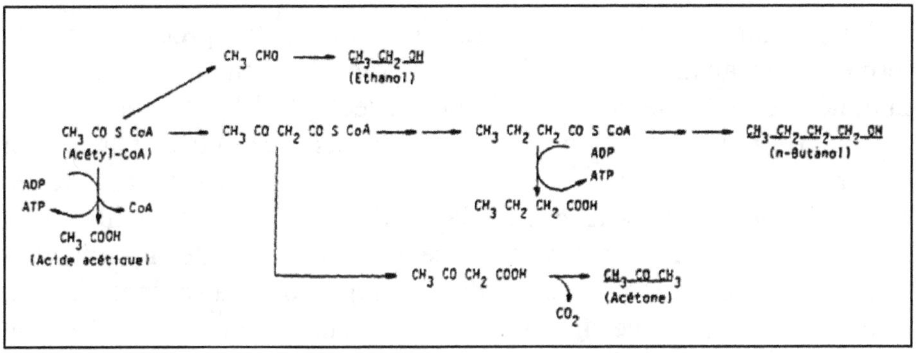

IV.1.4. Enzymes clefs de la production des composés organiques

Plusieurs de ces enzymes sont connues depuis longtemps. Mais, elles ont été à nouveau mises en évidence lors d'études plus récentes chez *C. acetobutylicum* (Andersch *et al.*, 1983 ; Hartmanis & Gatenbeck, 1984 ; Hartmanis, 1987 ; Vandecasteele & Marchal, 1993). La butyrate kinase (Hartmanis, 1987), la thiolase (Wiesenborn *et al.*, 1988), la coenzyme A transférase qui utilise aussi bien le butyrate que l'acétate (Wiesenborn *et al.*, 1989a) et la phosphotransbutyrylase (Wiesenborn *et al.*, 1989b) ont été récemment purifiées et caractérisées. Dans les années 1990, Nakamura *et al.* (1990) ont réussi à purifier une acétoacétylCoA transférase possédant également une activité thiolase. Lors des premiers travaux, en ce qui concerne les alcools et aldèhydes deshydrogénases, une difficulté à surmonter a été la faiblesse des activités enzymatiques obtenues dans les extraits bruts. Par la suite, des progrès importants ont été réalisés. Lors de travaux réalisés chez *C. acetobutylicum*, deux butanol déshydrogénases : l'une NADPH-dépendante et l'autre NADH-dépendante, ont été décrites (Dürre *et al.*, 1987 ; Welch *et al.*, 1989). Chez *C. beijerinckii*, Hiu *et al.* (1987) ont purifié une butanol-éthanol déshydrogènase NADH-dépendante chez une souche ne produisant pas d'isopropanol et une butanol-éthanol-isopropanol également NADPH-dépendante Chez une souche productrice d'isopropanol. Chez *C. acetobutylicum,* Palosaari & Rogers (1988) ont purifiée et caractérisée une butyraldéhyde déshydrogénase NADH-dépendante. Les enzymes les moins bien caractérisées sont : la butyrylCoA déshydrogénase (réaction 9) qui selon toute probabilité serait une flavoprotéine ; ainsi que les enzymes conduisant à l'éthanol (réactions 17 et 18) dont les réactions sont les autres alcools ; et les aldéhydes déshydrogénases qui ne sont pas encore bien définies.

IV.1.5. Données thermodynamiques et bilans réactionnels des réactions solvantogènes

Les bilans réactionnels pour les différents produits de la fermentation auxquels conduisent ces voies à partir du glucose sont indiquées dans le tableau III (Vandecasteele & Marchal, 1993). Le tableau III présente : d''une part les solvants, acétone et éthanol, et d''autre part les acides acétique et butyrique (Vandecasteele & Marchal, 1993). Dans le cas de la production d''acide, la libération d''hydrogène est nettement plus élevée que dans le cas de la production de solvants. Lors de la transition de l''acidogénèse à la solvantogénèse, cela se traduit par une diminution importante du rapport H_2/CO_2 au cours de la fermentation. Les bilans thermiques des réactions font ressortir le caractère peu exothermique de la production de solvants. Les bilans énergétiques de ces différentes voies exprimés en termes de moles d''ATP fournies par mole de glucose, mettent en évidence l''efficacité énergétique de la production d''acétate. En 1977, Thauer *et al.* (1977) ont discuté les raisons thermodynamiques, d''ordre entropique pour lesquels une fermentation mixte comme celle observée dans le cas présent soit physiologiquement préférée à la production d''un seul composé par la voie énergétiquement la plus efficace. L''élément important est que la production de butyrate ne nécessite pas le transfert thermodynamiquement défavorable d''électron du NADH vers la production d''hydrogène. Ces conditions de productions telluriques d''H_2 peuvent expliquer en partie les recentes découvertes de zones naturelles productives d''H_2 qui contribuent à la mise en place de la nouvelle filière énergétique d''hydrogène sous forme de gaz naturel au même titre que le méthane (CH_4), hydrate de méthane et COV comme le démontre le projet GRHYD (2012) & IFPEN (2013) (Thomas, 2013) (cf. figure 2 & 3 chapitre B). Bien que considérer comme abiotique d''un premier abord et nécessite de plus amples recherches, cette forme de source d''énergie est un bon complément de la filière agronomique et d''agrocarburant. Dans le cas contraire, la forte production de COV permet un avantage certain aux niveaux des agroécosystèmes végétaux de part l''effet de promotion de croissance.

Tableau III. Données thermodynamiques de la fermentation acetonobutylique (d'après Arnaud *et al.*, 1988 ; Vandecasteele & Marchal, 1993).

A. Equation des réactions de formation des produits :

1. Acétate : $C_6H_{12}O_6 + 4H_2O = 2C_2H_3O_2^- + 2HCO_3^- + 4H^+ + 4H_2$
2. Butyrate : $C_6H_{12}O_6 + 2H_2O = C_4H_7O_2^- + 2HCO_3^- + 3H^+ + 2H_2$
3. Ethanol : $C_6H_{12}O_6 + 2H_2O = 2C_2H_5OH + 2HCO_3^- + 2H^+$
4. Acétone : $C_6H_{12}O_6 + 4H_2O = C_3H_6O + 3HCO_3^- + 3H^+ + 4H_2$
5. Butanol : $C_6H_{12}O_6 + H_2O = C_4H_{10}O + 2HCO_3^- + 2H^+$

B. Variations thermodynamiques

RÉACTION	NOMBRE D'ATP FORMÉS	ΔG'O DE LA RÉACTION kJ.mole^{-1}	(b) Yc (%)	ΔH° DE LA RÉACTION kJ.mole^{-1}
1. Glucose → acétate	4	- 206,3	85	+ 94,0
2. Glucose → butyrate	3	- 254,8	52	- 45,4
3. Glucose → éthanol	2	- 255,2	39	- 69,3
4. Glucose → acétone	3	- 175,3	75	+ 135,3
5. Glucose → butanol	2	- 270,6	32	- 127,1

(a) Selon THAUER *et al. (1977) et* MARCHAL *(1982).*
*(b) Yc, le rendement énergétique cellulaire est la fraction de la variation de l'enthalpie libre de la réaction considérée (ΔG), récupérée pour la formation d'ATP (*THAUER *et al., 1977).*

$$Yc = \frac{n\Delta G'\,(ATP \rightarrow ADP + Pi)}{\Delta G'_0\,(S \rightarrow P)} \times 100$$

où S et P symbolisent respectivement le substrat et le produit et Y le nombre de moles d'ATP formées. On a pris :

$$\Delta G_0\,(ATP \rightarrow ADP + Pi) = -\ 43{,}9\ kJ/mole.$$

IV.2. Régulation des voies métaboliques : transition de l'acidogénèse à la solvantogénèse

L''une des questions cruciales pour la compréhension et la maîtrise de la fermentation acétonobutylique est la régulation des voies métaboliques. C''est ce qui vient d''être présenté plus haut. Depuis les années 1990, le point central qui faisait l''objet d''études intenses fût la transition de la phase d''acidogénèse à la phase de solvantgénèse. Dans ce contexte, de nombreux revues et synthèses ont fait l''objet d''abondantes discussions successives sur : i) les conditions de fermentations impliquées dans cette transition ; et ii) leurs interprétations physiologiques ; iii) puis les mécanismes de régulations enzymatiques concernés. J''exposerais un bilan de ces résultats issus de quelques ouvrages de synthèses.

IV.2.1. Physiologie de la transition fermentaire

Lors de la dernière décennie, les nombreux travaux de fermentations discontinues et continues effectués ont permis une bonne description des conditions du passage de fermentation acidogène « l'acidogénèse » à la fermentation solvantogéne « solvantogénèse ». Deux conditions doivent être conjuguées et permettre un certain degré de substitution réciproque à savoir : i) un pH bas qui peut être différent selon les souches utilisées ; ii) et une concentration suffisante de butyrate et d'acétate dans le milieu. Nous remarquons que ces caractéristiques physico-chimiques ressemblent fort aux conditions rhizosphèriques générés par les exsudats racinaires.

IV.2.1.1. Rôle joué par le pH

D'après Monot *et al.* (1984), la souche de référence *C. acetobutylicum* ATCC 824 est bonne productrice de solvants entre pH 4.3 et 5.5. Lors de la fermentation discontinue classique à pH non régulé, la solvantogénèse apparaît consécutivement à la conjonction d'une baisse de pH et d'une accumulation d'acides. Mais, de nombreuses études ont bien montré à la fois l'individualité et l'interdépendance des deux conditions (Bahl *et al.,* 1982a ; Martin *et al.,* 1983 ; Long *et al.,* 1984a ; Holt *et al.,* 1984 ; Monot *et al.,* 1984). Par exemple, dans des fermentations discontinues à pH constant, la production de solvants n'apparaît que pour une valeur suffisamment basse du pH de consigne. Par ailleurs, l'induction de la solvantogénèse reste possible par addition de concentrations adéquates d'acétate et de butyrate en condition de pH plus élevé (Bahl *et al.,* 1982a ; Martin *et al.,* 1983 ; Long *et al.,* 1984a ; Holt *et al.,* 1984 ; Monot *et al.,* 1984). Une synthèse théorique de l'ensemble des observations effectuées et des hypothèses formulées à ce sujet associés aux connaissances acquises lors des tentatives est présentée dans cette partie bibliographique. Il apparaît que le phénomène central est l'inhibition exercée par les acides notamment l'acide butyrique et ses conséquences énergétiques associées aux modifications induites sur le métabolisme énergétique lui-même.

IV.2.1.2. Rôle énergétique protonique et détoxification

En effet, les cellules maintiennent un gradient de pH avec le milieu extérieur. Le milieu intérieur de la bactérie est plus alcalin que le milieu extérieur dans lequel évolue celle-ci. Le pH interne est de 1 à 5 unités supérieur au pH externe quand ce dernier est bas. C"est-à-dire de l"ordre de pH 4.5 à 5. La différence s"amenuisant aux valeurs plus élevées du pH extérieur (Huang *et al.,* 1985 ; Bowles & Ellefson, 1985 ; Gottwald & Gottschalk, 1985 ; Terraciano & Kashket, 1986). Selon Riebeling *et al.* (1975), Cette situation est vraisemblablement destinée à garder le pH interne à des valeurs compatibles avec des bonnes activités enzymatiques. Il en résulte probablement une extrusion de protons via une ATPase comme observé chez *C. pasteurianum.* Cependant, Kell *et al.* (1981) ont démontré que la membrane cytoplasmique est perméable aux acides non dissociés. Donc, la présence d"acides dans le milieu extérieur doit conduire à un apport vers la cellule de protons d"autant plus important que la concentration de ces acides est élevée et qu"ils sont présents sous forme non dissociée à pH bas. Cela oblige la mise en place d"une dépense énergétique correspondante permettant l"extrusion des protons via une ATPase. Donc, il apparaît plausible que ce phènomène connu sous le nom d"effet découplant des acides (Kell *et al.,* 1981 ; Herrero, 1983 ; Herrero *et al.,* 1985) soit à l"origine de la transition vers la solvantogénèse. Car, comme le montrent les bilans métaboliques (Tableau. III ; Vandecasteele & Marchal, 1993), cette dernière devient alors énergétiquement plus favorable bien que produisant moins d"ATP que l"acidogénèse. D"ailleurs, elle produit moins de protons. Mais, elle permet surtout la re-consommation des acides. Ainsi, la solvantogénèse résorbe la dépense énergétique qu"entraîne la présence d"acides. De cette façon, elle exerce un rôle de détoxification. Bien que l"ensemble des implications physiologiques et énergétiques de cette situation ne soient perçues que progressivement (Monot *et al.,* 1983 ; Vandecasteele & Marchal, 1993). On peut noter que dès 1983, Monot *et al.,* ont mis en évidence des corrélations entre l"apparition des solvants et les concentrations d"acides dans le milieu. Ces auteurs avaient proposé que la concentration extracellulaire en acide butyrique non dissocié jouait un rôle déterminant dans le déclenchement de la solvantogénèse (Monot *et al.,* 1983).

IV.2.1.3. Désynchronisation entre le développement et le besoin énergétique

L"interprétation en termes énergétiques du rôle exercé par les acides dans la transition vers la solvantogénèse, nous conduit naturellement à invoquer des raisons du même ordre pour expliquer d"autres conditions. Ces nouvelles conditions orientent le métabolisme vers la production d'acides ou de solvants. Comme l'ont bien montré les études des fermentations discontinues alimentées en glucose (Fond *et al.,* 1984 ; Fond *et al.,* 1986c) ou continues de Ross *et al.* (1985). La solvantogénèse n'est pas observée uniquement dans des cas de flux faibles en alimentation qui correspondent principalement à une limitation stricte en glucose. Mais, elle est probablement présente du fait de l'état de carence énergétique dans lequel se trouvent les cellules (Ross *et al.,* 1985 ; Vandecasteele & Marchal, 1993). Par ailleurs, toujours en culture continue, les taux de dilution élevés favorisent la production d'acides au même titre que les autres conditions. Vraisemblablement, selon les auteurs, les taux de croissance rapide, que ces conditions de cultures autorisent, correspondent à des besoins énergétiques importants.

IV.2.1.4. Réorientation des flux énergétiques électroniques et des niveaux redox

Une autre différence importante entre les productions d'acides et de solvants peut être mise en évidence grâce aux bilans métaboliques précédemment évoqués. Ils indiquent une production plus importante d'hydrogène associée à une production d'acides. Ces résultats suggèrent d'autres possibilités d'orientation du métabolisme cellulaire. Ainsi dans les années 1985, lors de cultures effectuées sous pression d'hydrogène, Doremus *et al.* (1985) et d'autres auteurs ont montré que la production de butanol était augmentée, mais pas celle de l'acétone. Une explication fût proposée par ces auteurs. Il s'agirait sans doute d'une réorientation d'une partie du flux d'électrons venant de la ferrédoxine vers la synthèse de NAD(P)H (Jones & Woods, 1986). De même la présence de monoxyde de carbone qui est un inhibiteur de l'hydrogènase (enzyme fer et soufre), augmente la production de butanol et diminue celle de l'acétone, l'acétate et du butyrate (Datta & Zeikus, 1985 ; Meyer *et al.,* 1985). Enfin, la limitation en fer diminue à la fois les activités hydrogènase et acétoacétate décarboxylase. Elle augmente également le rapport butanol/acétone (Junelles *et al.,* 1988). Comme déjà mentionné, certaines de ces conditions conduisent aussi à la production d'autres métabolites. Une autre situation importante est celle des cultures « dégénérées ». Dans ce cas, l'état d'oxydoréduction est susceptible d'intervenir. Selon Hayashida & Yoshino (1990), ce cas résulterait de la suppression du système de production de $NADH^+$ couplé à la réduction phosphoroclastique essentielle pour la transition de l'acidogénèse à la solvantogénèse.

Donc, globalement, les mécanismes de contrôle des voies d'acidogénèse et de solvantogénèse doivent prendre en compte des impératifs d'ordre énergétique et ceux liés aux bilans d'oxydoréduction. En fait, cette complexité reflète celle des bilans métaboliques de ces voies. Comme nous l'avons déjà évoqué, l'acidogénèse conduit à une production maximale d'ATP, de NADH et de proton (Tableau. III ; Vandecasteele & Marchal, 1993). Elle convient pour : i) palier à des besoins rapides des microorganismes lors d'une désynchronisation entre le fort développement et le niveau de ressource énergétique disponible ; ii) ainsi que pour des pH élevés permettant une exportation facile des protons ; iii) et des concentrations extracellulaires faibles en acides. Par contre, le métabolisme solvantogène est mieux adapté pour : i) des besoins biosynthétiques modérés en ATP et en NADH qui correspondant à une croissance limitée ; ii) ainsi que pour des pH bas permettant l'exportation difficiles des protons ; iii) et pour des concentrations extracellulaires élevées en acides induisant un effet découplant énergétiquement coûteux des acides.

IV.2.2. Mécanisme moléculaire impliqué lors de la transition

En ce qui concerne les mécanismes impliqués au niveau moléculaire dans le contrôle de ces voies métaboliques, deux points sont à envisager : i) celui des enzymes sujettes à ces régulations ; ii) et celui des effecteurs qui en sont les médiateurs.

IV.2.2.1. Régulation enzymatique

Au niveau des enzymes, on disposait jusqu'à récemment de peu d'éléments. Or, il s'agit de sources d'informations essentielles et potentiellement privilégiées. Mais, elles s'obtiennent aux prix de lourds travaux d'enzymologies préparatoires. Depuis les années 1980-1990 et quelques années cependant, une activité soutenue dans ce domaine est en train de modifier complètement cette situation. Une caractéristique générale ressort de ces travaux. Comme de nombreux chercheurs l'avaient supposé. La transition de l'acidogénèse à la solvantogénèse se manifeste par un déclin des activités enzymatiques caractérisé par : i) les réactions 4, 5, 15, 16 distinctifs de l'acidogénèse (Andersch *et al.,* 1983 ; Hartmanis & Gatenbeck, 1984, 1984 ; Hartmanis *et al.,* 1984) ; ii) et par une augmentation importante bien que variable des activités enzymatiques illustrées par les réactions 12, 13, 10 et 11 qui sont spécifiques de la production d'acétone et de butanol (Andersch *et al.,* 1983 ; Ballongue *et al.,* 1985 ; Rogers, 1986 ; Durre *et al.,* 1987 ; Yan *et al.,* 1988 ; Ballongue *et al.,* 1989). Par contre, les trois enzymes consécutives caractéristiques des réactions 6, 7, 8 et communes aux deux voies sont produites pendant les deux phases de la fermentation (Hartmanis & Gatenbeck, 1984).

Une conclusion intéressante est faite par de nombreux auteurs. La ré-assimilation des acides et leur conversion en solvants a lieu durant la solvantogénèse et ne peut pas se faire par le fonctionnement en sens inverse de leurs voies de production. La conversion de l'acétate et du butyrate produits ou rajoutés au milieu de la fermentation en solvant s'effectue en réalité par l'intermédiaire de l'acétoacétylCoA : acétate/butyrate : CoA transférase (réaction 112) couplant ainsi directement et stoechométriquement la production d'acétone à l'utilisation des acides, tel que démontré notamment par Andersch *et al.* (1983) et Hartmanis *et al.* (1984). Ainsi, l'étape irréversible de décarboxylation de l'acétoacétate en acétone assure un fonctionnement efficace de l'étape précédente dans le sens de formation de l'acétylCoA et du butyrylCoA. On peut noter ici l'intérêt potentiel de cette notion de couplage pour la définition de stratégies visant à limiter la production d'acétone dans la production d'ABE.

Par ailleurs, les enzymes impliquées dans le transfert d'électrons au niveau de la ferrédoxine sont un autre cas intéressant de régulation métabolique. L'activité de l'hydrogénase diminue lors du passage de l'acidogénèse à la solvantogénèse (Andersch *et al.,* 1983). Cette réaction est illustrée par la réaction 2. En ce qui concerne la ferrédoxine-NAD oxydoréductase sa régulation est d'un intérêt. Elle catalyse la réaction 3 et doit normalement fonctionner dans le sens de l'oxydation du NADH produit par la glycolyse pendant l'acétogénèse tandis qu'elle doit fonctionner dans le sens de la réduction du NAD lors de la production de solvant. Cette enzyme dont l'activité ferrédoxine réductase est activée par l'acétylCoA a été étudiée chez *C. acetobutylicum* par Petitdemange *et al.* (1976). La dernière enzyme impliquée dans les transferts d'électrons au niveau de la ferrédoxine à une fonction anabolique et permet la synthèse du NADPH. Cette dernière enzyme catalyse la réaction 19.

IV.2.2.2. Régulation de la production des enzymes

L'ensemble des variations d'activités enzymatiques liées à la transition de l'acidogénèse à la solvantogénèse décrites ici impliques le plus souvent des régulations au niveau de la synthèse des enzymes comme le montre l'action d'inhibiteurs de la synthèse des protéines (Ballongue *et al.,* 1985 ; Rogers 1986). Mais à ce jour, peu d'éléments sont disponibles en ce qui concerne la nature des inducteurs ou des répresseurs.

Ballongue *et al.* (1985) ont montré que la présence d'acides carboxyliques linéaires à chaîne courte induisait la production d'acétoacétate décarboxylase. Mais, on rejoint ici le problème de la nature des effecteurs lors de la transition de l'acidogénèse à la solvantogénèse qui est complexe. En effet, en considérant par exemple les concentrations cellulaires en ATP, nous remarquons qu'un niveau énergétique cellulaire bas doit conduire à la solvantogénèse dans le cas de l'inhibition par les acides. Au contraire, dans le cas d'une limitation en glucose cela conduit à l'acidogénèse.

D'un autre côté, Gottwald & Gottschalk (1985) suggéraient que la concentration en coenzyme A jouait un rôle central dans le déclenchement de la transition métabolique. Les progrès sur ce point dépendent notamment de la détermination des concentrations des métabolites intracellulaires. Ainsi, Meyer & Papoutskakis (1989) ont rapporté d'intéressantes variations dans les concentrations d'ATP et de NADH selon les conditions de culture, sans pouvoir mettre en évidence de corrélations avec l'apparition de la solvantogénèse. Des phénomènes de régulations des voies de l'acidogénèse et de la solvantogénèse sont bien sûr également susceptibles d'intervenir au niveau de l'activité des enzymes et le cas de l'activation de la ferrédoxine réductase par l'acétylCoA a déjà été évoqué. D'une façon générale cependant, les travaux d'enzymologies actuels fournissent peu de renseignement à ce sujet.

IV.3. Modélisation de la production de métabolites par la fermentation acétonobutylique

La plupart des procédés industriels de fermentations ont pour finalité la production de métabolites, tels des solvants, des acides organiques, substrats de bases de synthèses de plastiques, etc. D'un point de vue cinétique ces fermentations comportent d'abord une première phase de croissance rapide des microorganismes, destinée à produire une quantité maximale de cellules. Puis une seconde phase de production intensive de métabolites au cours de laquelle la croissance microbienne est fortement ralentie ou même arrêtée. Cette transition d'une phase de croissance à une phase de production, qui résulte généralement de phénomènes d'induction ou de répression enzymatique, peut être provoquée par plusieurs phénomènes : i) une limitation de substrats, ii) une accumulation de métabolites, iii) ou encore l'"ajout dans le milieu de substances bien spécifiques (Figure. 5). Après une période plus ou moins longue d'"excrétion de métabolites, la fermentation s'"arrête à la suite d'"une lyse au d'"une dégénérescence des cellules, ou encore lorsque le métabolite atteint un seuil inhibiteur qui bloque toute activité métabolique.

Figure 5. Facteur à l'"origine des transitions métaboliques entre une phase de croissance et une phase d'"excrétion de métabolites (Arnaud *et al.,* 1988).

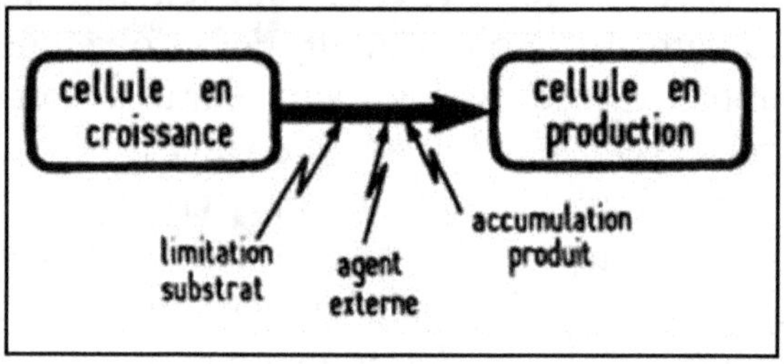

Une première contrainte de la fermentation ABE se situe au niveau de sa conduite discontinue. Une autre limitation est constituée par les conditions de stérilité rigoureuse qu'"implique sa sensibilité aux contaminations bactériennes du principalement aux bactéries de type lytique et aux contaminations phagiques. Enfin, la limitation à environ 2% de la concentration en ABE est une contrainte majeure. Son origine est la toxicité du butanol envers la bactérie productrice du fait de son action désorganisatrice de la structure membranaire (cf. Partie VII.2.2). Ces différents facteurs permettent assez bien de comprendre les domaines de recherche actuels relatifs à cette fermentation comme en témoignent les publications plus ou moins récentes sur la culture continue (Monot *et al.,* 1983), et la sélection de mutants résistants au butanol (Hermann *et al.,* 1985).

Une autre question posée par la fermentation acétonobutylique, particulièrement importante pour la définition de nouveaux modes de conduite de cette fermentation, est celle du mécanisme de déclenchement de phases de solvantogéneses qui est actuellement inconnue bien qu'"une corrélation avec la production d'"acide et l'"évolution du pH soit manifeste (Monot *et al.,* 1983).

Si l'"on vise à développer un modèle prédictif d'"une production de métabolites mettant en jeu des phases métaboliques bien distinctes, il est évidemment indispensable de bien maitriser les principaux facteurs contrôlant d'"abord la transition de la phase de croissance à celle d'excrétion, puis l'inhibition ou la perte de viabilité de la cellule. Une bonne connaissance des voies métaboliques internes et de leurs mécanismes de régulation en facilite beaucoup la mise au point.

La fermentation acétonobutylique est un exemple de production de métabolites avec des mécanismes de régulation particulièrement intéressants. Les différents facteurs contrôlant l'évolution du métabolisme de *Clostridiun acetobutylicwn* sont maintenant bien maîtrisés (Monot *et al.,* 1983 ; Monot *et al.,* 1984 ; Fond *et al.,* 1986ab). Aux cours d'une première phase la bactérie utilise le glucose pour une croissance relativement rapide avec production simultanée d'acide acétique et butyrique. A partir d'un seuil de 2 $g.L^{-1}$, ces acides commencent à inhiber la croissance cellulaire. Lorsque le taux d'acides dépasse environ 3 $g.L^{-1}$, on observe un démarrage de la production de butanol, d'acétone et d'éthanol. Au cours de cette seconde phase de production de solvants la croissance cellulaire est fortement ralentie sinon arrêtée, et une partie des acides est réassimilée. La présence de butanol favorise la sporulation ou la lyse des cellules. C'est finalement l'inhibition de la bactérie à la fois par les acides et par le butanol qui est responsable de l'arrêt de la fermentation.

Le modèle physiologique développé pour la fermentation acétonobutylique (Figure. 6) divise la population bactérienne en deux états physiologiques distincts : i) les cellules en métabolisme « acide » ; et ii) les cellules en métabolisme « solvant ». Chaque état possède ses caractéristiques cinétiques propres (Arnaud *et al.,* 1988). Ces divers points mettent en évidence tout l'intérêt du développement en recherches fondamentales concernant la physiologie de *Clostridium acetobutylicum* et sa modélisation.

Figure 6. Modèle physiologique de la fermentation acétobutylique par la bactérie de référence *Clostridium acetobutylicum* (Arnaud *et al.*, 1988).

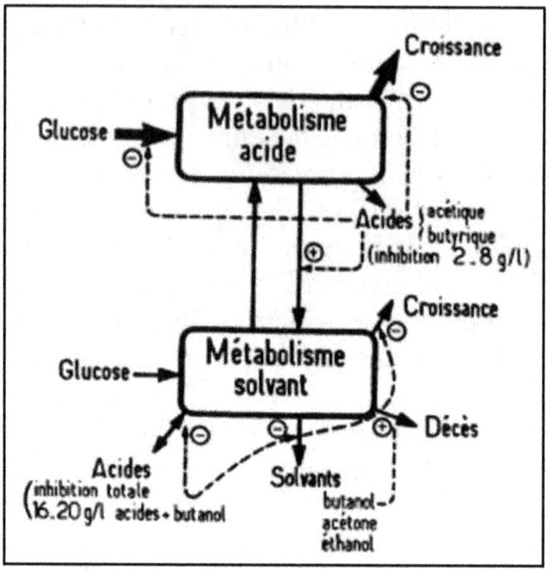

Par ailleurs, sur le plan industriel de l‟époque, les caractéristiques déjà citées de la fermentation ABE conduisaient dans les procédés anciens à des consommations énergétiques importantes, principalement dans les étapes de stérilisation et de distillation. L‟opération en continu de ces étapes mise en place lors des programmes de recherche des années 1980-1990, ont permis de réduire la dépense énergétique d‟environ 5 800 thermies par tonne d‟ABE dans le cas de substrat de betteraves soit 1/3 de celle des procédés anciens (Vandecasteele *et al.,* 1986). La mise en place de modèle plus complet et y introduisant leurs effets sur leur environnement serait d‟un grand intérêt pour les secteurs d‟activités de l‟industrie énergétique, de la santé et de l‟agroécologie (cf. chapitre perspective D & E).

V. Génétique

V.1. Obtention de mutants

V.1.1. Choix du mutagène

Au cours des années 1980-1990, plusieurs études ont été consacrées à la mutagénèse chez la bactérie modèle *C. acetobutylicum.* Lemmel (1985) rapporte des résultats positifs d‟obtention de mutant résistant aux antibiotiques et au butanol en utilisant le méthane-sulfonate d'éthyle (EMS). Mais, cet auteur considère les autres mutagénèses comme peu efficaces. Bowring & Morris (1985) montrent que les mutagènes agissant par action directe sont efficaces comme l'EMS, N-méthyl-N'-nitro-N nitrosoguanidine. Au contraire, ceux impliquant l'intervention des mécanismes cellulaires permettant une réparation de l'ADN sont de mauvais mutagènes tels que les rayons UV. Cette observation est intéressante. Elle contribue à expliquer les difficultés que certains auteurs ont à obtenir des mutants stables par exemple chez *Clostridium.* Parmi les mutants obtenus chez *C. acetobutycum*, certain sont mentionnés comme des mutants résistants à des systèmes lytiques, ou à la formation de granulose. Par ailleurs, on peut encore citer les mutants auxotrophes (Bowring & Morris, 1985 ; Jones *et al.,* 1985 ; Oultram & Young, 1985 ; Reysset & Sebald, 1985 ; Reysset *et al.,* 1987) et, chez *C. pasterianum*, des mutants de transport des sucres sont mentionnés (Booth & Morris, 1982). De plus, il faut noter qu'il est très difficile d'obtenir des mutants aux voies énergétiques très affectées.

V.1.2. Obtention de mutants des voies de solvantogénèses

L'obtention de mutants des voies de solvantogénèses est d'un intérêt particulier. Mais, l'une des difficultés est de disposer de cribles appropriés. Une technique primordiale est l'emploi de substrat-suicide. Divers dérivés halogénés de l'acétate et du butyrate ont été utilisés dans ce but. Par exemple, Janati-Idrissi *et al.* (1987) ont utilisé le 2-bromobutyrate. Ils ont obtenu des mutants ayant une activité acétoacétate décarboxylase réduite et ne produisant pas d'acétone. Un point est à noter. Ces mutants produisaient du butanol et des acides en majorité de l'acétate. Ces mutants sont en accord avec le rôle précédemment mentionné de la voie de production d'acétone dans la réutilisation des acides. Au contraire, d'autres analogues halogénés ont permis d'obtenir des mutants acidogènes comme le 4-chlorobutyrate (Junelles *et al.,* 1987, Clark *et al.,* 1989). Chez les mutants isolés par ces derniers auteurs, l'ensemble des activités enzymatiques de la solvantogénèse étaient fortement réduites ou absentes. L'alcool allylique est un substrat-suicide du fait de son oxydation par les alcool-déhydrogénases en un aldéhyde toxique nommé l'acroléine. Cet autre composé a permis d'isoler des mutants intéressants chez *C. acetobutylicum.* Son utilisation a conduit à l'obtention de mutants ne produisant pas de butanol, mais dépourvus d'activité butylaldéhyde déshydrogénase (Dürre *et al.,* 1986). Avec le même agent de sélection, Rogers & Palosaari (1987) ont quant à eux réussi l'obtention de mutants dépourvus d'activité butanol déshydrogénase et accumulant du butyraldéhyde. Ils ont également obtenu avec une forte probabilité des mutants de régulation dépourvus des deux activités butanol et butyraldéhyde déshydrogénase. Ces doubles mutants ne produisant ni butyraldéhyde ni solvants. Au cours du même travail, les mêmes auteurs ont encore obtenu par une technique différente une sélection de colonies non acidogènes. Il s'agit en fait d'autres mutants de régulations qui sont probablement super-induits pour les mécanismes de solvantogénèses. Ces mutants possèdent des niveaux d'activités accrus des enzymes correspondants.

V.1.3. Effet collatéraux et bouleversements métaboliques à la suite de mutagénèse

En 1990, d'autres mutants affectés dans le métabolisme des acides ont été obtenus par Cuesto & Mendez (1990). La méthode dite du suicide par les protons a été utilisée. Ces mutants résultent de la toxicité du brome libéré en milieu acide par la réaction des ions bromate et de bromure (Cueto & Mendez, 1990). L'inactivation par mutagène d'une activité enzymatique particulière peut conduire à des bouleversements métaboliques inattendus et des effets collatéraux non contrôlés. Ainsi, Hayashida & Ahn (1990) après un examen des produits fournis par des clones issus d'irradiation W, un mutant de *C. saccharoperbutylacetonicum* produisant uniquement de l'éthanol et de l'acide isovalerianique a été isolé. Chez ce mutant, l'émergence d'une nouvelle voie productrice d'acide isovalérianique en quantité notables résultait essentiellement de la perte de l'activité thiolase (Ahn & Hayachida, 1990).

Enfin, il faut noter que les mutants de ces voies sont très difficiles à obtenir du fait de l'altération du métabolisme énergétique qui rend ces mutants difficilement viables. Mais, c'est également le cas pour les autres techniques comme les transferts génétiques et l'utilisation des phages qui affectent les mécanismes énergétiques et de détoxifications de la cellule ainsi modifiée.

V.2. Systèmes de transferts génétiques

V.2.1. Conjugaison

Des transferts de gènes peuvent être faits par co-cultures de souches donatrices et réceptrices. Dans ces conditions, nous pouvons transférer du matériel chromosomique et surtout plasmidique selon le processus de type conjugaison. Chez *C. acetobutylicum,* ce type de technique permet le transfert de gène de résistance à des antibiotiques portés pas des plasmides de streptocoques connus pour leur large spectre d‟hôtes (Oultram & Young, 1985 ; Reysset & Sebald, 1985). Ce mode d‟échange génétique a un intérêt relativement limité. Sauf, si nous parvenons avec ce type de plasmide à mobiliser le chromosome ou une transposon.

V.2.2. Vecteurs navettes

D‟après les expérimentations réalisées entre 1970-1980, de multiples auteurs montrent que de nombreux plasmides à spectre d‟hôte plus étroit ne sont pas transférables à *C. acetobutylicum*. C‟‟est par exemple le cas d‟un plasmide auto-transférable de *C. perfringens* (Brefort *et al.,* 1977 ; Reysset & Sebald, 1985). D‟autre part, l‟existence de plasmides a été montrée chez *C. butyricum* et *C. acetobutylicum*. Mais, d‟après Truffaut & Sebald (1983), leur transférabilité n‟a pu être testée directement parce qu‟ils ne portent aucun marqueur connu. Ce sont des plasmides cryptiques (Truffaut & Sebald, 1983). Ces plasmides cryptiques qui possèdent l‟infomation génétique leur permettant de se répliquer dans *C. acetobutylicum* sont d‟un grand intérêt pour la construction de vecteurs-navettes entre les trois bactéries *C. acetobutylicum-E coli-B. subtilis* (Young *et al.,* 1989 ; Minton *et al.,* 1990 ; Truffaut & Sébald, 1988 ; Truffaut *et al.,* 1989). L‟obtention de vecteurs-navettes de ce type possédant le réplicon pIM13 de *Bacillus subtilis* sont réalisables. Ils se répliquent de façon stable chez un mutant de *C. acetobutylicum* NI-4 transformable par l‟ADN plasmidique avec une très bonne efficacité. Ces informations ont été récemment rapportées par Azeddoug (1991). Ces vecteurs-navettes sont nécessaires pour la construction et l‟exploitation de banques génomiques dans les années 1990. Ils permettent de réintroduire dans *C. acetobutylicum* des gènes de cette bactérie préalablement clonés dans *E. coli.*

V.2.3. Gènes clonés

On assiste à une croissance rapide du nombre de gènes de *C. acetobutylicum* clonés chez *E. coli.* Outre des gènes de la dégradation des sucres et de la biosynthèse d'aminoacides (Verhasselt *et al.,* 1989 ; Zappe *et al.,* 1986 ; Usdin *et al.,* 1986) divers gènes de l'acidogénèse et de la solvantogénèse ont été clonés. Notamment chez une souche hôte d'*E. coli,* où nous pouvons citer l'utilisation d'une complémentation appropriée de butyrate lors de travaux permettant la détection de recombinants. Dans le début des années 1990, la technique d'immunosélection a été employée pour le clonage de la thiolase par Petersen & Bennet (1990) à la suite des progrès récents en enzymologie déjà évoqués. De plus, l'emploi de sondes nucléotidiques est en plein développement tel qu'illustré par le clonage des gènes de la butanol déshydrogènase (Petersen *et al.,* 1991), de l'acétoacétylCoA transférase (Cary *et al.,* 1990) et de l'acétoacétate décarboxylase (Dûrre & Gerischer, 1990). Chez *E. coli,* une bonne expression des gènes de *C. acetobutylicum* a été observée dans différents cas. Les mécanismes de traduction se montrent peu affectés par la différence importante du rapport A/T entre les deux micro-organismes. Bien qu'il y ait des implications lors de l'utilisation préférentielle de codons synonymes (Youngleson *et al.,* 1989), les limitations éventuelle se situent essentiellement au niveau de la transcription.

V.2.4. Transformation plasmidique de protoplastes et fusion protoplasmique

En ce qui concerne la réintroduction de ces gènes chez *C. acetobutylicum*, la transformation plasmidique de protoplastes ou par fusion de protoplastes est une technique très attrayante. Elle offre une large possibilité de manipulation génétique des souches. A ce jour, de nombreux auteurs ont publié des résultats intéressants dans ce domaine (Allcock *et al.,* 1982 ; Reid *et al.,* 1983 ; Lin & Blaschek, 1984 ; Jones *et al.,* 1985). Mais ces techniques nécessitent l'identification et le contrôle des étapes « limitantes ». Elles se situent en particulier au niveau de la régénération des protoplastes. Grâce à l'utilisation de techniques qui permettent un contrôle strict des activités autolytiques des cellules en cours de régénération, Reysset *et al.* (1987, 1988) ont pu résoudre ces problèmes. Chez *C. saccharobutylacetonicum,* ces chercheurs ont obtenu de très bonnes fréquences de formation et de régénération des protoplastes. La formation par électroporation est une autre technique actuellement étudiée. Mais à cette époque et pour ce type de modification, les fréquences de transformation restent à améliorer. Minton *et al.* (1990) ont cependant utilisées ces techniques avec succès pour transférer dans *C. acétobutylicum* avec divers plasmides-navettes construits tel que mentionné plus haut. Deux gènes de *Clostridium thermocellum* codant pour des endocellulases ont pu être insérés dans un vecteur-navette introduits chez *C. acetobutylicum.* Les activités endoglucanases correspondantes ont été exprimées et excrétées avec succès.

V.3. Bactérie modèle C. acetobutylicum et perspective de transfert sur d'autres souches de références

Chez la bactérie modèle des solvantogénes *C. acetobutylicum,* l''exposé détaillé de l''état actuel des travaux de génétique a fait l''objet de nombreuses revues et d''ouvrages spécialisés (Arnaud *et al.,* 1988 ; Minton *et al.,* 1990 ; Sebald, 1992 ; Vandecasteele & Marchal, 1993). Il est clair que les connaissances dans ce domaine progressent rapidement. De nombreux auteurs ont spéculé sur les possibilités qu''ouvriraient à terme des remodelages génétiques importants chez ce type de microorganismes. C''est au niveau des voies de solvantogénèses que l''impact de tels remaniements apparaît potentiellement le plus considérable. Ce sont en effet : i) la sélectivité et le rendement de la fermentation qui sont concernés ; ii) éventuellement les concentrations en butanol ; iii) et les conditions mêmes de fermentation comme le niveau de stérilité, etc ; iv) et si dans l''avenir, nous envisageons un transfert de la voie de production de butanol et solvants vers d''autres micro-organismes appropriés.

L''intérêt physiologique du modèle que constitue *C. acetobutylicum* et la progression de sa maturité technique, sans négliger les perspectives ouvertes au plan appliqué, justifient certainement une poursuite des travaux engagés dans ce domaine (Arnaud *et al.,* 1988 ; Vandecasteele & Marchal, 1993). Bien que comme nous avons pu le voir avec les PGPR émetteurs de solvants ou de composés organiques volatils (COV), un élargissement des souches de références est envisageable.

V.4. Phages

Les phages constituent un autre type de vecteur susceptible d''être utilisé pour les transferts génétiques. D''après Reid *et al.* (1983) & Vandecasteele & Marchal (1993), peu de travaux dans ce sens semblent cependant avoir été effectués chez les clostridies solvantogènes bien que la présence de phages dans la fermentation acétonobutylique soit anciennement connue. En fait, les nombreuses études sont principalement d'origine japonaise. Elles sont consacrées aux phages de ces clostridies qui ont été motivées avec une importance considérable.

Du point de vue de l'application industrielle, ces modifications ont permis de se prémunir contre la contamination par les phages. Ogata & Hongo (1979) ont revu de façon détaillée les études effectuées, notamment avec les phages de *C. saccharoperbutylacetonicum*. Ces travaux concernent l'obtention de mutants résistants, l'étude des propriétés et la classification des phages obtenus. Les phages identifiés ont : i) un spectre d'hôtes étroit ; ii) et son caractérisés à divers niveaux c'est-à-dire du point de vue sérologie, morphologie, composition en acides nucléiques, plages d'hôtes. Cela a conduit à un classement en trois groupes. Des souches lysogènes ont été étudiées chez diverses clostridies solvantogènes. Plusieurs enzymes ont été étudiées chez *C. saccharoperbutylacetonicum* et leur spécificité caractérisée comme des lysines phagiques responsables de la lyse cellulaire (Ogata & Hongo, 1979).

VI. Biologie du développement et fermentation acétonobutylique : cas des bactéries modèles *Clostridium* et *Bacillus*

VI.1. Cinétique et bilan de la fermentation discontinue

VI.1.1. Conditions générales de production discontinue

La fermentation acétobutylique est généralement conduite à une température de 34 à 35°C et peuvent s'étendre sur un spectre de 32 à 38°C (Simon & Meunier, 1970 ; Arnaud *et al.,* 1988). Les milieux utilisés sont habituellement complexes. Ils contiennent pour la pluspart des substrats agricoles, ou milieux semi-synthétiques additionnés d'un extrait de levure ou d'autres ; sources de vitamines et d'azote organique. La culture sur milieux synthétiques est cependant possible, à condition d'y incorporer les vitamines nécessaires, la biotine et l'acide p-aminobenzoique. La figure 7 illustre une cinétique de fermentation typique. Elle s'effectue sur un milieu où le pouvoir tampon est ajusté de façon adéquate par exemple par addition de carbonate de calcium. Mais, constitue la manière classique de conduire cette fermentation s'effectue sans régulation du pH ce qui limite la production de composés organiques de type solvants et acides. Cette fermentation se déroule en général suivant deux phases plus ou moins clairement dissociées (Figures. 7 & 8 ; Vandecasteele & Marchal, 1993) : une première phase dite d‟acidogènese et une deuxième phase dite de solvantogènese.

Figure 7. Exemple de suivi cinétique d‟une fermentation ABE sur substrat agricole (d‟après Marchal *et al.,* 1985b). Fermentation effectuée sur jus de topinambour. Le pH est conduit par microordinateur selon un profil optimisé. La production de gaz (volume et composition) fit l‟objet d‟un suivi automatisé (Arnaud *et al.,* 1988 ; Vandecasteele & Marchal, 1993).

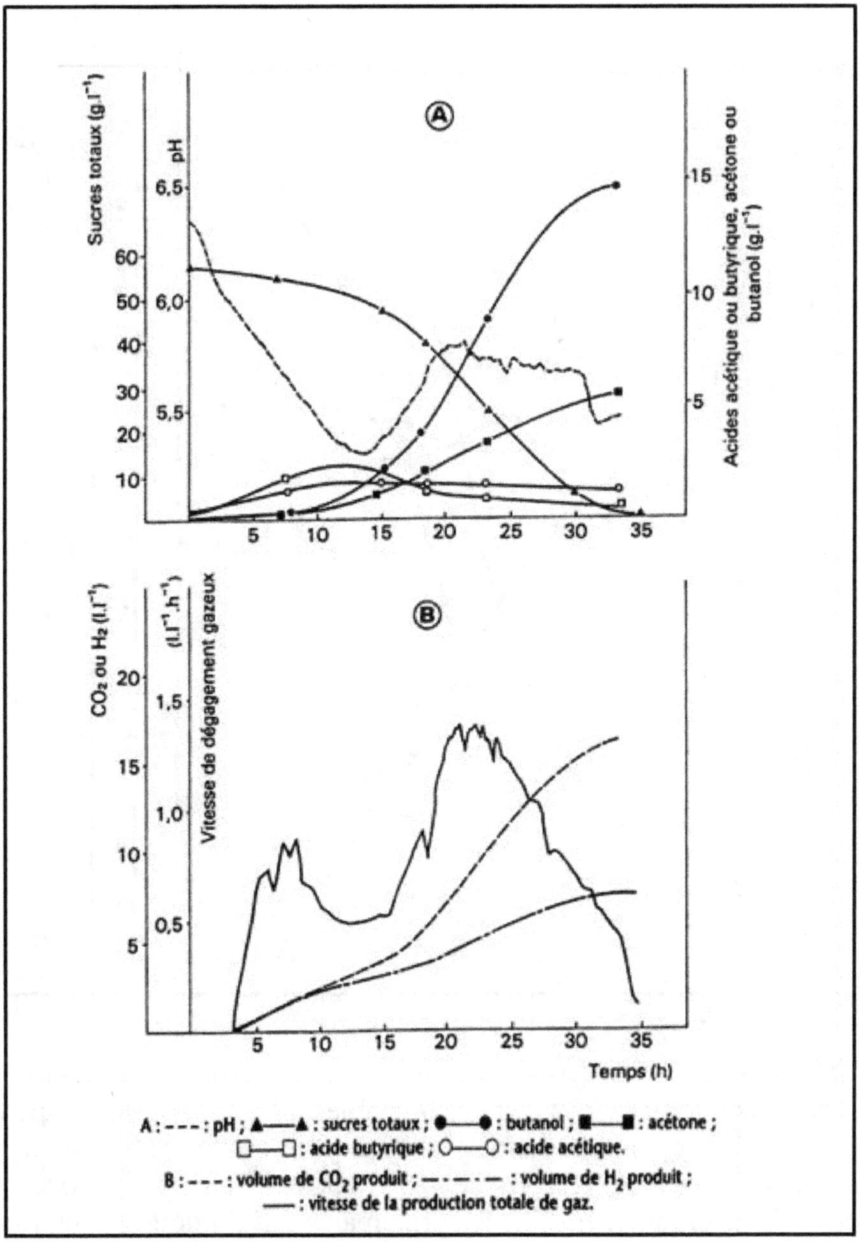

Figure 8. Cinétique de fermentation ABE en fermenteur pilote. Substrat : jus de topinambour tamponné, supplémenté en ammoniaque et en inulase (*Novo*). Volume réactionnel 2 000L. (Arnaud *et al.,* 1988).

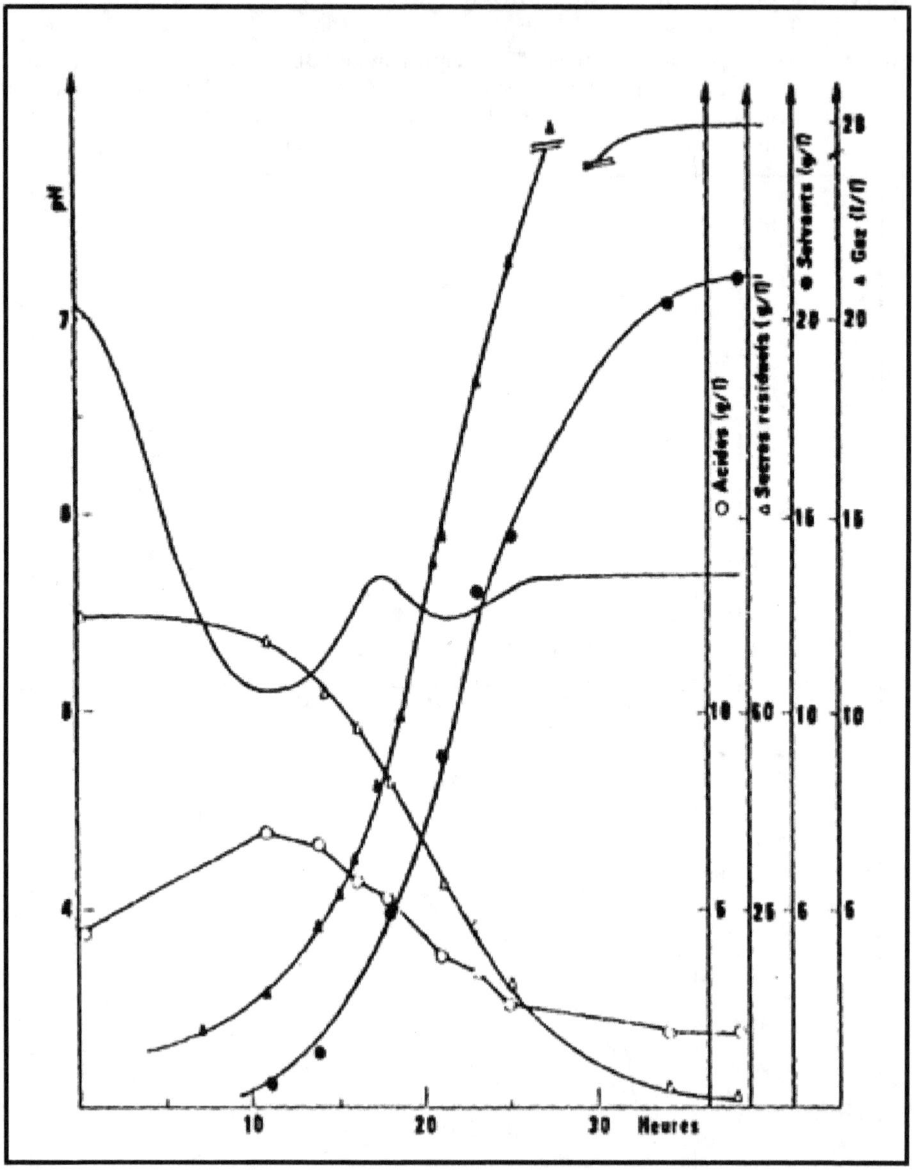

VI.1.2. Première phase de croissance

Dans une première phase dite acidogènes, on assiste à une chute du pH et à l'excrétion des acides acétiques et butyriques jusqu'à un maximum atteint après 12 à 18 heures. Cela caractérise un métabolisme producteur d'acides principalement acétique et butyrique qui est énergétiquement le plus efficace, ce qui entraine une baisse du pH. Un dégagement gazeux de composition volumique sensiblement égale en hydrogène et dioxyde de carbone se produit. Ce qui permet un bon suivi de la fermentation. Cette phase correspond à une croissance active du micro-organisme, bien que la cinétique exponentielle ne soit respectée que pour une durée très courte de 3 à 4 heures environ. Pendant celle-ci, la biomasse bactérienne reste faible dans le réacteur. Les facteurs responsables de ce phénomène n‟ont pas été étudiés en détail, mais on peut penser que les acides produits exercent un rôle inhibiteur sur la croissance (Arnaud *et al.,* 1988 ; Vandecasteele & Marchal, 1993).

VI.1.3. Deuxième et troisième phases de croissance

A cours d‟une seconde phase dite solvantogénèse, le métabolisme des sucres subit une réorientation qui permet une production directe de l‟acétone, du butanol et de l‟éthanol. Dans le même temps, l‟acidité du milieu décroît par suite d‟une re-consommation plus ou moins complète. A ce niveau, les acides préalablement produits sont convertis en solvants. Après avoir chuté en fin d‟acitogénèse, le dégagement gazeux augmente à nouveau. Ainsi, le mélange s‟enrichit en dioxyde de carbone et s‟appauvrit en hydrogène durant cette phase qui se caractérise également par une croissance ralentie puis stationnaire.

Par ailleurs, nous assistons parfois une troisième phase de fermentation au cours de laquelle les acides acétiques et butyriques sont à nouveaux formés en même temps que les solvants. Cette troisième phase à généralement lieu avec certains substrats tels que la farine de maïs (Beesch, 1953 ; Peterson & Fred, 1932) et les hydrolsâts de pailles (Marchal *et al.,* 1984).

VI.1.4. Bilan et performance d‟une fermentation ABE discontinue

Apres une dizaine d‟heures (Figure 7 & 8) la croissance se ralentit et s‟arrête. La biomasse produite atteint un maximum compris entre 2 et 3 $g.L^{-1}$ exprimée en poids sec. Cette biomasse tend à diminuer plus ou moins rapidement tandis que les bactéries effectuent leur sporulation. C‟est pendant cette phase que sont produits les solvants à partir des sucres présents. En même temps, les acides produits pendant la phase croissance à une concentration totale de l‟ordre de 5 $g.L^{-1}$ sont en grande partie re-consommés et convertis également en solvants, ce qui se produit par une remontée du pH selon une courbe à l‟allure parfois complexe.

Ainsi en fin de fermentation, si l''on considére la biomasse cellulaire mise en œuvre d''environ 3g.L^{-1} poids sec, une la concentration totale produite en solvants est voisine de 20g.L^{-1}. Cela correspond à une production de l''ordre de 6 à 8g de solvant par g de poids sec de cellules ou généralement comprise entre 16 et 20 g.L^{-1}. Pendant cette phase, le rapport H_2/CO_2 dans les gaz de fermentation produits chute jusqu''à environ 0,35. La teneur en butanol et CO_2 varie de 60 à 80% p/p des solvants et celle de l''acétone entre 20 et 35% p/p. L''éthanol est produit en faible quantité c''est-à-dire moins de 10%. Cette quantité est variable selon les souches et le substrat. Les acides résiduels sont présents à une concentration totale d''environ 1 à 2 g.L^{-1}.

Un bilan type de fermentation ABE est présenté dans le tableau IV (Vandecasteele & Marchal, 1993) en comparaison à bilan d''une fermentation ABE sur jus de topinambour est présenté dans le tableau V (Marchall et al., 1985b ; Arnaud *et al.,* 1988). Tel qu''illustré dans ce tableau, le rendement de la production d''ABE par rapport aux sucres consommés se situe entre 30 et 35%. L''importance du dégagement de gaz explique le rendement relativement modeste de la fermentation qui est d''environ 33% p/p par rapport au sucre initial tel qu''indiqué dans le tableau VI (Vandecasteele & Marchal, 1993). Ce tableau présente les paramètres principaux qui caractérisent la performance d''une telle fermentation. Les différents aspects de la fermentation acétonobutylique sont traités dans les articles de synthèse notamment ceux de Prescott & Dunn (1959), Walton & Martin (1979), Robson & Jones (1982), Marchal (1982) et Enni *et al.,* (1986).

Tableau IV. Bilan d''une fermentation ABE discontinue sur substrat agricole (Arnaud *et al.,* 1988; Vandecasteele & Marchal, 1993).

SUBSTRAT OU PRODUITS	VALEUR MOYENNE	
	g.l^{-1}	mole.l^{-1}
Sucres consommés	58,4	0,324
Acétone	6,20	0,107
Butanol	13,60	0,184
Ethanol	< 0,3	< 0,006
CO_2	29,9	0,680
H_2	0,64	0,320
Acétate	1,1	0,018
Butyrate	0,6	0,007

D'après MARCHAL *et al. (1985b) pour la fermentation sur jus de topinambour dans les conditions de la figure 1. Le bilan carbone, qui n'inclut pas la biomasse bactérienne produite pendant ces fermentations, s'établit à 92,3 %.*

Tableau V. Bilan de fermentation ABE selon Marchall *et al.* (1985 ; d''après Arnaud *et al.*, 1988). 2) quantités produites ou consommées par litre de milieu de fermentation ; 3) non compte tenu de la biomasse bactérienne produit ; 4) Non compte tenu de l''éthanol produit.

Paramètre étudié	Valeur moyenne
Sucres consommés (g/l)[2]	58,4
Produits formés (g/l)[2]	
Acétone	6,2
Butanol	13,6
Ethanol	< 0,2
Acétate	1,1
Butyrate	0,6
H_2	0,64
CO_2	29,9
Bilan carbone (%)[3 4]	92,3
Rendement pondéral[4] solvants/sucres (%)	33,9

Tableau VI. Performance d''une fermentation ABE discontinue sur substrat agricole (Arnaud *et al.*, 1988 ; Vandecasteele & Marchal, 1993).

Concentration en solvants ($g.l^{-1}$)	19,8
Rendement (%)	33,9
Temps de fermentation (h)	33
Productivité ($g.l^{-1}.h^{-1}$)	0,6
Sélectivité [a](%)	92,1

Les résultats utilisés sont ceux du tableau 2.
[a] La sélectivité est définie comme le rapport pondéral, exprimé ici en pourcentage, de la quantité de solvants à celle de la somme des produits alternatifs (en l'occurence solvants plus acides).

VI.1.5. Point de contrôle métabolique externe d''une fermentation ABE discontinue

VI.1.5.1. Le pH

La maitrise du pH du milieu pendant l''acidogénèse est capitale pour le bon déroulement de la fermentation. Celle-ci peut être assurée selon deux techniques différentes :

– Par régulation via une valeur constante qui est variable selon les souches ou suivant un profil déterminé tel que présenté dans la figure 7 (Vandecasteele & Marchal, 1993). Cette valeur est

maintenu grâce à l'addition d'un agent alcalin comme le NH_4OH, KOH, NaOH ;
- Par ajout d'un tampon au milieu de la fermentation comme le $CaCO_3$, l'acétate, etc. Dans ce cas, le passage de l'acidogénèse à la solvantogénèse se traduit par un point de cassure caractéristique dans l'évolution du pH. Un profil en « V » assez voisin de celui présenté sur la Figure 7 est visible (Vandecasteele & Marchal, 1993).

Lorsque le pH est maintenu à une valeur trop élevée ou lorsque le pouvoir tampon du milieu est trop fort, l'excrétion des acides acétiques et butyriques est favorisée au détriment des solvants. Au contraire, lorsque la valeur de consigne du pH est excessivement basse ou lorsque le pouvoir tampon du milieu est trop faible, la fermentation se ralentit et peut même s'arrêter par suite de l'auto-acidification.

VI.1.5.2. Autres conditions de contrôle

Le bilan de la fermentation ABE peut-être influencé par d'autres conditions que le pH. Ces conditions modifient la sélectivité de cette fermentation par exemple les conditions qui régissent le rapport solvant/acides.

Un autre point intéressant est celui du rapport butanol/acétone des solvants obtenus. Ainsi, la fermentation sur lactosérum conduit à un rapport entre 10:1 et 100:1 en faveur du butanol (Maddox, 1980 ; Bahl *et al.,* 1986). Ces derniers auteurs ont également montré que la limitation en fer et dans une moindre mesure la co-fermentation du lactate étaient à l'origine de ce rapport élevé. De même, l'inhibition par le monoxyde de carbone (Datta & Zeikus, 1985) et la fermentation sous pression d'hydrogène (Doremus *et al.,* 1985) augmentent ce rapport butanol/acétone. Vasconcelos & Soucaille (1990) ont rapporté un effet du même ordre par l'utilisation de substrats réduits comme le glycérol.

Enfin, selon Hongo & Podvin, la température influe de façon sensible le rapport butanol/acétone. Les températures plus basses comprise entre 25 à 30°C favorisent la production de butanol (Hongo, 1990 ; Podvin, 1989). Selon Vandecasteele & Marchal (1993), une production d'acétone élevée est également souvent associée à une cinétique fermentaire rapide. Ce point est d'ailleurs à considérer dans certaines des situations particulières qui viennent d'être évoquées et pour lesquelles les cinétiques fermentaires sont parfois sensiblement affectées.

D‟autres métabolites peuvent également être produits dans certaines de ces conditions comme les lactates et l‟acétoïne. Ainsi, la présence de CO conduit à la production de lactate et favorise la production de composés réduits (Simon, 1947). De même, on observe la formation d‟acétoïne (Petit-Demange *et al.,* 1990) et de lactate (Bahl *et al.,* 1986) chez les cultures carencées en fer. Les valeurs du pH proches de la neutralité favorisent ces productions. Bien entendu, ces variations de sélectivité de la fermentation entraînent des modifications correspondantes des bilans gazeux.

VI.2. Fermentation continue

VI.2.1. En réacteur homogène

Bien qu‟envisagée dans son principe depuis longtemps pour la production d‟ABE (Wheeler & Goodale, 1928 ; Wheeler & Goodale, 1932) et étudiée notamment par Dyr *et al.* (1958), la fermentation continue a fait l‟objet dans les années 1980 d‟études cinétiques menées essentiellement avec les souches de références ATCC 824 et DSM 1731. Elles ont mis en évidence de façon suffisamment claire les paramètres essentiels qui régissent l‟excrétion des solvants. D‟un point de vue industriel, la fermentation continue est une mise en œuvre attrayante pour l‟amélioration de la productivité notamment dans une fermentation limitée par l‟inhibition due aux produits de réactions.

Parmi les paramètres, le taux de dilution (Monot & Engasser, 1983a ; Bahl *et al.,* 1982b ; Soni *et al.,* 1987) et le pH (Andersch *et al.,* 1982 ; Bahl *et al.,* 1982a) doivent être fixés à des niveaux suffisamment bas. L‟influence du pH est encore accentuée par l‟addition d‟acide butyrique qui stimule l‟excrétion des solvants (Bahl *et al.,* 1982a). La nature du facteur contrôlant la culture continue est également un élément important. Mais, il est plus controversé et l‟interprétation physiologique sera discutée plus loin. La stimulation stricte en substrat carboné conduit à la production d‟acides par exemple dans le cas d‟une concentration de 2.7g.L^{-1} de glucose dans le milieu (Monot *et al.,* 1983). La limitation par le Mg^{2+} oriente la fermentation principalement vers les acides acétiques et butyriques. Dans le cas du SO_4^{2-}, la fermentation s‟oriente vers les solvants pour les pH inférieurs à 5 et vers l‟acide lactique pour les pH supérieurs (Bahl & Gottschalk, 1984). Les limitations par le NH_4^+ et le PO_4^{3-} conduisent à la production de solvants lorsque les conditions du pH et de taux sont respectées (Andersh *et al.,* 1982 ; Monot & Engasser, 1983b).

La fermentation continue s‟est révélé être un outil d‟étude de grandes valeurs. Son apport au plan de la compréhension de la fermentation ABE est irremplaçable. Le développement de procédés continus par contre s‟est longtemps heurté à plusieurs difficultés telles que la toxicité du butanol lors de concentrations supérieures à 9g.L^{-1} (Fick *et al.,* 1985) et à une connaissance insuffisante du phénomène de dégénérescence cellulaire.

Dès les années 1960, des procédés continus ont cependant pu être définis et certains développés industriellement. Ainsi, CHIAO *et al.* (1964) ont décrit la fermentation continue de la farine de maïs dans une batterie de fermenteurs. L‟absence de dégénérescence, maintenue pendant 10 jours, permettait une productivité double de la conduite discontinue. Dans les années 1980 et 1990, la mise en œuvre de systèmes bi-étagés a permis de préciser les conditions dans lesquelles la production de solvants reste stable (Bardeau *et al.,* 1988). Le tableau VII présenté par Vandecasteele & Marchal (1993) illustre ces résultats. D‟autre part, elle a permis : i) de porter les concentrations en solvants à des niveaux stables comparables à ceux obtenus en réacteur discontinu ; ii) et de faire progresser de façon sensible la productivité (Godin & Engasser, 1990). Depuis 1990, les éléments semblent favorables pour envisager la mise au point de procédés continus utilisant des substrats industriels, qui seront discutés plus loin.

Tableau VII. Performances comparées de divers modes de mise en œuvre de la fermentation acétonobutylique en réacteur agité (Arnaud *et al.,* 1988 ; Vandecasteele & Marchal, 1993).

	Discontinu		Continu monoétagé		Continu biétagé		Continu avec recyclage cellulaire	
	a	b	c	d	e	f	g	h
Concentration en ABE (g.l^{-1})	20	17,5	14,7	13	21	18	16	22
Productivité en ABE (g.l^{-1}.h^{-1})	0,29	0,35	1,76	0,75	0,56	0,55	6,5	2,2
Sélectivité en ABE* (%)	76	87,5	91	79	92,5	92	84	85
Rendement en ABE (%)	32	32	31,5	32,5	36	34	35	30
Concentration cellulaire (g.l^{-1})	2,8	2,1	2,6	2,8	2,1		20	13

Les performances concernent C. acetobutylicum ATCC 824 ou DSM 1731 cultivés sur milieu défini glucosé dans des conditions suffisamment stables et optimisées par rapport à l'ensemble des critères de performance de production d'ABE. Les différences dans le choix des conditions expérimentales expliquent certaines des différences entre séries homologues. Les résultats sont tirés de :
a : Fond et al. *(1986a) ; b :* Monot et al. *(1984) ; c :* Soni et al. *(1987) ; d :* Fick et al. *(1985) ; e : Godin et Engasser (1990) ; f :* Bahl et al. *(1982b) ; g :* Pierrot et al. *(1986) ; h : Schlote et Gottschalk (1986).*
** Définie comme dans le tableau 3.*

VI.2.2. Avec immobilisation ou recyclage de la biomasse

L‟immobilisation et le confinement de la biomasse constituent en général deux méthodes de choix pour améliorer encore les productivités volumiques. Pour les fermentations ABE ou IBE, l‟immobilisation la plus couramment utilisée met en œuvre les gels d‟alginates (Ennis *et al.,* 1986).

En comparaison par rapport à un système non immobilisé, l‟amélioration de la productivité reste cependant faible et la concentration finale en solvants obtenue dépasse rarement 5 à 6g.L^{-1}. D‟autre part, la réalisation d‟une colonne d‟immobilisation n‟est pas toujours aisée et se heurte à un certain nombre de problèmes tels que la formation de zones mortes dans la colonne, le mauvais contrôle des conditions de fermentation, des contaminations éventuelles et l‟existence de gradients de pH durant la phase de démarrage (Krouwel *et al.,* 1983).

Pour confiner la biomasse, l‟exploitation des techniques membranaires apporte des résultats sensiblement plus encourageants (Afschar *et al.,* 1985). D‟après Ferras *et al.* (1986), avec une biomasse très concentrée allant jusqu‟à 125g.L^{-1}.h^{-1}, une productivité de 4.5g.L^{-1}.h^{-1} a été atteinte. Cependant, la production de solvants est oscillante et la souche utilisée tend à dégénérer (Ferras *et al.,* 1986). L‟utilisation d‟une fuite en biomasse permet de stabiliser remarquablement les réacteurs à membranes sans entraîner de perte d‟efficacité puisqu‟à des taux de dilution de 0.5h^{-1} et pour 20g.L^{-1} de biomasse. A la suite de cette stabilisation, une productivité de 6.5g.L^{-1}.h^{-1} et une concentration de solvants de 13g.L^{-1} ont été obtenus par Pierrot *et al.* (1986). Ces divers éléments sont illustrés dans le tableau VII qui situe les différents modes de mis en œuvre de la fermentation par rapport aux principaux critères de performance.

VI.3. Inhibition par le butanol

La production d‟ABE constitue un exemple type d‟une fermentation limitée par l‟inhibition induite par les produits de réactions. Cette caractéristique physiologique est déterminante pour l‟orientation des recherches visant à l‟amélioration des performances de cette fermentation, comme le montrent les différentes approches exposées lors de cette synthèse.

Le butanol qui par son accumulation dans le milieu ralentit et arrête la fermentation alors que l‟acétone à la concentration présente dans ces mêmes conditions n‟exerce aucune inhibition notable (Ryden, 1959). Chez *C. acetobutylicum,* le butanol à concentration sub-inhibitrice entraîne une augmentation de la fluidité membranaire que le micro-organisme compense par synthèse des acides gras saturés au détriment des acides gras insaturés (Lepage *et al.,* 1987). Certains auteurs pensent qu‟aux concentrations supérieures en butanol, l‟adaptation membranaire est insuffisante pour assurer le fonctionnement normal de la cellule. Aussi, le butanol affecte le système de transport des sucres et les autres systèmes enzymatiques de localisation membranaire comme l'ATPase (Moreira *et al.,* 1981). En fermentation continue mono-étagée et en condition de faibles taux de dilution, l'inhibition par le butanol peut entraîner des oscillations dans l'activité métabolique (Bardeau *et al.,* 1988).

Dans un but d'application, l'amélioration de la résistance des souches au butanol a été recherchée. Deux techniques ont permis d'obtenir des résultats positifs : i) l'adaptation des souches par des transferts sur des milieux progressivement enrichis en butanol (Lin & Blaschek, 1983 ; Soucaille *et al.,* 1987) ; ii) et l'action d'agents mutagènes associée à la sélection des mutants par leur résistance au butanol (Hermann *et al.,* 1985 ; Matta-El-Ammouri *et al.,* 1986).

VI.4. Influence de l'oxygène

Dans les conditions habituelles de cultures, le milieu ne contient pas d'oxygène dissous et son potentiel redox est voisin de -400mV. Si l'on fait barboter de l'air, la croissance du micro-organisme est arrêtée. Cet arrêt est dû à la présence d'oxygène dissous et non à la valeur élevée du potentiel rédox (Vandecasteele & Marchal, 1993). L'utilisation du fermenteur a permis de mieux préciser l'effet de l'oxygène sur l'espèce modèle *C. acetobutylicum* (O'Brien & Morris, 1971).

Physiologiquement, l'oxygène entraîne un ralentissement de la consommation de glucose. Il en suit un arrêt de la croissance et des synthèses d'ADN, ARN et protéines chez le microorganisme modèle. L'oxygène entraîne également l'arrêt de la production de l'acide butyrique sans modifier la production de l'acide acétique. En absence des mécanismes classiques d'éliminations des sous-produits venant de l'oxygène type espèces réactives oxygées (ROS : *reactive oxygen species*), assurés généralement par la catalase et la superoxyde dismutase, chez *C. actinobutylicuminduit* une NADH oxydase est présente. C'est à cette enzyme que revient le rôle de détoxification. Elle réalise un détournement du NADH normalement destiné aux biosynthèses réductrices (Gottschalk *et al.,* 1981).

VI.5. Relation entre sporulation et solvantogénèse

En fermentation discontinue et au cours de la croissance sigmoïde, le micro-organisme de référence subit une évolution morphologique notable (Mc Coy *et al.,* 1926 ; Jones *et al.,* 1982). Au démarrage de l'acétogénèse, les cellules végétatives sont mobiles par cils péritriches.

Elles ont une forme de bâtonnets allongés de Gram nettement positif. En fin d'acétogénèse et une ou deux heures avant le point de cassure du pH, les cellules se chargent de granulose. Ce polymère de réserve est semblable à l'amylopectine que l'on peut colorer en bleu violet à l'iode (Mc Coy *et al.,* 1926 ; Jones *et al.,* 1982 ; Vandecasteele & Marchal, 1993). Au début de la phase de solvantogénèse, les cellules abordent la phase stationnaire de croissance. Elles perdent leur grande mobilité et prennent alors la morphologie dite clostridienne qui se caractérise par des formes gonflées de cigares réfringents. Elles sont parfois entourées de capsules de polysaccharides et correspondent à des formes bactériennes pour lesquelles le mécanisme de sporulation est engagé jusqu'à la hauteur des stades I et II (Long et al., 1984a). La sporulation se produit ensuite selon une voie analogue à celle décrite pour *Clostridium pasteurianum* (Mackey & Morris, 1971) et pour le genre *Bacillus* avec la formation de l'endospore (stade III) et la synthèse de cortex (stade IV) (Sebald & Fayolle, 1982 ; Long *et al.,* 1983).

Dans la fermentation industrielle, nous n'observons pas de lyse du sporange ni de libération de spore (étape VII). Ces phénomènes ne sont visibles que si l'on poursuit l'incubation après l'arrêt de la solvantogénèse. Le déclenchement de la solvantogénèse, issue d'une modification profonde de la morphologie du micro-organisme, pose la question de l'interdépendance de ces deux phénomènes. En Afrique du Sud, une étude effectuée avec la souche P262 a été exploitée industriellement (Jones *et al.,* 1982). Elle a montré que des mutants bloqués à l'état végétatif étaient incapables de produire des solvants contrairement aux mutants bloqué à différents stades d'avancement de la sporulation (Jones *et al.,* 1982). D'après Long *et al.* (1984b), les formes clostriennes jeunes étaient les plus actives dans le mécanisme d'excrétion des solvants qui ne dépendait par contre ni de la synthèse de granulose ni des formations de capsules ou d'endospores. Par ailleurs, Meinecke *et al.,* (1984) ont décrit la production de solvant par des mutants asporogènes sélectionnés en culture continue, ce qui indique bien que la sporulation complète n'est pas nécessaire pour la production de solvants.

A ce jour, à la suite de l'identification de PGPR solvantogène émettrice de COV, de nombreuses souches de PGPR ne sporulent pas et font partie des grams négatives. Donc, l'explication précédente est fortement intéressante. Enfin, d'un point de vue industriel, l'intérêt pour les souches grams positives sporulantes est fortement envisageable à la vue des avantages qu'elles procurent pour le stockage à long terme et la formulation d'"éventuel enrobage. Ce dernier point est fortement complémentaire des technologies sous forme liquide et d'"aérosols utilisable comme accélérateurs de croissance ou sous forme d'"épandages.

VI.6. Autolyse

Chez les clostridies solvantogènes, la découverte du phénomène d'"autolyse a été faite initialement chez les *Clostridium saccharoperbutylacetonicum* par action de solutions hypertoniques de NaCl ou de saccharose sur les cellules en croissance (Ogata & Hongo, 1974 ; Ogata *et al.,* 1975). Cette autolyse semble résulter de la plasmolyse induite par la solution hypertonique qui permet à une autolysine d'"avoir accès à la paroi cellulaire. En 1984, Yoshino *et al.* (1984) ont purifiée et caractérisée cette autolysine. Il s'"agit d'"une N-acétylmuramidase d'"un poids moléculaire de 44 000 Da liée à la paroi cellulaire. D'"après ces mêmes auteurs, elle serait libérée dans le milieu extra-cellulaire à la suite à son rôle dans la croissance et la division cellulaires. La mise en évidence du phénomène d'"autolyse chez d'"autres souches de *C. acetobutylicum* est plus récente (Barber *et al.,* 1979). Ce phénomène peut être observé dès la fin de phase exponentielle de croissance. Il se caractérise par une libération massive d'"autolysine dans le milieu entraînant parallèlement à la diminution de la biomasse dans le réacteur, un abaissement marqué de la productivité volumique en solvants. L'"autolysine de la souche P262 a été purifiée par Webster *et al.* (1981). Il s'"agit d'"une glycoproteine d'"un poids moléculaire de 28 000 Da possédant en autre des propriétés antibiotiques. En 1986, Soucaille & Goma (1986) ont proposé une méthode de dosage de cette activité.

La production des autolysines n'"est pas strictement réservée aux seules Clostridies solvantogènes. Nous pouvons également la rencontrer chez de nombreuses bactéries gram-positives. D'"une façon générale, ces autolysines ont la capacité d'"hydrolyser spécifiquement certaines liaisons peptidoglycanes de la paroi cellulaire (Rogers, 1979). Dans des mécanismes « constructifs » et « volontaires » ou « destructifs » et « involontaires », ces autolysines sont également sollicité (Mason *et al.,* 1986). Tandis que les propriétés constructives s'"expriment pendant la division cellulaire, les propriétés négatives s'"exercent dans l'"autolyse lorsque disparaissent certains mécanismes de contrôle.

Dans la fermentation ABE, la relation entre performance de solvantogénèse et production d''autolysine est une question complexe qui a suscité plusieurs études (Soucaille & Goma, 1986 ; Soucaille *et al.,* 1987 ; Minier *et al.,* 1990a). Ces auteurs ont formulé l''hypothèse selon laquelle ce sont les acides lipotéichoiques acylés membranaires qui contrôlent l''activité des autolysines par leur rôle inhibiteur. En phase exponentielle, ces acides seraient synthétisés normalement et seraient retenus sous forme bloquée à l''intérieur de la cellule bactérienne. A la fin de la croissance l''arrêt de leur biosynthèse libérait l''action des autolysines qui pourraient alors agir en synergie avec l''effet destructurant du butanol. Dans une étude avec des mutants déficients en autolysines, Podvin (1989) a cependant observé une absence de corrélation entre production de solvants et d''autolysines.

VI.7. Dégénérescence

Le phénomène de dégénérescence a été observé pour la première fois par Grimbert (1893) chez *C. butylicum.* Il consiste en une évolution jugée irréversible de la forme clostridienne vers une forme « dégénérée », asporulée, acidogène et non solvantogène. Il se manifeste lors des repiquages successifs des souches pratiquées sans choc thermique, par la disparition soudaine de la solvantogénèse après 6 à 110 repiquages et l''apparition d''une acidogénèse diminuée. Au terme de 15 à 18 transferts, la viabilité de la souche a totalement disparu (Kutzenok & Ashner, 1952). Chez la souche dégénérée obtenue par Hayashida & Yoshino (1990), la production de butanol était plus affectée que celle d''acétone, point qui fût interprété par une modification du métabolisme d''oxydoréduction. En culture continue, ce phénomène se manifeste également de façon spectaculaire au terme de quelques jours de culture dans des conditions appropriées (Finn & Nowrey, 1959 ; Jöbses & Roels, 1983 ; Stephens *et al.,* 1985). Robson & jones (1982) ont supposé que la dégénérescence s''identifiait à un phénomène lytique qui s''adresse aux formes clostridiennes. Celles-ci tout comme les formes végétatives, seraient sensibles à l''action du butanol, alors que chez les mutants déficients en autolysine cette sensibilité serait réduite (Van der Westhuisen *et al.,* 1982).

Lors de culture, Bardeau *et al.* (1988) ont déterminé les conditions d''apparition de la dégénérescence. Ils ont montré que ce phénomène s''apparentait plus vraisemblablement à une adaptation lente et progressive du micro-organisme à des conditions de culture favorables à la production d''acides initiant un contrôle cinétique par les produits, le taux de dilution et le pH élevés. Cette apparition s''accompagnait d''une fragilisation des cellules qui se manifestait dans des conditions de non-prolifération comme celles d''un deuxième étage de fermentation continue (Bardeau *et al.*, 1988). Les mêmes auteurs ont montré également que la dérive acide était réversible et que les potentialités solvantogènes de la souche acidogène ré-isolée pouvaient être retrouvées après culture continue dans des conditions favorables à la production de solvants. Ces conditions de « réinitialisation de la solvant genèse » en culture continue sont une limitation nutritionnelle en NH_4^+ associé à un taux de dilution et pH bas.

Les possibilités d''évolution de la souche qui résultent de l''ensemble des observations rapportées ci-dessus sont regroupées dans la figure 9 (Vandecasteele & Marchal, 1993). Les relations entre les différentes formes identifiées restent encore en partie à confirmer.

Figure 9. Possibilité d''évolution morphologique de la forme végétative de *C. acétobutylicum.* La séquence représentée correspond à un schéma observé en fermentation discontinue (Arnaud *et al.,* 1988 ; Vandecasteele & Marchal, 1993).

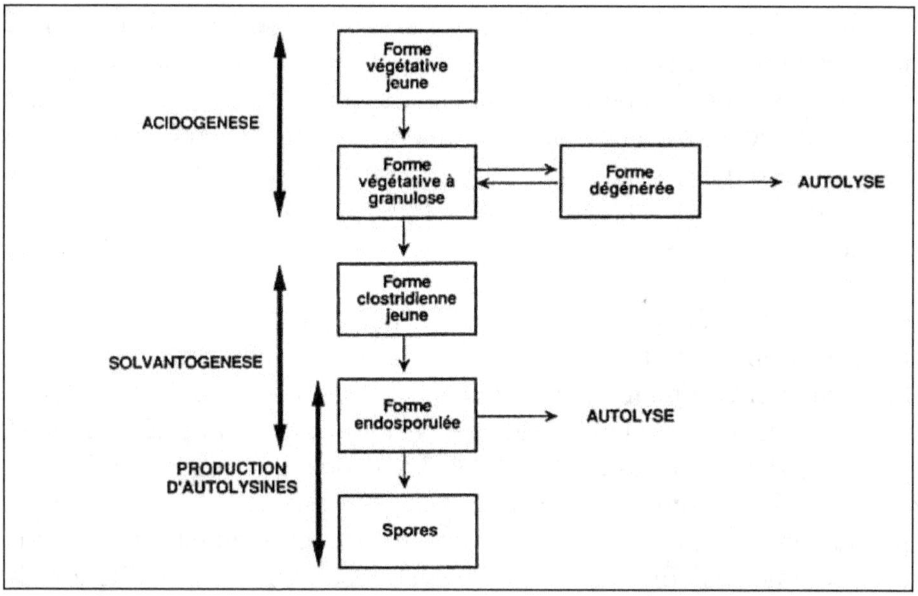

VII. Production de métabolites classés chimiquement parmi les solvants ou composés organiques volatils (COV) par les bactéries

VII.1. Les solvants industriels

Les principaux composés organiques appartenant au groupe des solvants ou COV obtenus par voie microbiologique sont les suivants. Ils sont présentés avec leurs noms internationaux IUPAC (*International Union of Pure and Applied Chemistry*) et communs le plus utilisé encore à ce jour.

- Famille des alcools, aldéhydes et cétones :
- L"éthanol (IUPAC)
- Le butanol (IUPAC)
- Le propan-2-one (IUPAC) *ou acétone*
- Le butane-2,3-diol (IUPAC) *ou 2,3-butanediol*
- Le glycerol (n"étant pas volatil, ce composé ne sera pas abordé dans cette synthèse bibilographique)

- Famille des acides :
- L"Acide éthanoïque (IUPAC) *ou Acide acétique*
- Acide propanoïque (IUPAC) *ou Acide propionique*
- Acide 2-hydroxypropanoïque (IUPAC) *ou Acide lactique*
- Acide 2-hydroxypropane-1,2,3-tricarboxylique (IUPAC) *ou Acide citrique*
- Acide 2,3,4,5,6-pentahydroxyhexanoïque (IUPAC) *ou Acide gluconique*
- Acide (E)-but-2-èn-1,4-dioïque (IUPAC) *ou Acide fumarique*
- Acide 2-méthylidènebutanedioïque (IUPAC) *ou Acide itaconique*
- 5-hydroxy-2-(hydroxyméthyl)-4H-pyran-4-one (IUPAC) *ou Acide kojique*

VII.2. Les alcools, aldéhydes et cétones

VII.2.1. L"éthanol (IUPAC)

La production de l"éthanol, obtenu industriellement par la « fermentation » alcoolique à l"aide de la levure, se rattachant aux industries alimentaires, ne sera pas évoquée dans ce mémoire.

Les procédés utilisés pour la fabrication des autres solvants ne présentent qu"un intérêt presque historique (Simon & Meunier, 1970 ;

Lagrange B, 1979 ; Leveau & Bouix, 1993). Mais, leurs productions par bioreactions ont fait l'objet de nombreux travaux. En leur temps, ils ont apporté de grands perfectionnements technologiques et culturels dont dérivent les méthodes de microbiologie industrielle moderne, notamment celles des cultures en bioréacteurs ou fermenteurs et celles de la stérilisation. A la fin de cette période de recherche intense, la raison de l'abandon de ces procédés tient aux deux causes suivantes : i) l'augmentation du prix de la matière organique dit sucrées ; ii) la compétition économique avec les industries pétrochimiques.

En effet, la plupart de ces techniques furent élaborées pendant la première et la seconde guerre mondiale, en vue de fournir les matières premières nécessaires à la fabrication des explosifs ou du caoutchouc synthétique et styrène-butadiène (SBR), et de bases plastiques, polyméres (vernis, nylon, peintures, latex) et de carburants.

Depuis la fin des hostilités, la production industrielle par fermentation de l'ethanol, du butanol, butane-1,3-diène et du butane-2,3-diol a été poursuivie dans certains pays. A ce jour, elle présenterait encore un intérêt industriel pour les pays tropicaux qui produisent des matières sucrées à bas prix et pays industriels.

– Remarque :

Synthèse caoutchouc -
http://fr.wikipedia.org/wiki/Caoutchouc_synth%C3%A9tique
http://fr.wikipedia.org/wiki/Buta-1,3-di%C3%A8ne

VII.2.2. Le butanol (IUPAC) & Propan-2-one (IUPAC) ou acétone

De nombreux microorganismes sont capables de produire de l'acétone et du butanol, à partir de la dégradation anaérobie des sucres. Dès 1861-1962, il faut signaler que Pasteur fut le premier à constater ce type de fermentation (Simon & Meunier, 1970 ; Arnaud *et al.,* 1988).

Cependant, seules les bactéries anaérobies sporulantes et appartenant au genre *Clostridium* ont été utilisées pour l'acétone et le butanol dont l'importance économique est très grande. De plus, ces bactéries forment, en même temps, une grande variété d'autres composés comme l'isopropanol, l'éthanol, l'acétylmethylcarbinol et de nombreux autres acides organiques (Simon & Meunier, 1970). La production d'acétylméthylcarbinol par les bactéries (réaction de

Voges-Proskauer) est révélée par l'apparition d'une coloration rouge en surface du milieu au moyen des réactions au rouge de méthyle.

Néanmoins, bien que le développement de la pétrochimie ait diminué l'intérêt économique de la fermentation acétobutylique, il convient de l'étudier rapidement à cause de son très grand intérêt technique. Le lecteur pourra trouver des études très complètes dans les publications suivantes : Gill (1950), Besch (1952), Mc Cutchan (1954) et Ryden (1958).

Tous les microorganismes utilisés depuis 50 ans pour la production industrielle de l'acétone et du butanol appartiennent à diverses espèces du genre *Clostridium* de la famille des *Bacillaceae*. Ces microorganismes anaérobies, sporulés, se présentent sous la forme de bâtonnets de 4µm x 1µm. Ils appartiennent en général à l'espèce de *Clostridium acetobutylicum*. Comme le pouvoir de production varie considérablement avec les diverses variétés, il est primordial de sélectionner des souches très actives et capables de conserver leurs propriétés sur différents substrats tels que les mélasses, les grains ou les matières sucrées provenant de l'hydrolyse de l'amidon ou celluloses, hémi-cellulose comme du bois. D'autres espèces ou leurs mutants ont parfois été employées comme *Clostridium propylbutylicum*, *Clostridium celerifactor*, *Clostridium saccharobutylicum* ou *Clostridium madisonii*.

Les souches de *Clostridium* sont très facilement isolées à partir du sol ou des racines de certains végétaux. Ainsi, une technique particulière de sélection a été mise au point. Elle consiste à soumettre la nouvelle souche à l'action de la chaleur 100°C pendant 1 à 2 minutes (*Heat shocking*) (Weizmann, 1937). Le but est de détruire les bactéries et de ne conserver que les spores résistantes à la chaleur. Cette opération est répétée jusqu'à 150 fois pour isoler une souche ayant un pouvoir sécrétoire (Weizmann, 1937). A ce sujet, il convient de remarquer que les essais de mutation par irradiation par rayon ultraviolets n'ont permis aucune amélioration des souches de *Clostridium*.

Par ailleurs, les spores ainsi traitées sont conservées sur sable, sur terre stérile ou sur tout autre substrat inerte stérile comme la tourbe. Ce procédé permet de conserver les spores pendant au moins 15 ans.

La culture est effectuée au laboratoire sur un milieu liquide. Elle est constituée par de l'extrait de malt, supplémenté par des sels d'ammonium et tamponnée. Pour assurer l'anaérobiose une couche d'huile stérile isole le milieu de l'air extérieur. L'incubation s'effectue à 20-31°C pendant 3 jours. Le milieu de production est composé de mélasses à 6% de sucres réducteurs. Il est supplémenté avec 0.4% de sels d'ammonium et 0.2% de phosphates. Des solutions de gaz d'ammoniac (NH_3) sont parfois utilisées et, dans ce cas, une addition de 0.5% de carbonate de calcium ($CaCO_3$) pulvérisé tamponne le milieu. D'autre part, les milieux à base de grains de maïs cuits à 130°C, mais non hydrolysés, n'exigent aucun supplément azoté.

Enfin, d'autres matières premières sucrées ont encore été utilisées industriellement. Il faut citer parmi celles-ci, les liqueurs bisulfitiques, les hydrolysâts de bois, le glucose, l'amidon hydrolysé et le topinambour. Ces divers milieux sont soumis à la stérilisation par la chaleur. Avant leur induction dans le fermenteur, le choix de la température est conditionné par la sensibilité des milieux sucrés employés.

Aux Etats-Unis d'Amérique, cette opération est très souvent effectuée dans des appareils de stérilisation continue. La stérilisation des milieux et des installations industrielles a posé d'importants problèmes aux ingénieurs biochimistes, malgré que l'absence d'aération ait simplifié ce problème (Simon & Meunier, 1970). En effet, les *Clostridia* présentent une sensibilité particulière aux contaminants qui sont de deux sortes : a) Les microorganismes aérobies ou anaérobies dont les plus répandus sont les bacilles lactiques comme *Lactobacillus leichmanii*. Ils sont capables de supporter l'anaérobiose et sont rencontrés surtout dans les substrats contenant des grains ; b) Les bactériophages ou phages capables de contaminer toute une installation et d'empêcher toute production en quelques heures (Simon & Meunier, 1970).

Heureusement grâce à des transferts successifs sur des milieux contenant des dilutions de phage, nous avons la possibilité de rendre les souches résistantes aux phages. Cela nous permet d'obtenir des souches capables de supporter cette contamination. D'autre part, il faut savoir que les phages sont spécifiques d'une souche. Ainsi, le remplacement de la souche sensible au phage permet parfois de combattre ce danger.

La production industrielle est réalisée à partir d'une culture de laboratoire successif comme le montre le schéma de la figure 10 (Simon & Meunier, 1970). Les fermenteurs destinés à la production anaérobie sont d'un volume compris entre 200 et 2000 m^3. En général, ils sont construits en acier et présentent une forme cylindrique avec des fonds hémisphériques. La température optimum de production est de 30 à 32°C et le pH varie au cours de la fermentation entre 5 et 7. Au bout de 48 heures, lorsque le dégagement de gaz a cessé, la fermentation est terminée. Après une période de stockage, on procède ensuite à la séparation par distillation fractionnée des produits volatils nommés solvants et composés organiques volatils.

Figure 10. Production industrielle du butanol. A) préculteur ; B) fermenteur ; C) cuve de stockage ; D) distillation ; E) concentration ; F) séchoir à tambour (Simon & Meunier, 1970).

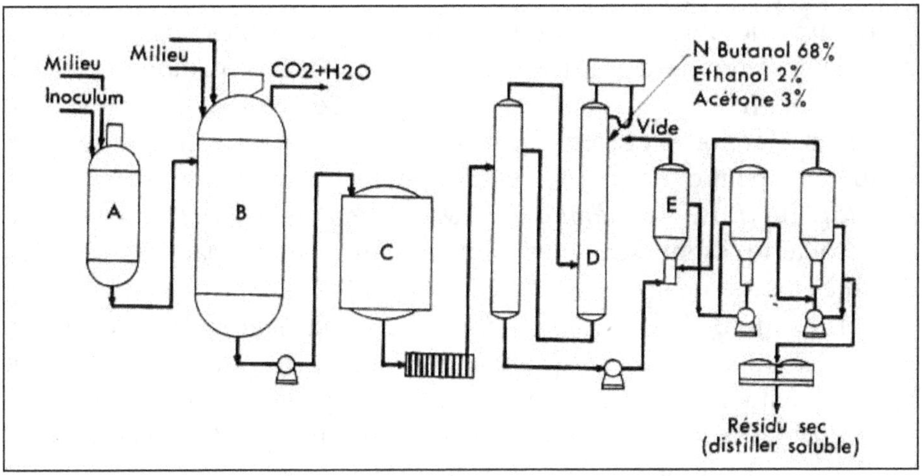

La proportion des solvants formés varie avec les substrats et les souches utilisées. Le rendement de cette transformation est assez faible. Ainsi 100Kg de mélasse à 57% de sucre fournissent : 11Kg de butanol, 5Kg d‟acétone, 0.5Kg d‟éthanol, 28Kg de concentré sec nommé « *distillers solubles* » et d‟autres composés. Le résidu de distillation, constitue un concentré. Ce concentré étant utilisé pour supplémenter la nourriture animale.

Dans les années 1950 à 1960, des essais de production de butanol au moyen de la culture continue ont été entrepris en Tchécoslovaquie (Dyr, 1958). De nombreux résultats positifs ont été obtenus dans une installation pilote. Mais, ils ne semblent pas avoir été transposés à l‟échelle industrielle. A côté de la fermentation acétono-butylique, il faut signaler qu‟un microorganisme voisin de *Clostridium butylicium* produit, en culture anaérobie, un mélange de butanol, d‟isopropanol, d‟éthanol, et d‟acides organiques. Toutefois, ce procédé n‟a pas été développé sur le plan industriel.

VII.2.3. Le Butane-2,3-diol (IUPAC) ou 2,3-butanediol

Au cours de la seconde guerre mondiale, à partie de 1942, les énormes besoins de caoutchouc synthétique ont suscité de très nombreux travaux aux Etats-Unis d‟Amérique et au Canada. En vue de la production par voie microbiologique du butane-2,3-diol (encore nommé 2,3-butanediol ou 2,3-butylène glycols) utilisé comme matière première, ils ont été concrétisés par plus de 500 publications. Malheureusement, le développement de la pétrochimie a arrêté l'essor de ces procédés intéressants qui n'ont jamais dépassé le stade pilote (Simon & Meunier, 1970).

De très nombreux microorganismes sont capables, par des voies diverses, de produire des mélanges de composés organiques plus ou moins volatils comprenant du butanediol, de l'éthanol, du glycerol, des acides lactiques et formiques et d'autres composés. Parmi les plus étudiés, on peut citer diverses espèces de *Serratia*, *Bacillus polymyxa*, *Bacillus subtillis*, *Pseudomonas hydrophyla* et *Aerobacter aerogenes*. Ces bactéries sont sensibles aux contaminations par des bacilles sporulés ou des phages.

On a employé de très nombreux substrats sucrés très répandus, comme la mélasse, les matériaux cellulosiques, les grains, et l'amidon ayant éventuellement été soumis à une hydrolyse. La production s'effectue en aérobiose. Cependant, en vue d'une production optimale, le degré d'aération varie avec les microorganismes et avec les conditions de cultures. L'importance du pH a été mise en lumière. Un pH de 6.2 assure la production la plus élevée (Ledingham, 1954 ; Pirt, 1957). Pendant la culture, l'emploi de carbonate de calcium ou d'ammoniaque permet de maintenir le milieu de culture à cette valeur. La production maximum est obtenue en 2 à 3 jours de culture à une température comprise entre 30-37°C.

Par ailleurs, Pirt en 1958 a publié d'excellents résultats d'essais de production en culture continue pendant plus de 2000 heures.

Enfin, l'opération de séparation du butane-2,3-diol présente certaines difficultés à cause de son point d'ébullition élevé de 180°C. Donc, les chercheurs ont proposé d'autres méthodes comme l'extraction par le butanol, l'entraînement par la vapeur ou la séparation à l'état de formal qui se présente sous forme huileuse à la surface du milieu.

Malgré l'arrêt du développement de ces genres de production pour des raisons économiques, il convient pourtant de les retenir à cause de l'importance des connaissances techniques qu'ils ont apportées au génie biochimique.

VII.3. Les acides organiques

Depuis de nombreuses années, l''homme produit de manière industriellement des acides à l''aide des microorganismes. De nombreux acides organiques proviennent soit de la dégradation anaérobie des sucres, soit de l''oxydation incomplète de ceux-ci.

VII.3.1. Acide éthanoïque (IUPAC) ou Acide acétique

L''acide acétique est un métabolite microbien très répandu. Cependant, malgré sa facilité d''obtention par voie microbiologique, les énormes quantités d''acide acétique utilisées par l''industrie sont obtenues par voie chimique.

Néanmoins, la production d''acide acétique pour la préparation du vinaigre, par oxydation de l''éthanol par diverses espèces d''*Acetobacter*, présente une certaine importance.

A cause de son intérêt alimentaire, la fabrication du vinaigre et connue depuis l''antiquité, a été l''objet de nombreux perfectionnements qui ont suivi le développement de la microbiologie industrielle.

La technologie de cette production qui entre dans le cadre des industries alimentaires ne sera pas décrite ici. Toutefois, le lecteur pourra trouver dans la bibliographie quelques références de bases se rapportant à ce problème (Allgeier, 1954 ; Hromatka *et al.,* 1953 ; Hromatka & Ebner, 1959 ; Mollenhauer, 1956).

VII.3.2. Acide propanoïque (IUPAC) ou Acide propionique

L''acide propanoïque est employé pour de nombreux procédés industriels. Il est surtout obtenu par synthèse chimique. Mais, une faible quantité d''acide propanoïque utilisée est issue des voies microbiologiques.

Il est produit à l''aide de diverses espèces du genre *Propionobacterium.* Il s''agit d''un bacilles non mobiles et Gram positif. En effet, ces bactéries dégradent de façon anaérobie les oses. Parfois dans certaines publications anciennes, le synonyme erroné de la traduction Anglo-Saxonne « *carbohydrates* ou hydrates de carbone » peut être employé. Historiquement, il faut noter que les oses et non les glucides étaient appelés hydrates de carbone par les biologistes à la suite de traductions Anglo-saxonnes. Les hydrates de carbone sont des composes de formule brute $C_n(H_2O)_n$ et parfois $C_n(H_2O)_p$. Cela correspond à la même formule brute des oses. Cependant, ce modèle n''est pas valable pour tous les glucides contenant des atomes d''azote et de phosphore. De plus, la famille des hydrates de carbone ne contient pas que les oses (ou glucides). D‟autres composés font parties de cette famille comme certains polyols ne faisant pas partie des glucides ou non cyclisablables. Donc, il est préférable de parler d‟ose ou glucide.

A partir de l‟acide pyruvique, ils fournissent de l‟acide succinique qui est finalement décarboxylé en acide propanoïque et une molécule de CO_2. L‟acide propanoïque peut être obtenu à partir de nombreux substrats sucrés auxquels on ajoute de l‟extrait de levure destiné à fournir de l‟azote organique et des facteurs de croissance, comme l‟acide pantothénique et la biotine additionné des éléments minéraux. Certaines espèces, comme *P. technicum*, sont capables d‟utiliser directement l‟amidon. Cette fermentation s‟effectue à 30°C, pH=7 et dure entre 8 et 12 jours (Simon & Meunier, 1970).

VII.3.3. Acide 2-hydroxypropanoïque (IUPAC) ou Acide lactique

L‟acide lactique est secrété par de nombreux microorganismes comme les bactéries ou les fungi. A ce jour, il est l‟objet d‟une importante production industrielle. L‟acide lactique ou ses dérivés sont en effet largement utilisés par les industries alimentaires, l‟industrie pharmaceutique, les textiles et les industries chimiques. Il permet la synthèse de vernis, de plastiques et de résidus thermoplastiques (Fisher, 1951 ; Machell, 1959). Toutefois, le prix de revient de l‟acide lactique dû au coût des opérations de séparation et de purification associée aux frais d‟investissements élevés à la suite de son action corrosive, ont limité ses emplois dans l‟industrie.

L‟acide lactique ou acide hydroxypropanoïque est produit industriellement par diverses bactéries appartenant au genre *Lactobacillus* et par plusieurs espèces de fungi du genre *Rhizopus*. Il faut noter que l‟acide lactique fourni par les bactéries lactiques est en mélange racémique. Celui fourni par *Rhizopus* est uniquement un isomère L(+) (Kitahara, 1955).

Les caractéristiques du genre *Lactobacillus* sont les suivantes : a) Bactéries non sporulantes anaérobies, non mobiles, Gram positive, non pathogènes ; b) Faible mécanisme respiratoire, sans production de catalase ; c) Possibilités de métaboliser divers substrats sucrés. d) Possibilité de croissance à pH acide.

Le genre *Lactobacterium* est divisé en trois groupes :

- **Groupe 1.** *Thermobacterium* constitue un ensemble de bactérie qui croissent à des températures élevées : *L. delbruckii* et *L. Leichamanii,* 50°C ; *L. thermophilus*, 63°C.

- **Groupe 2.** *Streptobacterium* est un ensemble de bactéries non thermophiles et présentant un intérêt industriel. Il s'agit d'espèces homofermentatives. En pratique, par dégradation anaérobie des matériaux sucrés, ces bactéries produisent de l'acide lactique avec seulement de faibles traces d'autres composés. En terme final de la glycolyse, cette réaction finale s'effectue à partir de l'acide pyruvique et à l'aide d'une lactodéshydrogénase, selon l'équation : $CH_2\text{-}CO\text{-}COOH + 2H^+ \rightarrow CH_3\text{-}CHOH\text{-}COOH$.
- **Groupe 3.** *Betabacterium* forme un ensemble d'organismes hétérofermentatifs. Selon un mécanisme différent des autres groupes, ils produisent à partir du glucose un mélange d'acide lactique, d'éthanol, d'acide acétiques, de CO_2 et d'autres métabolites.

En général, les souches de bactéries lactiques homofermentatives sont préférées pour la production industrielle de l'acide lactique. Cette opération est effectuée dans des fermenteurs de grands volumes. Ces bioréacteurs sont en acier ou même parfois en bois à cause de l'action corrosive du produit.

De nombreuses matières premières sucrées ont été employées. Mais, afin de simplifier les opérations d'extraction et de purification, il est parfois avantageux d'utiliser des glucides assez purs.

Le glucose obtenu par hydrolyse de l'amidon, est très souvent utilisé (Inskeep, 1952 ; Machell, 1959) et l'azote organique est souvent fournie par de l'orge ajoutée à l'amidon avant son hydrolyse. Ainsi, on obtient un milieu contenant entre 10 et 15% de glucose. Il est tamponné par 10% de carbonate de calcium à un pH compris entre 5.5 et 6. Après ensemencement, le substrat est soumis à la fermentation pendant 6 jours à 50°C. Si on utilise des espèces thermophiles comme *L. delbruckii*, cette température élevée présente l'avantage de diminuer les risques de contamination par d'autres micro-organismes. En fin de fermentation, la teneur en glucose tombe autour de 0.2%. A ce stade, il est avantageux d'arrêter l'opération car, le milieu est alors sujet à des contaminations par les bactéries butyriques. Les rendements industriels varient entre 80 et 90%. Il est calculé par rapport aux quantités de sucres mises en œuvre au moment de la fermentation. A la fin de la fermentation, le pH du milieu est ajusté à 10 en utilisant de la chaux. Un chauffage vers 80°C tue les bactéries et assure la coagulation des protéines.

L'extraction de l'acide lactique est rendue difficile par son bas point de fusion 18°C qui rend sa cristallisation pratiquement impossible. Après séparation des éléments en suspension, la liqueur foncée obtenue et décolorée par le charbon actif. Puis, elle est soumise à une évaporation pour obtenir du lactate de calcium. Un autre procédé consiste à traiter la solution décolorée par de l'acide sulfurique. Le sulfate de calcium formé et ensuite séparé par filtration. Le produit résiduel obtenu constitue une solution d'acide lactique de pureté suffisante pour certains usages techniques (Simon & Meunier, 1970).

Malgré cela, l'acide lactique de plus grande pureté était utilisé surtout pour la fabrication des matières plastiques. Donc, l'accroissement des demandes a permis le développement d'autres méthodes d'extraction et de purification plus efficace en termes de rendement d'extraction. Il faut citer parmi celle-ci : i) l'extraction par des solvants organiques de lactates d'alkylamines secondaire ou tertiaires ; ii) l'extraction de l'acide lactique en solution aqueuse par l'éther isopropylique ou l'estérification de l'acide lactique et la séparation des esters par distillation. De plus, d'autres substrats constitués de glucides bruts ont été largement employés industriellement par exemple le lactosérum (Whittier, 1931), la mélasse de canne (Needle, 1949), la liqueur bisulfitique (Leonard, 1948), la pomme de terre (Cordon, 1950). Ils sont utilisés de manière à fournir des milieux de culture contenant environ 10% de sucre. Ces substrats de base sont supplémenté par des sels minéraux azotés et par du carbonate de calcium.

D'autre part, outre l'utilisation des bactéries, la production de l'acide lactique dit droit par *Rhizopus orizae* a fait l'objet d'essais systématiques au Nothern regional Research Laboratoiries à Peoria (Ward, 1936). Après des expériences de culture en surface, la production en cuve agitée a permis d'atteindre un rendement de 75% en 36 heures.

Dans les années 1930, la fabrication de l'acide lactique droit a été effectuée par Tatum (1935) et Anderson (1942) en condition de laboratoire. Ces chercheurs ont réalisé une culture aérée et agitée à partir du glucose ensemencé avec certaines espèces de *L. delbruckii* (Tatum, 1935) ou à partir du topinambour ensemencé avec *B. dextrolacticus* (Anderson, 1942). Un rendement de 92 à 94% fût généralement obtenu.

Enfin, l'acide propanoïque et l'acide lactique constituent les derniers termes de la dégradation anaérobie de sucres par les microorganismes. A côté de ces deux composés, de nombreux microorganismes peuvent aussi synthétiser d'autres acides résultant d''une oxydation incomplète des substrats sucrés. A ce jour, ces micro-organismes présentent également une grande importance économique. Donc, nous étudieront brièvement, la production des acides citrique, gluconique, fumarique, itaconique, kogique, ustilagique, 2-cétoglutarique, 5 et 2-cétogluconique, le lecteur pouvant trouver de nombreuses précisions dans les traités de Prescott (1959), de Underfolker (1954) et de Rose (1961). Ces composés peuvent être produits par les PGPR d''intérêts agronomiques.

VII.3.4. Acide 2-hydroxypropane-1,2,3-tricarboxylique (IUPAC) ou Acide citrique

L''acide citrique présente une importance économique considérable à cause de ses multiples utilisations alimentaires et industrielles. Cet acide fut isolé par Scheele en 1784 à partir du jus de citron et jusqu''en 1945 les jus de Rutacées ou Aurantiés et Broméliacées auquel appartient l''ananas en demeurèrent les seules sources industrielles. Cependant, Dès 1894, la production d''acide citrique par divers microorganismes avait été démontrée par un botaniste allemand, C. Wehmer. Cet acide est un intermédiaire important du cycle de Krebs. En 1917, Currie publia le résultat de ses travaux relatifs à la production par *Aspergillus niger.* Depuis cette date, les publications de nombreux auteurs ont apporté une vaste contribution au problème industriel concernant la production de l''acide citrique par voie microbiologique. Ces innovations ce sont révélées comme une des réussites les plus spectaculaires de la microbiologie industrielle.

De nombreux microorganismes ont été utilisés comme *Aspergillus niger, A clavatus, A ventii, Penicillium luteum, P. citrinum, Mucor pyriformis* et d''autres espèces. Mais, il apparait que, seules certaines souches d''*Aspergillus niger* sont employées dans l''industrie pour leur facilité de culture, leur constance génétique, leurs rendements élevés et leur absence de métabolites indésirables.

Déjà en 1917, Currie avait indiqué que l''utilisation de milieux contenant 12 à 15% de saccharose et des traces de sels minéraux, à pH 3.5 permettait d''obtenir, après 8 jours d''incubation à 28°C, un rendement de transformation de 50%. Cependant, les essais d''utilisation de substrats sucrés constitués par des mélasses de canne et de betterave ou par du glucose technique se heurtèrent à de nombreuses difficultés. La principale est l''inconstance du taux des matières minérales de ces divers constituants.

Dans les années 1950, plusieurs méthodes de traitement préliminaire de ces substrats furent élaborées par exemple les méthodes au ferrocyanure de Gerhardt (1946). Elles permettent de réduire la teneur en fer des milieux de culture. Actuellement, elles sont presque toujours utilisées. A cause de leur prix, les absorbants forts intéressant techniquement ne sont pratiquement pas employés comme le charbon ou les résines échangeuses (perlman, 1949), Cependant, Moyer (1953) a mis au point une autre méthode. Celle consiste à ajouter au milieu 4% de méthanol. Il permet aux microorganismes d''utiliser des substrats contenant des concentrations élevées en zinc, fer ou de manganèse comme l''amidon ou les mélasses.

Les méthodes de la culture en surface d''écrites par Currie ont été les premiers procédés industriels utilisé par l''homme. Les milieux contenant des mélasses, préalablement traitées par le ferrocyanure, étaient disposés sur des plateaux placés dans des chambres de fermentation aérées et maintenues à 30°C. Après 7 à 10 jours d''incubation, les rendements de transformation variaient entre 60 et 90%. Les premiers essais de production de l''acide citrique par les méthodes de culture en profondeur furent peu encourageants. Les rendements obtenus étaient bien moins élevés que ceux des méthodes de culture en surface (Simon & Meunier, 1970).

L''importance de ce problème entraîna de nombreuses recherches. En 1947, les travaux de Schweiger permirent de préciser le rôle des nombreuses variables affectant la production (Schweiger *et al.,* 1949).

Lors de la production d''acide citrique, sept points sont une grande importance (Simon & Meunier, 1970) :

1. Le choix des souches (Perlman, 1949 ; Karow, 1947).
2. La composition des milieux et le choix du substrat : le taux en sucre doit être voisin de 15% et celui des matières azotées suffisamment faible pour éviter la formation d''oxalates. Le pH doit être contrôlé par addition de carbonate de calcium.
3. La teneur en phosphate inférieure à 0.01%.
4. L''obligation du traitement préalable des constituants sucrés en vue de limiter étroitement le taux de certains éléments métalliques comme le fer, le manganèse, le zinc, et le cuivre.
5. Le contrôle de la température qui peut varier entre 25 et 31°C en fonction des souches.
6. L''importance de l''*inoculum*, en qualité et en quantité. Les fragments mycéliens doivent présenter un diamètre voisin de 0.3mm et une concentration voisine de 250 par millilitre. Le

volume de l''*inoculum* varie entre 0.25 et 1%. Le rendement est inversement proportionnel au volume de celui-ci.

7. L''aération doit être énergique et l''utilisation d''oxygène pur ou mélangé à l''azote s''est révélée nécessaire pour certaines souches de microorganismes qui assurent un rendement de transformation de 100% en 6 à 9 jours (Karow, 1947 ; Martin, 1955). La formation de mousse peut-être contrôlée à l''aide d''octodécanol dans l''huile ou à l''aide de dispositifs particuliers.

Toutes ces conditions peuvent varier avec les souches utilisées. Donc, on conçoit l''importance des essais systématiques en pilote au laboratoire avant la transposition de ces procédés au stade industriel (Figure. 11 ; Simon & Meunier, 1970). D''autre part, le tableau IIX résulte des différents travaux publiés sur la préparation de l''acide citrique par la méthode en cuve agitée (Simon & Meunier, 1970).

Figure 11. Fermenteur de laboratoire (Steel, 1955 ; Simon & Meunier, 1970). a. moteur ; b. sortie d''air ; c. turbine casse mousse ; d. tube de montée de la mousse ; e, f. entrée et sortie d''eau de régulation de température ; g. chemostat : h. prise d''échantillon ; i. diffuseur d''air (céramiques poreuses) ; j. entrée d''air stérile ; k. tube de circulation d''air.

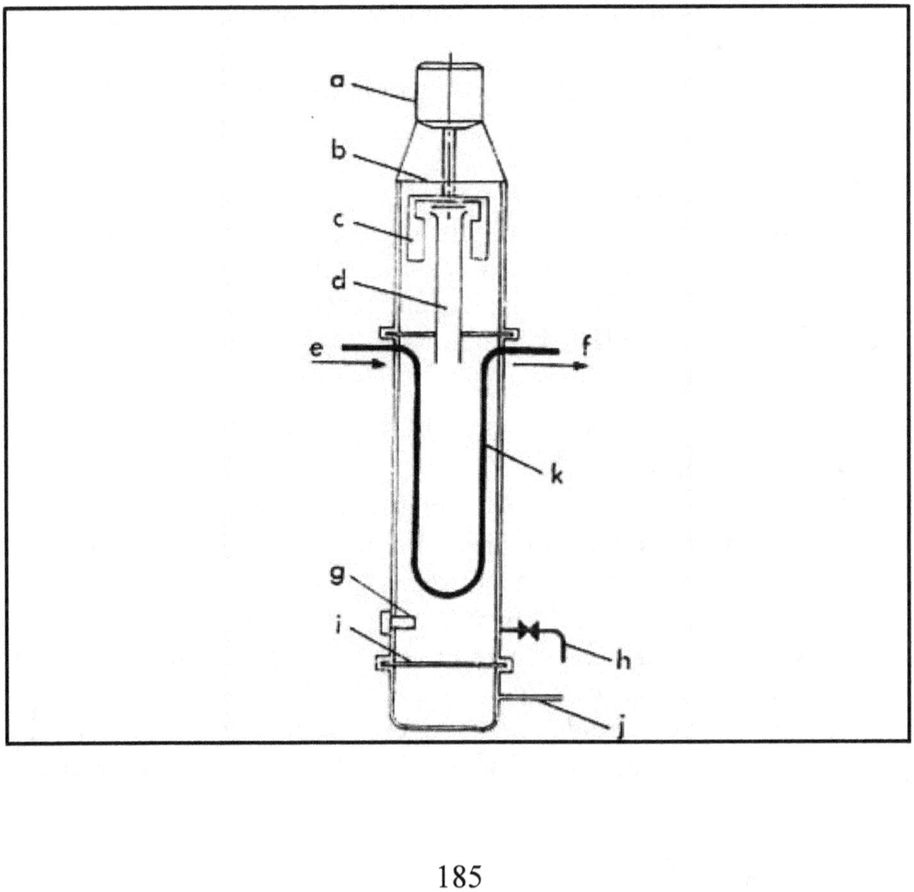

Tableau IIX. Travaux concernant la préparation de l'acide citrique par la méthode de fermentation en cuve agitée (Simon & Meunier, 1970).

Source de carbone	*Rendement*	*Auteurs*
Amidon.	71,5	MOYER (1953)
Glucose.	72	MOYER (1953)
Mélasse de betterave . .	64	CLÉMENT (1952)
	72	MARTIN (1952)
	64	STEEL (1955)
Mélasse de canne . . .	63	MOYER (1953)
	61,9	KAROW (1947)
Saccharose	72	SHU (1948)
Sucre de maïs	79,9	SCHWEIGER (1949)

L'extraction de l'acide citrique à partir des jus fermentés s'effectue selon le protocole suivant :

1. Séparation du mycélium par filtration ;
2. Précipitation par la chaux à l'état de citrate de calcium puis séparation et lavage du précipité ;
3. Traitement par SO_4H_2 et séparation du précipité de sulfate de calcium ;
4. Décoloration au charbon, déminéralisation et concentration ;
5. Cristallisation.

Enfin, la production de l'acide citrique en cuve profonde est devenue un procédé réellement industriel. Lors de l'utilisation de cette technologie, Clark (1966) assure que les rares contaminations rencontrées au cours de la mise en œuvre de ce procédé permettent une transposition en culture continue.

VII.3.5. Acide 2,3,4,5,6-pentahydroxyhexanoïque (IUPAC) ou Acide gluconique

L'acide gluconique peut-être produit par l'oxydation chimique ou biochimique via les technologies microbiologiques de la fonction aldéhyde du glucose selon l'équation :

$CH_2\text{-}(CHOH)_4\text{-}COH + \frac{1}{2} O_2 \rightarrow CH_2OH\text{-}(CHOH)_4\text{-}COOH$

En 1878, Boutroux observa sa production à partir du glucose, par des cultures d'*Acetobacter aceti*. En 1922, Molliard démontra que l'acide gluconique, l'acide oxalique et l'acide citrique étaient des produits de fermentations fongiques. En 1924, Bernhauer isola une souche d'*Aspergillus niger*, capable de produire uniquement de l'acide gluconique en présence de carbonate de calcium et montra l'importance d'une température relativement base. Enfin, en 1932 et en 1938, les biochimistes de département de l'Agriculture des Etats-Unis d'Amériques, démontrèrent la possibilité de produire industriellement l'acide gluconique par fermentation fongique (May, 1932 ; Gastrock, 1938). A la suite de ces abondants travaux des années 1930, les divers procédés mis au point ont été décrits par Underkofler (1954). Les nombreuses utilisations pharmaceutiques et industrielles de cet acide et de ses sels ont fait l'objet d'une publication de Prescott en 1952. Ces composés sont principalement employés comme agents séquestrant.

L'acide gluconique peut être produit par les méthodes classiques de culture en surface en 11 à 12 jours. Seul le choix du matériau utilisé pour la confection des plateaux capables de résister à l'action corrosive de cet acide a posé certains problèmes. Ceux-ci ont été résolus par l'utilisation d'aluminium très pur (99.45%) et ne contenant que des traces de cuivre et de manganèse inférieure à 0.1%. Ce procédé ne présente plus qu'un intérêt historique. Il a été universellement abandonné au profit des procédés de culture en profondeur qui assurent des rendements plus élevés. Le délai de fermentation est plus court et diminution la main-d'œuvre utile.

Dans ces procédés utilisés dans les années 1950, la production de l'acide gluconique ne dépend pas de la croissance du microorganisme, mais de la présence de l'enzyme spécifique. Le mycélium peut être recyclé et des concentrations de glucose plus élevées atteignant 30% peuvent être mises en œuvre pour maximiser le rendement en produit. D'ailleurs, il convient de remarquer que cette oxydation est incomplète. Elle semble réalisée non pas par une oxydase, mais une déshydrogénase spécifique.

Les premiers essais de culture industrielle furent effectués avec des souches d'*Aspergillus niger*. Certaines tentatives industrielles ont été faites en vue d'utiliser *Penicillium chrysogenum*. Les résultats ont démontré la difficulté de faire sporuler ce microorganisme.

A cette époque, la production était effectuée dans des cylindres disposés horizontalement et tournant lentement à raison de 8 à 15 tours.min^{-1}. Cette vitesse de rotation était employée afin d'assurer l'agitation optimale du milieu de culture. L'importance de l'oxygénation, et surtout l'augmentation de la pression de l'air pouvant atteindre 3Kg.cm^{-3} ont été étudiées par Wells (1937).

Le milieu de culture était constitué par du glucose contenant 0.33% de carbonate de calcium et des traces d''éléments minéraux. En 1940, Moyer montra que l''addition de 150 ppm de borate de sodium permettait de faire fermenter à 32°C pendant 10 heures des milieux contenant jusqu''à 35% de glucose.

Une autre méthode plus récente utilise la fermentation en cuve aérée et agitées. Ces innovations font suite aux études de Bloom (1952). Le milieu de culture utilisé dans ce cas contient 35% de glucose commercial, des éléments azotés, sous forme de « *corn steep* » et d''urée, et des éléments minéraux tel que $MgSO_4$, 7 H_2O, KH_2PO_4 et $(NH_4)_2HPO_4$. Le milieu aussi formé est ajusté et maintenu vers un pH=6,5. L''aération est effectuée à raison d''au moins un volume d''aire par volume de milieu par minute à une pression de 1.5 à 2Kg.cm^{-3}.

Après l''acquisition d''une suspension de spores obtenues sur un milieu spécial, une inoculation du milieu est réalisée. Le milieu de production est fermenté à 34°C pendant 40 heures, jusqu''à une concentration de 0.1% du glucose résiduaire. Par la suite, le liquide est séparé par filtration et concentré. Après ajustement à pH 7.5 par NaOH, la solution est séchée sur un séchoir à tambour. La figure 12 schématise ce procédé (Simon & Meunier, 1970). D''après Wells ce procédé pourrait être même mis en œuvre sans stérilisation de l''appareillage. Car en pratique, il convient de noter que la fermentation gluconique ne présente pas de problèmes de contamination.

Figure 12. Procédé de Fermenteur permettant la production d''acide gluconique (Simon & Meunier, 1970). A. milieu nutritif ; B. NaOH ; C. anti-mousse ; D. fermenteur ; E. compresseur d''air ; F. filtre d''air ; G. filtre-presse : H. concentrateur ; I. cuve de neutralisation (pH=7,5) ; J. séchoir à tambour ; K. broyeur à marteaux.

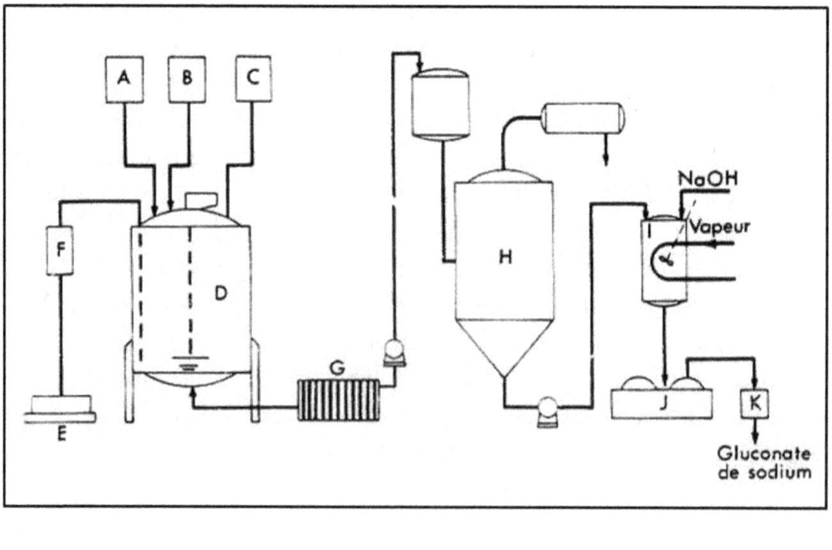

A côté de ces méthodes de fermentation fongique, il faut citer la possibilité d'utiliser certaines bactéries pour la production de l'acide gluconique. Currie (1933) a préconisé l'emploi d'*Acetobacter oxydans* et *A. gluconicum*. En 48 heures de culture, ces bactéries sont capables de fournir un rendement de transformation de 90%. Plus récemment dans les années 1950-1960, les travaux de Ueda (1957) ont permis d'obtenir un rendement de 95% en 32 heures à partir d'une solution contenant 15% de glucose et en utilisant *Pseudomonas fluorescens* et *Pseudomonas ovales* comme souches fermentaires.

VII.3.6. Acide (E)-but-2-èn-1,4-dioïque (IUPAC) ou Acide fumarique

Depuis quelques années aux Etats-Unis d'Amérique, cet acide est produit par voie microbiologique à raison de plusieurs millions de kilogrammes par an (Jackson, 1975). Cet acide a pris une certaine importance dans l'industrie des résines et des verres synthétiques.

L'acide fumarique est intermédiaire du cycle de Krebs. Il est cependant produit en quantité importantes par certains fungi comme quelques espèces de *Mucor,* de *Rhizopus*, de *Cunninghamella* ou de *Circinella.* Bien que peut d'espèce bactériennes soient solicitées pour ce type de productions. Chez ces espèces solvantogènes, le mécanisme de l'accumulation de l'acide fumarique est mal connu (Kornberg, 1957). Il n'apparaît pas que cet acide provienne d'une déficience en fumarase dans le cycle de Krebs. Mais, il s'agit plutôt d'une oxydation directe du succinate formé à partir du glyoxalate. Les divers modes de production ont été décrits par Foster (1954). Pour produire ce composé, les méthodes de cultures en surface ou en profondeur peuvent être employées. A ce sujet, Waksman (1943) a montré que les mycéliums de *Rhizopus nigricans* obtenus en culture agitée pouvaient être réutilisés.

Les milieux contenant des quantités mesurées de fer et de zinc, du glucose et du carbonate de calcium, sont incubés pendant 3 jours à 28-32°C. Après ensemencement microbien, ce milieu permet de produire de l'acide fumarique avec un rendement de 60%. D'autres auteurs, utilisant *R. orzyzae* cultivé sur des milieux contenant de la mélasse et 10 à 300 ppm de nickel (Lubowitz, 1958) ou *Rhizopus arrhizus* (Rhodes, 1959). Ces chercheurs ont montré l'importance de la composition des milieux en éléments minéraux et en éléments azotés. Ils ont obtenu les meilleurs résultats avec les sels d'ammonium ou l'urée.

VII.3.7. Acide 2-méthylidènebutanedioïque (IUPAC) ou Acide itaconique

Découvert en 1929 au japon par Konishita, l'acide itaconique est un diacide. Il semble être formé par décarboxylation de l'acide *cis*-aconitique par certains microorganismes, notamment les mycètes comme *Aspergillus terresus* (Bentley, 1957). Cet acide n'a pris une importance industrielle qu'avec le développement des matières plastiques. Ainsi que ses esters, il peut à cause de sa double liaison être facilement co-polymérisé avec le styrène pour former des résines très dures. L'acide itaconique est aussi utilisé comme additif de lubrification. Il permet également la fabrication de détergents et de fibres synthétiques. Cependant, la compétition avec l'acide itaconique produit par synthèse chimique a arrêté le développement industriel des procédés biochimiques.

Néanmoins, la production en surface et surtout en cuve agitée et aérée a fait l'objet de recherches au Northern regional research Laboratory à Périoa (Nelson, 1952 ; Pfeiffer, 1952, 1953). Ces auteurs ont publié une étude très complète sur la production en fermenteur de 2.400L de l'acide itaconique. Un milieu contenant 6.60% de glucose de type *Corn sugar* permet après culture de 3 jours à 32-35°C, d'atteindre un rendement de transformation de 90%. La figure 13 schématise la suite des opérations de ce procédé de production (Simon & Meunier, 1970).

Figure 13. Procédé de Fermenteur permettant la production d'acide itaconique (Simon & Meunier, 1970). A. préparation des milieux ; B. stérilisation continue ; C. échangeur ; D. fermenteur ; E. cuve relai ; F1, F2. filtres presses ; G. concentrateur ; H1, H2. Cristallisation ; I1, I2. Centrifugeuses ; J. décoloration ; K. étuve de séchage.

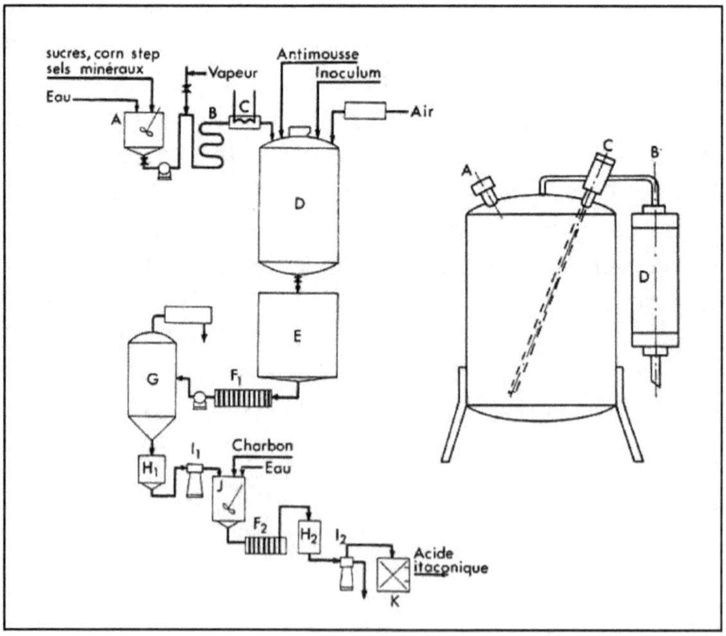

VII.3.8. 5-hydroxy-2-(hydroxyméthyl)-4H-pyran-4-one (IUPAC) ou Acide kojique

Découvert par koji en 1907, L'acide kojique ou 5-hydroxy-méthyl-γ-pyrone est actuellement produit industriellement par voie microbiologique par un certain nombre d'espèces d'*Aspergillus* et de *Penicillium* ainsi que par certaines espèces d'*Acetobacter*.

Cependant, ses applications sont actuellement limitées. Outre son action antibiotique sur les germes à Gram négatif (Forter, 1945), l'emploi de ses dérivés (O'Kane, 1949 ; Métivier, 1957) comme insecticides a été l'objet de nombreux brevets.

Selon un mécanisme étudié par Arnstein (1956), l'acide kojique peut être obtenu à très bas prix à partir d'*Aspergillus oryzae* et d'*Aspergillus flavus*. La culture en surface permet son obtention en 10 à 20 jours à 30°C avec un rendement de 60% à partir de très nombreux substrats sucrés. La production semi-industrielle en cuve aérée de cet acide a été rapportée par Roxburg (1954). Elle utilise un milieu composé de mélasse, d'urée, de sels minéraux et de carbonate de calcium.

Par ailleurs, en plus de ces acides organiques obtenus par voie microbiologique, il convient de citer parmi les innombrables acides produits par les champignons ou les bactéries : l'acide gallique ou acide trihydroxybenzoïque. Ces acides sont principalement produits industriellements à partir du tanin par *Aspergillus niger* et *Penicillum glaucum* ; et l'acide ustilagique formé par *Ustilago Zéa*, en culture aérée. Ces acides sont susceptibles d'être utilisé pour la synthèse des muscs employés en parfumerie (Lemieux, 1953).

A côté de ces acides organiques, certains acides possédant une fonction cétone présentent une grande importance industrielle. L'acide 5-céto-gluconique est utilisé au Japon pour la production de l'acide ascorbique (Hori & Nakatani, 1953). Cet acide est obtenu par l'oxydation du glucose par diverses bactéries du genre *Acetobacter, Aerobacter* ou *Pseudomonas.*

Sa production en tambour aéré (Stubbs, 1940, 1943) via un substrat contenant 10% de glucose ensemencé par *Acetobacter suboxydans* assure un rendement de transformation de 90% en 33 heures. Plus récemment, Kheshgi en 1954 a mis en lumière l'influence de la composition des milieux de culture sur la production de ces acides organiques. Deux autres acides cétoniques voisins peuvent être aussi obtenus par fermentation : i) l'acide 2-céto-gluconique produit par plusieurs espèces de *Pseudomonas* dont *P. mildenbergii* avec un rendement élevé (Pfeiffer, 1958 ; Lockwood, 1946) ; ii) l'acide 2,5-

dicétogluconique produit par *Pseudomonas aeruginosa* (Kulanek, 1954) avec un rendement de 80%.

Enfin, encore récemment dans les années 1970, un diacide à fonction cétonique, l''acide α-céto-glutarique était produit par voie microbiologique en quantités importantes (Simon & Meunier, 1970). En effet, la formation de cet acide fut signalée par Lockwood en 1946 au cours de la fermentation de l''acide 2-céto-gluconique par *Pseudomonas fluorescens*. Par la suite, ce composé est devenu une matière première importante pour la fabrication de l''acide glutamique et de ses sels utilisés comme condiment alimentaire. Le mécanisme de sa formation peut être schématisé de la manière suivante (Asai, 1952 ; Koepsell *et al.,* 1952) : Glucose → gluconate → 2-cétogluconate → pyruvate → α-cétoglutarate

Par ailleurs, Dutta (1957) avait proposé cette autre voie de production : 2-cétogluconate → 2,5-dicétogluconate → intermédiaire produit par une voie similaire à celle du cycle des pentoses → α-cétoglutarate

La production de l''acide α-cétoglutarique a fait l''objet de très nombreux travaux, principalement au Japon. Le tableau IX en indique les plus représentatifs (Simon & Meunier, 1970). En générale, les milieux utilisés sont relativement simples. Ils comprennent une source de carbone constituée par du glucose ou du fructose, une source d''azote fourni par des composés minéraux ou organiques comme des sels d''ammonium, de l''urée, des peptones, des acides aminés, de la caséine, du soja, ou de la farine de poisson. La transformation est effectuée en cuve aérée et agitée et maintenue entre 28 et 30°C pendant 90 à 260 heures. Elle permet d''obtenir un rendement variant entre 45 et 58%.

Tableau IX. Travaux concernant les souches représentatives de la production de l''acide kojique et acide α-céto-glutarique (Simon & Meunier, 1970).

Micro-organismes	Rendement	Références
Escherichia coli	40 à 60%	Asai (1957)
Serratia marscens	40 à 50%	Katagii (1957)
Kluyvera citrophila	50 à 60%	Asai (1955)
Pseudomonas fluorescens	40 à 50%	Koepsell (1952)

Dans le XXIème siècle, la production de ces composés aura un grand intérêt lors de la valorisation des déchets de productions industrielles, urbains ou ruraux qui seront considérés dans un avenir proche non plus comme des déchets, mais comme des matières premières exploitables. Ces nouvelles matières premières serviront de substrats de productions en bioréaction. Les nombreux microorganismes solvantogènes ou PGPR permettront d‟augmenter l‟‟efficience générale des complexes de production avenir et d‟‟induire une meilleure valorisation des industries chimiques, agronomique et des centrales de traitements d‟‟effluents.

VIII. Intérêt industriel

VIII.1. Historique de la fermentation ABE classique

L‟‟intérêt industriel des fermentations solvantogènes est la production de butanol, d‟acétone et éventuellement d‟isopropanol voir d‟autres composés organiques plus ou moins volatils. L‟avènement de cette fermentation et les circonstances historiques remarquables de son origine et de son essor industriel sont exposées par de nombreux auteurs (Gabriel, 1928 ; Gabriel & Grawford, 1930 ; Schoen, 1937 ; Hastings, 1978 ; Jones & Woods, 1986 ; Bahl & Gottschalk, 1988). Il est rattaché aux noms de Pasteur qui, en 1981-1982, caractérisa le butanol dans des cultures de bactéries fermentaires de type butyrique, de Fernbach qui a découvert la fermentation acétonobutylique et mit en évidence la production concomitante d‟acétone chez les bactéries productrices de butanol et développa un premier procédé de production de ces solvants. Et enfin en 1915, Weizmann qui a réalisé une production industrielle efficace avec un procédé amélioré. Depuis lors, Cette fermentation acétonobutylique a été utilisée dans de nombreux pays avant d‟être presque totalement remplacée par les productions d‟origine pétrochimique dans les années cinquante (Simon & Meunier, 1970 ; Arnaud *et al.,* 1988).

Dès 1915, le point le plus significatif est sans doute l‟‟industrialisation de la fermentation acétonobutylique qui a constitué une étape importante dans le développement des fermentations industrielles puisqu‟elle marquait l‟‟introduction de la technologie de fermentation en conditions stériles (Simon & Meunier, 1970). Tour à tour, elle fût utilisée pour satisfaire la demande en acétone ou en butanol. La production d‟ABE s‟est développée dans de nombreux pays dont la France (Boinot, 1925 ; Vergnaud, 1967). Elle a connu une extension considérable notamment aux Etat-Unis et au Japon (Simon & Meunier, 1970). Dans les années trente en Illinois aux Etats

Unis d'Amérique du Nord, le volume de fermentation de l'usine Peoria était de 96 fermenteurs de 200 m^3 ou plus. Les substrats industriels utilisés ont été essentiellement les céréales et mélasse comme la farine de maïs et les mélasses de canne à sucre. Les procédés mis en œuvre ont été décrits notamment par Mc Cutchan & Hickey (1954), Prescott & Dunn (1959), Rehm (1967), Walton & Martin (1977), Hastings (1978), Spivey (1978), Robson & Jones (1982) et Linden *et al.* (1985). Dans ces procédés, la fermentation était conduite en réacteur discontinu comme décrit précédemment. La maîtrise du pH est classiquement assurée par l'utilisation d'un milieu convenablement tamponné. Les concentrations en solvants atteignent 16 à 19g.L^{-1} sur mélasse de canne à sucre et 18 à 21g.L^{-1} sur céréales. L'ABE produit est récupéré par distillation des « vins ». Le plus souvent en technique continu, une première colonne produit des flegmes à environ 50% de solvants. Dans le cas habituel de réacteur en discontinu, les fractions les plus volatils étaient obtenues par distillation de ces flegmes dans deux colonnes comme l'acétone et l'éthanol. Cette technique permet la séparation par décantation du mélange butanol-eau en une fraction riche en butanol récupérée et une fraction aqueuse recyclée (Simon & Meunier, 1970).

En 1980, la recherche de nouvelles voies de production de carburants automobile à partir de sources non pétrolières a conduit l'IFP, à s'intéresser à cette fermentation à cause des qualités remarquables de carburant du mélange de produits obtenu. Les chercheurs l'époque se sont intéressés au pouvoir calorifique, à la courbe de distillation, au pouvoir co-solvant, aux indices d'octanes de ces nombreux composés. Par rapport à un autre produit accessible par fermentation comme l'éthanol, cette technologie est un avantage supplémentaire bien que les qualités de carburant sont intéressantes bien que généralement moins bonnes car, la fermentation acétonobutylique utilise les pentoses abondants comme substrat issus des hydrolysâts de substrats lignocellulosiques (Arnaud *et al.,* 1988).

VIII.2. Caractéristique technique de la fermentation ABE classique

Les caractéristiques techniques de la fermentation ABE les plus importantes au plan économique sont : i) la nécessité de conduire la fermentation en conditions de stérilité rigoureuse ; ii) les concentrations finales en solvants limitées qui induisent notamment des coûts de distillation et de traitements d'effluents ; iii) et le rendement par rapport à la matière première. En conséquence, la fermentation acétonobutylique est énergétiquement coûteuse selon le procédé retenu nécessitant une stérilisation, distillation, éventuellement une concentration des « vinases ». Dans les procédés traditionnels sur mélasse, la consommation de vapeur d'eau dépasse 20T de vapeur par tonne d'ABE. Cependant, le coût le plus important est celui du substrat qui dépasse fréquemment 50% du coût du produit final. Ce coût est lié au rapport rendement ABE/substrat qui est de l'ordre de 33%. Ce rendement n'est pas très susceptible d'amélioration sauf à plus long terme puisqu'il découle des bilans métaboliques discutés plus haut. Donc, l'accès à des matières premières les moins coûteuses possibles est un point d'une importance particulière et capital pour amortir les coûts liés cette fermentation. Après le coût matière, un autre poste de coût important est celui des investissements. Il est généralement et habituellement le second coût principal. Ce coût est lié à la contrainte de stérilité et à la productivité de la fermentation. De parts la conduite en discontinu et par la biomasse peu élevée de l'ordre de 3 à $4g.L^{-1}$ mise en œuvre, cette dernière est limitée par la concentration finale en solvants obtenue. Ces considérations ont été notamment développées par Marlatt & Datta (1986) et par Vandecasteele *et al.* (1986). Elles sont utiles pour situer à la fois les perspectives industrielles de la fermentation ABE et les recherches en cours en vue de ses améliorations générales et futurs.

VIII.3. Fermentation ABE des hydrolysâts de substrats cellulosiques

Les substrats industriels qui ont été utilisés pour la fermentation ABE sont les mélasses et les farines de céréales. La capacité de *C. acetobutylicum* à fermenter les sucres de natures diverses est étendue. La liste suivante des sucres montre le spectre large de substrats fermentescibles exploitables pour ces bactéries anaérobie : l'arabinose, le ribose, le xylose, le xylane, le fructose, le glucose, le lactose, le saccharose, la dextrine l'amidon et l'inuline (Arnaud *et al.*, 1988). Par ailleurs, les hydrolysats de substrats cellulosiques constituent un autre type de substrats potentiels intéressants dont un certain nombre d'études sont citées par Robson (1981).

La fermentescibilité des pentoses est indiquée dans la figure 2 (Arnaud *et al.,* 1988). Ainsi, le métabolisme des pentoses diffère complètement de celui des hexoses. Le xylose est habituellement utilisé moins rapidement que le glucose par *C. acetobutylicum.* La sélection de souches permet d'améliorer les performances de fermentation obtenues avec ce sucre. D‟ailleurs, l‟arabinose est un substrat non fermentescible pour certaines souches car, très faiblement représenté dans les hydrolysâts (Arnauld *et al.,* 1988). Les milieux composés des hydrolysâts de substrats cellulosiques ont une composition variable selon leur origine. Mais, ils demandent généralement un apport éventuel de vitamines, d‟une source d‟azote, d‟éléments minéraux et de tampons).

Pour générer certains glucides, les conditions d‟hydrolyse acide sont connues pour libérer des sous-produits toxiques ou inhibiteurs tels que le furfural issu de la dégradation des pentoses, susceptibles d‟inhiber les fermentations des hydrolysâts. Pour éviter la production de ces sous-produits toxiques issus du pré-traitements du substrat, l‟utilisation de l‟hydrolyse enzymatique via des cellulases en condition douce est préférable (Arnauld *et al.,* 1988). Par contre, elles ne sont pas susceptibles de conduire à la production de tels sous-produits. Ce point est important dans la sélection d‟un mode de prétraitement et des conditions opératoires constitué de prétraitement à la vapeur, acide, alcalin, thermique, enzymatique. Dans le cas du prétraitement à la soude par exemple, des traitements simples d‟inactivation des inhibiteurs sont pratiqués au niveau des hydrolysâts obtenus par prè-traitement à la soude et mettant en œuvre des quantités limitées de sels métalliques comme du calcium, magnésium ou aluminium. Un exemple de fermentation acétonobutylique d‟un hydrolysât traité de cette façon et obtenu à partir de paille de blé prétraitée à la vapeur est présenté dans la figure 2 (Arnauld *et al.,* 1988). Dans ces conditions, une fermentescibilité normale des hydrolysats est obtenue avec des cinétiques de fermentation assez classiques. On observe une utilisation satisfaisante du xylose qui reste cependant plus lente que celle du glucose.

VIII.4. Traitement des effluents domestiques et industriels

La satisfaction des besoins humains en eau pure conditionne l‟évolution de toute civilisation. Ainsi, le traitement rationnel des eaux usées domestiques ou industrielles et boues constitue un problème capital de notre société.

En effet, le développement industriel et la concentration des populations urbaines exigent d‟énormes quantités d‟eau pure assainie et produisent une masse énorme d‟eaux usées.

Pendant des millénaires, l‟homme s‟est débarrassé de celle-ci en se contentant de les déverser dans les cours d‟eau, les lacs ou les mers. Il y a seulement moins d'un siècle, l'accroissement énorme des eaux résiduaires a mis l'accent sur le résultat désastreux de telles pratiques (Simon & Meunier, 1970).

Dans la nature, l'équilibre biologique d'une eau est lié à la vie des micro-organismes, organismes animaux ou végétaux qui s'y développent et ce grâce aux éléments nutritifs ou à la quantité d'oxygène qu'ils y trouvent. En général, une teneur convenable en oxygène dissous est maintenue par l'aération naturelle effectuée à la surface des eaux. Ainsi, au fur et à mesure de sa consommation par les organismes vivants, l'oxygène nécessaire à leur développement est renouvelé. Toutefois, en présence d'une quantité anormale de matières organiques les microorganismes épuisent rapidement l'oxygène dissous qui ne peut être renouvelé assez vite dans ce substrat. C'est le cas par exemple des eaux usées domestiques ou industrielles.

De ce fait, nous pouvons en déduire que chaque nappe d'eau possède une certaine capacité d'assimilation des résidus organiques. Lorsque cette limite est atteinte, la faune et la flore sont détruites plus ou moins rapidement et les micro-organismes anaérobies pathogènes on non pathogènes se développement. A la suite de cette eutrophisation, ces microorganismes provoquent la formation de gaz et d'odeur désagréables. De ces constats, les divers facteurs qui conditionnent l'équilibre d'une nappe d'eau peuvent être classés en cinq points : i) le degré d'aération qui représente la différence entre l'oxygène consommé par les organismes et l'oxygène apporté par l'air et par les végétaux chlorophylliens ; ii) le taux des matières organiques qui conditionne principalement la vie des microorganismes ; iii) la nature et le taux des éléments minéraux dissous ; iv) la valeur du pH qui est lié à la teneur en acide carbonique ; v) la température qui est importante surtout dans les lacs et les rivières de montagnes.

Dans ce but, l'étude des techniques utilisées pour épurer et retraité ces boues et eaux usées représente une branche importante du génie biochimique car, la plupart de ces méthodes utilisent les propriétés « bio »oxydantes des microorganismes (Simon & Meunier, 1970).

De nombreuses méthodes ont été étudiées en vue du traitement des eaux résiduaires et les procédés les plus intéressants mettent en œuvre la dégradation microbiologique des matières organiques. Des procédés aérobies et anaérobies peuvent être utilisés. Ainsi, les caractéristiques des produits formés diffèrent totalement dans ces deux cas.

Les méthodes aérobies produisent essentiellement 60 à 70% d'eau et d'acide carbonique, les produits solides étant constitués par du protoplasme microbien et des substances colloïdales.

Les procédés anaérobies fournissent jusqu'à 95% d'un mélange de méthane, et d'acide carbonique associé à divers gaz et autres acides tandis que les produits solides sont formés d'une manière semblable à l'humus. En outre, il faut noter l'intérêt pratique de ces procédés qui peuvent être mis en œuvre d'une façon continue.

Un certain nombre de méthodes physiques, microbiologiques et parfois chimiques, sont combinées rationnellement et appliquées aux effluents. Cela permet leur évacuation vers les nappes d'eau, sans présenter aucun danger pour l'équilibre biologique de celle-ci. La suite des diverses opérations qui peuvent être mises en œuvre pour atteindre ce but est résumée dans différents ouvrages spécialisés.

Je ne présenterai que le cas d'un traitement anaérobie des effluents qui permet la valorisation des effluents et matières lignocellulosiques par production de COV et méthane d'origine biologique valorisable industriellement et économiquement lors de « symbiose industrielle » (cf. Chapitre perspectives D & E).

La valorisation des traitements par couplages de centrales de productions de COV via les microorganismes type microorganismes solvantogènes ou PGPR peut être une solution de valorisation et de rentabilisation des centrales d'épurations des eaux dans un but de diminution des coûts généraux de traitements et de valorisations des déchets comme matière première. Ainsi, les nombreux produits générés par les traitements des effluents peuvent être valorisés commercialement dans les différents secteurs comme l'énergie, l'industrie chimique, agronomique, cosmétique. Dans un même temps, ils peuvent également permettre une revalorisation des filtres biologiques végétaux et microbiens présents dans les centrales comme substrats de fermentations supplémentaires.

VIII.4.1. Procédés microbiologiques

L'épuration biologique met en œuvre l'activité des microorganismes qui utilisent comment aliment, en vue de leur croissance, les composés organiques polluants demeurant encore dans le liquide provenant de l'effluent. Deux types de processus peuvent être employés : i) les techniques aérobies qui comprennent le procédé des lits bactériens et le procédé des boues activées, utilisées en général pour le traitement des eaux ; ii) les techniques anaérobies utilisées surtout pour le traitement des boues.

Le mélange d‟eau traitée et de boue épurative, provenant du traitement par voie aérobie, est soumis à une dernière opération de décantation ou décantation secondaire. Ainsi, l‟eau claire obtenue peut être envoyée sans danger dans une nappe d‟eau. Les boues provenant des diverses opérations de décantation sont soumises à une digestion anaérobie. Après séparation, la partie solide provenant de cette opération est séchée tandis que la partie liquide peut être soumise à divers traitements chimiques destinés, soit à assurer la précipitation des substances colloïdales restantes, soit à assurer une désinfection par le chlore avant le rejet à la rivière (Degremont, 1966 ; Simon & Meunier, 1970). La figure 14 schématise les opérations qui viennent d‟être décrites (Simon & Meunier, 1970). Mais, il faut noter que chaque traitement d‟effluent constituant un cas particulier. On peut combiner les divers stades décrits ou éventuellement en supprimer, en modifier ou procéder à des recyclages (Degremont, 1966 ; Simon & Meunier, 1970). A cause de la multiplicité des solutions rencontrées dans la pratique, le lecteur désirant une étude approfondie de la technologie des divers procédés se reportera avec profit à l‟ouvrage de base de Degremont (1966) et des ouvrages récents.

Figure 14. Schéma général du traitement des effluents. A) dégrillage et dilacération ; B) déshuileur ; C) décanteur primaire ; D) bassin boues activées ; E) lit bactérien (éventuellement) ; F) décanteur secondaire ; G) digesteur anaérobie ; H) floculation ; I) filtration ou décantation ; J) traitement éventuel par chlore ou lagon (Simon & Meunier, 1970).

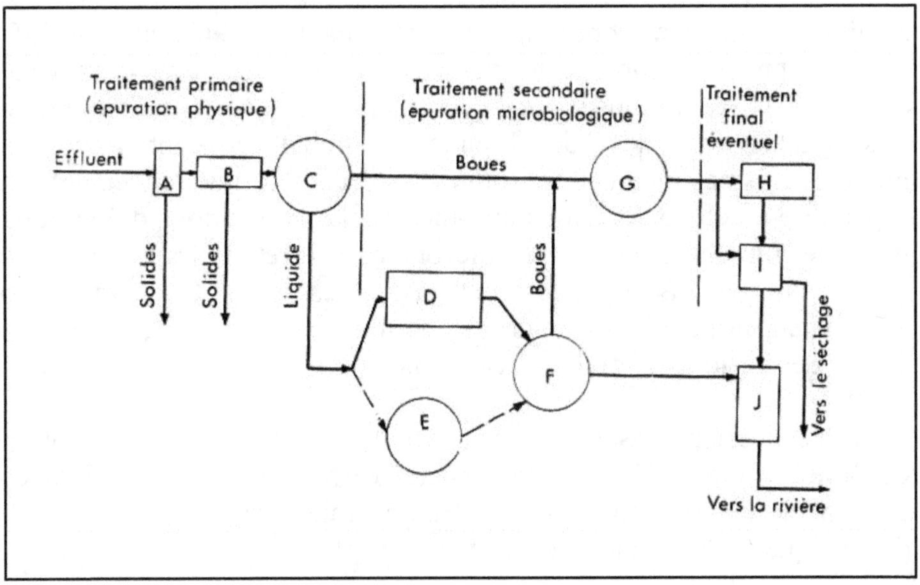

Dans un proche avenir, l'utilisation des PGPR et bactéries solvantogénes favoriseront les recyclages, l'apport de matières organiques et énergétiques issu de la promotion de végétaux fixant le CO_2 atmosphérique et les polluants lors de leurs utilisations comme filtre biologique. Lors du recyclage, la valorisation de cette matière première lignocellulosique permettra la production d'énergie chimique et calorifique, de solvants et COV contribuant à l'autosuffisance énergétique de la centrale d'épuration et l'apport de nouveaux services industriels. Donc, à la lumière de ceci, on conçoit qu'il est avantageux de disposer d'effluents de composition à peu près constante. Mais, il faut dire que le recyclage issu des matières végétales dont la croissance sera accentué par les PGPR ou microorganismes solvantogènes permettra de générer cette constance du substrat et l'accueille d'effluents plus varié. Ces souches et les produits nouvellement valorisables permettront de donner une plus grande flexibilité d'approvisionnement et de nature des effluents à traiter. Cela permet d'obtenir une épuration correcte de manière continue et. Néanmoins, de telles installations occupent une surface importante. Elles nécessitent une surveillance technique continue et complétée par des contrôles de laboratoires permanents, associé à des précautions de propretés et d'hygiènes rigoureuses (Cf. Chapitre perspectives D & E).

VIII.4.2. Epuration par les activités des microorganismes

La purification des effluents par les microorganismes dépend exclusivement de leur croissance et de leur reproduction. Ces assainissements sont conditionnés par la quantité d'éléments nutritifs présents en proportion convenable et par la quantité d'oxygène disponible. L'épuration des eaux résiduaires entraîne le traitement de très grands volumes de liquide à faible concentration, les microorganismes étant très souvent présents à une concentration supérieure à celle des résidus eux-mêmes. Les opérations d'épuration par voie microbiologiques aérobie ont pour effet de transformer les matériaux nutritifs solubles ou insolubles. Ces transformations augmentent la population microbienne tout en générant de l'eau, des gaz et des résidus insolubles (Degremont, 1966 ; Simon & Meunier, 1970).

Donc, il est nécessaire de disposer d'un effluent dont le rapport Carbone/ Azote et Carbone/Phosphate peuvent assurer la croissance convenable des microorganismes. En général, c'est le cas des résidus domestiques. Cependant, dans le cas d'effluents industriels, on est obligé d'enrichir le milieu en azote ou en phosphore minéraux comme dans les résidus de brasserie ou de papeterie. Tandis que dans le cas d'effluents d'abattoirs, de laiterie ou de tannerie, on se trouve en présence d'un excès de matières protéiques. Or, cela pose des problèmes particuliers pour les industriels qui restent à résoudres

VIII.4.2.1. Microorganismes aérobies

De nombreuses études bactériologiques ont montré la grande variété de microorganismes participant à l'épuration aérobie des effluents. Ces microorganismes ; aérobies ou aérobies facultatif, peuvent être classés en fonction de leurs activités biochimiques, mais la plupart d'entre eux appartiennent à des bactéries de type intestinal (Tableau. X ; Simon & Meunier, 1970).

Tableau X. Micro-organismes aérobies et aérobies facultatifs classés en fonction des leurs activités biochimiques (Simon & Meunier, 1970).

Micro-organismes	Respiration endogène %	Assimilation %
Achromobacter	2	-
Alcaligenes	26	-
Bacillus	8	31
Bacterium	-	43
Corynebacterium	-	6
Flavobacterium	34	8
Microbacterium	-	6
Micrococcus	14	2
Pseudomonas	16	4

VIII.4.2.2. Microorganismes et épuration anaérobie

Le traitement des effluents industriels par voie anaérobie permet une dégradation biologique moins complète que celle obtenue par la voie aérobie. Ces procédés s'appliquent néanmoins particulièrement bien au traitement des boues provenant des décanteurs primaires ou secondaires et la mise en œuvre de cette technique sans oxygène est économiquement avantageuse (Buswell, 1936 ; Simon & Meunier, 1970).

Les procédés anaérobies sont essentiellement des fermentations produisant du méthane et du gaz carbonique. Ils sont caractérisés par : 1) l'emploi de cultures mixtes ; 2) la mise en œuvre de procédés continus ; 3) l'utilisation de toutes sortes de substrats excepté les hydrocarbures et la lignine ; 4) la possibilité d'effectuer les fermentations à des températures variant entre 25 et 55°C ; 5) un rendement de transformation quantitatif.

Cette opération s'effectue en 2 étapes : une phase de liquéfaction due à une hydrolyse enzymatique. Elle est produite par les microorganismes. Et, elle est suivie d'une phase de formation d'acide acétique précurseur du méthane.

De nombreux microorganismes sont capables de produire du méthane. Ils se rencontrent universellement dans la nature comme les marais, fumier, rouissage de lin, décomposition de la matière organique dans le sol, dégradation de la cellulose. Cependant, à l'époque, les essais d'isolement de ces divers micro-organismes en culture pure n'ont pas été concluants. A ce jour, comme nous l'avons vu, ces bactéries sont bien connues et présentent différents avantages comme la production de gaz, de solvants, de composés organiques volatils, d'effet de promotion ou d'inhibition de la croissance des végétaux et animaux (cf. Chapitre suivant C, D & Tome 3).

Dans les années 1970 à 1990, parmi les microorganismes les plus souvent rencontrés en industrie de retraitement des effluents, on peut citer deux sortes de *cocci :* i) l'une de 4 à 5 μm de diamètre appartenant au genre *Sarcine* ; ii) l'autre de 1μm de diamètre du genre *Micrococcus.* Ainsi que des bactéries à Gram négatives anaérobies stricts, dont l'une des plus répandues est *Methanibacterium omehanskii.* Dans ce dernier cas, le mécanisme de la fermentation méthanique est envisagé et est associé à un système d'échangeur de chaleur. Cet échangeur permet de maintenir une température comprise entre 35 et 55°C à l'aide d'un dispositif de réchauffage exploitant les gaz produits comme combustible.

On classe habituellement les bactéries méthaniques en fonction de la température à laquelle elles présentent le maximum d'activité : a) les bactéries mésophiles qui se développant entre 30 et 35°C. Elles sont utilisées surtout pour le traitement des effluents domestiques ; b) les bactéries thermophiles dont la température optimum est comprise entre 50 et 55°C. Elles sont employées pour le traitement anaérobie de certains effluents industriels à DOB (Demande en Oxygène Biologique) élevé. Les principes généraux d'études appliqués dans toutes les industries de fermentation se retrouvent et sont représentés dans un digesteur pilote type utilisé dans les études de laboratoire (Figure. 15 ; Simon & Meunier, 1970).

Figure 15. Digesteur pilote d'"épuration anaérobie (Simon & Meunier, 1970).

VIII.4.3. Utilisation classique des résidus de fermentation anaérobie des années 1970 au début du XXIème siècle

Le procédé des boues activées et celui de la fermentation anaérobie produisent un volume très important des boues humides. De multiples moyens de traitements de ces résidus ont été proposés : 1) l'"épandage sur des sols sablonneux ou poreux loin des habitations qui assure un séchage naturel ; 2) l'"épaississement par des moyens mécaniques ou chimiques et la filtration à l'"aide de filtres rotatifs sous vide ; 3) le recyclage des boues obtenues par un des deux procédés dans une installation fonctionnant selon d'"autres méthodes par exemple la fermentation anaérobie qui assure la décomposition des boues activées ; 4) le séchage à 10% d'"humidité dit « *Flach drying* » en vue de la revente les résidus comme engrais ; 5) l'"incinération.

Le problème de l'"épuration des effluents par voie biochimique qui a seulement été esquissée ici permet de compléter et faire ressortir avant tout de l'"art du génie sanitaire ou de l'"ingénieur sanitaire exploitant le génie biochimique. C'"est pourquoi, le lecteur désirant approfondir ces questions, trouvera une documentation très détaillée dans de nombreux ouvrages généraux traitant de ce sujet.

IX. Perspectives des années 1980-1990

Au début des années soixante, la production fermentaire d'acétone et de butanol a été en grande partie supplanté par la pétrochimie. A ce jour, dans quelques pays certaines unités de production sont restées en activité notamment en Chine qui produit actuellement d'importantes quantités de ces solvants principalement à partir de maïs et de patate douce par exemple des rendements de plus de 100 000t.an^{-1} (J.S CHIAO, communication personnelle). Cependant, depuis 1980 dans de nombreux pays, la fermentation ABE a connu un regain d'intérêt considérable. Les chercheurs et industriels ont perçu le potentiel qu'elle présentait pour la conversion de la biomasse en produit à usage chimique ou énergétique (Zeikus, 1980) constituant par là une alternative attrayante à la pétrochimie dans les conditions économiques appropriées comme celle de ressources agricoles abondantes, aux difficultés d'approvisionnement en pétrole ou d'accès à ses dérivées, etc. L'intérêt technique des produits des fermentations solvantogènes pour l'application à la production de « carburant » a été bien démontré (De Gaudemaris *et al.,* 1986). Pour ces raisons, une activité soutenue pour l'amélioration de la fermentation est en cours depuis plusieurs années.

En France, la production d'ABE et de solvants a constitué pendant les années 1980 un thème important du programme français de recherche sur les carburants de substitutions (Guibet, 1985). Au plan de la recherche de base, les travaux réalisés dans ce même cadre ainsi que dans celui de divers autres programmes au plan international, un aperçu des orientations et de l'apport de ces travaux seront présentés ici. Les objectifs visés découlent des caractéristiques techniques de la fermentation ABE & IBE déjà évoquées et des limitations qu'elles entraînent.

Un premier but recherché a été l'amélioration du bilan énergétique. Ainsi, la récupération d'énergie permise par l'opération en continu des deux étapes les plus consommatrices d'énergie, la stérilisation et la distillation, a permis d'abaisser cette consommation de façon très sensible (Vandescasteele *et al.,* 1986).

Un autre thème d'intérêt, conséquence du coût de la matière première, est la diversification des substrats utilisables. Divers travaux ont déjà été mentionnés à cet égard. La plateforme expérimentale de conversion de la biomasse construite en 1987 à Soustons (Landes) dans le cadre du programme français de carburants de substitution a notamment permis de réaliser pour la première fois à l'échelle industrielle l'hydrolyse enzymatique de substrats lignocellulosiques et la fermentation en ABE des hydrolysâts (Arnaud *et al.,* 1988 ; Ropars *et al.,* 1992 ; Nativel *et al.,* 1992 ; Marchal *et al.,* 1992). Avec des substrats classiques comme les céréales, ces auteurs ont rapporté des concentrations en solvants améliorées de l'ordre de $25g.L^{-1}$ pour une même échelle. Si, d'une façon générale la compétitivité économique de la biomasse pour la production de carburants ne peut être envisagée que pour des cours du pétrole élevés de l'ordre de 40 $/baril. Les calculs économiques ont montré que le coût du butanol issu de fermentation était voisin du prix du produit issu de la pétrochimie pour des unités de taille suffisante dans le contexte européen actuel dans l'exemple d'une production d'ABE à partir de substrats céréaliers (Torck & Renault, 1988). Ce point explique la position favorable de la filière d'hydrolyse et de fermentation des substrats cellulosiques décrite ici par rapport à une filière directe et conceptuellement attractive d'hydrolyse et de fermentation en une étape par un seul microorganisme ou par une culture mixte.

Donc dans les années 1980-1990, ces résultats d'études réalisés dans différentes voies constituent de ce point de vue, une caractéristique d'un intérêt particulier. La voie principale ce positionne au niveau de l'exploitation du prétraitement de séparation et d'utilisation indépendante de l'hémicelluloses, de la cellulose et la lignine qui est due à la possibilité de séparer par simple lavage les sucres en C5 libérés lors du prétraitement à la vapeur en milieu acide (Simon & Meunier, 1970 ; Arnaud *et al.,* 1988 ; Didderen, 2008). Ainsi, le choix le plus judicieux est l'utilisation des substrats accessibles avec des coûts de collecte les plus réduits et de mise en place de la fermentation les plus efficients. De ces choix dépendra l'essor industriel de la valorisation des substrats lignocellulosiques par hydrolyse et fermentation.

Enfin, dans une perspective d'application à terme, de nouveaux schémas de fermentations sont étudiés. Un effort considérable a porté notamment sur l'amélioration de la productivité de la fermentation continue. Il s'agit d'un thème dont les aspects principaux ont déjà été présentés. Outre la culture continue, de nombreuses autres possibilités de mise en œuvre sont à l'étude dans les laboratoires de génie chimique-biochimique et de fermentation. Les thèmes principaux sont la récupération du produit notamment par extraction liquide/liquide et le couplage fermentation-récupération de l'ABE qui permet de plus d'obtenir un gain de productivité en se libérant de l'inhibition induite par le butanol sur les voies métaboliques. La technique de fermentation continue avec confinement de la biomasse notamment par des membranes, se prête bien à l''adjonction d''une étape en ligne de récupération du produit, distillation (Minier *et al.,* 1996b), ou extraction liquide/liquide (Jeon & Lee, 1989). Ennis *et al.* (1986) et Groot *et al.* (1992) ont présenté une synthèse de ces orientations qui fût également évoquées par Linden *et al.* (1985). Il est actuellement trop tôt pour évaluer complètement aux plans techniques et économiques les perspectives de développement industriel des procédés continus actuellement envisagés. Elles sont d''ailleurs parfois technologiquement très complexes. Il est clair que des gains de productivité très importants ont été obtenus dans les nouveaux modes de mise en œuvre expérimentés au laboratoire. D''autre part, il est acquis que la conduite en continu de la fermentation ABE est possible. D''ailleurs, un procédé continu a été industrialisé en Chine dès 1960 dans des unités importantes (J.S. Chiao, communication personnelle). Les performances et l''évaluation économique d''un procédé de développement décent ont été publiées par Marlatt & Datta (1966).

Nous pouvons conclure que les bactéries dite PGPR ainsi identifié du point de vue des agronomes étaient fortement étudiées en microbiologie industriel d''après-guerre et lors de nombreux programmes de recherches, mis en place entre 1980 et 1993, valorisant la biomasse pour palier au pétrole. A cette époque, ces bactéries s''appelaient bactéries solvantogène par le corps des chercheurs de bioindustrie biotechnologie. Donc, le nom de ce groupe de bactéries change d''un secteur de recherche à l''autre et inclus plus ou moins d''autres familles et espèces bactériennes.

D''une façon générale, les progrès accomplis ou en cours et plus encore peut être à terme, les acquisitions considérables de la recherche au plan de la physiologie microbienne et végétale, déjà évoquées, influent favorablement les perspectives industrielles de cette fermentation mais également agronomique et agroécologique du XXIème siècle. Par exemple, de nouvelles sociétés remettent au gout du jour ces technologies plus ou moins oubliées tel la PME Metex près de Clermont-Ferrand (Auvergne) crée en 1999 et cité dans un article de Metabolic explorer du 25 février 2010 (Figure. 16).

Figure 16. Article illustrant la réutilisation et le regain d''intérêt pour les technologies exploitant les fermentations ABE et IBE issues des bactéries dites solvantogènes ou PGPR. (http://www.greenunivers.com/2010/02/metabolic-explorer-cherche-une-alternative-a-la-petrochimie-31584/)

Par Alexandre Simonnet le 25 février 2010

Metabolic Explorer cherche une alternative à la pétrochimie

Remplacer la pétrochimie par des solutions de chimie biologique utilisant des matières premières renouvelables : c'est l'ambition de Metabolic Explorer, une PME de 104 personnes connue aussi sous le nom de Metex. Ce spécialiste de la fermentation, créé en 1999, vient d'entrer dans une phase de pré-industrialisation sur son site implanté sur le Biopôle Clermont-Limagne, près de Clermont-Ferrand (Auvergne). La société vise la production de cinq composants chimiques entrant dans la fabrication de produits de la vie courante. Un marché estimé par la société à plus de 10 milliards d'euros.

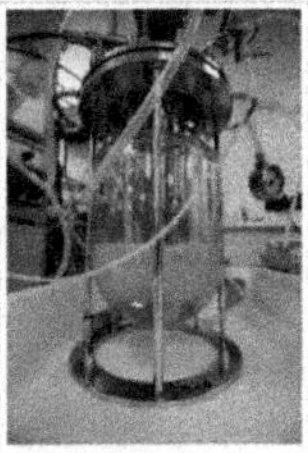

Fermenteur de laboratoire

Les même produits que ceux dérivés du pétrole

Ces composants chimiques sont pour l'instant produits par l'industrie pétrochimique, un secteur très dépendant des énergies fossiles et à très fort impact environnemental. L'objectif de Metex est d'aboutir exactement aux même composants, mais en cultivant des micro-organismes, et plus particulièrement des bactéries, dans des fermenteurs.

Les composants sélectionnés vont des antigels et des polymères (MPG), au domaine textile et aux applications plastifiantes (PDO), aux peintures, revêtements et solvants (butanol). Deux autres produits, utilisés dans l'alimentation animale (L-Méthionine) et pour les bioplastiques, la cosmétique et les produits de nettoyage (acide glycolique), sont co-développés avec le français Roquette, l'un des leaders mondiaux de la transformation de l'amidon.

10 millions d'investissement pour la pré-industrialisation

Après avoir levée 60 millions d'euros en Bourse en 2007, la société a investi 10 millions d'euros dans un pré-pilote (2008) et un pilote (2009). L'objectif est d'aboutir à une industrialisation à l'horizon 2012.

Metex "force" des micro-organismes à fabriquer le produit d'intérêt chimique. Nourris par des matières premières d'origine végétale – amidon de maïs, fibres végétales, sucre de canne, etc – ils sont cultivés dans des fermenteurs, d'une taille variable suivant le stade de développement : laboratoire, pré-pilote, pilote et industrialisation.

Explorer les chemins métaboliques des bactéries

En phase amont de la R&D, des recherches bioinformatiques sont réalisées afin d'explorer virtuellement les différents chemins métaboliques de micro-organismes, en fonction des produits finaux recherchés. L'objectif est de trouver une productivité optimale des bactéries, à un coût de revient compétitif par rapport à l'industrie pétrochimique. Une condition de réussite commerciale primordiale.

Pour faire produire aux bactéries sélectionnées les composés chimiques voulus, leur patrimoine génétique doit obligatoirement être optimisé en laboratoire. Leur génome est simplifié afin de les programmer à produire quelque chose qu'elles ne fabriquent pas naturellement.

Pilote industriel

Du laboratoire au pré-pilote : trouver la meilleure recette industrielle

La « recette » la plus productive et la plus qualitative est également recherchée. Les meilleurs critères de fermentation sont ainsi étudiés : alimentation des bactéries, température de culture, aération, agitation, etc.

Une fois ces étapes validées, les souches de bactéries sont passées en pré-pilote. Cette transition entre le laboratoire et une production à grande échelle permet d'étudier le comportement des micro-organismes en conditions industrielles.

80% du temps de développement du produit final est validé à ce stade. Quel que soit le volume de production en phase industrielle, c'est la recette arrêtée en pré-pilote qui sera appliquée.

Le pilote : une répétition générale

Le pilote de Metex, deux lignes de production à échelle réduite offrant plusieurs dizaines de tonnes de produits pas an, a démarré depuis décembre dernier. La production est réalisée en continu, de la fermentation à la purification, dernière étape consistant à extraire le composé chimique du moût fermenté. A ce stade, seul le produit PDO est entré en phase de pilote.

Cette phase de pré-industrialisation permet à la société de produire des échantillons qui seront testés ensuite sur le marché. Metex finalise également le guide d'industrialisation : le process book reprenant toute l'ingénierie industrielle. « Une véritable répétition générale », souligne Olivier Nore, le directeur de l'industrialisation.

Pour l'instant, le chiffre d'affaires de 1,5 million en 2009 (3,2 millions d'euros en 2008) est tiré par le revenu des licences exclusives avec Roquette (L-Méthionine et acide glycolique). La société étudie désormais les options pour valoriser au mieux sa technologie, entre partenariats et développement en propre sur les produits PDO, MPG et butanol.

Alexandre Simonnet

B. Interactions médiées par les volatils entre les bactéries, les champignons et les plantes dans le sol

I. Le sol Habitat

La très grande diversité de groupes fonctionnels et de communautés bactériennes et fongiques en mesure d'occuper certains habitats va de pair avec l'hétérogénéité, les caractéristiques des niches écologiques et des habitats colonisables par ces organismes. Ils apparaissent de façon ubiquitaire dans le monde entier, avec certains succès de colonisation de niches écologiques et de micro-habitats (Dighton, 2003 ; Hawksworth & Mueller, 2005 ; Gasch, 2007). Un des principaux habitats des bactéries et des mycètes est le sol. Dans ce substrat, ils se multiplient de manière libre sur la surface des sols, dans les carottes de sol, en associations souterraines avec des parties vivantes de plantes, sur de matières organiques provenant de résidus organiques de plantes et d'animaux morts formant les litières (Forster, 1988). Comme nous l'avons vu dans la partie bibliographique traitant de ce sujet, le sol est un mélange complexe de minéraux altérés et des matières organiques mélangés avec les organismes vivants. Le sol est donc une structure « support de vie » et « vivante ».

Les bactéries, les champignons et les micro-algues présentes jouent un rôle important dans la décomposition et la décomposition des matières organiques comme la litière et comme lien biogéochimiques par leur capacité de minéralisation comme la mise à disposition d'ions minéraux diverses ou la fixation du diazote atmosphérique (Dighton, 2003 ; cf. tome 4). Ces processus de « bio » minéralisation contribue sensiblement à la production et à la structuration du sol, à la génération d'un flux continu d'éléments nutritifs pour les plantes. Ainsi, les sols fonctionnels « ou vivant » doit être considérées comme un complément équilibré de composantes abiotiques (minéral et organique) et biotiques (Nakas & Klein, 1980 ; Dighton, 2003).

Dans le cadre des communautés microbiennes du sol, les bactéries et les champignons forment des communautés dynamiques et durables bien qu‟ils soient intégrés dans des micro-écosystèmes et groupes fonctionnels encore plus complexes. Ces communautés peuvent se présenter comme des communautés transitoires colonisant des substrats secondairement tant que les nutriments dégradables sont disponibles dans le milieu.

II. Propriétés du sol et influence

II.1. Eaux souterraines microenvironnements

La colonisation microbienne du sol et de nouveaux environnements colonisables sont principalement déterminés par leurs propriétés physico-chimiques (Dequiedt *et al.,* 2011). Les propriétés générales du sol sont influencées par la texture, la teneur en carbone, et de la microstructure de celui-ci. Ces caractéristiques affectent à leur tour la formation des macro-agrégats et micro-agrégats et par la suite les paramètres généraux du sol comme la porosité, le pourcentage d‟air et la teneur en eau qui le constitue et le caractérise. La texture du sol est déterminée par ses composants minerales voir inorganiques. Elle décrit la répartition proportionnelle des tailles de particules minérales comme le sable (de 0,05 à 2 mm), le limon (2-50 um) et l‟argile (<2 um) (Cehnu & Stotzky, 2002 ; Brown, 2003 ; Conklin, 2005 ; Schafer, 2006). La texture, la composition minérale et la forme des particules donnent lieu à des arrangements de particules particulier et typique d‟un sol comme certains micro-agrégats. Ainsi, ils déterminent les microstructures du sol (Cehnu & Stotzky, 2002 ; Alekseeva, 2007). Ces microstructures et la présence de matières organiques contribuent à l‟assemblage et la stabilisation des macro-agrégats supérieur à 0,25 mm de diamètre (Forster, 1988 ; Ranjard & Richaume, 2001).

En conséquence, un réseau complexe d‟espaces vides est formé dans le sol. Ce réseau de pores du sol peut représenter jusqu‟à 50% du volume total du sol (Ranjard & Richaume, 2001 ; Conklin, 2005 ; permanent & Killham, 2007). Sa capacité à retenir l‟eau varie en fonction de la taille, de la forme de ces réseaux et de leurs capacités à se remplir avec différentes quantités d‟eau et d‟air. De nombreux micro-environnements hétérogènes pour la vie microbienne sont créés en fonction de la teneur en air et en eau, la composition chimique des agrégats et du degré de circulation dans le réseau de pores présent dans le sol. Ces micro-environnements varient en fonction de l'approvisionnement en éléments nutritifs, de l'aération, de la disponibilité en eau, de la composition ionique, des minéraux présents, du pH, du potentiel redox, et de la composition de la surface (Forster, 1988 ; Ranjard & Richaume, 2001 ; Nannipieri *et al.,* 2003).

II.2. Eaux souterraines microhabitats

Comme nous l'avons vue, les micro-organismes se rassemblent dans les pores du sol. Ces structures microscopiques fournissent un microenvironnement approprié voir des micro-écosystèmes. Les bactéries comptent sur la présence de solutés organiques et inorganiques dans la phase aqueuse des pores et sur la surface des particules qui constitue la surface de propagations et de fixation physique principale des microorganismes. L'hétérogénéité de ces différents micro-habitats est probablement la raison de la grande diversité bactérienne dans le sol (Effmert *et al.*, 2012).

Bien que le nombre de cellules bactériennes par gramme de sol peut facilement dépasser les 10^{10} et les estimations du nombre d'espèces différentes présent dans une gamme est de 10^3 à 10^5. Seule une proportion relativement faible des sols est effectivement colonisée par des bactéries (Gans *et al.,* 2005 ; Roesch *et al.,* 2007 ; Heuer & Smalla 2012). Les bactéries peuvent être considèrées comme des organismes vivants libres. Mais, ils sont généralement attachés à des surfaces solides telles que des unités de support inerte présente dans le sol, des micro-colonies, des biofilms, des cellules individuelles, ou des tissus comme les racines végétales. Les champignons peuvent vivre dans les mêmes endroits et conditions que les bactéries, mais dans d'autres tailles de pores. Les micropores saturé en eau d'un diamètre inférieur à Ø 10 mm sont réservés aux communautés bactériennes. Dans ce contexte, les bactéries échappent à la prédation et aux effets des antibiotiques fongiques. En raison de leur taille, les champignons s'installer dans les macro-pores de diamètre supérieur à 10 mm. Ils se trouvent donc entre et au sein des macro-agrégats contrairement aux bactéries.

Donc, le sol présente des couches d'habitats spécifiques pour une certaine population microbienne.

En outre, les hyphes fongiques peuvent s'étendre à travers les pores insaturés contenant de l'eau et de l'air pour atteindre de nouveaux pores. Ainsi, ils peuvent exploiter de nouvelles ressources nutritives (Forster, 1988 ; Cehnu & Stotzky, 2002). Ce dernier est particulièrement important puisque le sol dans son intégralité représente un habitat appauvri en nutriments pour les microorganismes. Ce qui est favorable au PGPR et à l'induction des COV. Par conséquent, les micro-organismes se regroupent près d'une source nutritive appropriée. Ces rassemblements craient des îlots de colonisations ou « *hotspots* de colonisation ». Par conséquent, les bactéries et les champignons sont en concurrence pour les mêmes ressources et subissent des interactions interspécifiques. La litière végétale macroscopique comme des feuilles mortes, les tiges, les racines, le bois et l'écorce ainsi que des restes d'animaux et de matières fécales sont des sources importantes de matières organiques biodégradables. Tandis que sur des micro-échelles comme les restes de paroi cellulaire, des lipides, des polysaccharides, des protéines, de l'ADN et de l'ARN, et les métabolites contribuent à la formation de micro-habitats et sources nutritives temporaires (Forster, 1988 ; Nannipieri *et al.,* 2003). Bien sur, le microhabitat le plus vif, réactif et le plus durable est la racine d'une plante vivante. Elle libère une grande variété de métabolites solubles, insolubles, ou volatils qui attirent une population exceptionnellement dense et diversifié de microbiote, y compris les bactéries et les champignons (Koske & Gemma, 1992 ; Chen *et al.,* 2004 ; Gregory, 2006 ; Brimecombe *et al.,* 2007 ; Nannipieri *et al.,* 2007 ; Hussain & Hasnain, 2011). Les bactéries adhèrent à la surface de la racine elle-même (rhizoplan) et colonise les zones de sols autour de la racine des plantes (rhizosphère) (Lenc *et al.,* 2011). Ils bénéficient d'un flux constant de substrats organiques issu de la croissance des plantes. En retour les microorganismes fournissant des nutriments solubles inorganiques et une production de facteurs favorisant la croissance de leurs hôtes végétales (Brimecombe *et al.,* 2007 ; Nannipieri *et al.,* 2007 ; Compant *et al.,* 2010).

Un rôle particulier est attribué à des bactéries antagonistes, qui sont capables d'inhiber la croissance des champignons pathogènes de plantes diverses (Bhattacharyya & Jha, 2011) voir certaines plantes spécifiques. Plus de 95% des racines courtes de la plupart des plantes terrestres sont colonisées par des champignons symbiotiques, et ces champignons mycorhiziens sont entourés de communautés microbiennes complexes. Les champignons mycorhiziens (Jung *et al.,* 2012 ; Effmert *et al.*, 2012) bénéficient également d'éléments nutritifs fournis par la racine des plantes en échange de nutriments et d'eau. Donc, certains mycorhizes aides les bactéries nommées MHB. Ces mycorhizes soutiennent la formation et le développement des plantes et bactéries de la rhizosphère et du sol (Frey-Klett *et al.,* 2007 ; Bonfante & Anca, 2009 ; Rigamonte *et al.,* 2010). En outre, les racines des plantes non seulement peuvent accueillir mais, aussi attirer des organismes bénéfiques ou nuisibles tels que les agents phytopathogènes. Ce dernier phénomène d'attraction des pathogènes peut nuire aux plantes et aux microbiotes.

Par conséquent, les champignons mycorhiziens et leurs bactéries associées ainsi que les rhizobactéries doivent faire face à un milieu de développement très complexe et concurrentiel en perpétuelle modification (Anderson, 1992 ; Bianciotto *et al.,* 1996 ; Miransari, 2011). Les bactéries et les champignons se mêlent étroitement dans la mycorhizosphère. Ils sont mutuellement influencés au niveau de leurs succès de survie et de leurs capacités de colonisations ainsi que de leurs pouvoir pathogène et de virulences (Wargo & Hogan, 2006 ; Minerdi *et al.,* 2008).

II.3. Volatils microbiens comme moyen pour des dialogues moléculaires et interactions hypogées avec le végétal

Les facteurs de régulation de la dynamique et de l'équilibre des symbioses, de la coopération, de la concurrence, mais aussi la coexistence des communautés microbiennes ont été étudiés de manière intensive ces derniers siècles. Des phénomènes tels que la détection du « *Quorum Sensing* » et le « *Quorum Quenching* » (Hartmann & Schikora, 2012 ; Effmert *et al.*, 2012), de biofilm, l'impact des antibiotiques rhizobactériens et fongiques, des molécules effectrices et les enzymes excrétées ont été reconnus comme efficaces. Ils constituent des principes de réglementations lors de ces dialogues moléculaires et de leur mise en place au sein de la rhizosphère (Walker *et al.,* 2003, 2004 ; Chernin *et al.,* 2011).

II.3.1. Le Quorum Sensing et Quenching comme conditions d'émissions

D'une part, la détection du *quorum* ou « *quorum sensing* » est un ensemble de mécanismes régulateurs qui contrôlent l'expression coordonnée de certains gènes bactériens au sein d'une même population bactérienne. La détection du *quorum* correspond au mécanisme de synchronisation de l'expression et de la répression de gènes particuliers, au sein d'une population bactérienne et en fonction de la densité de cette population. Elle implique la capacité des bactéries à communiquer avec leurs congénères via des signaux moléculaires, et éventuellement chez certaines espèces à disposer d'une horloge biologique endogène décrivant un rythme circadien bactérien comme chez les archéobactéries. Ce système renseigne chaque bactérie sur la densité de la population de sa propre espèce ou d'autres espèces (Venturi & Subramoni, 2009). Il permet des comportements globaux stratégiques ou symbiotiques comme des promotions de croissances ou inhibitions.

Finalement, le « *quorum sensing* » bactérien est une réponse à la densité de population accrue. Il est souvent associé à un passage d'une vie libre à un style de vie associé à un hôte. Les bactéries individuelles produisent des signaux de « *quorum sensing* » tels que la N-acyl homosérine lactones (AHL). Une fois que la concentration de ces signaux atteint un certain seuil, les AHL interagissent avec des facteurs de transcription activant l'expression des gènes. Différentes espèces bactériennes peuvent produire différentes AHL. Ces quantités produites varient dans la longueur et la substitution de la chaîne acyle, tout en conservant le même fragment homosérine lactone (Mitchell, 2001 ; Dong *et al.,* 2001). Par ailleurs, le « *quorum sensing* » est un mécanisme qui peut être atteint au moment de la dégradation de molécules de signalisations (Miller & Bassler, 2001 ; Nealson *et al.,* 1970).

D'autre part, le « *quorum sensing* » bactérien n'est pas sans rappeler le cas de l'espèce humaine. Au moment où un nombre suffisamment élevé d'individus est réuni. Des décisions peuvent être prises. Mais dans le cas des bactéries, les résultats des décisions prises, à la suite de la production de signaux, commutent des gènes impliqués dans des processus tels que la virulence. Un rapport de Lian-Hui Zhang *et al* montre que de telles décisions peuvent être inversibles par des signaux de « *quorum* » dit « *quenching* » (Zhang, 2003 ; Zhang & Dong, 2004). L'utilisation d'un « milieu spécifique KG » permet de mettre en évidence un phénomène dit de « *Quorum Quenching* ». Dans ce cas, les bactéries induisant un « *quorum quenching* » peuvent facilement être isolées à partir de divers environnements, même dans le cas des micro-organismes considérés comme non cultivables (Miller & Bassler, 2001). Récemment, une étude sur le phénomène de « *quorum quenching* » a permis d'isoler des bactéries et d'étudier la cinétique de dégradation AHL. Cette cinétique a été étudiée en utilisant la chromatographie liquide à haute résolution rapide (RRLC) (Ahmer, 2004 ; Michell, 2001). Donc, dans des condtions environnemenales précises, les différents types de *quorum* peuvent initier des émissions de COV permettant d'induire certaines réponses fonctionnelles.

II.3.2. Le biofilm comme conditions d'émissions

En 1978, Costerton a proposé le terme de « biofilm » en suggérant que ce serait le mode de vie naturel de la plupart des micro-organismes

(Costerton *et al.,* 1978). Cette proposition, s'appuyait initialement sur la comparaison du nombre de bactéries sous forme de suspension bactérienne de type « planctonique » *versus* à celui présent au sein des biofilms présent dans des cours d'eau (Lock, 1993 ; Döring & Uehlinger, 2006). Ce terme est désormais généralement admis par les microbiologistes par exemple les travaux récent de Olson *et al.* (2002), Monroe, (2007) et Schwerner *et al.* (2008) (Figure. 1). Bien que, la plupart des chercheurs en microbiologies et de leurs programmes de recherches se sont jusque-là principalement attachée à étudier les cellules pour elles-mêmes dit « isolé » et indépendamment de leur milieu de développement. A ce jour, la microbiologie intègre les récentes inovations scientifiques et développements de concepts écologiques. Elle intégre la notion d'interactions avec le milieu et se tourne maintenant vers les biotopes et leurs fonctionnements. Notamment les biofilms observés comme habitat d'écotone ou comme élément du réseau trophique (Programme de recherche VASIREMI, 2006-2010). Le mode de vie des micro-organismes en biofilm est l'un des deux modes de comportement des organismes unicellulaires. Une alternative au biofilm est la flottaison libre en suspension dit de type « plantonique », dans un milieu liquide, un fluide ou bien un solide support de développement ou porteur dit « carrier ». Cette alternative est évaluable par la technique de turbidimétrie.

Figure 1. Les 5 étapes du développement d'un biofilm sur une surface dure. Étape 1 : attachement ou fixation initial ; étape 2 : attachement irréversible ; étape 3 : apparition et maturation I du biofilm ; étape 4 : maturation II ; étape 5 : érosion et dispersion/détachement autogène. Les photomicrographies sont toutes à la même échelle. Elles correspondent à celles d'un biofilm de *Pseudomonas aeruginosa* en développement obtenus par microscopie électronique (Monroe, 2007).

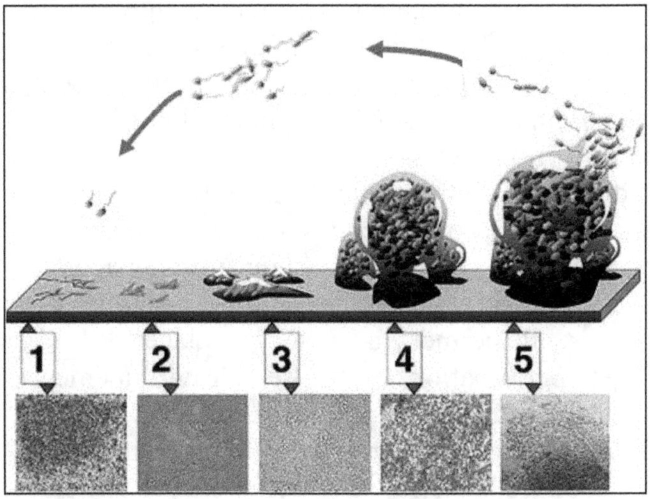

Le biofilm est une étape normale ou potentielle du cycle de vie de la plupart des bactéries (Kok *et al.*, 2010). Les bactéries affichent alors un comportement coopératif (Kok *et al.*, 2010) et produisent des phénotypes différenciés conduisant à des fonctions spécifiques, parfois en réaction à un stress. Un biofilm est une communauté multicellulaire plus ou moins complexe, souvent symbiotique, de micro-organismes comme des bactéries, champignons, algues ou protozoaires. Les biofilms sont des structures qui adhérent entre eux et à une surface. Ils sont marqués par la sécrétion d'une matrice adhésive et protectrice. Il se forme généralement dans l'eau ou en milieu aqueux (Kok *et al.*, 2009). Sa structure est hétérogène, souvent sous forme de colonie d'une ou plusieurs espèces de bactéries et d'une matrice extracellulaire composée de substances polymères. La définition d'un biofilm peut légèrement varier : certains auteurs choisissent par exemple d'exclure du terme « biofilm » les communautés bactériennes ne produisant pas leur propre matrice extracellulaire.

Les biofilms sont observés dans les milieux aqueux ou exposés à l'humidité. Ces conditions sont générales sauf exceptions dans de rare cas. Ils peuvent se développer sur n'importe quel type de surface naturelle ou artificielle, qu'elle soit minérale (roche, interfaces air-liquide) ou organique (peau, tube digestif des animaux, racines et feuilles des plantes), industrielle (canalisations, coques des navires) ou médicale (prothèses, cathéters). Il est possible à un biofilm d'adhérer sur des matériaux « anti-adhésifs » comme le polytétrafluoréthylène (ou téflon). Voir les articles sur les micro-organismes extrêmophiles présentant de nombreux exemples de diversité étonnante, de leurs possibles habitats dans les gammes de température du chaud au froid, de pression et autres conditions extrêmes comme le pH. Dans des conditions optimales de croissance, un biofilm peut rapidement devenir macroscopique, jusqu'à atteindre le mètre d'épaisseur si l'environnement le permet.

La « biodiversité » intrinsèque d'un biofilm permet des synergies bactériennes ou fongo-bactériennes qui améliorent sa résistance à certains facteurs de stress des micro-organismes comme aux antibiotiques, antibiose et antibiorésistance (Burmolle *et al.*, 2006). En d'autres termes, il permet la mise en place de résistances aux contraintes et perturbations issu de l'environnement au niveau microbien. Un biofilm n'est pas une parade à la pauvreté du milieu, mais plutôt à son agressivité envers les micro-organismes le formant. Hormis les cas où les bactéries se rassemblent sur une surface nutritive comme le bois immergé en décomposition. Le biofilm croît généralement d'autant plus rapidement que le milieu est riche en nutriment (Uhlich *et al.,* 2006). Différent type de biofilms existent. Qu'ils croissent sur un substrat vivant ou inerte, ils sont dits : 1) « homogènes » quand ils sont composés d'une seule espèce ; 2) « hétérogènes » quand plusieurs espèces sont associées. Dans ce dernier cas, le biofilm peut être caractérisé par une hétérogénéité « structurelle ». Au sein du biofilm, ils coexistent des différentiations géographiquement marquées en termes de populations d'organismes, mais aussi de gradients de pH, de teneur en oxygène, avec des structures évoquant parfois des pores, des canaux, des écailles, des couches, dures ou souples selon les cas. Il existe donc une structure et organisation collective et communauté au sein de la matrice ou polymère structurel ainsi formé. Au point quelquefois, nous pouvons presque évoquer le terme de « peau ou un super-organisme autonome ou de symbiote » chez un hôte. Dans ce cas, des dialogues moléculaires et échanges biologiques sont fortement envisageables.

II.3.3. Conditions biologiques d'émissions

A ce jour, malgré des rapports sur les volatils microbiens, le rôle possible des substances volatiles bactérienne, fongiques et leurs interactions au sein de la biosphère ont été négligés pendant de nombreuses années (Stotzky efficaces & Schenk, 1976 ; Koske & Gemma, 1992). Des conditions préalables à l'efficacité des volatils sont nécessaires à leurs libérations, émanations, à leurs distributions et leurs perceptions par un organisme « cible ». Ces conditions sont assurées par les propriétés physico-chimiques des substances volatiles de bas poids moléculaire, haute pression de vapeur et au point d'ébullition bas. Ces caractéristiques physicochimiques facilitent la distribution des COV, même sur de longues distances (Farmer, 2001 ; Baldwin *et al.,* 2006 ; Heil & Ton, 2008). Toutefois, cela se produire également dans les sols. La distribution souterraine des volatils se fait par diffusion et par advection (Minnich &Schumacher, 1993). Les volatils peuvent se déplacer à travers le réseau de pores du sol, car ils sont actifs dans les deux phases présentent dans celui-ci à savoir la phase gazeuse et liquide. Ils sont également capable de re-volatilisation après avoir traversé des systèmes de pores saturés en eau (Koske & Gemma, 1992 ; Aochi & Farmer, 2005 ; Asensio *et al.,* 2008).

Toutefois, en raison de leur haute pression de vapeur, les volatils se déplacent principalement par la diffusion de vapeur (Minnich &

Schumacher, 1993). Ces processus sont influencés par les propriétés chimiques intrinsèques et des propriétés physico-chimiques des volatils eux-mêmes. Ils sont également sous la dépendant des propriétés globales du sol environnant dans lequel vont évoluer et diffuser ces substances volatiles. Ces propriétés affectent l'adsorption, la désorption et la dégradation des composés volatils. L'adsorption et la désorption dépendent de la polarité du composé, de la texture du sol, de l'architecture spatiale du sol et la présence d'eau. Sur une échelle microscopique, l'augmentation de l'humidité réduit l'adsorption des substances volatiles non polaires aux surfaces minérales. Dans le cas d'une échelle macroscopique, les volatils non polaires sont de plus en plus absorbés par la matière organique dans les sols humides ou mouillés (Minnich & Schumacher, 1993 ; Ruiz *et al.,* 1998 ; Aochi & Farmer, 2005 ; Insam & Seewald, 2010). Les composés volatils sont également en lien avec la biodégradation. Owen *et al.* (2007) ont montré une dégradation rapide du géraniol dans la rhizosphère de *Populus tremula.* Cette observation à attirer l'attention sur la contribution de ces COV à l'activité des microorganismes du sol et aux fonctions qu'ils leurs sont attribués dans cette activité microbienne tellurique.

Cependant, par rapport aux composés uniquement solubles dans l'eau, les matières volatiles sont moins susceptibles d'être rapidement biodégradable (Koske & Gemma, 1992). Les surfaces minérales peuvent servir de catalyseurs pour des réactions chimiques qui contribuent à la dégradation abiotique de ces composés ou à la synthèse particulière de produits issus des COV. Les surfaces d'argile hautement spécifiques réagir avec les volatils qui portent des groupes fonctionnels polaires. En outre, les volatils peuvent également être exposés à des réactions d'oxydations par des radicaux libres (Minnich & Schumacher, 1993 ; Insam & Seewald, 2010). Les mesures de taux de changes des volatils ont révélé une faible émission de volatils issus du sol si l'on soutient l'hypothèse que le sol agit comme un puits pour les substances volatiles dont les sources sont les micro-organismes telluriques (Stotzky & Schenck, 1976 ; Asensio *et al.,* 2007).

II.4. Emissions de volatils Microbiens

Actuellement, un bon nombre d'espèces bactériennes est connu. Les chercheurs estiment que ce nombre pourrait atteindre un million (Effmert *et al.,* 2012). Alors que de nombreux micro-organismes ont été isolés dans des habitats hors sol comme les eaux usées, des habitats aquatiques, les détritus ou rebuts les plantes, la peau et les intestins de l'homme ou des animaux, ces différents habitats sont une source riche en bactéries. Les sols forment quant à eux différents biotopes terrestres et souterrains. Les approches méta-génomiques ont démontré que la diversité microbienne dans les sols est plus grande que dans les sédiments marins ou les habitats aquatiques (Will *et al.,* 2010 ; Daniel, 2011). La capacité des bactéries et des champignons à décomposer, minéraliser, et à accumuler de la matière organique est extraordinaire. De plus, cette activité microbienne a un impact significatif sur la geoclimatique (cf. chapitre 1) et les cycles biogéochimiques par exemple du carbone, de l'azote, du phosphate et du soufre (Naeem, 1997) et les organismes comme les plantes (Tableau. Ia).

Tableau Ia. Effets des volatils médiés par les bactéries cultivées sur différents milieux sur les plantes modèles. Légende : NA, Nutriments solidifié par de l'Agar ; NB, Bouillon-extrait de Nutriment, MS, Murashige & Skoog, LB, bouillon-extrait lysogènes ; MR-VP, Rouge de méthyl de Voges-Proskauer (Bailly & Weisskopf, 2012).

Bacteria species	Strain	Medium	Target plant	Observed effects
Arthrobacter agilis	UMCV2	NA	*M. sativa*	Dose-dependent growth promotion
Bacillus amyloliquefaciens	IN937a	MS	*A. thaliana*	Growth promotion and induction of ISR
Bacillus megaterium	XTBG34	MS	*A. thaliana*	Growth promotion
Bacillus subtilis	GB03	MS	*A. thaliana*	Growth promotion and induction of ISR
Chromobacterium violaceum	CV0	LB	*A. thaliana*	Growth inhibition
Pseudomonas aeruginosa	PAO1, PAO14	LB	*A. thaliana*	Growth inhibition
	TB, TBCF10839, PUPa3	LB	*A. thaliana*	Growth inhibition
Pseudomonas chlororaphis	O6	MS	*N. tabacum*	Growth promotion and induction of ISR
			A. thaliana	Protection against drought stress
Pseudomonas fluorescens	A112	NB	*T. aestivum*	Reduction of shoot length, root length and root numbers
	CHAO	LB	*A. thaliana*	Growth inhibition
	L13-6-12	NA	*A. thaliana*	Growth inhibition
Pseudomonas trivialis	3Re2-7	NA	*A. thaliana*	Growth inhibition
Serratia marcescens	MG-1	LB	*A. thaliana*	Growth inhibition
Serratia odorifera	4Rx13	NA	*A. thaliana*	Growth inhibition
		NA	*P. patens*	Promotion or inhibition of growth depending on system setup
Serratia plymuthica	3Re4-18	NA	*A. thaliana*	Growth inhibition
	HRO-C48	NA	*A. thaliana*	Growth inhibition
	IC14	LB	*A. thaliana*	Growth inhibition
Stenotrophomonas rhizophila	P69	NA	*A. thaliana*	Growth inhibition
Stenotrophomonas maltophilia	R3089	NA	*A. thaliana*	Growth inhibition
42 rhizosphere strains mainly belonging to the *Burkholderia* genus		LB, MR-VP, MS and Angle	*A. thaliana*	Strain- and medium-dependent growth promotion or inhibition

Certains des composés métabolisés par les micro-organismes sont émis sous forme de produits volatils qui sont difficilement utilisables par d'autres organismes de la chaîne trophique et « alimentaire » microbienne. Ces produits résiduels sont rejetés dans l'habitat souterrain qui constitue l'écosystème microbien (Tableau. Ib) (Bailly & Weisskopf, 2012 ; Effmert *et al.,* 2012).

Les microorganismes du sol produisent de grandes quantités de substances volatiles très diverses (Stotzky & Schenck, 1976 ; Linton & Wright, 1993 ; Leff & Fierer, 2008 ; Insam & Seewald, 2010). Les métabolites volatils sont également produits par les systèmes racinaires et aériens des plantes. Mais dans cette synthèse, je ne considérai pas cet aspect. L'accent est mis sur les émissions et absorptions volatils bactériennes (Kesselmeier & Staudt, 1999 ; Wenke *et al.,* 2009). Les composés volatils peuvent être organiques. On parle de composés organiques volatils (COV) ou de nature inorganique. Dans le cas des composés organiques volatils issus d'émissions d'origines biogénes comme les microorganismes, nous parlons de Composés Organiques Volatils Microbiens (COVM). Ces différents composés émis sont sans doute importants pour cet habitat. Et, ils sont capables d'influencer les communautés d'organismes (McNeal & Herbert, 2009). Les fonctions des volatils sont diverses : i) ils jouent un rôle dans la chaîne alimentaire microbienne et la dégradation des litières de matières organiques et la minéralisation des sols comme la bioconversion, ii) ils influencent les processus physiologiques par exemple l'activité laccase, minéralisation via la nitrification et fixation du diazote, iii) elles soutiennent les réactions métaboliques présentent dans le sol en fonctionnent comme des accepteurs ou donneurs d'électrons ou protons, iv) ils jouent un rôle dans le « *quorum sensing* », « *quorum quenching* » et la formation de biofilm, v) ils agissent comme des composés de défenses, vi) ils sont utilisés comme signaux de communication, ou vii) leurs fonctions demeurent jusqu'à présent difficile à évaluer (Tableau. Ib) (Effmert *et al.,* 2012).

Tableau Ib. Producteurs et utilisateurs de substances volatiles microbiens. Le tableau suivant présente des exemples de microorganismes qui synthétisent ou utilisent des composés inorganiques ou organiques volatils. Résumés de G. Gottschalk, 1986 ; Fuchs. 2007 ; DOVE-MO (Kalderas, 2011 & Effmert *et al.*, 2012).

Producer/emitters →	compound	→ user/receiver	function
Inorganic			
No microorganism known	CO	Carboxydotrophic bacteria (*Hydrogenomonas carboxydovorans*, *Seliberia carboxyhydrogena Oligotropha carboxidovorans Carboxydothermus hydrogenoformans*)	Electron donor, carbon source
Heterotrophic microbes	CO_2	Chemolitho (hydrogen-, sulfur-, ammonia-, nitrite-, Fe^{2+}-oxidizing)- and oxygenic (cyanobacteria) and anoxygenic (Rhodospirillaceae, Chromatiaceae, Chlorobiaceae, Chloroflexaceae) photoautotrophic bacteria	Carbon source
		Methanogenic archaea (*Methanobacterium ruminatium*, *M. thermoautrophicum*) and homoacetogenic bacteria (*Clostridium aceticum*, *C. ljungdahlii*)	Electron acceptor (methane or acetate production)
Facultative and obligate anaerobic bacteria (clostridia, enterobacteria)	H_2	Chemolitho (hydrogen-oxidizing)- and anoxygenic (Rhodospirillaceae, Chromatiaceae, Chlorobiaceae, Chloroflexaceae) photoautotrophic bacteria Methanogenic archaea (*Methanobacterium ruminatium*, *M. thermoautrophicum*) and homoacetogenic bacteria (*Clostridium aceticum*, *C. ljungdahlii*)	Electron donor
Cyanobacteria (*Synechococcus*, *Synechcystis*)	O_2	Aerobic microorganisms	Electron acceptor
Proteolytic clostridia and some aerobic chemoorganotrophic proteobacteria (*Serratia odorifera* 4Rx13, *Serratia plymuthica* HRO C48, *Pseudomonas fluorescens* L13-6-12, *Pseudomonas trivialis* 3Re2-7, *Stenotrophomonas rhizophila* P69, *Xanthomonas campestris* pv. *vesicatoria* 85-10)	NH_3 (NH_4^+)	Many microorganisms Ammonia-oxidizing bacteria (Nitrosomonas, Nitrosospira, Nitrosococcus)	Nitrogen source, olfaction, antibiotic resistance, toxic compound, electron donor
Ammonia-oxidizing bacteria (*Nitrosomonas*, *Nitrosospira*, *Nitrosococcus*)	NO_2^-	Nitrite-oxidizing bacteria (Nitrobacter, Nitrospina, Nitrococcus)	Electron donor, nitrogen source
Denitrifying bacteria (*Alcaligenes faecalis*, *Bacillus licheniformis*, *Paracoccus denitrificans*, *Pseudomonas stutzeri*, *Thiobacillus denitrificans*)	N_2	Nitrogen-fixing bacteria and archaea (*Rhizobium*, *Bradyrhizobium*, *Azorhizobium*, *Frankia*, *Klebsiella*, *Clostridium*, *Methanosarcina*, *Methanospirillum*)	Nitrogen source
Some proteobacteria (*Pseudomonas fluorescens*, *P. trivialis*, *Chromobacterium*, *Rhizobium*)	HCN		Defense compound, quorum sensing
Sulfate-reducing bacteria (*Desulfovibrio*, *Desulfomonas*, *Desulfotomaculum*)	$H_2S/S/SO_3^{2-}$	Chemolitho (sulfur-oxidizing)- and anoxygenic (Chromatiaceae, Chlorobiaceae) photoautotrophic bacteria	Electron donor, amino acid biosynthesis, defense compound
Organic			
Methanogenic archaea	CH_4	Obligate methylotrophic bacteria	Electron donor, carbon source
Many bacteria, see Table 2	Alkanes, alkenes	Aerobic microorganisms	Carbon source
Clostridium spp., *Pseudomonas* spp., *Streptomyces* spp.	ethylene		
Yeast; several bacteria, see Table 2	CH_3OH		

Tableau Ib. suite (Effmert *et al.*, 2012).

Producer/emitters →	compound	→ user/receiver	function
		Obligate and faculative methylotrophic bacteria methanogenic archaea	Electron donor, carbon source, electron acceptor
Yeast, facultative and obligate anaerobic bacteria (e.g. clostridia, enterobacteria, lactic acid bacteria); several bacteria and fungi, see Tables 2 and 3	C_2H_5OH	Heterotrophic bacteria (acetic acid bacteria, *Clostridium kluyveri*)	Electron donor, carbon source
Clostridium spp., *Bacillus* spp., *Lactobacillus* spp., *Salmonella* spp., *Shigella* spp., *Streptomyces* spp.; many other bacteria and fungi, see Tables 2 and 3	Butanol	Heterotrophic bacteria	Electron donor, carbon source
Many bacteria and fungi, see Tables 2 and 3	Low molecular mass alcohols	Heterotrophic bacteria	Carbon source
Enterobacteria, bacilli, clostridia	Acetoin, 2,3-butanediol	Heterotrophic bacteria	Electron donor, carbon source
	CH_2O	obligate and faculative methylotrophic bacteria	electron donor, carbon source
Many bacteria and fungi, see Tables 2 and 3	Low molecular mass aldehydes and ketones	Heterotrophic bacteria	Carbon source
Clostridia and other bacteria, see Table 2; fungi see Table 2	Acetone	Heterotrophic bacteria	Electron donor, carbon source
Facultative and obligate anaerobic bacteria (clostridia, enterobacteria, lactic acid bacteria), many bacteria and fungi, see Tables 2 and 3	CHOOH, CH_3COOH, CH_3CH_2COOH, $CH_3CH_2CH_2COOH$, low molecular mass acids	Heterotrophic bacteria and fungi	Electron donor, carbon source
Alcaligenes spp., *Bacillus* spp., *Pseudomonas* spp., *Stenotrophomonas* spp.; many other bacteria see Table 2, few fungi see Table 3	Methylamine and other amines	Obligate and faculative methylotrophic bacteria methanogenic archaea	Electron donor, carbon source
Streptomyces spp.; see Table 2	Geosmin		
Alcaligenes spp., Chondromyces spp., Paenibacillus spp., Serratia spp.; many other bacteria see Table 2	Pyrazines		
Enterobacteria, *Pseudomonas* spp.	Indole		Signaling (indirect?)
Streptomyces spp., *Bacillus* spp., *Pseudomonas* spp., *Tuber* spp.; many other bacteria and fungi, see Tables 2 and 3	Dimethyldisulfide, trimethyldisulfide	Marine sulfur-oxidizing bacteria (*Thiobacillus thioparus*) obligate and faculative methylotrophic bacteria (*Hyphomicrobium*)	Carbon and energy source
Gram negative bacteria (*Pseudomonas fluorescens, Serratia liquefaciens*)	N-acyl-l-homoserine lactones (AHL) (e.g. C4-HSL,C6-HSL, C10HSL)	Gram negative bacteria (*Pseudomonas aeruginosa, Agrobacterium tumefaciens*	Quorum sensing signal > biofilm formation
Gram positive bacteria *Streptomyces*	Gamma-butyrolactones	Gram positive bacteria	Quorum sensing signal
Condromyces spp., *Leuconostoc* spp., *Roseobacter* spp.,*Lactobacillus* spp., *Serratia* spp.; many other bacteria, see Table 2	ß-phenylethanol		
	Aromatic compounds	Aerobic and anaerobic bacteria	Carbon source
Serratia odorifera 4Rx13, *S. plymuthica* HRO-C48	Sodorifen		

III. Volatils émis par les bactéries

III.1. Volatils inorganiques

III.1.1. Le Carbone

Certains producteurs et utilisateurs biologiques de substances volatiles organiques sont résumés dans le tableau I, qui est un bref extrait de Gottschalk (1986) et Fuchs (2007).

Le dioxyde de carbone est un volatil inorganique important. Il est produit par tous les organismes vivants hétérotrophes. Ce CO_2 d''origine biogène constitue même une grande partie des émissions de CO_2 dans l''atmosphère. Ces émissions proviennent des populations microbiennes énormes sur la terre, des sols et des habitats aquatiques. Le CO_2 atmosphérique est assimilé par les plantes et principalement par les bactéries phototrophes oxygéniques et anoxygéniques comme les cyanobactéries, les *Rhodospirillaceae* ou bactéries pourpres non sulfureuses, les *Chromatiaceae* ou bactérie violette, les bactéries vertes sulfureuses comme *Chlorobiaceae* et les bactéries vertes non sulfureuses telles que *Chloroflexaceae*. Les réactions caractéristiques du cycle de Calvin et de certaines enzymes sont également présentes dans les bactéries du sol comme chez *Rhodospirillum rubrum, intermedius Thiobacillus, Ralstonia eutrophus, Pseudomonas facilis* (Effmert *et al.,* 2012). Les micro-organismes autotrophes utilisent l''ATP et le pouvoir réducteur de substrats inorganiques pour la réduction des émissions de CO_2. Le CO_2 est également utilisé par les bactéries méthanogènes pour la production de methane (CH_4) comme chez les espèces *Methanobacterium ruminatium* et *Methanobacterium thermoautrophicum* (Gottschalk, 1986).

D''après Effmert *et al.* (2012), la réduction incomplète du monoxyde de carbone issu du bois et des polymères de la matière organique morte et de la production de CO microbienne reste encore inconnue. Les souches bactériennes *Hydrogenomonas carboxydovorans* et *Selberia carboxyhydrogena* peuvent vivre en utilisant le CO comme source de carbone et d''énergie par réaction d''oxydation en CO_2 grâce à des conditions de croissances aérobies. Certaines bactéries utilisent la voie de l''isocitrate-sérine lyase pour former de l''oxaloacétate à partir de la phosphoénolpyruvate (PEP) et de CO_2. La PEP carboxylase est alors utilisé comme enzyme par exemple chez les souches *Rhodospeudomonas sphaeroides*, *Methylosinus, Methylocystis*. En conséquence de cette voie, l''acétyl-CoA et enfin le succinate sont formés à partir du CH_2O et du CO_2.

Les bactéries autotrophes et phototrophes ont en commun la formation de matériaux cellulaires via la réduction du CO_2 en utilisant le pouvoir réducteur des composés inorganiques. Les sources d'énergie peuvent être l'H_2, le sulfure, l'ammoniac, ou le nitrite.

III.1.2. L'hydrogène

Le dihydrogène peut est formé dans des conditions anaérobies pendant la fermentation des oses ou d'acides gras à chaîne courte présent dans le sol et la litière comme chez *Clostridium* spp., *Enterobacteriaceae Escherichia, Salmonella, Shigella* etc. Par ailleurs, un groupe de bactéries autotrophes ou bactéries oxydant l'hydrogène, des bactéries phototrophes anoxygéniques, ainsi que les archéobactéries méthanogènes utilisent H_2 comme donneur d'électrons. Comme nous l'avons vu, parmi les COV émis dans l'atmosphère, les COV d'origines biogènes sont une source importante issue de la fermentation IBE et ABE. Mais, dans des conditions bien particulières de pH et d'O_2, les bactéries productrices de COV basculent principalement vers la production de H_2. Récemment d'après les etudes de Charlou *et al.,* 2010 ; IFPEN, 2013 ; Thomas, 2013, il a été montré qu'il existe des sources telluriques biogènes d'émissions d'H_2 (Figure. 2). De ce constat, des nouvelles études sont nécessaires pour vérifier si la source d'émission d'H_2 en plaine est principalement de nature geologique ou biologique issue du sol ou de la rhizosphère. Donc, cette découverte ouvre la porte à une nouvelle filière de l'H_2.

Figure 2. a) Zone où les géologues russes ont détecté les émanations d'hydrogène. Les émanations naturelles d'hydrogène forment des structures circulaires visibles sur des images satellites via Google earth. Vue d'une région de Russie près de Soshki (près de 52°23'' lat. N. 39°43'' long E) présentant de nombreux trous de sorcière, qui ne sont pas des cercles de fées, par où s'échapperait de grandes quantités de dihydrogène. Cette région est constituée d'un bouclier archéen recouvert de sédiments paléozoïques et mésozoïques (d'après IFPEN, 2013 ; Thomas, 2013). b) Cartographie des zones d'émissions d'hydrogène naturel identifiées à ce jour (Ref : Alain Prinzhofer – infographie : Sylvie Daoudal IFPEN, 2013 ; Thomas, 2013).

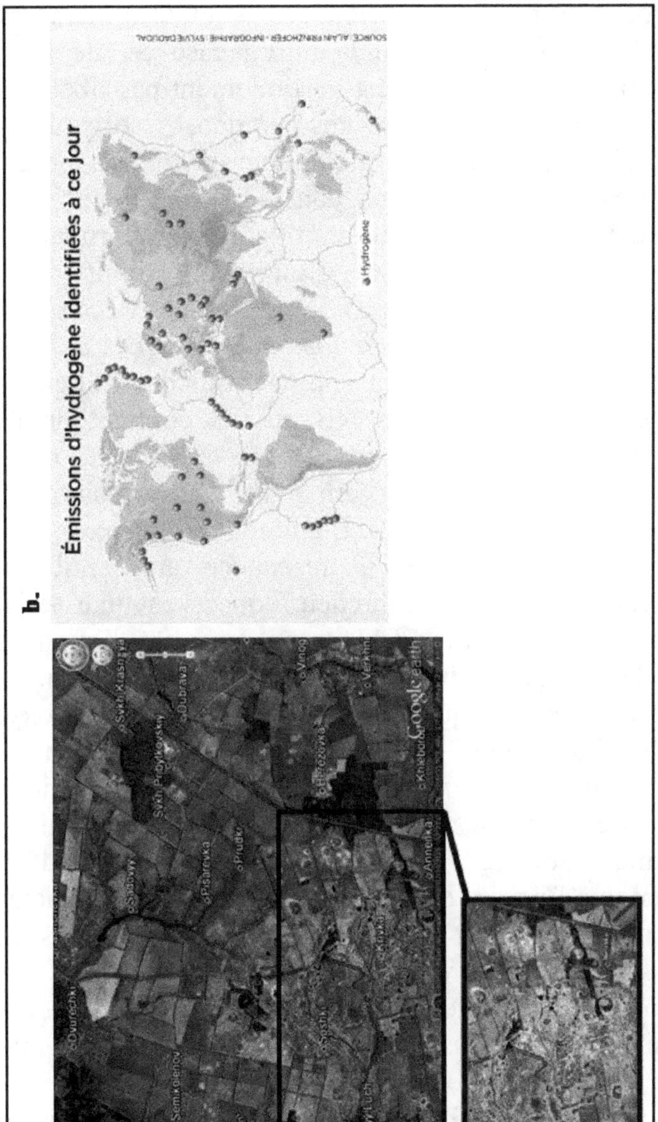

III.1.3. L''azote

Il est bien connue que les bactéries du sol dépendantes des volatils sont générales des bactéries libres « *free-living* » et symbiotiques fixatrices d''azote organismes. Ces micro-organismes telluriques sont par exemple *Rhizobium* spp., *Frankia* sp. Mais, il existe un grand nombre d''autres partenariats avec des plantes. Ces bactéries forment des bactéroïdes et peuvent développer des nodules racinaires. Au sein de ces nodules, le produit de la nitrogénase est de l''ammoniaque NH_4^+. Ce composé minéral n''est généralement pas libéré. Mais, il est efficacement incorporé dans des composés organiques par la glutamate déshydrogénase, la glutamine synthétase, et la glutamate synthase. Les bactéries vivants dans le « sol vivant » utilisent les acides aminés et les nucléotides et la matière organiques comme source de carbone ainsi que l''ammoniac pour vivre comme *Clostridium* spp., *Peptococcus anaerobicus* etc. Récemment, il a été montré que *Serratia, Pseudomonas, Stenotrophomonas,* et *Xanthomonas,* lorsqu''elles sont cultivées sur des milieux complexes synthétiques pauvres de types NB ou LB émittent de l''ammoniac gazeux ou des amines. Ces composés ont été détectés avec le réactif de Nessler dans l''espace libre permettant une diffusion gazeuse (Kai *et al.,* 2010 ; Weise *et al.,* 2012). L''ammoniac gazeux (NH_3) libéré par les bactéries peut modifier la résistance aux antibiotiques. Par exemple, chez *E. coli*, les chercheurs observent une résistance à la tétracycline (Bernier *et al.,* 2011). Apparemment, l''augmentation des niveaux intracellulaires de polyamines modifie la perméabilité de la membrane aux antibiotiques et la résistance au stress oxydatif. Une autre publication récente a montré que l''ammoniac peut être détecté par *Bacillus licheniformis*. Cette bactérie a permis de valider ce concept de détection des flagrances ou messages volatils et fût une première indication de l''olfaction bactérienne (Nijland & Burgess, 2010). Bien que l''apport d''azote soit généralement un facteur limitant dans le sol, il ne peut être exclu que des émissions de NH_3 se produisent dans la nature dans des conditions riches en protéines confinés ou libéré par les mécanismes de la croissance comme la décomposition des carcasses, la lyse des populations microbiennes importantes mortes ou lors de la décomposition de la litière et des matériaux végétaux, de l''épandage de lactosérum lors des applications agricoles.

Les bactéries dénitrifiantes libèrent de l''azote lors de la respiration et de la réduction des nitrates. Dans certains cas, le N_2O est relâché en remplacement du N_2. Le groupe des bactéries dénitrifiantes à évolution l'azote. Il est très diversifié et comprend des bactéries comme *Alcaligenes faecalis, Bacillus licheniformis, Paracoccus denitrificans et Pseudomonas stutzeri.*

III.1.4. Le soufre

La plupart des micro-organismes du sol utilisent le sulfate comme source principale de soufre. Ils exploitent un système enzymatique intrinsèque permettant de réduire le sulfate en sulfure. Dans ce cas, nous parlons d'assimilation du sulfate. Toutefois, dans les régions anaérobies d'un sol, le sulfate est utilisé pour la respiration minérale non oxygénique. Dans ce cas, le sulfate est l'accepteur terminal d'électron en remplacement du dioxygène. Ce type de respiration sulfaté est présente chez les bactéries de types *Desulfovibrio, Desulfomonas, Desulfuromonas* et *Desulfotomaculum.* En conséquence, du sulfure d'hydrogène est formé et libéré. De plus, l'H_2S composé toxique est également un produit final de réaction. Il est utilisé par les bactéries autotrophes comme accepteur d'électrons par exemple chez les bactéries *thiobacilles*. L'H_2S peut également être incorporés dans l'O-acétyl-sérine, un intermédiaire de la biosynthèse des acides aminés. En outre, il a également été montré que la production de H_2S dans le sol est due à la présence de cystéine (Morra & Dick, 1991). Récemment, il a été démontré que la production de H_2S agit comme un mécanisme de défense qui protège les bactéries contre les antibiotiques (Shatalin *et al.,* 2011).

III.1.5. Le cyanure

La libération de cyanure (HCN) à partir de bactéries varie selon les espèces (Stotzky & Schenck, 1976). *Pseudomonas* spp. (comme CHA0), *Chromobacterium* et *Rhizobium* émettent généralement ce volatil toxique. Des mutants défectueux ne présentent pas ce désavantage par exemple CHA207 (Blumer & Haas, 2000 ; Pessi & Haas, 2000 ; Kai *et al.,* 2010 ; Blom *et al.,* 2011b). Le cyanure d'hydrogène inhibe plusieurs enzymes contenant du métal. Les oxydases du cytochrome c de la chaîne respiratoire sont les premières cibles de ce composé. Par conséquent, ce volatil peut être toxique pour les organismes vivants à respirations aérobies présent dans le même habitat que les *Pseudomonadaceae*. Il a été rapporté que les deux RHI/R ainsi que le système de *quorum sensing* impliquant du AHL présentent une base de détection et de régulation de la biosynthèse du HCN (Winson *et al.,* 1995 ; Pessi & Haas, 2000). En conséquence, la densité de population bactérienne peut être commandée et régulée par des niveaux de HCN bien que d''autres mécanismes existent.

III.1.6. Détections des composés minéraux et localisation des sources d''émissions bactériennes

La distribution et l''apparition de composés inorganiques gazeux dans le sol et la déterminent la localisation des organismes du sol par exemple les oxydants issus de la nitrification. L''ammonium est produit dans les couches de sédiments supérieurs. Il est suivi de la production d''oxydants comme le nitrate et les sulfures. Dans les couches plus profondes anaérobies, nous trouvons les bactéries méthanogènes et acétogènes. Beaucoup de composés gazeux sont rapidement recyclés comme l''H_2. Ceci est dû à la présence intime des couples de producteurs et utilisateurs qui apparaissent dans les zones de sols à proximité des sources d''émissions. Par ailleurs, les composés émis en excès sont rejetés dans l''atmosphère et dans certains régions du sol par exemple le CO_2, l''N_2, l''H_2 (Figure. 2), l''H_2S (toxique), méthane (CH_4) (minérale d''après la réglementation internationale des COV et organique de nature chimique) (Figure. 3). Elles constituent également des sources biogènes exploitables sous formes d''énergies pour la civilisation humaine comme l''hydrogène (Charlou *et al.*, 2010 ; IFPEN, 2013 ; Thomas, 2013) et les hydrates de méthanes (Krey *et al.*, 2009).

Figure 3. a. Cycle du méthane (Encyclopeadia Britannica, Inc, 2010) et exemples de sources de méthanes biogènes produit par méthanisation microbiologique. **b.** Zone de distribution des sources d'hydrate de méthane (Krey *et al.*, 2009) ; **c.** Feu follet marée, **d.** rizière, **e.** gaz naturel, **f.** Hydrate de méthane enflammé (Photo Credit : Archive, IFM-GEOMAR ; Krey *et al.*, 2009), **g.** troupeaux émetteurs.

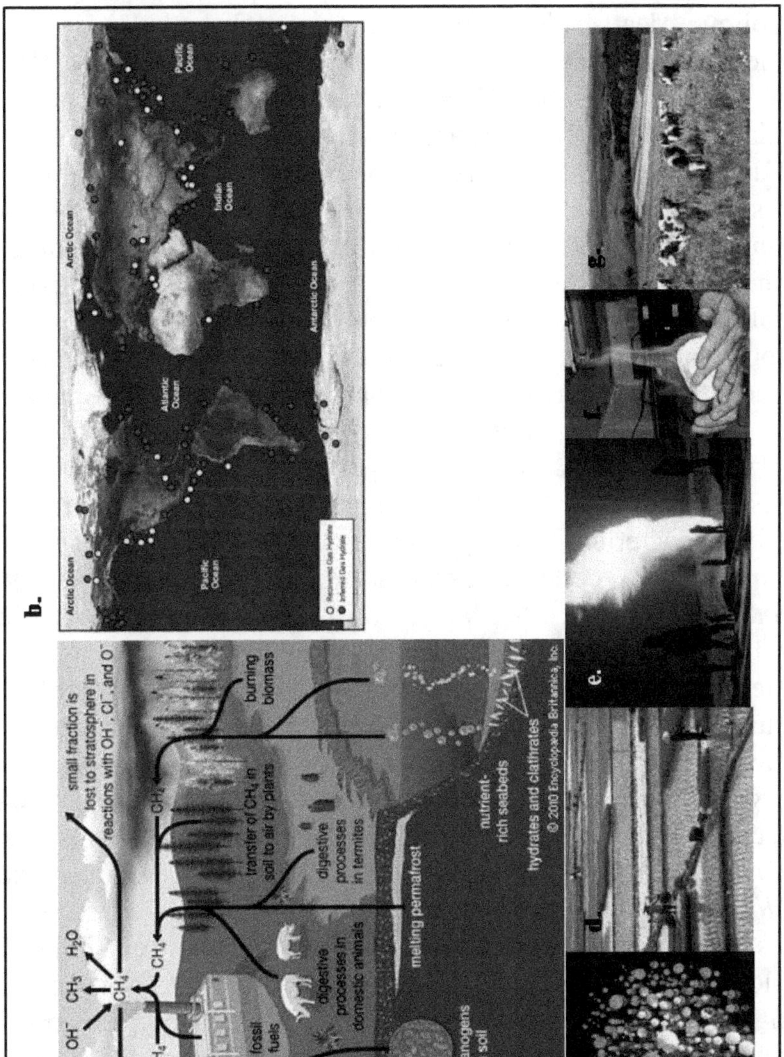

III.2. Composés Organiques Volatils inférieur à 120 Da

Parmi l'ensemble des composés organiques volatils connu, le plus petit composé organique volatil est le méthane (CH_4). Il s'agit du composé le plus réduit. Sa formation est l'étape terminale de la chaîne métabolique des *archaea* méthanogènes (Gottschalk, 1986). Ces bactéries utilisent le CO_2, CH_2O, HCOOH ou CH_3OH et H_2 pour synthétiser du méthane. Cette production de méthane issu de la dégradation de la matière organique et de la matière minérale des sols est d'une importance mondiale. Par exemple dans la toundra et les rizières cette activité bactérienne contribue à 40% des émissions de méthane dans l'atmosphère (Effmert *et al.,* 2012) Dans le sol, le CH_4 est un bon substrat pour les methylotrophes obligatoires et facultatives. Ces types trophiques regroupent souvent des organismes anaérobies qui se développent dans les couches plus profondes du sol. La production bactérienne du méthanol C_1 volatil est généralement décrite chez les *Enterobacteriaceae* comme *Escherichia coli, Shigella flexneri, Salmonella enterica* (Bunge *et al.,* 2008) et Xanthomonas campestris (Weise *et al.,* 2012). Le méthanol est également métabolisé par les bactéries méthylotrophes y compris les espèces *Hyphomicrobium*, certaines espèces de *Pseudomonas* (*P. oxalaticus*), et *Protaminobacter* (Gottschalk, 1986). Après une conversion initiale en méthanal anciennement nommé formaldéhyde, une condensation avec le ribulose-5-phosphate formes du dihydroxyacétone phosphate lors du cycle du ribulose-monophosphate présent chez des espèces comme *Methylococcus* et *Methylomonas*. Les levures, *Zymomonas mobilis* & bactéries lactiques forment egalement de l'éthanol (Gottschalk, 1986). L'éthanol et l'acétate sont de bons substrats pour *Clostridium kluyveri*. Le butanol et l'acétone sont émis par exemple par *Clostridium acetobutylicum* lorsque les enzymes de cette voie sont activés dans des conditions de pH faible ou en condition acide (Lütke-Eversloh & Bahl, 2011). Le Butanol est également formé par divers micro-organismes. Il est considéré comme un composé organique volatil (COV). Lors de l'épuisement du glucose dans le milieu, le butanol en présence de butyrate est un produit préférentiel du métabolisme butyrique. Beaucoup de clostridies réduisent l'acétone en isopropanol. L'acétoïne et le butane-2,3-diol sont généralement produits lors de l'oxydation incomplète du glucose par *Bacillus* spp. (Gottschalk, 1986). Ces produits sont formés à partir du pyruvate via α-acétolactate. Les deux composés sont libérés sous l'abondance de glucose et recyclé métaboliquement lorsque le glucose est épuisé. L'acétoïne et le butane-2,3-diol peuvent alors servir de source d"énergie pour la production d"ATP nécessaire pendant au processus de sporulation. La production de butanediol est également réalisée par les entérobactéries comme *Serratia, Enterobacter*, et *Erwinia*. Des acides de faibles poids moléculaires tels que le formiate, l"acétate, le propionate et le butyrate sont typiques des produits de fermentation des acides mixtes synthétisés par *enterobacteriaceae*, *Clostridium*, bactéries propioniques, et *Megasphaera elsdenii* (Gottschalk, 1986). Ces petits acides organiques sont utilisés par de nombreux micro-organismes hétérotrophes présents dans le sol (Effmert *et al.*, 2012). Ils contribuent donc à la mise en place de groupes fonctionnels de micro-organismes au sein de la rhizosphère ou du sol.

III.3. Composés organiques volatils supérieur à 120 Da émis par les bactéries et les champignons

Il est bien connu que les bactéries émettent de petits volatils organiques de poids moléculaire inférieur à 120 Da. Mais, la libération fréquente par les micro-organismes d"autres composés d"un poids moléculaire compris entre 120 et 300 Da a récemment attiré l"attention. Différentes synthèses bibliographiques existent sur ce sujet par exemple une synthèse récente a été réalisé par Effmert *et al.* (2012). Ces synthèses en plus d"articles récents ont permis de réaliser une compilation récente d"environ 800 COV émis par les bactéries, les champignons et émission biogènes générales de sols ou d"habitations. La plupart des composés sont de l"ordre de 130 à 210 Da (Figure. 4). Une base de données des substances volatiles émises par les micro-organismes (DOVE-MO) existe. Dans cette base de données de nombreux micro-organismes émetteurs de COV ont été répertoriés y compris ceux présent dans le sol jusqu"à la date récente de 2010 (Kalderas, 2011 ; Effmert *et al.*, 2012). Par ailleurs, l"origine des micro-organismes ne sont pas souvent bien documenté. Parfois, il était difficile d"attribuer des micro-organismes à un habitat unique défini. Le tableau II compile tous les micro-organismes émetteurs de COV présent pour une grande part dans la base de données DOVE-MO (« *Database Of Volatiles Emitted by MicroOrganisms* »), leurs COV et les informations sont présentés dans l"ordre alphabétique. Une actualisation de la liste sur la base des publications les plus récentes a été réalisée. Au total, plus de 671 COV différents sont émis par 212 espèces bactériennes connues. De nombreux chercheurs s"attend à ce que les programmes de recherches futures dans ce domaine de recherche dit nouveau alors qu"il ne l"est que dans certain secteur de la recherche comme l''agronomie ou la santé. Le développement de techniques et connaissances va rapidement permettre d''ajouter des organismes et des COV aux différentes bases de données et dans les synthèses de connaissances sur ce sujet.

Figure 4. Distribution des masses moléculaires des composés organiques volatils (COV) bactériens (COVB) (*volatile organic compounds : VOCs*) (Effmert *et al.*, 2012).

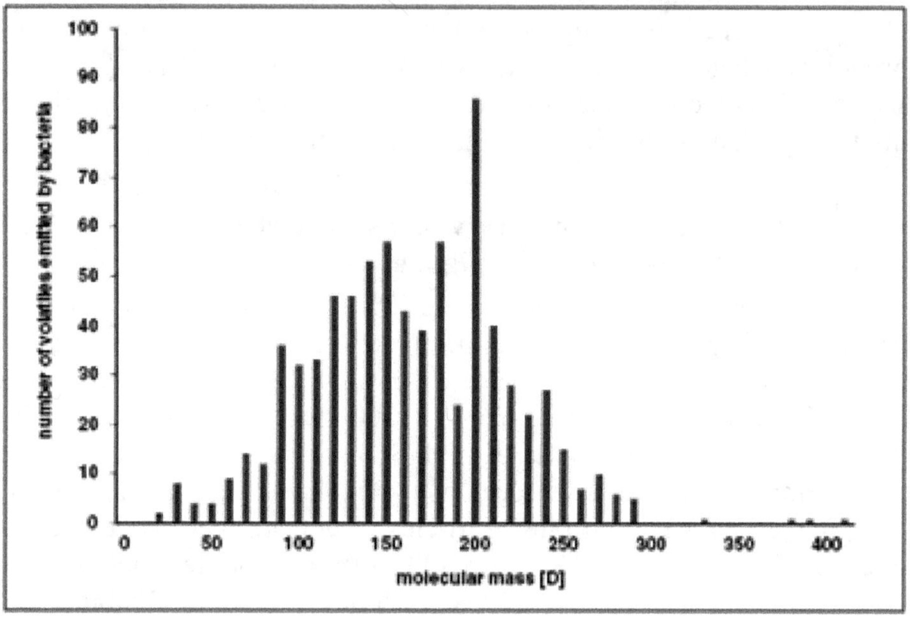

IV. Nom des espèces produisant des volatils correspond à un ID taxonomique

Les spectres des composés volatils émis par les micro-organismes peuvent être simple et présenter un nombre de composé inférieur à 10 COV. Par ailleurs, il peut être très complexe et présenter plus de 50 COV (Kai *et al.*, 2007, 2010). Environ 50 bactériennes et 30 espèces fongiques sont connues actuellement pour émettre des mélanges complexes de volatils. Elles correspondent à une ID taxonomique précise déterminé via le site spécifique : http://www.ncbi.nlm.nih.gov/taxonomy.

Le nombre de substances volatiles détectables techniques dans un mélange d''espèces différentes augmente quand on applique différentes méthodes et techniques de prélèvements comme la capture. La capture des composés volatils peut être réalisées dans un espace de tête en condition dynamique via des systèmes de flux d''air ouvert et fermé, différents matériaux de piégeage peuvent être utilisés, la technique de la micro-extraction en phase solide (SPME) peut également être employée. Ces techniques de collectes subissent ensuite une période d‟analyse réalisées par une chromatographie en gazeuse couplée à de la spectrométrie de masse (GC/MS), des réactions transfert de proton/spectrométrie de masse (PTR-MS), par sélection de flux d‟ions tube/spectrométrie de masse (SIFT-MS), par pulvérisation secondaire d‟électrons permettant la ionisation/spectrométrie de masse (SESI-MS), ainsi que de la chimie analytique classique (Wenke *et al.,* 2012). En outre, les effets des milieux de développements et de croissances des micro-organismes sur les conditions de croissances et les spectres d‟émissions doivent être pris en considération (Fiddaman & Rossall, 1994 ; Kai *et al.,* 2010 ; Blom *et al.,* 2011a), car la nature et la composition de nombreux milieux influencent les profils de volatils émis par les micro-organismes. Donc, les différentes conditions de cultures ont une influence sur le métabolisme des micro-organismes et les mécanismes de productions des COVM.

L‟information répertoriée à ce jour sur les volatils et micro-organismes producteurs ainsi que leurs profils d‟émissions ont utilisé pour rechercher des COV aux caractéristiques spécifiques émis par certains genres de bactériens ou mycètes. Les classes dominantes des composés émis par les champignons sont : i) des alcools par exemple les isomères de butanol, le pentanol, l‟octanol, des hydrocarbures ; ii) des cétones ; ii) des terpènes ; iii) des alcanes et iv) des alcènes (Chiron & Michelot, 2005 ; Effmert *et al.* (2012). Dans le cas des bactéries, les classes dominantes des COV émis en évidence sont prèsentés dans le tableau II. Nous y trouvons les classes suivantes : i) des alcools ; ii) des alcanes ; iii) des alcènes ; iii) des cétones et iv) des esters, et suivis par des composés plus spécifiques appartenant aux classes : v) des pyrazines ; vi) les lactones et vii) des sulfures (Wenke *et al.,* 2012, Effmert *et al.*, 2012 ; Tableau. II). Nous pouvons présenter quelques exemples. Les espèces de *Streptomyces* sont particulièrement riches en sesquiterpènes (Citron *et al.,* 2012) et émettent préférentiellement des alcools méthylés à chaîne courte et des acides, tandis que les espèces *Pseudomonas* libèrent des alcanes / alcènes de type C9 à C16 (Effmert *et al.,* 2012 ; Tableau. II). Les profils de produits de *Bacteroides* spp. et *Lactobacillus* spp. sont riches en composé de type C4 à C16 et de divers acides carboxyliques méthylés en C4 à C14, en acides carboxyliques et en petites alcools méthylés (Tableau. II). Les acides à chaîne courte et à chaîne longue sont des sources de carbone bien connus pour de nombreux micro-organismes. Le rôle joué par les cétones et les alcools de faibles masses moléculaires dans la chaîne trophique et métabolique est moins claire (Tableau. I). Le N-acyl-L-homosérine lactones (AHL) sont utilisés préférentiellement comme molécules signales dit « *infochemicals* » (Ryan & Dow, 2008 ; Dickschat, 2009). La méthylamine et d'autres amines servent de donneurs d'électrons et de sources de carbones de bonnes qualités pour les bactéries méthylotrophes et les bactéries méthanogènes. L'émission de l'indole à partir des entérobactéries est bien connue. A ce jour, sa pertinence écologique est encore spéculative. Un effet indirect de ce composé dans la signalisation moléculaire est généralement indiqué et admise (Ryan & Dow, 2008). Le disulfure de diméthyle (DMDS) contenant des composés soufrés et dimethyltrisulfide (DSSS) est souvent émis par les bactéries et les champignons (Tableau. II). Par ailleurs, certains composés soufrés jouent un rôle central dans les cycles globaux du soufre comme le diméthyle sulfure organique (DMS) et le diméthylpropionate (DMSP). Ce n'est évidement pas le cas du DMDS et du DSSS (Schäfer *et al.,* 2010). Enfin, l'explication scientifique sur la pertinence biologique ou écologique de ces derniers composés est toujours porté absente même depuis les résultats récents contrastés qui ont été obtenus. Le DMDS a des effets inhibiteurs sur *Arabidopsis thaliana* dans des essais de co-culture (IC50 : 2,5 mol) (Kai *et al.,* 2010). Tandis que dans une autre étude, les auteurs ont montré que ce composé pouvait protéger les plantes contre les pathogènes fongiques dues à l'induction d'une résistance systémique (ISR) (Huang *et al.,* 2012).

D'autres composés sont d'une grande importance dans les profils d'émissions bactériennes comme les pyrazines et les β-phényléthanol. Toutefois, leurs fonctions biologiques sont actuellement hors de portée. Dans ce cas, à la vue des connaissances actuelles, les chercheurs comprennent encore moins l'intérêt, la pertinence biologique et écologique de l'émission par les bactéries de telles structures extraordinaires comme la géosmine, les terpènes et les sodorifen (Gerber & Lechevalier, 1965 ; Dickschat *et al.,* 2005a ; von Reuss *et al.,* 2010). Nous ne savons pas si ces volatils agissent comme des signaux de communications lors d'un dialogue moléculaire par des volatils ou comme source de carbone. Il est probable que d'importants travaux seront réalisés à l'avenir. Ils permettront d'élucider : 1) le rôle joué par l'excédent de COV bactériennes et fongiques libéré dans l'environnement sous forme de mélange ; et 2) de détermination leurs structures chimiques et les rôles biologiques et écologiques individuels.

Tableau II. Compilation sous forme d'une base de données des bactéries productrices de COV et leurs COV associés (Le nom de l'espèce bactérienne productrice de COV correspond à un ID taxonomique : http://www.ncbi.nlm.nih.gov/Taxonomy) (Effmert *et al.,* 2012).

Species	Tax ID (NCBI)	Gram	Volatile Synonym (Language used in the references - no IUPAC)	References
Acinetobacter calcoaceticus	471	-	Sulfoacetaldehyde	Schulz and Dickschat, 2007
Actinobacillus actinomycetemcomitans	714	-	Acetic acid	Kurita-Ochiai et al., 1995
Aeromonas veronii	654	-	Dimethylselenide, Dimethyldisulfide, Methaneselenol, Dimethylselenenylsulfide	Schulz and Dickschat, 2007
Alcaligenes faecalis	511	-	Acetamide, Benzaldehyde, Phenylacetaldehyde, Methanamine, Benzothiazole, Methylpyrazine, 1-Butanamine, Dodecane, Dimethyldisulfide, Nonadecane,1-Decene, 2,5-Dimethylpyrazine Methanethiol, Dimethylsulfide	Zou et al., 2007 Schulz and Dickschat, 2007
Alcaligenes spp.	507	-	3-(Methylsulfanyl)propan-1-ol, Dimethyldisulfide, 2-Methylmercaptoethanol	idem
Alteromonas spp.	226	-	Methyliodide	idem
Anabaena spp.	1163	-	Geosmin	idem
Bacterium type *Pseudomonas fluorescens* ARK10141 (Arctic sea ice associated)	196850	-	Tridecan-2-one, Dimethyldisulfide, Dimethyltrisulfide, Trimethylpyrazine, Hexadecan-2-one, 2,5-Dimethylpyrazine, Pentadecan-2-one, Tetradecan-2-one, 13-Methyltetradecan-2-one, 13-Methyltetradecan-3-one	Dickschat et al., 2005c
Bacterium ARK10146 (Arctic sea ice associated)	196852	-	Benzaldehyde, Dimethyldisulfide, Dimethyltrisulfide, Trimethylpyrazine, 2,5-Dimethylpyrazine, Pentadecan-2-one, Tetradecan-2-one, 13-Methyltetradecan-2-one, 13-Methyltetradecan-3-one	idem
Bacterium ARK10044 (Arctic sea ice associated)	196844	-	Tridecan-2-one, Hexadecyl acetate, Trimethylpyrazine, Hexadecan-2-one, 2,5-Dimethylpyrazine, Pentadecan-2-one, Tetradecan-2-one, 13-Methyltetradecan-2-one	idem
Bacterium ARK10063 (Arctic sea ice associated)	196865	-	Benzaldehyde, Menthol, Camphor, Clovene, para-Menth-1-en-4-ol, alpha-Terpineol, Trimethylpyrazine, Dihydroactinidiolide, 2,5-Dimethylpyrazine, Pentadecan-2-one, Borneol, Isolongifolene, beta-Ionone 5,6-epoxide, beta-Ionone 5,6-epoxide, beta-Caryophyllene, 13-Methyltetradecan-2-one	idem
Bacterium ARK10223 (Arctic sea ice associated)	196854	-	Benzaldehyde, Tridecan-2-one, Trimethylpyrazine, 2,5-Dimethylpyrazine, Pentadecan-2-one, Tetradecan-2-one, 13-Methyltetradecan-2-one	idem
Bacterium ARK10267 (Arctic sea ice associated)	196855	-	Benzaldehyde, Benzyl alcohol, Phenol, Camphor, 2-Phenylethanol, Furfural, Acetophenone, Methylpyrazine, Clovene, Calamenene, para-Menth-1-en-4-ol Tridecan-2-one, Tetramethylpyrazine, alpha-Terpineol, Dodecan-2-one, 3-Ethyl-2,5-dimethylpyrazine, 2-Ethyl-3,5-dimethylpyrazine, Trimethylpyrazine, Ethyltrimethylpyrazine, Hexadecan-2-one, 2,5-Dimethylpyrazine, Tetradecan-2-one, Isolongifolene, Cadina-1(10),6,8-triene, Geranylacetone, beta-Caryophyllene, 2,5-Diethyl-3,6-dimethylpyrazine, 13-Methyltetradecan-2-one, 11-Methyldodecan-2-one, 2,6-Diethyl-3,5-dimethylpyrazine	idem
Arthrobacter globiformis	1665	+	Phenylacetaldehyde, 2-Phenylethylamine	Schulz and Dickschat, 2007
Arthrobacter nitroguajacolicus	211146	+	Acetamide, Benzaldehyde, Phenylacetaldehyde, Methanamine, Benzothiazole, Methylpyrazine, 1-Butanamine, Dodecane, Dimethyldisulfide Nonadecane, 1-Decene, 2,5-Dimethylpyrazine	Zou et al., 2007
Azoarcus evansii	59406	-	Phenylacetate	Schulz and Dickschat, 2007
Bacillus amyloliquefaciens	1390	+	Acetoin, 2,3-Butanediol Acetone Benzaldehyde, 1-Butanol, 2,3-Butanedione, Ethanol, Glyoxylic acid, Methanethiol, 1-Pentanol, Acetylene, Isoprene, 2-Methyl -1-propanol, 2-Butanone, Diethylacetic acid, 2-Methylbutanal, Cyclohexane, Dodecane, 2-Methyl-1-butanol, Ethyl acetate, 3-Methylbutanoic acid, 2-Methylfuran, Hexadecane, 3-Methylbutanal, Dimethyldisulfide, 1-Undecene, Tetrahydro-2,5-dimethylfuran, Undecane, 2-Ethylfuran, Dimethyltrisulfide, 2-Pentylfuran, 3-Methyl-1-butanol, Acetic acid butyl ester, Butanol-3-methyl acetate, 1-Methoxy-3-methylbutane, 2-Hydroxy-3-pentanone, 2,4-Hexadienal	Ryu et al., 2003; Farag et al.,2006 Farag et al., 2006
Bacillus popilliae	78057	+	N-3-Methylbutylidene-3-methylbutylamine, N-Phenylmethylene-2-methylpropylamine, N-Phenylmethylene-3-methylbutylamine N-Isopentylideneisopentylamine	Schulz and Dickschat, 2007 Dickschat et al., 2005b
Bacillus pumilus	1408	+	n-Hexadecanoic acid, Diethylphthalate, 3-Methyl-1-butanol, oleic acid, 8-Methyl-1-decene, 3,4-Dimethyl-5-hexen-3-ol, (E)-2-Octenal, 2,4-Decadienal, (Z)-2-Heptenal	Wei-wei et al., 2008

Tableau II. suite (Effmert *et al.* 2012).

Species	Tax ID (NCBI)	Gram	Volatile Synonym (Language used in the references - no IUPAC)	References
Bacillus simplex	1478	+	Propanone, Benzaldehyde, Phenol, Benzenacetaldehyde, Propionic acid, 1-Hexadecanol, Phenylethanone, Cyclohexene, Benzene ethanol, Nonane, 2-Undecanone, Decanal, Dodecane, Hexadecane, Dimethyldisulfide, Tetradecane, 2-Nonanone, Terpineol, 2-Octanol, Trimethylpyrazine	Gu et al., 2007
Bacillus spp.	1386	+	Acetic acid, Acetoin, Isoprene, 3-(Methylsulfanyl)propan-1-ol, Dimethyldisulfide, 2,3,5,6-Tetramethylpyrazine, 2-Methylmercaptoethanol, (2R,3R)-Butane-2,3-diol	Schulz and Dickschat, 2007
			Acetamide, Phenylacetaldehyde, Methaneamine, Benzothiazole, Methylpyrazine, 1-Butanamine, Dodecane, Nonadecane, 1-Decene, 2,5-Dimethylpyrazine	Zou et al., 2007
			2,3-Butanediol, Acetoin	Ryu et al., 2003
			Octanal, n-Hexadecanoic acid, Diethylphthalate, Octadecanoic acid, Heptanol, 2-Pentylfuran, Nonanal, 2-Methyl-7-oxabicyclo[2.2.1] heptane, Oleic acid, (E)-2-Octenal, (E)-2-nonenal, (E)-2-decenal, 2,4-Decadienal, 2-Undecenal, (Z)-2-Heptenal	Wei-wei et al., 2008
			Acetone, 2,3-Butanedione, Ethanol, Glyoxylic acid, Methanethiol, 1-Pentanol, Acetylene, Isoprene, 2-Methyl-1-propanol, 2-Butanone, Diethylacetic acid, 2-Methylbutanal, Benzaldehyde, 1-Butanol, 2,3-Butanediol, Acetoin, Cyclohexene, Dodecane, 2-Methyl-1-butanol, Ethyl acetate, 3-Methylbutanoic acid, 2-Methylfuran, Hexadecane, 3-Methylbutanal, Dimethyldisulfide, 1-Undecene, Tetrahydro-2,5-dimethylfuran, Dimethyltrisulfide, 2-Pentylfuran, 3-Methyl-1-butanol, Acetic acid butyl ester, 3-Methyl-butanol acetate, 2-Hydroxy-3-pentanone, 2,4-Hexadienal	Farag et al., 2006
			Benzaldehyde, Propanone, Phenol, 1-Hexadecanol, Benzenacetaldehyde, Propionic acid, Benzeneethanol, Phenylethanone, Cyclohexene, Decanal, Dodecane, Hexadecane, Dimethyldisulfide, Tetradecane, Nonane, 2-Nonananone, 2-Undecanone,Terpineol, 2-Octanol, Trimethylpyrazine	Gu et al., 2007
Bacillus weihenstephanensis	86662	+	Propanone, Benzaldehyde, Phenol, Benzenacetaldehyde, Propionic acid, 1-Hexadecanol, Benzeneethanol, Phenylethanone, Cyclohexene, Nonane, 2-Undecanone, Decanal, Dodecane, Hexadecane, Dimethyldisulfide, Tetradecane, 2-Nonanone, Terpineol, 2-Octanol, Trimethylpyrazine	idem
Bacteroides bivius	28125	-	Acetic acid	Wiggins et al., 1985
Bacteroides distasonis	823	-	Acetic acid, Propionic acid, Isobutyric acid, Isovaleric acid	Wiggins et al., 1985
Bacteroides fragilis	817	-	Acetate, Succinate, Isobutyrate, Isovalerate	Hinton and Hume, 1995
			Hexadecanoic acid, Tetradecanoic acid, 12-Methyltetradecanoic acid, 13-Methyltetradecanoic acid, 3-Hydroxy-15-methylhexadecanoic acid, 3-Hydroxyhexadecanoic acid	Brondz and Olsen, 1991
Bacteroides gracilis	824	-	Hexadecanoic acid, Dodecanoic acid, Octadecanoic acid, Tetradecanoic acid, 3-Hydroxytetradecanoic acid, 3-Hydroxyhexadecanoic acid, Hexadecenoic acid	
Bacteroides ovatus	28116	-	Acetic acid, Propionic acid, Isovaleric acid	Wiggins et al., 1985
Bacteroides thetaiotaomicron	818	-	Acetic acid, Propionic acid, Isobutyric acid, Isovaleric acid	Wiggins et al., 1985
Bacteroides ureolyticus	827	-	Hexadecanoic acid, Dodecanoic acid, Octadecanoic acid, Tetradecanoic acid, 3-Hydroxytetradecanoic acid, 3-Hydroxyhexadecanoic acid, Hexadecenoic acid	Brondz and Olsen, 1991
Bacteroides vulgatus	821	-	Acetic acid, Propionic acid, Isobutyric acid, Isovaleric acid	Wiggins et al., 1985
Brevibacterium linens	1703	+	Methanethiol, S-Methylthiobutyrate, S-Methylthio-2-methyl butyrate, S-Methyl thioacetate, S-Methyl thiocaproate, SMethylthio-3-methyl butyrate, S-Methyl thiopropionate, S-Methylthio-2-methyl propionate, S-Methyl thiovalerate	Schulz and Dickschat, 2007
Calothrix parietina	32054	-	Octanal, Decanal, 6-Methyl-5-hepten-2-one, beta-Cyclocitral, Heptadecane, Limonene, Heptadecene, Nonanal, 2,6,6-Trimethylcyclo-hex-2-en-1-one, 8-Methylheptadecane, Dihydro-beta-ionone, beta-Ionone, beta-Ionone-5,6-epoxide	Höckelmann and Jüttner, 2004
Calothrix spp.	1186	-	Cresol, Skatole, Sulcatone, beta-Cyclocitral, 2,2,6-Trimethylcyclohexanone, Sulcatol, Dihydroactinidiolide, 2-Hydroxy-2,6,6-trimethylcyclohexan-1-one, Dihydro-beta-ionone, beta-Ionone, (Z)-5-Heptadecene, Geosmin, beta-Ionone-5,6-epoxide	Schulz and Dickschat, 2007
			Octanal, Decanal, Heptadecane, Limonene, Nonanal, Geosmin, beta-Ionone-5,6-epoxide	Höckelmann and Jüttner, 2004
Campylobacter fetus	196	-	Hexadecanoic acid, Dodecanoic acid, Octadecanoic acid, Tetradecanoic acid, 3-Hydroxytetradecanoic acid, 3-Hydroxyhexadecanoic acid, Hexadecenoic acid	Brondz and Olsen, 1991
Capnocytophaga ochracea	1018	-	Acetic acid, Propionic acid, Isovaleric acid	Kurita-Ochiai et al., 1995

Tableau II. suite (Effmert *et al.*, 2012).

Species	Tax ID (NCBI)	Gram	Volatile Synonym (Language used in the references - no IUPAC)	References
Carnobacterium divergens	2748	+	Toluene, Menthol, Hexadecanol, Dibutylphthalate, Hexanal, Carbondisulfide, Isobornylacetate, Linalool, alpha-Pinene, 2-Ethylphenol, 4-Methylguaiacol, ortho-Dimethylbenzene, tert-Butylcyclohexanol, 2-Ethyl-1-hexanol, Ethyloctanoate, para-Dimethylbenzene, 4-Methylthiophenol, 1-Propanethiol, Decanal, 1-Undecanol, 1-Dodecanol, Citronellylacetate, 1-Hexadecene, Methoxybenzenethiol, 2-Nonanone, 1-Tetradecene, Decane, delta-Nonalactone, 1-Octen-3-ol, 2-Butyl-1-octanol, 2-Pentylthiophene, Limonene, 2-Ethylhexyl-2-ethyl hexanoate, 2-Dodecanol, 2-Ethylhexanal, Ethylhexanoate, Nonanal, Tetradecanal, Butylhydroxytoluene, Isotridecanol, Terbutylcyclohexyl acetate, Decenyl acetate, 2-Methyl-1-dodecanol, Hexyl formate, Ethenyl decanoate, Undecanthiol, 2-Methyl-1-undecanol, 1-Nonen-3-ol, Limoneneoxide, 9,12-Tetradecadien-1-ol acetate, 3-Hydroxydodecanoic acid, 2-Hexyl-1-decanol, 4-Methoxybenzhydrol, Tetradecen-1-ol, 5-Undecene, 5-Methyl-1,5-hexadien-3-ol, Dodecyl hexanoate, 5-Butyl-4-nonene, 2-Methyl-2-decene, 6-Methyl-1-octanol, Tetradecen-1-ol acetate, 4-Methylundecene, 8-Methyl-1-undecene, 2,3-Epoxygeranyl acetate, 2-Hexyl-1-octanol, 2-Ethyldodecanol, 2-Methyl-2-dodecene, 2-Buten-1-ol, Dodecenal, 2-Octen-1-ol, 5-Octadecene, 9-Octadecene, Tetradecenoic acid,	Ercolini et al., 2009
Carnobacterium maltaromaticum	2751	+	2-Ethyl-1-hexanol, 2-Nonanone, 2-Ethylhexanal, 2-Hexyl-1-octanol, 2-Buten-1-ol	Ercolini et al., 2009
Chondromyces crocatus	52	-	Benzylalcohol, 2-Phenylethanol, endo-Bornyl acetate, Benzothiazol, 1,4-Dimethoxybenzol,, 2,5-Dimethylpyrazine, 2-Methoxy-3-(2-methylpropyl)pyrazine, 2-Methoxy-3-(1-methylethyl)pyrazine, (1-Methylethyl)pyrazine, beta-Copaene, 2-Methoxy-3-(1-methylpropyl)pyrazine, alpha-Elemene, Dimethyl-(1-methylethyl)pyrazine, 2-(1-Hydroxy-2-methylpropyl)-3-methoxypyrazine, Eremophilene, 1,4-Cadinadiene, Zonarene, Bicycloelemene, 2,5-bis-(1-Methylethyl)pyrazine, 2-(1-Methylethenyl)-5-(1-methylethyl)pyrazine, 2,5-Bis(2-methylpropyl)pyrazine, (1R,6S,10S)-6,10-Dimethylbicyclo[4.4.0]decan-3-one, 2,6-bis-(1-Methylethyl)pyrazine, beta-Ylangene, Methyl salicylate, 1-Phenylethanol, Anisol, 2-Aminoacetophenone, Methyl 2-methoxy benzoate, 2-(Methoxymethyl)furan, alpha-Muurolene, (-)-Germacrene D, (6S,10S)-6,10-Dimethylbicyclo[4.4.0]dec-1-en-3-one, (1R,6R,10R)-6,10-Dimethylbicyclo[4.4.0]decan-3-one, (1(10)E,5E)-Germacradien-11-ol, Methyl anthranilate, Nonanal, 2-Methyl-3-methoxypyrazine, 2-Methyl-5-(1-methylethyl)pyrazine, Cubenol, 3-Methoxy-2,5-dimethylpyrazine, 3-Methoxy-2,6-dimethylpyrazine, 2-Methyl-6-(1-methylethyl)pyrazine, 6,10-Dimethylbicyclo[4.4.0]decan-3-ol, Geosmin	Schulz et al., 2004
			Methyl salicylate, 1-Phenylethanol, Anisol, 2-Aminoacetophenone, Methyl 2-methoxy benzoate, 2-(Methoxymethyl) furan, alpha-Muurolene, (-)-Germacrene D, (6S,10S)-6,10-Dimethylbicyclo[4.4.0]dec-1-en-3-one, (1R,6R,10R)-6,10-Dimethylbicyclo[4.4.0]decan-3-one, (1(10)E,5E)-Germacradien-11-ol, Geosmin, 4-Methoxyacetophenone, Methyl 4-methoxy benzoate, Furfuryl 3-methyl butanoate, 2-Aminobenzaldehyde, Methyl anthranilate, Nonanal, 1,4-Dimethoxybenzene, 4-Phenylbutanone, Isopropylpyrazine, 2-Methyl-5-isopropylpyrazine, alpha-Eudesmol, 2-Methoxy-3-(1-hydroxy-2-methylpropyl)pyrazine, 2,5-Diisopropylpyrazine, 2-Isopropyl-5-isopropenylpyrazine, 2-Isopropyl-5-buten-2-yl-pyrazine, Eremophilene, 2,5-Diisobutylpyrazine, (1S,6R,10R)-6,10-Dimethylbicyclo[4.4.0]decan-3-one, 2-Methyl-6-isopropylpyrazine, 2,6-Diisopropylpyrazine	Schulz and Dickschat, 2007
			4-Phenyl-2-butanone, 2-Methoxy-3-methylpyrazine, 1-epi-Cubenol, alpha-Eudesmol, 5-Methyl-2-(1-methylethyl)pyrazine, 3-Methoxy-2,5-bis(1-methylpropyl)pyrazine, Methoxydi-(1-methylethyl)pyrazine, 3-Methoxy-2-(1-methylpropyl)-5-(2-methylpropyl)pyrazine, 2-Butan-2-yl-5-propan-2-yl-pyrazine, 3-Methoxy-5-(2-methylpropyl)-2-propan-2-yl-pyrazine, 3-Methoxy-2,5-bis(2-methylpropyl)pyrazine, 5-Butan-2-yl-3-methoxy-2-propan-2-yl-pyrazine, 5-Butan-2-yl-3-methoxy-2-methyl-pyrazine, 3-Methoxy-2-methyl-5-(2-methylpropyl)pyrazine, 6-Methyl-2-(1-methylethyl)pyrazine, (1S,6S,10S)-6,10-Dimethylbicyclo[4.4.0]decan-3-one, Methyl salicylate, 1-Phenylethanol, Anisol, 2-Aminoacetophenone, Methyl 2-methoxy benzoate, 2-(Methoxymethyl)furan, alpha-Muurolene, (-)-Germacrene D, (6S,10S)-6,10-Dimethylbicyclo[4.4.0]dec-1-en-3-one, (1R,6R,10R)-6,10-Dimethylbicyclo[4.4.0]decan-3-one, (1(10) E,5E)-Germacradien-11-ol, 4-Methoxyacetophenone, Methyl 4-methoxy benzoate, Furfuryl 3-methyl butanoate, 2-Aminobenzaldehyde, Benzylalcohol, 2-Phenylethanol, endo-Bornyl acetate, Benzothiazol, 1,4-Dimethoxybenzol,, 2,5-Dimethylpyrazine, 2-Methoxy-3-(2-methylpropyl)pyrazine, 2-Methoxy-3-(1-methylethyl)pyrazine, (1-Methylethyl) pyrazine, beta-Copaene, 2-Methoxy-3-(1-methylpropyl)pyrazine, alpha-Elemene, Dimethyl-(1-methylethyl)pyrazine, 2-(1-Hydroxy-2-methylpropyl)-3-methoxypyrazine, Eremophilene, 1,4-Cadinadiene, Zonarene, Bicycloelemene, 2,5-bis-(1-Methylethyl)pyrazine, 2-(1-Methylethenyl)-5-(1-methylethyl)pyrazine, 2,5-Bis(2-methylpropyl)pyrazine, (1R,6S,10S)-6,10-Dimethylbicyclo[4.4.0]decan-3-one, 2,6-bis-(1-Methylethyl)pyrazine, beta-Ylangene, Geosmin	Dickschat et al., 2005e
			Alpha-Muurolene, Cadina-1,4-diene, Geosmin	Dickschat et al., 2005d

Tableau II. suite (Effmert *et al.,* 2012).

Species	Tax ID (NCBI)	Gram	Volatile Synonym (Language used in the references - no IUPAC)	References
Citrobacter freundii	546	-	Methanethiol, Phenol, Dimethylselenenylsulfide	Schulz and Dickschat, 2007
Citrobacter spp.	544	-	2-Phenylethanol, 3-Methylbutyl propionate, 3-(Methylsulfanyl)propan-1-ol, Dimethyldisulfide, 3-Methylbutyl acetate, 2-Methylmercaptoethanol	Schulz and Dickschat, 2007
Clostridium bifermentans	1490	+	Acetic acid, Propionic acid, Isovaleric acid, Isocaproic acid	Wiggins et al., 1985
Clostridium butyricum	1492	+	Acetic acid, Butyric acid	Wiggins et al., 1985
Clostridium cadaveris	1529	+	Acetic acid, Butyric acid, Propionic acid	Wiggins et al., 1985
Clostridium collagenovorans	29357	+	Dimethylselenium, Dimethyldiselenium, Dimethyltellurium, Trimethylbismuth, Trimethylstibine, Trimethylarsine Trimethylbismuth, Trimethylstibine, Trimethylarsine	Michalke et al., 2000 Schulz and Dickschat, 2007
Clostridium fallax	1533	+	Acetic acid, Butyric acid	Wiggins et al., 1985
Clostridium histolyticum	1498	+	Acetic acid	Wiggins et al., 1985
Clostridium sporogenes	1509	+	Acetic acid, Butyric acid, Propionic acid, Isobutyric acid, Valeric acid, Isovaleric acid, Isocaproic acid	Wiggins et al., 1985
Clostridium spp.	1485	+	Acetic Acid, Acetoin, 2,3-Butanediol, Butyric acid, Formic acid, Ethanol, Methanol, Propionic Acid, Dimethylsulfide, Ethylene, Isobutanol, Acrylic acid, Isobutyric acid, Valeric acid, Caproic acid, Isovaleric acid, Isocaproic acid, Isopentanol, Crotonic acid,	Stotzky and Schenck, 1976
Clostridium tertium	1559	+	Acetic acid, Butyric acid	Wiggins et al., 1985
Cytophaga spp.	978	-	3,3,7,7-Tetramethyl-1,2,5-trithiepane, 3,3,6,6-Tetramethyl-1,2,5-trithiepane, 4,4-Dimethyltrithiolane, 4,4,6,6-Tetramethyl-1,2,5-trithiepane, 3,3,8,8-Tetramethyl-1,2,5,6-tetrathiocane, 2-Methylpropane-1,2-dithiol, 3,3,7,7-Tetramethyl-1,2,5,6-tetrathiocane, 5,5-Dimethyltetrathiane,	Sobik et al., 2007
Desulfovibrio acrylicus	41791	-	Methanethiol, Dimethylsulfide	Schulz and Dickschat, 2007
Desulfovibrio gigas	879	-	Dimethylselenium, Dimethyldiselenium, Dimethyltellurium, Trimethylarsine Trimethylarsine	Michalke et al., 2000 Schulz and Dickschat, 2007
Desulfovibrio vulgaris	881	-	Dimethylselenium, Dimethyldiselenium, Trimethylstibine, Trimethylarsine Trimethylstibine, Trimethylarsine	Michalke et al., 2000 Schulz and Dickschat, 2007
Dinoroseobacter shibae	215813	-	2-Phenylethanol, 4-Octanolide, 4-Nonanolide, 4-Undecanolide, 4-Heptanolide, Undecanal, Dodecanal, Butyl benzoate, Benzylcyanide, 1-Nonanol, 6-Methyl-5-hepten-2-one, 4-Hexanolide, 4-Decanolide, Tetramethylpyrazine, 4-Dodecanolide, S-Methylmethanethiosulfonate, 5-Nonanolide, Dimethyltrisulfide, 2-Methyl-4-pentanolide, 4-Methylquinazoline, 3-Methyl-4-pentanolide, 2-Butyl-3,6-dimethylpyrazine, 3-Butyl-2,5-dimethylpyrazine, Geranylacetone S-Methylmethanethiosulfonate, S-Methylmethanethio sulfinate S 2-Ethyl-5-methylpyrazine, 2-Ethyl-3,6-dimethylpyrazine, 3-Ethyl-2,5-dimethylpyrazine, 5-Methyl-2-(1-methylethyl) pyrazine, Methylmethylthiomethyldisulfide	Dickschat et al., 2005f Schulz and Dickschat, 2007 Dickschat et al., 2005e
Dinoroseobacter spp.	309512	-	4-Butanolide, Octan-4-olide, Nonan-4-olide, Undecan-4-olide, Heptan-4-olide, 4-Pentanolide, Butyl benzoate, Hexan-4-olide, Decan-4-olide, Dodecan-4-olide, 2-Methylpentan-4-olide, Tetradecan-4-olide, 3-Methylpentan-4-olide	Schulz and Dickschat, 2007
Enterobacter agglomerans	549	-	1-(2-Pyridinyl)ethanone	Schulz and Dickschat, 2007
Enterobacter cloacae	550	-	Dimethylselenide	Schulz and Dickschat, 2007
Enterobacter spp.	547	-	Acetoin, Indole, 2-Phenylethanol, Hydroxypropanone, 3-(Methylsulfanyl)propan-1-ol, Dimethyldisulfide, 2-Methylmercaptoethanol	Schulz and Dickschat, 2007
Escherichia coli	562	-	Acetic acid, Methanol, Acetaldehyde, Acetone, 1-Butanol, Methanethiol, 2-Methyl-1-butanol, Ethanol, Indole Acetoin, 2,3-Butanediol, 2,3-Butanedione, Glyoxylic acid, Acetylene, Isoprene, 1-Propanol-2-methyl, 2-Butanone, Diethylacetic acid, Dodecane, Ethyl acetate, 3-Methylbutanoic acid, 2-Methylfuran, Hexadecane, 3-Methylbutanal, Dimethyldisulfide, 1-Undecene, Tetrahydro-2,5-dimethylfuran, 1-Undecane, Dimethyltrisulfide, 2-Pentylfuran, 3-Methyl-1-butanol, Acetic acid butyl ester, 3-Methylbutyl acetate, 2-Hydroxy-3-pentanone, 2,4-Hexadienal, Acetone, 1-Butanol, Methanethiol, 2-Methyl-1-butanol, Ethanol Ethanol, Indole, Acetonitrile	Bunge et al., 2008 Farag et al., 2006 Zhu et al., 2010

Tableau II. suite (Effmert *et al.*, 2012).

Species	Tax ID (NCBI)	Gram	Volatile Synonym (Language used in the references - no IUPAC)	References
Escherichia coli	562	-	Indole	Schulz and Dickschat, 2007; Ryan and Dow, 2008
Escherichia spp.	561	-	2-Phenylethanol, Ethyl octanoate, 1-Decene	Schulz and Dickschat, 2007
Flavobacterium spp.	237	-	Ethanol, Dimethyldisulfide	Freeman et al., 1976
Fossombronia pusilla	34161	-	Geosmin	Dickschat et al., 2005a
Fusobacterium nucleatum	851	-	Acetic acid, Butyric acid, Propionic acid, Valeric acid, Isovaleric acid Methanethiol, L-Methionine	Kurita-Ochiai et al., 1995 Schulz and Dickschat, 2007
Geobacillus stearothermophilus	1422	+	Dimethylselenide, Dimethyldiselenide, Dimethyltelluride, Dimethylditelluride, Methanetellurol	Schulz and Dickschat, 2007
Halomonas venusta	44935	-	(S)-2-Methoxy-3-(1-methylpropyl)pyrazine	Schulz and Dickschat, 2007
Jannaschia helgolandensis	188906	-	5-Methyl-2-(1-methylethyl)pyrazine	Dickschat et al., 2005e
Klebsiella oxytoca	571	-	Dimethyldisulfide, Dimethyltrisulfide	Schulz and Dickschat, 2007
Klebsiella pneumoniae	573	-	Phenol, 2-Methyl-5-isopropylpyrazine	Schulz and Dickschat, 2007
Klebsiella spp.	570	-	Acetoin, Indole, 2-Phenylethanol, 2-(Hydroxymethyl)furan, 1-Phenylpropan-2-one, Ethyl butanoate, 3-Methylbutyl butanoate, Methylpropyl acetate, 3-(Methylsulfanyl)propan-1-ol, Pentyl butanoate, Hexan-2-one, 2-Methylbutyl acetate, Dimethyldisulfide, 3-Methylbutyl acetate, 2-Methylmercaptoethanol	Schulz and Dickschat, 2007
Lactobacillus brevis	1580	+	3-Methylthiopropionate, Methanethiol, 3-(Methylsulfanyl)propan-1-ol, Dimethyldisulfide, Methional	Schulz and Dickschat, 2007
Lactobacillus casei	1582	+	Acetic acid, Acetoin, Benzaldehyde, Benzenemethanol, Butanoic acid, Octanoic acid, Decanoic acid, Dodecanoic acid, 2-Phenylethanol, Isobutanol, Ethyl-2-hydroxy propionate, Pentanoic acid, Heptanoic acid, Nonanoic acid, Hexanoic acid, 3-(Methylthio)-1-propanol, Tetradecanoic acid, 3-Methyl-2-butanol, alpha,alpha-Dimethylbenzenemethanol, Isoamylalcohol	Schulz and Dickschat, 2007 Tracey and Britz, 1989
Lactobacillus fermentum	1613	+	L-Cystathionine	Schulz and Dickschat, 2007
Lactobacillus hilgardii	1588	+	3-Methylthiopropionate, Methanethiol, 3-(Methylsulfanyl)propan-1-ol, Dimethyldisulfide	Schulz and Dickschat, 2007
Lactobacillus lactis	29397	+	alpha-keto-gamma-methylthiobutyric acid, Methanethiol, Methional, Methylmercaptoacetaldehyde	Schulz and Dickschat, 2007
Lactobacillus plantarum	1590	+	Acetic acid, Acetoin, Benzenemethanol, Butanoic acid, Octanoic acid, Decanoic acid, Dodecanoic acid, 2-Phenylethanol, Isobutanol, Ethyl-2-hydroxy propionate, Pentanoic acid, Heptanoic acid, Hexanoic acid, 3-(Methylthio)-1-propanol, Tetradecanoic acid, 3-Methyl-2-butanol, alpha,alpha-Dimethylbenzenemethanol, Isoamylalcohol, Benzaldehyde 3-Methylthiopropionate, Methanethiol, Phenylpyruvate, L-Phenylalanine, 3-(Methylsulfanyl)propan-1-ol, Dimethyldisulfide, Benzaldehyde	Tracey and Britz, 1989 Schulz and Dickschat, 2007
Lactobacillus spp.	1578	+	Methanethiol, Dimethylsulfide, Dimethyldisulfide, Dimethyltrisulfide	Schulz and Dickschat, 2007
Lactococcus lactis	1358	+	Acetic acid, Acetoin, Benzaldehyde, Benzenemethanol, Butanoic acid, Octanoic acid, Decanoic acid, Dodecanoic acid, 2-Phenylethanol, Isobutanol, Ethyl-2-hydroxy propionate, Pentanoic acid, Heptanoic acid, Nonanoic acid, Hexanoic acid, 3-(Methylthio)-1-propanol, Tetradecanoic acid, 3-Methyl-2-butanol, alpha,alpha-Dimethylbenzenemethanol, Isoamylalcohol L-Cystathionine, S-Methyl thiobutyrate, S-Methylthio-2-methyl butyrate, S-Methyl thioacetate, S-Methyl thiocaproate, S-Methyl thio-3-methyl butyrate, S-Methyl thiopropionate, S-Methylthio-2-methyl propionate, S-Methyl thiovalerate	Tracey and Britz, 1989 Schulz and Dickschat, 2007
Lactococcus spp.	1357	+	Methanethiol, Phenyl pyruvate, Phenylacetaldehyde, Dimethylsulfide, L-Phenylalanine, Dimethyldisulfide, Dimethyltrisulfide	Schulz and Dickschat, 2007
Leuconostoc cremoris	33965	+	Acetic acid, Acetoin, Benzaldehyde, Benzenemethanol, Butanoic acid, Octanoic acid, Decanoic acid, Dodecanoic acid, 2-Phenylethanol, Isobutanol, Ethyl-2-hydroxy propionate, Pentanoic acid, Heptanoic acid, Nonanoic acid, Hexanoic acid, 3-(Methylthio)-1-propanol, Tetradecanoic acid, 3-Methyl-2-butanol, alpha,alpha-Dimethylbenzenemethanol, Isoamylalcohol	Tracey and Britz, 1989
Leuconostoc dextranicum	33966	+	Acetic acid, Acetoin, Benzaldehyde, Benzenemethanol, Butanoic acid, Octanoic acid, Decanoic acid, Dodecanoic acid, 2-Phenylethanol, Isobutanol, Ethyl-2-hydroxy propionate, Pentanoic acid, Heptanoic acid, Nonanoic acid, Hexanoic acid, 3-(Methylthio)-1-propanol, Tetradecanoic acid, 3-Methyl-2-butanol, alpha,alpha-Dimethylbenzenemethanol, Isoamylalcohol	Tracey and Britz, 1989

Tableau II. suite (Effmert *et al.*, 2012).

Species	Tax ID (NCBI)	Gram	Volatile Synonym (Language used in the references - no IUPAC)	References
Leuconostoc mesenteroides	1245	+	Acetoin, Benzaldehyde, Benzenemethanol, Butanoic acid, Octanoic acid, Decanoic acid, Dodecanoic acid, 2-Phenylethanol, Isobutanol, Ethyl-2-hydroxy propionate, Pentanoic acid, Heptanoic acid, Nonanoic acid, Hexanoic acid, 3-(Methylthio)-1-propanol, Tetradecanoic acid, 3-Methyl-2-butanol, alpha,alpha-Dimethylbenzenemethanol, Isoamylalcohol	Tracey and Britz, 1989
Leuconostoc oenos	1247	+	Acetic acid, Acetoin, Benzaldehyde, Benzenemethanol, Butanoic acid, Octanoic acid, Decanoic acid, Dodecanoic acid, 2-Phenylethanol, Isobutanol, Ethyl-2-hydroxy propionate, Pentanoic acid, Heptanoic acid, Nonanoic acid, Hexanoic acid, 3-(Methylthio)-1-propanol, Tetradecanoic acid, 3-Methyl-2-butanol, alpha,alpha-Dimethylbenzenemethanol, Isoamylalcohol	Tracey and Britz, 1989
Leuconostoc paramesenteroides	1249	+	Acetoin, Benzaldehyde, Benzenemethanol, Butanoic acid, Octanoic acid, Decanoic acid, Dodecanoic acid, 2-Phenylethanol, Isobutanol, Pentanoic acid, Heptanoic acid, Nonanoic acid, Hexanoic acid, 3-(Methylthio)-1-propanol, Tetradecanoic acid, 3-Methyl-2-butanol, alpha,alpha-Dimethylbenzenemethanol, Isoamylalcohol	Tracey and Britz, 1989
Loktanella hongkongensis	278132	-	Tetramethylpyrazine, 2-Ethyl-5-methylpyrazine, 3-Ethyl-2,5-dimethylpyrazine, 5-Methyl-2-(1-methylethyl)pyrazine, 2,5-Dimethyl-3-(3-methylbutyl)pyrazine, 3-Butyl-2,5-dimethylpyrazine	Dickschat et al., 2005e
Loktanella spp.	245186	-	Indole, 4-Butanolide, Octan-4-olide, Nonan-4-olide, Undecan-4-olide, Heptan-4-olide, 4-Pentanolide, S-Methyl methanethiosulfonate, 4-(Methylsulfanyl)butan-2-one, S-Methylmethanethiosulfinate, Tetradecan-4-olide, Tropone, Methyl 2-furancarboxylate, 1-Phenylpropan-1,2-dione, Hexan-4-olide, Decan-4-olide, Dodecan-4-olide, 3-Methylbutan-4-olide, S-Methyl thiopropionate	Schulz and Dickschat, 2007
			Indole, 2-Phenylethanol, 4-Nonanolide, 4-Pentanolide, Undecanal, 1-Tetradecanol, Benzycyanide, 6-Methyl-5-hepten-2-one, Dimethyltrisulfide, 2-Ethyl-3,6-dimethylpyrazine, 4-Methylthio-2-butanone, Methylmethylthiomethyldisulfide, 4-Methylquinazoline, 2-Isopentyl-3,6-dimethylpyrazine, 2-Butyl-3,6-dimethylpyrazine, Tetramethylpyrazine, Geranylacetone, 1-Phenylpropan-1,2-dione, Hexan-4-olide, Decan-4-olide, Dodecan-4-olide, 3-Methylbutan-4-olide, S-Methyl thiopropionate	Dickschat et al., 2005f
Lyngbya spp.	28073	-	Geosmin	Schulz and Dickschat, 2007
Lysobacter gummosus	262324	-	Acetamide, Benzaldehyde, Phenylacetaldehyde, Methanamine, Benzothiazole, Methylpyrazine, 1-Butanamine, Dodecane, Dimethyldisulfide, Nonadecane, 1-Decene, 2,5-Dimethylpyrazine	Zou et al., 2007
Methanobacterium formicicum	2162	+	Stibine, Dimethylselenium, Trimethylbismuth, Trimethylstibine, Dimethyldiselenium, Dimethyltellurium, Trimethylarsines, Dimethylstibine, Monomethylstibine, Monomethylarsine, Dimethylarsine	Michalke et al., 2000
			Trimethylbismuth, Monomethylarsine, Dimethylarsine	Schulz and Dickschat, 2007
Methanobacterium spp.	2160	+	Trimethylarsine, Dimethylarsine	Stotzky and Schenck, 1976
Methanobacterium thermoautotrophicum	145262	+	Trimethylstibine	Michalke et al., 2000
Methanosarcina barkeri	2208	+	Dimethylselenium, Trimethylstibine, Dimethyldiselenium	Michalke et al., 2000
Methylobacterium spp.	407	-	Methyliodide	Schulz and Dickschat, 2007
Microbacterium oxydans	82380	-	Propanone, Benzaldehyde, Phenol, Benzenacetaldehyde, Propionic acid, 1-Hexadecanol, Benzeneethanol, Phenylethanone, Cyclohexene, Nonane, 2-Undecanone, Decanal, Dodecane, Hexadecane, Dimethyldisulfide, Tetradecane, 2-Nonanone, Terpineol, 2-Octanol, Trimethylpyrazine	Gu et al., 2007
Microbacterium thermosphactum	2756	-	Ethanol, Methanol	Freeman et al., 1976
Myxococcus spp.	32	-	5-Methylhexan-3-ol, 7-Methyloctan-3-one, 5-Methyl-4-hexen-3-one	Schulz and Dickschat, 2007
Myxococcus xanthus	34	-	2-Phenylethanol, Benzothiazole, Benzylcyanide, 6-Methyl-5-hepten-2-one, Butyl propionate, 5-Methylhexan-3-ol, 5-Methylhexan-3-one, Tridecane, 2-Acetylfuran, Dimethyltrisulfide, Butyl acetate, 7-Methyloctan-3-one, 5-Methylhex-4-en-3-one, Cyanoisoquinoline, (3S)-Decan-3-ol, 4-Methylquinoline, 2-Aminoacetophenone, Decan-3-one, Nonan-3-one, Undecan-3-one, Dimethyltetrasulfide, Octan-3-one, Geranylacetone, Geosmin, (-)-Germacrene D, 9-Methyldecan-3-one, (1(10)E,5E)-Germacradien-11-ol	Dickschat et al., 2004
			Sulcatone, Undecan-3-ol, (S)-Decan-3-ol, Isolepidozene, Octalinhydrocarbon, 4-Methylquinoline, 2-Aminoacetophenone, Decan-3-one, Nonan-3-one, Undecan-3-one, Dimethyltetrasulfide, Octan-3-one, Geranylacetone, Geosmin, (-)-Germacrene D, 9-Methyldecan-3-one, (1(10)E,5E)-Germacradien-11-ol	Schulz and Dickschat, 2007

Tableau II suite (Effmert *et al.,* 2012).

Species	Tax ID (NCBI)	Gram	Volatile Synonym (Language used in the references - no IUPAC)	References
			Geosmin	Dickschat et al., 2005d
			(-)-Germacrene D, 9-Methyldecan-3-one, (1(10)E,5E)-Germacradien-11-ol	Dickschat et al., 2005a
			8,10-Dimethyl-1-octalin, (1(10)E,5E)-Germacradien-11-ol, Geosmin	Nawrath et al., 2008
			Nannocystis exedens 54 Benzylalcohol, Hexadecan-1-ol, 2-Phenylethanol, Isobornyl acetate, Benzothiazole, Ethyl 2-methyl propionate, Heptan-4-olide, 2-Butyl acetate, 4-Pentanolide, Ethyl-3-methyl butyrate, Dodecan-1-ol, Tetradecan-1-ol, Benzylnitrile, Pinanol, 2-Aminoacetophenone, Methyl-2-furan carboxylate, Hexan-4-olide, (-)-2-Methylisoborneol, Limonene, Ethyl-2-methyl butyrate, Diethyl succinate, Borneol, 1-Phenyldecan-1-one, 2-Methylenebornane, 2-Methyl-2-bornene, 2,5-Dimethyl-3-(1-methylethyl)pyrazine, Germacrene D, (6S,10S)-6,10-Dimethylbicyclo[4.4.0]dec-1-en-3-one, 2,5-Di-(1-methylethyl) pyrazine, 2-(1-Methylethenyl)-5-(1-methylethyl)pyrazine, 2,5-Di-(1-methylpropyl)pyrazine, 5-(1-Methylethyl)-2-(1-methylpropyl)pyrazine, (1(10)E,5E)-Germacradien-11-ol, beta-Ylangene, Geosmin	Dickschat et al., 2007
			2-Furanmethanol, Geosmin	Schulz and Dickschat, 2007
			Geosmin	Schulz et al., 2004; Dickschat et al.,2005a, d
			8,10-Dimethyl-1-octalin	Nawrath et al., 2008
Nannocystis exedens subsp.cinnabarina	54	-	2-Phenylethanol	Dickschat et al., 2007
Oceanibulbus indolifex	225422	-	2-Ethyl-5-methylpyrazine, 3-Ethyl-2,5-dimethylpyrazine, 5-Methyl-2-(1-methylethyl)pyrazine	Dickschat et al., 2005e
Octadecabacter spp.	53945	-	Benzaldehyde, 2-Acetylfuran, 2,5-Dimethylpyrazine, 4-(Methylsulfanyl)butan-2-one	Dickschat et al., 2005a
			4-(Methylsulfanyl)butan-2-one, (R)-4-(Methylsulfanyl)butan-2-ol	Schulz and Dickschat, 2007
Oenococcus oeni	1247	+	3-Methylthiopropionate, Methanethiol, 3-(Methylsulfanyl)propan-1-ol, Dimethyldisulfide, Methional	
Oscillatoria chalybea	41313	-	2-Methylisoborneol	
Oscillatoria spp.	1158	-	2-Methylisoborneol, Geosmin	
Paenibacillus polymyxa	1406	-	n-Hexadecanoic acid, Octadecanoic acid, Diethylphthalate, Hexadecanoic acid methyl ester, Octadecanoic acid methyl ester, Azulene, Di-2-propenyltrisulfide,, Diallyldisulfide, Tetradecanal, 1,3-Dithiole-2-thione, Oleic acid, (Z)-9-Hexadecenoic acid methyl ester, 2,4-Decadienal, 2-Undecenal	Wei-wei et al., 2008
			Isopropylpyrazine, 2-(2-Methylpropyl)pyrazine, 2-Methyl-5-isopropylpyrazine, 2,6-Diisobutylpyrazine, 2,5-Diisopropylpyrazine, 2-Isopropyl-5-buten-2-yl-pyrazine, 2,5-Diisobutylpyrazine, 2-Methyl-5-isobutylpyrazine, 2-Methyl-6-isopropylpyrazine, 2,6-Diisopropylpyrazine	Schulz and Dickschat, 2007
			2,5-Dimethyl-3-(2-methylpropyl)pyrazine	Dickschat et al., 2005e
Parasporobacterium paucivorans	115544	+	Methanethiol, Dimethylsulfide	Schulz and Dickschat, 2007
Pediococcus damnosus	51663	+	Acetic acid, Acetoin, Benzaldehyde, Benzenemethanol, Butanoic acid, Octanoic acid, Decanoic acid, Dodecanoic acid, 2-Phenylethanol, Isobutanol, Ethyl-2-hydroxy propionate, Pentanoic acid, Heptanoic acid, Nonanoic acid, Hexanoic acid, 3-(Methylthio)-1-propanol, Tetradecanoic acid, 3-Methyl-2-butanol, alpha,alpha-Dimethylbenzenemethanol, Isoamylalcohol	Tracey and Britz, 1989
Phormidium spp.	1198	-	Octanal, alpha-Pinene, 2-Heptanone, Decanal, 6-Methyl-5-hepten-2-one, beta-Cyclocitral, 2-Tridecanone, Heptadecane, 2-Decanone, 6-Methylheptan-2-one, Limonene, Heptadecene, 7-Methylheptadecane, Nonanal, 1-Octen-3-one, 2,6,6-Trimethylcyclo-hex-2-en-1-one, 8-Methylheptadecane, 2-Decenal, Geosmin, Dihydro-beta-ionone, beta-Ionone, beta-Ionone-5,6-epoxide	Höckelmann et al., 2004
			Sulcatone, Dihydroactinidiolide, 2-Hydroxy-2,6,6-trimethylcyclohexan-1-one, Tetrahydroionone, Dihydro-beta-ionol, 4-Oxodihydro-beta-ionone, Geosmin, Dihydro-beta-ionone, beta-Ionone, beta-Ionone-5,6-epoxide	Schulz and Dickschat, 2007
Photobacterium spp.	657	-	Methyl iodide	Schulz and Dickschat, 2007
Plantibacter spp.	190323	+	Methyl iodide	Schulz and Dickschat, 2007

Tableau II. suite (Effmert *et al.*, 2012).

Species	Tax ID (NCBI)	Gram	Volatile Synonym (Language used in the references - no IUPAC)	References
Plectonema spp.	1183	-	Octanal, Decanal, 6-Methyl-5-hepten-2-one, Heptadecane, Limonene, 7-Methylheptadecane, Nonanal, 2,6,6-Trimethylcyclo-hex-2-en-1-one, 8-Methylheptadecane, Beta-Cyclocitral, Dihydro-beta-ionone, beta-Ionone, beta-Ionone-5,6-epoxide	Höckelmann and Jüttner, 2004
			Sulcatone, Beta-Cyclocitral, Dihydro-beta-ionone, beta-Ionone, beta-Ionone-5,6-epoxide, 2,2,6-Trimethylcyclohexanone, Sulcatol, Dihydroactinidiolide, 2-Hydroxy-2,6,6-trimethylcyclohexan-1-one, beta-Cyclogeraniol, Dihydro-beta-ionol	Schulz and Dickschat, 2007
Porphyromonas endodontalis	28124	-	Hexadecanoic acid, Tetradecanoic acid, 12-Methyltetradecanoic acid, 11-Methyldodecanoic acid, 13-Methyltetradecanoic acid, 3-Hydroxy-15-Methylhexadecanoic acid, 3-Hydroxypentadecanoic acid, 3-Hydroxyhexadecanoic acid	Brondz and Olsen, 1991
			Porphyromonas gingivalis 837 Acetic acid, Butyric acid, Propionic acid, Isobutyric acid, Valeric acid, Isovaleric acid	Kurita-Ochiai et al., 1995
			Methanethiol	Schulz and Dickschat, 2007
Prevotella buccae	28126	-	Hexadecanoic acid, Tetradecanoic acid, 12-Methyltridecanoic acid, 12-Methyltetradecanoic acid, 14-Methylhexadecanoic acid, 11-Methyldodecanoic acid, 14-Methylpentadecanoic acid, 13-Methyltetradecanoic acid, 3-Hydroxy-15-Methylhexadecanoic acid, 15-Methylhexadecanoic acid, 3-Hydroxypentadecanoic acid, 3-Hydroxyhexadecanoic acid, 10-Methyldodecanoic acid	Brondz and Olsen, 1991
Prevotella disiens	28130	-	Hexadecanoic acid, Tetradecanoic acid, 12-Methyltridecanoic acid, 12-Methyltetradecanoic acid, 14-Methylhexadecanoic acid, 11-Methyldodecanoic acid, 14-Methylpentadecanoic acid, 13-Methyltetradecanoic acid, 3-Hydroxy-15-Methylhexadecanoic acid, 15-Methylhexadecanoic acid, 3-Hydroxypentadecanoic acid, 3-Hydroxyhexadecanoic acid, 10-Methyldodecanoic acid	Brondz and Olsen, 1991
Prevotella heparinolyticus	28113	-	Hexadecanoic acid, Tetradecanoic acid, 12-Methyltetradecanoic acid, 11-Methyldodecanoic acid, 13-Methyltetradecanoic acid, 3-Hydroxy-15-Methylhexadecanoic acid, 15-Methylhexadecanoic acid, 3-Hydroxypentadecanoic acid, 3-Hydroxyhexadecanoic acid, 10-Methyldodecanoic acid	Brondz and Olsen, 1991
Prevotella intermedia	28131	-	Acetic acid, Butyric acid, Isobutyric acid, Isovaleric acid	Kurita-Ochiai et al., 1995
Prevotella loescheii	840	-	Acetic acid, Butyric acid, Propionic acid, Isobutyric acid, Valeric acid, Isovaleric acid	Kurita-Ochiai et al., 1995
Prevotella oralis	28134	-	Hexadecanoic acid, Tetradecanoic acid, 12-Methyltridecanoic acid, 12-Methyltetradecanoic acid, 14-Methylhexadecanoic acid, 11-Methyldodecanoic acid, 14-Methylpentadecanoic acid, 13-Methyltetradecanoic acid, 3-Hydroxy-15-Methylhexadecanoic acid, 15-Methylhexadecanoic acid, 3-Hydroxypentadecanoic acid, 3-Hydroxyhexadecanoic acid	Brondz and Olsen, 1991
Prevotella oris	28135	-	Hexadecanoic acid, Tetradecanoic acid, 12-Methyltridecanoic acid, 12-Methyltetradecanoic acid, 14-Methylhexadecanoic acid, 11-Methyldodecanoic acid, 14-Methylpentadecanoic acid, 13-Methyltetradecanoic acid, 3-Hydroxy-15-Methylhexadecanoic acid, 15-Methylhexadecanoic acid, 3-Hydroxypentadecanoic acid, 3-Hydroxyhexadecanoic acid, 10-Methyldodecanoic acid	Brondz and Olsen, 1991
Prevotella spp.	838	-	11-Methyldodecanoic acid, 13-Methyltetradecanoic acid	Brondz and Olsen, 1991
Prevotella veroralis	28137	-	Hexadecanoic acid, Tetradecanoic acid, 12-Methyltridecanoic acid, 12-Methyltetradecanoic acid, 11-Methyldodecanoic acid, 14-Methylpentadecanoic acid, 13-Methyltetradecanoic acid, 3-Hydroxy-15-Methylhexadecanoic acid, 3-Hydroxyhexadecanoic acid, 10-Methyldodecanoic acid	Brondz and Olsen, 1991
Pseudoalteromonas spp.	53246	-	Methyliodide	Schulz and Dickschat, 2007
Pseudomonas aeruginosa	287	-	Ethyleneglycol, Acetic acid, Acetone, Ethanol, Indole, 4-Methylphenol, Acetonitrile, 2-Pentanone, 2-Aminoacetophenone	Zhu et al., 2010
			Butanol, 2-Undecanone, Dimethyldisulfide, 2-Nonanone, Dimethyltrisulfide, Isopentanol, Undecene, 2-Aminoacetophenone	Labows et al., 1980
Pseudomonas aurantiaca	86192	-	Benzaldehyde, Benzothiazole, 2-Ethyl-1-hexanol, Phenylenediamine, Cyclohexanol, 2-Methylpyrazine, Nonane, 2-Undecanone, Decanol, Dodecane, Pyrazine, 2-Tridecanone, Tetradecane, Pentadecane, Nonadecane, 1-Undecene, Undecane, 1-Heptadecanol, Decane, 4-Octylbenzoic acid, Dimethyltrisulfide, Nonanal, Hexadecane	Fernando et al., 2005
Pseudomonas cepacia	292	-	Dimethyldisulfide, Dimethyltrisulfide	Labows et al., 1980

Tableau II. suite (Effmert *et al.*, 2012).

Species	Tax ID (NCBI)	Gram	Volatile Synonym (Language used in the references - no IUPAC)	References
Pseudomonas chlororaphis	587753	-	Benzaldehyde, Benzothiazole, 2-Ethyl-1-hexanol, Phenylenediamine, Cyclohexanol, 2-Methylpyrazine, Nonane, 2-Undecanone, Decanol, Dodecane, Pyrazine, 2-Tridecanone, Tetradecane, Pentadecane, Nonadecane, 1-Undecene, Undecane, 1-Heptadecanol, Decane, 4-Octylbenzoic acid, Dimethyltrisulfide, Nonanal, Hexadecane	Fernando et al., 2005
			Benzothiazole	Schulz and Dickschat, 2007
Pseudomonas corrugata	47879	-	Benzaldehyde, Benzothiazole, 2-Ethyl-1-hexanol, Phenylenediamine, Cyclohexanol, 2-Methylpyrazine, Nonane, 2-Undecanone, Decanol, Dodecane, Pyrazine, 2-Tridecanone, Tetradecane, Pentadecane, Nonadecane, 1-Undecene, Undecane, 1-Heptadecanol, Decane, 4-Octylbenzoic acid, Dimethyltrisulfide, Nonanal, Hexadecane	Fernando et al., 2005
Pseudomonas doudoroffii	84158	-	Methanethiol, Dimethylsulfide	Schulz and Dickschat, 2007
Pseudomonas fluorescens	294	-	Acetoin	Lee et al., 1979; Pittard et al.,1982
			Benzaldehyde	Lee et al., 1979; Fernando et al., 2005
			2,3-Butanediol, 1-Butanol, 2,3-Butanedione, Glyoxylic acid, 1-Pentanol, Acetylene, Isoprene, 2-Methyl-1-propanol, Diethylacetic acid, 2-Methylbutanal, Cyclohexane, 2-Methyl-1-butanol, 2-Methylfuran, Hexadecane, Tetrahydro-2,5-dimethylfuran, 3-Methyl-1-butanol, Butanol-3-methyl acetate, 2-Hydroxy-3-pentanone, 2,4-Hexadienal, Benzaldehyde, Acetoin, Ethanol, Methanethiol, 2-Butanone, Dodecane, Undecane, Methylbutanal, Dimethyldisulfide, 1-Undecene, Dimethyltrisulfide	Farag et al., 2006
			Butanol, Isopentanol, Dimethyltrisulfide	Labows et al., 1980
			Ethanol, Methanol, Methyl propionate, Dimethylsulfide, Dimethyldisulfide, Methylthiol acetate	Freeman et al., 1976
			Methanethiol, 2-Butanone, Dimethylsulfide, Toluene, 2-Nonanone, 4-Methyl-2,6-di-tert-butylphenol, Dimethyldisulfide, 1-Undecene, Dimethyltrisulfide, Nonanal, Methylthiol acetate, 2-Butanol, 3-Octanone, Dimethylbenzenes, Ethylmethyldisulfide, 2-Octanol, 1-Nonene, Cycloheptene, 4-Octanone, 2-Pentanone, 2-Heptanone, Trimethylbenzene, 3-Pentanone	Pittard et al., 1982
			Toluene, 2-Nonanone, 4-Methyl-2,6-di-tert-butylphenol, Methyl propionate, Methyl isothiocyanate, Methyl-2-methyl butyrate, Methylpent-2-enoate, Methylbutanal, Dimethyldisulfide, 1-Undecene, Dimethyltrisulfide, Methylthiol acetate	Lee et al., 1979
			Benzothiazole, 2-Ethyl-1-hexanol, Phenylenediamine, Cyclohexanol, 2-Methylpyrazine, Nonane, 2-Undecanone, Decanol, Tetradecane, Pentadecane, Nonadecane, 1-Heptadecanol, Decane, 4-Octylbenzoic acid, Hexadecane, 2-Tridecanone, Pyrazine, Dodecane, Undecane, 1-Undecene, Dimethyltrisulfide, Nonanal	Fernando et al., 2005
			Dimethyltelluride	Schulz and Dickschat, 2007
			Undecene	Kai et al., 2007
			Pseudomonas fragi 296 Acetaldehyde, Ethylalcohol, Methylmercaptan, Butanone, Ethyl butyrate, Ethyl hexanoate, Dimethylsulfide, Ethyl acetate, Dimethyldisulfide	Miller et al., 1973
			Ethanol, Methanol, Methyl acetate, Dimethylsulfide, Ethyl acetate, Dimethyldisulfide	Freeman et al., 1976
			Toluene, Menthol, Dibutylphthalate, Hexanal, Carbondisulfide, Linalool, alpha-Pinene, 2-Ethylphenol, 4-Methylguaiacol, 2-Ethyl-1,3-hexandiol, ortho-Dimethylbenzene, para-Dimethylbenzene, 1-Butene, 2,4,4-Trimethyl-1-pentene, Decanal, Dodecene, 10-Undecenal, 1-Dodecanol, 4(1,1,3,3-Tetramethylbutyl)phenol, 1-Nonanol, Citronellyl acetate, 1-Hexadecene, 2-Undecanol, alpha-Terpineol, 1-Octen-3-ol, 2-Butyl-1-octanol, 1,9-Nonanediol, 2-Pentylthiophene, Limonene, 2-Ethylhexyl-2-ethyl hexanoate, 2-Dodecanol, Tridecanal, Nonanal, Butylhydroxytoluene, Decenyl acetate, 2-Methyl-1-dodecanol, Hexadecanediol, 2-Methyl-1-decanol, 1-Nonen-3-ol, 1,2-Dodecanediol, 3-Hydroxydodecanoic acid, 2-Methyl-3-buten-1-ol, 2-Hexyl-1-decanol, 4-Methoxybenzhydrol, 2-Pentadecanol, Tetradecen-1-ol, Dodecyl hexanoate, 5-Butyl-4-nonene, 2-Methyl-2-decene, 5-Methylundecene, 2,3-Epoxygeranyl acetate, 2-Ethyldodecanol, 2-Ethyl-1-decanol, 2-Methyl-2-dodecene, Dodecenal, 3-Tetradecene, 3-Decen-2-one, Undecene, 6-Dodecenol, 2,5-Octanedione, 2-Methylundecanthiol, 2-Butyloctenal	Ercolini et al., 2009
Pseudomonas maltophilia	40324	-	Butanol, 2-Undecanone, Dimethyldisulfide, Dimethyltrisulfide, Isopentanol	Labows et al., 1980

Tableau II suite (Effmert *et al.,* 2012).

Species	Tax ID (NCBI)	Gram	Volatile Synonym (Language used in the references - no IUPAC)	References
Pseudomonas putida	303	-	Acetone, 4-Methyl-2,6-di-tert-butylphenol, Methylthiol acetate, 2-Nonanone, 2-Butanone, Toluene, Benzaldehyde, Methyl benzoate, Methyl isothiocyanate, Methyl butanal, Methylpent-2-enoate, 1-Undecene, Dimethyldisulfide, Dimethyltrisulfide	Lee et al., 1979
			Butanol, Isopentanol, 2-Undecanone, Dimethyldisulfide, Dimethyltrisulfide	Labows et al., 1980
			Ethanol, Heptadiene, Methanol, Dimethyldisulfide	Freeman et al., 1976
			Methanethiol, 3-Pentanone, 2-Pentanone, 2-Heptanone, Trimethylbenzene, 4-Octanone, n-Nonanal, Ethylmethyldisulfide, 3-Octanone, Dimethylbenzenes, Acetone, 4-Methyl-2,6-di-tert-butylphenol, Methylthiol acetate, 2-Nonanone, 2-Butanone, Toluene, Carbondisulfide, Dimethyldisulfide, Dimethyltrisulfide	Pittard et al., 1982
			Phenylacetate, Carbondisulfide	Schulz and Dickschat, 2007
Pseudomonas putrefaciens	24	-	Butanol, Dimethyltrisulfide, Isopentanol, Dimethyldisulfide	Labows et al., 1980
			Ethanol, Methylmercaptan, Methanol, Dimethyldisulfide	Freeman et al., 1976
Pseudomonas solanacearum	305	-	Ethylene	Stotzky and Schenk, 1976
Pseudomonas spp.	286	-	Methylmercaptan, Methyl acetate, Ethylbenzene, Ethyl acetate, Dimethyldisulfide, Xylene, Dimethylsulfide	Freeman et al., 1976
			Methyliodide, 1-Undecene, Dimethylselenenylsulfide	Schulz and Dickschat, 2007
			Methylthiol n-butyrate	Pittard et al., 1982
			6-Methyl-1-octanol, Tetradecen-1-ol acetate, 4-Methylundecene	Ercolini et al., 2009
Pseudomonas taetrolens	47884	-	2-Methoxy-3-(1-methylethyl)pyrazine	Schulz and Dickschat, 2007
Pseudomonas trivialis	200450	-	Undecadiene, Benzyloxybenzonitrile, Undecene	Kai et al., 2007
Pseudonocardia spp.	1847	-	Isoprene	Schulz and Dickschat, 2007
Rhizobium spp.	379	-	Methyliodide	Schulz and Dickschat, 2007
Rhodobacter sphaeroides	1063	-	Dimethylselenide	Schulz and Dickschat, 2007
Rhodococcus spp.	1827	+	Methyliodide	Schulz and Dickschat, 2007
Rhodocyclus tenuis	1066	-	Dimethylselenide, Dimethyltelluride	Schulz and Dickschat, 2007
Rhodospirillum rubrum	1085	-		Schulz and Dickschat, 2007
Rivularia spp.	373984	-	2-Heptanone, 6-Methyl-5-hepten-2-one, beta-Cyclocitral, 2-Tridecanone, 2-Decanone, Limonene, 2,6,6-Trimethylcyclohex-2-en-1-one, 8-Methylheptadecane, beta-Ionone-5,6-epoxide, Geosmin	Höckelmann et al., 2004
			Sulcatone, Geosmin	Schulz and Dickschat, 2007
Roseobacter gallaeciensis	60890	-	2-Ethyl-5-methylpyrazine, 3-Ethyl-2,5-dimethylpyrazine, 5-Methyl-2-(1-methylethyl)pyrazine	Dickschat et al., 2005a
Roseobacter spp.	2433	-	Methanethiol, Dimethylsulfide, 2-Phenylethanol	Schulz and Dickschat, 2007
Roseovarius spp.	74030	-	Methyliodide, Diiodomethane, Triiodomethane, Chloroiodomethane	Schulz and Dickschat, 2007
Saccharomonospora spp.	1851	+	Isoprene	Schulz and Dickschat, 2007
Salmonella enterica	28901	-	Acetic acid, Acetaldehyde, 1-Butanol, Ethanol, Methanethiol, Methanol, 2-Butanone, 2-Methyl-1-butanol	Bunge et al., 2008
Salmonella enterica serovar typhimurium	90371	-	Ethyleneglycol, Acetic acid, Acetone, Butanol, Ethanol, Indole, 4-Methylphenol, Acetonitrile, 2-Pentanone, Pyrimidine, 2-Nonanone, Isopentanol	Zhu et al., 2010
Serratia marcescens	615	-	Propanone, Benzaldehyde, Phenol, Benzenacetaldehyde, Propionic acid, 1-Hexadecanol, Benzeneethanol, Phenylethanone, Cyclohexene, Nonane, 2-Undecanone, Decanal, Dodecane, Hexadecane, Dimethyldisulfide, Tetradecane, 2-Nonanone, Terpineol, 2-Octanol, Trimethylpyrazine	Gu et al., 2007
Serratia odorifera 4Rx13	618	-	Beta-Phenylethanol, Dimethyldisulfide, Dimethyltrisulfide, Methantiol, ‚Sodorifen'	Kai et al., 2007 and 2010
Serratia plymuthica HROC48	82996	-	Beta-Phenylethanol, Benzylnitrile, trans-9-Hexadecene-1-ol	Kai et al., 2007

Tableau II. suite (Effmert *et al.*, 2012).

Species	Tax ID (NCBI)	Gram	Volatile Synonym (Language used in the references - no IUPAC)	References
Serratia proteamaculans	28151	-	Toluene, Menthol, Hexanal, Carbondisulfide, Linalool, alpha-Pinene, 2-Ethylphenol, 4-Methylguaiacol, ortho-Dimethylbenzene, Ethyl octanoate, para-Dimethylbenzene, 1-Propanethiol, Ethyl decanoate, Citronellyl acetate, 1-Methyl-2,1-methylethylbenzene, Methylethylsulfide, 1-Hexadecene, 2-Hexen-1-ol, alpha-Terpineol, 1-Octen-3-ol, 2-Pentylthiophene, Limonene, 2-Ethylhexyl-2-ethyl hexanoate, 2-Dodecanol, Ethyl nonanoate, 3-Methyl-1-butanol, Ethyl hexanoate, Isoamyl acetate, Butylhydroxytoluene, Decenyl acetate, 2-Hexen-1-ol propanoate, Linalyl propanoate, Borneol, 1-Nonen-3-ol, 3-Hydroxydodecanoic acid, 4-Methoxybenzhydrol, Tetradecen-1-ol, Dodecyl hexanoate, 3-Octanone, 5-Butyl-4-nonene, 6-Methyl-1-octanol, Tetradecen-1-ol acetate, 4-Methylundecene, 2,3-Epoxygeranyl acetate, 4-Hydroxy-3-methylbutanal, Dodecenal, trans-2-Hexen-1-ol, 2-Octen-1-ol, 2-Nonen-1-ol	Ercolini et al., 2009
Serratia spp.	613	-	Acetic acid, 3-Hydroxy-2-butanone, 2-Propanone, Ethanol, 1,2-Benzenedicarboxylic acid, 2-Propanol, 2-Methyl-1-propanol, 2-Butanone, 2-Methyl-propanoic acid, 1,2-Dimethylbenzene, 2-Ethyl-1-hexanol, 2-Pentanone, Acetic acid ethenyl ester, 2-Heptanone, 2-Undecanone, 2-Methyl-butanoic acid, Ethyl acetate, 3-Methyl-butanoic acid, 2-Nonanone, Undecane, 2-Dodecanone, 2,5-Dimethylpyrazine, Limonene, Dimethyldisulfide, Dimethyltrisulfide	Bruce et al., 2004
			Acetoin, Undecan-2-one, Nonan-2-one, Dodecan-2-one, Dimethyldisulfide, Dimethyltrisulfide	Schulz and Dickschat, 2007
Shewanella spp.	22	-	Methyliodide, 1-Undecene	Schulz and Dickschat, 2007
Shigella flexneri	623	-	Acetic acid, Acetaldehyde, Acetone, 1-Butanol, Ethanol, Indole, Methanethiol, Methanol, 2-Methyl-1-butanol	Bunge et al., 2008
Sphingomonas spp.	13687	-	Methyliodide	Schulz and Dickschat, 2007
Spirulina platensis	118562	-	beta-Ionone-5,6-epoxide	Schulz and Dickschat, 2007
Sporosarcina ginsengisoli	363855	+	Acetamide, Benzaldehyde, Phenylacetaldehyde, Methanamine, Benzothiazole, Methylpyrazine, 1-Butanamine, Dodecane, Dimethyldisulfide, Nonadecane, 1-Decene, 2,5-Dimethylpyrazine	Zou et al., 2007
Staphylococcus aureus	1280	+	Ethyleneglycol, Acetic acid, Acetone, Butanol, Ethanol, 4-Methylphenol, 2-Aminoacetophenone, 2-Pentanone, Pyrimidine, 2-Nonanone, Isopentanol	Zhu et al., 2010
Staphylococcus epidermidis	1282	+	Beta-Phenylethanol, Dodecanal	Kai et al., 2007
Staphylococcus spp.	1279	+	Acetic acid, Acetoin, Butanoic acid, Butanedione, Propanoic acid, 2-Methylpropanal, 2-Methylbutanal, 3-Methylbutanal, Pentane-2,3-dione	Schulz and Dickschat, 2007
Staphylococcus xylosus	1288	+	Acetic acid, Acetaldehyde, 2-Hydroxy-3-butanone, Acetone, Benzaldehyde, Butanoic acid, 3-(Methylthio)-propanoic acid, Lactic acid, 2,3-Butanedione, Ethanol, Benzeneacetaldehyde, Benzeneacetic acid, Propanoic acid, 2-Propanol, 2-Phenylethanol, 2-Methylpropanol, 2-Methylpropanal, 2-Butanone, 2-Methylpropanoic acid, 2-Methylbutanal, Acetophenone, 2-Phenylethyl acetate, 2-Methylbutanol, 3-Methylbutanal, 2,3-Pentanedione, Dimethyldisulfide, 3-(Methylthio)-propanal, 2,5-Dimethylpyrazine, 3-Methylbutanol, 3-Methyl-1-butyl acetate, 2-Methylbutanoic acid, 3-Methylbutanoic acid,, 3-Methylbut-2-en-1-ol,, 3-Methylbut-3-en-1-ol,, 2-Methyltetrahydrothiophen-3-one	Beck et al., 2002
			3-Methylmercapto propionate, Phenylacetaldehyde, Phenyl acetate, 2-Phenylethanol, Methylpropanoic acid, 2-Methylbutanoic acid, 3-Methylbutanoic acid,, 3-Methylbut-2-en-1-ol,, 3-Methylbut-3-en-1-ol,, 2-Methyltetrahydrothiophen-3-one	Schulz and Dickschat, 2007
Stappia marina	281252	-	Tetramethylpyrazine, 2-Ethyl-5-methylpyrazine, 5-Methyl-2-(1-methylethyl)pyrazine	Dickschat et al., 2005e
Stenotrophomonas maltophilia	40324	-	Acetamide, Benzaldehyde, Phenylacetaldehyde, Methanamine, Benzothiazole, Methylpyrazine, 1-Butanamine, Nonadecane, 1-Decene, 2,5-Dimethylpyrazine	Zou et al., 2007
			Propanone, Benzaldehyde, Phenol, Benzenacetaldehyde, Propionic acid, 1-Hexadecanol, Benzeneethanol, Phenylethanone, Cyclohexene, Nonane, 2-Undecanone, Decanal, Hexadecane, Tetradecane, 2-Nonanone, Terpineol, 2-Octanol, Trimethylpyrazine	Gu et al., 2007
			Dodecane, Dimethyldisulfide	Zou et al., 2007; Gu et al., 2007
Stenotrophomonas rhizophila	216778	-	beta-Phenylethanol Dodecanal	Kai et al., 2007

Tableau II. suite (Effmert *et al.*, 2012).

Species	Tax ID (NCBI)	Gram	Volatile Synonym (Language used in the references - no IUPAC)	References
Stigmatella aurantiaca	41	-	Benzaldehyde, Benzylalcohol, Butyl acetate, Dimethyltrisulfide, Menthol, Hexadecan-1-ol, 2-Phenylethanol, 2-Methoxy-1,1'-biphenyl, Methyl benzoate, 4-Butanolide, Acetophenone, 4-Pentanolide, Undecan-2-one, Tetradecan-1-ol, 2-Methylbutyric acid, 6-Methylhept-5-en-2-one, 3-Methylbutyric acid, para-Menth-1-en-3-ol, Butyl propionate, Pent-2-en-4-olide, Pentadecan-1-ol, Methyl 3-methyl crotonate, 2-Acetylfuran, Undecan-2-ol, beta-Copaene, Guaioxide, 13-Methyltetradecan-1-ol, Tetradecan-4-olide, N-Isopentylacetamide, N-Isopentylideneisopentylamine, 6,10-Dimethylbicyclo[4.4.0]dec-1-ene, N-Isopentylformamide, (E,E)-Farnesol, N-(2-Phenylethylidene)isopentylamine, Geranylacetone, Methyl-2-methyl crotonate, 2-Methyltetradecan-4-one, beta-Ylangene, Methyl salicylate, 4-Methylquinoline, Hexahydrofarnesylacetone, Nonadecan-10-one, 5-Methylhexan-3-one, Dodecan-3-one, alpha-Terpineol, S-Methylmethanethiosulfonate, Dihydroactinidiolide, 1-Phenylundecan-1-one, 1-Phenylnonan-1-one, 1-Phenyldecan-1-one, beta-Eudesmol, 6,10-Dimethylundeca-5,9-dien-2-ol, Dodecan-3-ol, Methyl-5-methyl hexanoate, Nerolidol, Germacrene D, Valerianol, Geosmin, (1(10)E,5E)-Germacradien-11-ol	Dickschat et al., 2005b
			Methyl salicylate, 4-Methylquinoline, Hexahydrofarnesylacetone, Nonadecan-10-one, 5-Methylhexan-3-one, Dodecan-3-one, alpha-Terpineol, S-Methylmethanethiosulfonate, Dihydroactinidiolide, 1-Phenylundecan-1-one, 1-Phenylnonan-1-one, 1-Phenyldecan-1-one, beta-Eudesmol, 6,10-Dimethylundeca-5,9-dien-2-ol, Dodecan-3-ol, Methyl-5-methyl hexanoate, Nerolidol, Germacrene D, Valerianol, Menthol, 2-Methylisoborneol, S-Methylmethanethiosulfinate, N-(3-Methylbutyl)acetamide, N-3-Methylbutylidene-3-methylbutylamine, N-(3-Methylbutyl)formamide, Farnesol, N-(2-Phenylethylidene)-3-methylbutylamine, p-Meth-1-en-4-ol, Rosifoliol, Isolepidozene, Octalinhydrocarbon, Geosmin, Stigmolone, (1(10)E,5E)-Germacradien-11-ol	Schulz and Dickschat, 2007
			Geosmin	Dickschat et al., 2005c
			Stigmolone	Schulz et al., 2004;Dickschat et al., 2007
			(1(10)E,5E)-Germacradien-11-ol, Geosmin	Dickschat et al., 2005d
Stigmatella spp.	40	-	Methyl benzoate, 4-Butanolide, Octan-4-olide, Nonan-4-olide, Undecan-4-olide, Heptan-4-olide, 4-Pentanolide, Hexan-4-olide, Decan-4-olide, Methyl 3-methylbut-2-enoate, Dodecan-4-olide, Methyl 2-methylbut-2-enoate, Tetradecan-4-olide	Schulz and Dickschat, 2007
Streptomyces albidoflavus	1886	+	Acetone, 1-Butanol, 2-Phenylethanol, Isoprene, 2-Methyl-1-propanol, Cyclopentanone, 2-Methyl-1-butanol, Dimethyldisulfide, 3-Methyl-3-buten-1-ol, Dimethyltrisulfide, 3-Methyl-1-butanol, Ethanethioic acid S-methyl ester, Geosmin	Schöller et al., 2002
			Geosmin, S-Methyl thiobutyrate, S-Methyl thioacetate, S-Methyl thio-3-methylbutyrate, S-Methyl thiopropionate, Albaflavenone	Schulz and Dickschat, 2007
Streptomyces albus	1888	+	Acetone, 1-Butanol, Cyclopentanone, 2-Methyl-1-butanol, 2-Methylpropanoic acid methyl ester, Dimethyldisulfide, 3-Methyl-3-buten-1-ol, 2-Methylbutanoic acid methyl ester, Dimethyltrisulfide, 3-Methyl-1-butanol, Ethanethioic acid Smethyl ester, Geosmin	Schöller et al., 2002
			Camphor, 3-Methylbut-3-en-1-ol, Geosmin	Schulz and Dickschat, 2007
Streptomyces antibioticus	1890	+	Acetone, 1-Butanol, 2-Phenylethanol, Isoprene, 2-Methyl-1-propanol, Cyclopentanone, 2-Methyl-1-butanol, 2-Methylpropanoic acid methyl ester, 3-Methylbutanoic acid methyl ester, Methyl butyrate, Dimethyldisulfide, 3-Methyl-3-buten-1-ol, 2-Methylbutanoic acid methyl ester, Dimethyltrisulfide, 3-Methyl-1-butanol, Geosmin	Schöller et al., 2002
			Geosmin	Schulz and Dickschat, 2007
Streptomyces aureofaciens	1894	+	Acetone, 1-Butanol, Isoprene, 2-Methyl-1-propanol, Cyclopentanone, 2-Methyl-1-butanol, 2-Methylpropanoic acid methyl ester, 3-Methylbutanoic acid methyl ester, Methyl butyrate, Dimethyldisulfide, 2-Methylbutanoic acid methyl ester, 2-Methylisoborneol, Dimethyltrisulfide, Geosmin, 3-Methyl-1-butanol	Schöller et al., 2002
Streptomyces caviscabies	90079	+	Linalool, 4-Methylquinoline, 2-Aminoacetophenone, 3-Methylbut-2-en-1-ol, 3-Methylbut-3-en-1-ol, 6-Methylheptan-2-one, gamma-Muurolene, 5-Methylheptan-2-one, Dimethyltetrasulfide, S-Methyl thiobenzoate, Dimethylpentasulfide, alpha-Muurolene, (E)-4,8-Dimethylnona-1,3,7-triene, 2-Methyl-2-bornene, Isothujone, delta-Cadinene, Geraniol, Cadina-1,4-diene, cis-Calamenene, Kelsoene, alpha-Gurjunene, (1(10)E,5E)-Germacradien-11-ol, 10-Methylundecan-5-olide, 10-Methylundecan-4-olide, 10-Methyldodecan-4-olide, 10-Methyldodecan-5-olide, 10-Methylundec-2-en-4-olide, 10-Methyldodec-2-en-4-olide, 10-Methylundec-3-en-4-olide, 10-Methyldodec-3-en-4-olide, beta-Muurolene	Schulz and Dickschat, 2007
Streptomyces citreus	67288	+	4-Methylpent-3-en-2-one, 3-Methylpentan-2-ol, 3-Methylbutan-2-ol, 2-Acetylfuran, Limonene, Geosmin, beta-Myrcene, delta-Elemene, delta-Cadinene, Geraniol, Bicyclogermacrene, Germacrene D, beta-Gurjunene, beta-Elemene, Dihydroagarofuran, (1(10)E,5E)-Germacradien-11-ol	Schulz and Dickschat, 2007
Streptomyces coelicolor	1902	+	Acetone, 1-Butanol, Isoprene, 2-Methyl-1-propanol, Cyclopentanone, 2-Methyl-1-butanol, 2-Methylpropanoic acid methyl ester, Methyl butyrate, Dimethyldisulfide, 3-Methyl-3-buten-1-ol, 2-Methylbutanoic acid methyl ester, Dimethyltrisulfide, 3-Methyl-1-butanol, Ethanethioic acid S-methyl ester, Dimethyltetrasulfide, Geosmin	Schöller et al., 2002
			Geosmin	Dickschat et al., 2005a
			(1(10)E,5E)-Germacradien-11-ol	Schulz and Dickschat, 2007

Tableau II. suite (Effmert *et al.*, 2012).

Species	Tax ID (NCBI)	Gram	Volatile Synonym (Language used in the references - no IUPAC)	References
Streptomyces diastatochromogenes	42236	+	Acetone, 1-Butanol, 2-Phenylethanol, Isoprene, 2-Methyl-1-propanol, Cyclopentanone, 2-Methyl-1-butanol, Dimethyldisulfide, 3-Methyl-3-buten-1-ol, 2-Methylisoborneol, Dimethyltrisulfide, Geosmin, 3-Methyl-1-butanol	Schöller et al., 2002
Streptomyces griseus	1911	+	Acetone, 1-Butanol, 2-Phenylethanol, Isoprene, 2-Methyl-1-propanol, Cyclopentanone, 2-Methyl-1-butanol, Dimethyldisulfide, 3-Methyl-3-buten-1-ol, 2-Methylbutanoic acid methyl ester, 2-Methylisoborneol, Dimethyltrisulfide, 3-Methyl-1-butanol, Ethanethioic acid S-methyl ester, Geosmin, Dimethyltetrasulfide Alpha-Pinene, Beta-Pinene, S-Methyl thiobutyrate, Dimethyltetrasulfide Geosmin beta-Gurjunene	Schöller et al., 2002 Schulz and Dickschat, 2007 Dickschat et al., 2005a; Nawrath et al., 2008 Dickschat et al., 2005d
Streptomyces hirsutus	35620	+	Acetone, 1-Butanol, 2-Phenylethanol, Isoprene, 2-Methyl-1-propanol, Cyclopentanone, 2-Methyl-1-butanol, 3-Methylbutanoic acid methyl ester, Methyl butyrate, Dimethyldisulfide, 3-Methyl-3-buten-1-ol, Dimethyltrisulfide, Geosmin, 3-Methyl-1-butanol, Ethanethioic acid S-methyl ester, Dimethyltetrasulfide	Schöller et al., 2002
Streptomyces hygroscopicus	1912	+	Acetone, 1-Butanol, 2-Phenylethanol, Isoprene, Cyclopentanone, 2-Methyl-1-butanol, 2-Methylpropanoic acid methyl ester, 3-Methylbutanoic acid methyl ester, Methyl butyrate, Dimethyldisulfide, 2-Methylbutanoic acid methyl ester, 2-Methylisoborneol, Dimethyltrisulfide, Geosmin, 3-Methyl-1-butanol, Dimethyltetrasulfide	Schöller et al., 2002
Streptomyces lateritius	67313	+	Propanone, Benzaldehyde, Phenol, Benzenacetaldehyde, Propionic acid, 1-Hexadecanol, Benzeneethanol, Phenylethanone, Cyclohexene, Nonane, 2-Undecanone, Decanal, Dodecane, Hexadecane, Dimethyldisulfide, Tetradecane, 2-Nonanone, Terpineol, 2-Octanol, Trimethylpyrazine	Gu et al., 2007
Streptomyces lavendulae	1914	+	(-)-2-Methylisoborneol	Dickschat et al., 2007
Streptomyces murinus	33900	+	Acetone, 1-Butanol, 2-Phenylethanol, Isoprene, 2-Methyl-1-propanol, Cyclopentanone, 2-Methyl-1-butanol, 2-Methylpropanoic acid methyl ester, Methyl butyrate, Dimethyldisulfide, 3-Methyl-3-buten-1-ol, 2-Methylbutanoic acid methyl ester, 2-Methylisoborneol, Geosmin, 3-Methyl-1-butanol	Schöller et al., 2002
Streptomyces olivaceus	47716	+	Acetone, 1-Butanol, 2-Phenylethanol, 2-Methyl-1-propanol, 2-Methyl-1-butanol, 2-Methylpropanoic acid methyl ester, Dimethyldisulfide, 3-Methyl-3-buten-1-ol, 2-Methylisoborneol, Dimethyltrisulfide, Geosmin, 3-Methyl-1-butanol	Schöller et al., 2002
Streptomyces platensis	58346	+	Butanoic acid 2-methyl ester, 1a,2,3,3a,4,5,6,7b-Octahydro-1,1,3a,7-tetramethyl-1H-cyclopropa[a]naphthalene, trans-1,10-Dimethyl-trans-9-decalol, 5-Methoxy-1,3-dimethyl-1H-pyrazole, 1,1,4,4-Tetramethyl-2,5-dimethylene- cyclohexane, 3,3,7,11-Tetramethyltricyclo [5.4.0.0 (4,11)] undecan-1-ol, 2-(2,4-Dimethoxybenzylidenehydrazino)-N-ethyl-2-oxoacetamide,	Wan et al., 2008
Streptomyces rishiriensis	68264	+	Acetone, 1-Butanol, Isoprene, 2-Methyl-1-propanol, Cyclopentanone, 2-Methyl-1-butanol, Dimethyldisulfide, 3-Methyl-3-buten-1-ol, Dimethyltrisulfide, Geosmin, 3-Methyl-1-butanol	Schöller et al., 2002

Tableau II. suite (Effmert *et al.,* 2012).

Species	Tax ID (NCBI)	Gram	Volatile Synonym (Language used in the references - no IUPAC)	References
Streptomyces spp.	1883	+	Acetoin, Butane-2,3-diol, Isoprene, Methyl benzoate, 2-(Hydroxymethyl)furan, Hexanoic acid, 3-Methylfuran, S-Methyl thioacetate, Pentalenene, Germacrene A, Protoilludene, Benzylalcohol, Benzothiazole, 2-Phenylethyl acetate, 1-Phenylpropan-2-one, Benzyl acetate, 4-Methylquinoline, 3-Methylbut-2-en-1-ol, 2-Phenylpropan-2-ol, Dimethyldisulfide, 3-Methylbut-3-en-1-ol, Dodecan-4-olide, Butylphenyl acetate, Dimethyltetrasulfide, 4-Methylhexan-1-ol, 4-Methylquinazoline, 2-Phenylethanol, 2-Methylisoborneol, Dimethyltrisulfide, Geosmin	Schulz and Dickschat, 2007
			Acetone, 1-Butanol, Isoprene, Cyclopentanone, 2-Methyl-1-butanol, 3-Methyl-1-butanol, 2-Phenylethanol, 2-Methylisoborneol, Dimethyltrisulfide, Geosmin	Schöller et al., 2002
			Vinylguaiacol, Hexadecanoic acid, Octadecanoic acid, Methyl-4-hydroxy benzoate, Heptadecanoic acid, Tetradecanoic acid, Pentadecanoic acid, 12-Methyltetradecanoic acid, 14-Methylhexadecanoic acid, 14-Methylpentadecanoic acid, 13-Methyltetradecanoic acid, 15-Methylhexadecanoic acid, 12-Methyltridecanoic acid, Pentadecenoic acid, 9-Octadecenoic acid, Squalene, 9-Hexadecenoic acid, (R)-10-methyl-6-undecanolide, (6R,10S)-10-methyl-6-dodecanolide, 2-Phenylethanol, Geosmin	Stritzke et al., 2004
			Benzophenone, Isobornyl acetate, Linalool, Ethyl-2-methyl propionate, Methylpyrazine, Heptan-2-one, Hexan-1-ol, Benzylcyanide, 6-Methylhept-5-en-2-one, 2-Aminoacetophenone, 6-Methylheptan-2-one, 2-Acetylfuran, gamma-Muurolene, Heptane-2,5-dione, Geranylacetone, 5-Methylheptan-2-one, Butyl acetate, Cyclooctasulfur, S-Methyl thiobenzoate, Dimethylpentasulfide, Guaioxide, Methyl methylthiomethyl disulfide, alpha-Muurolene, Isolongifolene, Citronellylacetone, (E)-4,8-Dimethylnona-1,3,7-triene, 2-Methyl-2-bornene, Isothujone, delta-Cadinene, 1-epi-Cubenol, 2-Methoxy-3-(1-methylpropyl)pyrazine, Geraniol, Cadina-1,4-diene, cis-Calamenene, beta-Gurjunene, Kelsoene, alpha-Gurjunene, 10-Methylundecan-5-olide, 10-Methylundecan-4-olide, 10-Methyldodecan-4-olide, 10-Methyldodecan-5-olide, 10-Methylundec-2-en-4-olide, 10-Methyldodec-2-en-4-olide, 10-Methylundec-3-en-4-olide, 10-Methyldodec-3-en-4-olide, beta-Muurolene, Benzylalcohol, Benzothiazole, 2-Phenylethyl acetate, 1-Phenylpropan-2-one, Benzyl acetate, 4-Methylquinoline, 3-Methylbut-2-en-1-ol, 2-Phenylpropan-2-ol, Dimethyldisulfide, 3-Methylbut-3-en-1-ol, Dodecan-4-olide, Butylphenyl acetate, Dimethyltetrasulfide, 4-Methylhexan-1-ol, 4-Methylquinazoline, 2-Phenylethanol, 2-Methylisoborneol, Dimethyltrisulfide, (1(10)E,5E)-Germacradien-11-ol, Geosmin	Dickschat et al., 2005d
			Ethylene	Stotzky and Schenk, 1976
			Butyrolactone	Ryan and Dow JM, 2008
			Geosmin	Dickschat et al., 2007
			(1(10)E,5E)-Germacradien-11-ol, 8,10-Dimethyl-1-octalin	Nawrath et al., 2008
Streptomyces sulphureus	47758	+	Geosmin	Schulz and Dickschat, 2007
Streptomyces thermoviolaceus	1952	+	Acetone, 1-Butanol, 2-Phenylethanol, Isoprene, 2-Methyl-1-propanol, Cyclopentanone, 2-Methyl-1-butanol, 2-Methylpropanoic acid methyl ester, Methylbutyrate, Dimethyldisulfide, 3-Methyl-3-buten-1-ol, 2-Methylbutanoic acid methyl ester, Dimethyltrisulfide, Geosmin, 3-Methyl-1-butanol, Ethanethioic acid S-methyl ester	Schöller et al., 2002
Sulfitobacter dubius	218673	-	Tetramethylpyrazine, 3-Ethyl-2,5-dimethylpyrazine, 2,5-Dimethyl-3-(3-methylbutyl)pyrazine, 3-Butyl-2,5-dimethylpyrazine	Dickschat et al., 2005e
Sulfitobacter pontiacus	60137	-	Tetramethylpyrazine, 2-Ethyl-5-methylpyrazine, 3-Ethyl-2,5-dimethylpyrazine, Ethyltrimethylpyrazine, 5-Methyl-2-(1-methylethyl)pyrazine, 2,5-Dimethyl-3-(3-methylbutyl)pyrazine, 2,5-Dimethyl-3-(2-methylpropyl)pyrazine, 3-Butyl-2,5-dimethylpyrazine, 2,5-Dimethyl-3-methylsulfanylpyrazine	
			2,5-Dimethyl-3-methylsulfanylpyrazine	Schulz and Dickschat, 2007
Sulfitobacter spp.	60136	-	2-Ethyl-5-methylpyrazine, 3-Ethyl-2,5-dimethylpyrazine, 5-Methyl-2-(1-methylethyl)pyrazine	Dickschat et al., 2005e
			2-(3-Methylbutyl)-3,6-dimethylpyrazine, 2-Isobutyl-3,6-dimethylpyrazine, 2-Butyl-3,6-dimethylpyrazine, 2-(2-Methylbutyl)-3,6-dimethylpyrazine, 2,5-Dimethyl-3-methylsulfanylpyrazine	Schulz and Dickschat, 2007

Tableau II. suite (Effmert *et al.*, 2012).

Species	Tax ID (NCBI)	Gram	Volatile Synonym (Language used in the references - no IUPAC)	References
Thermoactinomyces spp.	2023	+	Isoprene, 2-Methylfuran	Schulz and Dickschat, 2007
Thermomonospora fusca	2021	+	5-Methylhexan-3-one, S-Methyl thiobutyrate	Schulz and Dickschat, 2007
Thermomonospora spp.	2019	+	Isoprene	Schulz and Dickschat, 2007
Tolypothrix distorta	119534	+	Octanal, alpha-Pinene, 2-Heptanone, Decanal, 6-Methyl-5-hepten-2-one, beta-Cyclocitral, 2-Tridecanone, Heptadecane, 2-Decanone, 6-Methylheptan-2-one, Limonene, Heptadecene, Geosmin, 7-Methylheptadecane, Nonanal, 1-Octen-3-one, 8-Methylheptadecane, beta-Ionone, 2-Decenal, beta-Ionone-5,6-epoxide	Höckelmann et al., 2004
Tolypothrix spp.	111782	+	Sulcatone	Schulz and Dickschat, 2007
Treponema denticola	158	-	Methanethiol, L-Methionine	Schulz and Dickschat, 2007
Variovorax spp.	34072	-	Methyliodide	Schulz and Dickschat, 2007
Veillonella spp.	29465	-	Acetate, Succinate, Isobutyrate, Isovalerate	Hinton and Hume, 1995
Vibrio spp.	662	-	Methyliodide	Schulz and Dickschat, 2007
Wolinella curva	200	-	Hexadecanoic acid, Dodecanoic acid, Octadecanoic acid, Tetradecanoic acid, 3-Hydroxytetradecanoic acid, 3-Hydroxyhexadecanoic acid, Hexadecenoic acid	Brondz and Olsen, 1991
Wolinella recta	203	-	Hexadecanoic acid, Dodecanoic acid, Octadecanoic acid, Tetradecanoic acid, 3-Hydroxytetradecanoic acid, 3-Hydroxyhexadecanoic acid, Hexadecenoic acid	Brondz and Olsen, 1991
Wolinella succinogenes	844	-	Hexadecanoic acid, Dodecanoic acid, Octadecanoic acid, Tetradecanoic acid, 3-Hydroxytetradecanoic acid, 3-Hydroxyhexadecanoic acid, Hexadecenoic acid	Brondz and Olsen, 1991
Xanthomonas campestris pv. campestris	340	-	Butyrolactone, cis-11-Methyl-2-dodecenoic acid	Ryan and Dow JM, 2008
Xanthomonas campestris pv. vesicatoria 85-10	316273	-	Hexan-2-one, 2-Methylpropyl acetate, n-Octane, 5-Methylhexan-2-one, 2-Methylbutyl acetate, 3-Methylbutyl acetate, Heptan-2-one, 2,5-Dimethylpyrazine, 2-Methylpropyl propionate, n-Nonane, 6-Methylheptan-2-one, 5-Methylheptan-2-one, 2-Methylbutyl propionate, 3-Methylbutyl propionate, Octan-2-one, 2,3,5-Trimethylpyrazine, Hexyl acetate, Benzylalcohol, 3-Methylbutyl 3-methylbutyrate, Acetophenone, 7-Methyloctan-2-one, Nonan-2-one, 2-Phenylethanol, 8-Methylnonan-2-one, 7-Methylnonan-2-one, 8-Methylnonan-2-ol, 7-Methylnonan-2-ol, Decan-2-one, 2-Phenylethyl acetate, 9-Methyldecan-2-one, Undecan-2-one, Undecan-2-ol, 3,6-Dimethyl-2-(3-methylbutyl)pyrazine, 10-Methylundecan-2-one, 9-Methylundecan-2-one, 10-Methylundecan-2-ol, 9-Methylundecan-2-ol, Dodecan-2-one, Geranylacetone, 11-Methyldodecan-2-one, Tridecan-2-one, Tridecan-2-ol, 12-Methyltridecan-2-one, 11-Methyltridecan-2-one, 12-Methyltridecan-2-ol, 11-Methyltridecan-2-ol, Tetradecan-2-ol, 13-Methyltetradecan-2-one, Pentadecen-2-one, Pentadecan-2-one, 14-Methylpentadecan-2-one, 13-Methylpentadecan-2-one	Weise et al., 2012
Zoogloea spp.	349	-	Methyliodide	Schulz and Dickschat, 2007

V. Mécanismes d'actions possibles des substances volatiles

À l‟heure actuelle, nous connaissons peu de choses sur les mécanismes d‟actions et de détoxifications-détoxications des composés volatils bactériens chez les champignons. Il est connu que les ions cyanure (HCN) sont de puissants inhibiteurs de nombreuses enzymes contenant des métaux, en particulier les enzymes contenant du cuivre comme les oxydases à cytochromes C (Haas & Défago, 2005). Cependant, on ne sait pas comment la plupart des volatils développent leur activité biologique. Un scénario se rapproche de celui de la production de mélanine (Kai *et al.,* 2009 ; Zhao *et al.,* 2011). Les mélanines sont connues pour renforcer la paroi cellulaire ou s‟accumuler sur la surface de la cellule. A cet endroit, ils développent des propriétés antioxydantes et piègent les radicaux libres. Chez les champignons, les mélanines sont synthétisées par la voie polycétide synthase (Jacobson, 2000).

Mais dans ce contexte, les enzymes phénol oxydantes tels que les laccases et les tyrosinases peuvent également être impliqués (Williamson, 1997). Les contenues intracellulaires en laccases permettent la détoxification (par voie de réactions biochimiques) des substances chimiques (Champagne & Ramsay, 2010).

À cet égard, l‟augmentation des activités laccases rapportés par Crowe & Olsson (2001) pourrait résulter de la présence de substrats volatils assimilables. Dans un autre cas rapporté par Mackie & Wheatley (1999), la diminution de la laccase et de l‟activité de la tyrosinase pourraient être un signe d‟altération cellulaire et d‟homéostasie. Cela démontre encore une fois que les volatils nuisibles bactériens peuvent être considérés comme des toxines. Les cellules fongiques répondre à ces COV bactérien comme à tous les autres facteurs de stress biotiques ou abiotiques. Des études d‟expressions génomiques menées dans des organismes modèles de types fongiques, y compris *Saccharomyces cerevisiae, Candida albicans,* et *Schizosaccharomyces pombe,* ont révélé que chaque espèce riposte à ce stress environnemental avec un changement individuel de leur expression génétique. Certaines espèces sont également exprimées par un ensemble de gènes commun de type opérons. Cette expression est appelée réponse au stress environnemental (ESR) (Gasch, 2007). Il peut s‟agir notamment de la réponse à un stress au niveau des parois cellulaires, un stress oxydatif et osmotique. Les composés tels que l‟ammoniac gazeux émis par les bactéries pourraient être considérés comme un facteur de stress altérant également l'homéostasie cellulaire et le déclenchement d'ESR chez les mycètes.

A la suite de ces constatations, nous remarquons à nouveau le rôle important par les groupes fonctionnels de micro-organismes et les relations entre eux et avec les plantes dans leurs environnements de développements et dévolutions.

D'autre part, les concentrations sous-inhibitrices d'ammoniac pourraient jouer un rôle dans la signalisation. L'ammoniac libéré par des souches bactériennes est montré pour stimuler la formation des biofilms par *Bacillus licheniformis*, la production de pigmentation (Nijland & Burgess, 2010) et l'augmentation de la résistance aux antibiotiques de différentes bactéries gram-positives et gram-négatives (Bernier *et al.,* 2011). Par conséquent, le rôle écologique des produits volatils microbiens peut servir de molécule-signal au sein et entre les espèces. Ils peuvent également fonctionner comme des « manipulateurs chimiques » utilisé par les micro-organismes dont les bactéries pour modifier les voies métaboliques centrales, contribuer à un balayage des éléments nutritifs en présences, et participer aux processus de développement dans une environnement (Hibbing *et al.,* 2010). Par ailleurs, chez les mycètes comme *Candida albicans,* l'ammoniac est également identifié comme un signal de longue distance avertissant la colonie de l'approche imminente de la famine (Palkova & Váhová, 2003). En ce sens, le mode d'action des composés volatils microbiens doivent être évaluées avec plus de détail.

VI. Effets contrastés des Volatils bactériens sur la croissance des végétaux

La plupart des travaux d'investigation sur l'impact des volatils médiés par les bactéries sur les plantes sont effectuées en utilisant une boite de Pétri bi compartimentée. Les deux compartiments sont séparés par une frontière en plastique. Cela permet aux composés volatils d'être émit et échangé tout en empêchant la diffusion des composés métaboliques non-volatils dans le milieu. En dehors de quelques rapports sur l'effet des COV sur des plantes modèles (Astrom *et al.,* 1989 ; Kai *et al.,* 2010 ; Velàzquez-Becerra *et al.,* 2011) la plupart des données disponibles proviennent de tests utilisant *Arabidopsis thaliana* comme une cible pour les volatils bactériens (Tableau. I). *A. thaliana* est généralement cultivé sur milieu MS (Murashige & Skoog) supplémenté avec du saccharose. Dans la plupart des cas, les plantules pré-germées semis sont transférés dans une boite de Pétri divisée permettant d'être exposés aux substances volatiles bactériennes. Lors de nombreuses études, des effets indésirables sont rapportés (Tableau. I) (Bailly & Weisskopf, 2012). Il semble que l'inhibition de la croissance est observée beaucoup plus fréquemment que la promotion de la croissance. Un examen plus approfondi des conditions de cultures révèle que l'effet de promotion, tel qu'il est décrit principalement pour des espèces bactériennes comme *Bacillus*, est observé seulement quand le milieu MS est utilisé pour cultiver les bactéries ainsi que les plantes modèles (Ryu *et al.*, 2003 ; Ryu *et al.*, 2004 ; Zou *et al.*, 2010). Lorsque le milieu LB (ou milieu similaire NA) est utilisé en remplacement, l'effet des volatils bactériens est presque délétères dans tous les cas (Tableau. I).

Les milieux MS et LB diffèrent considérablement dans leur composition. Le milieu MS est un milieu minéral avec du saccharose comme source C, il a un pH acide et sa concentration en agarose qui constitue la gélose est faible. En comparaison, le milieu LB est légèrement alcalin. C'est un milieu complexe contenant des protéines hydrolysées et surtout une concentration plus élevée en agar. Donc, Il n'est pas surprenant que les mêmes bactéries cultivées sur milieu LB et MS produisent des mélanges de substances volatiles variables associés à des effets différents sur les plantes modèles (Bailly & Weisskopf, 2012). Par ailleurs, les cinétiques de croissances de ces mêmes souches diffèrent entre les deux milieux. Une croissance beaucoup plus rapide est démontrée sur milieu LB que sur le milieu MS. Par conséquent, pour des plantes en stade de développement identique, il serait prévu que le pic de production des volatils issus des bactéries testées sur un milieu identique aurait lieu à différentes étapes dans le développement des plantes. Or, elle devrait se produire au cours d'une phase fixe du développement bactérien (Kai *et al.*, 2010 ;Bailly & Weisskopf, 2012).

On pourrait postuler que les plantules sont plus sensibles aux COV potentiellement nocifs contrairement aux plantes plus âgées (Bailly & Weisskopf, 2012). Cela pourrait expliquer, en partie, la réponse la plus négative des plantes à l'égard des volatils bactériens produits sur le milieu LB contrairement au milieu MS. Dans une expérience utilisant *Medicago sativa* comme plante modèle à différents temps après germination, Zou *et al.* (2010) ont évalué la réponse des plantes aux composés volatils émis par *A. agilis* (Zou *et al.*, 2010). Bien que, ces auteurs n'observaient pas d'effets négatifs en utilisant le milieu NA, cela s'expliquerait par un effet différent pour chaque plante modèle.

Une plus grande et probablement plus résistance serait mise en avant contrairement à celle observé chez *Arabidopsis thaliana* (Bailly & Weisskopf, 2012). Les effets observés sur *Medicago sativa* sont influencés de manière plus importante par la phase d''inoculation bactérienne. Ceci suggère que, l''assemblage ou « cocktail » de substances volatiles produites par les bactéries au moment de leurs émissions constitue un facteur explicatif qui influe considérablement sur le résultat de l''interaction avec la plante modèle (Bailly & Weisskopf, 2012). Des synergies, antagonismes et phénoménes d''additions d''effets peuvent éxister. Afin d''évaluer l''impact du milieu de culture sur l''effet des volatils produits par les bactéries sur les plantes, Blom *et al.* (2011a) ont testé une collection de souches bactériennes rhizosphèriques appartenant principalement au genre *Burkholderia.* Ces auteurs ont montré que les bactéries poussaient sur quatre milieux différents.

Cette expérience démontre qu''une même souche, cultivée sur des supports différents, peuvent avoir une gamme d''effets variables sur la croissance des plantes modèles (Blom *et al.,* 2011a). Les effets toxiques ou d''inhibitions sont uniquement observés sur milieu LB contrairement à l''effet de promotion de croissance qui lui est observé sur les restes des supports de culture testés, y compris les deux milieux riches et complexes comme MS, ainsi que le milieu pauvre en éléments nutritifs qui imite les conditions du sol comme le milieu utilisé par Angle *et al.* (1991). Les résultats obtenus dans cette recherche bibliographique des milieux de cultures utilisés pour l''étude d''environ 40 souches bactériennes telluriques potentiellement promotrices de croissances, montre un impact significatif est spécifique sur *A. thaliana* dans au moins un des milieux de cultures utilisés (Blom *et al.,* 2011a ; Bailly & Weisskopf, 2012). Pris dans son ensemble, la littérature disponible (Tableau I) suggère que la modulation des volatils bactériens influençant la croissance des plantes est un mécanisme généralisé (Bailly & Weisskopf, 2012).

VII. Recherche de composés volatils actifs

Dans de nombreuses études, une production de CO_2 issue du métabolisme bactérien est mise en évidence. Elle est susceptible de contribuer à une promotion modérée de la croissance des plantes et est observée dans des lieux fermés comme les cultures en boîtes de Pétri (Van der Kooij *et al.,* 1999 ; Kai *et al.,* 2009). D''autres composés doivent également être responsables de la forte augmentation de biomasse végétale signalé par de nombreux auteurs lors de l'exposition aux volatils bactériens (Ryu *et al.,* 2003 ; Yang *et al.,* 2009 ; Blom *et al.,* 2011a ; Blom *et al.,* 2011b). Dans les premières études sur l'impact des volatils issus du métabolisme bactérien sur les plantes, le butane-2,3-diol est mis en avant comme le principal agent responsable des effets observés sur la biomasse des plantes. Or, ceci est basé sur l'utilisation de *B. subtilis* mutants déficients en butanediol et sur l'application de ce composé pur. Ces résultats sont confirmés par des études ultérieures qui utilisent *P. chlororaphis*. Ces études indiquent que le butanediol a non seulement un effet potentiel de promotion de la croissance, mais induit également une résistance systémique et un mécanisme de tolérance à la sécheresse (Han *et al.,* 2006 ; Cho *et al.,* 2008). Le butanediol est le produit final particulier de la voie de fermentation utilisée par certaines bactéries pour éviter l'acidification du milieu. Cette voie est susceptible d'être induite sur des milieux contenant du saccharose associé à un pH faible comme le milieu MS utilisé dans de nombreuses études.

Le milieu RM-VP (Méthyl-Rouge-Voges-Proskauer) favorise la production de butanediol par fermentation. Il est donc couramment utilisé pour évaluer si les bactéries sont capables de mener à bien cette fermentation spécifique. Il fait également partie des milieux utilisés dans la macrogalerie d'identification bactérienne. Un fait intéressant mis en avant par Blom *et al.* (2011b) est que la plupart des souches de *Burkholderia* testées sur milieu RM-VP induisent un phénoméne de promotion de croissance des plantes qui ne serait pas associée à la production de butanediol par fermentation. Il faut savoir que cette voie n'est pas présente chez ce genre de bactéries (Blom *et al.,* 2011b). Ceci suggère que le butanediol n'est pas le seul composé candidat émit par les bactéries qui pourrait expliquer la promotion de la croissance importante des plantes. En plus du butanediol, deux autres composés sont identifié comme favorable à la croissance des plantes. Lorsqu'ils sont appliqués comme substances pur, par exemple le diméthylhexadécylamine augmente la biomasse de *M. sativa* d'un facteur d'environ 1.4 (Chung *et al.,* 2010) et Le 2-pentylfurane augmente la biomasse d'*A. thaliana* par un facteur d'environ 210. Un certain nombre de molécules volatiles responsables des effets délétères ou toxiques observés sur les plantes ont également été décrites (Bloom *et al.,* 2011 ; Kai *et al.,* 2010 ; Ryu *et al.,* 2004).

La cause de ces effets quantitatifs plus ou moins comparables est probablement due à l'exposition aux mélanges complexes de composés issus des souches bactériennes (Bailly & Weisskopf, 2012).

Les premières observations ont conduit à l'hypothèse que : le cyanure d'hydrogène, qui est produite par un petit nombre d'espèces de bactéries dont certaines espèces de *Pseudomonas* et *Chromobacterium* (Xie *et al.,* 2009), pourrait expliquer l'impact négatif de la rhizosphère dans les interactions *Pseudomonas*-blé (Åstrom & Gerhardson, 1989). Des études ultérieures sur *A. thaliana* confirment cette hypothèse. Elles utilisent des souches bactériennes *cyanogènes*, les mutants délétère correspondants à une production nulle en cyanure, ainsi que des expositions contrôlées de cyanure d'hydrogène pur (Blom *et al.,* 2011a). 15 espèces de *Serratia* ne produisent pas ou de manière négligeable du cyanure (Blom *et al.,* 2011a). Ces auteurs ont également été observés à plusieurs reprises des inhibitions chez *A. thaliana*. Ces effets négatifs sont attribués potentiellement au disulfure de diméthyle et à l'ammoniac (NH_3) volatil (Kai *et al.,* 2010). Bien que ces résultats soient intéressants et constituent un début prometteur dans l'identification de molécules actives promotrices de croissance ou non. Elles n'expliquent pas toute l'ampleur des effets observés lors de l'exposition aux substances volatiles bactériennes. Cela concerne en particulier la promotion de croissance par les volatils. Il est probable que le mélange de composés, plutôt que des molécules simples pur, induisent les effets observés (Bailly & Weisskopf, 2012). Ceci devrait être pris en compte dans les études futures.

VIII. Premier aperçu des signalisations et des changements métaboliques

VIII.1. Du point de vue des PGPR

La colonisation du système racinaire par les rhizobactéries promotrice de croissance des plantes (PGPR) est proposée comme mécanisme expliquant la stimulation de la croissance de la plante hôte. Elle serait due à une synthèse et une sécrétion de phytohormones comme les auxines, les cytokinines canoniques et les gibbérellines ou une rupture de synthèse de l'éthylène via la 1-aminocyclopropane-1-carboxylate désaminase (Glick *et al.,* 2005).

D'autres éléments nutritifs orientent les stratégies qui ont été décrites. Les bactéries augmentent l'N, le P et la disponibilité en Fe dans sol (Ortiz-Castro *et al.,* 2009 ; Kim *et al.,* 2011). Cependant, des études récentes ont clairement démontré qu'en absence de contact physique des bactéries avec la racine des plantes, les composés volatils bactériens biologiquement actifs sans relation avec les hormones végétales classiques peuvent également déclencher des promotions de croissances chez les plantes modèles (Ryu *et al.,* 2003 ; Ortiz-Castro *et al.,* 2009).

Bien que les COV émis lors des interactions plantes-bactéries ne soient pas largement documenté, il semble que la gamme des émissions de COV actifs augmente avec le nombre de souches bactériennes mis en présence lors des interactions (Ryu *et al.,* 2003 ; Ryu *et al.,* 2004 ; Blom *et al.,* 2011b ; Farag *et al.,* 2006 ; Leff *et al.,* 2008). En revanche, le panel de réponses des plantes à ces signaux bactériens est limitée aux voies physiologiques impliqués dans le contrôle de la croissance des plantes et notamment les racines. Jusqu‟à présent, la contribution individuelle de ces voies aux altérations de la croissance reste insaisissable. Des études antérieures sur l‟implication de quatre hormones principales, c‟est-à-dire l‟éthylène, des cytokinines, l‟acide abscissique et auxins, intervenant dans la transduction des signaux bactériens ont été réalisées (Ryu *et al.,* 2003 ; Ryu *et al.,* 2004 ; Kwon *et al.,* 2010 ; Zhang *et al.,* 2008). Faisant suite à ces études, l‟impact supposé d‟autres effecteurs hormonaux tels que les gibbérellines, l‟acide jasmonique et l‟acide salicylique semble fort probable (Ryu *et al.,* 2003 ; Ryu *et al.,* 2004). Mais à ce jour, il n‟y a pas suffisamment de preuves pour permettre une analyse complète et confirmer de manière certaine ces observations.

VIII.2. Du point de vue des plantes

VIII.2.1. L‟Ethylène

A présent intéressons-nous aux effets de l‟éthylène, cytokinines, l‟acide abscissique et auxines. En 2003, Ryu *et al.* ont publié la première étude sur la promotion de croissance des plantes induite par des COV bactériennes. Cette première tentative a permis de déterminer si des mécanismes sous-jacents existent. Différentes lignées d‟*Arabidopsis* mutantes déficientes dans des voies de biosynthèses et de signalisations associées à la croissance des plantes et leurs développements ont été testés pour leur capacité à répondre aux mélanges de volatils émis par deux souches de *Bacillus* distinctes favorisant la croissance. Ces deux souches sont *Bacillus subtilis* GB03 et *Bacillus amyloliquefaciens* IN937a (Ryu *et al.,* 2003). En raison de son état gazeux en condition naturelle, l‟hormone éthylène était la candidate de choix pour l‟étude des COV médiés lors des communications bactéries-plantes (Stepanova *et al.,* 2009). Malgré le rôle essentiel de l‟éthylène dans la régulation de la croissance végétale (cf. tomes 2, 3, 4), la perte du régulateur positif EIN236 de la voie de l'éthylène conduit à des comportements de croissances différents lors des réponses de l'arabette aux COV émis par IN937a et GB03. En effet, les composés atmosphériques provenant de GB03 n'ont pas déclenché d'augmentation de biomasse du mutant *ein2* (*ethylene insensitive 2*), tel que rapporté par les équipes de recherche de Guzman *et al.* (1990) et de Ryu *et al.* (2003) pour les COV de champignons endophytes *Piriformospora indica* (Camehl *et al.*, 2010). En revanche, les mutants « éthylènes insensibles » noté *etr1* (*ethylene response1*, Bleecker *et al.*, 1988) *ein2*, et *eir1* (*ethylene insensible root1*, Luschnig *et al.*, 1998) n'ont pas montré de modification significative de l'effet promotion de la croissance lorsqu'ils sont exposés aux substances volatiles d'IN937a. Cela pourrait mettre en évidence l'implication directe des récepteurs d'éthylène ETR1-like et de l'éthylène dans le déclenchement de la réponse aux substances volatiles bactériennes. Les auteurs suggèrent aussi que la plante module sa réponse par une voie de transduction du signal spécifique aux souches bactériennes.

En outre, un sous-ensemble de gènes intervenant dans la biosynthèse de l'éthylène (*ACO2*, *ACS4*, *ACS12* et *SAM-2*) et de réponse à l'éthylène (*CHIB*, *eRF1* et *GST1*) semblent répondre aux volatils bactériens et à un certain niveau de transcrit (Kwon *et al.*, 2010). Une analyse ultérieure du protéome d'*Arabidopsis thaliana* L. Col-0, après une exposition aux COV émis par GB03, a confirmé l'implication de la voie de biosynthèse de l'éthylène et de ses gènes de réponse à l'éthylène (Kwon *et al.*, 2010). Parmi les protéines bactériennes élicités à la suite des COV bactériens, quatre enzymes ont été exprimés de manière différentielle : l'aspartate aminotransférase, l'aspartate semialdéhyde déshydrogénase précurseur, la méthionine adénosyltransférase (MAT3) et S adénosylméthionine synthétase-2 (SAM-2). Ces enzymes contribuent directement à la production d'éthylène. Néanmoins, lors des co-cultures réalisées en présence d'IN937a et GB03, les émissions quantifiées d'éthylène ne sont pas significativement différents entre le contrôle à l'eau et les essais en boite de Pétri (Ryu *et al.*, 2003). Pris dans son ensemble, ces données impliquent la voie de l'éthylène dans l'effet des COV émis par des PGPR. Mais, un mécanisme d'intégration des signaux de COV reste encore à être proposées et testées.

VIII.2.2. Les Cytokinines

Par ailleurs, les Cytokinines sont impliquées dans les processus de division cellulaire comme nous avons pu le voir dans les tomes 2 & 3. Elles participent à la croissance des plantes, notamment dans le contrôle de la taille des feuilles, des racines, des méristèmes et de l'"architecture racinaire (Argueso *et al.,* 2010 ; Ortíz-Castro *et al.,* 2008). Il est signalé que la promotion de la croissance induite par *Bacillus megaterium* est altérée chez les plantes dépourvues des complexes : histidine kinase cytokinine-récepteurs CYTOKININE RECEPTEUR DEFICIENT (CRE1) / AHK4, AHK2 et AHK3 (Ortiz-Castro *et al.,* 2008). En outre, les relations existantes entre la production microbienne de cytokinines et développement des plantes semblent convaincante et bien documenté (Garciade Salamone *et al.,* 2001 ; Arkhipova *et al.,* 2005). Pour ces raisons, les mutants *d'Arabidopsis cre1* et *ein2* sont testés régulièrement pour leur réponse aux COV bactériens.

Étonnamment, les deux mutants sont insensibles aux volatils de GB03, ce qui suggère un rôle des cytokinines dans la médiation du signal par les PGPR (Ryu *et al.,* 2003). Cependant, aucune identification de gènes liés à la cytokinine n'"est rapportée dans les études de protéomique ou utilisant des puces ou « Arrays » (Zhang *et al.,* 2007 ; Kwon *et al.,* 2010) Considérant le rôle central des cytokinines dans le développement des racines et de leur physiologie, l'"implication de la voie de signalisation et de biosynthèse des cytokinines dans l'"altération de croissance des plantes médiée par les substances volatiles bactériennes semble digne d'"être élucidé plus profondément (Bishopp *et al.,* 2009).

VIII.2.3. L'"ABA et détection des sucres photosynthètiques

L'"acide abscissique (ABA) et sa voie de signalisation se chevauchent largement avec les mécanismes de détections des sucres dans la plante (Smeekens *et al.,* 2000 ; Rolland *et al.,* 2006). Pendant la photosynthése, les sucres produits peuvent constituer un signale pour la croissance et le développement des plantes. Ainsi, le contrôle de la photosynthèse pourrait constituer une cible intéressante pour les volatils bactériens (Bailly & Weisskopf, 2012). Zhang *et al.* (2008) ont indiqué que les plantules d'"*Arabidopsis* exposés aux COV de GB03 affiché une augmentation de son activité photosynthétique et une teneur en chlorophylle plus élevée. De plus, une forte teneur en sucre endogène est mise en avant (Zhang *et al.*, 2008). Ceci suggère que la détection des sucres photosynthétiques est partiellement abolie chez les plantes exposées aux COV bactériens. En outre, les lignes d'*Arabidopsis gin1* et *gin2*, sensible à la détection des sucres c'est-à-dire hexokinase-dépendants ont présenté une efficacité photosystètique accrue, mais n'ont pas répondus aux COV de GB03 (Zhou *et al.,* 1998 ; Moore *et al.,* 2003). Par conséquent, ces mêmes auteurs ont proposé que les composés volatils bactériens déclenchaient la répression de la voie de synthèse du glucose au niveau de l'hexokinase via un mécanisme hexokinase-dépendante. D'après ces auteurs, ce mécanisme favoriserait la photosynthèse. Par ailleurs, ces données ont été corrélées avec une diminution des niveaux d'ABA synthétisé et des transcriptions de gènes répondant à la voie de signalisation de l'ABA lors de l'exposition aux volatils de *Bacillus* GB03 (Zhang *et al.,* 2008).

En conséquence, ces auteurs ont montré que le contenu en ABA dans les parties aériennes des plantes exposées aux COV bactériens est diminué par rapport aux plantes témoins. Il convient également de noter qu'un tel changement n'a pas été observé dans le système racinaire. L'hypothèse selon laquelle les signalisations médiées par les COV, conduisant à des taux élevés de l'activité photosynthétique, est en outre soutenue par l'augmentation de l'acidification observée dans la rhizosphère et par l'absorption du fer chez les plantes exposées aux volatils de GB03. Ce qui conduit à une fonction et capacité photosynthétique accrue chez les plantes hôtes de cette bactérie. Une analyse du protéome conduite pour vérifier ces hypothèses montre que de nombreuses protéines liées à la machinerie des photosystèmes et le métabolisme du fer sont exprimés de façon différentielle en réponse aux volatils bactériens (Kwon *et al.,* 2010).

VIII.2.4. Les Auxines

La réponse de la croissance des plantes initiée par l'auxine est un mécanisme complexe comme nous l'avons vu dans les tomes 2, 3 et 4 de ma synthèse bibliographique. Cette réponse nécessite la coordination spatiale et temporelle de la synthèse de l'auxine, des transports, et de sa perception (Frim *et al.,* 2003). Le rôle majeur et naturel de l'auxine et de l'acide indole-3-acétique (AIA ou IAA) sont responsables de quasiment toute la croissance et des processus développementaux intervenant dans la vie des plantes. L'étude de l'implication de cette phytohormone dans la communication plante-bactérie est un énorme défi pour la recherche agronomique. Toutefois, un certain sous-ensemble de PGPR est signalé comme producteur de l'indole-3-acétique (AIA). Ce qui déclenche une promotion de croissance chez les plantes (Spaepen *et al.,* 2007 ; Kim *et al.,* 2011 ; Kochar *et al.,* 2011). Dans des travaux de recherche étudiant la façon dont les COV bactériennes affectent le transcriptome des plantes, des chercheurs ont réalisé une puces à ADN d'*Arabidopsis* exposés aux substances volatiles de GB03 et associés des gènes intervenant dans la synthèse de l'auxine et sa réponse. Ils ont démontré l'éxistance d'une régulation différentielle (Zhang *et al.,* 2008). Une tryptophane synthase, une anthranilate synthase et trois nitrilases ont été sur-exprimée dans les semis exposés à GB03 (Müller *et al.,* 1998). Il s'agit d'enzymes clefs de la voie de biosynthèse du tryptophane dépendant de l'AIA (Müller *et al.,* 1998). Plus intéressant encore, deux de ces nitrilases sont exprimées spécifiquement dans les tissus aériens de la plante (Müller *et al.,* 1998). En outre, l'accumulation de l'AIA, tel qu'elle fut révélée par les chercheurs lors de l'utilisation d'une construction rapportant la réponse de l'auxine. Cette construction exploite les compétences d'un transposon DR5::GUS. L'expression a diminué dans les feuilles d'*Arabidopsis* et a augmenté dans les pointes des racines après que les semis soient exposés aux substances volatiles bactériennes par rapport aux témoins à l'eau. L'utilisation d'inhibiteur du transport de l'auxine, que l'on nomme acide naphtylphtalamic (NPA), a aboli cette réponse. Ces tests soutiennent de façon convaincante le rôle direct de l'homéostasie induit par l'auxine et de l'importance de son transport dans la promotion de croissance de la plante (Zhang *et al.,* 2007). En effet, le symport supposé d'auxine et d'efflux H^+ présent chez *At*2g17500 est fortement exprimé dans le système racinaire secondaire (BAR) et semble régulé à la baise lors de l'exposition aux COV de GB03. Ces COV émit par GB03 déclenchent la formation des racines latérales (Zhang *et al.,* 2007). Curieusement, au cours de l'infection des feuilles d'*At* par BAR et GEB, cette At2g17500 réagit fortement aux phytopathogènes fongiques et bactériennes. Cette remarque, entretient l'allusion et l'idée que l'auxine contribue à augmenter la taille des cellules foliaires lors d'un traitement avec GB03 (Zhang *et al.,* 2007).

Cela implique que l'élongation des cellules est augmentée plutôt que la division des cellules foliaires. En effet, en plus de l'implication de la machinerie de transport auxine, un pool de gènes associés à la paroi cellulaire, à l'expansion et au remodelage des cellules ayant une expression différentielle est également signalé au cours de traitements aux COV. Il s'agit principalement des expansines EXPB1, EXPB3,

EXP4 et EXP5. Elles sont régulées à la hausse et permettent l'élargissement cellulaire chez *Arabidopsis* exposés aux composés organiques volatils bactériens (COVb) (Zhang *et al.,* 2007). Des réponses similaires sont rapportées chez *Nicotiana tabacum* pour l'EXP2 et EXP655 et *Lactuca sativa* pour l'EXPA5 (Minerdi *et al.,* 2011). Ces données impliquent un fort rôle de la machinerie de l'auxine médiée par les COV de PGPR et un scénario dans laquelle une fine coordination des mécanismes de biosynthèse, de transport et de teneur locale dans tissus en AIA permettrait une amélioration des organes aériens (Minerdi *et al.,* 2011 ; Bailly & Weisskopf, 2012).

VIII.2.5. Perspectives de recherches à la suite des premiers aperçus d'effets sur la signalisation et changements métaboliques chez les plantes

Ces hypothèses émises par de nombreux chercheurs semblent séduisantes. Néanmoins, une bonne description des mécanismes à l'origine de l'équilibre intrinsèque des signaux hormonaux *in planta* s'avère difficile. Un nombre croissant de preuves tend à conclure que la diaphonie entre les voies hormonales citées ci-dessus, plutôt qu'un mécanisme fonctionnant avec des hormones de manières individuelles, à façonner la physiologie des plantes (Moubayidin *et al.,* 2009 ; Adesemoye *et al.,* 2009).

Enfin, concernant les réactions physiologiques des plantes aux substances volatiles bactériennes, les données publiées à ce jour sont plus susceptibles de refléter un répertoire d'actions coordonnées vers des *stimuli* complexes que par un système de reconnaissance spécifique qui semble peu probable. Malgré des travaux expérimentaux important, des questions essentielles restent sans réponse : 1) Comment les plantes perçoivent les substances volatiles bactériennes ? ; 2) Quelles sont les voies de signalisations qui conduisent aux modifications observées lors de la promotion de croissance des plantes? ; 3) Quel est l'impact des COV bactériens sur la croissance (croissance réel c'est-à-dire les variations de biomasse sèche au cours du temps), développement et la plasticité de la plante ? et Quel est l'effet de ces COV bactériens sur l'architecture des plantes modèles ?

D'un point de vue technique, dans mon projet de recherche réalisé en 2010-2013, *At* et *Bd* ont constitué de très bonnes plantes de références sur les COV en plus des différents écotypes disponibles.

C. Propriétés physicochimiques & Toxicités des COVM pour les Mammifères et l'Homme

Introduction

A partir de l'ensemble des Composés Organiques Volatils Microbiens (COVM ; « *Microbial Volatile Organic compounds* » : *MVOC*) identifiés soit environ 800 et des types énumérés associé à leurs bactéries productrices issus du sol, les 15 composés les plus couramment trouvés dans la littérature scientifique ont été choisis pour une évaluation toxicologique plus poussée. De nombreuses études traitent de ces composés sont présentés dans les tableaux I & II ou chapitre 2B. Les critères de cette sélection sont les suivant : i) présence dans le milieu naturel ; ii) éventualitée de rencontre non négligeable ; iii) concentration environnementale localisée pouvant être élevée ; iv) différentes sources de production biologique pour ces volatils. Les données sont axées principalement sur les composés individuels purifiés et condensés. En ce qui concerne, les études par inhalation et les données sur les doses faibles administrées à un hôte les plus fiables reposent en grande partie sur des études toxicologiques et une collection de bases de données toxicologies et santés environnementales (TOXNET). Ainsi dans cette étude bibliographique, les effets de doses élevées ne sont pas traités. Elles sont considérées comme non pertinentes dans le contexte de COVM. Toutefois, certains des composés notés COVM sont également des produits chimiques industriels comme nous l'avons présenté. Les niveaux d'expositions industriels sont généralement beaucoup plus élevés que ceux rencontrés dans le cadre COVM issus de substrats naturels comme le sol. Donc dans ce cas, les doses les plus faibles au niveau industriel sont très élevées par rapport aux niveaux de productions biogènes d'origines microbiennes. La plupart des inquiétudes concernant l'exposition aux COVM a été soulevée pour les problèmes de pollutions interieurs aux environnements domestiques. Je mettrai l'accent sur une population microbienne active non industrielle, bien que la majorité des données disponibles d"un point de vue toxicologique proviennent d"expérimentations issues de logements et des industries.

Tableau I. COVM et leurs précurseurs dans le métabolisme microbien.

Precursor	Volatile product(s)	Reference
Amino acids		
Alanine	Ethanal (Acetaldehyde)	(Hawke, 1966)
α-Amino acids	Alkyl-methoxy-pyrazine	(Sunesson, 1995)
Glycine	Methanal (Formaldehyde)	(Hawke, 1966)
Leucine	3-Methyl-1-butanol	Berry, 1988; Bjurman, 1999; Slaughter, 1988
Methionine, cysteine	Dimethyl-disulphide	(Bjurman, 1999; Sunesson, 1995)
Phenylalanine	Phenyl acetaldehyde, styrene	(Berry, 1988; Bjurman, 1999; Hawke, 1966; Larsen & Frisvad, 1995a; Slaughter, 1988)
Valine	2-Methyl-propan-1-ol	(Berry, 1988; . Bjurman, 1999; Slaughter, 1988)
Organic acids		
Fatty acids	Alkenes and alkadienes, aldehydes methylketones with one carbon less than the original fatty acid (e.g. butan-2-one, pentan-2-one, hexan-2-one, heptan-2-one, undecan-2-one)	(Hawke, 1966; Sunesson, 1995; Wilkins & Larsen, 1995b)
	Ethanoate (Acetates)	(Berry, 1988)
Medium-chain fatty acids γ- or δ-Hydroxy acids, keto acids,	4-Hexanolide, 6-pentyl-α-pyrone	(Chalier & Crouzet, 1992; Fessenden & Fessenden, 1990; Sunesson, 1995)
long-chain fatty Linoleic acid, linolenic acid acids	1-Octen-3-ol, octan-3-ol, octan-3-one, hexanal, heptanal, nonanal	(Bjurman, 1999; Chalier & Crouzet, 1993; Larsen & Frisvad, 1995a; Wurzenberger *et al.*, 1984)
Others		
Isopentenyl pyrophosphate	Terpenoid compounds: monoterpenes, sesquiterpenes and their alcohols, geosmin	(Bentley & Meganathan, 1981; Bjurman, 1999; Sunesson, 1995; Turner, 1971, 1983)

Tableau II. COVM les plus souvent rencontrés dans des milieux de vie humain et les facteurs de conversion (NIOSH, 2010). (Par souci de rigueur scientifique, les molécules sont présentées avec leur dénomination présente dans la base de données, articles de références et leur nom en nomenclature internationale IUPAC-SI).

Compound (IUPAC-SI)	**Conversion factors** (25 °C, 101.3 kPa)		**Reference**
	1 ppm =	1 mg.m^{-3} =	
2-Methyl-propan-1-ol	3.03 mg.m^{-3}	0.330 ppm	(Ström *et al.*, 1994)
3-Methyl-butan-1-ol	3.61 mg.m^{-3}	0.277 ppm	(Fedoruk *et al.*, 1999; Lorenz & Diederich, 2002; Mehrer & Lorenz, 2005; Morey *et al.*, 1997, 2005; Smedje *et al.*, 1996; Ström *et al.*, 1994)
3-Methyl-butan-2-ol	3.61 mg.m^{-3}	0.277 ppm	(Ström *et al.*, 1994)
Pentan-2-ol	3.61 mg.m^{-3}	0.277 ppm	(Fedoruk *et al.*, 1999; Lorenz *et al.*, 2002; Mehrer & Lorenz, 2005; Smedje *et al.*, 1996; Ström *et al.*, 1994)
Octan-3-ol	5.33 mg.m^{-3}	0.188 ppm	(Carlson & Quraishi, 1999; Gao & Martin, 2002; Smedje *et al.*, 1996; Ström *et al.*, 1994)
Oct-1-en-3-ol	5.24 mg.m^{-3}	0.191 ppm	(Carlson *et al.*, 1999; Fedoruk *et al.*, 1999; Lorenz *et al.*, 2002; Mehrer & Lorenz, 2005; Morey *et al.*, 1997; Norbäck *et al.*, 2003; Smedje *et al.*, 1996; Ström *et al.*, 1994)
Oct-2-en-1-ol	5.24 mg.m^{-3}	0.191 ppm	(Carlson *et al.*, 1999; Fedoruk *et al.*, 1999; Morey *et al.*, 1997, 2000; Smedje *et al.*, 1996; Ström *et al.*, 1994)
3-Methylfurane	3.36 mg.m^{-3}	0.298 ppm	(Lorenz *et al.*, 2002; Mehrer & Lorenz, 2005; Morey *et al.*, 1997; Norbäck *et al.*, 2003; Smedje *et al.*, 1996; Ström *et al.*, 1994)
Hexan-2-one	4.10 mg.m^{-3}	0.244 ppm	(Fedoruk *et al.*, 1999; Lorenz *et al.*, 2002; Ström *et al.*, 1994)
Heptan-2-one	4.67 mg.m^{-3}	0.214 ppm	(Fedoruk *et al.*, 1999; Lorenz *et al.*, 2002; Morey *et al.*, 1997, 2000; Smedje *et al.*, 1996; Ström *et al.*, 1994)
Octan-3-one	5.24 mg.m^{-3}	0.191 ppm	(Fedoruk *et al.*, 1999; Lorenz *et al.*, 2002; Mehrer *et al.*, 2005; Smedje *et al.*, 1996; Ström *et al.*, 1994)
2-Methylisoborneol	6.88 mg.m^{-3}	0.145 ppm	(Smedje *et al.*, 1996; Ström *et al.*, 1994)
2-Isopropyl-3-methoxy-pyrazine	6.22 mg.m^{-3}	0.161 ppm	(Smedje *et al.*, 1996; Ström *et al.*, 1994)
Geosmin	7.46 mg.m^{-3}	0.134 ppm	(Smedje *et al.*, 1996; Ström *et al.*, 1994)
Dimethyl disulphide	3.85 mg.m^{-3}	0.260 ppm	(Lorenz *et al.*, 2002; Mehrer & Lorenz, 2005)

IX. Identification des substances

Les COVM sont formées à la fois pendant le métabolisme primaire et secondaire. Il s‟agit de produits secondaires principalement issu du métabolisme de l‟oxydation du glucose à partir de précurseurs différents tels que l‟acétate, les acides aminés, les acides gras et les acides cétoniques (Berry *et al.,* 1988 ; cf. chapitre 2A). Le métabolisme primaire des micro-organismes comprend la synthèse de l'ADN, des acides aminés et d'acides gras, alors que le métabolisme secondaire consiste aux réactions biochimiques suivant le métabolisme primaire. Il est nécessaire de rappeller que le métabolisme primaire est fondamentalement la même pour l'ensemble des systèmes vivants et nécessite des catalyseurs organiques de type enzymatique (Korpi, 2001). Ainsi, pour plusieurs composés noté COVM, les origines de productions peuvent etre issus d'autres sources qui ont été identifiés telles que la production : par les plantes, via le souffle des mammifères, de la sueur et des émanations cutanées et des micro-organismes (Helmig *et al.,* 1999 ; Takken & Knols, 1999). Les COVM identifiés sont répertoriée dans les familles chimiques des alcools, des cétones, des terpènes, des esters, des lactones, des hydrocarbures, des aldéhydes, des composés soufrés et azotés (Jelen & Wasowicz, 1998 ; Larsen & Frisvad,1995a ; Wilkins & Larsen, 1995b). Les voies métaboliques complexes de formation des COVM sont représentées dans la figure 1 et les précurseurs de certains COVM communs sont présentés dans le tableau I. Pour plus de commodité, il est souvent affirmé que les COVM sont des produits secondaires du métabolisme primaire des micro-organismes, et les mycotoxines sont des produits finaux du métabolisme secondaire. Cependant, la division entre le métabolisme primaire et secondaire n'est pas absolue (Bentley & Bennett, 1988). Il ne peut pas être affirmé que les COVM sont formés pendant les deux types de métabolismes (Berry, 1988).

Figure 1. Principales voies métaboliques exploitées chez les micro-organismes et les plantes lors de la production de certains COVM et COV de plantes et mycotoxines (en rouge). Les composés volatils sont en *italique et en rouge.* Abréviations : Co A = coenzyme A, PP = pyrophosphate, TCA = Acide tricarboxylique (d‟après Arnaud *et al.*, 1988 ; Gadd, 1988 ; Vandecasteele & Marchal, 1993 ; Korpi, 1999, 2001 ; Sunesson, 1995 ; Turner, 1971 ; Wheatley *et al.*, 1997 ; Kalderas, 2011 & Effmert *et al.*, 2012) (Varin, 2015).

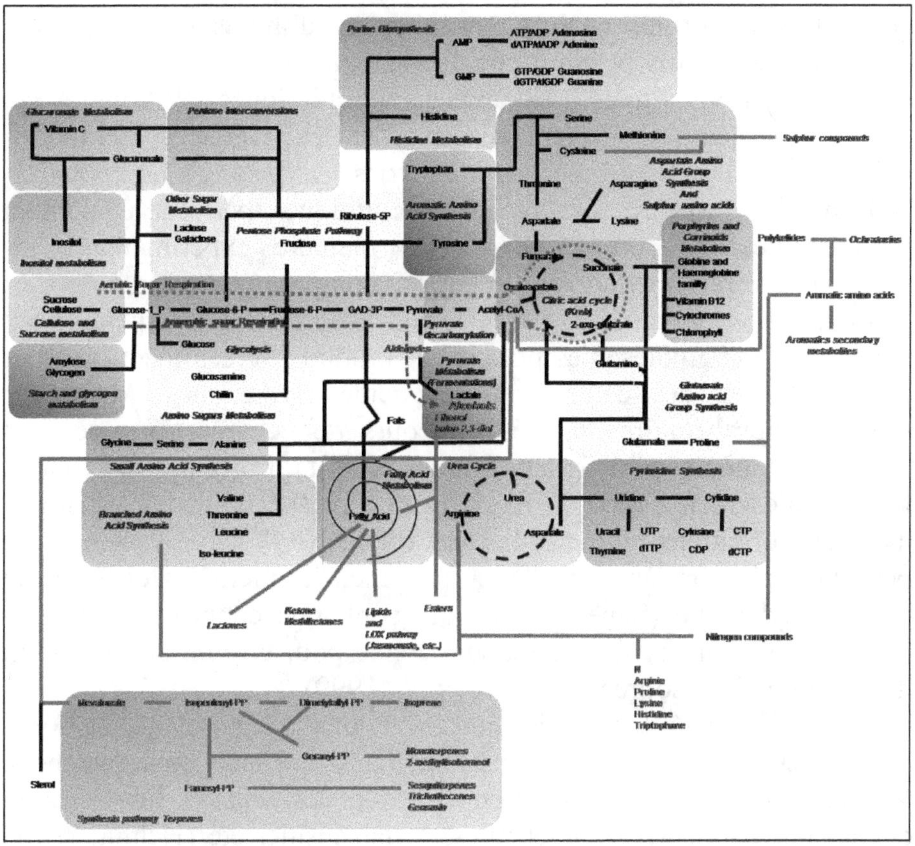

les aflatoxines, les monoterpènes, les sesquiterpènes entre et les trichothécènes, et entre les cétones et les ochratoxines (Demyttenaere *et al.,* 2003, 2004 ; Jelen *et al.,* 1995 ; Pasanen *et al.,* 1996 ; Wilkins *et al.,* 2003 ; Zeringue *et al.,* 1993).

En outre, dans l'environnement certaines réactions chimiques peuvent convertir les COVM produites en d'autres composés. Par exemple, les alcools peuvent être facilement oxydés en aldéhydes et les acides carboxyliques à d'autres types chimiques (Wilkins *et al.,* 1997). Les cétones peuvent réagir avec les radicaux hydroxyles présents dans l'air est former des aldéhydes (Atkinson *et al.,* 2000).

Dans l'atmosphère, des réactions chimiques peuvent également produire des composés COVM. De manière expérimentale, les réactions entre l'ozone ou d'autres composés oxydants et les hydrocarbures insaturés comme les isoprènes / terpènes ont récemment été étudiés. Les principaux produits de ces réactions sont des aldéhydes, des cétones et des acides organiques. Mais, des produits intermédiaires formés au cours de ces réactions ce sont dévoilés beaucoup plus irritant que les réactifs d'origines et produits finaux (Weschler, 2000 ; Wolkoff *et al.,* 1999, 2000). Par exemple, dans des conditions humides, la réaction des COV entre l'ozone et le peroxyde d'hydrogène produit l'isoprène, la méthacroléine, et la méthylvinylcétone (Sauer, 1999), qui sont tous connus comme très irritants. Le 3-méthylfurane est soupçonné pour être un autre produit d'oxydation de l'isoprène (Helmig *et al.,* 1999).

Enfin, il ne faut pas oublier que les mêmes composés noté COVM peut également avoir d'autres sources d'émissions dans l'environnement, tels que les sols, matériaux de construction, les activités humaines, la circulation, les denrées alimentaires, le tabagisme, etc (Helmig *et al.,* 1999 ; Schleibinger *et al.,* 2002 ; Sunesson, 1995). A ce jour, plus de 200 composés différents ont été reconnus comme COVM dans les études de laboratoire reconnu par les pères (Jelen & Wasowicz,1998 ; Wilkins & Larsen, 1995).

La majorité des études expérimentales ont été réalisées avec des cultures pures de certaines espèces microbiennes, individuels et isolés, souvent cultivés sur gélose ou autres substrats de développements comme le sol-terre, les céréales et autres denrées alimentaires, des articles de literie par exemple la paille, la tourbe, copeaux, ou des matériaux de construction par exemple le bois, le papier peint, plâtre, plaques de plâtre, les matériaux d'isolation, cartes à puces éléctroniques, et tels que le verre et la laine minérale, les déchets ménagers biodégradables et la poussière de maison (Bjurman *et al.,* 1997 ; Börjesson *et al.,* 1989, 1990, 1993 ;

Fiedler *et al.*, 2001 ; Fischer *et al.*, 1999, 1998 ; Gao *et al.*, 2002 ; Gao & Martin, 2002 ; Harris *et al.*, 1986 ; Jelen *et al.*, 1995 ; Kaminski *et al.*, 1972, 1974 ; Korpi *et al.*, 1999c ; Lappalainen *et al.*, 1997 ; Menetrez & Foarde, 2002 ; Meruva *et al.*, 2004 ; Pasanen *et al.*, 1996 ; Schleibinger *et al.*, 2003 ; Schleibinger & Rüden, 1999 ; Seifert & King, 1982 ; Sunesson, 1995 ; Sunesson *et al.*, 1996, 1997 ; Wessén & Schoeps, 1996b ; Wheatley *et al.*, 1997 ; Wilkins & Larsen, 1995a ; Wilkins *et al.*, 1997 ; Wilkins *et al.*, 2003 ; Pasanen *et al.*, 1997). Dans un certain nombre études, les COVM produits par des cultures mixtes sur des subtrats comme les matériaux de construction ont été étudiés (Braathen *et al.*, 2002 ; Claeson *et al.*, 2002ab ; Ezeonu *et al.*, 1990 ; Korpi *et al.*, 1998 ; Wessén *et al.*, 1995). Dans ces études, les COVM sont produits par des espèces et souches microbiens des genres les plus communs de l'environnement tels que *Absidia, Acremonium, Alternaria, Aspergillus, Botrytis, Candida, Chetomium, Cladosporium, Coniophora, Fusarium, Paecilomyces, Penicillium, Phialophora, Poria, Pseudomonas, Rhizopus, Saccharomyces, Serpula, Stachybotrys, Streptomyces, Trichoderma, Ulocladium* et *Wallemia.*

Les 15 COVM les plus communs ont été sélectionnés parmi les listes établies sur les micro-organismes pour un examen plus approfondi. Dans le présent document, ces substances chimiques sont recensées dans le tableau II et représentent des composés analysés et rapportés dans de nombreuses études en laboratoire ou sur le terrain. Dans ces études, la sélection des composés identifiés a souvent été limitée entre 10 et 15 à la vue des nombreux « designs » expérimentaux et statistiques non standardisés, et contraintes analytiques mis en avant dans l'ensemble des articles recensés. Je n'ai donc pas suivi toute la gamme des COVM identifié à ce jour. Par exemple, l'éthanal (acétaldéhyde), nonanal, pentan-2-one, limonène, et sesquiterpènes sont parmi les métabolites microbiens les plus fréquemment identifiés dans les expériences de laboratoires, encore qu'ils n'ont pas été rapportés dans les échantillons de terrains, probablement en raison de la non-prèsences microbiennes des sources sur le terrain, et d'analyses aux limites de détéctions (sesquiterpènes). Une liste plus complète couvrant un nombre de COVM entre 96 et 400 est fréquemment rapportée, en complément des données d'identification de substances qui sont donnés dans le tableau III et tableau X (Efferman *et al.*, 2012). Par ailleurs, des listes supplémentaires de composés ont été publiées par Jelen & Wasowics (1998) et Larsen & Frisvad (1995). Je vous renvoie à leurs publications.

Tableau III. Identification chimique des composés fréquemment signalés comme COVM issus de champignons et de bactéries communes dans l'"environnement. Les identifications reposent sur des études de laboratoires. Les 15 substances retenues pour complément d'"enquête sont mises en évidences (d'"après *ChemFinder database, 2005 ; CHEMINFO database*, 2005 ; MSDS, 2010). (Par souci de rigueur scientifique, les molécules sont présentées avec leur dénomination présente dans la base de données et leur nom en nomenclature internationale IUPAC-SI).

Common name or name used in document	IUPAC-SI-name	Synonyms (selected)	Chemical formula	Molecular weight	CAS number
Alcohols					
1-Butanol	Butan-1-ol	n-Butanol; n-butyl alcohol; propyl carbinol	$C_4H_{10}O$	74.12	71-36-3
4-Decanol	Decan-4-ol		$C_{10}H_{22}O$	158.28	2051-31-2
Ethanol	Ethanol	Ethyl alcohol; ethyl hydroxide; methyl carbinol; spirit	C_2H_6O	46.07	64-17-5
2-Ethyl-1-hexanol	2-Ethylhexan-1-ol	2-Ethylhexanol	$C_8H_{18}O$	130.23	104-76-7
2-Heptanol	Heptan-2-ol	sec-Heptyl alcohol; 2-heptyl alcohol; isoheptyl alcohol; 2–hydroxyheptane; 1-methylhexanol; methyl pentyl carbinol; methyl n-amyl carbinol	$C_7H_{16}O$	116.20	543-49-7
1-Hexanol	Hexan-1-ol	1-Hexyl alcohol; n-hexyl alcohol; n-hexanol; amyl carbinol	$C_6H_{14}O$	102.18	111-27-3
2-Methyl-1-propanol	2-Methylpropan-1-ol	1-Hydroxymethylpropane; 2-methylpropyl alcohol; isobutanol;isobutyl alcohol; isopropyl carbinol	$C_4H_{10}O$	74.12	78-83-1
2-Methyl-1-butanol	2-Methylbutan-1-ol	Sec-Butyl carbinol	$C_5H_{12}O$	88.15	137-32-6
3-Methyl-1-butanol	3-Methylbutan-1-ol	1-Hydroxy-3-methylbutane; 2-methyl-butanol-4; 3-methylbutanol;isoamyl alcohol; isobutyl carbinol; isopentanol; isopentyl alcohol	$C_5H_{12}O$	88.15	123-51-3
3-Methyl-2-butanol	3-Methylbutan-2-ol	2-Hydroxy-3-methylbutane; sec-isoamyl alcohol;methylisopropylcarbinol	$C_5H_{12}O$	88.15	598-75-4
1-Octanol	Octan-1-ol	1-Octyl alcohol; n-octanol; n-octyl alcohol; 1-hydroxyoctane;heptyl carbinol; caprylic alcohol	$C_8H_{18}O$	130.23	111-87-5
3-Octanol	Octan-3-ol	n-Octan-3-ol; 1-ethyl-1-hexanol; n-amyl ethyl carbinol	$C_8H_{18}O$	130.23	589-98-0 and 20296-29-1
1-Octen-3-ol	Oct-1-en-3-ol	3-Octenol; octen-3-ol; vinyl hexanol; 3-hydroxy-1-octene;n-oct-1-en-3-ol; amyl vinyl carbinol; pentyl vinyl carbinol	$C_8H_{16}O$	128.21	3391-86-4
2-Octen-1-ol	Oct-2-en-1-ol	2-Octenol; 4-butyl-2-buten-1-ol	$C_8H_{16}O$	128.21	22104-78-5

Tableau III. Suite.

Common name or name used in document	IUPAC-SI-name	Synonyms (selected)	Chemical formula	Molecular weight	CAS number
1-Pentanol	Pentan-1-ol	1-Pentol; pentanol-1; n-pentan-1-ol; n-pentyl alcohol; n-pentanol;n-amyl alcohol; n-butyl carbinol	$C_5H_{12}O$	88.15	71-41-0
2-Pentanol	Pentan-2-ol	Pentanol-2; sec-amyl alcohol; methyl propyl carbinol; sec-pentyl alcohol	$C_5H_{12}O$	88.15	6032-29-7
1-Propanol	Propan-1-ol	n-Propyl alcohol; n-propanol; ethyl carbinol	C_3H_8O	60.10	71-23-8
Aldehydes					
Acetaldehyde	Ethanal	Acetic aldehyde; acetylaldehyde; ethanal; ethyl aldehyde	C_2H_4O	44.05	75-07-0
Acrolein	Prop-2-enal	2-Propen-1-one; 2-propenal; prop-2-en-1-al; acraldehyde; acrylaldehyde;acrylic aldehyde; allyl aldehyde; ethylene aldehyde; propenal;propenaldehyde; propylene aldehyde; trans-acrolein	C_3H_4O	56.06	107-02-8
Benzaldehyde	Benzaldehyde	Benzoic aldehyde; benzoyl hydride; phenylmethanal	C_7H_6O	106.12	100-52-7
Decanal	Decanal	Decyl aldehyde; decaldehyde; decanaldehyde; decylic aldehyde;n-decylaldehyde; n-decanal; capric aldehyde	$C_{10}H_{20}O$	156.27	112-31-2
Formaldehyde	Methanal	Formic aldehyde; methanal; methaldehyde; methyl aldehyde;methylene oxide; oxomethane; oxomethylene; oxymethylene	CH_2O	30.03	50-00-0
Heptanal	Heptanal	n-Heptaldehyde; n-heptanaldehyde; n-heptyl aldehyde; n-heptanal;enanthic aldehyde	$C_7H_{14}O$	114.19	111-71-7
Hexanal	Hexanal	1-Hexanal; hexaldehyde; hexoic aldehyde; n-hexanal; n-hexyl aldehyde;caproic aldehyde	$C_6H_{12}O$	100.16	66-25-1
Nonanal	Nonanal	1-Nonaldehyde; 1-nonanal; 1-nonyl aldehyde; n-nonyl aldehyde;nonanoic aldehyde; nonoic aldehyde	$C_9H_{18}O$	142.24	124-19-6
Octanal	Octanal	1-Octaldehyde; 1-octanal; 1-octylaldehyde; n-octaldehyde; n-octanal;n-octyl aldehyde; octanoic aldehyde; caprylic aldehyde	$C_8H_{16}O$	128.21	124-13-0
Phenylacetaldehyde	1-Oxo-2-phenylethane	1-Oxo-2-phenyl ethane; alpha-tolualdehyde; alpha-toluic aldehyde;benzeneacetaldehyde; benzyl carboxaldehyde; phenyl acetic aldehyde;phenylethanal	C_8H_8O	120.15	122-78-1

Tableau III. Suite.

Common name or name used in document	IUPAC-SI-name	Synonyms (selected)	Chemical formula	Molecular weight	CAS number
Hydrocarbons					
Benzene	Benzene	Benzol; cyclohexatriene; phenyl hydride	C_6H_6	78.11	71-43-2
Ethylbenzene	Ethylbenzene	Ethylbenzol; phenylethane	C_8H_{10}	106.17	100-41-4
1-Heptene	Hept-1-ene	n-Heptene; n-hept-1-ene	C_7H_{14}	98.19	592-76-7
Toluene	Toluene	Methyl benzene; methylbenzol; phenyl methane; toluol	C_7H_8	92.14	108-88-3
1-Methyl-4-methylethyl benzene	p-Cymene	1-Methyl-4-isopropylbenzene; 1-methyl-4-(methylethyl)-benzene; para-cymene; 4-isopropyltoluene; p-methyl cumene; 4-methyl-isopropylbenzene	$C_{10}H_{14}$	134.22	99-87-6
2-Methyl-1,3-butadiene	2-Methylbuta-1,3-diene	2-Methylbutadiene; beta-methylbivinyl; isopentadiene; isoprene	C_5H_8	68.12	78-79-5
1-Nonene	Non-1-ene		C_9H_{18}	126.24	124-11-8
1,3-Octadiene	Octa-1,3-diene		C_8H_{14}	110.20	1002-33-1
1-Octene	Oct-1-ene		C_8H_{16}	112.21	111-66-0
Styrene	Styrene	Ethenylbenzene; phenylethene; phenylethylene; styrol; vinyl benzene; vinylbenzol	C_8H_8	104.15	100-42-5
Xylenes	o-, m-, p-Xylene	Dimethylbenzenes; xylols; methyltoluenes	C_8H_{10} (1 xylene)	106.17 (1 xylene)	1330-20-7
Acids					
Acetic acid	Acetic acid	Ethylic acid; methanecarboxylic acid	$C_2H_4O_2$	60.05	64-19-7
Octanoic acid	Octanoic acid	1-Heptanecarboxylic acid; n-octanoic acid; n-octylic acid	$C_8H_{16}O_2$	144.21	124-07-2
Ethers					
Anisole	Anisole	Methoxybenzene; methyl phenyl ether; phenyl methyl ether	C_7H_8O	108.14	100-66-3
1,3-Dimethoxybenzene	1,3-Dimethoxybenzene	m-Dimethoxybenzene; dimethylresorcinol	$C_8H_{10}O_2$	138.17	151-10-0
2,5-Dimethylfuran	2,5-Dimethylfuran		C_6H_8O	96.13	625-86-5
1-Methoxy-3-methylbenzene	1-Methoxy-3-methylbenzene	3-Methylanisole; m-methoxytoluene; m-methylanisole; 3-cresol methyl-ether; 3-methoxytoluene; 3-methyl-1-methoxybenzene; m-cresol methyl	$C_8H_{10}O$	122.17	100-84-5

Tableau III. Suite.

Common name or name used in document	IUPAC-SI-name	Synonyms (selected)	Chemical formula	Molecular weight	CAS number
ether; m-cresyl methyl ether; methyl m-tolyl ether					
1-Methoxy-3-methylbutane	1-Methoxy-3-methylbutane	4-Methoxy-2-methylbutane; isopentyl methyl ether;methyl isopentyl ether	$C_6H_{14}O$	102.17	626-91-5
2-Methylfuran	2-Methylfuran	5-Methylfuran; alpha-methylfuran; methyl furan	C_5H_6O	82.10	534-22-5
3-Methylfuran	3-Methylfuran		C_5H_6O	82.10	930-27-8
2,3,5-Trimethylfuran	2,3,5-Trimethylfuran		$C_7H_{10}O$	110.15	10504-04-8
Esters					
Ethyl acetate	Ethyl acetate	Acetoxyethane; ethyl acetic ester	$C_4H_8O_2$	88.11	141-78-6
Ethyl-2 methyl-propionate	Ethyl 2-methyl-propanoate	2-Methylpropanoic acid ethyl ester; ethyl isobutyrate	$C_6H_{12}O_2$	116.16	97-62-1
Ethyl propionate	Ethyl propanoate E	thyl n-propanoate; propanoic acid ethyl ester	$C_5H_{10}O_2$	102.13	105-37-3
Methyl acetate	Ethanoate	Acetic acid methyl ester; methyl acetic ester; methyl ester acetic acid;methyl ethanoate	$C_3H_6O_2$	74.08	79-20-9
3-Methyl-1-butyl-acetate	3-Methylbutyl acetate	3-Methyl-1-butanol acetate; acetic acid 3-methyl butyl ester; isoamyl-ethanoate; isopentyl ester acetic acid; isopentyl acetate; isoamyl acetate	$C_7H_{14}O_2$	130.19	123-92-2
Methyl-2-methylpropionate	Methyl 2-methylpropanoate	Methyl isobutyrate; 2-methylpropanoic acid methyl ester;methyl 2,2-dimethylacetate	$C_5H_{10}O_2$	102.13	547-63-7
Propyl acetate	Propyl acetate	1-Propyl acetate; n-propyl acetate; n-propyl ethanoate	$C_5H_{10}O_2$	102.13	109-60-4

Tableau III. Suite.

Common name or name used in document	IUPAC-SI-name	Synonyms (selected)	Chemical formula	Molecular weight	CAS number
Ketones					
Acetone	Propan-2-one	2-Propanone; propanone; dimethyl ketone; beta-ketopropane; Propan-2-one, ketone propane	C_3H_6O	58.08	67-64-1
2-Butanone	Butan-2-one	Ethyl methyl ketone; methyl acetone; methyl ethyl ketone; oxobutane	C_4H_8O	72.11	78-93-3
Cyclopentanone	Cyclopentanone	Ketocyclopentane	C_5H_8O	84.12	120-92-3
2-Heptanone	Heptan-2-one	Butyl acetone; methyl n-amyl ketone; n-amyl methyl ketone;methyl pentyl ketone	$C_7H_{14}O$	114.19	110-43-0
2-Hexanone	Hexan-2-one	n-Butyl methyl ketone; methyl n-butyl ketone; propylacetone	$C_6H_{12}O$	100.16	591-78-6
3-Hydroxy-2-butanone	3-Hydroxybutan-2-one	2,3-Butanolone; 2-butanol-3-one; gamma-hydroxy-beta-oxobutane	$C_4H_8O_2$	88.11	513-86-0
3-Methyl-2-butanone	3-Methylbutan-2-one	Isopropyl methyl ketone; methyl isopropyl ketone	$C_5H_{10}O$	86.13	563-80-4
3-Methyl-2-pentanone	3-Methylpentan-2-one	Sec-Butyl methyl ketone; methyl 1-methylpropyl ketone;methyl sec-butyl ketone	$C_6H_{12}O$	100.16	565-61-7
4-Methyl-3-hexanone	4-Methylhexan-3-one	Ethyl isobutyl ketone	$C_7H_{14}O$	114.19	17042-16-9
2-Nonanone	Nonan-2-one	Methyl heptyl ketone; n-heptyl methyl ketone	$C_9H_{18}O$	142.24	821-55-6
2-Octanone	Octan-2-one	Hexyl methyl ketone; methyl n-hexyl ketone; 2-oxooctane	$C_8H_{16}O$	128.21	111-13-7
3-Octanone	Octan-3-one	Ethyl amyl ketone; n-amyl ethyl ketone; ethyl pentyl ketone	$C_8H_{16}O$	128.21	106-68-3
2-Pentanone	Pentan-2-one	Ethyl acetone; methyl n-propyl ketone; propyl methyl ketone	$C_5H_{10}O$	86.13	107-87-9
3-Pentanone	Pentan-3-one	Diethyl ketone; dimethyl acetone; ethyl ketone; methacetone	$C_5H_{10}O$	86.13	96-22-0
2-Undecanone	Undecan-2-one	Methyl nonyl ketone; undecanone	$C_{11}H_{22}O$	170.29	112-12-9
Lactones					
Gamma-Decalactone	5-Hexyloxolan-2-one	2-Decalactone; decanoic acid, gamma-lactone; decanolactone;4-decanolide; decanolide-1,4; 5-hexyldihydro-2(3H)-furanone; gamma-n-hexyl-gamma-butyrolactone	$C_{10}H_{18}O_2$	170.25	706-14-9

Tableau III. Suite.

Common name or name used in document	IUPAC-SI-name	Synonyms (selected)	Chemical formula	Molecular weight	CAS number
Terpenoids					
Acoradiene	1,8-Dimethyl-4-prop-1-en-2-yl-spiro[4.5]dec-8-ene	(-)-alpha-Acoradiene;1,8-dimethyl-4-isopropenylspiro[4.5]dec-7-ene;1,8-dimethyl-4-(1-methylethenyl)-spiro[4.5]dec-7-ene,(1R,4S,5S)-;spiro[4.5]dec-7-ene, 1-isopropenyl-4,8-dimethyl-,(1S,4R,5S)-(-)-	$C_{15}H_{24}$	204.35	24048-44-0
β-Bisabolene	6-Methyl-2-(4-methyl-1-cyclohex-3-enyl)-hepta-1,5-diene	(-)-beta-Bisabolene;1,5-heptadiene, 6-methyl-2-(4-methyl-3-cyclohexen-1-yl)-, (S)-(-)-;cyclohexene, 1-methyl-4-(5-methyl-1-methylene-4-hexenyl)-, (S)-;(S)-1-methyl-4-(5-methyl-1-methylene-4-hexenyl)-1-cyclohexene	$C_{15}H_{24}$	204.35	495-61-4
Cadinene	1,6-Dimethyl-4-propan-2-yl-1,2,3,4,4a,5,6,8aoctahydronaphthalene	b-Cadinene; [1S-(1alpha,4alpha,4aalpha,6alpha,8alphabeta)]-decahydro-1,6-dimethyl-4-(1-methylethyl)naphthalene	$C_{15}H_{26}$	206.37	29350-73-0
Δ3-Carene	3,7,7-Trimethylbicyclo[4.1.0]hept-3-ene	3-Carene; car-3-ene; delta-3-carene; S-3–carene; isodiprene; 3,7,7-trimethyl bicyclohep-3-ene; 3,7,7-trimethylbicyclo[4.1.0]-3-heptene; 3-norcarene, 3,7,7-trimethyl-; 4,7,7-trimethyl-3-norcarene	$C_{10}H_{16}$	136.24	13466-78-9
Camphene	2,2-Dimethyl-3-methylidene-norbornane	(+/-)-Camphene; 2,2-dimethyl-3-methylene-bicyclo[2.2.1]heptane; 2,2-dimethyl-3-methylene norbornane; 3,3-dimethyl-2-methylene-norcamphane; 3,3-dimethyl-2-methylene norcamphone	$C_{10}H_{16}$	136.24	79-92-5

Tableau III. Suite.

Common name or name used in document	IUPAC-SI-name	Synonyms (selected)	Chemical formula	Molecular weight	CAS number
β-Caryophyllene	4,11,11-Trimethyl-8-methylidene-bicyclo[7.2.0]undec-4-ene	(-)-beta-Caryophyllene; l-caryophyllene; (-)-trans-caryophyllene;(-)-E-caryophyllene;[1R-(1R*,4E,9S*)]-8-methylene-4,11,11-trimethylbicyclo[7.2.0]-4-undecane;[1R-(1R*,4E,9S*)]-4,11,11-trimethyl-8-methylene-bicyclo[7.2.0]-4-undecene;4,11,11-trimethyl-8-methylene-bicyclo[7.2.0]undec-4-ene;bicyclo[7.2.0]undec-4-ene, 4,11,11-trimethyl-8-methylene-,(E)-(1R,9S)-(-)-	$C_{15}H_{24}$	204.35	87-44-5
β-Chamigrene	1,1,9-Trimethyl-5-methylidenespiro[5.5]undec-9-ene	Spiro[5.5]undec-2-ene, 3,7,7-trimethyl-11-methylene, (6R)-;(-)-3,7,7-trimethyl-11-methylenespiro[5.5]undec-2-ene	$C_{15}H_{24}$	204.35	18431-82-8
α-Curcumene	2-Methyl-6-(4-methylphenyl)-hept-2-ene	a-Curcumene; 2-Heptene, 2-methyl-6-p-tolyl-;1-(1,5-dimethyl-4-hexenyl)-4-methylbenzene;1-methyl-4-(6-methylhept-5-en-2-yl)benzene	$C_{15}H_{22}$	202.34	644-30-4
β-Elemene	1-Ethenyl-1-methyl-2,4-diprop-1-en-2-ylcyclohexane	Cyclohexane, 1-ethenyl-1-methyl-2,4-bis(1-methylethenyl)-,(1alpha,2beta,4beta)-;2,4-diisopropenyl-1-methyl-1-vinylcyclohexane, stereoisomer	$C_{15}H_{24}$	204.35	33880-83-0
α-Farnesene	(3E,6E)-3,7,11-Trimethyldodeca-1,3,6,10-tetraene	trans-alpha-Farnesene; (3E, 6E)-alpha-farnesene;2,6,10-trimethyl-2,6,9,11-dodecatetraene;3,7,11-trimethyl-1,3,6,10-dodecatetraene	$C_{15}H_{24}$	204.35	502-61-4
β-Farnesene	(6E)-7,11-Dimethyl-3-methylidene-dodeca-1,6,10-triene	trans-beta-Farnesene; E-beta-farnesene;7,11-dimethyl-3-methylene-1,6,10-dodecatriene	$C_{15}H_{24}$	204.35	18794-84-8

Tableau III. Suite.

Common name or name used in document	IUPAC-SI-name	Synonyms (selected)	Chemical formula	Molecular weight	CAS number
Geosmin	4,8a-Dimethyldecalin-4a-ol	1-α,10-β-Dimethyl-9α-decalol, 2,6-dimethyl bicyclo[4.4.0]decan-1-ol;octahydro-4,8a-dimethyl-4a(2H)-naphthalenol;trans-1,10-dimethyl-trans-9-decalol	$C_{12}H_{22}O$	182.31	23333-91-7 and 19700-21-1
α-Gurjunene	No IUPAC name	(-)-α-Gurjunene;1H-cycloprop[e]azulene, 1a,2,3,4,4a,5,6,7b-octahydro-1,1,4,7-tetramethyl-, (1aR, 4R, 4aR, 7bS)-;1H-cycloprop[e]azulene, 1a.beta.,2,3,4,4a.alpha.,5,6,7b.beta.-octahydro-1,1,4.beta.,7-tetramethyl-	$C_{15}H_{24}$	204.35	489-40-7
Limonene	1-Methyl-4-prop-1-en-2-yl-cyclohexene	DL-Limonene; eulimen; DL-p-mentha-1,8-diene; acintene DP dipentene;cajeputene; ciene; cinene; cyclil decene; nesol; terpodiene;1-methyl-4-(1-methylethenyl)cyclohexene; 4-(1-methylethenyl)-1-methyl-cyclohexene; 4-isopropenyl-1-methyl-1-cyclohexene;4-isopropenyl-1-methyl-cyclohexene;methyl-4-(1-methylethenyl)cyclohexene;methyl-4-isopropenyl-1-cyclohexene;methyl-4-isopropenylcyclohexene	$C_{10}H_{16}$	136.24	138-86-3
Longifolene	No IUPAC name	Kuromatsuene; junipene; d-longifolene; (+)-longifolene;(+)-longofolene;[1S-(1alpha,3abeta,4alpha,8abeta)]-decahydro-4,8,8-trimethyl-9-methylene-1,4-methanoazulene;decahydro-4,8,8-trimethyl-9-methylene-1,4-methanoazulene	$C_{15}H_{24}$	204.35	475-20-7
2-Methylisoborneol	1,2,7,7-Tetramethylnorboman-2-ol	Bicyclo [2.2.1] heptan-2-ol, 1,2,7,7-tetramethyl-, (1R, 2R, 4R)-rel-; bicyclo [2.2.1] heptan-2-ol, 1,2,7,7,tetramethyl-, exo-; 2-norbornanol, 1,2,7,7-tetramethyl-, exo-; 2-endo-methyl-2-exo-bomanolexo-1,2,7,7-tetramethylbicyclo[2.2.1]heptan-2-ol	$C_{11}H_{20}O$	168.28	2371-42-8

Tableau III. Suite.

Common name or name used in document	IUPAC-SI-name	Synonyms (selected)	Chemical formula	Molecular weight	CAS number
β-Phellandrene	3-Methylidene-6-propan-2-yl-cyclohexene	1(7)-2-p-Menthadiene;3-methylene-6-(1-methylethyl)- cyclohexene	$C_{10}H_{16}$	136.24	555-10-2
α-Pinene	4,7,7-Trimethylbicyclo[3.1.1]hept-3-ene	2-Pinene; pin-2(3)-ene; acintene A; cyclic dexadiene;2,6,6-trimethylbicyclo[3.1.1]hept-2-ene	$C_{10}H_{16}$	136.24	80-56-8
β-Pinene	7,7-dimethyl-4-methylidenebicyclo[3.1.1]heptane	2(10)-Pinene; nopinene; pseudopinene; terebenthene;bicyclo[3.1.1]heptane, 6,6-dimethyl-2-methylene-	$C_{10}H_{16}$	136.24	127-91-3
Thujopsene	No IUPAC name	(-)-Thujopsene; sesquichamene; widdrene; cyclopropa[d]naphthalene, 1,1a,4,4a,5,6,7,8-octahydro-2,4a,8,8-tetramethyl-, (1aS, 4aS, 8aS)-	$C_{15}H_{24}$	204.35	470-40-6
Trichodiene	1,4-Dimethyl-4-(1-methyl-2-methylidenecyclopentyl)-cyclohexene	Cyclohexene, 1,4-dimethyl-4-[(1S)-1-methyl-2-methylenecyclopentyl]-; cyclohexene, 1,4-dimethyl-4-(1-metyl-2-methylenecyclopentyl)-,[S-(R*, R*)]-	$C_{15}H_{24}$	204.35	28624-60-4
Sulphur and nitrogen compounds					
Dimethyl disulphide	Methyldisulfanylmethane	Methyl disulphide; 2,3-dithiabutane; (methyldithio)methane	$C_2H_6S_2$	94.19	624-92-0
Dimethyltrisulphide	Methylsulfanyldisulfanyl-methane	Methyl trisulphide; trisulphide, dimethyl; 2,3,4-trithiapentane	$C_2H_6S_3$	126.27	3658-80-8
2-Isopropyl-3-methoxy-pyrazine	2-Methoxy-3-propan-2-yl-pyrazine	2-Isopropyl-3,5 (or 6)-methoxypyrazine; 2-methoxy-3,5(6)-isopropyl-pyrazine; 2-methoxy-3-isopropyl-pyrazine;2-methoxy-3-(1-methylethyl)-pyrazine	$C_8H_{12}N_2O$	152.20	25773-40-4
2-Methoxy pyrazine	2-Methoxypyrazine	Methoxy pyrazine	$C_5H_6N_2O$	110.12	3149-28-8

Ainsi, sur la base des connaissances actuelles, il est difficile de faire une liste exhaustive et fiable des COVM pertinents. Cela est dû au fait que dans la majorité des études expérimentales : i) les contrôles sont généralement absents ; ii) les bactéries de références négatives et positives changent avec le secteur de recherche et les périodes de recherches ; iii) les matériels stériles respectifs à leurs études et l'aspect qualitatif et quantitatif des émissions sont rarement rapportés ; iv) le « design » statistique ou plan d'expérimentation sont mal conçu.

Par conséquent, les concepts de COV et COVM se chevauchent dans la mesure où l'origine d'un composé rapportée comme un COVM pourrait bien être issu de l'émission d'un substrat. Cela entraine des problèmes lors de l'interprétation des données et dans leur positionnement dans un contexte réel. Par exemple, Wilkins & Larsen (1995b) ont soupçonné que le toluène, les xylènes, l'éthylbenzène pouvaient ne pas résulter d'un métabolisme microbien, même si ces composés sont souvent présentées comme COVM. En outre, certains COVM ne peuvent être liés à une espèce microbienne ou un individu, car un COVM peut être produit par des micro-organismes différents par exemple des espèces bactériennes et fongiques qui partagent les mêmes COVM et le même environnement. Cela est dû à la nature des similitudes métaboliques ainsi que des conditions de croissance qui sont l'un des facteurs clefs de la production de COVM chez toutes les espèces microbiennes.

Enfin, la méthodologie utilisée pour les analyses des COVM varie entre les études et affecte considérablement les profils de COVM rapportés dans la littérature. Par ailleurs, des tentatives ont été faites pour appliquer une analyse statistique en composantes principales afin d'identifier les zones de contamination microbienne en s'appuyant sur les profils de COV des échantillons issu de l'environnement (Wilkins *et al.*, 1997).

X. Propriétés physiques et chimiques

Certaines propriétés physiques et chimiques des COVM (Tableau. III) sont répertoriées dans le tableau IV. Une indication de la volatilité d'un composé peut être déduite du nombre d'atomes de carbone, du poids moléculaire, du point d'ébullition, et de la pression de vapeur (Sunesson, 1995). L'interprétation des pressions de vapeur des COVM présentés dans le tableau IV se présente comme suit : 0.00001 à 0,001 kPa est égal à « modérément volatil », de 0,001 à 0,1 kPa est égal à « volatil » et > 0,1 kPa est égal à « composé très volatil » (Nikunen, 2000).

Tableau IV. Présentation de certaines propriétés physiques et chimiques des composés signalés comme COVM les plus rencontrés. Les données sont en partie basées sur les coefficients calculés et prévues par les bases de données de références en cours de formations à ce jour. Les substances sélectionnées et mis en évidence en gris clair son actuellement en cours d''examen plus approfondi du point de vue médical. (d''après *CAS Registry File (STN)*, 2005 ; *ChemFinder database, 2005* ; *CHEMINFO database*, 2005 ; *Hazardous Substances Data Bank.*, 2005 ; IPCS INCHEM. 2005 ; IPCS/WHO, 1989 ; MSDS, 2005 ; SRC., 2010). (Par souci de rigueur scientifique, les molécules sont présentées avec leur dénomination présente dans la base de données et leur nom en nomenclature internationale IUPAC-SI).

Compound (IUPAC-SI)	Boiling point (°C) a at 101.3kPa	Vapour pressure (kPa) at 25 °C	Octanol:water partition coefficient, log Kow	
			Experimental	Calculated
Alcohols				
Butan-1-ol	117.7	0.587-0.73 c	0.88	
Decan-4-ol	210.5	0.0049		3.71
Ethanol	78.5	5.9 c	-0.32	
2-Ethyl-hexan-1-ol	183.5	0.007 c 0.048 c		2.73
Heptan-2-ol	159.2	0.164	2.31	
Hexan-1-ol	157.1-157.5	0.124	2.03	
2-Methyl-propan-1-ol	108	1.33	0.65 0.83	
2-Methyl-butan-1-ol	128	0.416	1.29	
3-Methyl-butan-1-ol	130.5	0.316	1.16	
3-Methyl-butan-2-ol	111.5	1.22	1.28	
Octan-1-ol	194.5-195	0.0106	3.00	
Octan-3-ol	169.0	0.068		2.73
Oct-1-en-3-ol	180	0.071		2.60
Oct-2-en-1-ol	195.8 ± 8.0	0.014		2.59
Pentan-1-ol	137.8	0.218 c	1.42 1.48 1.51	
Pentan-2-ol	119.0-119.3	0.815	1.19	
Propan-1-ol	97.2- 97.8	1.9 - 2 c	0.25 0.34	
Aldehydes				
Etanal (Acetaldehyde)	20.2	100 c	-0.34	
Acrolein	52.5	28.5 c		-0.01
Benzaldehyde	178-179	0.133 d		1.48
Decanal	208	0.028		3.76
Methanal (Formaldehyde)	(-19-) (-)19.5	519 462	0.35	
Heptanal	152.8	0.469		
Hexanal	131	1 507		1.78
Nonanal	191	0.049		3.27
Octanal	163.4	0.28		2.78
Phenylacetaldehyde	200	0.049		

Tableau IV. Cont.

Compound (IUPAC-SI)	Boiling point (°C) a at 101.3kPa	Vapour pressure (kPa) at 25 °C	Octanol:water partition coefficient, log Kow Experimental	Calculated
Hydrocarbons				
Benzene	80	12.7	1.18-1.9 2.13 2.15	
Ethylbenzene	136.2	1.28	3.15	
Hept-1-ene	94	7.62		3.99
Toluene	110.6	2.93 [c]	2.11-2.80	
1-Methyl-4-methylethyl benzene	177.10	0.20		4.10
2-Methyl-buta-1,3-diene	34 067	73.33		2.42
Non-1-ene	146.9	0.720		5.15
Octa-1,3-diene	130-131	1.79		
Oct-1-ene	121.2	2.32		4.57
Styrene	145.2	0.81	2.95	
Xylenes	129-150 [b]	0.8-0.867 [c]	3.12-3.20	
Acids				
Acetic acid	117.9	1.52 [c]	-0.31	
Octanoic acid	237; 239.7	0.133 [e]	0.63	
Ethers				
Anisole	155.5	0.472		2.11
1,3-Dimethoxybenzene	217.5	0.026		2.21
2,5-Dimethylfuran	93.1 ± 9.0	7.61		2.24
1-Methoxy-3-methylbenzene	177	0.24		2.66
1-Methoxy-3-methylbutane	90	11.06		1.96
2-Methylfuran	65	23.48		1.85
3-Methylfuran	65-66	21.46		1.91
2,3,5-Trimethylfuran	121-122	1.92		
Esters				
Ethyl acetate	76.5-77.5	9.73 [c]	0.66 0.73	
Ethyl-2-methyl-propionate	110.1	2.88		1.77
Ethyl propionate	99.1	5.0	1.21	
Methyl acetate	56.9	23.1 [c] 21.7 [c]	0.18	
3-Methyl-1-butylacetate	142.5	0.75	2.26	
Methyl-2-methylpropionate	93-95	6.72		1.28
Propyl acetate	101.6	4.67	1.39	
		1.60		
Ketones				
Acetone	56.2	24-24.7 [c]	-0.24	
Butan-2-one	79.6	10.33 [c]	0.26 0.29	
Cyclopentanone	130.6	1.52		0.24
Heptan-2-one	150.6; 151.5	0.213 0.28	2.03	

Tableau IV. Cont.

Compound (IUPAC-SI)	Boiling point (°C) a at 101.3kPa	Vapour pressure (kPa) at 25 °C	Octanol:water partition coefficient, log Kow	
			Experimental	Calculated
Hexan-2-one	126-128	1.47 [c]		
		0.36 [c]		
		1.38		
3-Hydroxy-butan-2-one	148	0.256		-0.36
3-Methyl-butan-2-one	93	8.6 [c]		0.84
3-Methyl-pentan-2-one	117.3-117.5	2.42		1.16
4-Methyl-hexan-3-one	135-138	1 075		1.66
Nonan-2-one	194	0.086		3.14
Octan-2-one	173	0.23		2.37
Octan-3-one	157-162	0.267		2.22
Pentan-2-one	102	3.59 [c]	0.91	
Pentan-3-one	102	4.7	0.99	
Undecan-2-one	231.5	0.013		4.09
Lactones				
γ-Decalactone	266.7 ± 8.0	0.00113		
Terpenoids				
Acoradiene	273.1 ± 15.0	0.0013		6.99
β-Bisabolene	275.4 ± 15.0	0.0011		7.12
Cadinene	120 [f]	5.33 [g]		6.19
Δ3-Carene	167-170	0.248		4.61
Camphene	158.5	0.333		4.22
β-Caryophyllene	268.4 ± 10.0	0.0017		6.30
β-Chamigrene	273.2 ± 15.0	0.0013		7.02
α-Curcumene	276.3 ±15.0	0.0011		6.29
β-Elemene	252.1 ± 15.0	0.0042		7.04
α-Farnesene	279.6 ± 15.0	0.00090		7.10
β-Farnesene	272.5 ± 15.0	0.0013		7.17
Geosmin	252.4 ± 8.0	0.00041		3.57
α-Gurjunene	263.9 ± 7.0	0.0022		6.18
Limonene	170	0.280 [c]		4.57
Longifolene	250-255	0.0042		5.48
2-Methylisoborneol	208.7 ± 8.0	0.0065		3.31
β-Phellandrene	171.5	0.210		4.70
α-Pinene	155	0.47		4.83
β-Pinene	166.0	0.32		4.35
Thujopsene	256.5 ± 7.0	0.0033		6.12
Trichodiene	256.7 ± 15.0	0.0033		
Sulphur and nitrogen compounds				
Dimethyl disulphide	109.8	3.83		1.77
Dimethyl trisulphide	183.1 ± 23.0	0.142		1.87
2-Isopropyl-3-methoxy-pyrazine	210.8 ± 30.0	0.036		2.37
2-Methoxy pyrazine	153.6 ± 0.0	0.56		

a ± indicates that the value was obtained with an extrapolation model providing a range
b variable depending on isomer composition
c 20 °C
d 26 °C
e 92.3 °C, extremely low at room temperature
f 9 mm Hg (1.2 kPa)
g 180 °C

XI. Apparition

Nous avons vu que les COVM sont le résultat du métabolisme microbien. Ainsi, les facteurs qui contrôlent la croissance microbienne influencent également la production des COVM. Ces facteurs sont notamment : 1) les espèces et les souches microbiennes ou éspèces végétales qui correspond à la base de l'approche d'identification des espèces en fonction de leur profil de COVM ; 2) les substrats et nutriments par exemple nous savons que l'absence de certains nutriments conduit à des émissions de terpène, et la présence de certains acides aminés conduisent à des composés soufrés et azotés ; 3) les conditions d'humidité car, l'activité de l'eau, l'humidité relative affectent la croissance et de la production des COVM ; 4) la teneur en ergostérol des substrats de croissances ; 5) les COV présent dans l'air ambiant ou dans le substrat de croissance ; et 6) la température de développement et d'ambiance (Bjurman, 1999, 1997 ; Braathen *et al.*, 2002 ; Börjesson *et al.,* 1989, 1993 ; Claeson *et al.,* 2002a,b ; Dionigi *et al.,* 1994 ; Fiedler *et al.,* 2001 ; Gao & Martin, 2002 ; Horner *et al.*, 1999 ; Jelen *et al.,* 1995 ; Korpi *et al.,* 1998, 1999 ; Lappalainen *et al.*, 1997 ; Larsen & Frisvad, 1995b,c ; Pasanen *et al.*, 1996 ; Rivers *et al.*, 1992 ; Schleibinger *et al.,* 2003, 2005 ; Sprecher & Hnssen, 1982 ; Sunesson *et al.,* 1996, 1995 ; Whillans *et al.,* 1996 ; Wilkins *et al.*, 2000, 2003, 1999 ; Zeringue *et al.,* 1993). D'autre part, l'intensitée de sporulation caractérisé par la concentration de spores viables n'a pas encore été démontré comme facteur affectant de manière générale la production COVM (Börjesson *et al.,* 1990, 1992 ; Wilkins *et al.*, 2000). Bien que quelques résultats existent. Des résultats contradictoires sur les profils COVM influancés par certains facteurs ont également été signalés comme la production de CO_2 métaboliques, la concentration en oxygène et les phases de la croissance et l'âge de la colonie. Une explication a été donnée par certains auteurs. Cela peut être issu de défauts dans les techniques d'échantillonnages et dans les différences de conception des études mise en place (Korpi *et al.*, 1997). Bien que les COVM proviennent principalement de la production microbienne via des contaminations jeunes et métaboliquements actives, certains COVM sont proposés afin de refléter les émissions à un âge donné du developpement microbien. Ces profils types et techniques de détections peuvent même identifier un début de contamination ou développement microbien avant la contamination microbienne importante et induisant les sympotômes. Ceci en raison de l'affinité forte d'absorption des matériaux de construction (Wessén *et al.,* 1994). Les niveaux de COVM à l'intérieur d'un compartiment ou d'un volume sont un équilibre entre les taux de production, d'absorption-adsorption et de désorption identifiés à partir des matériaux de construction dont la « terre » fait partie et des meubles et de ventilation.

Dans une moindre mesure, les COVM sont d'abord analysés afin de détecter les processus de développements microbiens indésirables ou de pertes de composés durant le stockage ou la transformation de denrées alimentaires (Börjesson *et al.,* 1989, 1992 ; Dainty e*t al.,* 1984 ; Lee *et al.,* 1979 ; Miller *et al.,* 1973 ; Wilkins & Scholl, 1989). Plus récemment, l'analyse COVM s'applique à reconnaître les sources « d'odeurs ou flagrances » et de la croissance microbienne interne aux structures par exemple de bâtiments (Bayer & Crow, 1994 ; Morey *et al.,* 1997 ; Ström *et al.,* 1994 ; Wessén & Schoeps, 1996a,b ; Wilkins *et al.,* 1997).

Etant des gaz, il a longtemps été supposé que les COVM peuvent entrer dans un air intérieur à travers les barrières de vapeur d'eau plus facilement que les spores microbiens (Ström *et al.,* 1994 ; Wessén & Hal, 1999). Comme cela a déjà été mentionné, les COVM possèdent un caractère non spécifique en milieu dit de « terrain ». Ces composés peuvent également provenir d'autres sources d'émission comme la végétation qui émet des COV comptenus ou non dans les huiles essentielles, les sols, les matériaux de constructions, le métabolisme humain, le nettoyage, la circulation, les denrées alimentaires, le tabagisme (Helmig *et al.,* 1999 ; Phillips *et al.,* 1999 ; Schleibinger *et al.,* 2002 ; Sunesson, 1995). Ils peuvent également être formé lors de réactions de formation entre des oxydants tels que l'ozone et les hydrocarbures non saturés (isoprène/terpènes), le peroxyde d'hydrogène, la méthacroléine, et la méthylvinylcétone (Sauer *et al.,* 1999), qui sont tous connus comme des irritants, (Weschler, 2000 ; Wolkoff *et al.,* 1999, 2000). Le 3-méthylfurane est un autre candidat soupçonné d'être un produit d'oxydation de l'isoprène (Helmig *et al.,* 1999).

Ainsi, il est impossible de conclure si les composés dérivent : i) du métabolisme microbien ; ii) ou d'une émission issue de substrats ; iii) ou de polluants environnementaux. Cela entrave la spécificité et l'interprétation des analyses de COVM et limites l'utilisation à l'identifiant des COVM découlant de zones contaminées. Par exemple, les terpènes sont généralement émis à partie de produits végétaux comme le bois. De même, le 2-éthyl-1-hexanol a été noté comme COVM d'intérêt. Or, il est un produit de dégradation des phtalates dans les chlorures de polyvinyle (PVC) dans des conditions de sols humides et alcalins (Gustafsson *et al.,* 1990). Korpi *et al.* (1998) ont rapporté que le taux d'humidités des matériaux de constructions, lorsqu'ils ne sont pas contaminés microbiologiquement, émet des composés identifiés comme dérivant du métabolisme microbien appelé également COVM. Kuske *et al.* (2005) suggèrent que l''évaporation de COVM à partir de matériaux humides permet d''anticiper et indiquer des problèmes de moisissures induits par l''humidité et de prévenir de la croissance des champignons. Dans des conditions favorables à la mise en place d''une contamination et à la croissance microbienne, une émission de COVM peut être produite en un jour (Pasanen *et al.,* 1992). Cependant, les concentrations de COVM sans équivoque liée aux quantités microbiennes en présence. Laussmann *et al.* (2004) s''accordent à dire que la somme de huit COVM permet de discriminer l''état et le niveau de contamination d''une chambre. Schleibinger *et al.* (2005) ont tiré une conclusion similaire. Les COVM ne peuvent pas être utilisés comme des prédicteurs de contaminations microbiennes par exemple dans le cas des dommages causés par des moisissures dans un environnement intérieur. Dans une étude réalisée sur quarante logements et quarante-quatre habitations intactes sans dégât de moisissure, la présence de 2-méthylfurane et 3-méthylfurane est corrélée au degré d''enfumage et nombre de fumeur présent dans l''espace plutôt que la formation de moisissures dans ce même espace. Meme si, le 2-méthyl-butan-1-ol et L''oct-1-ène-3-ol sont faiblement corrélés avec l''état, la sensibilité et la spécificité fongique, on peut conclure que les COVM peuvent être des Indicators Utiles du développement microbien bien que trop faiblement spécifique dans des environnements complexes (Schleibinger *et al.,* 2004).

XII. Mesures et analyse des COVM

Comme il n''existe pas de normes, de consensus, ou même des recommandations concernant l''échantillonnage et l''analyse des COVM, la méthodologie présentée dans la littérature varie considérablement et les données comparatives sur les différentes méthodes disponibles sont pauvres. Par ailleurs, des normes ont été réalisées comme nous l''avons vu uniquement d''un point de vue des COV générique. Ce noyau de norme constitue ma base de travail qui sera complété par les données issues de la litérature scientifique à ce sujet.

Les COVM peuvent être collectées à partir de l''air ambiant grâce à un échantillonnage de sorbants actifs ou passifs. Plusieurs sorbants ou combinaisons de sorbants existent tels que le charbon actif de type Anasorb 747, le carbone graphite noirs par exemple Carbotrap C ou Carbopack B, des gels de silice par exemple Porasil C et des polymères comme le Tenax TA ou GR, l''Anasorb 727, le Chromosorb 102, ou le XAD-4 ont été utilisées pour les deux techniques d''échantillonnage d'atmosphère d'environnements notamment intérieurs (Batterman *et al.,* 1995 ; Claeson *et al.,* 2002b ; Elke *et al.,* 1999 ; Sunesson, 1995 ; Sunesson *et al.,* 1995). En outre, les composés carbonylés sont collectés séparément dans certains cas avec des cartouches de 2,4-dinitrophénylhydrazine (DNPH)-silice Sep-Pak (Korpi *et al.,* 1998 ; Schleibinger & Rüden, 1999). Dans ces contextes d'études, le Tenax TA est largement utilisé en raison des propriétés favorables en matière de récupération, percée, et de précision lors de l'échantillonnage et l'analyse (Sunesson *et al.,* 1995). D'autre part, le charbon actif permet des périodes d'échantillonnage plus longs dans le temps et une collecte des COVM très volatils (Ström *et al.,* 1994).

De nos jours, les COVM issu d'échantillons environnementaux sont principalement analysés avec en chromatographie en phase gazeuse à haute résolution (GC) couplé avec la technique de spectrométrie de masse (MS) associé à une identification selon leur spectre de masse. Par ailleurs, un autre détecteur est applicable. Il s'agit du détecteur à ionisation de flamme (FID) (Batterman *et al.,* 1995 ; Claeson *et al.,* 2002a ; Korpi *et al.,* 1998 ; Sunesson *et al.,* 1995). La préparation de l'échantillon dépend du sorbant utilisé par exemple des polymères Tenax. L'échantillon est amené à partir de l'adsorbant dans la colonne GC et une désorption thermique avec piégeage dans un injecteur froid (Sunesson *et al.,* 1995) est réalisé. Les adsorbants de charbon de bois, tels que Anasorb, sont désorbés avec un solvant comme le chlorure de méthylène. Ces phases sont nécessaires avant que l'échantillon ne débouche dans le GC (Ström *et al.,* 1994). Les composés carbonylés recueillies dans une cartouche de DNPH-silice Sep-Pak sont ensuite séparés et analysés par chromatographie liquide haute performance après extraction à l'acétonitrile (Claeson *et al.,* 2002b ; Korpi *et al.,* 1998 ; Schleibinger & Rüden, 1999).

Récemment, la technique de la micro-extraction en phase solide (SPME) couplé au GC-MS a été appliquée pour analyser qualitativement & semi-quantitativement les COVM de cultures microbiennes ou de matériaux de constructions contaminés (Fiedler *et al.,* 2001 ; Wady *et al.,* 2003). Dans la technique de la SPME, une fibre de silice fondue courte revêtue d'un matériau de polymère organique est utilisé en tant que phase secondaire par exemple un polyacrylate et un polydiméthylsiloxane. Nilsson *et al.* (1996) rapportent des résultats comparables entre la technique de la SPME et les résultats obtenus par l'adsorption au Tenax (160). La méthode SPME est appliquée par plusieurs équipes de recherches et a permis de caractériser qualitativement et semi-quantitativements les émissions de COVM principalement fongiques (Demyttenaere *et al.*, 2003, 2004 ; Fiedler *et al.*, 2001 ; Jelen *et al.*, 2003 ; Nilsson *et al.*, 1996 ; Wady *et al.*, 2003) et Bactériens (Ryu *et al.*, 2003a,b ; Farag *et al.*, 2006).

A la suite de ces nombreux résultats, dans le cadre de l'évaluation des environnements intérieurs, des tentatives ont été faites pour établir des critères de contaminations (Lorenz *et al.*, 2002). L'analyse statistique en composantes principales est une approche intéressante pour interpréter les chromatogrammes des échantillons de poussières domestiques prélevés dans des zones différentes à degrés de contaminations microbiennes variables (Wilkins *et al.*, 1997). L'utilisation d'un « nez » électronique peut également permettre la détection de la contamination fongique et bactérienne des milieux intérieurs. Or, cette méthode est récemment en révision. Le « nez » électronique a pour but de reconnaître les motifs de composés liés à l'apparition de champignons ou microorganismes. Les auteurs ont conclu qu'à l'heure actuelle, en dépit des implications prometteuses, les concentrations en COVM sont trop faibles (Kuske *et al.*, 2005). La présence de nombreuses substances interférentes restreint l'utilisation du nez électronique en atmosphère confinée type air intérieur (Kuske *et al.*, 2005).

XIII. Données d'exposition lors de la dégradation de matières organiques et production industrielle

Les mesures de COVM dans différents milieux sur le terrain ont permis de mettre l'accent sur les environnements intérieurs, en particulier les atmosphères de bâtiments ayant subies des dégâts des eaux et microbiens et non spécifiés aux problèmes d'air intérieur. Il s'agit de recolonisation des structures par les agents naturels et correspond à la première phase de réinvestisement par la nature de ces structures humaines. Les données publiées sur les mesures COVM dans les bâtiments à problèmes sont disponibles principalement en Suède, en Allemagne et aux Etats-Unis (Carlson *et al.*, 1999 ; Fedoruk *et al.*, 1999 ; Keller *et al.*, 1995 ; Lorenz *et al.*, 2002 ; Morey *et al.*, 1997, 2000 ; Smedje *et al.*, 1996 ; Ström *et al.*, 1994 ; Wessén & Schoeps, 1996a ; 2000, Wessén *et al.*, 1994, 2000).

L'objectif de cette partie bibliographique n'a pas été d'obtenir des données d'exposition, mais plutôt de révéler les caractéristiques des zones contaminées et natures des contaminants microbiens. Les données sont cependant trop limitées pour permettre une évaluation d‟environnement à une exposition globale voir local aux COVM. En outre, le manque de méthodes standardisées et validées d‟analyses pour COVM rend difficile la comparaison entre les études (Keller *et al.,* 1999). Ce qui est nécessaire pour la classification des microorganismes émetteurs de COV (comme les bactéries solvantogènes, PGPR ou simplement telluriques), la classification de leurs COV et la mise en place de diagnostiques d‟atmosphères plus ou moins confinées. Même si le nombre de COVM et la méthode d‟analyse définissant les COV sont couramment les mêmes dans les différentes études. La somme de COVM de bâtiments à problèmes (Fedoruk *et al.,* 1999 ; Morey *et al.,* 1997 ; . Ström *et al.,* 1994 ; Wessén *et al.,* 1999 ; Wessén *et al.,* 2000) ou issus de microorganismes du sol pouvent différer de trois ordres de grandeur (Ryu *et al.,* 2003a,b ; Farag *et al.,* 2006).

Le tableau V récapitule les données disponibles sur les concentrations de COVM à problème, de l‟air extérieur et de bâtiments normaux. Dans certaines études sur l‟évaluation des concentrations d‟émissions de COV dans les résidences ou dans les lieux de travail non industriels tels que les écoles (Lorenz *et al.,* 2002 ; Morey *et al.,* 2000 ; Smedje *et al.,* 1996), la conception de l‟étude et la présentation des données n‟ont pas permis une différenciation satisfaisante entre le problème issu des microorganismes du sol et les bâtiments ou zones de référence pour l‟étude. Les concentrations des composés individuels présents dans les bâtiments à problèmes varient de 1ng.m^{-3} à 1mg.m^{-3}, et les mêmes composés sont également identifiés dans des bâtiments ou des zones de référence et dans l‟air, même dans l‟atmosphère extérieure de plein air. En général, les niveaux de COVM individuels maximum signalés sont de 0,1 à 10μg.m^{-3} dans les bâtiments à problèmes. Cependant, les niveaux de l‟ordre de 100 μg.m^{-3} de heptan-2-one (Morey *et al.,* 2000) et 270μg.m^{-3} de 3-méthylbutan-1-ol (Morey *et al.,* 2000) et oct-2-ène-1-ol (Morey *et al.,* 1997) ont été rapportés. La concentration la plus élevée COVM individuel est signalé pour 1-octène-3-ol avec environ 900g.m^{-3} d‟atmosphère interieure (Morey *et al.,* 1997).

Tableau V. Rapport de signalement des concentrations de COVM individuels présent dans les airs de bâtiments en comparaison avec l'"air extérieur. (Par souci de rigueur scientifique, les molécules sont présentées avec leur dénomination présente dans la base de données, articles de références et leur nom en nomenclature internationale IUPAC-SI).

Compound (IUPAC-SI)	Range of reported MVOC concentration (µg.m^{-3}) Problem buildings / complaint areas	Reference buildings / non-complaint areas	Building / area with unspecified identification	Outdoor air	References
2-Methyl-propan-1-ol	n.d.-1.74	0.38	-	n.d.-0.08	Ström *et al.*, 1994
3-Methyl-butan-1-ol	0.175-260	0.07-8.7	n.d.-110	n.d.-3.8	(Fedoruk *et al.*, 1999; Lorenz *et al.*, 2002; Mehrer *et al.*, 2005; Morey *et al.*, 1997, 2000; Smedje *et al.*, 1996; Ström *et al.*, 1994)
3-Methyl-butan-2-ol	0.19-1.19	0.16	-	n.d.-0.43	Ström *et al.*, 1994
Pentan-2-ol	0.012-1.4	0.18-1.7	n.d.-0.45	n.d.-0.63	(Fedoruk *et al.*, 1999; Lorenz *et al.*, 2002; Mehrer *et al.*, 2005; Morey *et al.*, 1997, 2000; Smedje *et al.*, 1996; Ström *et al.*, 1994)
Octan-3-ol	1.3-8.86	n.d.	n.d.-0.04	n.d.-0.14	(Carlson *et al.*, 1999; Fedoruk *et al.*, 1999; Smedje *et al.*, 1996; Ström *et al.*, 1994)
Oct-1-en-3-ol	0.08-904	0.04-7	n.d.-4.8	n.d.-1.9	(Carlson *et al.*, 1999; Fedoruk *et al.*, 1999; Lorenz *et al.*, 2002; Mehrer & Lorenz, 2005; Morey *et al.*, 1997; Norbäck *et al.*, 2003; Smedje *et al.*, 1996; Ström *et al.*, 1994)
Oct-2-en-1-ol	1.56-266	0.30-13.1	n.d.-16.1	n.d.-6.82	(Carlson *et al.*, 1999; Fedoruk *et al.*, 1999; Morey *et al.*, 1997, 2000; Smedje *et al.*, 1996; Ström *et al.*, 1994)
3-Methylfuran	n.d.-0.6	0.02-0.1	n.d.-1.8	n.d.-0.11	(Lorenz *et al.*, 2002; . Mehrer & Lorenz, 2005; Morey *et al.*, 1997; Norbäck *et al.*, 2003; Smedje *et al.*, 1996; Ström *et al.*, 1994)
Hexan-2-one	0.50-8.8	0.46-2.9	traces-0.19	n.d.-0.8	(Fedoruk *et al.*, 1999; Lorenz *et al.*, 2002; Ström *et al.*, 1994)
Heptan-2-one	0.24-97	0.58-1.2	traces-44	n.d.-1.1	(Fedoruk *et al.*, 1999; Lorenz *et al.*, 2002; Morey *et al.*, 1997, 2000; Smedje *et al.*, 1996; Ström *et al.*, 1994)
Octan-3-one	0.03-3.02	0.14-3.0	n.d.-0.41	n.d.-2	(Fedoruk *et al.*, 1999; Lorenz *et al.*, 2002; Mehrer & Lorenz, 2005; Smedje *et al.*, 1996; Ström *et al.*, 1994)
2-Methylisoborneol	0.41-2.8	0.56	n.d.-0.02	n.d.-1.18	(Smedje *et al.*, 1996; Ström *et al.*, 1994)
2-Isopropyl-3-methoxy-pyrazine	0.6-9.5	n.d.	n.d.-0.003	n.d.-0.34	(Smedje *et al.*, 1996; Ström *et al.*, 1994)
Geosmin	0.006-0.55	n.d.	n.d.-0.05	n.d.-0.014	(Smedje *et al.*, 1996; Ström *et al.*, 1994)
Dimethyl disulphide	0.03-0.09	-	n.d.-0.05	n.d.-0.01	(Smedje *et al.*, 1996; Ström *et al.*, 1994)

n.d. = not detected
- = not analysed

Quand il s'agit d'utiliser une liste présentant la somme de certains COVM émit par des microorganismes ou de l'ensemble de COVM totaux identifiés, il est parfois nécessaire d'identifier les chercheurs qui ont inclus ces différents composé comme étant des COVM. En fait, différents groupes de recherche ont inclus entre 7 et 23 composés comme COVM parmis une somme des COV total identifiés. Compte tenu de la grande variation dans le nombre de composés identifiés et de certaines gammes ou niveaux de COVM totaux, nous pouvons toujours les indiquer et prendre la décision de les inclure en tant que COVM même si le nombre de composés est le même. Dans les bâtiments ou zones à problèmes, les COVM totaux sont signalés à 0,05 à 84$\mu g.m^{-3}$. Dans les zones de références, la quantité globale est estimée à une quantité inférieure comprise entre 0,01 et 30,1$\mu g.m^{-3}$. Dans l'air extérieur qui pourrait être notre référence pour une émission tellurique, elle est estimée n.d. à 4.6$\mu g.m^{-3}$ (Fedoruk *et al.,* 1999 ; Herr *et al.,* 2004 ; Keller *et al.,* 1999 ; Lorenz *et al.,* 2002 ; Morey *et al.,* 1997 ; Norbäck *et al.,* 2003 ; Ström *et al.,* 1994 ; Wessén & Schoeps, 1996a ; Wessén *et al.,* 1999 ; Wessén *et al.,* 1994 ; Wessén *et al.,* 2000). En raison du chevauchement des concentrations de deux composés individuels et de la somme des COVM sélectionnés dans des problèmes de contaminations des espaces et des bâtiments de référence, il est difficile d'identifier les bâtiments à problèmes sur la base des mesures de COVM. Même avec l'établissement de valeurs de référence pour ces COVM, le problème se répète bien que certaines suggestions soient récemment présentées pour quantifier et identifier les microorganismes contaminant et leurs effets sur l'environnement d'émission.

Sur la base des données présentées, des concentrations $\geq$ 20 $\mu g.m^{-3}$ d'oct-2-ène-1-ol, $\geq$ 10 $\mu g.m^{-3}$ of oct-1-ène-3-ol, $\geq$ 1$\mu g.m^{-3}$ de 3-méthyl-butan-2-ol, le 2-méthylpropan-1-ol, le 2-isopropyl-3-méthoxypyrazine, et $\geq$ 0,1$\mu g.m^{-3}$ de la géosmine et le octan-3-ol peuvent supposer un niveau anormal en COV indiquant la présence de microorganismes (Tableau. V). Selon Lorenz *et al* (Lorenz *et al.,* 2002), la détection d'indicateurs principaux, à savoir de 3-méthylfurane, le oct-1-ène-3-ol, et le diméthyle disulphide à des concentrations supérieures à 0,05$\mu g.m^{-3}$ indiquerait clairement une source microbienne. En outre, la présence d'au moins un des indicateurs principaux et la somme de 8 COVM dépassant 0,6$\mu g.m^{-3}$ ou 1,0$\mu g.m^{-3}$ semble un indicateur pertinent d'une éventuelle ou probable source d'émission microbienne. Pour éviter les faux positifs, des airs d'émission de sol, des chambres avec des pots de fleurs, des déchets, et des cages pour animaux de compagnie, de nouveaux bâtiments (<6 mois), et les interférences via des espaces enfumés, des zones techniques comme certaines zones de laboratoires et la cuisine doivent être exclus (Lorenz *et al.,* 2002). À l'heure actuelle, les limites de concentration suggérées par Lorenz *et al.* (2002) sont difficiles à appliquer universellement, puisque différents groupes de recherches font leurs mesures de COVM de manières différentes. Les différences dans les méthodes d'échantillonnages et d'analyses ajoutent des variabilités supplémentaires. Donc, il est nécessaire de mettre en place des protocoles de mesures et d'analyses statistiques standardisés.

Dans certaines études (Fedoruk *et al.,* 1999 ; Wessén & Schoeps, 2000), des niveaux accrus de certains COVM ont été détectés avant les mesures correctives ou de mesures de contrôle des niveaux de contaminations microbiens dans les bâtiments comme le 3-méthylfurane, le 3-méthylbutan-1-ol, le disulfure de diméthyle, le hexan-2-one, heptan-2-one, le oct-1-ène-3-ol et le octan-3-one. Une diminution dans des taux de COV a été observée après l'atténuation corrective. Mais dans certains cas, des mesures ont donné des résultats contradictoires (Fedoruk *et al.,* 1999). Encore une fois, la sélection des composés et les méthodes d'analyse affectent les résultats. Or, cette dernière remarque n'ont jamais fait le fruit d'études de justifications et ces arguments n'ont jamais été justifiée dans la littérature concernant les MVOC. Seulement, à ce jour, peu d'attention a été accordée aux COVM et aux sources microbiennes dans les milieux de productions ou des niveaux élevés de contamination (Fischer & Dott, 2003). Les COVM, comme le 3-méthyl-butan-1-ol, le 2-méthyl-butan-1-ol, les cétones, les furanes, les composés soufrés, la géosmine et les terpènes, ont été identifiées dans les atmosphères d'installations des microorganismes lors du compostage et de la dégradation de la litière produisant le composte (Fischer *et al.,* 1998, 1999 ; Li *et al,* 2004 ; Muller *et al.,* 2004 ; Fischer *et al.,* 2000). Les concentrations en MVOC individuels sont variables de 0,1 à 1.000$\mu g.m^{-3}$ (Muller *et al.,* 2004). Dans une étude en laboratoire, les COV typiques du compostes et de la dégradation des litières inclus les dérivés carbonylés, les composés organo-pyridines, les pyrazines, et les monoterpènes oxygénés. Les concentrations de composés organiques volatils bactériens soufrés émit à partir des déchets verts de jardin sont connus pour être suffisamment élevée de l'ordre de 10 à 50$mg.m^{-3}$. Ces composés provoquent également des irritations ou d'autres symptômes de toxicité chez le personnel de manutention des déchets (Wilkins & Larsen, 1995a). Ces composés sont des thioéthers, des disulfures, des trisulfures, etc. Herr *et al.* (2002) ont rapporté des concentrations décroissantes progressivement de 11 COVM de l‟ordre de 0,005µg.m^{-3} à 6µg.m^{-3} mesurées à différentes distances de la source soit 200 à 550m à partir d‟un site de compostage à grande échelle.

Des auteurs ont démontré une association entre les concentrations de pollution des bioaérosols résidentiels, y compris des COVM emit à une distance inférieure à 200m ou d‟usine et les plaintes pour irritation des voies aériennes respiratoires chez l‟homme (Herr *et al.,* 2002). Dans une étude similaire menée par Muller *et al.* (2004) les COVM dérivés du compostage de la litière organique, en particulier les terpènes, ont été enregistrés par des mesures à des distances allant jusqu‟à 800 m à partir de la zone d‟installation de compostage. La dispersion des contaminants volatils provenant d‟usine de compostage est également associée à des plaintes d‟odeurs et des symptômes d‟irritation (Muller *et al.,* 2004). Lappalainen *et al.* (1997) ont mesurée les COVM dans une écurie. Les concentrations étaient $\leq$ 0,5 µg.m^{-3} pour la hexan-2-one, $\leq$ 4,6µg.m^{-3} pour la heptan-2-one, et $\leq$ 1,5µg.m^{-3} pour la octan-3-one. Ces auteurs ont estimé que les concentrations de COVM potentiels étaient seulement d‟environ 0,07 à 0,31% des concentrations de COV totaux présent dans l‟écurie. Les taux d‟émission de COV de simples matériaux de litière présents dans une étable varient entre 0,2 et 2µg.Kg^{-1}.Heure^{-1}, soit environ dix fois plus élevé que les taux correspondants aux expériences de laboratoire (Lappalainen *et al.,* 1997). Pour conclure, les niveaux COVM individuels et totaux sont très faibles et ne dépassent guère 1 mg.m^{-3} même dans les zones contaminées.

XIV. Toxicocinétique

La charge corporelle de COVM, comme toute substance chimique, est influencée par le taux d‟absorption, la distribution, la biotransformation et l‟excrétion, la quantité, le temps de contact et les mélanges ou formulations qui peuvent avoir des effets synergiques, antagonistes, additifs ou d‟annulations-neutralisations. Les COVM sont par définition instables dans la zone où domine la route de l‟exposition qui correspond à l‟inhalation chez l‟homme et mammifère ou zone de perceptions dans le cas d‟autres organismes comme les microorganismes ou plantes. Dans cette partie, je présenterai l‟effet des COVM sur les modèles non photosynthètiques comme les cellules animales et l‟homme. Basé sur les expériences de toxicités réalisées avec des solvants organiques, dont certains peuvent aussi être considérés comme COVM, il peut être présumé que l''absorption respiratoire de COVM est en général considérable et que l''absorption cutanée de vapeur ne dépasse pas quelques pour cent de l''absorption respiratoire. Ce dernier cas peut être également explicatif de l''effet de toxicité ou promotion de croissance chez les végétaux et microorganismes. De plus, les COVM sont de petites molécules et pour la plupart sans inculpation, ils diffusent facilement à travers les membranes cellulaires.

Par conséquent, ils sont facilement transportés entre l''air alvéolaire et le sang, et entre le sang et d''autres tissus. Ce qui peut également être le cas dans les structures végétales. La répartition des COVM dans le corps dépend de la nature des tissus et le coefficient de partage tissu/sang et en particulier dans les coefficients de partage tissus graisseux/sang et coefficient de diffusion des gaz & volatils. Les coefficients de partage octanol/eau et de COVM sont énumérés dans le tableau IV. Ces substances à fort coefficients de partage octanol/eau ont tendance à avoir un rapport élevée tissus/sang (Poulin *et al.,* 1995). Des exemples de telles substances sont à longue chaîne alcools par exemple l''octanol et le décanol, d''hydrocarbures comme l''heptène, et les cétones comme l''undécanone, les hydrocarbures aromatiques et des terpénoïdes (Tableau. III). Par exemple, la forte solubilité des terpènes dans le sang et d''autres tissus suggèrent une absorption élevée par voies respiratoires et donc l''accumulation dans les tissus adipeux (Falk *et al.,* 1990).

XV. Processus de détoxification & detoxication des composés

Dans le cas des alcools aliphatiques, aromatiques et des acides carboxyliques, ils subissent une conjugaison avec l''acide glucuronique dans le foie, les reins, les intestins, la peau, le cerveau et la rate. Les glucuronides sont excrétés par le corps via l''urine par l''intermédiaire des reins ou la bile par l''intermediaire de la vésicule biliaire. Une autre réaction de conjugaison importante pour les groupes hydroxyles, présent dans les alcools aliphatiques, est de sulfatation. Ces réactions entraînent la production de conjugués qui sont excrétés principalement dans l''urine. Les systèmes de réactions d''oxydo-réduction prévalent dans le corps via des réactions biochimiques de « biotransformation » des aldéhydes, cétones et les alcools.

Les aldéhydes et les cétones peuvent être réduits en alcools par l''aldéhyde/cétone réductases (ACR), les alcools peuvent être oxydés en aldéhydes par l''alcool déshydrogénase (ADH), et ensuite oxydé par des enzymes nommées acides aldéhyde déshydrogénase (Sipes & Gandolfi, 1991). Les cétones peuvent aussi subir un processus d''oxydation pour former des hydroxycétones et être ensuite métabolisé pour données les diones correspondantes (ATSDR, 1992a,b ; Wibowo, 1990). Par exemple, le 2-hexanone subit une biotransformation en neurotoxique α-dicétone comme l''hexane-2,5-dione (Bos *et al.,* 1991).

Le 3-méthylfurane est un éther aromatique. Il est métaboliquement activé par oxydation microsomale. Le clivage du cycle furane à une forte réactivité avec les dialdéhydes insaturés comme le méthyl-butenedial. Ce composé actif se lie de manière covalente aux macromolécules du tissu (Ravindranath *et al.,* 1984).

Pour les composés soufrés, l''oxydation du soufre ou la réaction de désulfuration a lieu par addition d''oxygène par l''intermédiaire du cytochrome P450. L''époxydation d''alcène et l''oxydation de N-, O-, ou S- par désalkylation issue des réactions du cytochrome P450 forment respectivement des groupements époxydes et d''hydroxyalkyles. Les époxydes aliphatiques formés sont ensuite hydrolysés en produits dihydrodiol, et la partie hydroxyalkyle se décompose en un aldéhyde ou une cétone et d''un métabolite contenant un groupe amino libre, un groupe hydroxyle libre, ou sulfhydryle libre (Sipes & Gandolfi, 1991).

XVI. Surveillance biologique

Des méthodes de contrôle aux expositions biologiques sont disponibles pour de nombreux solvants organiques. Ces composés apparaissent également comme des COVM tels que l''acétone, le benzène, le butan-1-ol, le butan-2-one, l''éthylbenzène, le hexan-2-one, le toluène, les xylènes ou les terpènes et leurs métabolites (ACGIH, 2006 ; DFG, 2005). Cependant, ces méthodes sont développées et sont applicables pour des niveaux d''exposition aux composés beaucoup plus élevés que ceux habituellement rencontrés lors d''exposition dite naturelle aux COVM. Pour les 15 COVM énumérées dans le tableau II, des méthodes de contrôles similaires sont couramment disponibles.

En outre, les niveaux basaux de ces composés se trouvant dans le sang humain ou de la respiration ont pour seulement origines quelques-uns des COVM typiques de la littérature scientifique comme l''acétone, l''éthanol, l''isoprène, et de méthanol (Diskin *et al.,* 2003 ; Smith *et al.,* 1999). La plupart des COVM sont susceptibles d''être présents en petites quantités dans les tissus humains, à la suite des émissions des métabolismes microbiens ou endogènes comme la flore intestinale bactérienne, ou les deux conjointements associées à l'environnement proche d'évolution de vie de l'homme.

Ainsi, un certain nombre d'alcools, aldéhydes, éthers, esters et COVM figurant dans les tableaux III & IV ont été détectés dans l'air expiré des êtres humains (Mathews *et al.,* 1997). La production endogène et les niveaux basaux résultant de ces composés ne sont pas exactement connus. Bien que, certaines mesures de COV sont réalisées à partir de l'air expiré de l'homme (Fenske & Paulson, 1999 ; Phillips *et al.,* 1999).

De toute évidence, l'exposition de base endogène peut invalider la biosurveillance des COVM lors de faibles niveaux d'exposition. Les taux de métabolismes élevés et les niveaux d'exposition très faibles restreignent l'application de la biosurveillance pour l'évaluation de l'exposition des COVM. En outre, deux ou plusieurs agents exposant peuvent produire les mêmes métabolites. C'est le cas du hexan-2-one et de n-hexane qui entravent la mise en en place d'une sélection permettant d'identifier un marqueur biologique spécifique de l'exposition au hexan-2-one.

XVII. Mécanisme de toxicité chez les mammifères

Les COVM peuvent générer par réactions biochimiques une variété de substances toxiques à effets systémiques dont les concentrations sont beaucoup plus élevées que celui exploité dans un contexte pertinent d'étude mise en place sur la seul base des émissions de COVM. Par soucis de simplification de la partie bibliographique axée sur la santé, cette « toxicité » ne sera pas abordée dans ce chapitre. Cependant, un effet connu de l'exposition aux COVM est une « irritation sensorielle ». L'irritation sensorielle également appelé sensation « piquante ». Elle est due à la stimulation du nerf trijumeau (Cometto-Muñiz & Cain, 1996). Le symptôme majeur est une irritation des yeux et des voies respiratoires supérieures. Il est suggéré également que la force de la réponse dépend du nombre de récepteurs stimulés ou occupés.

A ce jour, ces récepteurs ne sont pas encore identifiés. Mais, plusieurs chercheurs suggèrent leur existence chez les mammifères (Nielsen *et al.,* 1992 ; Wolkoff *et al.,* 2006). Il a également été proposé que l'ampleur des réponses sensorielles dépend de la structure chimique des composés (Nielsen *et al.,* 1992). Même la présence de petites différences dans la structure chimique peuvent influer sur la puissance de la réponse telle que les différents énantiomères des composés (Kasanen *et al.*, 1998 ; Nielsen *et al.*, 2005).

Wolkoff *et al.* (2006) ont récemment proposé qu'il était possible de distinguer quatre types de différents composés organiques dans un environnement intérieur qui pourrait provoquer une irritation sensorielle des voies respiratoires.

Les groupes des composés proposés sont les suivants : 1) les composés chimiquement non réactifs, des composés organiques stables, et identique comme l'octane, le toluène, le butanol ; 2) les composés chimiquement réactifs. Il s'agit de composés organiques tels que les alcènes, qui réagissent avec l'ozone, seul ou avec du dioxyde d'azote en présence de la lumière pour produire de nouvelles espèces réactives de l'oxygènes (ROS) ou produits oxygénés ; 3) des composés organiques qui forment des liaisons chimiques aux sites récepteurs présent dans les membranes des muqueuses ; 4) des composés organiques aux propriétés toxiques. Ces derniers composés sont caractérisés par des effets plus développés et à longue durée d'exposition. Le cas échéant, des récepteurs pourraient intervenir dans les effets dus aux COVM. Mais, ils restent à élucider et à caractériser chez les mammifères (Alarie, 1995) et pourquoi pas chez les végétaux. Toutefois, il est fort probable que certains effets médiés par les COVM sont dus à une activation des récepteurs par les voies aériennes (Alarie, 1995). Ce qui pourrait également être le cas chez les végétaux lors des effets toxiques ou de promotions de croissance identifiés par Ryu *et al.* (2003) & Farag *et al.* (2006).

Il a été proposé que les récepteurs « sensoriels » induisant une irritation puissent être activés de différentes manières. Les liaisons physiques avec le récepteur est typique des COV non réactifs dont la plupart des COVM font partie. Les produits chimiques à solubilités élevées dans l'eau et à forte réactivité conduiraient à l'activation du récepteur par une modification de la structure du récepteur ou des structures adjacentes importantes pour l'activation du récepteur comme l'ammoniac, le méthanal (*formaldéhyde*) et l'acroléine (Alarie, 1995).

D'autres mécanismes activent les récepteurs associés aux « irritations sensorielles ». Ces réactions chimiques comprennent des amines et des isocyanates additionnés d'un centre nucléophile (Alarie *et al.,* 1998). Il est également suggéré que l'irritation serait due à l'activation des polynucléaires neutrophiles (PNN), les macrophages alvéolaires ou d'autres phagocytes professionnels dans le tissu pulmonaire (Alarie, 1995 ; Nielsen *et al.,* 1995 ; Wolkoff *et al.,* 2006).

Ces effets sont probablement issus d'un phénomènes pro-inflammatoires et d'autres médiateurs bioactifs libérés par les cellules phagocytaires lors de leur activation (Nielsen *et al.,* 2005). Il est à noter que l'irritation due à une réaction inflammatoire et à la stimulation des terminaisons nerveuses ne sont pas liées ensembles.

Enfin, une irritation pulmonaire peut apparaître en conséquence d'une stimulation des terminaisons nerveuses vagales au niveau alvéolaire. La stimulation direct par les composés des terminaisons nerveuses vagales se produit rapidement en ce qui concerne le début de l'exposition, et disparaît lorsque l'exposition est terminée. Toutefois, ces terminaisons nerveuses peuvent également être stimulées à la suite d'un œdème. Tandis que l'œdème se développe et se dissipe lentement, l'apparition d'un tel processus irritatif est également lente.

XVIII. Effets chez les animaux et dans les études *in vitro*

XVIII.1. Irritation et sensibilisation

L'effet le plus évident après une exposition aiguë aux COVM est une « réaction d'irritation » comme nous l'avons vu. Dans ce document, je n'ai pris en compte que les données obtenues pour des irritations causées par les vapeurs de COVM. Ce qui permet de s'approcher des contextes d'études sur les végétaux, et les effets toxiques ou de promotions de croissances et développement de ces supports d'études en lien avec l'expérimentateur potentiellement exposé. Mais également, d'identifier les risques et avantages pour la santé publique, lors de la mise en place d'éventuelles applications biotechnologiques, industrielles et d'agroecologies intensives exploitants les COVM et les bactéries associées à ces émissions.

Les études d'essais médicaux sur l'irritation de la peau lors d'application de solutions concentrées de substances tests ont été considérées hors de propos dans notre contexte des COVM. Alors, qu'ils le sont dans un contexte cosmétique.

Bien que couramment utilisé lors de test toxicologique, les souris auraient soit disant était introduit pour la première fois lors de bio-essai sur composés vaporisés par Alarie (1966) (ASTM, 1984). Bien que de nombreuses informations existent sur des essais avant et pendants les premières et deuxièmes guerres mondiales. Cette procédure a ensuite été établie par l'American Society for Testing and Materials (ASTM) comme une méthode d'essai normalisée pour évaluer l'irritation sensorielle des produits chimiques en suspension dans l'air (ASTM, 1984). Cette méthode est largement utilisée pour évaluer la puissance « d'irritation sensorielle » des aérosols, des gaz et des vapeurs de composés organiques.

Ainsi, la méthode est également applicable pour l'estimation de l'irritation des voies respiratoires dues à l'inhalation de COVM. Dans ce modèle, quatre souris ont simultanément et uniquement leur tête exposée avec l'agent à tester. Leur fonction respiratoire est surveillée en permanence. Quand un composé stimule les terminaisons du nerf trijumeau dans la muqueuse nasale des mammifères, le temps de la rupture augmente en d'autres termes quand l'inhalation passe en expiration. De plus, la fréquence respiratoire des animaux diminue de façon dose-dépendante. La puissance de « l'irritation sensorielle » peut être quantifiée par : i) des changements dans les modes de respiration et les fonctions respiratoires pour un niveau d'exposition donnée ; ii) et une concentration de produit chimique utilisé dans les expériences. D'après Alarie (1966, 1973), à partir de ces relations, la concentration provoque une diminution de 50% de la fréquence respiratoire (RD_{50}) estimée (Alarie 1966, 1973). Schaper (1993) ont compilé dans une base de données importante les résultats obtenus par ces quantifications biologiques.

En plus de l'essai biologique, les puissances « des irritations sensorielles » dues aux composés volatils non réactifs, tels que les alkylbenzènes, les alcools saturés, des cétones, peuvent être estimées sur la base des descripteurs physico-chimiques seuls dans des modèles comme le poids moléculaire, la pression de vapeur ou le coefficient de partition liquide-gaz d'Ostwald et index de Kovats. Ceci est possible de part les effets de ces composés qui sont probablement induites par l'adsorption physique sur les récepteurs biologiques (Abraham *et al.*, 1994 ; Alarie *et al.*, 1995, 1998). Puisque la plupart des COVM sont devenus non réactifs, à savoir qu'ils sont compléxés à des groupes SH ou OH principalement sous formes protéiques. Leurs RD_{50} peuvent être calculées théoriquement par l'intermédiaire des variables physicochimiques dans des modèles. Les RD_{50} calculées ou déterminées par le dosage biologique sur souris pour certains COVM sont présentés dans le tableau VI.

Tableau VI. Valeurs de RD_{50} pour certains COVM (Korpi *et al.*, 1999a ; Pasanen *et al.*, 1997 ; Schaper, 1993 ; Alarie *et al.*, 1998).

Compound	RD50	
	$mg.m^{-3}$	ppm
2-Methyl-propan-1-ol	5 499	1 815
3-Methyl-butan-1-ol	9 325	2 583
3-Methyl-butan-2-ol	9 645	2 672
Pentan-2-ol	9 907	2 744
Octan-3-ol	1 359	255
Oct-1-en-3-ol	182	35
Oct-2-en-1-ol [a]	-	-
3-Methylfuran [a]	-	-
Hexan-2-one	10 449	2 550
Heptan-2-one	4 163	891
Octan-3-one	17 586	3 359
2-Methylisoborneol	811	118
2-Isopropyl-3-methoxy-pyrazine [a]	-	-
Geosmin	216	29
Dimethyl disulphide [b]	37 330	9 700

a fundamental understanding or data about the substance"s potency as a sensory irritant is missing ;
b estimated by document authors by using the formula:
log RD50 (ppm) = 2.693 + (0.887·log Po) (Po, mmHg) (Alarie *et al.*, 1998)

La comparaison entre ces deux types de valeurs est donc fortement recommandé en plus de la prise en comptes des critères de bases de la toxicologie (temps de contact, mélanges de composés, dose, etc), car de nombreux modèles existent en fonctions des disciplines scientifiques. Par exemple, les modèles RFA-NL-UK couramment utilisés en phytotoxicologie sont actuellement remis en cause et semble non réaliste. Bien qu"ils soient toujours utilisés comme références dans denombreux pays par l"absence de nouveaux modèles plus réalistes.

Dans le cas de l"exposition aux COVM, les concentrations d"exposition faible en plusieurs COVM se produisent fréquemment. Ces expositions sont de l"ordre du $ng.m^{-3}$au $g.m^{-3}$. Les effets de l"exposition à des mélanges chimiques peuvent être additifs, antagonistes ou synergiques. Si, nous supposons qu"une activité additive prévaut à faibles niveaux d"exposition à des mélanges de COV, la puissance « d"irritation sensorielle » totale serait la somme des effets de chaque composé seul (Nielsen *et al.,* 1995). Bien que ceci n''est pas réellement réaliste dans le cas de synergie et d''amplification de l''effet dû aux mélanges et formulations. A ce jour, l''estimation est basée sur la somme des rapports de la concentration fractionnelle (c) et la RD_{50} de chaque composé : $1/RD_{50mixture} = \Sigma(c_n/RD_{50n})$

Certains auteurs prétendent que des effets à des concentrations d''exposition plus élevés pourraient présenter des interactions synergiques (Nielsen *et al.,* 1995). Korpi *et al.* (1999) ont étudié l''activité des COVM et la puissance des « irritations sensorielles » à la suite d''une exposition aux oct-1-ène-3-ol, le octan-3-ol et le octan-3-one, y compris le 2-méthyl-propan-1-ol, 3-méthyl-butan-1-ol, le oct-1-ène-3-ol, le heptan-2-one et le octan-3-one de façon séparée et en mélange dans des bio-essai sur souris. Ils ont confirmé ces effets synergiques. Les RD_{50} pour ces COVM sont présentés dans le tableau VI. La RD_{50} pour le mélange est 3,6 fois plus faible que les estimations obtenues pour la somme des concentrations fractionnelles et les RD_{50} de composés individuels dont les estimations de la RD_{50} étaient de 504 $mg.m^{-3}$ et l''observation de 142$mg.m^{-3}$. Comme prévu par les chercheurs, si un composé particulier présent dans le mélange est beaucoup plus puissant que les autres (Korpi *et al.,* 1999c). Il peut dominer l''effet générale (Korpi *et al.,* 1999c).

Korpi *et al.* (1999) ont également étudié l''effet d''expositions répétées par des tests biologiques. Ils ont réalisé des expositions sur souris de 30 minutes par jour pendant quatre jours consécutifs de 3.531 $mg.m^{-3}$ de octan-3-one, de 36 $mg.m^{-3}$ de oct-1-ène-3-ol, ou à un mélange de 6 $mg.m^{-3}$ de 2-méthyl-1-propanol, de 6 $mg.m^{-3}$ de 3-méthyl-butan-1-ol, de 19 $mg.m^{-3}$de oct-1-ène-3-ol, de 19 $mg.m^{-3}$ de heptan-2-one et de 6 $mg.m^{-3}$de octan-3-one. Les niveaux d''expérimentations des COVM individuels ont été choisis pour produire une diminution du taux d''affection clairement visible des voies respiratoires de lordre de 11 à 20% pour l''oct-1-ène-3-ol sur base d''une très forte courbe de dose-réponse et 32% pour l''octan-3-one. Les proportions des COVM dans le mélange ont été choisies par les auteurs pour refléter celles mesurées dans les bâtiments ou matériaux de constructions colonisés par les moisissures et bactéries. Les concentrations d''essai ont été choisies pour donner au maximum une diminution de 32% de la fréquence respiratoire chez les souris. Pour les COVM simples, aucun changement dans les réponses n''a été observé entre les expositions. Bien qu''une très légère adaptation de la fonction respiratoire ce soit produite lors des expositions au mélange COVM. Les auteurs ont conclu que les COVM semblent agir comme des composés « purs » de type irritants sensoriels (Korpi *et al.*, 1999c). Ils ont également montré que les effets à court-terme ou d'expositions répétées semblent non cumulatif et simplement transitoires (Korpi *et al.*, 1999c).

Par ailleurs, une inflammation peut être induite par l'histamine. Dans l'étude *in vitro* sur cellules humaines issues de lavage broncho-alvéolaire réalisée par Larsen *et al* (1998), les résultats de l'incubation avec des COVM de *Trichoderma viride,* qui émet par exemple le méthyl-1-propan-1-ol, le 3-méthyl-butan-1-ol, le 2-méthyl-butan-1-ol, pentan-1-ol, montrent une libération d'histamine par les cellules testées. La libération d'histamine était statistiquement importante et significative. La valeur est passée d'environ de 12% à 20% pour des concentrations de COV allant de 0,04 à 10% (v/v) (Larsen *et al.*, 1998). Une hypothèse de fonctionnement biochimique est envisagée par différents auteurs. L'exposition aux COVM associé en particulier avec les métabolites réactifs de l'oxygène ou ROS obtenu après réaction avec l'ozone et d'autres oxydants, peut alors fonctionner comme adjuvants en induisant une hyper-réactivité des voies aériennes et une inflammation non spécifique (Nielsen *et al.*, 1995). Un rôle central serait joué par les ROS dans les affections dues aux COVM chez les mammifères. Lors des réactions entre les oxydants et les hydrocarbures insaturés formés de manière intermédiaires, ces ROS peuvent être beaucoup plus irritant que les produits ou réactifs originaux obtenu en fin de réaction (Sauer *et al.*, 1999 ; Weschler, 2000 ; Wolkoff *et al.*, 1999, 2000).

En résumé, « l'irritation » est l'effet le plus probable obtenu après une exposition aux COVM. De plus, les RD_{50} pour un certain nombre de COVM ont été estimées par de nombreux tests biologiques sur souris. A ce jour, on peut supposer que la « puissance sensorielle » totale obtenue à une exposition peut être calculée pour des effets d'additivités à une exposition de concentrations faibles d'un mélange de COVM. Cependant, pour des concentrations plus élevées, une synergie peut se produire. Un Effet à court terme et des expositions répétées à des niveaux suffisamment élevés peuvent entraîner une diminution de la capacité respiratoire et induire des dégâts à des taux semblables aux résultats obtenus pour des tests en conditions non cumulatives et transitoires.

XVIII.2. Effets de l'exposition unique

L‟effet le plus évident après une exposition aiguë aux COVM est une irritation oculaire comme cela a déjà été évoqué précédemment. Cependant, de haut niveau l‟exposition aux vapeurs de composés COVM notés généralement aigüe ont le potentiel nécessaire pour provoquer une « narcose », des troubles du système nerveux central et voir la mort (Andrews & Snyder, 1991).

La « dose létale » 50 (DL_{50}) est la quantité d‟une matière, administrée en une seule fois, qui cause la mort de 50 % (la moitié) d‟un groupe d‟essai « d‟animaux ». La DL_{50} est une façon de mesurer le potentiel toxique à court terme (toxicité aiguë) d‟une matière. Les toxicologues peuvent utiliser de nombreuses sortes d‟animaux et cellules, mais ils utilisent le plus souvent des rats et des souris. La DL_{50} est généralement exprimée en quantité de produits chimiques administrée (ex. : milligrammes) par 100 grammes (pour de plus petits animaux) ou par kilogramme (pour de plus grands sujets d‟essai) de poids corporel. La DL_{50} peut être mesurée par diverses voies d‟administration, les plus courantes étant la voie cutanée (application sur la peau) et la voie orale (donnée par la bouche). La « concentration létale » 50 (CL_{50}) est la concentration d‟un produit chimique dans l‟air qui tue 50 % des animaux d‟essai dans un temps donné (généralement quatre heures). Ces deux valeurs sont des mesures de la puissance générale de la toxicité aiguë d‟une substance chimique (Andrews & Snyder, 1991) et permet une comparaison du degré de toxicité avec celui d‟autres substances. Des valeurs de CL_{50} par voie cutanée et les valeurs de concentrations létales les plus basses observées dans la littérature (CLmin) et sont regroupés pour certains des 15 COVM sélectionnés dans le tableau VII.

Tableau VII. LC_{50} (CL_{50}), LCLo et LD_{50} (DL_{50}) pour certains COVM les plus souvent rapportés dans les études sur le terrain et la littérature scientifiques.

Compound / Species	LC50[a] Concentration mg.m-3	ppm	h	LCLo[b] Concentration mg.m-3	ppm	h	Dermal LD50[c] mg.kg-1	References
2-Methyl-propan-1-ol								
Guinea pig	19 900	6 600	4					(HSDB, 2010; RTECS, 2010)
Mouse	15 500	5 100	2					(HSDB, 2010; RTECS, 2010)
Rabbit	26 200	8 600	-					(HSDB, 2010; RTECS, 2010)
	2 600	860	4					
Rabbit, male							>2 000	(Berufsgenossenschaft der chemischen Industrie, 1999)
Rabbit, female							2 460 (1 790-3 390)	(Berufsgenossenschaft der chemischen Industrie, 1999)
Rabbit							3 400	(Berufsgenossenschaft der chemischen Industrie, 1999)
Rabbit, occlusive							4 240 (2 520-7 120)	(Berufsgenossenschaft der chemischen Industrie, 1999)
Rat	19 200-24 200	6 300-8 000	4	24 200	8 000	4		(HSDB, 2010; NIOSH, 2010; RTECS, 2010)
				8 000	2 600	4		
3-Methyl-butan-1-ol								
Rabbit							3 240	(ACGIH, 2001)
Octan-3-ol								
Rabbit							>5 000	(Bevan, 2001)
Oct-1-en-3-ol								
Rabbit							3 300	(Birmingham, 1976)
3-Methylfuran								
Hamster	>26 400	>7 900	1					(Haschek *et al.,* 1983)
Mouse	3 000	900	1					(Haschek *et al.,* 1984)
Rat	6 700	2 000	1					(Haschek *et al.,* 1983)
Hexan-2-one								
Guinea pig				82 000	20 000	1.2		(NIOSH, 2010; RTECS, 2010)
				40 000	9 800	0.5		
Rabbit							4 800	(Bos, 1990)
Rat	32 700	8 000	4					(NIOSH, 1978, 2010; RTECS, 2010)
Heptan-2-one								
Guinea pig				22 400	4 800	4		(RTECS, 2010)
Rabbit							13 000	(Wibowo, 1990)
Rat				18 600	4 000	4		(RTECS, 2010)
Octan-3-one								
Rabbit, occlusive							>5 000	(Shelanski, 1973)
Dimethyl disulphide								
Mouse	12.3 [d]	3.2 [d]	2					(CHEMINFO database, 2010; RTECS, 2010)
Rabbit							>2 000	(Arkema Inc, 2005)
Rat	15.8 [d]	4.1 [d]	2					(CHEMINFO database, 2010; RTECS, 2010)
Rat	3 100	800	4					(CHEMINFO database, 2010)
Rat	4 800	1 200	4					(CHEMINFO database, 2010)

a = lethal concentration for 50 % of the animals at single exposure
b = lowest observed lethal concentration
c = lethal doses for 50 % of the animals at single administration
d = the validity of the value has been questioned (47)
[Site référence : compounds IUPAC : http://www.iupac.org/ ; Site référence : taxonomi of bacteria:http://www.ncbi.nlm.nih.gov/Taxonomy/taxonomyhome.html/index.cgi?chapter=statistics&uncultured=hide&unspecified=hide]

Cependant, plusieurs de ces valeurs de COVM n'ont pas été déterminées. Selon l'échelle de Hodge & Sterner, les substances inscrites au tableau VII seraient classées comme légèrement toxique à l'exception du disulfure de diméthyle (CCOHS, 2006). C'est-à-dire ayant une CL_{50} comprise entre 1 000-10 000 ppm chez le rat (CCOHS, 2006). En outre, les DL_{50} par voie cutanée indiquent une faible toxicité aiguë qualifiée de légère pour des valeurs comprises entre 350 à 2 810 mg. Kg^{-1} ou pratiquement non toxique pour des valeurs comprises entre 2 820 et 22 590 $mg.kg^{-1}$. Selon l'échelle de toxicité, afin de produire des effets létaux chez les animaux, les concentrations de COVM doivent souvent être de l'ordre du $mg.m^{-3}$ comme le montre le tableau VII. Tandis que les concentrations COVM individuels présent dans un air intérieur sont en général de l'ordre de $100ng.m^{-3}$ voir inférieur à$1mg.m^{-3}$ (Tableau. V).

La cytotoxicité de 13 COVM y compris le oct-1-ène-3-ol, le octan-3-ol, le 3-méthyl-butan-1-ol, le 2-méthyl-propan-1-ol, le octan-3-one, la heptan-2-one et hexan-2-one a été étudiée à l'aide d'un carcinome pulmonaire humain lignée de cellules épithéliales A549 dans un essai de formation de « colonies cellulaires » et de 2 dosages colorimétriques (Kreja & Seidel, 2002). Le Oct-1-en-3-ol et le octan-3-ol ont présenté environ 10 à 100 fois plus de cytotoxicité que les autres COVM. Cependant, tous les COVM testés étaient plus de 1 000 fois moins toxique que la gliotoxine substance cytotoxique connue et servant ici de référence qui est mesurée par la concentration entraînant une inhibition de 50% de la croissance des colonies cellulaires ou de l'absorbance (Kreja & Seidel, 2002).

D'autres données toxicologiques pertinentes sur 15 COV existent. Un extrait de ces résultats est présenté ici. Chez plusieurs espèces de mammifères, les signes de toxicité rapportés dans les études d'inhalation aiguë pour des concentrations supérieures à 19 000 $mg.m^{-3}$ du 2-méthyl-propan-1-ol comprennent une « narcose », des effets irritants sur les muqueuses, et des effets sur les organes foie et reins (Berufsgenossenschaft der chemischen Industrie, 1999). Les études de toxicité aiguë par inhalation du 3-méthylfurane ont révélé des dommages de l'épithélium tapissant les petites voies aériennes pour des doses élevées. Les souris semblent être plus sensibles que les rats et les hamsters avec une nécrose extensive de l'épithélium bronchiolaire dans la journée suivant l'exposition de 1 heure à des concentrations initiales de 343 à 906 ppm soit par équivalence 1 149 à 3 038 $mg.m^{-3}$. La régénération presque complète de l'épithélium est observée dans les 21 jours qui suivent l'exposition. Le 3-Methylfurane induit des effets non négligeables dans le foie, le système lymphoïde et la muqueuse nasale (Haschek *et al.,* 1983, 1984 ; Morse *et al.,* 1984). Par ailleurs, il faut noter la présence significative de différences profondes entre les espèces de mammifères (Haschek *et al.,* 1983, 1984 ; Morse *et al.,* 1984).

En conclusion, les données d'exposition individuelles sont inexistantes et très limitées pour l'ensemble des 15 substances sélectionnées les plus couramment rencontrés. Les données disponibles sur les alcools, les cétones et le 3-méthylfurane et ceux sur le disulfure de diméthyle (dimethyl disulphide) montrent une légère toxicité à toxicité aiguë modérée. Les niveaux d'effets rapportés font partie de plus de trois ordres de grandeur si l'on considère les niveaux de COVM rapportés dans des airs intérieurs.

XVIII.3. Effets de l'exposition à court terme et à long terme

Pour 7 des 15 COVM sélectionnés, des données d'exposition répétées sont disponibles. Lors des résultats d'expérimentations, l'accent est mis sur l'inhalation et les plus faibles doses administrées, car elles représentent les conditions les plus proches des conditions naturelles d'émission de COV d'origine biogène à la suites d'une colonisation ou recolonisation microbiennes des milieux. Lorsque, les données par inhalation sont inexistantes ou rare. Les données orales sont incluses dans l'état de l'art.

Des effets toxicologiques pertinents ont été trouvés chez des rats exposés à de l'eau potable additionnée à des doses de 3-méthyl-butan-1-ol allant jusqu'à 1.068 (males) ou 1.431 (femelles) de poids corporel $mg.kg^{-1}$ pendant 90 jours (Health Council of the Netherlands, 2005). Chez le rat, des expositions à des doses allant jusqu'à 1 000 poids corporel $mg.kg^{-1}.jour^{-1}$par voie orale, 7 jours/semaine pendant 17 semaines, n'ont pas révélé des effets indésirables. Toutefois, une diminution du poids corporel est observée. Ceci a été attribuée une consommation alimentaire réduite par rapport à la dose la plus élevée testée (Health Council of the Netherlands, 2005).

Un ensemble complet de tests de neurotoxicité du 2-méthyl-propan-1-ol a été réalisée. Ce test a été complété d'une évaluation complexe du comportement dépendant de l'apprentissage, de la mémoire, d'une batterie de tests histopathologiques complètes et d'évaluations des quantités de composés chimiques dans le sang. Pendant 90 jours, ces ensembles de tests ont été menées sur des rats à la suite de quatre expositions respectivement à 0, 250, 1.000 et 2.500

ppm soit par équivalence 0, 760, 3.030 et 7.600 mg.m^{-3}. Une légère baisse de réponse aux stimuli externes est observée au cours des expositions réelles pour toutes les concentrations. Il n'y avait pas d'effets morphologiques ou comportementaux qui pouvaient indiquer une action spécifique, une persistante ou un effet progressif sur le système nerveux pour l'ensemble des niveaux d'expositions (Li *et al.*, 1999).

Dans deux études chez des rats mâles et femelles exposés pendant 90 jours et selon les directives de l'OCDE, sur des doses sans effets apparents d'environ 316 et 1 450 poids corporel mg.kg^{-1}.jour^{-1}, des chercheurs ont déterminés les effets de plusieurs COVM après administration par gavage associé à de l'eau potable (Berufsgenossenschaft der chemischen Industrie, 1999 ; Schilling *et al.,* 1997).

Dans une récente étude de toxicité orale subchronique due au octan-3-ol, aucun effet n'a été observé chez les rats ayant reçu une dose de 25 poids corporel mg.kg^{-1}. Mais, des lésions au niveau du rein (100 poids corporel mg.kg^{-1}) et le foie (400 poids corporel mg.kg^{-1}) liés aux traitements ont été observées pour différentes doses (Lindecrona *et al.,* 2003).

Des expèrimentations ont été réalisées sur des hamsters mâles et femelles et des souris exposés au 3-méthylfurane pendant 2 heures pour une concentration initiale de 8.400 ppm équivalent à 28.200 mg.m^{-3} et une concentration finale de 1.900 ppm équivalent à 6.400 mg.m^{-3}, et pendant 1 heure à une concentration initiale de 700 ppm et une concentration finale de 400 ppm équivalent respectivement à 2.400 et 1.300 mg.m^{-3}, une fois par semaine pendant 10 semaines consécutives. Le résultat des tests de la fonction respiratoire et de l'évaluation histopathologique des poumons n'ont pas confirmé de grands changements lors de longue durée soit 10 mois plus tard. Chez les animaux exposés et chez la souris, l'incidence des tumeurs n'a pas été augmentée par rapport aux témoins de 2 ans après l'exposition (Witschi *et al.,* 1985).

Le tissu cible de la toxicité du hexan-2-one est le système nerveux. Les effets neurotoxiques, de neuropathie périphérique et le rapport perte de poids/gain de poids retardé (« *weight loss/retarded weight gain* ») ont été observés chez plusieurs espèces après des expositions répétées et différents modes d'administrations (Bos, 1990 ; Bos *et al.,* 1991 ; Lundberg, 1992ab).

Chez le rat, les expositions à 40 ppm équivalent 164 mg.m^{-3} de hexan-2-one sous forme de vapeur pendant 8 heures/jour, 5 jours/semaine de 22 à 88 jours n''ont montré aucun signe clinique, pathologique et neuropathologique. Bien que, 3/20 rats ont montré une démyélinisation du nerf sciatique après 13 semaines d''exposition à 50 ppm équivalent 205 mg.m^{-3} de hexan-2-one sous forme de vapeur dans des conditions similaires au protocole CMEO. Chez des rats exposés pendant 6 mois, une vitesse de conduction nerveuse réduite est observée dans les 17 semaines suivant l''exposition. Même après 6 mois d''exposition, aucun signe clinique et neuropathologique n''est observé. Mais, une démyélinisation du nerf sciatique étendue est observée chez 32/40 des rats. Donc, on ne peut pas être exclu qu''une exposition prolongée à 40 ppm peut révéler des signes neuropathologiques dans des dates ultérieures.

Dans une autre étude, des chercheurs ont réalisé une exposition contrôlée à 100 ppm équivalent (410 mg.m^{-3} de hexan-2-one sous forme de vapeur pendant 6 heures/jour, 5 jours/semaine. Chez les rats mâles dans les 29 semaines (n = 30), ainsi que chez des singes mâles (à moins de 9 mois) (n = 24), les résultats de l''étude aboutissent à une vitesse de conduction motrice réduite du nerf sciatique-tibiale. Dans les 2 mois après l''exposition, les singes se sont rétablis complètement. Chez des rats exposés à 200 ppm équivalent 820 mg.m^{-3} de hexan-2-one sous forme de vapeurs pendant 6 semaines a raison d''une exposition de 8heures/jour, 5 jours/semaine, démontrent l''existence de plusieurs signes neuropathologiques axonales comme l''hypertrophie et la répartition segmentaire de la myéline. L''exposition continue de 12 rats par inhalation de 225 ppm équivalentes 920 mg.m^{-3} entraîne une paralysie clinique après 66 jours. Chez des poulets continuellement exposés à 100 ppm équivalent 410 mg.m^{-3} de hexan-2-one sous forme vapeur, les galinacés développent des membres postérieurs traînant après 4-5 semaines d''expositions. La neurotoxicité du hexan-2-one est renforcée par la co-exposition à d''autres produits chimiques, en particulier les cétones comme la 2-butanone. Le hexan-2-one peut également potentialiser la toxicité d''autres composés tels que le trichlorométhane (chloroforme) et le tétrachlorure de carbone (Bos, 1990 ; Bos *et al.,* 1991 ; Lundberg, 1992ab). Des expositions par inhalation répetée (n = 19) de 115 à 1.500 ppm équivalent 540 à 7.000 mg.m^{-3} de heptan-2-one pendant 6-8 heures ne semblent pas provoquer de changements de comportement chez les rats. Par ailleurs, une certaine réduction du taux de réponse s''est produite lors d''une exposition de 1.575 à 1.900 ppm équivalentes à 7.400–8.900 mg.m^{-3}. Une tolérance des organismes et des individus est apparue au cours de l''étude vis-à-vis du composé testé (Anger *et al.,* 1979).

Les études réalisées chez les rats mâles et les singes après une exposition par inhalation à environ 1.000 ppm équivalent 4.700 $mg.m^{-3}$ pendant 9-10 mois, 6 heures/jour, 5 jours/semaine montre qu'il n'y a pas d'effets néfastes démontrés sur la fonction cardio-respiratoire, les tests de biochimie clinique et une absence de signes illustrant la présence de neurotoxicité (Johnson *et al.,* 1978, 1979 ; Lynch *et al.,* 1981). Chez le rat, le heptan-2-one augmente les effets de néphro-et hépatotoxicité induite par le chloroforme (Hewitt & Brown, 1984). Un effet synergique est démontré.

Chez le rat après inhalation de 100 ppm équivalent 390 $mg.m^{-3}$ de disulfure de diméthyle (*Dimethyl disulphide*), 6 heures/jour pendant 20 jours, aucun effet toxique n'est noté (Lundberg *et al.,* 1987). Deux autres études par inhalation ont été réalisées chez des rats exposés à du disulfure de diméthyle pendant 6 heures/jour, 5 jours/semaine sur 13 semaines, et conformément aux lignes directrices édicté par l'OCDE. Dans la première étude, une diminution du poids corporel, de la consommation alimentaire et des changements dans certains paramètres biochimiques sériques sont observées pour 25 ppm équivalent 96 $mg.m^{-3}$ chez les mâles uniquement. Pour 125 ppm équivalent 480 $mg.m^{-3}$, les mêmes effets additionnés d'une augmentation de poids de certains organes est observées chez les deux sexes. Par ailleurs, aucun effet lié au traitement n'est observé pour la plus faible quantité d'exposition de 5 ppm équivalent 19 $mg.m^{-3}$ (Kim *et al.,* 2006). Dans l'autre étude, une hypoactivité, une réduction du poids corporel, une plus faible consommation alimentaire, des changements dans le poids des organes et des globules blancs sont signalés. Des changements microscopiques réversibles présent dans la muqueuse nasale est à noter pour tous les niveaux d'expositions testés de 10, 50, 150 et 250 ppm équivalent à 38, 190, 580 et 960 $mg.m^{-3}$. La DSEO ou (NOEL) a été jugée légèrement inférieure à 10 ppm (Arkema Inc, 2005).

La **dose sans effet observable** (DSEO) (ou **NOEL**, de l'anglais *No Observed Effect Level*) est l'acronyme qui désigne une unité de mesure utilisée en toxicologie et radiotoxicologie et plus particulièrement dans le domaine des faibles doses. Cette unité désigne la *dose sans aucun effet,* c'est-à-dire la dose la plus élevée d'une substance qui ne provoque pas de modifications distinctes de celles observées chez les animaux contrôle. Attention, elle est établie pour un produit chimique ou une molécule ou un cocktail de molécules, mais ne tient pas compte des effets de potentialisation ou d'éventuelles synergies positives ou négatives avec d'autres molécules, conditions (par exemple température, rayonnement, etc.) ou substances (toxiques ou non), adjuvents, etc. La dose sans effet observable sert de base au calcul de la première dose d‟exposition chez l‟homme plutôt que l‟exposition obtenue à la dose sans effet toxique observable. La FDA, dans ses recommandations, ne considère que la dose sans effet toxique observable.

En conclusion, sur l‟ensemble des animaux testés, une base de données a été mise en place par de nombreux auteurs sur la faible toxicité à court et à long terme de la plupart des 15 substances sélectionnées pour cette étude bibliographique. Pour certains alcools, et pour le heptan-2-one, les données générales disponibles indiquent une faible toxicité. Deux études sur des rats inhalant pendant 13 semaines du diméthyldisulfure suggèrent une DSEO inférieure à 10 ppm équivalentes à 38 mg.m^{-3}. Chez le rat, des sympthomes neuropathologiques périphériques sont observées après une exposition à 50 ppm équivalentes à 205 mg.m^{-3} de hexan-2-one suivant le protocole de la CMEO. Ainsi, les effets néfastes de certaines des substances sélectionnées sont rapportés uniquement pour des doses (posologie) beaucoup plus élevées que ce qui peut être obtenu avec une source principale de nature et d‟origine microbienne.

XVIII.4. Mutagénicité et génotoxicité

Les tests de génotoxicité sur les 15 substances retenues sont récapitulés dans le tableau IIX. À quelques exceptions près, l‟ensemble des résultats sont négatifs. Les données manquent pour certaines de ces substances. Comme exemples d‟études récentes sur COVM, Kreja & Seidel (2002) ont étudié le potentiel génotoxique, clastogène ou mutagène de 16 COVM en *in vitro* (Tableau. IIX).

Dans des conditions cytotoxiques, chaque composé induit des dommages à l‟ADN. Des effets clastogène c‟est-à-dire provoquant des cassures chromosomiques et des effets mutagènes n‟ont pas été détectés.

En revanche, une activité d‟induction des mécanismes SOS sont rapportée pour 15 sur 20 COVM y compris le 2-méthyl-propan-1-ol, le 3-méthyl-butan-1-ol, le 3-méthyl-butan-2-ol, le pentan-2-ol, le octan-3-ol, le oct-1-ène-3-ol, le hexan-2-one, heptan-2-one, la octan-3-one et dans l‟essai luminescent & light absorption *umu* test. Le 3-méthyl-butan-2-one et le 3-méthyl-butan-2-ol sont les seuls COVM qui ont également été testés positivement lors du test luminescent. Ces deux COVM ont ensuite été testées dans le test d‟Ames et ont exprimés des résultats positifs (Nakajima *et al.,* 2006).

Tableau IIX. Tests de génotoxicité pour certains COVM (Composés Organiques Volatils Microbiens) les plus souvent rapportés dans les études sur le terrain et la littérature scientifique.

Compound/Test system	Endpoint	Concentration	Metabolic activation a	Result	References
2-Methyl-propan-1-ol					
Ames test /S. Typhimurium TA98, 100, 1535, 1537, 1538	Gene mutation	5-5 000 $\mu g.plate^{-1}$	No/Yes	Negative/Negative	CCRIS, 2010
Ames test /S. Typhimurium TA97, 98, 100, 1535, 1537, 1538	Gene mutation	100-10 000 $\mu g.plate^{-1}$	No/Yes	Negative/Negative	CCRIS, 2010
Light absorption umu test / S. Typhimurium TA1535 / pSK1002	DNA damage (SOS-induction)	Not given	No	Negative	Nakajima *et al.*, 2006
Luminescent umu test / S. Typhimurium TA1535 / pTL210	DNA damage (SOS-induction)	Not given	No	Positive	Nakajima *et al.*, 2006
E. coli/ WP2 uvrA	Gene mutation	5-5 000 $\mu g.plate^{-1}$	No/Yes	Negative/Negative	CCRIS, 2010
Chinese hamster V-79 / HPRT assay	Gene mutation	107 mM	No/Yes	Negative/Negative	CCRIS, 2010
Human lung carcinoma epithelial A549 cells / Alkaline comet assay	DNA damage	53, 270 mM	No	Negative/Positive b	Kreja & Seidel, 2002
V-79 Chinese hamster fibroblasts / Alkaline comet assay	DNA damage	53, 270 mM	No	Negative/Positive b	Kreja & Seidel, 2002
Human peripheral blood cells / Alkaline comet assay	DNA damage	53, 270 mM	No	Negative/Positive b	Kreja & Seidel, 2002
V-79 Chinese hamster fibroblasts:	Clastogenic effects:				Kreja & Seidel, 2002
Micronucleus test	Micronuclei	11, 53 mM	No	Negative	
HPRT assay	Gene mutation	0-107 mM	No/Yes	Negative/Negative	
3-Methyl-butan-1-ol					
Ames test/ S. Typhimurium TA98, 100, 1535, 1537	Gene mutation	Not given	No/Yes	Negative/Negative	Health Council of the Netherlands: Committee on Updating of Occupational Exposure Limits, 2005
Light absorption umu test / S. Typhimurium TA1535 / pSK1002	DNA damage (SOS-induction)	Not given	No	Negative	Nakajima *et al.*, 2006
Luminescent umu test /S. Typhimurium TA1535 / pTL210	DNA damage (SOS-induction)	Not given	No	Positive	Nakajima *et al.*, 2006

Tableau IIX. Suite.

Compound/Test system	Endpoint	Concentration	Metabolic activation a	Result	References
Chinese hamster V-79 / HPRT assay	Gene mutation	51.5 mM	No/Yes	Negative/Negative	CCRIS, 2010
Human blood cells / Comet assay	DNA damage (strand breaks, alkali-labile sites)			Negative	Health Council of the Netherlands: Committee on Updating of Occupational Exposure Limits, 2005
Human lung carcinoma epithelial A549 cells / Alkaline comet assay	DNA damage	23, 46, 91mM	No	Negative	Kreja & Seidel, 2002
V-79 Chinese hamster fibroblasts / Alkaline comet assay	DNA damage	46, 91 mM	No	Negative	Kreja & Seidel, 2002
Human peripheral blood cells / Alkaline comet assay	DNA damage	23, 91 mM	No	Negative/Positive b	Kreja & Seidel, 2002
V-79 Chinese hamster fibroblasts:	Clastogenic effects:				Kreja & Seidel, 2002
Micronucleus test	Micronuclei	5, 9, 23 mM	No/Yes	Negative/Negative	
HPRT assay	Gene mutation	0-51.5 mM	No/Yes	Negative/Negative	
Rat bone marrow in vivo	Chromosmal abberation	1/5 LD50		Positive	Health Council of the Netherlands: Committee on Updating of Occupational Exposure Limits, 2005
	Polyploid cells			Negative	
	Chromosome gaps			Negative	
3-Methyl-butan-2-ol					
Ames test/ S. Typhimurium TA98, 100	Gene mutation	0-2.5 μL.plate^{-1}	No/Yes	Positive/Positive	Nakajima *et al.*, 2006
Light absorption umu test / S. Typhimurium TA1535 / pSK1002	DNA damage (SOS-induction)	Not given	No	Positive	Nakajima *et al.*, 2006
Luminescent umu test /S. Typhimurium TA1535 / pTL210	DNA damage (SOS-induction)	Not given	No	Positive	Nakajima *et al.*, 2006
Human lung carcinoma epithelial A549 cells / Alkaline comet assay	DNA damage	45, 90 mM	No	Negative	Kreja & Seidel, 2002
V-79 Chinese hamster fibroblasts:	Clastogenic effects:				
Micronucleus test	Micronuclei	45, 90 mM	No	Negative	Kreja & Seidel, 2002

Tableau IIX. Suite.

Compound/Test system	Endpoint	Concentration	Metabolic activation a	Result	References
Pentan-2-ol					
Light absorption umu test /S. Typhimurium TA1535 / pSK1002	DNA damage (SOS-induction)	Not given	No	Negative	Nakajima *et al.*, 2006
Luminescent umu test /S. Typhimurium TA1535 / pTL210	DNA damage (SOS-induction)	Not given	No	Positive	Nakajima *et al.*, 2006
Octan-3-ol					
Light absorption umu test /S. Typhimurium TA1535 / pSK1002	DNA damage (SOS-induction)	Not given	No	Negative	Nakajima *et al.*, 2006
Luminescent umu test /S. Typhimurium TA1535 / pTL210	DNA damage (SOS-induction)	Not given	No	Positive	Nakajima *et al.*, 2006
Human lung carcinoma epithelial A549 cells/ Alkaline comet assay	DNA damage	6.2, 31 mM	No	Negative/Positive b	Kreja & Seidel, 2002
V-79 Chinese hamster fibroblasts/ Alkaline comet assay	DNA damage	6.2, 31 mM	No	Negative/Negative	Kreja & Seidel, 2002
V-79 Chinese hamster fibroblasts	Micronuclei	3.1, 6.2 mM	No	Negative	Kreja & Seidel, 2002
Oct-1-en-3-ol					
Light absorption umu test /S. Typhimurium TA1535 / pSK1002	DNA damage (SOS-induction)	Not given	No	Negative	Nakajima *et al.*, 2006
Luminescent umu test /S. Typhimurium TA1535 / pTL210	DNA damage (SOS-induction)	Not given	No	Positive? C	Nakajima *et al.*, 2006
Chinese hamster V-79 / HPRT assay	Gene mutation	5 mM	No/Yes	Negative/Negative	CCRIS, 2010
Human lung carcinoma epithelial A549 cells / Alkaline comet assay	DNA damage	0.6, 6.4 mM	No	Negative	Kreja & Seidel, 2002
V-79 Chinese hamster fibroblasts / Alkaline comet assay	DNA damage	0.6, 6.4 mM	No	Negative/Positive b	Kreja & Seidel, 2002

Tableau IIX. Suite.

Compound/Test system	Endpoint	Concentration	Metabolic activation a	Result	References
Human peripheral blood cells / Alkaline comet assay	DNA damage	0.6, 6.4 mM	No	Negative/Positive b	Kreja & Seidel, 2002
V-79 Chinese hamster fibroblasts :	Clastogenic effects :				Kreja & Seidel, 2002
Micronucleus test	Micronuclei	0.6, 3.2 6.4 mM	NoYes	Negative/Negative	
HPRT test	Gene mutation	0-5 mM	No/Yes	Negative/Negative	
Oct-2-en-1-ol					
No data					
3-Methylfuran					
No data					
Hexan-2-one					
Light absorption umu test /S. Typhimurium TA1535 / pSK1002 and	DNA damage (SOS-induction)	Not given	No	Negative	Nakajima *et al.*, 2006
Luminescent umu test /S. Typhimurium TA1535 / pTL210	DNA damage (SOS-induction)	Not given	No	Positive	Nakajima *et al.*, 2006
Chinese hamster V-79 / HPRT assay	Gene mutation	40 mM	No/Yes	Negative/Negative	CCRIS, 2010
Saccharomyces cervisiae	Chromosome loss	48 mM	No	Weakly positive d	Mayer & Goin, 1994
Human lung carcinoma epithelial A549 cells / Alkaline comet assay	DNA damage	40, 80 mM	No	Negative/Positive b	Kreja & Seidel, 2002
V-79 Chinese hamster fibroblasts / Alkaline comet assay	DNA damage	40, 80 mM	No	Negative	Kreja & Seidel, 2002
Human peripheral blood cells / Alkaline comet assay	DNA damage	40, 80 mM	No	Negative/Positive b	Kreja & Seidel, 2002
V-79 Chinese hamster fibroblasts:	Clastogenic effects:				Kreja & Seidel, 2002
Micronucleus test	Micronuclei	40, 80mM	No/Yes	Negative/Negative	
HPRT assay	Gene mutation	0-40 mM	No/Yes	Negative/Negative	

Tableau IIX. Suite.

Compound/Test system	Endpoint	Concentration	Metabolic activation a	Result	References
Heptan-2-one					
Light absorption umu test /S. Typhimurium TA1535 / pSK1002	DNA damage (SOS-induction)	Not given	No	Negative	Nakajima *et al.*, 2006
Luminescent umu test /S. Typhimurium TA1535 / pTL210	DNA damage (SOS-induction)	Not given	No	Positive	Nakajima *et al.*, 2006
Chinese hamster V-79 / HPRT assay	Gene mutation	18.2 mM	No/Yes	Negative/Negative	CCRIS, 2010
Human lung carcinoma epithelial A549 cells / Alkaline comet assay	DNA damage	7, 35, 70 mM	No	Negative/Negative/Positive b	Kreja & Seidel, 2002
V-79 Chinese hamster fibroblasts / Alkaline comet assay	DNA damage	7, 35, 70 mM	No	Negative/Negative/Positive b	Kreja & Seidel, 2002
Human peripheral blood cells/ Alkaline comet assay	DNA damage	7, 35 mM	No	Negative/Positive b	Kreja & Seidel, 2002
V-79 Chinese hamster fibroblasts:	Clastogenic effects:				Kreja & Seidel, 2002
Micronucleus test	Micronuclei	17, 35 mM	No	Negative	
HPRT test	Gene mutation	18.2 mM	No/Yes	Negative/Negative	
Octan-3-one					
Light absorption umu test /S. Typhimurium TA1535 / pSK1002	DNA damage (SOS-induction)	Not given	No	Negative	Nakajima *et al.*, 2006
Luminescent umu test /S. Typhimurium TA1535 / pTL210	DNA damage (SOS-induction)	Not given	No	Positive	Nakajima *et al.*, 2006
Chinese hamster V-79 / HPRT assay	Gene mutation	14.4 mM	No/Yes	Negative/Negative	CCRIS, 2010
Human lung carcinoma epithelial A549 cells / Alkaline comet assay	DNA damage	6, 31, 62 mM	No	Negative/Negative/Positive b	Kreja & Seidel, 2002
V-79 Chinese hamster fibroblasts / Alkaline comet assay	DNA damage	6, 31, 62 mM	No	Negative/Negative/Negative	Kreja & Seidel, 2002

Tableau IIX. Suite.

Compound/Test system	Endpoint	Concentration	Metabolic activation a	Result	References
Human peripheral blood cells / Alkaline comet assay	DNA damage	6, 62 mM	No	Negative/Positive b	Kreja & Seidel, 2002
V-79 Chinese hamster fibroblasts:	Clastogenic effects:				Kreja & Seidel, 2002
Micronucleus test	Micronuclei	16, 31 mM	No	Negative	
HPRT test	Gene mutation	0-14.4 mM	No/Yes	Negative/Negative	
Geosmin					
Ames test/ S. Typhimurium TA98, 100	Gene mutation	3.93-2 000 $\mu g.plate^{-1}$	No/Yes	Negative/Negative	CCRIS, 2010
Ames test/ S. Typhimurium TA98, 100, 1535, 1537, 1538	Gene mutation	Not given		Negative	Korpi *et al.*, 1997
Ames test/ S. Typhimurium TA98, 100, 102, 1535, 1537, 1538	Gene mutation	Not given	No/Yes	Negative/Negative	Nakamura *et al.*, 1987
Umu test/ S. Typhimurium	DNA damage (SOS-induction)	0-400 $\mu g.mL^{-1}$	No/Yes	Negative/Negative	Nakamura *et al.*, 1987
Chinese hamster lung fibroplast cell line CHL	Chromosome abberation	0-0.15 $mg.mL^{-1}$	No/Yes	Negative/Negative	Matsuoka *et al.*, 1998
2-Methylisoborneol					
Ames test/ S. Typhimurium TA98, 100	Gene mutation	9.85-5 000 $\mu g.plate^{-1}$	No/Yes	Negative/Negative	
Ames test/ S. Typhimurium TA98, 100, 102, 1535, 1537, 1538	Gene mutation	Not given	No/Yes	Negative/Negative	Nakamura *et al.*, 1987
Umu test/ S. Typhimurium	DNA damage (SOS-induction)	0-400 $\mu g.mL^{-1}$	No/Yes	Negative/Negative	Nakamura *et al.*, 1987
Chinese hamster lung fibroplast cell line CHL	Chromosome abberation	0-0.2 $mg.mL^{-1}$	No/Yes	Negative/Negative	Matsuoka *et al.*, 1998

Tableau IIX. Suite.

Compound/Test system	Endpoint	Concentration	Metabolic activation a	Result	References
Dimethyl disulphide					
Ames test/ S. Typhimurium TA98, 100, 102	Gene mutation	0.011-1 100 $\mu g.plate^{-1}$	No/Yes	Negative/Negative	CCRIS, 2010
Ames test/ S. Typhimurium TA98, 100, 1535, 1537, 1538	Gene mutation	50-5 000 $\mu g.plate^{-1}$	No/Yes	Negative/Negative	Arkema Inc, 2005
Chinese hamster ovary / HPRT assay	Gene mutation	0.46-1 000 $\mu g.mL^{-1}$	No/Yes	Negative/Negative	Arkema Inc, 2005
Rat hepatocytes in primary culture	DNA damage and repair assay	1-300 $\mu g.mL^{-1}$	No	Negative	Arkema Inc, 2005
Human lymphocytes	Chromosome aberration	3.7-300 $\mu g.mL^{-1}$	No/Yes	Ambiguous/ Ambiguous	Arkema Inc, 2005
Mouse bone marrow in vivo	Micronuclei	0, 250, 500 ppm		Negative	Arkema Inc, 2005
Rat hepatocytes in vivo Unscheduled	DNA synthesis	0, 500 ppm		Negative	Arkema Inc, 2005
2-Isopropyl-3-methoxy-pyrazine					
No data					

a Addition of a metabolising system, usually the microsomal fraction of an Aroclor 1254-induced rat liver, a so-called S9-mix.
b At cytotoxic concentrations.
c ? = A result where the number of revertant colonies was 1.5-2 times that of spontaneous colonies.
d Combined treatment with methyl ethyl ketone potentiated the effect. 2,5-Hexandione was strongly positive alone and in combination with acetone or methyl ethyl ketone.

XVIII.5. Cancérogénicité

A ce jour, le Centre International de Recherche sur le Cancer (CIRC) n'a pas encore évalué la cancérogénicité des 15 principaux COVM énumérées dans le tableau II. Bien que nous puissions croiser ces informations avec celles obtenues pour les COV génériques. Le programme National de toxicologie des États-Unis (« *The United States National Toxicology Program* » : NTP) n'a également pas listé ces produits chimiques dans son rapport sur les molécules cancérigènes (NTP. Report on carcinogens). Bien que certains figurent dans la liste des COV générique.

Dans l'ensemble de la liste des COVM identifiés (Tableau. III), certaines substances sont classées comme cancérogènes pour l'homme comme le méthanal (formaldéhyde) ou comme cancérogènes (ou cancérigènes) possibles pour l'homme tels que l'éthanal (acétaldéhyde), l'éthylbenzène, l'isoprène, styrène.

Compte tenu des faibles concentrations rencontrées dans le cadre d'émissions des COVM, le cancer n'est pas susceptible d'être une préoccupation majeure. Les rares études extraites de la littérature sont décrites ci-dessous. Chez les rats, l'administration orale d'environ 81 poids corporel mg.kg^{-1}de 3-méthyl-butan-1-ol, deux fois par semaine pendant 135 semaines, ou par injection sous-cutanée d'environ 32 poids corporel mg.kg^{-1}, une fois par semaine, pendant 95 semaines, ont induit une augmentation du nombre de tumeurs malignes (4 et 10, respectivement). Ces résultats ont été validité par des contrôles qui ne presentent pas de tumeurs malignes (Health Council of the Netherlands, 2005).

Il faut avouer que la conception des études et la documentation des résultats rapportés ont plusieurs défauts, ce qui entrave l'interprétation des données par exemple : 1) une faiblesse des « *designs* » statistiques ou plans d'experimentations est itinérante principalement par un faible nombre d'objets expérimentaux type animaux ; 2) certains paramètres de bases restes inconnues comme les sexes ratios, ou le manque d'informations historiques sur l'incidence des tumeurs chez les témoins, lignées pré-disposées à la formation de tumeurs en fin de vie ; 3) et le dépassement de la dose maximale tolérée mise en évidence par des effets toxiques chroniques sur le foie et le système hématopoïétique. Chez le rat, l'administration orale d'environ 160 poids corporel mg.kg^{-1} de 2-méthyl-propan-1-ol, deux fois par semaine pendant 72 semaines, ou par injection sous-cutanée d'environ 41 poids corporel mg.kg^{-1}, deux fois par semaine, pendant 90 semaines ont également conduit à une augmentation du nombre de tumeurs malignes. Les contrôles ont pareillement présentés une absence de tumeurs malignes (Berufsgenossenschaft der chemischen Industrie, 1999).

Par ailleurs, les études ne sont pas conformes aux normes en vigueur. De plus, chez les bactéries, une réponse SOS décrit des changements dans l'expression des gènes en réponse à des endommagements de l'ADN.

XVIII.6. Études sur la reproduction et le développement des organismes de type mammifères

Les études des effets de ces composés sur la reproduction et le développement d'organismes à la suite d'exposition aux COVM sont rares. Sur les 15 COVM génériques sélectionnés, il existe des données uniquement pour 4 composés.

Le 3-méthyl-butan-1-ol a été testé pour sa toxicité développementale chez les femelles enceintes de rats Wistar et de lapins himalayens. Vingt-cinq rates et 15 lapines par groupe testé ont été exposées au 3-méthyl-butan-1-ol sous forme de vapeur à des concentrations de 510, 2 500 ou 9 800 mg.m^{-3} pendant 6 h.jour^{-1}. Les rates ont été exposées à des doses 6-15 jours *postcoitum* et les lapines ont été exposées à des doses 7-19 des jours après l'insémination. Les mères ont été sacrifiées au vingtième jour, respectivement le jour 29. Les fœtus ont été retirés de l'utérus et l'examen des malformations et des variations du phénotype extérieur et dans le tissu notamment squelettique. L'exposition à une dose de 9 800 mg.m^{-3} cause des irritations oculaires même au travers de la barrière placentaire présente chez des deux espèces au cours de l'exposition. Les données sur la grossesse et la litière sont similaires dans tous les groupes d'individus. Aucun signe de développement anormal et d'embryo-foetotoxicité ne sont observés chez les fœtus des deux espèces. L'incidence globale des variations des doses a été significativement augmentée chez les petits lapins dans le groupe le plus exposé (Klimisch & Hellwig, 1995). De plus, il faut noter un nombre de malformations non différent entre les groupes d'animaux testés (Klimisch & Hellwig, 1995).

Le 2-méthyl-propan-1-ol a été testé pour sa toxicité développementale dans une étude de conception similaire à celle décrite ci-dessus, mais avec des concentrations d'exposition de 510, 2 500 ou 9 800 mg.m^{-3}. Les données obtenues sur la grossesse et la litière étaient similaires dans tous les groupes. Aucun signe de toxicité développementale et embryo-foetotoxicité ont été observés chez les fœtus des deux espèces. Chez les petits lapins dans le groupe le plus exposé, l'incidence globale des variations de doses a été significativement augmentée. Par ailleurs, le nombre de fœtus présentant un retard d'ossification etait plus faible dans ce dernier groupe. Le nombre de malformations ne présentaient pas de différences entre les groupes (Klimisch & Hellwig, 1995).

Des rats mâles, dont la souche n'a pas été précisée, ont été exposés à 700 ppm équivalant à 2 870 $mg.m^{-3}$ de hexan-2-one pendant 72 heures par semaine. A ce groupe s'ajoute deux lots de 20 heures d'expositions et deux périodes d'exposition de 16 heures pendant 11 semaines. L'exposition est associée à une réduction marquée du poids corporel des individus. En règle générale, les changements de poids des organes obtenus lors de la dissection reflètent la réduction du poids corporel globale. Mais, dans ce cas, les deux poids absolu et relatif des testicules sont considérablement réduits. Au microscope, l'atrophie de l'épithélium germinal des testicules est observée et confirmée (Katz *et al.,* 1980).

Peters *et al.* (1981) ont exposé des lots de 25 rates « Fisher 344 » enceintes à des inhalations de 0, 500, 1 000 ou 2 000ppm équivalant à 2 050, 4 100 ou 8 200$mg.m^{-3}$ de hexan-2-one pendant 6 heures / jour tout au long de la gestation. De plus, cinq mâles et femelles par groupe ont été examinés dans leurs étapes de développement et des tests de réflexes simples, d'activité en plein champ et sur roue, de comportement alimentaire en labyrinthe associé à un test de stress à la natation et l'évitement aux chocs. Des tests ont été effectués à la puberté, à l'âge adulte et lors de la vieillesse. Tous les groupes d'exposition n'ont pas subi tous les tests à chaque âge. D'autres animaux ont été testés pour identifier leur durée de sommeil induit par le pentobarbital, les paramètres de chimie clinique, d'hématologie. D'après les auteurs, « l'*Offspring* » (ou progéniture réactionnelle) du groupe 500 ppm ont dû être écartées pour cause de non-traitement à la suite de circonstances connexes non expliqués. Dans ces conditions d'étude, le gain de poids maternel est réduit de façon non significative dans le cadre des deux concentrations les plus élevées. Un changement détectable de la fonction neurologique est observé chez lots testé avec 2 000ppm. Les femelles ont des portées présentant des bébés plus petits et de faibles poids. Ces derniers critères persistent chez les descendants mâles tout au long de leur cycle de vie.

Des modifications comportementales sont détectées dans la plupart des tests. Lors de test par ingestion des aliments, la descendance des animaux exposés présente de meilleurs résultats à la puberté. Les enfants traités présentent une activité réduite dans le champ d'ouverture d'impact d'une dose de 2 000ppm. Cette activité a lieu en début de vie. Une activité accrue lors de test de la roue de roulement est également signalé jusqu'à l'âge adulte. La performance dans le conditionnement d'évitement était moins bonne chez les femelles au stade de la puberté. Les animaux traités montrent généralement une augmentation des mouvements aléatoires dans l'intervalle intertrial dans le cas d'une dose de 1 000ppm. Quelques changements sporadiques sont également observés dans les valeurs de chimie clinique, mais la cohérence générale manquait. L'hématologie n'a révélé aucune différence entre les lots d'animaux exposés et les lots regroupent les témoins (Peters *et al.*, 1981).

Les rats ont été exposés à une gamme de dose de 0, 5, 15 et 50 ppm équivalant à 0, 19, 58 et 190 $mg.m^{-3}$ de disulfure de diméthyle. Le disulfure de diméthyle (*Dimethyl disulphide ou Dimethyl disulfide)* est administré pendant 6 heures par jour, du jour 6 au jour 15, au moment de la gestation des femmelles. L'exposition à 50 ppm cause une toxicité marquée chez les mères et un retard de croissance du fœtus. À 15ppm, l'effet de toxicité est moins marqué au stade maternel et aucun effet n'est signalé au stade fœtal. Aucun effet sur les mères ou les fœtus n'ont été observés pour 5ppm (Arkema Inc, 2005). Smotherman & Robinson ont examiné les réponses comportementales des fœtus de rat à terme via une série caractéristique comme le potentiel du fluide chimiosensoriel, le lait des mères et les quantités de disulfure de diméthyle présente dans l'organisme, un composant de la salive favorisant l'attachement mammaire (ou mamelaire) post-natale. Seul le lait et les quantités de disulfure de diméthyle modifient l'activité motrice du fœtus et la réactivité fœtale face à la stimulation cutanée périoriodique. Cela suggére que le disulfure de diméthyl agit probablement comme un messager chimique au cours de la période néonatale. En outre, la naloxone antagoniste des opiacés inverse la réponse comportementale du disulfure de diméthyle. Cet effet indique que cette substance chimique est susceptible de promouvoir l'activité opioïde, comme c'est le cas pour le lait (Smotherman *et al.,* 1992).

En conclusion, le nombre d'études concernant ce sujet manquent. Pour la plupart des 15 substances sélectionnées, certains effets sur le développement postnatal et le comportement sont rapportés face aux intoxications par le hexan-2-one lors d'exposition de rates enceintes. Toutefois, compte tenu des faibles niveaux de COVM rencontrés dans les milieux, l'effet sur la reproduction et le développement impacté par les COVM semble improbable dans des conditions de test proche des conditions naturelles d'exposition aux COVM d'origines biogénes.

XIX. Observations sur l'homme

XIX.1. Sensation d'odeur, irritation et de sensibilisation

Des plaintes de mauvaises odeurs sont souvent signalées dans les bâtiments humides présentant une contamination microbienne (Putus, 2005 ; Smedje *et al.,* 1996 ; Ström *et al.,* 1994). La reconquette naturelle des structures artificielles humaines par les microorganismes du sol est importante dans des conditions particulières d'humidité favorisant leurs développements. Une niche écologique favorable s'ouvre à ces microorganismes. Ces mauvaises odeurs ou flagrances de moisi, de terre, de champignon, d'odeur fruitée issu d'une stimulation olfactive par beaucoup COVM est reconnue (Keller *et al.,* 1999 ; Ruth *et al.,* 1986). Ainsi, les COVM sont supposés être responsables des sensations d'odeurs dans les bâtiments à problèmes (Keller *et al.,* 1999 ; Ruth, 1986). Cependant, l'apparition de COVM et des odeurs associées ne sont pas une caractéristique directe de la mesure de la croissance microbienne dans un immeuble (Johansson, 2000 ; Ström *et al.,* 1994) en raison des nombreux facteurs influencent les conditions intérieures et les niveaux de COVM si trouvant. Au contraire des analyses de croissance sur espèces microbiennes uniques ont été réalisées en réacteurs au laboratoire. Ainsi, la sensation humaine des odeurs permet d'expliquer le seuil olfactif d'un COVM et la sensibilité des personnes aux contacts de ces odeurs. Les seuils olfactifs pour ces odeurs peut varier au moins d'un facteur 108 dans des conditions de dose allant de 10-7 à 101ppm entre COVM pris individuellement et par un facteur de 101 à 104 dans une situation complexe de type mélanges de COVM entre les différentes études. Dans une étude, des plaintes pour mauvaises odeurs dans les bâtiments à problèmes sont signalées pour des niveaux de contaminations aux COV. La somme des concentrations de ces 13 COVM types était de 15 $g.m^{-3}$, bien qu'au moment de l'étude, l'odeur n'a pas été remarquée même dans des conditions de concentrations allant jusqu'à 40 $g.m^{-3}$ (Ström *et al.,* 1994). Les auteurs ont indiqué que les plaintes d'odeurs sont liées à la présence de composés individuels ou aux combinaisons de COV plutôt qu'à la somme des quantités de COVM sélectionnés (Ström *et al.,* 1994).

Malgré l'absence d'études sur les relations concentration-réponse aux COV d'origines microbiennes, dans les bâtiments où se produisent des concentrations supérieures aux seuils de perception olfactive, les COVM sont associées à un malaise général des habitants caractérisés par des symptôme comme des céphalées, des étourdissements et de la fatigue. En outre, dans les études de cas et études épidémiologiques, la présence aux COVM et odeur de moisi, des odeurs terreuses sont liée à une prévalence de sympthodes d'irritation des yeux, du nez, de la gorge, une respiration sifflante et d'autres symptômes de type asthmatique (Elke *et al.,* 1999 ; Jaakkola *et al.,* 1993 ; Knasko, 1996 ; Ruotsalainen *et al.,* 1995 ; Tobin *et al.,* 1987 ; Wessén & Schoeps, 2000). L'odeur perçue par le nez humain a été prouvé pour être un indicateur pertinent des risques survenus lors de congestion nasale, d'excrétion, de toux, de mucosités, de respiration sifflante et d'apparition des symptômes liés à la fréquence des jours d'exposition à une odeur de moisissure ou de terre exprimée par les individus (Jaakkola *et al.,* 1993).

Dans cette dernière étude, les données sur les symptômes et les causes sont obtenues par des questionnaires type étude de marché, et aucune mesure sur les niveaux COVM ont été réalisées. En général, lorsque la concentration d'un COVM non réactif dépasse un certain seuil, les individus commencent à évoquer une sensation d'odeur. Si, la concentration est suffisamment élevée, les symptômes d'irritation apparaisses. Les odeurs disponibles et les seuils d'irritation induit par certain COVM sont présentés dans le tableau IX. Chez les sujets travaillant dans les écoles avec des niveaux élevés de champignons aéroportés, des COVM sont considérés pour être liée à l'asthme comme le 3-méthyl- heptan-2-one, oct-1-ène-3-ol et 2-méthylisobornéol (Smedje *et al.,* 1996). Toutefois, les auteurs soulignent que l'apparition des COVM est une indication de la croissance active des micro-organismes et non un signal de cause d'asthme induit par ces mêmes COVM. Ces informations de croissances et développements des microorganismes sont bien connues et vérifiées par de nombreuses études microbiologiques. Par ailleurs, il existe peu d'études sur : 1) les mécanismes d'irritation et de réponses inflammatoires induit par les COVM chez les mammifères ; 2) la caractérisation des mécanismes de toxicité et de promotions de croissance chez les végétaux.

Tableau IX. Odeurs et seuils d''irritation sensorielle associés à la présentation des concentrations de certains COVM trouvé comme irritante le plus souvent dans des bâtiments à problèmes.

Compound (IUPAC-SI)	**Odour characterisation**	**Odour threshold** (Amoore *et al.*, 1983; CHEMINFO, 2010; HSDB, 2010; Keller *et al.*, 1999; Ruth, 1986; Wilkins, 2002)		**Irritation threshold** [a] (Cometto-Muñiz *et al.*, 1994) **or irritating concentration** (Ruth, 1986)	
		ppm	**$mg.m^{-3}$**	**ppm**	**$mg.m^{-3}$**
2-Methyl-propan-1-ol	Mild, musty, fungus-like	0.001-74	0.003-225	99	300
3-Methyl-butan-1-ol	Sour, sharp, malty	0.01-35	0.045-126	100	360
Oct-1-en-3-ol	Raw mushroom	-	-	-	-
Hexan-2-one	Acetone-like	0.076	0.31		
Heptan-2-one	Fungus-like, musty	0.02-0.35	0.094-1.6	281	1310
Octan-3-one	Mild, fruity, fresh, herbal, lavender, sweet, fungus-like	6	31.2	50	260
2-Methylisoborneol	Musty, earthy	0.000001	0.000007	-	-
2-Isopropyl-3-methoxy-pyrazine	Musty, mouldy	0.0000002	0.000001	-	-
Geosmin	Musty, earthy	0.0009	0.0076	-	-
Dimethyl disulphide	Uncomfortable	0.00003-0.09	0.0001-0.3465	-	-

Dans des études expérimentales réalisées sur l'homme par Walinder *et al.* (1998), plusieurs signes de réactions inflammatoires et de réactions respiratoires sont rapportés après une exposition aux COVM. Les sujets humains ont été exposés à 10 mg.m^{-3} de oct-1-ène-3-ol pendant 2 heures (n = 30). L'augmentation des irritations oculaires, du nez, de la gorge, des maux de tête, des étourdissements, des nausées, une intoxication, de la fréquence de clignotement des yeux, et dans les quantités de lysozyme présente dans les larmes, de la myéloperoxydase et des protéines cationiques éosinophiles présent dans le liquide de lavage nasal sont rapportés (Walinder *et al.*, 1999). Dans une autre étude, 29 volontaires sains ont été exposés au hasard à 1 mg.m^{-3} de 3-méthylfurane pendant 2 heures ou un placebo. Aucun des symptômes d'évaluation subjectifs liés à l'odorat, aux irritations et à des symptômes généraux sont augmentés pendant l'exposition. Toutefois, la fréquence de clignotement des yeux, le film protecteur lacrymal subit des ruptures dans le temps, et les biomarqueurs de lavage comme la myéloperoxydase et le lysozyme sont augmentés. De plus, la capacité vitale de l'individu est diminuée au cours de l'exposition au 3-méthylfurane par rapport à un témoin d'exposition à un air ambiant (Walinder *et al.*, 2005). Durant les 30 dernières minutes d'exposition, l'exposition au 3-méthylfurane provoque une obstruction immédiate et tardive de l'ordre de trois jours après l'exposition. Chez un sujet professionnel exposé aux émissions fongiques et présentant une allergie, l'observation précédente est additionnée d'une réaction pulmonaire (Walinder *et al.*, 1998). Ces expositions artificielles expérimentales sont réalisées avec des concentrations de 10 et 500 fois plus élevé que mesurés dans des échantillons de terrain pour l'oct-1-ène-3-ol et le 3-méthylfurane (Tableau. V).

Koren *et al.* (1992) ont rapporté une augmentation d'un facteur deux fois des polynucléaires neutrophiles (PNN ; « *polymorphonuclear* neutrophils : PMN ») dans le liquide de lavage nasal de 14 sujets immédiatement après une exposition de 4 heures à un mélange de 22 COV dont la concentration est de 25 mg.m^{-3} (Koren *et al.*, 1992). Par ailleurs, Pappas *et al.* (2000) ont observé une augmentation significative des PNN chez 15 sujets après une exposition à des mélanges de compositions similaires et de concentrations totales en COVM de 21 à 25 mg.m^{-3} et de 50 mg.m^{-3}. Pourtant, une augmentation des symptômes des voies respiratoires inférieures et supérieures est signalée immédiatement et pour une période temporelle de deux heures après l'exposition aux COV à 50 mg.m^{-3}. L'augmentation des symptômes respiratoires des voies aériennes supérieurs immédiatement après l'exposition aux COV à 25 $mg.m^{-3}$ est signalée. Aucun changement n'a été observé dans la fonction pulmonaire illustré par le débit expiratoire forcé en une seconde, la capacité vitale forcée, le débit expiratoire forcé entre 25 et 75% de la capacité vitale forcée, les écarts cellulaires ou du nombre de cellules, des biomarqueurs d'inflammation des voies respiratoires, des interleukine-8, des leucotriène B4, ou de l'albumine dans les échantillons de liquide de lavage nasal ou lors des expectorations induites (Pappas *et al.,* 2000). Les mélanges de COV de Koren *et al.* (1992) et Pappas *et al.* (2000) ont été conçus pour imiter les niveaux et les types de composés organiques présents dans les foyers Américains en enlevant : i) le soupçon des effets cancérogènes sur les organismes mammifères ou humains ; et ii) les composés très irritantes. Cependant, aucune des 15 substances type prèsenté dans le présent document n'ont été inclus dans leurs études. Mais, certain COV étudiés par ces auteurs peuvent être considérés comme COVM type présenté dans ma la liste par exemple le p-xylène pour une dose testée de 8,25 $mg.m^{-3}$, le butan-1-ol, l'éthylbenzène, l'hexanal, α-pinène pour une dose testée de 8,25 $g.m^{-3}$ d'air de la pièce, le butan-2-one et de 3-méthyl-butan-2-one pour une dose testée de 75 $g.m^{-3}$ d'air de la pièce.

Dans une étude réalisée par Laumbach *et al.* (2005), 130 femmes en bonne santé ont été exposées à trois reprises à 135 minutes chacune à un air pur pour assainir l'air, ou à un mélange de 23 COV à une dose de 25 $mg.m^{-3}$, avec ou sans addition de 40 ppb d'ozone. Il est signalé que le mélange d'air du contrôle ou servant au mélange peut contenir quelques COVM mais ceux-ci n'ont pas été identifiés et ni quantifié par les auteurs. Laumbach *et al.* (2005) ont rapporté une absence de différence significative dans la présence des symptômes d'irritation nasale et dans le liquide de lavages nasales et les PNN lors d'un mélange réalisé entre COV + ozone, COV seuls, ou les conditions de qualité de l'air. Les auteurs ont conclu qu'il était peu probable que les COVM causent des irritations respiratoires aiguës ou des inflammations des voies aériennes supérieures (Laumbach *et al.,* 2005).

Dans une étude rapportée par Claeson (2006), 17 femmes et 10 hommes ont été exposés à des émissions de faible niveau de 5 espèces de moisissures cultivées sur des panneaux de particules et bois de pin pendant 60 minutes. Les moisissures disposant d'enzymes de dégradation de la cellulose et sont parmi les microorganismes à forte production de COV. Dans ce contexte, elles sont considèrees ici comme colonisateurs et émetteurs potentiels dans ce type de terrain ou niche de développement. Dans une seconde exposition mise en place, 13 femmes et 11 hommes, avec ou sans pince-nez ont été exposés à du niveau de doses modérée d‟émissions issu de matériaux de construction moisis pendant 10 minutes. Les émissions de COV incluent le 1-butanol, le 2-méthyl-propan-1-ol, le 3-méthyl-butan-1-ol, le hexan-2-one et de heptan-2-one à des concentrations individuelles de 0,56 à 3,4 g.m^{-3} et de 13,2 à 214 g.m^{-3}. Ces doses représentant une exposition modérée caractérisée par de faibles et moyennes quantités. L‟exposition à des niveaux modérés de COVM et dans les conditions où les femmes ne disposaient pas de pince-nez augmente les rapports de qualité de l‟air perçu dans le sans d‟un air dit pauvre c‟est-à-dire un air étouffant et plein d‟odeurs dit lourd associé à une augmentation des irritations de la peau. Par ailleurs, aucun résultat n‟est observé lorsque les participants sont exposés à des niveaux faibles ou modérés en COVM. Quel que soit le niveau d‟exposition ou la durée, il n‟y a pas d‟effet sur la cornée qui pourrait être traduit par une rupture du film lacrymal. Par contre, le temps de vitesse de l‟attention et de vitesse de réaction est modifié par les traitements (Claeson, 2006).

Certains effets physiopathologiques comme la production de médiateurs d‟inflammation, l‟afflux de cellules dans les voies respiratoires, les réponses immunitaires par émission d‟anticorps et une desquamation cellulaire sont intensivement étudiés lors d‟exposition à d‟autres composés différents des COVM liés à l‟exposition microbienne. Ces fractions de particules microbiennes ou non volatiles comprennent par exemple les spores fongiques, d‟actinomycètes ou de bactéries, des composants de parois cellulaires des microorganismes, des protéines et des glycoprotéines typiques des microorganismes induisant des réactions antigène-anticorps, des polysaccharides, des mycotoxines et des bactéries avec des polypeptides dérivés d‟endotoxine. Les réponses immunitaires induites remarqués peuvent être associées à une activation des PNN et des macrophages alvéolaires. Ces dernières activations résultent de la sécrétion de médiateurs inflammatoires dans les zones touchées comme les cytokines (Ammann, 2005 ; Nielsen *et al.,* 1995 ; Putus, 2005).

En conclusion, les COV microbiens sont liés à des plaintes et symptômes généraux qui commencent à être connus. Ils sont également associés à des irritations des yeux, du nez et de la gorge et des symptômes de type asthmatique. Cependant, un manque général d‟études sur les relations dose-effet ou dose-réponse concernant l‟irritation causée par l‟exposition COVM simples et de mélanges COVM est à signaler.

Les seuils d'irritation aux COVM pour l'homme sont déterminés selon les seuils piquant les sensations olfactives du nez. De plus, ces seuils sont signalés par des concentrations en COV entrainant des irritations. Ces concentrations sont disponibles pour 4 des 15 composés sélectionnés et sont considérablement plus élevés que les niveaux mesurés dans l'air intérieur de ces composés ou dans certaines conditions naturelles d'émissions. Les réponses inflammatoires ne sont pas définitivement confirmées. Quelques études expérimentales indiquent la présence de ces réponses inflammatoires et de ces réactions pulmonaires après une exposition au oct-1-ène-3-ol et au 3-méthylfurane. Ces concentrations correspondent à des niveaux d'exposition de 10 à 500 fois supérieures à ceux mesurés aux champs ou sur le terrain contaminé. A ce jour, les rares études expérimentales sur l'exposition à des mélanges et des effets inflammatoires par les COVM ne sont peu concluantes.

XIX.2. Effets d'exposition unique et à court terme

Des études expérimentales illustrant l'impact d'exposition unique sur mammifère ont été menées pour 5 des 15 substances retenues dans la liste des COVM les plus couramment rencontrait pour complément d'enquête. Le texte met l'accent sur les inhalations et les plus faibles doses administrées de COVM. Toutefois, l'état de l'art inclut la majorité des résultats pertinents à compter des années 2012. Même dans le cas où : i) les données sont inexistantes, ii) où dans la situation d'une inhalation orale dont les données sont rares, je me tiendrais à faire un bilan le plus exhaustif.

Concernant l'effet du 2-méthyl-propan-1-ol, les données toxicologiques sur l'homme sont pratiquement absentes. Dans une étude correcte malgré des faiblesses statistiques, 10 volontaires ont reçu de l'éthanol dans du jus d'orange avec ou sans addition de 2-méthyl-propan-1-ol. Aucune donnée sur les quantités ingérées n'est délivrée. Une nette augmentation de la fréquence des erreurs et des symptômes subjectifs de type « gueule de bois » dans la phase post-alcoolique est enregistrée avec l'ajout de 2-méthyl-propan-1-ol. Dans une autre etude, les auteurs rapportent et déclaré que le 2-méthyl-propanol sous forme de vapeurs provoque une narcose et une irritation des voies aériennes respiratoires supérieures. Par ailleurs, aucun autre détail n'a été donné (Berufsgenossenschaft der chemischen Industrie, 1999).

Dans le cas du 3-méthyl-butan-1-ol, des irritations de la gorge sont signalées dans une étude sur l'absorption du composé par voie aérienne respiratoire dans laquelle 4 volontaires sains de sexe masculin ont été exposés via un embout buccal à 25 ppm équivalant à 90 $mg.m^{-3}$ pendant 10 minutes. Dans une autre étude, une légère irritation de la gorge est signalée chez des volontaires humains après une exposition à 100 ppm équivalant à 360 $mg.m^{-3}$ de 3-méthyl-butan-1-ol pendant 3-5 minutes. Après une exposition à 150 ppm équivalant à 540 $mg.m^{-3}$ des irritations oculaires et du nez sont observés (Health Council of the Netherlands, 2005).

Chez des sujets humains (n = 30) exposés à 10 $mg.m^{-3}$ de 1-octène-3-ol pendant 2 heures, une irritation des muqueuses et une faiblesse de symptômes généraux sont rapportés. Les évaluations subjectives par l'odorat, les irritations des yeux, du nez et de la gorge, les étourdissements, les maux de tête, les nausées et l'intoxication sont augmentés comme quelques-uns des résultats de mesures objectives comme la fréquence de clignotement des yeux, le niveau des protéines cationiques éosinophiles présentes dans le liquide de lavage nasale et biomarqueurs tels que le lysozyme et la myéloperoxydase (Walinder *et al.,* 1999).

Dans une nouvelle étude, vingt-neuf volontaires sains ont été exposés au hasard à une dose de 1 $mg.m^{-3}$ de 3-méthylfurane pendant 2 heures ou à un placebo. Aucune évaluation des symptômes subjectifs comme les gênes générés dans les yeux, le nez et la gorge, la dyspnée, les maux de tête, le niveau de fatigue, les étourdissements, les nausées et les sensations d'ivresse n'ont augmenté pendant l'exposition contrôlée. Toutefois, la fréquence de clignotement oculaire, le temps de rupture du film lacrymal, et les biomarqueurs de lavage des yeux comme la myéloperoxydase et le lysozyme ont été augmentés. De plus, la capacité vitale forcée a diminué au cours de l'exposition au 3-méthylfurane par rapport à l'exposition fictive dite placebo.

En conclusion, les effets aigües sur les yeux, le nez et les voies aériennes respiratoires indiquent que les muqueuses sont réactives au 3-méthylfurane (Walinder *et al.,* 2005). Il faut signaler que les auteurs ont retiré un sujet de l'étude en raison d'une réaction pulmonaire en deux étapes. Cet effet indésirable présumé est décrit séparément dans un rapport de cas atypique. Le sujet a subi une réaction aiguë obstructive des voies aériennes et une réaction tardive pulmonaire avec des symptômes de type grippaux. Précédent, nous avons signalé que les expositions professionnelles notamment aux champignons et à la présence d''allergie aux moisissures peuvent contribuer à de telles réactions de défenses de l''organisme (Walinder *et al.*, 1998).

L''étude de Bos (1990) présente les résultats obtenus sur des sujets humains exposés à 1000ppm équivalant à 4100mg.m^{-3} de hexan-2-one pendant quelques minutes. Le rapport montre un impact sur les yeux et une irritation nasale (Bos, 1990). Par ailleurs, dans une étude toxicocinétique, 3 volontaires sains ont été exposés à 50 ppm équivalant à 205 mg.m^{-3} de hexan-2-one sous forme vapeurs pendant 7,5 heures ou à 100 ppm équivalant à 410 mg.m^{-3} de 4 heures. Les auteurs ne mentionnent que les symptômes obtenus à la suite desémissions de ces COVM (Bos, 1990).

En conclusion, pour l''ensemble des 15 substances types, les données sélectionnées et obtenues sur différents symptômes sont soit totalement absentes ou très rares. De plus, pour la plupart des études de doses trouvées dans la littérature, les chercheurs rapportent des résultats issus de niveaux en COV élevées en comparaison aux niveaux réels de COVM dans une habitation. Cependant, lors d''exposition à 1 mg.m^{-3} de 3-méthylfurane et 10 mg.m^{-3} de oct-1-ène-3-ol, les symptômes aigus observés sur les yeux, le nez, les voies aériennes respiratoires sont généralement rapportées par les chercheurs. Pourtant, de tels niveaux d''exposition sont de 10 et 500 fois plus élevés que ceux rapportés pour un air d''intérieur.

XIX.3. Effet d'une exposition à long terme

Des études pertinentes sur l''impact des COVM à long terme sont trouvées pour deux des 15 substances types sélectionnées et présentées dans les tableaux II & IIX. Par contre, ces études ce déroulent toutes dans des environnements de travail où la source d''exposition n''est pas issu du métabolisme microbien recolonisant le milieu environnant.

Une première étude caractérise une exposition professionnelle au hexan-2-one. La plupart du temps ce composé est utilisé comme un solvant organique dit « diluant à peinture ». Il est généralement utilisé en continu pendant au moins 4 mois. Ce composé a entraîné des changements aux seins de deux nerfs moteurs et sensoriels associé à des symptômes tels que faiblesse musculaire et des tremblements des extrémités, une difficulté à marcher et une difficulté dans la manutention des objets. De plus, une réduction de poids est rapportée pour de nombreux cas. L''examen médical montré un nerf dont la vitesse de conduction est réduite et des changements électromyographiques. Les biopsies nerveuses montrent des effets neurotoxiques tels que le gonflement axonal et une démyélinisation. La récupération après la cessation de l'exposition est lente et parfois voir souvent incomplète. En fonction du degré d'aggravation nerveuse les cas peuvent peu à peu s'améliorer. Mais, certains cas pathologiques ont montré une légère aggravation. Dans de nombreux cas de ce groupe, l'exposition était à la fois cutanée et inhalatoire.

Dans une étude épidémiologique réalisée sur des travailleurs d'une usine de tissus enduits, une neuropathie périphérique est rapportée quatre mois avant l'apparition des premiers symptômes au hexan-2-one qui avait été introduit dans les solvants utilisés dans le département d'impression (Bos, 1990, 1991 ; Lundberg, 1992ab). Les mesures ont indiqué que la gamme des niveaux en hexan-2-one s'étendait de 1 à 156 ppm équivalant à 4 et 640 mg.m^{-3}. Une dose moyenne de 9,2 ppm était présente devant les imprimantes. Toutefois, les échantillons d'air ont été prélevés après le problème d'hygiène & sécurité industrielle qui avait surgi. Seules 9/17 des machines d'impression étaient en activité au cours de la période d'échantillonnage de 2 jours à la suite du signalement du problème. Les niveaux d'exposition réels n'ont pas été estimés et les données restaient insuffisantes pour corréler les symptômes du personnel aux niveaux du hexan-2-one présent dans l'air et aux effets neurotoxiques. En outre, l'absorption percutanée du composé ne peut être exclue de l'équation de recherche. De plus, le butan-2-one ou méthyléthylcétone était présent dans la zone contaminée suspectée et en plus forte concentration de l'ordre d'environ 500 ppm (Bos, 1990, 1991 ; Lundberg, 1992ab).

Quatre-vingt-et-un travailleurs d'une usines de pâtes exposés à quatre VOC se sont plaints de difficulté à se concentrer, de maux de tête, d'agitation et de manque de vigueur. Les composé présent dans leurs environnement étaient du disulfure de diméthyle (*Dimethyl disulphide)* dans une gamme de concentration de 0 à 1.5 ppm équivalant à 0 et 5,8 mg.m^{-3}, du sulfure de diméthyle à des doses de 0 à 14 ppm, du sulfure d'hydrogène à des doses de 0 à 6 ppm associé à du méthylmercaptan à des dose de 0 à 15 ppm. Toutefois, seule la fréquence accrue des maux de tête atteint était significatif statistique par rapport aux lots de témoins (Kangas *et al.,* 1984).

La relation entre l'exposition aux sulfures organiques et les perturbations dans le métabolisme du fer des individus testés a été étudiée chez 18 travailleurs d'une usine de pâtes et de papiers d'origines végétales. Les mesures des niveaux moyens d'exposition sont faibles. Ils sont généralement inférieurs aux limites de détection. C'est-à-dire inférieur à 0,2 ppm pour le méthylmercaptan, inférieur à

0,05 ppm pour le sulfure de diméthyle et inférieur à 0,05 ppm équivalant à 0,19 $mg.m^{-3}$ pour le disulfure de diméthyle. Cependant, des concentrations maximales supérieures à la norme a raison d'un ou deux ordres d'unité de grandeur au niveau le plus élevé ont consigné. Cinq sujets soumis à ces pics dans les 2 mois avant le prélèvement sanguin avaient des concentrations significativement élevées en fer sérique et en transferrine et des concentrations plus faibles en ferritine que les contrôles et références. Il s''agissait là d'une découverte fortuite, 6 travailleurs non inclus dans le groupe d''étude impliqués dans des phases de nettoyages industriels avaient augmentés de façon significative les niveaux de fer sériques 2 jours après une exposition comparativement un test réalisé 10 jours post-exposition (Klingberg *et al.,* 1988).

En conclusion, à ce jour, les études d'expositions aux COV et COVM à long terme sont pratiquement absentes. Seul l'hexan-2-one est une substance neurotoxique établie et bien connu. Chez les travailleurs exposés exclusivement à une petite quantité de hexan-2-one de l'ordre du $mg.m^{-3}$, on ne peut exclure le développement d'une neuropathie périphérique. A titre de comparaison, les niveaux de se composé dans des conditions non industriels sont inférieure à 9 $g.m^{-3}$ et sont de l'ordre de trois unités de grandeur plus faible en milieu naturelle. Chez les travailleurs exposés à des sulfures organiques, le métabolisme du fer peut être fortement perturbé. Les niveaux de disulfure de diméthyle (*Dimethyl disulphide*) sont de plusieurs ordres de grandeurs supérieurs à ceux rapportés dans l'air intérieur ou naturel.

XIX.4. Effets génotoxiques, cancérigène et Effets sur la reproduction et le développement

Chez les humains, aucune étude sur les effets génotoxiques, carcinogène et sur la reproduction et le développement ne sont à ces jours trouvés dans la littérature pour les 15 substances types retenues.

XX. Effet Dose et Réponse à la dose

Les données accumulées sur les niveaux d'exposition et les effets toxicologiques présentées dans cette partie sont issues d'études sur des mélanges de deux COVM et de 15 substances prise individuellement. Ces composés testés purs représentent les COVM les plus souvent analysés et rapportés dans des études scientifiques récentes sur les COVM.

XX.1. Données sur support animales

Chez l''animal, la puissance de « l''irritation sensorielle » a été évaluée pour plusieurs COVM en déterminant la concentration provoquant une diminution de 50% de la fréquence respiratoire chez la souris (RD_{50}).

Face à de faibles niveaux d'exposition et à des mélanges des COVM, il est supposé que les effets « d'irritation sensorielle » sont additifs. Si cette hypothèse est vraie. La puissance sensorielle totale d'un mélange COVM spécifique peut être calculée. Cependant, à des concentrations d''exposition plus élevés en COVM, nous pouvons avoir des effets synergiques touchant la notion « d'irritation sensorielle » (Nielsen *et al.,* 1995). Il a été démontré que la RD_{50} déterminée pour un mélange de COVM est inférieur à celui estimé à partir de la somme des concentrations fractionnaires des composés purifiés et les RD_{50} de ces composés individuels (Korpi *et al.,* 1999a).

Un effet d'irritation à court terme vérifier par un dosage biologique sur des souris à des concentrations allant d'une dose inférieure à 0,001 et 0,2 RD_{50} semblait non cumulatif et transitoires. Cet effet étudié se caractérisait par une exposition répétée de 30 minutes/jour pendant 4 jours de octan-3-one, le oct-1-ène-3-ol ou d''un mélange de 2-méthyl-propan-1-ol, le 3-méthyl-butan-1-ol, le oct-1-ène-3-ol, heptan-2-one et octan-3-one (Korpi *et al.,* 1999b). Afin de refléter les mesures faites dans les bâtiments ou matériaux de construction colonisés par des mosissures signalés comme moisis. Les niveaux ont été choisis pour entrainer une diminution du taux d''élucidation des voies aériennes respiratoires des mammiféres, et des proportions de COVM présent dans le mélange.

Sur la base des études de toxicités aiguës obtenues pour les 15 substances sélectionnées, les alcools, les cétones et le 3-méthylfurane seraient classées comme légèrement toxique.

Les bases de données internationales sont cependant faiblement documentés pour la plupart des composés de types COVM. A ce jour, il n''existe pratiquement pas de données pour l''oct-2-ène-1-ol, le pentan-2-ol, le octan-3-one, la géosmine, le 2-méthylisobornéol et le 2-isopropyl-3-méthoxypyrazine.

Seule le hexan-2-one est un neurotoxique bien établie par les communautés scientifiques et administratives internationales. Chez plusieurs espèces après des expositions répétées et différents modes d'administration, des effets neurotoxiques sont exprimées par les organismes. Une neuropathie périphérique et une affectation du rapport perte de poids/gain de poids retardée est observée. Chez les animaux, le plus bas niveau d'exposition par inhalation produit des effets indésirables. Ce niveau est de 50 ppm équivalant à 205 $mg.m^{-3}$. Bien qu'aucun effet ne soit signalé pour une exposition de 40 ppm équivalant à 164 $mg.m^{-3}$ pendant 88 jours. Il ne peut être exclu que des signes neuropathologiques peuvent être présent plus tard chez les individus exposés. La neurotoxicité du hexan-2-one est renforcée par des expositions simultanées avec d'autres substances chimiques par exemple le butan-2-one ou méthyléthylcétone et le hexan-2-one. Ces deux composés organiques volatils peuvent également potentialiser la toxicité d'autres composés (Bos, 1990, 1991 ; Lundberg, 1992ab). Des travaux de recherche on permit de déclarer que les niveaux des airs intérieurs présentant du hexan-2-one en tant que COVM ont une concentration inférieure à 9 $g.m^{-3}$. En ce qui concerne le disulfure de diméthyle (*Dimethyl disulphide)*, deux études ont été réalisées chez des rats exposés 6 heures/jour, 5 jours/semaine pendant 13 semaines par inhalation selon les normes en vigueur. Les deux études indiquent une Dose Sans Effet Observé (**DSEO**) inférieure à 10 ppm équivalant 38 $mg.m^{-3}$ (Arkema Inc, 2005 ; Kim *et al.,* 2006). Les concentrations les plus élevées rapportées pour ce composé organique volatil dans les bâtiments sont d'environ 0,1 $g.m^{-3}$. De plus, les quelques études disponibles sur l'exposition répétée au 3-méthyl-butan-1-ol, le 2-méthyl-propan-1-ol, octan-3-ol et heptan-2-one suggèrent une DSEO au minimum trois plus grande que la valeur des concentrations les plus élevés mesurées dans les bâtiments ou batiments à problèmes ou subissant des plaintes de leurs habitants.

Rappel : Dose sans effet observé (DSEO)

Il s'agit de la dose maximale d'une substance qui, lors d'études expérimentales sur l'animal, s'est avérée ne pas causer d'effets observables (altération morphologique, capacité fonctionnelle, croissance, développement, durée de vie de l'animal). Généralement, elle est exprimée en milligrammes de substance par kilogramme de poids corporel et par jour.

XX.2. Données sur support humain

Des chercheurs ont signalé des concentrations en COVM simples dans les bâtiments ayant des problèmes d'air intérieur, de colonisations bactériennes et de croissance microbienne, de plaintes pour odeurs. Ces concentrations varient d'un à quelques $ng.m^{-3}$ et souvent inférieur à 1$mg.m^{-3}$. Cependant, la comparaison entre les études fortement est entravée par un manque de méthodes standardisées, des plans expérimentaux et statistiques insuffisant pour validées ces analyses quand aux effets des COVM bien que ces études soient validées par les paires. Par ailleurs, il faut noter la présence d'un chevauchement général et considérable des résultats obtenus pour les composés en situation individuel ou sous forme de mélanges de plusieurs COVM dans les zones contaminées que ce soit dans des zones propres et des air extérieur. De plus, il y a un manque général d'études sur les relations dose-effet ou dose-réponse concernant les causes induisant des symptômes d'irritations et d'autres effets à la suite d'une exposition aux COVM individuels et des mélanges COVM.

Dans les études épidémiologiques et de cas atypiques, les COVM ou flagrance de moisi, d'odeurs terreuses sont liées à des plaintes et symptômes généraux comme des céphalées, étourdissements et fatigue ainsi que des irritations des oculaires, du nez et de la gorge et même de l'asthme (Elke *et al.,* 1999 ; Jaakkola *et al.,* 1993 ; Knasko, 1996 ; Ruotsalainen *et al.,* 1995 ; Tobin *et al.,* 1987 ; Wessén & Schoeps, 2000). Il est suggéré que les plaintes concernant les odeurs peuvent être liées à la présence de composés individuels ou leurs combinaisons plutôt qu'à un effet de somme des effets dus aux COVM sélectionnés (Jaakkola *et al.,* 1993).

Toutefois, si les COVM sont présents dans l'air, d'autres agents par exemple des composants microbiens fongiques ou bactériens sont probablement également présent dans l'environnement d'émission. Ces composantes peuvent être des spores, des résidus de flagels bactériens ou d'hyphes fongiques, de parois microbiennes, voir de toxines microbiennes.

Lors d'échantillonnages sur le terrain, les quinze substances le plus souvent déterminé dans la bibliographie comme COVM ont été sélectionnés pour un examen plus approfondi. Le tableau II présente ces COVM. Les flagrances (odeurs) disponibles et les seuils d'irritation pour ces COVM sont présentés dans le tableau IX. Les seuils d'odeur peuvent considérablement être différer à la fois entre les substances et les études réalisées sur les mêmes composés organiques volatils. L'irritation et les seuils de concentrations irritantes sont compris dans une gamme de 50 à 280 ppm. Mais, ils ne sont disponibles dans la littérature que pour 4 des 15 composés sélectionnés. Les réactions inflammatoires obtenues lors d'expositions uniques ou répétées aux COVM n'ont pas été clairement confirmé d'un point de vue expérimental sur sujet de l'espece humaine. Les rares études sur les mélanges de COVM ne sont pas concluantes. Une augmentation de PNN issue de liquide de lavage nasal ont été rapportés dans une étude sur 14 sujets exposés à 22 COV dosé à 25 mg.m^{-3} (Koren *et al.*, 1992) alors qu“aucun changement ne fût observé dans deux autres études similaires sur des mélanges COVM (Laumbach *et al.*, 2005 ; Pappas *et al.*, 2000).

Toutefois, des signes de réactions inflammatoires et des réactions respiratoires sont rapportées après une exposition unique au oct-1-ène-3-ol dosé à 10 mg.m^{-3} (Walinder *et al.*, 1999), et au 3-méthylfurane dosé à 1 mg.m^{-3} (Walinder *et al.*, 1998, 2005). Les niveaux d“expositions expérimentales au moment de ces études étaient d“environ 10 et 500 fois plus élevés que les niveaux mesurés sur le terrain en condition normale et naturelle. Les relations dose-effet optenues après une seule exposition à court terme aux composés organiques volatils ou des combinaisons simples sont répertoriées dans le tableau X. En général, les données toxicologiques issues de la bibliographie ciblant ces composés sont pauvres. En général, peu de données existent pour l“oct-2-ène-1-ol, le pentan-2-ol, l“octan-3-one, la géosmine, le 2-méthylisobornéol et le 2-isopropyl-3-méthoxy-pyrazine.

Tableau X. Relation dose-effet aux COVM seul ou en combinaison, après inhalation unique ou à court terme chez l"homme.

Compound/Exposure level	Duration	No. of subjects	Effects	References
3–Methyl-butan-1-ol				
25 ppm (90 mg.m^{-3})	10 min	4 healthy, male volunteers	Throat irritation	Health Council of the Netherlands: Committee on Updating of Occupational Exposure, 2005
100 ppm (360 mg.m^{-3})	3-5 min	Ca 10 male and female subjects	Slight throat irritation	Health Council of the Netherlands: Committee on Updating of Occupational Exposure, 2005
150 ppm (540 mg.m^{-3})	3-5 min	Ca 10 male and female subjects	Throat, eye and nose irritation	Health Council of the Netherlands: Committee on Updating of Occupational Exposure, 2005
Oct-1-en-3-ol				
19 ppm (10 mg.m^{-3})	2 h	30 healthy subjects serving as their own controls	Increases in eye, nose, throat irritation, headache, dizziness, nausea, intoxication, blinking rate, and in the amounts of lysozyme, myeloperoxidase and eosinophilic cationic protein in the nasal lavage fluid.	Wålinder *et al.*, 1999
3-Methylfuran				
0.30 ppm (1 mg.m^{-3})	2 h	1 volunteer with previous occupational fungal exposure and presence of mould allergy	An immediate (during the last 30 min of exposure) obstructive reaction and a delayed pulmonary reaction with flu-like symptoms.	Wålinder *et al.*, 1998
0.30 ppm (1 mg.m^{-3})	2 h	29 healthy volunteers serving as their own controls	No increase in subjective symptom ratings (discomfort in eyes, nose, and throat, dyspnoea, headache, fatigue, dizziness, nausea, and feeling of intoxication). However, blinking frequency, tear film break-up time and the nasal lavage biomarkers myeloperoxidase and lysozyme were increased and forced vital capacity was decreased.	Wålinder *et al.*, 2005
Hexan-2-one				
50 ppm (205 mg.m^{-3})	7.5 h	3 healthy volunteers	Symptoms not mentioned	Bos, 1990
100 ppm (410 mg.m^{-3})	4 h	3 healthy volunteers	Symptoms not mentioned	Bos, 1990

Tableau X. Suite.

Compound/Exposure level	Duration	No. of subjects	Effects	References
VOC mixtures, total concentrations				
22 VOCs at 25 mg.m^{-3}	4 h	14 subjects	A two-fold increase in PMNs in nasal lavage immediately after exposure	Koren *et al.*, 1992
21 VOCs 25 mg.m^{-3} and 50 mg.m^{-3}	4 h	15 subjects	No significant difference in nasal lavage cellularity or differential cell counts. Increases in lower and upper respiratory symptoms both immediately and two hours after exposure to 50 mg/m3. Increases in upper respiratory symptoms immediately after exposure to 25 mg/m3. No changes in lung function (FEV1, FVC, or FEF25-75), cellularity or cell differentials, biomarkers of airway inflammation including interleukin-8, leukotriene B4, or albumin in nasal lavage or induced sputum samples.	Pappas *et al.*, 2000
23 VOCs (not specified) at 0, 25 and 25mg.m^{-3}+40 ppb ozone, respectively	3·135 min	130 healthy women	No significant differences in nasal irritation symptoms or nasal lavage PMNs between VOC + ozone, VOC alone, or clean air conditions.	Laumbach *et al.*, 2005
Emissions from 5 mould species grown on particle board and pine wood:	60 min	17 women and 10 men	No effects on perceived air quality or skin symptoms.	Claeson *et al.*, 2006
Emissions included butan-1-ol, 2-methyl-propan-1-ol, 3-methyl-butan-1-ol, hexan-2-one and heptan-2-one at individual MVOC concentrations in the range 0.56-3.4 µg.m^{-3}			No effects on the cornea reflected by self-reporteda tear film break-up time or on attention and processing speed.	
Emissions as above, at individual MVOC concentrations in the range 13.2-214 µg.m^{-3}	10 min	13 women and 11 men with or without noseclip	In exposure without nose-clip, increased ratings of perceived poor air quality (stuffy air, smell) and increased reporting of skin irritation. No effects on the self-reporteda corneal tear film break-up time or on attention and processing speed.	Claeson *et al.*, 2006

a Self-reported tear-film break-up time measures the length of time the subject can keep the eyes open without pain when watching a fixed point on the wall.
FEV1 = forced expiratory volume in one second
FVC = forced vital capacity
FEF25-75 = forced expiratory flow between 25 and 75 % of FVC
PMN = polymorphonuclear neutrophil

Dans une étude épidémiologique traitant des conditions d'exposition au hexan-2-one de travailleurs, la neuropathie périphérique est rapportée. Des mesures sont effectuées après l'apparition des problèmes impliquant des niveaux d'exposition situés dans une gamme comprise entre 1 et 156 ppm équivalant à 4 et 640 $mg.m^{-3}$. Dans cette étude des informations concernant le butan-2-one sont également présente. Les effets dus à la respiratoire et à l'absorption percutanée des composés organiques volatils n'ont pas pu être dissocié (Bos, 1990, 1991 ; Lundberg, 1992ab). Les niveaux d'expositions précis ne sont pas connus (Bos, 1990, 1991 ; Lundberg, 1992ab).

Donc, à la suite d'une exposition de concentrations variables d'un seul ou de quelques COVM, la neuropathie sévère développée dans ces conditions ne peut pas être exclus. Dans ce contexte d'étude, les niveaux de hexan-2-one sont encore plus élevés. Ils sont 400 fois supérieurs aux niveaux rencontrés dans l'air intérieur normal.

XX.3. Extrapolation des données animales sur les réponses d'irritation sensorielle à l'homme

Dans un contexte de pertinences scientifiques, les effets de l'exposition aux COVM sont ceux liés aux irritations des yeux et des voies aériennes respiratoires supérieures. A des niveaux d'exposition plus élevés, les COVM peuvent causer d'autres effets. Ainsi, au regard des études actuelles sur le sujet, l'évaluation des risques pour la santé humaine à la suite des expositions aux COVM se concentre essentiellement sur des irritations sensorielles. Par ailleurs, chez la souris, de puissance irritation sensorielle sont générées. Elles permettent d'évaluer et de déterminer la RD_{50} sur un support de recherche de type souris.

Néanmoins, la question de l'extrapolation de l'application de RD_{50} aux réponses de l'homme est une question cruciale. Cometto-Muñiz & Caïn (1994) ont montré que les puissances des irritations sensorielles induits par 21 COV, estimés par des dosages biochimiques sur souris, sont bien corrélés avec les puissances d'irritations humaines mesurées par les seuils de quantité piquant le nez ($r = 0,85$) (Cometto-Muñiz & Cain, 1994). Les COV testés sont des alcools, des acétates, des cétones, des alkylbenzènes (Cometto-Muñiz & Cain, 1994). L'extrapolation de l'essai biologique sur souris à l'exposition de l'homme prévoit en général une légère irritation tolérable (Kane *et al.,* 1979). D'après leurs calculs, les effets de cette irritation se produiraient pour une valeur de 0,1 RD_{50}. De plus, peu ou pas d'effet auraient lieu pour des valeurs de 0,01 RD_{50} (101). Les analyses de régression indiquent que la RD_{50} est corrélée avec les valeurs limites d''exposition (VLE) élaborés par l''American Conference of Governmental Industrial Hygienists (ACGIH) (r = 0,88). Cette corrélation présente un coefficient de régression de 0,03 qui correspond au point médian entre 0,1 et 0.01 sur une échelle logarithmique (Schaper, 1993). Cette approche pragmatique, de tels niveaux pourrait constituer un niveau acceptable d''exposition humaine permettant de prévenir des irritations sensorielles liées aux COV dans les milieux de travail. Pour les COVM sélectionnés, les RD_{50} et les valeurs correspondantes à 0,03 RD_{50} sont présentés dans le tableau XI. Les COVM sous présentés avec leurs 0,03 RD_{50} ont des concentrations aériennes comprises dans une gamme de 5 à 530 $mg.m^{-3}$ équivalent à une gamme de 0,9 à 100ppm.

Tableau XI. RD_{50} et 0,03 RD_{50} pour certains COVM. Les valeurs présentées pour l''acroléine et le méthanal (formaldéhyde) ont été ajoutés pour la comparaison en tant que références standard (Korpi *et al.,* 1999a ; Pasanen *et al.,* 1992 ; Schaper *et al.,* 1993).

Compound	RD_{50} ($mg.m^{-3}$)	0.03.RD_{50} ($mg.m^{-3}$)
2-Methyl-propan-1-ol	5 499	165
3-Methyl-butan-1-ol	9 325	280
3-Methyl-butan-2-ol	9 645	289
Pentan-2-ol	9 907	297
Octan-3-ol	1 359	41
Oct-1-en-3-ol	182	5.5
Hexan-2-one	10 449	313 **a**
Heptan-2-one	4 163	125
Octan-3-one	17 586	528
2-Methylisoborneol	811	24
Geosmin	216	6.5
Acrolein	4	0.12
Formaldehyde	5	0.15

a Neurotoxicity appears at lower exposure levels (Chapters 10.3 and 11.3).

Les niveaux des composés généralement mesurées dans les bâtiments à problèmes ou endommagés par les eaux sont présentés dans le tableau V. Ces données sont généralement de plusieurs ordres de grandeur. Les valeurs les plus faibles de 0,03 RD_{50} sont fournies dans le tableau XI. Certains auteurs conseil d''appliquer la règle d''additivité par prudent pour ces mélanges à faible concentration de COVM (Alarie *et al.,* 1996). Une hypothèse sous-jacente est émise par de nombreux chercheurs. L''ensemble des composés agissent sur le même site biologique et les composés agissent par phénomène de dilutions et sont fonction de leurs puissances relatives établis vis-à-vis d''un composé toxique de références (Könemann & Pieters, 1996).

Dans des conditions de travail, des auteurs propose une équation évaluant l'effet additif des COVM (Alarie *et al.,* 1996). Cet effet peut être calculé comme suit : Effet additif = Σ (cn / 0,03 RD50n)

Où c = concentration mesurée d'un produit chimique type COVM. Si l'effet additif dépasse la valeur 1, Une « l'irritation sensorielle » peut être prévue. Des niveaux inférieurs à 1 ne devraient porter aucun intérêt (Alarie *et al.,* 1996).

L'intérêt porté à l'environnement intérieur et extérieur émettant des COVM est de protéger la population et d'améliorer ces conditions de vie et d'évolution. Cela comprend les personnes sensibles, par exemple des personnes subissant des expositions continues pendant 24 heures par jour comme des travailleurs agricoles, du bétail, des personnes asthmatiques et les enfants. Sur cette base de réflexions, en dehors des milieux professionnels, Nielsen *et al.* (1995) ont proposé que les valeurs de 0,03 RD_{50} doivent être divisées par 40 pour calculer un niveau d'air intérieur recommandé (RIL) pour chaque COV non réactifs. Le facteur 40 comporte une durée quatre fois plus longue en temps d'exposition à l'air intérieur par rapport à l'exposition professionnelle et un facteur de sécurité de 10 pour les groupes à risque potentiels (Nielsen *et al.,* 1995). Dans le cas de l'hypothèse de l'additivité, la procédure de calcul de l'effet additif est la même. Elle s'applique également aux RIL.

Toutefois, il convient de souligner que la méthode de calcul de niveaux « acceptables » s'applique uniquement aux effets « d'irritation sensorielle ». Pour les substances réactives ou des substances ayant des effets autres que « l'irritation sensorielle », d'autres extrapolations sont faites et devraient être appliquées pour protéger les êtres humains. Pasanen *et al* (1997) ont calculée le RIL pour 27 COVM dans un cadre théorique et pour les COVM dont les concentrations sont signalées pour les bâtiments à problèmes. Les RIL individuelles simples de COVM s'approchent d'une centaine ou des milliers de $g.m^{-3}$. Pour une centaine $g.m^{-3}$, nous pouvons sité par exemple le oct-1-ène-3-ol, le 2-méthylisobornéol, la géosmine. Dans le cas d'un millier de $g.m^{-3}$, nous pouvons sité par exemple le 2-méthyl-butan-1-ol, 3-méthyl-butan-1-ol, 3-méthyl-butan-2-ol, le pentan-2-ol, l'octan-2-ol, le hexan-2-one, heptan-2-one (Schleibinger & Rüden, 1999). Ces concentrations élevées en COVM se produisent rarement dans les environnements intérieurs réguliers. Laumbach *et al.* (2005) et Sigsgaard & Bornehag (2005) ont récemment tiré la même conclusion. De même, sur la base de données de la littérature, Böck (2001) a conclu que les concentrations intérieures de COVM simples sont de l'ordre de 4 à 6 unités inférieures à leurs RD_{50}. Lors de la réalisation simultanée de calculs théoriques et de fonctions faite grâces à des concentrations mesurées en COVM dans des bâtiments à problèmes de colonisation par des microorganismes, l'hypothèse d'additivité pour évaluer l'effet globale sur la santé des individus reste inférieur à l'unité principale de mesure, même en utilisant le RIL au lieu de 0,03 RD_{50} comme limites acceptables. Cette remarque indique que les irritations dues à COVM ne ce font pas attendre. Ces auteurs ont également estimé que la croissance microbienne semble avoir uniquement des effets marginaux sur la charge totale de ces COV émit dans la chambre d'émission (Pasanen *et al.,* 1998). Le tableau XI & la figure 2 combinent et présentes les seuils d'odeur, les concentrations dans l'air intérieur et les 0,03 RD_{50} pour les COVM majoritaires.

Figure 2. Concentrations dans l'air intérieur des 15 COV de bases sélectionnées et potentiellement émis par des microorganismes mesuraient dans des résidences ou dans les lieux de travail non industriels comme les écoles. Ces COV sont classés en fonction de leur famille chimique : Alcool, cétone, composés cyclique terpéniques et composés soufrés. Le graphique de barres présente : les 0,03RD_{50} des COV (*) ; les seuils d'odeurs ou les valeurs simples (lignes noires) et les concentrations dans l'air intérieur (lignes grises) des COV (Abréviation : CH : Hydrocarbons) (d'après Korpi *et al.,* 1999a ; Pasanen *et al.,* 1992 ; Schaper *et al.,* 1993 et bases de données : d'après *CAS Registry File (STN),* 2005 ; *ChemFinder database, 2005* ; *CHEMINFO database,* 2005 ; *Hazardous Substances Data Bank.,* 2005 ; IPCS INCHEM. 2005 ; IPCS/WHO, 1989 ; MSDS, 2005 ; SRC., 2010).

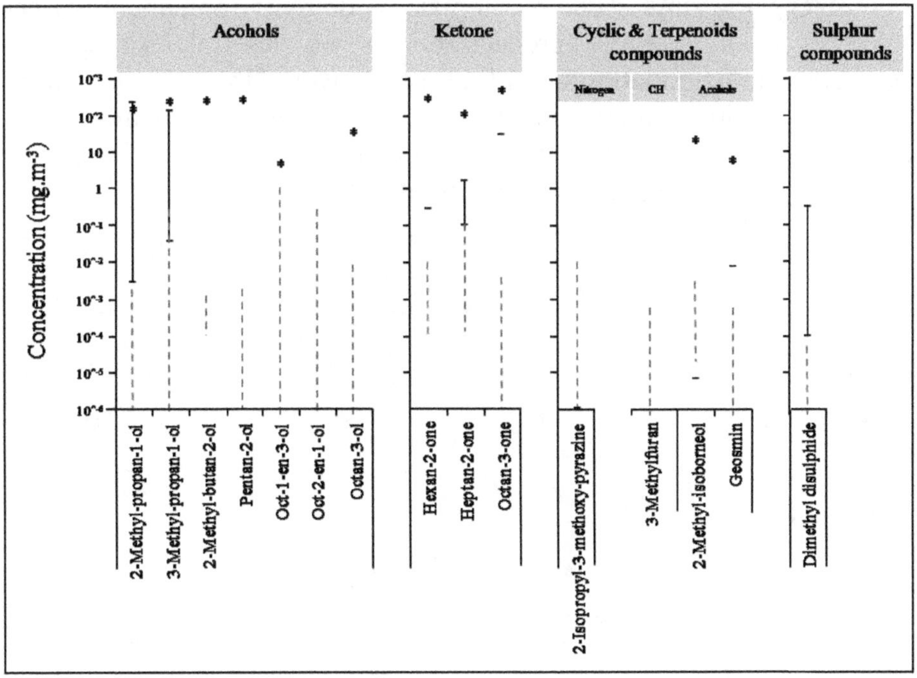

XXI. Évaluations antérieures par des organismes nationaux et internationaux

Aucune évaluation portant sur les risques sanitaires dus aux COVM en général n'a pas été trouvé dans la littérature. Considérant les 15 composés sélectionnés, les risques pour la santé sont évalués pour cinq d'entre eux (Tableau. XII). Toutefois, il convient de noter que le but de cette évaluation est d'estimer : 1) les risques éventuelle pour la santé face à des émissions de COVM dans différents milieux comme les milieux naturels, de travail des hommes, les procédés industriels où les travailleurs sont exposés à des concentrations beaucoup plus élevées de l'un ou quelques-uns de ces produits chimiques ; 2) de chercher des explications éventuelles concernant les effets induits par les COVM sur des supports biologiques d'études transversales comme les mammifères et les plantes.

Ces situations contrastent avec l'exposition à des substances chimiques microbiennes d'origines biogènes où les personnes, mammifères, insectes et végétaux sont exposés à un large éventail de COVM, mais à des concentrations beaucoup plus faibles, par exemple : dans les bâtiments humides et subissant les dommages microbiens à la suite d'une recolonisation de l'environnement par ces microorganismes ; aux agroécosystèmes où les microorganismes permettent la dégradation de la litière et peuvent être épandues ; de la matière organique où elles jouent un rôle important et majeurs dans le sol permettant l'amélioration des rendements en biomasse en général ; de structuration du sol ; de rémédiations ; etc.

Tableau XII. Evaluations antérieures de certains COV individuels utilisés dans les procédés industriels.

Compound/Organisation (Year)	Summary of conclusion/assessment	References
2-Methyl-propan-1-ol		
Swedish Criteria Group for Occupational Standards (SCG) (1984)	Reported effects of long-term exposure are primarily irritation of eyes and mucous membranes and some dizziness. In experimental animals central nervous system effects have been shown after relatively high doses.	Lundberg *et al.*, 1984
International Programme on Chemical Safety (IPCS), World Health Organization (WHO) (1987)	The available data are inadequate to set an OEL. In line with good manufacturing practice, exposure to isobutanol should be minimised. Isobutanol is severely irritating to the eyes and moderately irritating to the skin. From the animal studies available, it is not possible to determine a no-observed-adverse-effectlevel for long-term exposure. No adequate data are available to assess mutagenicity or teratogenicity of isobutanol or effects on reproduction.	IPCS/WHO, 1997
American Conference of Governmental Industrial Hygienists (ACGIH) (2001)	A TLV-TWA of 50 ppm is recommended for occupational exposure to isobutanol to minimise the potential for skin and ocular irritation. Sufficient data were not available to recommend skin, sensitiser or carcinogenicity notations or a STEL.	ACGIH, 2001
3-Methyl-butan-1-ol		
American Conference of Governmental Industrial Hygienists (ACGIH) (2001)	A TLV-TWA of 100 ppm and a TLV-STEL of 125 ppm are recommended for occupational exposure to isoamyl alcohol, in part by analogy with the irritation data for n-butanol. This value is intended to minimise the potential for upper respiratory tract, and ocular irritation, with possible corneal damage. Sufficient data were not available to recommend skin, sensitiser or carcinogenicity notations.	ACGIH, 2001
Hexan-2-one		
German Research Foundation (DFG)-1975	Concentrations down to 6 ppm lead to occurrence of polyneuritis in chronically exposed humans. Longterm studies in animals have also shown neurotoxic effects at 100-200 ppm. The MAK value is therefore established at 5 ppm.	DFG, 1975

Tableau XII. Suite.

Compound/Organisation (Year)	Summary of conclusion/assessment	References
US National Institute for Occupational Safety and Health (NIOSH) (1978)	Studies on a variety of animals have conclusively demonstrated that repeated exposure to methyl n-butyl ketone produced peripheral neuropathy and data indicated that the no effect concentration in animals was probably less than 100 ppm. Human data indicate that apparently 2.3 ppm cannot be ruled out as causing neuropathy. Because of the severity of the toxic effects and the incomplete reversibility of the lesions in workers a cautious approach is needed. The ketone has the ability to penetrate skin as well as to cause local skin effects. It is recommended that methyl n-butyl ketone concentrations in workplace air not exceed 1 ppm (10-hour TWA).	NIOSH, 1978
Dutch Expert Committee on Occupational Standards (DECOS) and the Swedish Criteria Group for Occupational Standards (SCG) (1990)	The primary target organ for hexan-2-one is the nervous system. It cannot be ruled out that severe neurotoxic effects that are not always completely reversible may develop in man at exposure levels as low as 2 ppm. Percutaneous absorption may contribute significantly to the occupational hexan-2-one exposure.	(Bos, 1990; DECOS, 1990)
Swedish Criteria Group for Occupational Standards (SCG) (1992)	Attention should be paid to the potentiation of hexan-2-one neurotoxicity by other chemicals. DECOS recommends (55) a health-based OEL for 2-hexanone of 0.5 ppm as an 8-hour TWA concentration. The critical effect of occupational exposure to hexan-2-one is its effect on the nervous system. It should be noted that hexan-2-one is readily absorbed by the skin.	Lundberg, 1992
Agency for Toxic Substances and Disease Registry (ATSDR) (1992)	The most important health effect from exposure to hexan-2-one is its harmful effect on the nervous system. These effects were seen in workers who were exposed to hexan-2-one for almost a year. The major effects were weakness, numbness, and tingling in the skin of the hands and feet. Similar effects were seen in animals that ate or breathed high levels of hexan-2-one, these effects included weakness, clumsiness, and paralysis.	ATSDR, 1992
American Conference of Governmental Industrial Hygienists (ACGIH) (2001)	A TLV-TWA of 5 ppm and a STEL of 10 ppm are recommended. These values are intended to minimise the potential for distal peripheral neuropathy primarily nerve fibre conduction, with weakness in the hands and feet and loss of coordination. A STEL is recommended to control exposure concentrations, which have the potential to induce testicular toxicity. A skin notation is assigned based on data reporting skin uptake in humans contributing substantially to the total body burden. Sufficient data were not available to recommend sensitiser or carcinogenicity notations.	ACGIH, 2001

Tableau XII. Suite.

Compound/Organisation (Year)	Summary of conclusion/assessment	References
Heptan-2-one		
Dutch Expert Committee on Occupational Standards (DECOS) and the Nordic Expert Group for Documentation of Occupational Exposure Limits (NEG) (1990)	The target organs for exposure to heptan-2-one are the upper respiratory tract for its irritation properties, the central nervous system, the liver and kidneys. Based on animal inhalation data 1 000 ppm was considered an overall no adverse effect level. DECOS therefore recommended (56) a health-based OEL of 50 ppm as an 8-hour TWA concentration.	(DECOS, 1990; Wibowo AAE, 1990)
Swedish Criteria Group for Occupational Standards (SCG) (1992)	Judging from animal data, the critical effect of heptan-2-one is irritation of the upper respiratory tract.	Lundberg, 1992
American Conference of Governmental Industrial Hygienists (ACGIH) (2001)	Although based on limited toxicity data a TLV-TWA of 50 ppm is recommended to minimise the potential for eye and skin irritation. The lack of objective signs of toxicity, including neurotoxicity, in rats and monkeys inhaling 131 ppm of heptan-2-one on a daily basis for 9 months provide the basis for the recommended TLV.	ACGIH, 2001
Dimethyl disulphide		
Swedish Criteria Group for Occupational Standards (SCG) (1987)	There are no data on which to base dose-response or dose-effect relationships for occupational exposure. The critical effect of dimethyl disulphide is the discomfort caused by the smell.	Lundberg, 1987

MAK = Maximale Arbeitsplatz-Konzentration (maximum workplace concentration)
OEL = occupational exposure limit
STEL = short-term exposure limit
TLV = threshold limit value
TWA = time weighted average
[Taxonomie site de référence :
Site référence:
http://www.ncbi.nlm.nih.gov/Taxonomy/taxonomyhome.html/index.cgi?chapter=statistics&unncultured=hide&unspecified=hide]

XXII. Évaluation des risques pour la santé de l'homme

XXII.1. Évaluation des risques pour la santé

Il est difficile d'évaluer les risques pour la santé humaine en raison de l'absence de connaissances suffisantes sur les COVM spécifiques, les mécanismes d'émissions de ces COVM, les conditions d'exposition aux COVM, en particulier dans les milieux de travail, et le mécanisme des effets possibles de ces COVM sur la santé humaine principalement et la croissance et développement de différents modèles biologiques d'études.

En outre, s'il y a des COVM dans l'air, il y aura très certainement d'autres agents microbiens à proximités ou dans l'environnement d'étude par exemple des composants bactériens et fongiques. Les bases de données toxicologiques à ce sujet sont faiblement approvisionnées de connaissances. Au moins 15 COVM sont couramment analysés. Jusqu'à présent, si l'on considère les COVM typiques tel que ceux présentés dans les études scientifiques à base qualitativement et quantitativement rapporté dans le domaine, il apparaît évident que les voies aériennes respiratoires, les irritations des yeux et les « irritations sensorielles » sont des symptômes d'une réponse très probable à une exposition aux COVM. De plus, aucun effet à long terme où toxique plus important ne sont attendus, bien que chez des supports végétaux certains effets toxiques ont été signalés. Les réponses inflammatoires après une exposition unique ou répétée aux COVM n'ont pas été confirmées de manières claires dans des études contrôlées sur des expositions humaines. Ainsi, une irritation sensorielle par stimulation des nerfs trijumeaux semble être le mécanisme le plus probable de la toxicité des COVM dit typiques présentés dans le tableau II. Les limites d'exposition professionnelle (VLEP ; « *Occupational exposure limits* » : OELs) sur la base de l'effet critique d'irritation sont corrélées à environ 3% des RD_{50} respectifs aux différents COV. Cela correspondrait à une gamme comprise entre 5 et 530 $mg.m^{-3}$ équivalant à 0,9 et 100ppm pour les 15 COVM typiques, avec la géosmine et l'oct-1-ène-3-ol dans le bas, et octan-3-one dans la fourchette la plus haute. Une nouvelle réduction d'un facteur 40 est généralement proposée pour protéger la population et les groupes les plus vulnérables. Ce choix correspondrait à une concentration de 0,1 à 13 $mg.m^{-3}$ pour les COVM individuels.

XXII.2. Groupes à risque supplémentaire

D'une part, à la lumière des connaissances actuelles, bien qu'une faiblesse statistique avérée soit mise en avant, aucun effet sanitaire à long terme sont potentiellement attendus à la suite d'une exposition à des concentrations de COVM mesurés dans des conditions de bâtiments humides ou endommagés par des microorganismes. D'autre part, il n'y a pas de données scientifiques suggérant qu'un groupe particulier d'individus encourent des risques supplémentaires.

XXII.3. Base scientifique pour une limite d'exposition professionnelle

Les données dans de cadre d'étude sont insuffisantes pour servir de base à l'établissement des limites d'exposition professionnelle (LEP) pour les mélanges de COVM. Bien qu'une définition claire existe pour les COV. Il n'existe pas de définition claire pour les COVM. De plus, plusieurs centaines de substances peuvent être considérées comme COVM en fonction des disciplines scientifiques. À quelques exceptions près, les concentrations de ces substances dans l'air intérieur, extérieur reste encore peu connue et au sujet de leurs risques pour la santé cela reste encore méconnue. Les mesures de COVM dans l'air intérieur ont généralement porté sur un nombre relativement restreint de substances organiques volatiles. Cependant, il convient de souligner que certaines des substances considérées comme COVM sont également utilisés dans l'industrie chimique, biochimie et biotechnologique, des cosmétiques, de la parfumerie et à ce jour un embryon d'utilisation agronomique qui temps à s'amplifier. De plus, ces composés sont émis à des niveaux relativement élevés dans l'environnement de travail soit de manières biogènes ou artificielles comme les solvants purifiés ou d'épandages. Pour ces substances, les connaissances sont plus importantes dans le cas de niveaux d'expositions élevées dans les lieux de travail et leurs effets sur la santé. Certains chercheurs ont créé des LEP.

« L'irritation sensorielle » semble être l'effet critique pour la plupart des substances organiques volatiles microbiennes prises individuellement. Compte tenu des faibles niveaux d'émissions qui se produisent généralement dans l'air intérieur, il semble prudent d'appliquer la règle d'additivité pour calculer le risque « d'irritation sensorielle ». Les calculs sont basés sur les RD_{50} déterminée chez la souris. Jusqu'à présent, cela suggère que les concentrations mesurées en COVM dans les environnements intérieurs sont bien en deçà des niveaux susceptibles de causer des « irritation sensorielle ». Cependant, ces études scientifiques doivent être exécutés et interprétés avec soin et ne peut pas être appliquée à des matières autoréactives et des substances induisant d'autres paramètres que l'irritation. Ce qui semble être la préoccupation majeure des chercheurs dans le secteur de la santé ayant pour composé organique volatil microbien de référence le hexan-2-one. Face à ce constat, il faut noter que le deuxième argument est audacieux à la vue du faible nombre d'études à ce sujet et de la faible statistique des plans d'expérimentations dont elles font preuves pour la plupart. Donc, lors d'études bibliographiques de ce type, il est souhaitable de classer les articles scientifiques par degré de qualité statistique malgré les impacts factors des revues où elles sont publiées.

Conclusion

Les volatils ne sont qu'une faible proportion du nombre total de métabolites produits par des organismes vivants notamment les bactéries, mycètes et les plantes qui sont d'un intérêt important en écologie, écologie fonctionnelle, écophysiologie, agronomie, microbiologie et pour la santé. Toutefois, en raison de leurs propriétés uniques, ils sont prédestinés à agir en tant que médiateurs chimiques « *infochemicals* » dans les communications intra et interspécifiques de nature atmosphérique ainsi que dans le sol. Cette synthèse bibliographique décrit la richesse des émissions volatiles microbiennes principalement bactériens, leurs rôles éventuels et leurs implications dans notre environnement usuelle naturelle et habitat humain.

Actuellement, le nombre de volatils microbiens répertorié compte environ 800 composés bien définis. Cette base de données de COVM compte sans doute de nouvelles structures qui augmenteront de manière significative les connaissances dans ce domaine de recherche & développement assez ancien mais nouveau en agronomie et dans le diagnostic hygiénique & sanitaire des habitations. Dans ce recueil, un grand nombre de bactéries et de champignons sont considérés. Par ailleurs, de nombreux profils de volatils organiques et minéraux n'ont encore pas été obtenus. Actuellement, ces conditions nouvelles sont les suivantes : i) les conditions différentes de croissances qui déterminent et modifient les profils de COV, et ii) le nombre important de micro-organismes qui n'ont pas encore identifiés ou isolés.

Ce type de recherche préfigure le potentiel encore important de ce domaine de recherche. Les études dans ce domaine pourront se développer dans l‟avenir grâce à l‟utilisation des technologies qui ont permis son avènement comme la SPME. Il semble très probable que seule la « surface de l‟iceberg » fut étudié à ce jour. De nombreuses possibilités d‟interactions entre les bactéries, les champignons souterrains, les plantes et même les mammifères seront à observer. A l‟avenir, cette tâche essentielle permettra d‟élucider et de déterminer les rôles biologiques et écologiques dans le sol des excès de COV bactériens et fongiques voir des plantes, car généralement présents dans les huiles essentielles (HE). Il est également fort probable que les COV produits naturellement peuvent être utilisés comme de puissants indicateurs non-invasifs pour étudier les écosystèmes microbiens du sol en lien avec les végétaux, animaux, et les habitats humains. Ces études sur les COV pourront également avoir une grande portée culturelle sur la dynamique spatio-temporelle et les perturbations environnementales. En fin de compte, ces volatils microbiens en condition individuel ou de mélanges pourront être obtenus par synthèse chimique ou émissions biologiques comme cela a déjà été le cas dans les années 1945 lors d‟applications bio-industriels. Une deuxième révolution pour ce type d‟étude est en train de se produire depuis 1997 à la suite de l‟avènement des technologies poussées d‟analyse, d‟identification et de quantification des COV. De nouveau secteur d‟activité semblent fort intéressé. Les effets positifs et négatifs des COV et COVM sur d‟autres organismes peuvent se développer dans des applications utiles sous forme d‟outils dans les secteurs : militaire, de l‟agronomie et de la santé. A ce jour, les applications technologiques qui apparaissent sont principalement agronomiques et écologiques.

RÉFÉRENCES BIBLIOGRAPHIQUES

Les références citées dans les articles de ce manuscrit ne sont pas reprises dans cette bibliographie.

A

Abraham M.H., Nielsen G.D., Alarie Y., 1994. The Ferguson principle and an analysis of biological activity of gases and vapors. *J Pharm Sci* 83, 680-688.

Abson J.W., Todhunter K.H., 1961. *Soc. Ind. Monograph.* 12, 147.

Acea M.J., Moore C.R., Alexander M., 1988. Survival and growth of bacteria introduced into soil. *Soil Biol. Biochem.* 20, 509–215.

ACGIH., 2001. Documentation of the threshold limit values and biological exposure indices. *7th ed. Cincinnati, OH: American Conference of Governmental Industrial Hygienists Inc.*

ACGIH., 2006 TLVs and BEIs. Based on the Documentation of the threshold limit values for chemical substances and physical agents & biological exposure indices. *Cincinnati, OH: American Conference of Governmental Industrial Hygienists Inc.*

Adesemoye A.O., Kloepper J.W., 2009. Plant-microbes interactions in enhanced fertilizer-use efficiency. *ApplMicrobiol Biotechnol* 85, 1-12.

Afschar A.S., Biebl H., Schaller K., Schugerl K., 1985. Production of acetone and butanol by *Clostridium acetobutylicum* in continuous culture with cell recycle. *Appl. Microbiol. Biotechnol* 22, 394-398.

Afsharmanesh H., Ahmadzadeh M., Sharifi-Tehrani A., 2006. Biocontrol of Rhizoctonia solani, the causal agent of bean damping-off by fluorescent pseudomonads. *Commun. Agric. Appl. Biol. Sci.* 71, 1021–1029.

Ahmer B.M., 2004. Cell-to-cell signalling in *Escherichia coli* and *Salmonella enterica. Mol. Microbiol.* 52 (4), 933–45.

Ahn B.K., Hayashida S., 1990. Metabolic mechanism of ethanol-isovaleric acide fermentation by a *Clostridium saccharoperbutylacetonicum* UV-mutant. *Agr. Biol. Chem* 54, 353-357.

Alain Prinzhofer – infographie: Sylvie Daoudal IFPEN., 2013. L'hydrogène naturel, eldorado énergétique? *Science et Avenir*- Mai 2013- N°795.

Alarie Y., 1966. Irritating properties of airborne materials to the upper respiratory tract. *Arch Environ Health* 13, 433-449.

Alarie Y., 1973. Sensory irritation by airborne chemicals. *CRC Crit Rev Toxicol* 2, 299-363.

Alarie Y., Nielsen G.D., Andonian-Haftvan J., Abraham M.H., 1995. Physicochemical properties of nonreactive volatile organic chemicals to estimate RD50: alternatives to animal studies. *Toxicol Appl Pharmacol* 134, 92-99.

Alarie Y., Schaper M., Nielsen G.D., Abraham M.H., 1996. Estimating the sensory irritating potency of airborne nonreactive volatile organic chemicals and their mixtures. *SAR QSAR Environ Res* 5, 151-165.

Alarie Y., Schaper M., Nielsen G.D., Abraham M.H., 1998. Structure-activity relationships of volatile organic chemicals as sensory irritants. *Arch Toxicol* 72, 125-140.

Alekseeva T.V., 2007. Soil microstructures and factors of its formation. *Eurasian Soil Sci.* 40, 649–659.

ALGAE., 2011. The 2011 International ALGAE competition. Algae Landscape Designs Featured examples for Algae Landscape Designs from other design competitions. (<http://www.algaecompetition.com/projects/algae-landscape-designs/> (Consulté en aout 2011).

Alharbi S.A., Al-Harbi N.A., Hajomer S., Wainwright M., Aljohny B.O., 2011. Study on the effect of bacterial and chemical volatiles on the growth of the fungus Aureobasidium pullulans. *Afr. J. Microbiol. Res.* 5, 5245–5249.

Allcock E.R., Reid S.J., Jones D.T., Woods D.R., 1981. Autolytic activity in an autolysis-deficient mutant of Clostridium acetobutylicum. *Appl. Environ. Microbial* 42, 929-935.

Allcock E.R., Reid S.J., Jones D.T., Woods D.R., 1982. Protoplast formation and refeneration *in Clostridium acetobutylicum. Appl. Environ. Microbiol.* 43, 719-721.

Allgeier R., Wistoff R.C., Hilderbrand F.M., 1954. *Ind. Eng. Chem.,* 46, 2023.

Ammann HM., 2005. Mold toxicity: risk assessment for humans exposed indoors. In: Johanning, ed. *Proceedings of the 5th international conference: Bioaerosols, fungi, bacteria, mycotoxins and human health.* Fungal Research Group Foundation, Inc. Albany, NY: Boyd Publishing, 52-59.

Amoore J.E., Hautala E., 1983. Odor as an aid to chemical safety: odor thresholds compared with threshold limit values and volatilities for 214 industrial chemicals in air and water dilution. *J Appl Toxicol* 3, 272-290.

Andersch W., Bahl H., Gottschalk G., 1982. Acetone-butanol production by *Clostridium acetobutylicum* in an ammonium limited chemostat at low pH values. *Biotechnol. Let.* 4, 29-32.

Andersch W., Bahl H., Gottschalk G., 1983. Levels of enzymes involved in acetate, butyrate, acetone and butanol formation by *Clostridium acetobutylicum. Eur J. Appl. Microbiol. Biotechnol.* 18, 327-332.

Andersen A.A., Greave J.E., 1942. d-Lactic acid fermentation of Jerusalem artichokes. *Ind. Eng. Chem.,* 34, 1522-1526.

Anderson A.J., 1992. The influence of the plant root on mycorrhizal formation. *In: Mycorrhizal Functioning,* (M.-J. Allen, eds), Chapman & Hall, New York, NY, 37–64.

Andrews L.S., Snyder R., 1991. Toxic effects of solvents and vapors. *In: Casarett and Doull's Toxicology.* (M.-O. Amdur, J. Doull, C.-D. Klaasen, eds), 4th ed, The basic science of poisons. New York: Pergamon Press, 681-722.

Anger W.K., Jordan M.K., Lynch D.W., 1979. Effects of inhalation exposures and intraperitoneal injections of methyl n-amyl ketone on multiple fixed-ratio, fixed-interval response rates in rats. *Toxicol Appl Pharmacol* 49, 407-416.

Angle J.S., Mcgrath S.P., Chaney R.L., 1991. New Culture- Medium Containing Ionic Concentrations of Nutrients Similar to Concentrations Found in the Soil Solution. *Appl Environ Microbiol* 57, 3674-3676.

Aochi Y.O., Farmer W.J., 2005. Impact of soil microstructure on the molecular transport dynamics of 1,2-dichlorethane. *Geoderma* 127, 137–153.

Aranki A., Freter R., 1972. Use of anerobic glove boxes for the cultivation of strictly anaerobic bacteria. *Am. J. Clin. Nutr.* 25, 1329-1334.

Architecture Intelligences Urbaines., Dossier réalisé par IPM IMMO, Décembre 2012 ; Extraits et sources : LUA - Laboratoire d'Urbanisme Agricole, *Cahier thématique* N°11 (2012). Agriculture métropolitaine, Métropole Agricole,

Editions de la Maison des sciences de l'homme, Paris/Co-éditeur Ecole nationale supérieure d''architecture et de paysage de Lille.
Argueso C.T., Raines T., Kieber J.J., 2010. Cytokinin signalling and transcriptional networks. *Curr Opin Plant Biol* 13, 533-9.
Arkema Inc., 2005. Dimethyl disulfide (CAS# 624-92-0). Test plan. *US Environmental Protection Agency High production volume (HPV) challenge program,* 2005.
Arkhipova T.N., Veselov S.U., Melentiev A.I., Martynenko E.V., Kudoyarova G.R., 2005. Ability of bacterium Bacillus subtilis to produce cytokinins and to influence the growth and endogenous hormone content of lettuce plants. *Plant Soil* 272, 201-9.
Arnaud A., Benard M., Bocquet C., Bouix M., Bouvier M., Ceridier Y., Demarly Y., De Rosnay J., Dubuis T., Engasser J.M., Galzy P., Gantois J., Goursaud J., Guiraud J.P., Kubiak C., Larrieu J., Leveau J.Y., Mawas C., Pourquies J., Ratomahenina R., Large P.J., Richard H., Scriban R., Teoule E., Vandecastell J.P., Douzou P., 1988. *Biotechnologie. Technique et documentation, Lavoisier eds,* 932p.
Arnstein H.V.R., Bentley R., 1956. The biosynthesis of Kojic acid. 4. Production from pentoses and methyl pentoses. *Biochem. J.* 62, 403.
Asai T., Aida K., 1952. *Nippon Nôgei-kagaku Kaishi* 26, 528.
Asai T., Aida K., Sugisaki Z., Yakeishi N., 1955. On α-ketoglutaric acid fermentation. *J. Gen. Appl. Microbiol.* 1, 308.
Asensio D, Owen SM, Llusia J, Penuelas J., 2008. The distribution of volatile isoprenoids in the soil horizons around Pinus halepensis trees. *Soil Biol. Biochem.* 40,2937–2947.
Asensio D, Penuelas J, Filella I, Llusia J., 2007. On-line screening of soil VOCs exchange responses to moisture, temperature and root presence. *Plant Soil* 291, 249–261.
Aspray TJ, Eirian Jones E, Whipps JM, Bending GD., 2006. Importance of mycorrhization helper bacteria cell density and metabolite localization for the Pinus sylvestris–Lactarius rufus symbiosis. *FEMS Microbiol. Ecol.* 56, 25–33.
ASTM., 1984. Standard test method for estimating sensory irritancy of airborne chemicals. *Designation: E981-84. Philadelphia, PA: American Society for Testing and Materials.*
Åstrom B., Gerhardson B., 1989. Wheat Cultivar Reactions to Deleterious Rhizosphere Bacteria under Gnotobiotic Conditions. *Plant Soil* 117, 157-165.
Atkinson R., Tuazon E.C., Aschmann S.M., 2000. Atmospheric chemistry of 2-pentanone and 2-heptanone. *Environ Sci Technol* 34, 623-631.
Atmosukarto I., Castillo U., Hess W.M., Sears J., Strobel G., 2005. Isolation and characterization of Muscodor albus I-41.3 s, a volatile antibiotic producing fungus. *Plant Sci.* 169, 854–861.
ATSDR., 1992a. Toxicological profile for 2-butanone. *Agency for Toxic Substances and Disease Registry. Atlanta, GA: U.S. Department of Health and Human Services, Public Health Service.*
<http://www.atsdr.cdc.gov/toxprofiles/tp29.html> (Consulté en juillet 2010).
ATSDR., 1992b. Toxicological profile for 2-hexanone. *Agency for Toxic Substances and Disease Registry. Atlanta, GA: U.S. Department of Health and Human Services, Public Health Service,*
<http://www.atsdr.cdc.gov/toxprofiles/tp44.html> (Consulté en juillet 2010).

Awang G.M., Jones G.A., Ingledew W.M., 1988. The acetone-butanol-ethanol fermentation. *Crit. Rev. Microbiol.* 15 (suppl) 1, S33-S67.

Azeddoug H., 1991. Développement d'"outils et investigations génétiques chez *Clostridium acetobutylicum*. Thèse de doctorat. Université Paris VII.

B

Babaeipoor E., Mirzaei S., Danesh Y.R., Arjmandian A., Chaichi M., 2011. Evaluation of some antagonistic bacteria in biological control of Gaeumannomyces graminis var tritici causal agent of wheat take-all disease in Iran. *Afr. J. Microbiol. Res.* 5, 5165–5173.

Bahl H., Andersch W., Braun K., Gottschalk G., 1982a. Effect of pH and butyrate concentration on the production of acetone and butanol by *Clostridium acetobutylicum* grown in continuous culture. *Eur. J. Appl. Microbiol. Biotechnol* 14, 17-20.

Bahl H., Andersch W., Gottschalk G., 1982b. Continuous production of acetone and butanol by *Clostridium* in a two-stage phosphate limited chemostat. *Eur. J. Appl. Microbiol. Biotechnol.* 15, 201-205.

Bahl H., Gottschalk G., 1984. Parameters affecting solvent production by *Clostridium acetobutylicum* in continuous culture. *Biotechnol. Bioeng. Symp.* 14, 215-223.

Bahl H., Gottschalk G., 1988. Microbial production of butanol/acetone. *In Biotechnology,* (H.-J. Rehm, G. Reed, eds), Vol. 6B, VCH verlagsgesellshaft, Weinheim, 1-30.

Bahl H., Gottwald M., Kuhn A., Rale V., Andersh W., Gottschalk G., 1986. Nutritional factor affecting the ratio of solvents producted by *Clostridium acetobutylicum. Appl. Envrion. Microbiol.* 52, 169-172.

Bailly A., Weisskopf L., 2012.The modulating effect of bacterial volatiles on plant growth: Current knowledge and future challenges. *Plant Signaling & Behavior* 7(1), 1–7.

Balch W.E., Magrum L.J., Woese C.R., Wolfe R.S., 1979. Methanogens: reevaluation of a unique biological group. *Microbiol. Rev.* 43, 260-296.

Baldwin I.T., Halitschke R., Paschold A., Von Dahl C.C., Preston C.A., 2006. Volatile signaling in plant plant interactions: „Talking-Trees" in the genomics era. *Science* 311, 812–815.

Ballongue J., Amine J., Maison E., Petitdemange H., Gay R., 1985. Induction of acetate decarboxylase in *Clostridium acetobutylicum. FEMS Microbiol. Lett.* 29, 273-277.

Ballongue J., Janata-Idrissi R., Petitdemange H., Gay R., 1989. Correlations between solvent production and level of solventogenic enzymes in *Clostridium acetobutylicum. J. Appl. Bacteriol.* 67, 611-617.

Ballongue J.J., Amine J., Petitdemange H., Gay R., 1986. Regulation of acetate kinase and butyrate kinase by acids in Clostridium acetobutylicum. *FEMS Microbiol. Lett.* 35, 295-301.

Barbeau J.Y., Marchal R., Vandecasteele J.P., 1988. Conditions promoting stability of solventogenesis or culture degeneration in continuous fermentations of *Clostridium acetobutylicum. Appl. Microbiol. Biotechnol.* 29, 447-455.

Barber J.M., Robb F.T., Webster J.R., Woods D.R., 1979. Bacteriocin production by Clostridium acetobutylicum in an industrial fermentation process. *Appl. Environ. Microbiol.* 37, 433-437.

Barbieri E., Gioacchini A.M., Zambonelli A., Bertini L., Stocchi V., 2005. Determination of microbial volatile organic compounds from Staphylococcus pasteuri against Tuber borchii using solid-phase microextraction and gas chromatography/ion trap mass spectrometry. *Rapid Commun. Mass Sp.* 19, 3411–3415.

Barr J.G., 1976. Effects of volatile bacterial metabolites on the growth, sporulation and mycotoxin production of fungi. *J Sci Food Agric* 27, 324-330.

Barré-Debilly F., Colnet P., Galinie L., Haddad M., Manriquez A., 2009. Kalundborg, le cas emblematique d'"écologie industrielle ou comment l'"ingenierie peut contribuer à définir et penser le developpement durable. GE12: Economie des Territoires.

Batterman S.A., 1995. Sampling and analysis of biological volatile organic compounds. *In: Bioaerosols*, (H.-A. Burge, eds), FL: CRC Press Inc, Boca Raton,. 249-268.

Bayer C.W., Crow S., 1994. Odorous volatile emissions from fungal contamination. *In: Proceedings from IAQ'93: Operating and maintaining buildings for health, comfort and productivity*, (K.-Y. Teichman, eds), GA: American Society of Heating, Refrigerating and Air-Conditioning Engineers, Inc, Atlanta, 165-170.

Beck H.C., Hansen A.M., Lauritsen F.R., 2002. Metabolite production and kinetics of branched-chain aldehyde oxidation in *Staphylococcus xylosus*. *Enzyme Microb. Tech.* 31, 94–101.

Beehrens H., Castel M.M., Put H.M.C., 1962. Caractères d'"identification de quelques *Clostridium* du groupe *butyricum. Ann. Inst. Pasteur.* 103, 117-121.

Beesch S.C., 1952. Acetone-butanol fermentation on sugars. *Ind. Eng. Chem.* 44, 1677-1682.

Beesch S.V., 1953. Acetone-butanol fermentation of starches. *Appl. Microbiol.* 1, 85-95.

Bending G.D, Aspray T.J., Whipps J.M., 2006. Significance of microbial interactions in the mycorrhizosphere. Adv. Appl. Microbiol. 60, 97–132.

Bentley R, Meganathan R., 1981. Geosmin and methylisoborneol biosynthesis in streptomycetes. Evidence for an isoprenoid pathway and its absence in non-differentiating isolates. *FEBS Lett* 125, 220-222.

Bentley R., Bennett J.W., 1988. Biosynthesis of secondary metabolites. *In: Physiology of industrial fungi*, (D.-R. Berry, eds), Oxford: Blackwell Scientific Publications, 161-183.

Bentley R., Thiessen C.P., 1957. Biosynthesis of itaconic acid in *Aspergillus terreus*. I. Tracer studies with ^{14}C-labeled substrates. *J. Biol. Chem.* 226(2), 673-687.

Bergson H., 1907. L'"Évolution créatrice. *Éd. PUF, coll. "Quadrige", 2007 (édition critique),* chap. II, pp.138-140.

Bernier S.P., Letoffe S., Delepierre M., Ghigo J.M., 2011. Biogenic ammonia modifies antibiotic resistance at a distance in physically separated bacteria. *Mol. Microbiol.* 81, 705–716.

Berry DR. 1988. Products of primary metabolic pathways. *In: Physiology of industrial fungi*, (D.-R. Berry, eds), Oxford: Blackwell Scientific Publications. 130-160.

Berufsgenossenschaft der chemischen Industrie., 1999. 2-Methylpropanol-1. In: *Toxicological evaluations 15. Potential health hazards of existing chemicals*. Berlin, Heidelberg: Springer- Verlag, 1-45.

Betra M.A., 2012. Agent orange, arme chimique de destruction massive. <http://www.accrosstheworld.com/index-1.1.php> (Consulté le 25 avril 2012).

Bevan C., 2001. Monohydric alcohols - C_7 to C_{18}, aromatic, and other alcohols. *In: Patty's toxicology,* (E. Bingham, B. Cohrssen, C.-H. Powell, eds), Vol. 1, 5th ed. New York: John Wiley, 461-541.

Bhattacharyya P.N., Jha D.K., 2011. Plant growth-promoting rhizobacteria (PGPR): Emergence in agriculture. *World Journal of Microbiology and Biotechnology* 28(4), 1327-1350.

Bianciotto V., Minerdi D., Perotto S., Bonfante P., 1996. Cellular interactions between arbuscular mycorrhizal fungi and rhizosphere bacteria. *Protoplasma* 193, 123–131.

Birmingham D.J., 1976. Amylvinylcarbinol. Fragrance raw materials monographs. *Food Cosmet Toxicol.* 14, 681.

Bishopp A., Help H., Helariutta Y., 2009. Chapter 1 Cytokinin Signaling During Root Development. *In: International Review of Cell and Molecular Biology,* (W.-J. Kwang, eds), Academic Press, 1-48.

Bjurman J., 1999. Release of MVOCs from microorganisms. *In: Organic indoor air pollutants: occurrence, measurement, evaluation*, (T. Salthammer, eds), New York: Wiley-VCH, 259-273.

Bjurman J., Kristensson J., 1992. Production of volatile metabolites by the soft rot fungus. *Chaetomium globosum* on building materials and defined media. *Microbios* 72, 47-54.

Bjurman J., Kristensson J., 1992. Volatile production by *Aspergillus versicolor* as a possible cause of odor in houses affected by fungi. *Mycopathol* 118, 173-178.

Bjurman J., Nordstrand E, Kristensson J., 1997. Growth-phase-related production of potential volatile organic tracer compounds by moulds on wood. *Indoor Air* 7, 2-7.

Bleecker A.B., Estelle M.A., Somerville C., Kende H., 1988. Insensitivity to Ethylene Conferred by a Dominant Mutation in *Arabidopsis thaliana. Science* 241, 1086-9.

Blom D., Fabbri C., Connor E.C., Schiestl F.P., Klauser D.R., Bolle R.T., Eberl L., Weisskopf L., 2011a. Production of plant growth modulating volatiles is widespread among rhizosphere bacteria and strongly depends on culture conditions. *Environ. Microbiol.* 13, 3047–3058.

Blom D., Fabbri C., Eberl L., Weisskopf L., 2011b. Volatile-mediated killing of *Arabidopsis thaliana* by bacteria is mainly mediated due to hydrogen cyanide. *Appl. Environ. Microbiol.* 77, 1000–1008.

Bloom R.H., Pfeiffer V.F., Moyer A.J., Traufler A.J., Conway H.F., Crocker C.K., Farison A.L., Hannibal D.V., 1952. Sodium gluconate production. Fermentation with *Aspergillus niger*. *Ind. Eng. Chem.,* 44, 435-140.

Blumer C., Haas D., 2000. Mechanism, regulation and ecological role of bacterial cyanide biosynthesis. *Arch. Microbiol.* 173, 170–177.

Böck R. 2001. Sensorische Wirkung von flüchtigen Metaboliten (MVOC) in verschimmelten Innenräumen [Sensory effects of secondary metabolites (MVOC) from moulds]. *Umweltmed Forsch Prax* 6, 137-142.

Boinot F., 1925. Manufacture of normal butyl alcohol. US patent n°1565 543.

Bonfante P., Anca I.A., 2009. Plants, mycorrhizal fungi, and bacteria: a network of interactions. *Annu. Rev. Microbiol.* 63, 363–383.

Booth I.R., Morris J.G., 1975. Protonmotrice force in the obligately anaerobic bacterium *Clostridium pasterianum*: a role in galactose and gluconate uptake. *FEBS Lett.* 59, 153-157.

Booth I.R., Morris J.G., 1982. Carbohydrate transport in *Clostridium pasteurianum. Bioscience Reports.* 2, 47-53.

Börjesson T., Stöllman U., Adamek P., Kaspersson A. 1989. Analysis of volatile compounds for detection of molds in stored cereals. *Cereal Chem* 66, 300-304.

Börjesson T., Stöllman U., Schnürer J., 1990. Volatile metabolites and other indicators of *Penicillium aurantiogriseum* growth on different substrates. *Appl. Environ. Microbiol.* 56, 3705–3710.

Börjesson T., Stöllman U., Schnürer J., 1992. Volatile metabolites produced by six fungal species compared with other indicators of fungal growth on cereal grains. *Appl. Environ. Microbiol.* 58, 2599–2605.

Börjesson T., Stöllman U., Schnürer J., 1993. Off-odorous compounds produced by molds on oat meal agar: Identification and relation to other growth characteristics. *J Agric Food Chem* 41, 2104-2111.

Bos P.M., de Mik G., Bragt P.C., 1991. Critical review of the toxicity of methyl n-butyl ketone: risk from occupational exposure. *Am J Ind Med* 20, 175-194.

Bos P.M.J., 1990. *DEC and SCG basis for an occupational health standard: 2-hexanone.* Dutch Expert Committee on Occupational Standards and the Swedish Criteria Group. Arbete och Hälsa 12. Solna, Sweden: National Institute of Occupational Health.

Bouny A., 2010. Agent Orange, Apocalypse Viêt Nam. Éditions Demi-Lune, Paris, 416pp.

Boussetta C., 2013. Dossier agent orange au Vietnam: Guerre chimique américaine. Publié le 22 Mai 2013.

Bouvy G. 2012. A quoi ressembleront nos habitats du futur. Le figaro. 06/07/2012. <http://www.lefigaro.fr/immobilier/2012/07/06/05002-20120706DIMFIG00606-a-quoi-ressembleront-nos-habitats-du-futur.php#comment-box; http://www.thenewbubble.net/green/quand-la-campagne-envahit-la-ville/> (Consulté le 06 juillet 2012).

Bowles L.K., Ellefson W.L., 1985. Effects of butanol in *Clostridium acetobutilicum. Appl. Environ. Microbiol.* 50, 1165-1170.

Bowring S.N., Morris J.G., 1985. Mutagenesis of *Clostridium acetobutylicum. J. Appl. Bacteriol.* 58, 577-584.

Boyle W.C., Rohlich G.A., 1966. Scale-Up of the Activated Sludge Process. *Biotech. And Bioeng.* 8, 405-431.

Braathen O.A., Schmidbauer N., Lunder C., Blom P., Mattsson J., 2002. ORM (optimal removing of moisture from water damaged building constructions) - MVOCS. *In: Proceedings of Indoor Air 2002, Monterey, CA.* 1, 408-413.

Brefort G., Magot M., Ionesco H., Sebald M., 1977. Characterization and transferability of *Clostridium perfringens* plasmids. *Plasmid.* 1, 52-66.

Brimecombe M.J., De Leij F.A.A.M., Lynch J.M., 2007. Rhizodeposition and microbial populations, *In: The Rhizosphere: Biochemistry and Organic Substances at the Soil-plant Interface,* (R. Pinton, Z. Varanini, P. Nannipieri, eds.), Taylor & Francis, Boca Raton, Florida, 73–110,

Brondz I., Olsen I., 1991. Multivariate analyses of cellular fatty acids in *Bacteroides, Prevotella, Porphyromonas, Wolinella,* and *Campylobacter spp. J. Clin. Microbiol.* 29, 183–189.
Brown M.E., 1973. Soil bacteriostasis limitation in growth of soil and rhizosphere bacteria. *Can. J. Microbiol.* 19, 195–199.
Brown R.B., 2003. Soil texture, pp. 1-7, in Fact Sheet SL-29. Soil and Water Science Department, Florida Cooperative Extension Service, Institute of Food and Agriculture Sciences, University of Florida.
Bruce A., Verrall S., Hackett C., Wheatley R.E., 2004. Identification of volatile organic compounds (VOCs) from bacteria and yeast causing growth inhibition of *sapstain fungi. Holzforschung* 58, 193–198.
Bruce A., Wheatley R.E., Humphris S.N., Hackett C.A., Florence M.E.J., 2000. Production of volatile organic compounds by Trichoderma in media containing different amino acids and their effect on selected wood decay fungi. *Holzforschung* 54, 481–486.
Bunge M., Araghipour N., Mikoviny T., Dunkl J., Schnotzhofer R., Hansel A., Schinner F., Wisthaler A., Margesin R., Mark T.D., 2008. On-line monitoring of microbial volatile metabolites by proton transfer reaction-mass spectrometry. *Appl. Environ. Microbiol.* 74, 2179–2186.
Burge H. 1990. Bioaerosols: prevalence and health effects in the indoor environment. *J Allergy Clin Immunol* 86, 687-701.
Burmolle M., Webb J.S., Rao D., Hansen L.H., Sorensen S.J., Kjelleberg S., 2006. Enhanced biofilm formation and increased resistance to antimicrobial agents and bacterial invasion are caused by synergistic interactions in multispecies biofilms. *Appl. Environ. Microbiol.* 72(6), 3916-3923.
Buswell A.M., Underfolker L.A., Hickey R.J., *Industrial fermentation,* Chemical Publishing Co., New York, 1954.
Butterfield C.T., *Public Health Rpts (US).* 5, n°1686 and Studies of sewage purification. II. A zoogles-forming bacterium isolated from activated sludge. Pub. Health Rep. 50, 671. Reprint 1686.

C

Calam C.T., 1980. Isolotation of *Clostridium acetobutylicum* strains producing butanol and acetone. *Biotechnol. Lett.* 3, 111-116.
Calvet C., Barea J.M., Pera J., 1992. In vitro interactions between the vesicular-arbuscular mycorrhizal fungus Glomus mosseae and some saprophytic fungi isolated from organic substrates. *Soil Biol. Biochem.* 24, 775–780.
Camehl I., Sherameti I., Venus Y., Bethke G., Varma A., Lee J., Oelmüller R., 2010. Ethylene signalling and ethylene-targeted transcription factors are required to balance beneficial and nonbeneficial traits in the symbiosis between the endophytic *fungus Piriformospora indica* and *Arabidopsis thaliana. New Phytol* 185, 1062-73.
Cao Y., Zhang Z., Ling N., Yuan Y., Zheng X., Shen B., Shen Q., 2011. *Bacillus subtilis* SQR 9 can control Fusarium wilt in cucumber by colonizing plant roots. *Biol. Fertil. Soils* 47, 495–506.
Carlson N., Quraishi A., 1999. Anatomy of a fungal problem. *In: Proceedings of the 3rd international conference: Bioaerosols, fungi and mycotoxins: health effects,*

assessment, prevention and control, (E. Johanning, eds), Fungal Research Group Foundation, Inc. Albany, NY: Boyd Printing, 245-253.

Cary J.W., Petersen D.J., Papoutsakis E.T., Bennett G.N., 1988. Cloning and expression of *Clostridium acetobutilicum* phosphotransbutyrylase and butyrate kinase genes in *Escherichia coli. J. Bactériol.* 170, 4613-4619.

Cary J.W., Peterson D.J., Papoutsakis E.T., Bennett G.N., 1990. Cloning and expression of *Clostridium acetobutylicum* ATCC 824 acetoacetylcoenzyme A: acetone/butyrate: Coenzyme A-transferase in *Escherichia. Appl. Environ. Microbiol.* 56, 1576-1583.

CAS., 2005. *CAS Registry File (STN)*. Chemical Abstracts Service Registry System. Columbus, OH: American Chemical Society, June 2005.

Cato E.P., George W.L., Finegold S.M., 1986. *Genus Clostridium. In: Bergey's Manual of Systematic Bacteriology,* (J.-G. Holt, eds), Vol. 2, Williams & Wilkins Baltimore, 1141-1200.

CCOHS., Hamilton, ON, Canada: Canadian Centre for Occupational Health and Safety. <http://www.ccohs.ca/oshanswers/chemicals/Id50.html> (Consulté en Avril 2006).

CCRIS., 2010. Chemical Carcinogenesis Research Information System. *Rockville Pike, Bethesda, MD, US: National Library of Medicine.* <http://toxnet.nlm.nih.gov/cgi-bin/sis/htmlgen?CCRIS> (Consulté en Juillet 2010).

Cehnu C., Stotzky G., 2002. Interaction between microorganisms and soil particles: An overview, *In: Interactions between soil particles and microorganisms,* (P. M. Huang, J. M. Bollag, N. Senesi, eds.), John Wiley & Sons, Hoboken, New York, 3–28.

Chakraborty U., Chakraborty B.N., Allay S., De U., Chakraborty AP., 2011. Dual application of *Bacillus pumilus* and *Glomus mosseae* for improvement of health status of mandarin plants. *Acta Hortic.* 892, 215–230.

Chalier P., Crouzet J., 1992. Production of lactones by *Penicillium roqueforti. Biotechnol Lett* 14, 275-280.

Chalier P., Crouzet J., 1993. Production of volatile components by *Penicillium roqueforti* cultivated in the presence of soya bean oil. *Flavour Fragr J* 8, 43-49.

Champagne P.P., Ramsay J.A., 2010. Dye decolorization and detoxification by laccase immobilized on porous glass beads. *Bioresour. Technol.* 101, 2230–2235.

Chan K.G., Cheng-Siang W., Yin W-F, Sam C.K., Koh C-L., 2010. Rapid degradation of N-3-oxo-acylhomoserine lactones by a Bacilluscereus isolate from Malaysian rainforest soil. *Antonie van Leeuwenhoek* 98(3), 299–305.

Chan K.G., Steve A., Mat hee K., Sam C.K., Chhabra S.R., Camara M., Koh C.L., Williams P., 2011. Characterization of N-Acylhomoserine Lactone-Degrading Bacteria Associated with the Zingiber officinale (ginger) rhizosphere: Co-existence of *Quorum Quenching* and *Quorum Sensing* in *Acinetobacter* and *Burkholderia. BMC Microbiology* 11, 51.

Chan K.G., Yin W-F., Sam C.K., 2009. A novel medium for the isolation of N-acylhomoserine lactone-degrading bacteria. *Journal of Industrial Microbiology & Biotechnology* 36 (2), 247–51.

Charlou J.L., Donval J.P., Konn C., Ondréas H., Fouquet Y., Jean-Baptiste P., Fourré E., 2010. High production and fluxes of H_2 and CH_4 and evidence of abiotic hydrocarbon synthesis by serpentinization un ultramafic-hosted hydrothermal systems on Mid-Atlantic Ridge, *In: Diversity of hydrothermal systems on slow spreading ocean ridges,* (P. Rona, C. Devey, J. Dyment, B. Murton, eds), Edited by AGU Geophysical monograph series 188, 265-296.

Chaurasia B., Pandey A., Palni L.M.S., Trivedi P., Kumar B., Colvin N., 2005. Diffusible and volatile compounds produced by an antagonistic Bacillus subtilis strain cause structural deformations in pathogenic fungi in vitro. *Microbiol. Res.* 160, 75–81.

ChemFinder database., 2010. Cambridge, Massachusetts, USA: CambridgeSoft Corporation. <http://chemfinder.cambridgesoft.com> (Consulté en Juillet 2010).

CHEMINFO database., 2010. Hamilton, Ontario, Canada: Canadian Centre for Occupational Health and Safety. <http://www.ccohs.ca> and CD-ROM (Consulté en Juillet 2010).

Chen F., Ro D.K., Petri J., Gershenzon J., Bohlmann J., Pichersky E., Tholl D., 2004. Characterization of a root-specific Arabidopsis terpene synthase responsible for the formation of the volatile monoterpene 1,8-cineole. *Plant Physiol.* 135, 1956–1966.

Chernin L., Toklikishvili N., Ovadis M., Kim S., Ben-ari J., Khmel I., Vainstein A., 2011. *Quorum-sensing quenching* by rhizobacterial volatiles. *Environ. Microbiol. Rep.* 3, 698–704.

Chiao J.S., Cheng Y.H., Shen Y.C., Wang L.W., Lang C.P., 1964. Etudes sur la fermentation acétone-butanol en continu (en chinois). *Acta Microbiologica Sinica.* 10, 137-148.

Chiron N., Michelot D., 2005. Mushrooms odors, chemistry and role in the biotic interactions – *a review. Cryptogr. Mycol.* 26, 299–365.

Cho S.M., Kang B.R., Han S.H., Anderson A.J., Park J.Y., Lee Y.H., Cho B.H., Yang K.Y., Ryu C.M., Kim Y.C., 2008. 2R,3R-butanediol, a bacterial volatile produced by *Pseudomonas chlororaphis* O6, is involved in induction of systemic tolerance to drought in *Arabidopsis thaliana.* Mol Plant Microbe Interact 21, 1067-75.

Christensen J., 2006. EPFL – UNIL International Conference on Industrial Ecology. Lessons to be learned from The Industrial Symbiosis at Kalundborg, Denmark, By *Jørgen Christensen*, JC consult, Consultant to the Symbiosis Institute, Lausanne, 30 November 2006.

Chuankun X., Minghe M., Leming Z., Keqin Z., 2004. Soil volatile fungistasis and volatile fungistatic compounds. *Soil Biol. Biochem.* 36, 1997–2004.

Chung E.J., Park J.H., Park T.S., Ahn J.W., Chung Y.R., 2010. Production of a Phytotoxic Compound, 3-Phenylpropionic Acid by a Bacterial Endophyte, Arthrobacter humicola YC6002 Isolated from the Root of *Zoysia japonica. Plant Pathol J* 26, 245-52.

Citron C.A., Gleitzmann J., Laurenzano G., Pukall R., Dickschat J.S., 2012. Terpenoids are widespread in actinomycetes: a correlation of secondary metabolism and genome data. *Chem. Bio. Chem.* 13, 202–214.

Claeson A.S., Levin J.O., Blomquist G., Sunesson A.L., 2002a. Volatile metabolites from microorganisms grown on building materials. *In: Proceedings of Indoor Air 2002, Monterey, CA.,* 1, 437-442.

Claeson AS, Levin J.O., Blomquist G., Sunesson A.L., 2002b. Volatile metabolites from microorganisms grown on humid building materials and synthetic media. *J Environ Monit* 4, 667-672.

Claeson AS., 2006. Volatile organic compounds from microorganisms – identification and health effects. *Umeå University Medical Dissertations. Umeå. New Series No. 1052. The National Institue for Working Life, Umeå,* 1-53.

Claeson A-S., Sunesson A-L., 2005. Identification using versatile sampling and analytical methods of volatile compounds from *Streptomyces albidoflavus* grown on four humid building materials and one synthetic medium. *Indoor Air* 15(9), 41-47.

Clark D.S., Ito K., Horitsu H., 1966. Effects of manganese and other heavy metals on submerged citric acid fermentation of molasses. *biotechnol. Bioeng.* 8, 465-471.

Clark S.W., Bennett G.N., Rudolph F.B., 1989. Isolation and characterization of mutants of *Clostridium acetobutylicum* ATCC 824 deficient in acetoacetylCoenzyme A: acetate/butyrate: Coenzyme A-Transferase (EC 2.8.3.9) and in other solvent pathway enzymes. *Appl. Environ. Microbiol.* 55, 970-976.

Clement M.T., 1952. Citric acid fermentation of beet molasses by *Aspergillus niger* in submerged culture. *Can. J. technol.* 30, 82-88.

Cometto-Muñiz J.E., Cain W.S., 1994. Sensory reactions of nasal pungency and odor to volatile organic compounds: the alkylbenzenes. *Am Ind Hyg Assoc J* 55, 811-817.

Cometto-Muñiz J.E., Cain W.S., 1996. Physicochemical determinants and functional properties of the senses of irritation and smell. *In: Indoor air and human health,* (R.-B. Gammage, B.-A. Berven, eds), 2nd ed, Boca Raton, FL: CRC Press Inc. 53-65.

Compant S., Clément C., Sessitsch A., 2010. Plant growth-promoting bacteria in the rhizo- and endosphere of plants: Their role, colonization, mechanisms involved and prospects for utilization. *Soil Biol. Biochem.* 42, 669–678.

Conklin A.R., 2005. Introduction to soil chemistry. John Wiley & Sons, Hoboken, New York.

Connstein W., Lüdecke K., 1919. Über Glycerin-Gewinnug durch Gärung. *Ber.* 52, 1385-1391.

Cordon T.C., Treadway R.H., Walsh M.D., Osborne M.F., 1950. Lactic acid from potatoes. *Ind. Eng. Chem.,* 42, 1233-1836.

Costerton J.W., Geesey G.G., Cheng K.J., 1978. *How bacteria stick. Scientific American.* 238, 86-95

Crowe J.D., Olsson S., 2001. Induction of laccase activity in Rhizoctonia solani by antagonistic Pseudomonas fluorescens strains and a range of chemical treatments. *Appl. Environ. Microbiol.* 67, 2088–2094.

Cueto P.H., Mendez B.S., 1990. Direct selection of *Clostridium acetobutylicum* fermentation mutants by a proton suicide method. *Appl. Environ. Microbiol.* 56, 578-580.

Cummins C.S., Johnson J.L., 1971. Taxonomy of the Clostridia: Wall composition and DNA homologies in *Clostridium butyricum* and other butyric acid-producing *Clostridia. J. Gen. Microbiol.* 67, 33-46.

Currie J.N., 1917. The citric acid fermentation of *Aspergilus niger*. *J. Biol. Chem.* 31, 15-37.

Currie J.N., Finlay A., 1932. *Brevet US Dept. Agri. Cir.,* 216.

Cynkin M.A., Gibbs M., 1958. Metabolism of pentoses by Clostridia. II. The fermentation of 14C-labelled pentoses by *Clostridium perfringens, Clostridium beijerinckii* and *Clostridium butyricum. J. Bacteriol.* 75, 335-338.

D

Dainty R.H., Edwards R.A., Hibbard C.M., 1984. Volatile compounds associated with the aerobic growth of some *Pseudomonas* species on beef. *J Appl Bacteriol* 57, 75-81.

Dainty R.H., Edwards R.A., Hibbard C.M., Marnewick J.J., 1989. Volatile compounds associated with microbial growth on normal and high pH beef stored at chill temperatures. *J Appl Bacteriol* 66, 281-289.

Daniel R., 2011. Soil-based metagenomics, *In: Handbook of Molecular Microbial Mycology II: Metagenomics in Different Habitats,* (F.-J. de Bruijn, eds). John Wiley & Sons, Inc, 83-92.

Datta R., Zeikus J.G., 1985. Modulation of acetone-butanol. *Environ. Microbiol.* 49, 522-529.

Davis R.D., 1976. Soil bacteriostasis: relation to bacterial nutrition and active soil inhibition. *Soil Biol. Biochem.* 8, 429–433.

De Caro P., Thiébaud-Roux S., 2008. Biosolvants, *Éditions techniques de l'ingénieur,* IN 102.

De Gaudemaris G., Arlie J.P., Guibet J.C., 1986. Les carburants de substitution. *La Recherche.* 17, 376-384.

DECOS., 1990. Health-based recommended occupational exposure limits for 2-hexanone. *Dutch Expert Committee on Occupational Standards in collaboration with the Swedish Criteria Group for Occupational Standards. Voorburg: Department of Social Affairs and Employment- Directorate-General of Labour, Netherlands.*

DECOS., 1990. Health-based recommended occupational exposure limits for 7/8-carbon chain aliphatic monoketones. *Dutch Expert Committee on Occupational Standards in collaboration with the Nordic Expert Group for Documentation of Occupational Exosure Limits. Voorburg: Department of Social Affairs and Employment-Directorate-General of Labour, Netherlands*

Deffontaines J.P., Ritter J., Deffontaines B., Michaud D., 2006. Petit guide de l''observation du paysage. INRA 60 ans de recherche agronomique. Alimentation Agriculture Environnement INRA, édition Quae, éditions Cemagref, Cirad, Ifremer, INRA, France, 31p.

Degremont G., 1966. *Memento Technique de l'Eau*, Lavoisier, Paris.

Delpoux M., 1972. Ecosystème et paysage. *Revue géographique des Pyrénées et du Sud-Ouest* 43(2), 157-174.

Demyttenaere J.C., Moriña R.M., De Kimpe N., Sandra P., 2004. Use of headspace solid-phase microextraction and headspace sorptive extraction for the detection of the volatile metabolites produced by toxigenic Fusarium species. *J Chromatogr A* 1027, 147-154.

Demyttenaere J.C., Moriña R.M., Sandra P., 2003. Monitoring and fast detection of mycotoxinproducing fungi based on headspace solid-phase microextraction and headspace sorptive extraction of the volatile metabolites. *J Chromatogr A* 985, 127-135.

Dequiedt S., Saby N.P.A., Lelievre M., Jolivet C., Thioulouse J., Toutain B., Arrouays D., Bispo A., Lemanceau P., Ranjard L., 2011. Biogeographical patterns of soil molecular microbial biomass as influenced by soil characteristics and management. *Global Ecol. Biogeogr.* 20, 641–652.

DFG., 1975. 2-Hexanon. In: Toxikologisch-arbeitsmedizinische Begründungen von MAK-Werten (Maximale Arbeitsplatzkonzentrationen). Band IV. *Deutsche Forschungsgemeinschaft (German Research Foundation). Weinheim: Wiley-VCH.*

DFG., 2005. List of MAK and BAT values 2005. *Commission for the Investigation of Health Hazards of Chemical Compounds in the Work Area.* Report No. 41. *Deutsche Forschungsgemeinschaft (German Research Foundation). Weinheim: Wiley-VCH.*

Dickschat J.S. 2009. Quorum sensing and bacterial biofilms. *Nat. Prod. Rep.* 27, 343–369.

Dickschat J.S., Bode H.B., Mahmud T., Müller R., Schulz S., 2005a. A novel type of geosmin biosynthesis in myxobacteria. *J. Org. Chem.* 70, 5174–5182.

Dickschat J.S., Bode H.B., Wenzel S.C., Müller R., Schulz S., 2005b. Biosynthesis and identification of volatiles released by the *myxobacterium Stigmatella aurantiaca. Chem. Biol. Chem.* 6, 2023–2033.

Dickschat J.S., Helmke E., Schulz S., 2005c. Volatile organic compounds from arctic bacteria of the cytophaga-flavobacteriumbacteroides- group: A retrobiosynthetic approach in chemotaxonomic investigations. *Chem. Biodivers.* 2, 318–353.

Dickschat J.S., Martens T., Brinkhoff T., Simon M., Schulz S., 2005d. Volatiles released by a *Streptomyces* species isolated from the North Sea. *Chem. Biodivers.* 2, 837–865.

Dickschat J.S., Nawrath T., Thiel V., Kunze B., Müller R., Schulz S., 2007. Biosynthese des Duftstoffes 2-Methylisoborneol durch das *Myxobakterium Nannocystis* exedens. *Angew. Chem. - Ger. Edit.* 119, 8436–8439.

Dickschat J.S., Reichenbach H., Wagner-Dobler I., Schulz S., 2005e. Novel pyrazines from the myxobacterium *Chondromyces crocatus* and marine bacteria. *Eur. J. Org. Chem.* 19, 4141–4153.

Dickschat J.S., Wagner-Dobler I., Schulz S., 2005f. The chafer pheromone buibuilactone and ant pyrazines are also produced by marine bacteria. *J. Chem. Ecol.* 31, 925–947.

Dickschat J.S., Wenzel S.C., Bode H.B., Müller R., Schulz S., 2004. Biosynthesis of volatiles by the myxobacterium *Myxococcus xanthus. Chem. Biol. Chem.* 5, 778–787.

DickschatI J.S., Bode H.B., Mahmud T., Müller R., Schulz S., 2005a. A novel type of geosmin biosynthesis in *myxobacteria. J. Org. Chem.* 70, 5174–5182.

Didderen I., Destain J., Thonart P., 2008. Le bioéthanol de seconde génération-La production d"éthanol à partir de biomasse lignocellulosique. Presses Agronomiques de Gembloux. 128p.

Dighton J., 2003. Fungi in ecosystem processes. Marcel Dekker, New York, NY.

Dionigi C.P., Ingram D.A., 1994. Effects of temperature and oxygen concentration on geosmin production by *Streptomyces tendae* and *Penicillium expansum. J Agric Food Chem* 42, 143-145.

Diskin A.M., Spanel P., Smith D., 2003. Time variation of ammonia, acetone, isoprene and ethanol in breath: a quantitative SIFT-MS study over 30 days. *Physiol Meas* 24, 107-119.

Dobbs C.G., Hinson W.H., 1953. A widespread fungistasis in soils. *Nature* 172, 197–199.

Dobson H.E.M. 2006. Relationship between floral fragrance composition and type of pollinator, *In: Biology of floral scents,* (E. Pichersky, N. Dudareva, eds.), Taylor & Francis Group, Boca Raton, 147–198.

Doelle H.W., 1975. Bacterial metabolism. Second edition, Academic Press, New-York.

Doelle H.W., 1975. Fermentation. *In: Bacterial metabolism.* Acad. Press., New York, 559-891.

Dong Y.H., Wang L.H., Xu J.L., Zhang H.B., Zhang X.F., Zhang L.H., 2001. *Quenching quorum-sensing*-dependent bacterial infection by an *N*-acyl homoserine lactose. *Nature* 411, 813–817.

Doremus M.G., Linden J.C., Moreira A.R., 1985. Agitation and pressure effects on acetone-butanol fermentation. *Biotechnol. Bioeng.* 27, 852-860.

Döring M., Urs Uehlinger U., 2006. Les biofilms du Tagliamento (l''un des derniers fleuves sauvages européens, en Italie), *Eawag News 60f/juillet* 2006, 3p.

Duponnois R., Ba A.M., Mateille T., 1998. Effect of some rhizosphere bacteria for the biocontrol of nematodes of the genus Meloidogyne with *Arthrobotrys oligospora. Fundam. Appl. Nematol.* 21, 157–163.

Durand M., Molinier V., Kunz W., Aubry J.M., 2011. Classification of Organic Solvents Revisited by Using the COSMO-RS Approach, *Chem. Eur. J.* 17, 5155–5164.

Dürre P., Kuhn A., Gottschalk G., 1986. Treatment with allyl alcohol selects specifically for mutants of *Clostridium acetobutylicum* defective in butanol synthesis. *FEMS Microbiol. Lett.* 36, 77-81.

Dürre P., Kuhn A., Gottwald M., Gottschalk G., 1987. Enzymatic investigations on butanol deshydrogenase and butyraldehyde gene of *Clostridium acetobutylicum.* Abst. 0.77 American Society for Microbiology National Meeting.

Dyr J., Protiva J., Prans R., 1958. *Symp. Continuous Cultivation of Microorganisms.* Prague.

Dyr J., Protiva J., Praus R., 1958. Formation of neutral solvents in continuous fermentation by means of *Clostridium acetobutylicum. In: Continuous cultivation of microorganisms,* (I. Malek, eds), Publishing House of the Czechoslovak Academy of Sciences, Prague, 210-226.

E

Eckenfelder W.W., Raul R., Cardenas J.R. 1966. Scale-Up from Laboratory Activated Sludge and Trickling Filter Units to Prototype Design. *Biotechnology And Bioengineering* 8, 380-404.

Effmert U., Kalderás J., Warnke R., Piechulla B., 2012. Volatile Mediated Interactions Between Bacteria and Fungi in the Soil. *J Chem Ecol* 38, 665–703.

Elke K., Begerow J., Oppermann H., Kramer U., Jermann E., Dunemann L., 1999. Determination of selected microbial volatile organic compounds by diffusive sampling and dual-column capillary GC-FID--a new feasible approach for the detection of an exposure to indoor mould fungi? *J Environ Monit* 1, 445-452.

Ennis B.M., Guttierez N.A., Maddox I.S., 1986. The acetonebutanol-ethanol fermentation a current assessrnent. *Process Biochemistry.* 21, 131-147.

Ercolini D., Russo F., Nasi A., Ferranti P., Villani F., 2009. Mesophilic and psychrotrophic bacteria from meat and their spoilage potential in vitro and in beef. *Appl. Environ. Microbiol.* 75, 1990–2001.

Ezeonu I.M., Price D.L., Simmons R.B., Crow S.A., Ahearn D.G., 1994. Fungal production of volatiles during growth on fiberglass. *Appl. Environ. Microbiol.* 60, 4172–4173.

F

Falk A., Gullstrand E., Löf A., Wigaeus-Hjelm E., 1990. Liquid/air partition coefficients of four terpenes. *Br J Ind Med* 47, 62-64.

Farag M.A., Ryu C.M., Summer L.W., Paré P.W., 2006. GC-MS SPME profiling of rhizobacterial volatiles reveals prospective inducers of growth promotion and induced systemic resistance in plants. *Phytochemistry* 67, 2262–2268.

Farmer E.E. 2001. Surface-to-air signals. *Nature* 411, 854–856.

Fedoruk M.J., Uhlman S., Baker D., Yang H., 1999. Analysis of microbial contamination of a ventilation system detected by measurement of microbial volatile organic compounds. *In: Proceedings of the 3rd international conference: Bioaerosols, fungi and mycotoxins: health effects, assessment, prevention and control,* (E, Johanning, eds.), Fungal Research Group Foundation, Inc. Albany, NY: Boyd Printing, 386-395.

Fel A., 1974. Paysages, géographie, semiology. *L'espace géographique* 2, 149.

Fenske J.D., Paulson S.E., 1999. Human breath emissions of VOCs. *J Air Waste Manag Assoc* 49, 594-598.

Fernando W.G.D., Ramarathnam R., Krishnamoorthy A.S., Savchuk S.C., 2005. Identification and use of potential bacterial organic antifungal volatiles in biocontrol. *Soil Biol. Biochem.* 37, 955–964.

Ferras E., Minier M., Goma G., 1986. Acetonobutylic fermentation : improvement of performances by coupling continuous fermentation and ultrafiltration. *Biotechnol. And Bioeng.* 28, 523-533.

Fessenden R.J., Fessenden J.S., 1990. *Organic Chemistry.* 4th ed. Pacific Grove, CA: Brooks/Cole Publishing Company. 1137.

Fick M., Pierrot P., Engasser J.M., 1985. Optimal conditions for long-term stability of acetone-butanol production by continuous cultures of *Clostridium acetobutylicum. Biotechnol. Lett.* 7, 503-508.

Fiddaman P.J., Rossall S., 1993. The production of antifungal volatiles by *Bacillus subtilis. J. Appl. Bacteriol.* 74, 119–126.

Fiddaman P.J., Rossall S., 1994. Effect of substrate on the production of antifungal volatiles from *Bacillus subtilis. J. Appl. Bacteriol.* 76, 395–405.

Fiedler K., Schutz E., Geh S., 2001. Detection of microbial volatile organic compounds (MVOCs) produced by moulds on various materials. *Int J Hyg Environ Health* 204, 111-121.

Finn R.K., Nowrey J.E., 1959. A note on the stability of Clostridia when held in continuous culture. *Appl. Microbiol.* 7, 29-32.

Fischer C.H., Dixon M.B., Filachione E.M,. 1951. Bibliography on lactic acid and derivatives. *US Dept. Agric.,* AIC, 294.

Fischer G., Dott W., 2003. Relevance of airborne fungi and their secondary metabolites for environmental, occupational and indoor hygiene. *Arch Microbiol* 179, 75-82.

Fischer G., Müller T., Schwalbe R., Ostrowski R., Dott W., 2000. Exposure to airborne fungi, MVOC and mycotoxins in biowaste-handling facilities. *Int J Hyg Environ Health* 203, 97-104.

Fischer G., Schwalbe R., Möller M., Ostrowski R., Dott W., 1999. Species-specific production of microbial volatile organic compounds (MVOC) by airborne fungi from a compost facility. *Chemosphere* 39, 795-810.

Fischer G., Schwalbe R., Ostrowski R., Dott W., 1998. Airborne fungi and their secondary metabolites in working places in a compost facility. *Mycoses* 41, 383-388.

Fond O., Engasser J.M., Mattae-El-Amouri G., Petitdemange H., 1986a. The acetone-butanol fermentat.ion on glucose and xylose. Regulation and kinetics in fed-batch cultures. *Biotechnol. Bioeng,* 28, 167-175.

Fond O., Engasser J.M., Matta-El-Amouri G., Petitdemange H., 1986b. The acetone butanol fermentation on glucose and xylose. I. Regulation and kinetics in batch cultures. *Biotechnol. And Bioeng.* 28, 160-166.

Fond O., Engasser J.M., Matta-El-Amouri G., Petitdemange H., 1986b.The acetone butanol fermentation on glucose and xylose. II. Regulation and kinetics in fedbatch cultures. *Biotechnol. And Bioeng.* 28, 167-175.

Fond O., Petitdemange E., Petitdemange H., Gay R., 1984. Effect of glucose flow on the acetone butanol fermentation in fedbatch culture. *Biotechnol. Lett.* 6, 13-18.

Forster R.C., 1988. Microenvironments of soil microorganisms. *Biol. Fertil. Soils* 6, 189–203.

Foster J.W., 1954. *Industrial Fermentation* par Underfloker LA, Hickey; Chemical Publishers Co., New York.

Foster J.W., Karow O.E., 1945. Microbiological Aspects of Penicillin. VIII. Penicillin from Different Fungi. *J. Bacteriol.* 49(1), 19-29.

Freeman L.R., Silverman G.J., Angelini P., Merritt Jr C., Esselen W.B., 1976. Volatiles produced by microorganisms isolated from refrigerated chicken at spoilage. *Appl. Environ. Microbiol.* 32, 222–231.

Freier-Schröder D., Weigel J., Gottschalk G., 1989. Butanol formation by *Clostridium thermosaccharolyticum* at neutral pH. *Biotechnol. Lett.* 11, 831-836.

Frey-Klett P., Garbaye J., Tarkka M., 2007. The mycorrhiza helper bacteria revisited. *New Phytol.* 176, 22–36.

Friml J., 2003. Auxin transport - shaping the plant. *Curr Opin Plant Biol* 6, 7-12.

Frosch R., Gallopoulos N., 1989. General Motors Laboratories, *Pour la Science*.

Fuchs G., 2007. Allgemeine Hikrobiologie, 8th edn. <http://www.kluweronline.com/issn/0098-0331> (Consulté en Juillet 2010).

Fulmer E.I., Hickey R.J., Underfolker L.A., 1940. *Brevet US,* 2.388.840.

G

Gabriel C.I., Crawford F.M., 1930. Development of the butyl-acetonic fermentation industry. *Ind. Eng. Chem.* 22, 163-165.

Gadd G.M., 1988. Carbon nutrition and metabolism. *In: Physiology of industrial fungi*, (D.-R. Berry, eds), Oxford: Blackwell Scientific Publications, 21-57.

Gans J., Wolinsky M., Dunbar J., 2005. Computational improvements reveal great bacterial diversity and high metal toxicity in soil. *Science.* 26;309(5739), 1387–1390.

Gao P., Korley F., Martin J., Chen B.T., 2002. Determination of unique microbial volatile organic compounds produced by five *Aspergillus* species commonly found in problem buildings. *AIHA J (Fairfax, Va)* 63, 135-140.

Gao P., Martin J., 2002. Volatile metabolites produced by three strains of *Stachybotrys chartarum* cultivated on rice and gypsum board. *Appl Occup Environ Hyg* 17, 430-436.
Garbaye J., Duponnois R., 1992. Specificity and function of mycorrhization helper bacteria (MHB) associated with the *Pseudotsuga menziesii – Laccaria laccata* symbiosis. *Symbiosis* 14, 335–344.
Garbeva P., Hol W.H.G., Termorshuizen A.J., Kowalchuk G.A., De Boer W., 2011. Fungistasis and general soil biostasis - A new synthesis. *Soil Biol. Biochem.* 43, 469–477.
García de Salamone I.E., Hynes R.K., Nelson L.M., 2001. Cytokinin production by plant growth promoting rhizobacteria and selected mutants. Can *J Microbiol* 47, 404-11.
Gasch A.P., 2007. Comparative genomics of the environmental stress response in ascomycete fungi. *Yeast* 24, 961–976.
Gastrock E.A., Porges N., Wells P.A., Moyer A.J., 1938. *Ind. Eng. Chem.* 30, 782.
George H.A., Johnson J.J., Moore W.E.C., Holdeman L.V., Chen J.S., 1983. Acetone, isopropanol and butanol prductio by *Clostridium beijerinckii* (Syn. *Clostridium butyricum*) and *Clostridium aurantibutyricum. Appl. Environ. Microbiol.* 45, 1160-1163.
Gerber N.N., Lechevalier H.A., 1965. Geosmin, an earthy-smelling substance isolated from actinomycetes. *Appl. Microbiol.* 13, 935–938.
Gerhardt P., Dorrell W.W., Balwin I.L., 1946. Citric acid fermentation of beet molasses. *J. Bact.* 52, 555.
Gill E., 1950. *Symposium on Recent advances on the Fermentation Industries.* RIC Rept.
Glick B.R., 2005. Modulation of plant ethylene levels by thebacterial enzyme ACC deaminase. *FEMS MicrobiolLett* 251, 1-7.
Godin C., Engasser J.M., 1990. Two-stage continuous fermentation of Clostridium acetobutylicum: effects of pH and dilution rate. *Appl. Microbiol. Biotechnol.* 33, 269-273.
Gottschalk G., 1986. Bacterial metabolism. Springer Verlag, Heidelberg.4.
Gottschalk G., Andreesen J.R., Hippe H.N., 1981. The genus *Clostridium* (Nonmedical Aspects). *In: The prokaryotes,* (M.-P. Starr, H. Stolp, H.-G. Truper, A. Balows, H.-G. Schlegel, eds), Springer Verlag, Berlin, 1777-1803.
Gottwald M., Gottschalk G., 1985. The internal pH of *Clostridium acetobutylicum* and its effects on the shift from acid to solvent formation. *Arch. Microbiol.* 143, 42-46.
Gottwald M., Hippe H., Gottschalk G., 1984. Formation of n-butanol from D-glucose by strains of *Clostridium tetanomorphum* group. *Appl. Environ. Microbiol.* 48, 573-576.
Gregory P.J., 2006. Roots, rhizosphere and soil: the route to a better understanding of soil science? *Eur. J. Soil Sci.* 57, 2–12.
Griffin G.J., Hora T.S., Baker R., 1975. Soil fungistasis: elevation of the exogenous carbon and nitrogen requirements for spore germination by fungistatic volatiles in soil. *Can. J. Microbiol.* 21, 1468–1475.
Grimbert L., 1893. Fermentation anaerobie produite par Bacillus orthobutylicus. Ses variations sous certaines influences biologiques. *Ann. Inst. Pasteur. 7*, 353-402.
Groot W.J., Van der lans R.G.J.M., Luyben C.A.M., 1992. Technologies for butanol recovery integrated with fermentations. *Process Biochem.* 27, 61-75.

Gu Y.Q., Mo M.H., Zhou J.P., Zou C.S., Zhang K.Q., 2007. Evaluation and identification of potential organic nematicidal volatiles from soil bacteria. *Soil Biol. Biochem.* 39, 2567–2575.

Guibet J.C., 1985. Carburants de substitution: Orientations et recherches françaises. *Revue de l'institut Français du Pétrole.* 40, 125-135.

Gustafsson H., 1990. Kemisk emission från byggnadsmaterial. Beskrivning av skadefall, mätteknik och åtgärder. *In: Building materials identified as sources for indoor air pollution.* Borås, Sweden: Swedish National Testing and Research Institute, SP Report, Swedish, 25, 65.

Guzmán P., Ecker J.R., 1990. Exploiting the triple response of Arabidopsis to identify ethylene-related mutants. *Plant Cell* 2, 513-23.

H

Haas D., Défago G., 2005. Biological control of soil-borne pathogens by *fluorescent pseudomonas. Nat. Rev. Microbiol.* 3, 307–319.

Haggstrom L., 1985. Acetone-butanol fermentation and its variants. *Biotechnol. Adv.* 3, 13-28.

Han S.H., Lee S.J., Moon J.H., Park K.H., Yang K.Y., Cho B.H., Kim K.Y., Kim K.W., Lee M.C., Anderson A.J., Kim Y.C., 2006. GacS-dependent production of 2R, 3Rbutanediol by *Pseudomonas chlororaphis* O6 is a major determinant for eliciting systemic resistance against *Erwinia carotovora* but not against *Pseudomonas syringae* pv. tabaci in tobacco. *Mol Plant Microbe Interact* 19, 924-30.

Hare J.D., 2011. Ecological role of volatiles produced by plants in response to damage by herbivorous insects. *Annu Rev Entomol* 56, 161-80.

Harris J., Mulder R., Kell D.B., Walter R.P., Morris J.G., 1986. Solvent production *by Clostridium pasteurianum* in media of high sugar content. *Biotechnol. Lett.* 8, 889-892.

Harris N.D., Karahadian C., Lindsay R.C., 1986. Musty aroma compounds produced by selected molds and actinomycetes on agar and whole wheat bread. *J Food Prot* 49, 964-970.

Hartig K., Beck E., 2006. Crosstalk between auxin, cytokinins, and sugars in the plant cell cycle. *Plant Biol* 8, 389-96.

Hartmanis M.G.N., 1987. Butyrate kinase from *Clostridium acetobutylicum. J. Biol. Chem.* 262, 617-621.

Hartmanis M.G.N., Gatenbeck S., 1984. Intermediary metabolism in *Clostridium acetobutylicum*: levels of enzymes involved in the formation of acetate and butyrate. *Appl. Environ. Microbiol.* 47, 1277-1283.

Hartmann A., Schikora A., 2012. *Quorum sensing* of bacteria and trans-kingdom interactions of N-acyl homoserine lactones with eukaryotes. *J. Chem. Ecol.* 28(6), 704-713.

Haschek W.M., Boyd M.R., Hakkinen P.J., Owenby C.S., Witschi H., 1984. Acute inhalation toxicity of 3-methylfuran in the mouse: pathology, cell kinetics, and respiratory rate effects. *Toxicol Appl Pharmacol* 72, 124-133.

Haschek W.M., Morse C.C., Boyd M.R., Hakkinen P.J., Witschi H.P., 1983. Pathology of acute inhalation exposure to 3-methylfuran in the rat and hamster. *Exp Mol Pathol* 39, 342-354.

Hastings J.J.H., 1978. Acetone-butyl alcohol fermentation. *In: Economic Microbiology.* (A.-H. Rose, eds), vol. 2, Acadmic Press, London, 31-45.

Hau K.M., Connell D.W., 1998. Quantitative structure–activity relationships (QSARs) for odor thresholds of volatile organic compounds (VOCs). *Indoor Air* 8, 23-33.

Hawke J.C., 1996. The formation and metabolism of methyl ketones and related compounds. *J Dairy Res* 33, 225-243.

Hawksworth D.L., Mueller G.M., 2005. Fungal communities: their diversity and distribution, *In: The fungal community,* (J. Dighton, J.-F. White, P. Oudemans, eds.), Taylor & Francis, Boca Raton, Florida, 27–37.

Hayachida S., Yoshino S., 1990. Degeneration of solventogenic Clostridium caused by a defect in NADH generaion. *Agr. Biol. Chem.* 54, 427-435.

Hayashida S., Ahn B.K., 1990. Isolation and characteristics of an acetone-butanol negative, ethanol-isovaleric acid-producing mutant of *Clostridium saccharoperbutylacetonicum* N1-4 ATCC 13564. *Agr. Biol. Chem.* 54, 343-351.

Health Council of the Netherlands., 2005. Committee on Updating of Occupational Exposure Limits. *In: 3-Methylbutan-1-ol; Health-based reassessment of administrative occupational exposure limits*. The Hague: Health Council of the Netherlands, 2005; 2000/15OSH/085 (R).

Heil M., Karban R. 2010. Explaining evolution of plant communication by airborne signals. *Trends Ecol Evol* 25, 137-44.

Heil M., Ton J., 2008. Long-distance signalling in plant defence. *Trends Plant Sci.* 13, 264–272.

Heil M., Walters D.R., 2009. Ecological consequences of plant defence signalling. *Adv. Bot. Res.* 51, 667–716.

Helmig D., Klinger L.F., Guenther A., Vierling L., Geron C., Zimmerman P., 1999. Biogenic volatile organic compound emissions (BVOCs). I. Identifications from three continental sites in the U.S. *Chemosphere* 38, 2163-2187.

Hermann M., Fayolle F., Marchal R., Podvin L., Sebald M., Vandesacteele J.P., 1985. Isolation and characterization of butanol-resistant mutants of *Clostridium acetobutylicum. Appl. Environ. Microbiol.* 50, 1238-1243.

Herr C., Harpel S., zur Nieden A., Stilianakis N., Eikmann T.H., 2002. Assessing health effects of bioaerosols measuring viable spores and microbial volatile organic compounds (MVOC) in residential air. In: *Proceedings of Indoor Air 2002*, Monterey, CA 3, 29-34.

Herr C., Schenke S., Harpel S., Fischer G., Rethage T., Ulu F., Bergmann A., Stilianakis N., Lindemann H., Eikmann T., 2004. Exposure assessment of microbial volatile organic compounds (MVOC) and organic contaminants in normal bedrooms of children with airway disease. *Epidemiology* 15, 68.

Herrero A.A., 1983. End-product inhibition in anaerobic fermentations. *Trends in Biotechnol.* 1, 49-53.

Herrero A.A., Gomez R.F., Snedecor B., Tolman C.J., Roberts M.F., 1985. Growth inhibition of *Clostridium thermocellum* by carboxylic acids: a mechanism based on uncoupling by weak acids. *Appl. Microbiol. Biotechnol.* 22, 53-62.

Herrington P.R., Craig J.T., Sheridan J.E., 1987. Methyl vinyl ketone: a volatile fungistatic inhibitor from *Streptomyces griseoruber. Soil Biol. Biochem.* 19, 509–512.

Heuer H., Smalla K., 2012. Plasmids foster diversification and adaptation of bacterial populations in soil. *FEMS Microbiol.* 36(6), 1083-1104.

Hewitt W.R., Brown E.M., 1984. Nephrotoxic interactions between ketonic solvents and halogenated aliphatic chemicals. *Fundam Appl Toxicol* 4, 902-908.

Hibbing M.E., Fuqua C., Parsek M.R., Peterson S.B., 2010. Bacterial competition: surviving and thriving in the microbial jungle. *Nat. Rev. Microbiol.* 8, 15–25.

Hinton A., Hume M.E., 1995. Antibacterial activity of the metabolic by-products of a *Veillonella* species and *Bacteroides fragilis. Anaerobe* 1, 121–127.

Hiu S.T., Zhu C.X., Yan R.T., Chen J.S., 1987. Butanol-ethanol dehydrogenase and butanol-ethanol-isopropanol dehydrogenase: different alcohol dehydrogenases in two strains of *Clostridium beijerinckii* (*Clostridium butylicum*). *Appl. Environ. Microbiol.* 53, 697-703.

Ho W.C., Ko W.H., 1982. Characteristics of soil microbiostasis. *Soil Biol. Biochem.* 14, 589–593.

Höckelmann C., Jüttner F. 2004. Volatile organic compound (VOC) analysis and sources of limonene, cyclohexanone and straight chain aldehydes in axenic cultures of *Calothrix* and *Plectonema. Water Sci. Technol.* 49, 47–54.

Höckelmann C., Moens T., Friedrich J., 2004. Odor compounds from cyanobacterial biofilms acting as attractants and repellents for free-living nematodes. *Limnol. Oceanogr.* 49, 1809–1819.

Holdeman L.V., Cato E.P., Moore W.E.C., 1977. *Clostridium. In: Anaerobe laboratory manual,* 4th edition, Virginia Polytechnic Institute, Blackshurg, Virginia, 79-106.

Holt R.A., Stephens G.M., Morris J.G., 1984. Production of solvents by *Clostridium acetobutylicum* cultures maintained at neutral pH. *Appl. Environ. Microbiol.* 46, 1166-1170.

Hongo M., 1960. Process of producing butanol by fermentation, US Patent n°2945786.

Hora T.S., Baker R., 1972. Soil fungistasis: microflora producing a volatile inhibitor. *Trans. Br. Mycol. Soc.* 59, 491–500.

Hori J., Nakatani T., 1953. *Journal of Fermentation Techn*ology 31, 72.

Horii S., Ishii T., 2006. Identification and function of *Gigaspora margarita* growth-promoting microorganisms. *Symbiosis* 41, 135–141.

Horner W.E., Morey P.R., Black M.S., 1999. MVOC and VOC emission pattern from multiple strains of indoor fungi. In: *Proceedings of Indoor Air 1999*, Edinburgh, Scotland, 4, 915-920.

Howell C.R., Beier R.C., Stipanovic R.D., 1988. Production of ammonia by *Enterobacter cloacae* and its possible role in the biological control of *Pythium preemergence* damping-off by the bacterium. *Ecol. Epidemiol.* 78, 1075–1078.

Hromatka O., Ebner H., 1959. Vinegar by Submerged Oxidative Fermentation. *Industrial & Engineering Chemistry* 51(10), 1279-1280.

Hromatka O., Kastner G., Ebner H., 1953. Untersuchungen über die Essiggärung. V. Uber den Einfluss von Temperatur und Gesamtkonzentration auf die submerse Gärung. *Enzymologia,* 15(6), 337-350.

HSDB., 2010. Hazardous Substances Data Bank. Rockville Pike, Bethesda, MD, US: National Library of Medicine. <http://toxnet.nlm.nih.gov/cgi-bin/sis/htmlgen?HSDB> (Consulté en Juillet 2010).

Huang C-J., Tsay J-F., Chang S-Y., Yang H-P., Wu W-S., Chen C-Y., 2012. Dimethyl disulfide is an induced systemic resistance-elicitor produced by *Bacillus cereus* C1L. Soc. Chem. Ind.

Huang L., Gibbins L.N., Forsberg C.W., 1985. Transmenbrane pH gradient and membrane potential in *Clostridium acetobutylicum* during growth under acetogenic and solventogenic conditions. *Appl. Environ. Microbiol.* 550, 1043-1047.

Hussain A., Hasnain S., 2011. Interactions of bacterial cytokinins and IAA in the rhizosphere may alter phytostimulatory efficiency of rhizobacteria. *World J. Microbiol. Biotechnol.* 27, 2645–2654.

I

IFP Energies nouvelles (IFPEN)., 2013. L'hydrogène naturel : une contribution au mix énergétique ? IFPEN étudie le potentiel des sources d'hydrogène naturel à terre. Communiqué de presse de L'IFPEN du 11 avril 2013. (<http://www.ifpenergiesnouvelles.fr/Actualites/Communiques-de-presse/L-hydrogene-naturel-une-contribution-au-mix-energetique-IFPEN-etudie-le-potentiel-des-sources-d-hydrogene-naturel-a-terre> (Consulté en avril 2013).

Imhoff F., Fair G.M., 1952. Sewage Treatment. Wiley, New York.

Insam H., Seewald M.S.A., 2010. Volatile organic compounds (VOCs) in soils. *Biol. Fertil. Soils* 46, 199–213.

Inskeep G.C., Taylor G.G., Breitze W.C., 1956. *Ind. Eng. Chem.,* 44, 1955.

IPCS INCHEM., 2010. International chemical safety cards (ICSCs). *International Programme on Chemical Safety (IPCS) Inchem and the Commission of the European Communities (CEC).* <http://www.inchem.org > (Consulté en Juillet 2010).

IPCS/WHO., 1987. Environmental health criteria 65: Butanols: four isomers. *Geneva: International Programme on Chemical Safety, World Health Organization,* 9-42.

IPCS/WHO., 1989. Environmental health criteria 89: Formaldehyde. *Geneva: International Programme on Chemical Safety, World Health Organization,* 1-219.

J

Jaakkola J.J., Jaakkola N., Ruotsalainen R., 1993. Home dampness and molds as determinants of respiratory symptoms and asthma in pre-school children. *J Expo Anal Environ Epidemiol* 3 (1), 129-142.

Jackson R.W., 1958. Potential utilization of Agricultural commodities by fermentation. *Econonmic Bo*tany 12, 42-53.

Jacobson E.S., 2000. Pathogenic roles for fungal melanins. *Clin. Microbiol. Rev.* 13, 708–717.

Jamalizadeh M., Etebarian H.R., Aminian H., Alizadeh A., 2010. Biological control of *Botrytis mali* on apple fruit by use of *Bacillus* bacteria, isolated from the rhizosphere of wheat. *Arch. Phytopathol. Pl.* 43, 1836–1845.

Janati-Idrissi R., Junelles A.M., El Kanouni A., Petitdemange H., Gay R., 1987. Sélection de mutants de *Clostridium acetobutylicum* défectifs dans la production d'acétone. *Ann. Inst. Pasteur/Microbiol.* 138, 313-323.

Jelen H., Wasowicz E., 1998. Volatile fungal metabolites and their relation to the spoilage of agricultural commodities. *Food Rev Int* 14, 391-426.

Jelen H.H., 2003. Use of solid phase microextraction (SPME) for profiling fungal volatile metabolites. *Lett. Appl. Microbiol.* 36, 263–267.

Jelen H.H., Majcher M., Zawirska-Wojtasiak R., Wiewiorowska M., Wasowicz E., 2003. Determination of geosmin, 2-methylisoborneol, and a musty-earthy odor in wheat grain by SPME-GCMS, profiling volatiles, and sensory analysis. *J Agric Food Chem* 51, 7079-7085.

Jelen H.H., Mirocha C.J., Wasowicz E., Kaminski E., 1995. Production of volatile sesquiterpenes by *Fusarium sambucinum* strains with different abilities to synthesize trichothecenes. *Appl. Environ. Microbiol.* 61, 3815–3820.

Jeon Y.J., Lee Y.Y., 1989. In situ product separation in butanol fermentation by membrane-assited extraction. *Enzyme Microb. Technol.* 11, 575-582.

Jöbses I.M.L., Roels J.A., 1983. Experience with solvent production by *Clostridium beijerinckii* in continuous culture. *Biotechnol. Bioeng.* 25, 1187-1194.

Joffin J.N., Leyral G., 2006. Microbiologie technique. Tome 1. Dictionnaire des techniques CRDP Aquitaine. *Collection Biologie Technique*, CRDP Aquitaine, Aquitaine, 368p.

Johansson P., 2000. Moldy odor and geosmin from soil-contaminated construction timber. *In: Proceedings from Healthy Buildings 2000*, Helsinki, Finland, 4, 369-374.

Johnson B.L., Anger W.K., Setzer J.V., Lynch D.W., Lewis T.R., 1979. Neurobehavioral effects of methyl N-butyl ketone and methyl N-amyl ketone in rats and monkeys: a summary of NIOSH investigations. *J Environ Pathol Toxicol* 2, 113-133.

Johnson B.L., Setzer J.V., Lewis T.R., Hornung R.W., 1978. An electrodiagnostic study of the neurotoxicity of methyl n-amyl ketone. *Am Ind Hyg Assoc J* 39, 866-872.

Johnson J.L., Francis B.S., 1975. Taxonomy of the clostridia: ribosomal ribonucleic acid homologies among the species. *J. Gen. Microbiol.* 88, 229-244.

Johnston N.C., Goldfine H., 1983. Lipid composition in the classification of butyric acid-producing clostridia. *J. gen. Microbiol.* 129, 1075-1081.

Jones D.T., Jones W.A., Woods D.R., 1985. Production of recombinants after protoplast fusion in *Clostridium acetobutylicum.* P262. *J. Gen. Microbiol.* 131, 1213-1216.

Jones D.T., Van Der Westhuizen A., Long S., Allcock E.R., Reid S.J., Woods D.R., 1982. Solvent production and morphological changes in *Clostridium acetobutylicum*. *Appl. Environ. Microbiol.* 43, 1434-1439.

Jones D.T., Woods D.R., 1986. Acetone-butanol fermentation revisited. *Microbiol. Rv.* 50, 484-524.

Jones D.T., Woods D.R., 1989. Solvent production. *In: Biotechnology Handbook,* (N.-P. Minton, D.-J. Clarke, eds), Vol. 3, Clostridia. Plenum Press, New York, 105-144.

Junelles A.M., Janati-Idrissi R., Petitdemange H., Gay R., 1987. Acetone-butanol fermentation by mutants selected for resistance to acetate and butyrate halogen analogue. *Biotechnol. Lett.* 9, 175-178.

Junelles A.M., Janati-Idrissi R., Petitdemange H., Gay R., 1988. Iron effect on aceton-butanol fermentation by mutants selected for resistance to acetate and butyrate halogen analogues. *Biotechnol. Lett.* 17, 299-303.

Jung S.C., Martinez-Medina A., Lopez-Raez J.A., Pozo M.J., 2012. Mycorrhiza-induced resistance and priming of plant defenses. *J. Chem. Ecol.* 38(6), 651-664.

K

Kai M., Crespo E., Cristescu S.M., Harren F.J.M., Francke W., Piechulla B., 2010. *Serratia odorifera*: analysis of volatile emission and biological impact of volatile compounds on *Arabidopsis thaliana. Appl Microbiol Biotechnol* 88, 965-76.

Kai M., Crespo E., Cristescu S.M., Harren F.J.M., Piechulla B., 2010. *Serratia odorifera*: analysis of volatile emission and biological impact of volatile compounds on *Arabidopsis thaliana. Appl. Microbiol. Biotechnol.* 88, 965–976.

Kai M., Effmert U., Berg G., Piechulla B., 2007. Volatiles of bacterial antagonists inhibit mycelial growth of the plant pathogen *Rhizoctonia solani. Arch. Microbiol.* 187, 351–360.

Kai M., Haustein M., Molina F., Petri A., Scholz B., Piechulla B., 2009. Bacterial volatiles and their action potential. *Appl. Microbiol. Biotechnol.* 81, 1001–1013.

Kai M., Piechulla B., 2009. Plant growth promotion due to rhizobacterial volatiles - An effect of CO_2? *FEBS Lett* 583, 3473-7.

Kai M., Piechulla B., 2010. Impact of volatiles of the rhizobacteria *Serratia odorifera* on the moss *Physcomitrella patens*. *Plant Signal Behav* 5, 444-6.

Kai M., Vespermann A., Piechulla B., 2008. The growth of fungi and *Arabidopsis thaliana* is influenced by bacterial volatiles. *Plant Signal Behav* 3, 482-484.

Kaiser P., 1982. Microbiologie de la fermentation acétonobutylique. *In: 7ème Colloque de la section de Microbiologie Industrielle et de Biotechnologie,* (O. Chaudé, G. Durand, eds), Production d'intermédiaires industriels par culture anaérobie. Société Française de Microbiologie, Paris, 139-153.

Kalderas J., 2011. Erfassung, Analyse und Datenbank – Integration flüchtiger Metabolite von Pilzen und anderen Mikroorganismen. Diploma Thesis, University of Rostock.

Kaminski E., Libbey L.M., Stawicki S., Wasowicz E., 1972. Identification of the predominant volatile compounds produced by *Aspergillus flavus*. *Appl Microbiol* 24, 721-726.

Kaminski E., Stawicki S., Wasowicz E., 1974. Volatile flavor compounds produced by molds of *Aspergillus*, *Penicillum* and *fungi imperfecti. Appl. Microbiol.* 27, 1001–1004.

Kaminski E., Stawicki S., Wasowicz E., 1974. Volatile flavor compounds produced by molds of *Aspergillus, Penicillium*, and *Fungi imperfecti*. *Appl Microbiol* 27, 1001-1004.

Kane L.E., Barrow C.S., Alarie Y., 1979. A short-term test to predict acceptable levels of exposure to airborne sensory irritants. *Am Ind Hyg Assoc J* 40, 207-229.

Kangas J., Jappinen P., Savolainen H., 1984. Exposure to hydrogen sulfide, mercaptans and sulphur dioxide in pulp industry. *Am Ind Hyg Assoc J* 45, 787-790.

Karlshøj K., Larsen T.O., 2005. Differentiation of species from the *Penicillium roqueforti* group by volatile metabolite profiling. *J Agric Food Chem* 53, 708-715.

Karow E.O., Warsman S.A., 1947. Production of citric acid in submerged culture. *Ind. Eng. Chem.* 39(7), 821-825.

Kasanen J.P., Pasanen A.L., Pasanen P., Liesivuori J., Kosma V.M., Alarie Y., 1998. Stereospecificity of the sensory irritation receptor for nonreactive chemicals illustrated by pinene enantiomers. *Arch Toxicol* 72, 514-523.

Katagiri H., Tochihura T., Imai K., 1957. *Brevet US*, 2.786.799.

Katz G.V., O'Donoghue J.L., DiVincenzo G.D., Terhaar C.J., 1980. Comparative neurotoxicity and metabolism of ethyl n-butyl ketone and methyl n-butyl ketone in rats. *Toxicol Appl Pharmacol* 52, 153-158.

Kell D.B., Peck M.W., Rodfer G., Morris J.G., 1981. On the permeability to weak acids and bases of the cytoplasmic membrane of *Clostridium pasterianum. Biochem. Biophys. Rev. Commun.* 99, 81-88.

Keller R., Senkpiel K., Ohgke H., 1999. Use of MVOC measurements and odour perception as indicator of mould in indoor areas. *In: Proceedings of the 3rd international conference: Bioaerosols, fungi and mycotoxins: health effects, assessment, prevention and control,* (E. Johanning, eds), Fungal Research Group Foundation, Inc. Albany, NY: Boyd Printing, 532-537.

Kesselmeier J., Staudt M., 1999. Biogenic volatile organic compounds VOC - an overview on emission, physiology and ecology. *J. Atmos. Chem.* 33, 23–88.

Kheshgi S., Roberts H.R., Bucek N., 1954. Studies on the production of 5-ketogluconic acid by *Acetobacter suboxydans. Appl. Microbiol.* 2(4), 183-190.

Kier L.D., Brusick D.J., Auletta A.E., Von Halle E.S., Brown M.M., Simmon V.F., Dunkel V., McCann J., Mortelmans K., Prival M., Rao T., Ray V., 1986. The *Salmonella typhimurium*/mammalian microsomal assay. A report of the U.S. Environmental Protection Agency Gene-Tox Program. *Mutat Res* 168, 69-240.

Kim H.Y., Lee S.B., Chung Y.H., Lim C.H., Yu I.J., Park S.C., Shin J.Y., Kim S.H., Shin D.H., Kim J.C., 2006. Evaluation of subchronic inhalation toxicity of dimethyl disulfide in rats. *Inhal Toxicol* 18, 395-403.

Kim Y.C., Leveau J., McSpadden Gardener B.B., Pierson E.A., Pierson L.S. 3rd, Ryu C.M., 2011. The multifactorial basis for plant health promotion by plant-associated bacteria. *Appl Environ Microbiol 77*, 1548-55.

Kitahara K., Obayashi A., 1955, DL-forming lactic acid bacteria. *J. Gen. Appl. Microbiol.,* 1, 237-245.

Klimisch H.J., Hellwig J., 1995. Studies on the prenatal toxicity of 3-methyl-1-butanol and 2-methyl-1-propanol in rats and rabbits following inhalation exposure. *Fundam Appl Toxicol* 27, 77-89.

Klingberg J., Beviz A., Ohlson C.G., Tenhunen R., 1988. Disturbed iron metabolism among workers exposed to organic sulfides in a pulp plant. *Scand J Work Environ Health* 14, 17-20.

Knasko S.C., 1996. Human responses to ambient olfactory stimuli. *In: Indoor air and human health,* (R.-B. Gammage, B.-A. Berven, eds), 2nd ed. Boca Raton, FL: CRC Press Inc., 107-126.

Ko W.H., Chow F.K., 1977. Characteristics of bacteriostasis in natural soils. *J. Gen. Microbiol.* 102, 295–298.

Kochar M., Upadhyay A., Srivastava S., 2011. Indole-3-acetic acid biosynthesis in the biocontrol strain *Pseudomonas fluorescens* Psd and plant growth regulation by hormone overexpression. *Res Microbiol* 162, 426-35.

Koepsell H.J., Johnson M.J., Meek J.S., 1944. Role of phosphate in pyruvic acid dissimilation by cell-free extracts of *Clostridium butylicum. J. Biol. Chem.* 154, 535-547.

Koepsell H.J., Stodola F.H., Sharpe E.S., 1952. Production of α-ketoglutarate in glucose oxidation by *Pseudomonas fluorescens. J. Amer. Chem. Soc.* 74, 5142.

Könemann W.H., Pieters M.N., 1996. Confusion of concepts in mixture toxicology. *Food Chem Toxicol* 34, 1025-1031.

Koren H.S., Graham D.E., Devlin R.B., 1992. Exposure of humans to a volatile organic mixture. III. Inflammatory response. *Arch Environ Health* 47, 39-44.

Kornberg H.L., Krebs H.A., 1957. Synthesis of cell constituents from C2-units by a modified tricarboxylic acid cycle. *Nature* 179, 988-991.

Korpi A., 2001. Fungal volatile metabolites and biological responses to fungal exposure. Doctoral Thesis, Kuopio University, Faculty of Natural and Environmental Sciences. Kuopio, Finland: Kuopio University Publications, 1-129.

Korpi A., Kasanen J.P., Alarie Y., Kosma V.M., Pasanen A.L., 1999a. Sensory irritating potency of some microbial volatile organic compounds (MVOCs) and a mixture of five MVOCs. *Arch Environ Health* 54, 347-352.

Korpi A., Kasanen J.P., Pasanen A.L., 1999b. Sensory irritation of microbially produced volatile organic compounds in mice during repeated exposures. *In: Proceedings of the 3rd international conference: Bioaerosols, fungi and mycotoxins: health effects, assessment, prevention and control.* (E Johanning, eds), Fungal Research Group Foundation, Inc. Albany, NY: Boyd Printing, 106-111.

Korpi A., Pasanen A.L., Pasanen P., 1998. Volatile compounds originating from mixed microbial cultures on building materials under various humidity conditions. *Appl Environ Microbiol* 64, 2914-2919.

Korpi A., Pasanen A.L., Pasanen P., Kalliokoski P., 1997. Microbial growth and metabolism in house dust. *Int Biodeterior Biodegrad* 40, 19-27.

Korpi A., Pasanen A.L., Viitanen H., 1999c. Volatile metabolites of *Serpula lacrymans, Coniophora puteana, Poria placenta, Stachybotrys chartarum* and *Chaetomium globosum*. *Build Environ* 34, 205-211.

Koske R.E., Gemma J.N., 1992. Fungal reactions to plants prior to mycorrhizal formation, *In: Mycorrhizal functioning,* (M.-J. Allen, eds.), Chapman & Hall, New York, NY, 3–36.

Kreja L., Seidel H.J., 2002. Evaluation of the genotoxic potential of some microbial volatile organic compounds (MVOC) with the comet assay, the micronucleus assay and the HPRT gene mutation assay. *Mutat Res* 513, 143-150.

Kreja L., Seidel H.J., 2002. On the cytotoxicity of some microbial volatile organic compounds as studied in the human lung cell line A549. *Chemosphere* 49, 105-110.

Krey V., Canadell J.G., Nakicenovic N., Abe Y., Andruleit H., Archer D., Grubler A., Hamilton N.T.M., Johnson A., Kostov V., Lamarque J.F., Langhorne N., Nisbet E.G., O'Neill B., Riahi K., Riedel M., Wang W., Yakushev V., 2009. Gas hydrates: entrance to a methane age or climate threat? *Environmental Research Letters* 4(3), 034007.

Krouwel P.G., Groot W.J., Kossen N.W.F., Van Der Lann W.F.M., 1983. Continuous isopropanol-butanol-ethanol fermentation by immobilized *Clostridium beijerinckii* cells in a packed bed fermenter. *Enzyme Microbiol. Technol.* 5, 46-54.

Kulhanek M., 1953. *Chem. Listy*. 47, 1071-1074.

Kurita-Ochiai T., Fukushima K., Ochiai K., 1995. Volatile fatty acids, metabolic by-products of periodontopathic bacteria, inhibit lymphocyte proliferation and cytokine production. *J. Dent. Res.* 74, 1367–1373.

Kuske M., Romain A.C., Nicolas J., 2005. Microbial volatile organic compounds as indicators of fungi. Can an electronic nose detect fungi in indoor environments? *Build Environ* 40, 824-831.

Kutzenok A., Ashner M., 1952. Degenerative processes in a strain of *Clostridium butylicum*. *J. Bacteriol.* 64, 829-836.

Kwon Y.S., Ryu C.M., Lee S., Park H.B., Han K.S., Lee J.H., Chung W.S., Jeong M.J., Kim H.K., Bae D.W., 2010. Proteome analysis of *Arabidopsis* seedlings exposed to bacterial volatiles. *Planta* 232, 1355-70.

L

LaB., 2010. Process. Posted: February 22nd, 2010 Filled under: algae cultivation, LA 4101· No Comments. <(http://www.algaecompetition.com/projects/algae-landscape-designs/); (http://lab.visual-logic.com/2010/02/process/)> (Consulté en février 2010).

Labows J.N., Mc Ginley K.J., Webster G.F., Leyden J.J., 1980. Headspace analysis of volatile metabolites of *Pseudomonas aeruginosa* and related species by gas chromatography-mass spectrometry. *J. Clin. Microbiol.* 2, 521–526.

Lagrange B., 1979. Biomethane, Tome 1 & 2. In: *énergie alternatives,* Edisud, 205p & 247p.

Lappalainen S., Pasanen A.L., Pasanen P., Kalliokoski P., 1997. Production of fungal volatile organic compounds in bedding materials. *Agric Food Sci Finl* 6, 219-227.

Larsen F.O., Clementsen P., Hansen M., Maltbæk N., Ostenfeldt-Larsen T., Nielsen K.F., Gravesen S., Skov P.S., Norn S., 1998. Volatile organic compounds from the indoor mould *Trichoderma viride* cause histamine release from human bronchoalveolar cells. *Inflamm Res* 47(1), S5-6.

Larsen T.O., Frisvad J.C., 1994. Production of volatiles and presence of mycotoxins in conidia of common *Penicillia* and *Aspergilli. In: Health implications of fungi in indoor environments,* (R.-A. Samson, B. Flannigan, M.-E. Flannigan, A.-P. Verhoeff, O.-C.-G. Adan, E.-S. Hoekstra, eds), Air Quality Monographs 2. Amsterdam: Elsevier Science, 251-279.

Larsen T.O., Frisvad J.C., 1995a. Characterization of volatile metabolites from 47 *Penicillium taxa. Mycol Res* 99, 1153-1166.

Larsen T.O., Frisvad J.C., 1995b. Chemosystematics of fungi in genus *Penicillium* based on profiles of volatile metabolites. *Mycol Res* 99, 1167-1174.

Larsen T.O., Frisvad J.C., 1995c. Comparison of different methods for collection of volatile chemical markers from fungi. *J Microbiol Methods* 24, 135-144.

Laumbach R., Fiedler N., Weschler C., Gardner C., Laskin D., Fan Z.H., Zhang J., Lioy P., Ohman-Strickland P., Kelly-McNeil K., Kipen H., 2005. Do MVOCs cause irritation?: Nasal effects of VOCs and VOC oxidation products in controlled human exposures. In: *Proceedings of the 5th international conference: Bioaerosols, fungi, bacteria, mycotoxins and human health,* (Johanning, eds), Fungal Research Group Foundation, Inc. Albany, NY: Boyd publishing, 154-161.

Laussmann D., Eis D., Schleibinger H., 2004. Comparison of mycological and chemical analytical laboratory methods for detecting mold damage in indoor environments. *Bundesgesundheitsblatt Gesundheitsforschung Gesundheitsschutz* 47, 1078-1094.

Le Département Chimie et les programmes interdisciplinaires du CNRS., 2011. Les douze principes de la Chimie Verte. *Fichier PDF.* <*www.cnrs.fr*> (Consulté en fevrier 2011).

Ledingham G.A., Neish A.C., 1954. *Industrial fermentations*, par Underfolker LA, Hickey RJ, Chemical Publishers, NY.

Lee M.L., Smith D.L., Freeman L.R., 1979. High resolution gas chromatographic profiles of volatile organic compounds produced by microorganisms at refrigerated temperatures. *Appl. Environ. Microbiol.* 37, 85–90.

Leff J.W., Fierer N., 2008. Volatile organic compound (VOC) emissions from soil and litter samples. *Soil Biol. Biochem.* 40, 1629–1636.

Lemieux R.V., 1951. The biochemistry of the ustilaginales. III. The degradation products and proof of the chemical heterogeneity of ustilagic acid. *Canadian Journal of Chemistry* 29, 415-425.

Lemmel S.A., 1985. Mutagenesis in *Clostridium acetobutylicum. Biotechnol. Lett.* 7, 711-716.

Lenc L., Kwaśna H., Sadowski C., 2011. Dynamics of the root/soil pathogens and antagonists in organic and integrated production of potato. *Eur. J. Plant Pathol.* 131, 603–620.

L'Encyclopædia Universalis., 2015. Olivier LAVOISY, « PREMIER PUITS DE PÉTROLE », *Encyclopædia Universalis.* [en ligne], <http://www.universalis.fr/encyclopedie/premier-puits-de-petrole/> (Consulté le 15 janvier 2015).

Leonard R.H., Peterson W.H., Johnson M.J., 1948. *Ind. Eng. Chem.,* 40, 57.

Lepage C., Fayolle F., Hermann M., Vandecasteele J.P., 1987. Changes in membrane lipid composition of *Clostridium acetobutylicum* during acetone-butanol fermentation: effect of solvents, growth temperature and pH. *J. Gen. Microbiol.* 133, 103-110.

Leveau J.Y., Bouix M., 1993. Microbiologie industrielle: les micro-organismes d'intérêt industriel. *Tec & Doc,* 612pp.

Li A.A., Thake D.C., Kaempfe T.A., Branch D.K., O'Donnell P., Speck F.L., Tyler T.R., Faber W.D., Jasti S.L., Ouellette R., Banton M.I., 1999. Neurotoxicity evaluation of rats after subchronic inhalation exposure to isobutanol. *Neurotoxicology* 20, 889-900.

Li H.F., Imai T., Ukita M., Sekine M., Higuchi T., 2004. Compost stability assessment using a secondary metabolite: geosmin. *Environ Technol* 25, 1305-1312.

Lin H.C., Phelan P.L., 1992. Comparisons of volatiles from beetle-transmitted Ceratocystis fagacearum and four non-insect-dependent fungi. *J. Chem. Ecol.* 18, 1623–1632.

Lin Y.L., Blaschek H.P., 1983. Butanol production by a butanol-tolerant strain of *Clostridium acetobutylicum* in extruded com broth. *Appl. Environ. Microbiol.* 45, 966-973.

Lin Y.L., Blaschek H.P., 1984. Transformation of Heat-treated *Clostridium acetobutylicum* protoplasts with pUB110 plasmid DNA. *Appl. Environ. Microbiol.* 48, 737-742.

Lindecrona R.H., Molck A.M., Gry J., Poulsen M., Andersen R., Thorup I., 2003. Subchronic oral toxicity study on the three flavouring substances: octan-3-ol, 2-methylcrotonic acid and oct-3-yl 2-methylcrotonate in Wistar rats. *Food Chem Toxicol* 41, 647-654.

Linton C.W., Wright S.J.L., 1993. Volatile organic compounds: microbial aspects and some technical implications. *J. Appl. Bacteriol.* 75, 1–12.

Lniden J.C., Moreira A.R., Lenz T.G., 1985. Acetone and butanol. *In: Comprehensive Biotechnology,* (M. Moo-Youg, eds), Vol. 3, Pergamon Press, Oxford, 915-931.

Lock M.A., 1993. Attached microbial Communities in rivers. *In: Aquatic Microbiology*, (T.-E. Ford, eds). Blackwell Scientific Publications, Oxford, 113–138.

Lockwood L.B., Stodola F.H., 1946. Preliminary studies on the production of α-ketoglutaric acod by *Pseudomonas fluorescens. J. Biol. Chem.* 164, 81-83.

Logeshwarn P., Thangaraju M., Rajasundari K., 2011. Antagonistic potential of Gluconacetobacter diazotrophicus against Fusarium oxysporum in sweet potato (*Ipomea batatus*). *Arch. Phytopathol. Pl.* 44, 216–223.

Long S., Jones D.T., Woods D.R., 1983. Sporulation of *Clostridium acetobyticum* P262 in a defined medium. *App. Environ. Microbiol.* 45, 1389-1393.

Long S., Jones D.T., Woods D.R., 1984a. Initiation of solvent production, clostridial stage and endospore formation in *Clostridium acetobutylicum* P262. *Appl. Microbiol. Biotechnol.* 20, 256-261.

Long S., Jones D.T., Woods D.R., 1984b. The relationship between sporulation and solvent production in *Clostridium acetonutylicum* p262. *Biotechnol. Lett.* 6, 529-234.

Loper J.E., Schroth M.N., 1986. Influence of Bacterial Sourcesof Indole-3-Acetic-Acid on Root Elongation of Sugar-Beet. *Phytopathology* 76, 386-9.

Lorenz W., Diederich T., Conrad M., 2002. Practical experiences with MVOC as an indicator for microbial growth. In: *Proceedings of Indoor Air 2002, Monterey, CA.,* 4, 341-346.

Ludowitz H.R., La Roe E.G., 1958. *Brevet US,* 2.861.922.

Lundberg P., 1984. Consensus report for 2-butanol, isobutanol and tert-butanol. *In: Scientific basis for Swedish occupational standards V,* (H. Arbete och, eds), Swedish Criteria Group for Occupational Standards. Solna, Sweden: National Board of Occupational Safety and Health. 44, 98-105.

Lundberg P., 1987. Consensus report for dimethyl sulfide and dimethyl disulfide. *In: Scientific basis for Swedish occupational standards VIII,* (H. Arbete och, eds), Swedish Criteria Group for Occupational Standards. Solna, Sweden: National Institute of Occupational Health.39, 12-18.

Lundberg P., 1992a. Concensus report for 2-hexanone. *In: Scientific basis for Swedish occupational standards. XII,* (H. Arbete och, eds), Swedish Criteria Group for Occupational Standards. Solna, Sweden: National Institute of Occupational Health.6, 1-6.

Lundberg P., 1992b. Consensus report for some aliphatic monoketones. *In: Scientific basis for Swedish occupational standards XII,* (H. Arbete och, eds), Swedish Criteria Group for Occupational Standards. Solna, Sweden: National Institute of Occupational Health.6, 7-12.

Luschnig C., Gaxiola R.A., Grisafi P., Fink G.R., 1998. EIR1, a root-specific protein involved in auxin transport, is required for gravitropism in *Arabidopsis thaliana. Genes Dev* 12, 2175-87.

Lütke-Eversloh T., Bahl H., 2011. Metabolic engineering of Clostridium acetobutylicum: recent advances to improve butanol production. *Curr. Opin. Biotechn.* 22, 634–647.

Lynch D.W., Lewis T.R., Moorman W.J., Plotnick H.B., Schuler R.L., Smallwood A.W., Kommineni C., 1981. Inhalation toxicity of methyl n-amyl ketone (2-heptanone) in rats and monkeys. *Toxicol Appl Pharmacol* 58, 341-352.

M

Macdonald E.M.S., Powell G.K., Regier D.A., Glass N.L., Roberto F., Kosuge T., Morris R.O., 1986. Secretion of Zeatin, Ribosylzeatin, and Ribosyl-1"-Methylzeatin by *Pseudomonas*- Savastanoi - Plasmid-Coded Cytokinin Biosynthesis. *Plant Physiol* 82, 742-7.

Machell G., 1959. Production and application of lactic acid. *Ind. Chem.,* 35, 283-290.

Mackey B.M., Morris J.G., 1971. Unstructural changes during sporulation of *Clostridium pasterianum. J. Gen. Microbiol.* 66, 1-13.

Mackie A.E., Wheatley R.E., 1999. Effects and incidence of volatile organic compound interactions between soil bacterial and fungal isolates. *Soil Biol. Biochem.* 31, 375–385.

Maddox I.S., 1980. Production of n-butanol from whey filtrate using *Clostridium acetobutylicum* NCIB 2951. *Biotechnol. Lett.* 2, 493-498.

March R.E., Richard D.S., Ryan R.W., 2006. Volatile compounds from six species of truffle – head-space analysis and vapor analysis at high mass resolution. *Int. J. Mass Spectrom.* 249–250, 60–67.

Marchal R., 1982. La fermentation acétonobutylique. Synthèse bibliographique et orientations actuelles. *Revue de l'institut François du Pétrole.* 37, 289-401.

Marchal R., Blanchet D., Vandecasteele J.P., 1985b. Industrial optimization of acetone-butanol fermentation: a study of the utilization of Jerusalem artichokes. *Appl. Microbiol. Biotechnol.* 23, 92-98.

Marchal R., Rebeller J.P., Vandecasteele J.P., 1984. Direct bioconversion of alkali-pretreated straw using simultaneous enzymatic hydrolysis and acetone-butanol fermentation. *Biotechnol. Lett.* 6, 523-528.

Marchal R., Rebeller M., Fayolle F., Pourquié J., Vandecasteele J.P., 1985a. Acetone-butanol fermentation of hydrolysates obtained by enzymatic hydrolysis of agricultural lignocellulosic residues. *In: Energy from biomass,* (W. Palz, J. Coombs, D.-O. Hall, eds), 3rd EC Conference, Elsevier Applied Science Publishers, London, 692-696.

Marchall R., 1982. La fermentation acétonobutylique. Synthese bibliographique et orientations actuelles. *Revue de l'Institut Françàis du Pétrole*, 12, 389-401.

Marlatt J.A., Datta R., 1986. Acetone-butanol fermentation process. Development and economic evaluation. *Biotechnol. Progress.* 2, 23-28.

Martin J.R., Petitdemange H., Gay R., 1983. Effects of acetic and butyric acids on solvents production by *Clostridium acetobutylicum. Biotechnol. Lett.* 5, 89-94.

Martin S.M., 1955. Effect of ferrocyanide on growth and acid production of *Aspergillus niger. Canad. J. Microbiol.* 1(8), 644-652.

Martin S.M., Water S., 1952. Production of citric acid by submerged fermentation. *Ind. Eng. Chem.,* 44, 2229-2233.

Martinez A., Obertello M., Pardo A., Ocampo J., Godeas A., 2004. Interactions between *Trichoderma pseudokoningii* strains and the arbuscular mycorrhizal fungi *Glomus mosseae* and *Gigaspora rosea. Mycorrhiza* 14, 79–84.

Mason C.A., Hamer G., Bryers J.D., 1986. The death and lysis of the micoorganisms in environmental processes. *FEMS Microbiol. Rev.* 39, 373-401.

Masuo E., Wakizaka Y., 1955. *In report presented at the annual meeting of 1955. Meet. Agr. Chem. Soc. Japan, Tokyon, May.*

Mathews J.M., Raymer J.H., Etheridge A.S., Velez G.R., Bucher J.R., 1997. Do endogenous volatile organic chemicals measured in breath reflect and maintain CYP2E1 levels *in vivo*? *Toxicol Appl Pharmacol* 146, 255-260.

Matsuoka A., Hayashi M., Sofuni T., 1998. *In vitro* clastogenicity of 19 organic chemicals found in contaminated water and 7 structurally related chemicals. *Environ Mutagen Res* 20, 159- 165.

Matta-El-Ammouri G., Janati-Idrissi R., Rambourg J.M., Petitdemange H., Gay R., 1986. Acetone butanol fermentation by a *Clostridium acetobutylicum* mutant with high solvent productivity. *Biomass.* 10, 109-119.

Mattheis J.P., Roberts R.G., 1992. Identification of geosmin as a volatile metabolite of *Penicillium expansum. Appl. Environ. Microbiol.* 58, 3170–3172.

Matysika S., Herbarth O., Mueller A., 2008. Determination of volatile metabolites originating from mould growth on wall paper and synthetic media. *J. Microbiol. Methods* 75, 182–187.

May O.E., Herrick H.T., 1932. Production of organic acids from carbohydrates by fermentation. A digest of the literature. *US., Dept. Agri. Cir.,* 216, 1-31.

Mayer V.W., Goin C.J., 1994. Induction of chromosome loss in yeast by combined treatment with neurotoxic hexacarbons and monoketones. *Mutat Res* 341, 83-91.

Mc Cabe J., Eckenfelder W.W., 1956. Biological Treatment of Sewage and Industrial Wastes. Reinhold, New York.

Mc Coy E., Fred E.B., Peterson W.H., Hastings E.G., 1926. A cultural study of the acetone butyl alcohol organism. *J. Infect. Dis.* 39, 457-483.

Mc Cutcham W.M., Hickey R.J., 1954. The butanol-acetone fermenting. *In: Industrial Fermentation.* (L.-A. Underkofler, R. Hickey, eds), Vol. Chap. 11. Chem. Chemical Publishing Compagny, New York, 580p.

Mc Cutchan W.M., Hickey R.J., 1954. The butanol acetone fermentations. *In: Industrial Fermentations,* (L.-A. Underkofler, R.-J. Hickey, eds), Vol. 1, Chemical ublishing Co. New York, 347-388.

Mc Neil B., Kristiansen B., 1986. The acetone butanol fermentation. *Adv. Appl. Microbiol.* 31, 61-92.

McAllister CB, Garcia-Garrido JM, Garcia-Romera I, Godeas A, Ocampo JA., 1996. In vitro interactions between *Alternaria alternata, Fusarium equiseti* and *Glomus mosseae. Symbiosis* 20, 163–174.

McCain A.H., 1966. A volatile antibiotic by *Streptomyces griseus. Phytopathology* 56, 150.

McNeal K.S., Herbert B.E., 2009. Volatile organic metabolites as indicators of soil microbial activity and community composition shifts. *Soil Sci. Soc. Am. J.* 73, 579–588.

Mehrer A., Lorenz W., 2005. Potential influences on MVOC measurements. In: *Proceedings of Indoor Air 2005, Bejing, China,* 2, 2444-2449.

Meinecke B., Bahl H., Gottschalk G., 1984. Selection of an asperogenous strain of *Clostridium acetobutylicum* in continuous culture under phosphate limitation. *Appl. Environ. Microbiol.* 48, 1064-1065.

Meish A.C., Blackwood A.C., Ledingham G.A., 1945. Dissimilation of glucose by *Bacillus subtilis* (For-strain). *Can. J. Res.,* B 23, 290-296.

Menetrez M.Y., Foarde K.K., 2002. Microbial volatile organic compound emission rates and exposure model. *Indoor Built Environ.* 11, 208–213.

Meruva N.K., Penn J.M., Farthing D.E., 2004. Rapid identification of microbial VOCs from tobacco molds using closed-loop stripping and gas chromatography/time-of-flight mass spectrometry. *J Ind Microbiol Biotechnol* 31, 482-488.

Metivier J. 1957. *Brevet US,* 2.778.767.

Meyer C.L., Mc Laughlin J.K., Papotsakis E.T., 1985. The effect of CO on growth and production in batch cultures of *Clostridium acetobutylicum. Biotechnol. Let.* 7, 37-42.

Meyer C.L., papoutsakis E.T., 1989. Increased levels of ATP and NADH are associated with increased solvent production in continuous culture of *Clostridium acetonobutylic* fermentation. *Appl. Microbiol. Biotechnol.* 30, 450-459.

Michalke K., Wickenheiser E.B., Mehring M., Hirner A.V., Hensel R., 2000. Production of volatile derivatives of metal (loid)s by microflora involved in anaerobic digestion of sewage sludge. *Appl. Environ. Microbiol.* 66, 2791–2796.

Miller A., III, Scanlan R.A., Lee J.S., Libbey L.M., 1973. Volatile compounds produced in sterile fish muscle (*Sebastes melanops*) by *Pseudomonas putrefaciens*, *Pseudomonas fluorescens*, and an *Achromobacter* species. *Appl Microbiol* 26, 18-21.

Miller A., Scanlan R.A., Lee J.S., Libbey L.M., 1973. Identification of the volatile compounds produced in sterile fish muscle (*Sebastes melanops*) by *Pseudomonas fragi. Appl. Microbiol.* 25, 952–955.

Miller M.B., Bassler B.L. 2001. *Quorum sensing* in bacteria. *Annu. Rev. Microbiol.* 55, 165–99.

Minerdi D., Bossi S., Gullino M.L., Garibaldi A., 2009. Volatile organic compounds: a potential direct long-distance mechanism for antagonistic action of *Fusarium oxysporum* strain MSA35. *Environ. Microbiol.* 11, 844–854.

Minerdi D., Bossi S., Maffei M.E., Gullino M.L., Garibaldi A., 2011. *Fusarium oxysporum* and its bacterial *consortium* promote lettuce growth and expansin A5 gene expression through microbial volatile organic compound (MVOC) emission. *FEMS Microbiol Ecol* 76, 342-51.

Minerdi D., Moretti M., Gilardi G., Barberio C., Gullino M.L., Garibaldi, A., 2008. Bacterial ectosymbionts and virulence silencing in a *Fusarium oxysporum* strain. *Environ. Microbiol.* 10, 1725–1741.

Minier M., Grateloup R., Blanc-Ferras E., Goma G., 1990b. Extractive acetobutylic fermentation by coupling ultrafiltration and distillation. *Biotechnol. And Bioeng.* 35, 861-869.

Minier M., Soucaille P., Blanc-Ferras E., Izard A., Goma G., 1990a. Inactivation of lytic enzymes by heat treatment in ultrafiltration-coupled acetonobutylic fermentation. *Appl. Microbiol.* 33, 274-279.

Minnich M., Schumacher B., 1993. Behavior and determination of volatile organic compounds in soil: A literature review. US Environmental Protection Agency. *EPA* 600/R-93/140, 1–104.

Minton N.P., Brehm J.K., Oultram J.D., Thompson D.E., Swingfield T.J., Pennock A., Schimming S., Whelan S.M., Vetter U., Young M., Staudenbauer W.L., 1990. Vector systems for the genetic analysis of *Clostridium*. *In: Clinical and*

molecular Aspects of Anaerobes, (S.-P. Borriello, eds.), Wrightson Biomedical Publishing Ltd, 187-201.
Miransari M., 2011. Interactions between arbuscular mycorrhizal fungi and soil bacteria. *Appl. Microbiol. Biotech.* 89, 917–930.
Mishutin E.N., Yemtsev V.T., 1973. Anaerobic nitrogen-fixing bacteria in USSR soils. *Soil Biol. Biochem.* 5, 97-107.
Mitchell A., 2001. *Quorum quenching.* Plant microbiology. *Macmillan Magazin Ltd. (www.nature.com/reviews/molcellbio)* 2, 488.
Moeira A.R., Ulmer D.C., Linden J.C., 1981. Butanol toxicity in the butylic fermentation. *Biotechnol. Bioeng. Symp.* 11, 567-579.
Moity L., Durand M., Benazzouz A., Pierlot C., Molinier V., Aubry J.M., 2012. *Green Chemistry* 14, 1132-1145.
Mollenhauer H.P., 1956. Vinegar manufacture. Processes, plants and problems. *Food Manufact,* 47-51.
Monat F., Engasser J.M., Petitdemange H., 1983. Regulation of acetone-butanol production in batch and continuous cultures of *Clostridium acetobutylicum. Biotechnol. Bioeng. Symp.,* 13, 207-216.
Mondon E. 1934. Assainissement général des Villes et des petites collectivités. *Dunod, Paris.*
Monot F., Engasser J.M., 1983a. Continuous production of acetone-butanol on an optimized synthetic medium. *Eur. J. Appl. Microbiol. Biotechnol.* 18, 246-248.
Monot F., Engasser J.M., 1983b. Production of acetone and butanol by batch and continuous culture of *Clostridium acetobutylicum* under nitrogen limitation. *Bio. Technol. Lett.* 5, 213-218.
Monot F., Engasser J.M., petitdemange H., 1984. Influence of pH and undissociated butyric acid on the production of acetone and butanol in batch cultures of *Clostridium acetobutylicum. Appl. Microbiol. Biotechnol.* 19, 422-426.
Monroe D. 2007. Looking for Chinks in the Armor of Bacterial Biofilms. *PlosBiology* 5 (11), 2458-2461.
Moore B., Zhou L., Rolland F., Hall Q., Cheng W.H., Liu Y.X., Hwang I., Jones T., Sheen J., 2003. Role of the *Arabidopsis* Glucose Sensor HXK1 in Nutrient, Light, and Hormonal Signaling. *Science* 300, 332-6.
Morey P., Horner E., Gareis M., Johanning E., Worthan A., Lstiburek J., Krell R., 2000. Microbial evaluation in a partially remediated residence. In: *Proceedings of Healthy Buildings 2000, SYI Indoor Air Information Oy, Helsinki, Finland,* 3, 385-390.
Morey P., Worthan A., Weber A., Horner E., Black M., Muller W., 1997. Microbial VOCs in moisture damaged buildings. *In: Proceedings from IAQ'97, Bethesda, Maryland* 1, 245-250.
Morra M.J., Dick W.A., 1991. Mechanisms of H_2S production from cysteine and cystine by microorganisms isolated from soil by selective enrichment. *Appl. Environ. Microbiol.* 57, 1413–1417.
Morris J.G., 1979. Oxygen and the obligate anaerobe. *J. Appl. Bact.* 40, 229-244.
Morse C.C., Boyd M.R., Witschi H., 1984. The effect of 3-methylfuran inhalation exposure on the rat nasal cavity. *Toxicology* 30, 195-204.
Mortenson L.E., Valentine R.C., Carnahan J.E., 1963. Ferredoxin in the phosphoroclastic reaction of pyruvic acid and its relation to nitrogen fixation in *Clostridium pasterianum. J. Biol. Chem.* 238, 794-800.

Moubayidin L., Di Mambro R., Sabatini S., 2009. Cytokininauxin crosstalk. Trends Plant Sci 14, 557-62.

Moyer A.H., 1953. *Appl. Microbiol.* 1, 1.

MSDS. 2010. Material Safety Data Sheet database. *Oxford, UK: The Physical and Theoretical Chemistry Laboratory.* <http://physchem.ox.ac.uk/MSDS)> (Consulté en juillet 2010). Rq: le site n"est plus maintenu depuis 2011.

Müller A., Hillebrand H., Weiler E.W., 1998. Indole-3-acetic acid is synthesized from L-tryptophan in roots of *Arabidopsis thaliana. Planta* 206, 362-9.

Muller T., Thissen R., Braun S., Dott W., Fischer G., 2004. (M)VOC and composting facilities. Part 1: (M)VOC emissions from municipal biowaste and plant refuse. *Environ Sci Pollut Res Int* 11, 91-97.

Muller T., Thissen R., Braun S., Dott W., Fischer G., 2004. (M)VOC and composting facilities. Part 2: (M)VOC dispersal in the environment. *Environ Sci Pollut Res Int* 11, 152-157.

N

Naeem S., 1997. Species redundancy and ecosystem reliability. *Conserv. Biol.* 12, 39–45.

Nakajima D., Ishii R., Kageyama S., Onji Y., Mineki S., Morooka N., Takatori K., Goto S., 2006. Genotoxicity of microbial volatile organic compounds. *Journal of Health Science* 52, 148-153.

Nakamura S.I., Oda Y., Shimada T., Oki I., Sugimoto K., 1987. SOS-inducing activity of chemical carcinogens and mutagens in *Salmonella typhimurium* TA1535/pSK1002: examination with chemicals. *Mutat Res* 192, 239-246.

Nakamura T., Igarashi Y., Kodama T., 1990. AcetoacetylCoA transferase and thiolase reactions are a catalyzed by a single enzyme in *Clostridium acetobutylicum* ATCC 8224. *Agr. Biol. Chem.* 54, 267-268.

Nakas J.P., Klein D.A., 1980. Mineralization capacity of bacteria and fungi from the rhizosphere-rhizoplane of a semiarid grassland. *Appl. Environ. Microbiol.* 39, 113–117.

Nannipieri P., Ascher J., Ceccherini M.T., Landi L., Pietramellara G., Renella G., 2003. Microbial diversity and soil functions. *Eur. J. Soil Sci.* 54, 655–670.

Nannipieri P., Ascher J., Ceccherini M.T., Landi L., Pietramellara G., Renella G., Valori F., 2007. Microbial diversity and microbial activity in the rhizosphere. Ciencia del suelo (ARGENTINA) 25, 89–97.

Nativel F., Pourquié J., Ballerini D., Vandecasteele J.P., Renault P.H., 1992. The biotechnology facilities at sustons for biomass conversion. *Int. J. Solar. Energy.* 11, 219-229.

Nawarath T., Dickschat J.S., Müller R., Jiang J., Cane D.E., Schulz S., 2008. Identification of (8S, 9S, 10S)-8, 10-dimethyl-1-octalin, a key intermediate in the biosynthesis of geosmin in bacteria. *J. Am. Chem. Soc.* 130, 430–431.

Nealson K., Platt T., Hastings J.W., 1970. The cellular control of the synthesis and activity of the bacterial luminescent system. *Journal of Bacteriology* 104 (1), 313–22.

Needle H.C., Aries R.S., 1949. Lactic acid and lactates. *Sugar* 44(12), 32-36.

Nelson G.E.N., Traufler D.H., Kelley S.E., Lockwood D.L.B., 1952. In production of itaconic acid by Aspergillus terrus in 20-liter fermentors. *Ind. Eng. Chem.* 44, 1166-1168.

Neuray G., 2004. Des paysages – Pour qui ? Pourquoi ? Comment ? *Réédition de l'ouvrage de 1982. Les presses agronomiques de Gembloux, ASBL,* pp589.

Nielsen G.D., Alarie Y., Poulsen O.M., Nexø B.A., 1995. Possible mechanisms for the respiratory tract effects of noncarcinogenic indoor-climate pollutants and bases for their risk assessment. *Scand J Work Environ Health* 21, 165-178.

Nielsen G.D., Hansen L.F., Alarie Y., 1992. Irritation of the upper airways. Mechanisms and structureactivity relationships. *In: Chemical, microbiological, health and comfort aspects of indoor air quality - State of the art in SBS*, (H. Knöppel, P. Wolkoff, eds), Dordrecht: Kluwer Academic Publishers, 99-114.

Nielsen G.D., Larsen S.T., Hougaard K.S., Hammer M., Wolkoff P., Clausen P.A., Wilkins C.K., Alarie Y., 2005. Mechanisms of acute inhalation effects of (+) and (-)-alpha-pinene in BALB/c mice. *Basic Clin Pharmacol Toxicol* 96, 420-488.

Nieminen T., Neubauer P., Sivela S., Vatamo S., Silfverberg P., Salkinoja-Salonen M., 2008. Volatile compounds produced by fungi grown in strawberry jam. LWT- *Food Sci. Technol.* 41, 2051–2056.

Nijland R., Burgess J.G. 2010. Bacterial olfaction. *Biotechnol. J.* 5, 1–4.

Nikunen E., Leinonen R., Kemiläinen B., Kultamaa A., 2000. Environmental properties of chemicals. Vol 1. Finnish Environment Institute. Helsinki, Edita Ltd.

Nilsson T., Larsen T.O., Montarella L., Madsen J.Ø., 1996. Application of headspace solid-phase microextraction for the analysis of volatile metabolites emitted by *Penicillium* species. *J Microbiol Methods* 25, 245-255.

NIOSH., 1978. Criteria for a recommended standard. Occupational exposure to ketones. *US National Institute for Occupational Safety and Health. Center for Disease Control. Public Health Service. U.S. Department of Health, Education and Welfare. DHEW (NIOSH) Publication* No. 78-173.

NIOSH., 2010. Conversion calculator: "mg/m^3 to ppm" or "ppm to mg/m^3". *US National Institute for Occupational Safety and Health. Centers for Disease Control and Prevention. Department of Health and Human Services.* <http://www.cdc.gov/niosh/docs/2004-101/calc.htm> (Consulté en juillet 2010).

NIOSH., 2010. Documentation for Immediately Dangerous to Life or Health Concentrations (IDLH). *US National Institute for Occupational Safety and Health.* <http://www.cdc.gov/niosh/idlh/intridl4.htm > (Consulté en juillet 2010).

Norbäck D., Mi Y.H., Larsson L., Wady L., Tao J., Mi Y.L., 2003. Moulds, bacteria and MVOC in classroom and outdoor air, and microbial components in settled dust from schools in Shanghai, China. *In: Proceedings of Healthy Buildings 2003*, Singapore, 600-606.

NTP., Report on carcinogens, Eleventh edition; U.S. Department of Health and Human Services, Public Health Service, National Toxicology Program.

O

O'Brien R.W., Morris J.R., 1971. Oxygen and the growth and metabolism of *Clostridium acetobutylicum. J. Gen. Microbiol.* 68, 307-323.

O'kane W.C., Morey G.H., 1949. *Brevet US,* 2.460.188.

Ogata S., Choi K.H., Hongo M., 1975. Sucrose-induced autolysis and development and protoplast-like cells of *Clostridium saccharoperbutylacetonicum. Agr. Biol. Chem.* 39, 1247-1254.

Ogata S., Hongo H., 1979. Bacteriophages of the genus *Clostridium*. *Adv. Appl. Microbiol.* 25, 241-273.

Ogata S., Hongo M., 1974. Lysis induced by sodium ion and its relation to lytic enzyme systems in *Clostridium saccharoperbutylacetonicum*. *J. Gen. Microbiol.* 81, 315-323.

Olson M.E., Ceri H., Mork D.W., Buret A.G., Read R.R., 2002. Biofilm bacteria: formation and comparative susceptibility to antibiotics. *Can J Vet Res.* 66(2), 86–92.

Ortíz-Castro R., Contreras-Cornejo H.A., Macias- Rodriguez L., Lopez-Bucio J., 2009. The role of microbial signals in plant growth and development. *Plant Signal Behav* 4, 701-12.

Ortíz-Castro R., Valencia-Cantero E., López-Bucio J., 2008. Plant growth promotion by *Bacillus megaterium* involves cytokinin signaling. *Plant Signal Behav* 3, 263-5.

Oultram J.D., Young M., 1985. Conjugal transfert of plasmid pAMB1 from *Streptococus lactis* and *Bacillus subtilis* to *Clostridium acetobutylicum*. *FEMS Microbiol. Letters.* 27, 139-134.

Ounine K., Petit-Demange H., Raval G., Gay R., 1983. Acetone-butanol production from pentoses by *Clostridium acetobutylicum*. *Biotechnol. Lett.* 5, 605-610.

Ounine K., Petit-Demange H., Raval G., Gay R., 1985. Regulation and butanol inhibition of D-xylose and D-glucose uptake in *Clostridium acetobutylicum*. *Appl. Environ. Microbiol.* 49, 874-878.

Owen S.M., Clark S., Pompe M., Semple K.T., 2007. Biogenic volatile organic compounds as potential carbon sources for microbial communities in soil from the rhizosphere of *Populus tremula*. *FEMS Microbiol. Lett.* 268, 34–39.

P

Pal K.K., McSpadden Gardener B., 2006. Biological control of Plant Pathogens. The Plant Health Instructor. 26pp.

Palková Z., Váhová L., 2003. Ammonia signaling in yeast colony formation. *Int. Rev. Cytol.* 225, 229–272.

Palosaari N.R., Rogers P., 1988. Purification and properties of the inducible coenzyme A-linked butyraldehyde dehydrogenase from *Clostridium acetobutylicum*. *J. Bacteriol.* 170, 2971-2976.

Pappas G.P., Herbert R.J., Henderson W., Koenig J., Stover B., Barnhart S., 2000. The respiratory effects of volatile organic compounds. *Int J Occup Environ Health* 6, 1-8.

Pasanen A.L., Heinonen-Tanski H., Kalliokoski P., Jantunen M.J., 1992. Fungal microcolonies on indoor surfaces - an explanation for the base-level fungal spore counts in indoor air. *Atmos Environ* 26B, 121-124.

Pasanen A.L., Järnberg J., Korpi A., 2006. The Nordic Expert Group for Criteria Documentation of Health Risks from Chemicals. 138. Microbial volatile organic compounds (MVOCs). *Arbete och Hälsa* 13, 1-78.

Pasanen A.L., Korpi A., Kasanen J.P., Pasanen P., 1998. Critical aspects on the significance of microbial volatile metabolites as indoor air pollutants. *Environ Int* 24, 703-712.

Pasanen A.L., Lappalainen S., Pasanen P., 1996. Volatile organic metabolites associated with some toxic fungi end their mycotoxins. *Analyst* 121, 1949-1953.

Pasanen P., Korpi A., Kalliokoski P., Pasanen A.L., 1997. Growth and volatile metabolite production of *Aspergillus versicolor* in house dust. *Environ Int* 23, 425-432.

Pelusio F., Nilsson T., Montanarella L., Tilio R., Larsen B., Facchetti S., Madsen J., 1995. Headspace solid-phase microextraction analysis of volatile organic sulfur compounds in black and white truffle aroma. *J. Agric. Food Chem.* 43, 2138–2143.

Perlman D. 1949. Mycological production of citric acid-the submerged culture method. *Econ. Bot.* 3, 360-374.

Pessi G., Haas D., 2000. Transcriptional control of the hydrogen cyanide biosynthetic genes hcnABC by the anaerobic regulator ANR and the *quorum sensing* regulators LasR and RhlR in *Pseudomonas aeruginosa. J. Bacteriol.* 182, 6940–6949.

Peters M.A., Hudson P.M., Dixon R.L., 1981. The effect totigestational exposure to methyl n-butyl ketone has on postnatal development and behavior. *Ecotoxicol Environ Saf* 5, 291-306.

Petersen D.J., Bennett G.N., 1990. Cloning of *Clostridium acetobutylicum* ATCC 824 thiolase gene in *Escherichia coli. Abst 0-76 ASM National Meeting.*

Petersen D.J., Welch R.W., Rudolph F.B., Bennett G.N., 1991. Molecular cloning of an alcohol (butanol) dehydrogenase gene cluster from Clostridium acetobutylicum ATCC 824. *J. Bacteriol.* 173, 1831-1834.

Peterson W.H., Fred E.B., 1932. Butylacetone fermentation of corn meal. *Int. Eng. Chem.* 24, 237-242.

Petit-Demange H., Cherrier C., Raval G., Gay R., 1976. Regulation of the NADH and NADPH-ferredoxin oxidoreductases in clostridia of the butyric group. *Biochim. Biophys. Acta.* 421, 334-347.

Petit-Demange H., Jumelles A.M., Ballongue J., El Kanouni E., Gay R., 1990. Genetic strategies for the improvement of solvent yield and productivity. *In: 6th international Symposium on genetics of Industrial Microorganisms. Strasburg 12-13 August.*

Pfeiffer V.F., 1953. *Brevet US,* 2.657.173.

Pfeiffer V.F., Vojnovich C., Heger E.N., Nelson G.E.N., Haynes W.C., 1958. Production of Calcium 2-Ketogluconate by fermentation with Species of *Pseudomones. Ind. Eng. Chem.* 50(7), 1009-1012.

Pfeiffer V.F., Voznovich C., Heger E.N., 1952. Itaconic acid by fermentation with *Aspergillus Terreus*. *Ind. Eng. Chem.* 44(12), 2975-2980.

Philip B., 2013. Au Vietnam, l"agent orange" répandu par les Américains continue de tuer; Le Monde | 29.04.2013. <http://www.lemonde.fr/planete/article/2013/04/29/au-vietnam-l-agent-orange-repandu-par-les-americains-continue-de-tuer_3168154_3244.html > (Consulté le 29 avril 2013).

Phillips M., Herrera J., Krishnan S., Zain M., Greenberg J., Cataneo R.N., 1999. Variation in volatile organic compounds in the breath of normal humans. *J Chromatogr B Biomed Sci Appl* 729, 75-88.

Pierrot P., Fick M., Engasse J.M., 1986. Continuous aceton-butanol fermentation with high productivity by cell ultrafiltration and recycling. *Biotechnol. Lett.* 8, 253-256.

Pipes W.O., 1967. Bulking of activated sludge. *Adv. Appl. Microbiol.* 9, 185-234.

Pirt S.J., 1957. The Oxygen Requirement of Growing Cultures of an Aerobacter Species Determined by means of the Continuous Culture Technique. *J. Gen. Microbiol.* 16, 59-75.

Pittard B.T., Freeman L.R., Later D.W., Lee M.L., 1982. Identification of volatile organic compounds produced by fluorescent pseudomonads on chicken breast muscle. *Appl. Environ. Microbiol.* 43, 1504–1506.

Podvin L., 1989. Activité autocatalytique de *Clostridium acetobutylicum* souche N 1-4. *Thèse de doctorat. Université Paris 6.*

Porge N., 1960. *Advances Applied Microbiology. 3,* Academic Press.

Poulin P., Krishnan K., 1995. An algorithm for predicting tissue: blood partition coefficients of organic chemicals from n-octanol: water partition coefficient data. *J Toxicol Environ Health* 46, 117-129.

Pourqué J., Vandecasteele J.P., 1988. Conversion des composés lignocellulosiques par hydrolyse enzymatique et fermentation en acétone-butanol. *In: Biotechnologie,* (T. Scriban, eds), 3ème édition, Lavoisier-Tec et Doc, Paris, 773-792.

Prescott S.C, Dunn C.G., 1959. The acetone-butanol fermentation. *In: Industrial Microbiology,* 3e edition. Mc Graw Hill, New York, 250-283.

Prévot A.R., Turpin A., Kaiser P., 1966. *Clostridium. In: Les bactéries anaérobies*, Dunod, Paris, 806-1319.

Programme de recherche VASIREMI., soutenu par l'ANR[Quoi ?] Blanc coordonné par l'université de La Rochelle (C. Dupuy) 2006-2010. *Trophic web linked to microbial biofilm in intertidal mud flats.*

Putus T., 2005. Health effects of moisture damage associated microbes. *In: Proceedings of the 5th international conference: Bioaerosols, fungi, bacteria, mycotoxins and human health,* (Johanning, eds), Fungal Research Group Foundation, Inc. Albany, NY: Boyd publishing, 94-107.

R

Ranjard L., Richaume A., 2001. Quantitative and qualitative microscale distribution of bacteria in soil. *Res. Microbiol.* 152, 707–716.

Ravindranath V., Burka L.T., Boyd M.R., 1984. Reactive metabolites from the bioactivation of toxic methylfurans. *Science* 224, 884-886.

Rehm H.J., 1967. Acetone-butanol und weitere Verfahren mit Clostridien. *In: Industrielle Mikrobiologie.* Springer Verlag, Berlin, 122-140.

Reid S.H., Allcock E.R., Jones D.T., Woods D.R., 1983. Transformation of *Clostridium acetobutylicum* protoplasts with bacteriophage DNA. Appl. *Environ. Microbiol.* 45, 305-307.

Reysset G., Hubert J., Podvin L., Sebald M., 1987. Protoplast formation and regeneration of *Clostridium acetobutylicum. J. Gen. Microbiol.* 133, 2595-2600.

Reysset G., Hubert J., Podvin L., Sebald M., 1988. Transfection and transformation of *Clostridium acetobutylicum* strain Ni-4081 protoplasts. *Biotechnology Techniques.* 2, 199-204.

Reysset G., Sebald M., 1985. Conjugaal Transfert of plasmid-mediated antibiotic resistance from streptococci to *Clostridium acetobutylicum. Annales Microbiol. (institut Pasteur).* 136B, 275-282.

Rhodes R.A., Moyer A.J., Smith M.L., Kelley S.E., 1958. *Appl. Microbiol.* 7, 74.

Richard J.F., 1975. Paysages, écosystèmes, environnement : une approche géographique. *L'espace géographique* 2, 81-92.

Riebeling V., Thauler R.K., Jungermann K., 1975. The internal-alkaline pH gradient sensitive to uncoupler and ATPase inhibitor in growing *Clostridium pasteurianum. Eur. J. Biochem.* 55, 445-453.

Rigamonte T.A., Pylro V.S., Duarte G.F., 2010. The role of mycorrhization helper bacteria in the establishment and action of *ectomycorrhizae* associations. *Braz. J. Microbiol.* 41, 832–840.

Rimbert S., 1973a. Approche des paysages. *L'espace géographique* 3, 233-241.

Rimbert S., 1973b. Les paysages urbains. *Paris, Librairie Armand Collin,* 240p.

Rivers J.C., Pleil J.D., Wiener R.W., 1992. Detection and characterization of volatile organic compounds produced by indoor air bacteria. *J Expo Anal Environ Epidemiol* 1 (suppl), 177-188.

Robson P.M., Jones D.T., 1982. Industrial production of acetone-butanol. *In: Production d'intermédiaires industriels par culture anaérobie*, (O. Chaudé, G. Durand, eds.), 7ème Colloque de la Section de Microbiologie Industrielle et de Biotechnologie. Société Française de Microbiologie, Paris, 162-211.

Robson P.M., Jones D.T., 1982. Industrial production of acetonebutanol. *In Colloque Soc. Fr. Microbiol., IFP, ReuilMalmaison,* 169-213.

Roesch L.F., Fulthorpe R.R., Riva A., Casella G., Hadwin A.K., Kent A.D., Daroub S.H., Camargo F.A., Farmerie W.G., Triplett E.W., 2007. Pyrosequencing enumerates and contrasts soil microbial diversity. *ISME J.* 1, 283–290.

Rogers H.G., 1979. The function of bacterial autolysisns. *In: Microbiol polysaccharides and polysaccharases*, (R.-C.-W. Berkeley, W. Gooday, D.-C. Ellwood, eds), Académic Press, New York, 237-268.

Rogers P., 1986. Genetics and biochemistry of *Clostridium* relevant to development of fermentation processes. *Adv. Appl. Microbiol.* 31, 1-60.

Rogers P., Palosaari N., 1987. *Clostridium acetobutylicum* mutants that proceduce butyraldehyde and altered quantities of solvents. *Appl. Environ. Microbiol.* 53, 2761-2766.

Rolland F., Baena-Gonzalez E., Sheen J., 2006. Sugar sensing and signaling in plants: conserved and novel mechanisms. *Annu Rev Plant Biol* 57, 675-709.

Roos J.W., Mc Laughlin J., Papoutsakis E.T., 1985. The effect of pH on nitrogen supply, cell lysis and solvent production in fermentations of *Clostridium acetobutylicum. Biotechnol. Bioeng.* 27, 681-694.

Roparis M., Marchal R., Pourqué J., Vandecasteele J.P., 1992. Large scale enzymatic hydrolysis of agricultural lignocellulosic biomass. Part. 1: Pretreatment procedures. *Bioresource Technol*. 42, 197-204.

Rose A.H., 1961. *Industrial Microbiology. Butterworths*, Londres.

Roxburg J.M., Spencer J.F.T., Sallans H.R., 1954. *J. Agr. Food. Chem.* 2, 1121.

RTECS., 2010. The Registry of Toxic Effects of Chemical Substances database (2010). *Compiled by the US National Institute for Occupational Safety and Health. Licensed through MDL Information Services, Inc. San Leandro, CA, US: MDL Information Services, Inc.* <http://www.cchst.ca/products/rtecs/ & http://en.wikipedia.org/wiki/Registry_of_Toxic_Effects_of_Chemical_Substances> (Consulté en juillet 2010).

Rudolfs W., 1953. *Industrial Wastes.* Reinhold. Publishing Corpn, New York, 99-129.

Rudrappa T., Splaine R.E., Biedrzycki M.L., Bais H.P., 2008. Cyanogenic Pseudomonads Influence Multitrophic Interactions in the Rhizosphere. *PLoS One* 3, e2073.

Ruiz R., Bilbao R., Murillo M.B., 1998. Adsorption of different VOC onto soil minerals from gas phase; Influence of mineral, type of VOC, and air humidity. *Environ. Sci. Technol.* 32, 1079–1864.

Rukusko B., Yamazaki M., 1969. On the fermenting ability of sand cultures of acetone-butanol organisms stored for long years. *Arg. Biol. Chem.* 6, 965-966.

Ruotsalainen R., Jaakkola N., Jaakkola J.J., 1995. Dampness and molds in day-care centers as an occupational health problem. *Int Arch Occup Environ Health* 66, 369-374.

Ruth J.H., 1986. Odor thresholds and irritation levels of several chemical substances: a review. *Am Ind Hyg Assoc J* 47, A142-151.

Ryan R.P., Dow J.M., 2008. Diffusible signals and interspecies communication in bacteria. *Microbiol.* 154, 1845–1858.

Ryden R., 1958. Development of anaerobic fermentation processes: Acetone-butanol. *In Biochemical Engineering par Steel R. Heywood,* Londres, Hevv, 125.

Ryden R., 1959. Development of anaerobic fermentation precesses: acetone-butanol. *In: Biotechnical engineering*, (R. Ryden, eds), Heywood, London, 125-147.

Ryu C.M., Farag M.A., Hu C.H., Reddy M.S., Kloepper J.W., Pare P.W., 2004. Bacterial volatiles induce systemic resistance in *Arabidopsis. Plant Physiol* 134, 1017-26.

Ryu C.M., Farag M.A., Hu C.H., Reddy M.S., Wie H.X., Paré P.W., Klopper J.W., 2003. Bacterial volatiles promote growth in *Arabidopsis. Proc. Natl. Acad. Sci. U.S.A.* 100, 4927–4932.

S

Sauer F., Schäfer C., Neeb P., Horie O., Moortgat G.K., 1999. Formation of hydrogen peroxide in the ozonolysis of isoprene and simple alkenes under humid conditions. *Atmos Environ* 33, 229-241.

Schafer B.M., 2006. Particle shape, *In: Encyclopedia of soil science*, (W. Chesworth, eds), Taylor & Francis, Boca Raton, Florida, 1249–1250.

Schäfer H., Myronova N., Boden R., 2010. Microbial degradation of dimethyldisulphide and related C1-sulphur compounds: organisms and pathways controlling fluxes of sulphur in the biosphere. *J. Exp. Bot.* 61, 315–334.

Schaper M., 1993. Development of a database for sensory irritants and its use in establishing occupational exposure limits. *Am Ind Hyg Assoc J* 54, 488-544.

Schilling K., Kayser M., Deckardt K., Kuttler K., Klimisch H.J., 1997. Subchronic toxicity studies of 3-methyl-1-butanol and 2-methyl-1-propanol in rats. *Hum Exp Toxicol* 16, 722-726.

Schippers B., Meijer J.W., Liem J.I., 1982. Effect of ammonia and other soil volatiles on germination and growth of soil fungi. *Trans. Br. Mycol. Soc.* 79, 253–259.

Schleibinger H., Brattig C., Mangler M., Laußmann D., Eis D., Braun P., Marchl D., Nickelmann A., Rueden H., 2003. Are microbial volatile organic compounds (MVOC) useful predictors for a hidden mould damage? *In: Proceedings of Healthy Buildings 2003*, Singapore, 706-710.

Schleibinger H., Brattig C., Mangler M., Samwer H., Laußmann D., Eis D., Braun P., Marchl D., Nickelmann A., Rueden H., 2005. Microbial volatile organic compounds (MVOC) as indicators for fungal damage. *In: Proceedings of Indoor Air 2002*, Monterey, CA, 4, 707-712.

Schleibinger H., Laußmann D., Brattig C., Mangler M., Eis D., Ruden H., 2005. Emission patterns and emission rates of MVOC and the possibility for predicting hidden mold damage? *Indoor Air* 15(9), 98-104.

Schleibinger H., Laußmann D., Samwer H., Eis D., Rüden H., 2004. Sind MVOC geeignete Indikatoren für einen verdeckten Schimmelpilzbefall? Are MVOC useful predictors for a hidden mould damage? *Umweltmed Forsch Prax* 9, 151-162.

Schleibinger H., Rüden H., 1999. Air filters from HVAC systems as possible source of volatile organic compounds (VOC) - laboratory and field assays. *Atmos Environ* 33, 4571-4577.

Schlote D., Gottschalk G., 1986. Effect of cell recycle on continuous butanol-acetone fermentation with *Clostridium acetobutylicum* under phosphate limitation. *Appl. Microbiol. Biotechnol.* 24, 1-15.

Schoen M., 1937. Le problème des alcools supérieurs. *Annales des fermentations* 3, 321-353.

Schöller E.G., Gürtler H., Pedersen R., Molin S., Wilkins K., 2002. Volatile metabolites from actinomycetes. *J. Agric. Food Chem.* 50, 2615–2621.

Schrey S.D., Schellhammer M., Ecke M., Hampp R., Tarkka M.T., 2005. Mycorrhiza helper *bacterium Streptomyces* AcH 505 induces differential gene expression in the ectomycorrhizal fungus *Amanita muscaria. New Phytol.* 168, 205–216.

Schulz S., Dickschat J.S., 2007. Bacterial volatiles: the smell of small organisms. *Nat. Prod. Rep.* 24, 814–842.

Schulz S., Fuhlendorff J., Reichenbach H., 2004. Identification and synthesis of volatiles released by the *myxobacterium Chondromyces crocatus. Tetrahedron* 60, 3863–3872.

Schweiger L.B., Snell R.L., 1949. *Brevet US,* 2.476.159.

Schwermer C.U., Lavik G., Abed R.M.M., Dunsmore B., Ferdelman T.G., Stoodley P., Gieseke A., de Beer D., 2008. Impact of Nitrate on the Structure and Function of Bacterial Biofilm Communities in Pipelines Used for Injection of Seawater into Oil Fields. *Appl Environ Microbiol,* 74(9), 2841–2851.

Sébald M., 1992. Genetics and molecular biology of anaerobies, ed Springer Verlag, New York.

Sébald M., Fayolle F., 1982. Sporulation de *Clostridium acetobutylicum. In: Production d'intermédiaires industriels par culture anaéobie.* (O. Chaudé, G. Durand, eds), 7ème Colloque de ka Section de Microbiologie Industrielle et de Biotechnologie. Société Française de Microbiologie, Paris, 271-276.

Seifert R.M., King A.D. Jr., 1982. Identification of some volatile constituents of *Aspergillus clavatus. J Agric Food Chem* 30, 786-790.

Sharpe E.S., Corman J., 1957. *Brevet US,* 2.724.680.

Shatalin K., Shatalina E., Mironov A., Nudler E., 2011. H_2S: a universal defense against antibiotics in bacteria. *Science.* 334, 986–990.

Shelanski, M.V., 1973. Ethyl amyl ketone. Fragrance raw materials monographs. *Food Cosmet Toxicol* 12, 715.

Shepard M., 1963. *USP,* 3.083.144.

Shu P., Johnson M.J., 1948. Citric acid by submerged fermentation with *Aspergillus niger*. *Ind. Eng. Chem.* 40, 1202-1205.

Sigsgaard T., Bornehag C.G., 2005. What do we know about dampness in buildings and health? Conclusions from two multidisciplinary reviews of the entire literature on dampness in buildings and associated health effect. *In: Proceedings of the 5th international conference: Bioaerosols, fungi, bacteria, mycotoxins and human health,* (Johanning, eds), Fungal Research Group Foundation, Inc. Albany, NY: Boyd Publishing, 24-31.

Simon E., 1947. The formation of lactic acid by *Clostridium acetobutylicum* (Weizmann). *Arch. Biochem.* 13, 237-243.

Simon P., Meunier R., 1970. Microbiologie industrielle et génie biochimique. *Massons et Cie, Editeurs.* 567p.

Sipes I.G., Gandolfi A.J., 1991. Biotransformation of toxicants. *In: Casarett and Doull's Toxicology,* (M.-O. Amdur, J. Doull, C.-D. Klaasen, eds), 4th ed., The basic science of poisons, New York: Pergamon Press, 88-126.

Slaughter J.C., 1988. Nitrogen metabolism. *In: Physiology of industrial fungi*, (D.-R. Berry, eds), Oxford: Blackwell Scientific Publications, 58-76.

Smedje G., Norbäck D., Wessén B., Edling C., 1996. Asthma among school employees in relation to the school environment. *In: Proceedings of Indoor Air*, Nagoya, Japan, 1, 611-616.

Smeekens S., 2000. Sugar-induced signal transduction in plants. *Annu Rev Plant Physiol Plant Mol Biol.* 51, 49-81.

Smith D., Spanel P., Davies S., 1999. Trace gases in breath of healthy volunteers when fasting and after a protein-calorie meal: a preliminary study. *J Appl Physiol* 87, 1584-1588.

Smotherman W.P., Robinson S.R., 1992. Dimethyl disulfide mimics the effects of milk on fetal behavior and responsiveness to cutaneous stimuli. *Physiol Behav* 52, 761-765.

Sobik P., Grunenberg J., Boöroöczky J., Laatsch H., Wagnerdoöbler I., Schulz S., 2007. Identification, synthesis, and conformation of tri- and tetrathiacycloalkanes from marine bacteria. *J. Org. Chem.* 72, 3776–3782.

Son S.H., Khan Z., Kim S.G., Kim Y.H., 2009. Plant growth-promoting rhizobacteria, *Paenibacillus polymyxa* and *Paenibacillus lentimorbus* suppress disease complex caused by root-knot nematode and *Fusarium* wilt fungus. *J. Appl. Microbiol.* 107, 524–532.

Soni B.K., Soucaille P., Goma G., 1987. Continuous acetone butanol fermentation: a global approach for the improvement in the solvent productivity in synthetic medium. *Appl. Microbiol. Biotechnol.* 25, 317-321.

Soucaille P., Goma G., 1986. Acetone-butylic fermentation by *Clostridium acetobutylicum* ATCC 824, autobacteriocin production, properties and effects. *Current Microbiol.* 13, 163-169.

Soucaille P., Joliff G., Izard A., Goma G., 1987. Butanol tolerance and autobacteriocin production by *Clostridium acetobutylicum. Cur. Microbiol.* 14, 295-299.

Spaepen S., Vanderleyden J., Remans R., 2007. Indole-3-acetic acid in microbial and microorganism-plant signaling. *FEMS Microbiol Rev* 31, 425-48.

Spencer J.F.T., Roxburgh J.M., Sallans H.R., 1957. Fermentation Yields, Factors Influencing Production of Polyhydric Alcohols by Osmophilic Yeasts. *J. Agr. Food. Chem.* 5(1), 64-67.

Spencer J.F.T., Sallans H.R., 1956. Production of polyhydric alcohols by osmophilic yeasts. *Can. J. Microbiol.* 2, 72-79.

Spivey M.J. 1978. The acetone-butanol fermentation. *Process. Biochem.* 13, 295-299.

Sprecher E., Hanssen H.P., 1982. Influence of strain specificity and culture conditions on terpene production by fungi. *J Med Plant Res* 44, 41-43.

SRC., *Interactive LogKow (KowWin) Demo*. Syracuse, NY, US: Syracuse research corporation. <http://www.syrres.com/esc/est_kowdemo.htm> (Consulté en juillet 2005).

Stadtman T.C., Barker H.A., 1949. Studies on the methane fermentation; tracer experiments on the mechanism of methane formation. *Arch. Biochem.* 21, 256-264.

Standing D., Killham K., 2007. The soil environment, *In: Modern soil microbiology,* (J.-D. van Elsas, J.-K. Jansson, J.-T. Trevors, eds.), Taylor & Francis, Boca Raton, Florida, 1–22.

Steel R., Lentz C.P., Martin S.M., 1955. Submerged citric acid fermentation of sugar beet molasses. *Canad. J. Microbiol,* 1, 299-311.

Stepanova A.N., Alonso J.M., 2009. Ethylene signaling and response: where different regulatory modules meet. *Curr Opin Plant Biol* 12, 548-55.

Stephens G.M., Holt R.A., Gottschal J.C., Morris J.G., 1985. Studies on the stability of solvent production by *Clostridium acetobutylicum* in continuous culture. *J. Appl. Microbiol.* 59, 597-605.

Stoppacher N., Kluger B., Zeilinger S., Krska R., Schuhmacher R., 2010. Identification and profiling of volatile metabolites of the biocontrol fungus *Trichoderma atroviride* by HS-SPME-GC-MS. *J. Microbiol. Methods* 81, 187–193.

Stotzky G., Schenck S., 1976. Volatile organic compounds and microorganisms. *CRC Crit. Rev. Microbiol.* 4, 333–382.

Strader L.C., Chen G.L., Bartel B., 2010. Ethylene directs auxin to control root cell expansion. *Plant J* 64, 874-84.

Stritzke K., Schulz S., Laatsch H., Helmke E., Beil W., 2004. Novel caprolactones from a marine streptomycete. *J. Nat. Prod.* 67, 395–401.

Ström G., West J., Wessén B., Palmgren U., 1994. Quantitative analysis of microbial volatiles in damp Swedish houses. *In: Health implications of fungi in indoor environments,* (R.-A. Samson, B. Flannigan, M.-E. Flannigan, A.-P. Verhoeff, O.-C.-G Adan, E.-S. Hoekstra, eds), Vol. 2, Air Quality Monographs 2. Amsterdam: Elsevier Science, 291-305.

Stubbs J.J., Lockwood L.B., Roe E.T., Tabenkin B., Ward G.E., 1940. *Ind. Eng. Chem.* 32, 166.

Sunesson A.L., 1995. Volatile metabolites from microorganisms in indoor environments - sampling, analysis and identification. Doctoral Thesis, Umeå University and National Institute for Working Life. Umeå, Sweden: National Institute for Working Life, 1-88.

Sunesson A.L., Nilsson C.A., Andersson B., 1995. Evaluation of adsorbents for sampling and quantitative analysis of microbial volatiles using thermal desorption-gas chromatography. *J Chromatogr A* 699, 203-214.

Sunesson A.L., Nilsson C.A., andersson B., Blomquist G., 1996. Volatile metabolites produced by two fungal species cultivated on building materials. *Ann. Occup. Hyg.* 40, 397–410.

Sunesson A.L., Nilsson C.A., Carlson R., Blomquist G., Andersson B., 1997. Production of volatile metabolites from *Streptomyces albidoflavus* cultivated on gypsum board and tryptone glucose extract agar - influence of temperature, oxygen and carbon dioxide levels. *Ann Occup Hyg* 41, 393-413.

Sunesson A.L., Vaes W.H.J., Nilsson C.A., Blomquist G., andersson B., Carlson R., 1995. Identification of volatile metabolites from five fungal species cultivated on two media. *Appl. Environ. Microbiol.* 61, 2911–2918.

Suslow T.V., Kloepper J.W., Schroth M.N., Burr T.J. 1979. Beneficial bacteria enhance plant growth. *Calif Agric* 33, 15–17.

T

Takken W., Knols B.G., 1999. Odor-mediated behavior of Afrotropical malaria mosquitoes. *Annu Rev Entomol* 44, 131-157.

Tatum E.L., Peterson W.H., 1935. Fermentation method for production of dextrolactic acid. *Ind. Eng. Chem.* 27, 1493-1494.

Tehrani A.S., Disfani F.A., Hedjaroud G.A., Mohammadi M., 2001. Antagonistic effects of several bacteria on *Verticillium dahliae* the causal agent of cotton wilt. *Meded. Rijksuniv. Gent Fak. Landbouwkd. Toegep. Biol. Wet.* 66, 95–101.

Tehrani A.S., Zebarjad A., Hedjaroud G.A., Mohammadi M., 2002. Biological control of soybean damping-off by antagonistic rhizobacteria. *Meded. Rijksuniv. Gent Fak. Landbouwkd. Toegep. Biol. Wet.* 67, 377–380.

Terraciano J.S., Kashket E.R., 1986. Intracellular conditions required for initiation of solvent production by *Clostridium acetobutylicum. Appl. Environ. Microbiol.* 52, 86-91.

Thauer R.K., Jungermann K., Decker K., 1977. Energy conservation in chemotrophic anaerobic bacteria. *Bacteriol. Rev.* 41, 100-180.

Thomas P., 2013. Le di-hydrogène naturel, une réelle source d"énergie ou un buzz médiatique ? *In: De l'hydrogène natif en Russie continentale : curiosité géologique ou réelle source énergétique exploitable ?* ENS Lyon - Laboratoire de Géologie de Lyon *<http://planet-terre.ens-lyon.fr/article/di-hydrogene-naturel-energie.xml>* (Consulté en juillet 2010).

Timmusk S., Nicander B., Granhall U., Tillberg E., 1999. Cytokinin production by *Paenibacillus polymyxa. Soil Biol Biochem* 31, 1847-52.

Tobin R.S., Baranowski E., Gilman A.P., Kuiper-Goodman T., Miller J.D., Giddings M., 1987. Significance of fungi in indoor air: report of a working group. *Can J Public Health* 78(l), S1-32.

Torck B., Renault P.H., 1988. Les biotechnologies. Un avenir pour une nouvelle chimie et pour l"énergie. *Annales des Mines.* 10/11, 13-84.

Tracey R.P., Britz T.J., 1989. Freon 11 extraction of volatile metabolites formed by certain lactic acid bacteria. *Appl. Environ. Microbiol.* 55, 1617–1623.

Truffaut N., Hubert J., Reysset G., 1989. Construction of shuttle vectors useful for transforming *Clostridium acetobutylicum. FEMS Microbiol. Lett.* 58, 15-20.

Truffaut N., Sébald M., 1983. Plamid detection and isolation in strains of *Clostridium acetobutylicum* and related species. *Mol. Gen. Genet.* 189, 178-180.

Truffaut N., Sébald M., 1988. Study of plasmids isolated from *saccharolytic clostridia*: construction of hybrid plasmids and transfer to *Escherichia coli* and *Bacillus subtilis. Biotechnol. Lett.* 10, 1-6.

Turner W.B. 1971. Fungal metabolites. *London: Academic Press,* 1-446.

Turner W.B., Aldridge D.C., 1983. Fungal metabolites II. *London: Academic Press,* 1-631.

Tylka G.L., Hussey R.S., Roncadori R.W., 1991. Axenic germination of vesicular-arbuscular mycorrhizal fungi: effect of selected Streptomyces species. *Phytopathology* 81, 754–759.

U

Ueda K., 1957. *Brevet Japonais* 6, 799.

Uhlich G.A., Cooke P.H., Solomon E.B., 2006. Analyses of the red-dry-rough phenotype of an Escherichia coli O157:H7 strain and its role in biofilm formation and resistance to antibacterial agents. *Appl Environ Microbiol.* 72(4), 2564-72.

Underfolker L.A., Hickey R.J., 1964. *Industrial Fermentation. Chemical Publishers,* New York.

Underkofler L.A., 1954. *Industrial Fermentations. Chemical Publ. Co, NY.*

Usdin K.P., Zappe H., Jones D.T., Woods D.R., 1986. Cloning expression and purification of glutamine synthetase from *Clostridium acetobutylicum. Appl. Environ. Microbiol.* 52, 413-419.

V

Van der Kooij L.A.W., De Kok L.J., Stulen I., 1999. Biomass production and carbohydrate content of *Arabidopsis thaliana* at atmospheric CO_2 concentrations from 390 to 1680 mu l l(-1). *Plant Biol* 1, 482-6.

Van Der Westhuizen A., Jones D.T., Woods W.R., 1982. Autolytic activity and butanol tolerance of *Clostridium acetobutylicum. Appl. Environ. Microbiol.* 44, 1277-1281.

Van Lancker F., Adams A., Demulle B., De Saeger S., Moretti A., Van Petheghem C., De Kimpe N., 2008. Use of headspace SPME-GC-MS for the analysis of the volatiles produced by indoor molds grown on different substrates. *J. Environ. Monit.* 10, 1127–1133.

Vandecasteele J.P., Barbead J.Y., Marchal R., Blanchet D., Ballerini D., 1986. Produits à usages énergétiques (carburants) par fermentation : caractéristiques techniques et possibilités d''amélioration de la fermentation acétonobutylique. *In 7eme Symposium International sur les carburants alcoolisés,* Paris 20-23 octobre 1986, Editions Technip, PARIS, 24-29.

Vandecasteele J.P., Marchal R., 1993. *Les Bactéries solvantogènes du genre clostridium. In: Microbiologie industrielle. Les microorganismes d'intérêt industriel.* (J.-Y. Leveau, M. Bouix, eds). Tec & Doc Lavoisier, Apria, 612p.

Vasconcelos I., Soucaille P., 1990. Study of metabolic flexibility of *Clostridium acetobutylicum* by mixed substrate feeding. *In: 5th European Congress on Biotechnology,Copenhagen,*1990 (Poster).

Velázquez-Becerra C., Macias-Rodriguez L.I., Lopez- Bucio J., Altamirano-Hernandez J., Flores-Cortez I., Valencia-Cantero E., 2011. A volatile organic compound analysis from *Arthrobacter agilis* identifies dimethylhexadecylamine, an amino-containing lipid modulating bacterial growth and *Medicago sativa* morphogenesis *in vitro. Plant Soil* 339, 329-40.

Venturi V., Subramoni S., 2009. Future research trends in the major chemical language of bacteria. *HFSP Journal* 3(2), 105–116.

Vergnaud P., 1967. Les techniques de fermentation. Leur étude aux usines de Melle. Chimie et Industrie. *Génie Chimique.* 98, 23-33.

Verhasselt P., Poncelot F., Vits K., Van Gool A., Vanderleyden J., 1989. Cloning and expression of a Clostridium acetobutylicum alpha amylase gene in *Escherichia coli. FEMS Microbiol. Lett.* 59, 135-140.

Vespermann A., Kai M., Piechulla B., 2007. Rhizobacterial volatiles affect the growth of fungi and *Arabidopsis thaliana. Appl. Environ. Microbiol.* 73, 5639–5641.

Vespermann A., Kai M., Piechulla B., 2007. Rhizobacterial volatiles affect the growth of fungi and *Arabidopsis thaliana. Appl Environ Microbiol* 73, 5639-41.

Voisard C., Keel C., Haas D., Défago G., 1989. Cyanide production by *Pseudomonas fluorescens* helps to suppress black root of tobacco under gnotobiotic conditions. *EMBO J.* 8, 351–358.

Von Reuss S., Kai M., Piechulla B., Francke W., 2010. Octamethylbicyclo(3.2.1)octadienes from *Serratia odorifera. Angew. Chem. Int. Ed.* 49, 2009–2010.

W

Wady L., Bunte A., Pehrson C., Larsson L., 2003. Use of gas chromatography-mass spectrometry/ solid phase microextraction for the identification of MVOCs from moldy building materials. *J Microbiol Methods* 52, 325-332.

Wålinder R., Ernstgård L., Gullstrand E., Johansson G., Norbäck D., Venge P., Wieslander G., 1999. Acute effects of experimental exposure to four volatile compounds associated with waterdamaged buildings and microbial growth. In: *Proceedings of Indoor Air 1999, Edinburgh, Scotland,* 2, 606-611.

Wålinder R., Ernstgård L., Johanson G., Norbäck D., Venge P., Wieslander G., 2005. Acute effects of a fungal volatile compound. *Environ Health Perspect* 113, 1775-1778.

Wålinder R., Norbäck D., Johanson G., 1998. Pulmonary reactions after exposure to 3-methylfuran vapour, a fungal metabolite. *Int J Tuberc Lung Dis* 2, 1037-1039.

Walker T.S., Bais H.P., Deziel E., Schweitzer H.P., Rahme L.G., Fall R., Vivanco J.M., 2004. *Pseudomonas aeruginosa*-plant root interactions. Pathogenicity, biofilm formations, and root exudation. *Plant Physiol.* 134, 3210–3331.

Walker T.S., Bais H.P., Grotewold E., Vivanco J.M., 2003. Root exudation and rhizosphere biology. *Plant Physiol.* 132, 44–51.

Walksman S.A., 1943. *Brevet US,* 2.39.986.

Walton M.T., Martin J.L., 1977. Production of butanol-acetone by fermentation. *In: Microbiol. Technology,* (H.-J. Peppler, D. Perlman, eds), volume 1, Academic press, New York, 187-209.

Walton M.T., Martin J.L., 1979. Production of butanol-acetone by fermentation. *In: Microbial Technology, second edition,* (H.J. Peppler, D. Perlman eds), Vol. 1, Academic Press, New-York, London, 187-209.

Wan M., Li G., Zhang J., Jiang D., Huang H.C., 2008. Effect of volatile substances of *Streptomyces platensis* F-1 on control of plant fungal diseases. *Biol. Control* 46, 552–559.

Wang S., Wu H., Qiao J., Ma L., Liu J., Xia Y., Gao X., 2009. Molecular mechanism of plant growth promotion and induced systemic resistance to tobacco mosaic virus by *Bacillus* spp. *J Microbiol Biotechnol* 19, 1250-8.

Ward G.E., Lockwood L.B., May O.E., Herrick H.T., 1936. *J. Amer. Chem. Soc.,* 58, 1286.

Wargo M.J., Hogan D.A., 2006. Fungal-bacterial interactions: a mixed bag of mingling microbes. *Curr. Opin. Microbiol.* 9, 359–364.

Webb F.C., 1964. *Biochemical Engineering.* D. Van Nostrand Co. Ltd., London, 704-732

Webster J.C., Reid S.J., Jones D.T., Woods D.R., 1981. Purification and characterization of an autolysin from *Clostridium acetobutylicum. Appl. Environ. Microbiol.* 41, 371-374.

Weise T., Kai M., Gummesson A., Troeger A., Von Reuß S., Piepenborn S., Kosterka F., Sklorz M., Zimmermann R., Francke W., Piechulla B., 2012. Volatile organic compounds produced by the phytopathogenic bacterium *Xanthomonas campestris pv. vesicatoria* 85–10. *Beilstein J. Org. Chem.* 8, 579–596.

Wei-Wei L., Wie M., Bing-Yu Z., You-Chen D., Feng L., 2008. Antagonistic activities of volatiles from four strains of *Bacillus* spp. and *Paenibacill*us spp. against soil-borne plant pathogens. *Agr. Sci. China* 7, 1104–1114.

Weizman C., 1945. *Brevet U.S.*, 1.315.185, 1919 ; 2.377.197.

Welch R.W., Rudolp F.B., Papoutsakis E.T., 1989. Purification and characterization of the NADH-dependent butanol dehydrogenase from *Clostridium acetobutylicum* (ATCC 824). *Arch. Biochem. Biophys.* 273, 309-318.

Wells P.A., Moyer A.J., Stubbs J.J., Herrick H.T., May O.E., 1937. Gluconic acid production effect of pressure, air flow and agitation on gluconic acid production by submerged mold growths. *Ind. Eng. Chem.* 29, 653-656.

Wenke K., Kai M., Piechulla B., 2009. Belowground volatiles facilitate interactions between plant roots and soil organisms. *Planta* 231, 499–506.

Wenke K., Weise T., Warnke R., Valverde C., Wanke D., Kai M., Piechulla B., 2012. Bactertial volatiles mediating information between bacteria and plants, *In: signaling and communication in plants,* (G. Witzany ed.), Biocommunication, Springer Verlag, Berlin, Heidelberg, 327–348.

Weschler C.J., 2000. Ozone in indoor environments: concentration and chemistry. *Indoor Air* 10, 269-288.

Wessén B., Hall T., 1999. Directed non-destructive VOC-sampling - a method for source location of indoor pollutants. In: *Proceedings of Indoor Air 1999*, Edinburgh, Scotland, 4, 420-425.

Wessén B., Nilsson M., Sisell Å., 2000. Odor problems in buildings caused by MVOC and biocides. *In: Proceedings of Healthy Buildings 2000*, Helsinki, Finland, 4, 411-415.

Wessén B., Schoeps K.O., 1996a. Microbial volatile organic compounds - what substances can be found in sick buildings? *Analyst* 121, 1203-1205.

Wessén B., Schoeps K.O., 1996b. MVOC ratios - an aid for remediation of sick buildings. *In: Proceedings of Indoor Air 1996*, Nagoya, Japan, 3, 557-561.

Wessén B., Schoeps K.O., 2000. Location of emitting sources in buildings with IAQ problems. *In: Proceedings of Healthy Buildings 2000*, Helsinki, Finland, 1, 591-595.

Wessén B., Ström G., Palmgren U., 1999. Microbial problem buildings - analysis and verification. *In: Proceedings of Indoor Air 1999*, Edinburgh, Scotland, 4, 875-879.

Wessén B., Ström G., Schoeps K.O., 1995. MVOC profiles - a tool for indoor-air quality assessment. *In: Proceedings of the international workshop Indoor Air - An Integrated Approach*, (L. Morawska, N.-D. Bofinger, M. Maroni, eds), Gold Coast Australia, 1994. Oxford: Elsevier Science & Technology Books, 67-70.

Weston R.F., Eckenfelder W.W., 1955. Application of biological treatment to industrial wastes. I. Kinetics and equilibria of oxidative treatment. *Sewages and Industrial Wastes.* 27, 802.

Wheatley R.E., 2002. The consequences of volatile organic compound mediated bacterial and fungal interactions. *Antonie Van Leeuwenhoek* 81, 357–364.

Wheatley R.E., Hackett C, Bruce A, Kundzewicz A., 1997. Effect of substrate composition on the production of volatile organic compounds from *Trichoderma spp*. Inhibitory to wood decay fungi. *Int Biodeterior Biodegrad* 39, 199-205.

Wheeler M.C., Goodale C.D., 1928. Butylacetonic fermentation of carbohydrate. British patent 306138.

Wheeler M.V., Goodale C.D., 1932. Butyl alcohol production by fermentation. US Patent 1875536.

Whillans F.D., Lamont G.S., 1995. Fungal volatile metabolites released into indoor air environments:variation with fungal species and growth media. *In: Proceedings of the international workshop Indoor Air - An Integrated Approach*, (L. Morawska, N.-D. Bofinger, M. Maroni, eds), Gold Coast Australia, 1994. Oxford: Elsevier Science & Technology Books, 47-50.

Whillans F.D., Lamont G.S., 1996. Volatile metabolites from fungi: adsorbent choice and breakthrough, and quantitation. In: *Proceedings of Indoor Air 1996*, Nagoya, Japan, 3, 215-220.

Wibowo A.A.E., 1990. 7/8-Carbon chain aliphatic monoketones (2-heptanone, 3-heptanone, ethylamylketone and methylisoamylketone). *DEC and NEG basis for an occupational health standard. Arbete och Hälsa. Solna, Sweden: National Institute of Occupational Health.*2, 1-44.

Wiesenborn D.P., Rudolph F.B., Papoutsaskis E.T., 1988. Thiolase from Clostridium acetobutylicum ATCC 824 and its role in the synthesis of acids and solvents. *Appl. Environ. Microbiol.* 54, 2717-2722.

Wiesenborn D.P., Rudolph F.B., Papoutsaskis E.T., 1989a. Coenzyme A transferase form *Clostridium acetobutylicum* ATCC 824 and its role in the uptake of acids. *Appl. Environ. Microbiol.* 55, 323-322.

Wiggings R.J., Wilks M., Tabaqchali S., 1985. Analysis by gas liquid chromatography of production of volatile fatty acids by anaerobic bacteria grown on solid medium. *J. Clin. Pathol.* 38, 933–936.

Wilkins C.K., 2002. Microbial VOC (MVOC) in buildings, their properties and potential use. *In: Proceedings of Indoor Air 2002, Monterey, CA.* 1, 431-436.

Wilkins C.K., Larsen K., 1995a. Identification of volatile (micro)biological compounds from household waste and building materials by thermal desorption - capillary gas chromatography- mass spectroscopy. *J High Resol Chromatogr* 18, 373-377.

Wilkins C.K., Larsen K., 1995b. Variation of volatile organic compounds patterns of mold species from damp buildings *Chemosphere* 31, 3225-3236.

Wilkins C.K., Larsen K., Simkus M., 2000. Volatile metabolites from mold growth on building materials and synthetic media. *Chemosphere* 41:437-446.

Wilkins C.K., Larsen K., Simkus M., 2003. Volatile metabolites from indoor molds grown on media containing wood constituents. *Environ Sci Pollut Res Int* 10, 206-208.

Wilkins C.K., Nielsen E., Wolkoff P., 1997. Patterns in volatile organic compounds in dust from moldy buildings. *Indoor Air* 7, 128-134.

Wilkins C.K., Nielsen K.F., Hoekstra E., Larson K., 1999. MVOC analysis for detection of microbial growth in buildings I. Variation of MVOC and mycotoxin patterns in *Aspergillus versicolor. In: Proceedings of Indoor Air 1999*, Edinburgh, Scotland, 4, 897-901.

Wilkins C.K., Scholl S., 1989. Volatile metabolites of some barley storage molds. *Int J Food Microbiol* 8, 11-17.

Wilkins K., Larsen K., Simkus M., 2000. Volatile metabolites from mold growth on building materials and synthetic media. *Chemosphere* 41, 437–446.

Will C., Nacke H., Thürmer A., Daniel R., 2010. Schlaglicht Biodiversität/Charakterisierung und Nutzung der bakteriellen Diversität in Bodenmetagenomen. *Genomxpress* 1.10, 9–11.

Will M.E., Sylvia D.M., 1990. Interaction of rhizosphere bacteria, fertilizer, and vesicular-arbuscular mycorrhizal fungi with sea oats. *Appl. Environ. Microbiol.* 56, 2073–2079.

Williamson P.R., 1997. Laccase and melanin in the pathogenesis of *Cryptococcus neoformans. Front. Biosci.* 2, e99–e107.

Winson M.K., Camara M., Latifi A., Foglino M., Chhabra S.R., Daykin M., Bally M., Chapon V., Salmond G.P., Bycroft B.W., Lazdunski A., Stewart G.S.A.B., Williams P., 1995. Multiple N-acyl-L-homoserine lactone signal molecules regulate production of virulence determinants and secondary metabolites in *Pseudomonas aeruginosa. Proc. Natl. Acad. Sci. U.S.A.* 92, 9427–9431.

Wiscombe T., 2011. Project Photo-reactor Produces Biofuel as Art. *Emergent Architecture.* <http://www.solaripedia.com/13/335/photobioreactor_produces_biofuel_as_art.html> (Consulté en avril 2011).

Witschi H.P., Tryka A.F., Mauderly J.L., Haschek W.M., Satterfield L.C., Bowles N.D., Boyd M.R., 1985. Long-term effects of repeated exposure to 3-methylfuran in hamsters and mice. *J Toxicol Environ Health* 16, 581-592.

Wolkoff P., Clausen P.A., Wilkins C.K., Hougaard K.S., Nielsen G.D., 1999. Formation of strong airway irritants in a model mixture of (+)-alpha-pinene/ozone. *Atmos Environ* 33, 693-698.

Wolkoff P., Clausen P.A., Wilkins C.K., Nielsen G.D., 2000. Formation of strong airway irritants in terpene/ozone mixtures. *Indoor Air* 10, 82-91.

Wolkoff P., Wilkins C.K., Clausen P.A., Nielsen G.D., 2006. Organic compounds in office environments- sensory irritation, odor, measurements and the role of reactive chemistry. *Indoor Air* 16, 7-19.

Wolters H., Jurgens G., 2009. Survival of the flexible: hormonal growth control and adaptation in plant development. *Nat Rev Genet* 10, 305-17.

Wright R.E., Hendershot W.F., Peterson W.H., 1957. Production and testing of yeast mutants for glycerol formation. *Appl. Microbiol.,* 5(4), 272-279.

Wu S., Krings U., Zorn H., Berger R.G., 2005. Volatile compounds from the fruiting bodies of beefsteak fungus Fistulina hepatica (Schaeffer: Fr.) *Fr. Food Chem.* 92, 221–226.

Wurzenberger M., Grosch W., Wurzenberger M., Grosch W., 1984. Origin of the oxygen in the products of the enzymatic clevage reaction of linoleic acid to 1-octen-3-ol and 10-oxo-trans-8-decanoic acid in mushrooms (*Psalliota bispora*). *Biochim Biophys Acta* 794, 18-24.

X

Xavier L.J.C., Germida J.J., 2003. Bacteria associated with *Glomus clarum* spores influence mycorrhizal activity. *Soil Biol. Biochem.* 35, 471–478.

Xiao X., Chen H., Chen H., Wang J., Ren C., Wu L., 2008. Impact of *Bacillus subtilis* JA, a biocontrol strain of fungal plant pathogens, on arbuscular mycorrhiza formation in *Zea mays. World J. Microbiol. Biotechnol.* 24, 1133–1137.

Xie X., Zhang H., Pare P.W., 2009. Sustained growthpromotion in *Arabidopsis* with long-term exposure tothe beneficial soil bacterium *Bacillus subtilis* (GB03). *Plant Signal Behav* 4, 948-53.

Y

Yan R.T., Zhu C.X., Golemboski C., Chen J.S., 1988. Expression of solvent-forming enzymes and onset of solvent production in batch culture of *Clostridium beijerinckii* (*Clostridium butylicum*). *Appl. Environ. Microbiol.* 54, 642-648.

Yang J., Kloepper J.W., Ryu C.M., 2009. Rhizosphere bacteria help plants tolerate abiotic stress. *Trends Plant Sci* 14, 1-4.

Yoshino S., Ogata S., Hayashida S., 1982.Some properties of autolysis of *Clostridium saccharoperbutylacetonium. Agr. Boil. Chem.* 46, 1243-1248.

Young M., Staudenbauer W.L., Minton N.P., 1989. Genetics of *Clostridium. In: Clostridia,* (N.-P. Minton, D.-J. Clarke, eds), Plenum Publ, New York, 63-103.

Youngleson J.S., Jones D.T., Woods D.R., 1989. Homology between hydroxybutyryl and hydroxyacyl coenzyme A dehydrogenase enzymes from *Clostridium acetobutylicum* and vertebrate fatty acid β-oxidation pathways. *J. Bacterio.* 171, 6800-6807.

Youngleson J.S., Santangelo J.D., Woods D.R., 1988. Cloning and expression of a *Clostridium acetobutylicum* alcohol dehydrogenase gene in *Escherichia coli. Appl. Environ. Microbiol.* 54, 676-682.

Z

Zappe H., Jones D.T., Woods D.R., 1986. Cloning and expression *of Clostridium acetobutylicum* endoglucanase, cellobiase and amino acids biosynthesis genes *in Escherichia coli. J. Gen. Microbiol.* 132, 1367-1372.

Zeringue H.J., Jr, Bhatnagar D., Cleveland T.E., 1993. $C_{15}H_{24}$ volatile compounds unique to aflatoxigenic strains of *Aspergillus flavus. Appl Environ Microbiol* 59, 2264-2270.

Zhang C.L., Wang G.P., Mao L.J., Komonzelazowska M., Yuan Z.L., Fu-Cheng Lin F.C., Druzhinia I.S., Kubick C.P., 2010. *Muscodor fengyangensis* sp. nov. from southeast China: morphology, physiology and production of volatile compounds. *Fungal Biol.* 114, 797–808.

Zhang H., Kim M.S., Krishnamachari V., Payton P., Sun Y., Grimson M., Farag M.A., Ryu C.M., Allen R., Melo I.S., Paré P.W., 2007. Rhizobacterial volatile emissions regulate auxin homeostasis and cell expansion in *Arabidopsis. Planta* 226, 839-51.

Zhang H., Sun Y., Xie X., Kim M.S., Dowd S.E., Pare P.W., 2009. A soil bacterium regulates plant acquisition of iron via deficiency-inducible mechanisms. *Plant J* 58, 568-77.

Zhang H., Xie X., Kim M.S., Kornyeyev D.A., Holaday S., Pare P.W., 2008. Soil bacteria augment *Arabidopsis* photosynthesis by decreasing glucose sensing and abscisic acid levels in *planta. Plant J* 56, 264-73.

Zhang L.H., 2003. *Quorum quenching* and proactive host defense. *Trends Plant Sci.* 8, 238–244.

Zhang L.H., Dong Y.H., 2004. *Quorum sensing* and signal interference: diverse implications. *Mol. Microbiol.* 53, 1563–1571.

Zhao L.J., Yang X.N., Li X.Y., Mu W., Liu F., 2011. Antifungal, insecticidal and herbicidal properties of volatile components from *Paenibacillus polymyxa* Strain BMP-11. *Agr. Sci. China* 10, 728–736.

Zhou L., Jang J-C., Jones T.L., Sheen J., 1998. Glucose and ethylene signal transduction crosstalk revealed by an *Arabidopsis* glucose-insensitive mutant. *Proc Natl Acad Sci USA* 95, 10294-9.

Zhu J., Bean H.D., Kuo Y.M., Hill J.E., 2010. Fast detection of volatile organic compounds from bacterial cultures by secondary electrospray ionization-mass spectrometry. *Clin. Microbiol.* 48, 4426–4431.

Zou C., Li Z., Yu D., 2010. *Bacillus megaterium* Strain XTBG34 Promotes Plant Growth by Producing 2-Pentylfuran. *J Microbiol* 48, 460-6.

Zou C.S., Mo M.H., Gu Y.Q., Zhou J.P., Zhang K.Q., 2007. Possible contribution of volatile-producing bacteria in soil fungistasis. *Soil Biol. Biochem.* 39, 2371–2379.

CHAPITRE 3

Implication des micro-organismes de l'environnement sur la santé humaine dans le contrôle ou la modification du Microbiote intestinal humain

On a demandé au Dalaï Lama :
« Qu'est-ce qui vous surprend le plus dans l'humanité ? »
Il a répondu :
« Les hommes [...] Parce qu'ils perdent la santé pour accumuler de l'argent ensuite ils perdent de l'argent pour retrouver la santé ; Et à penser anxieusement au futur, ils oublient le présent de telle sorte qu'ils finissent par vivre ni le présent ni le futur ; Ils vivent comme [...] s'ils n'allaient jamais mourir [...] et meurent comme s'ils n'avaient jamais vécu [...] » Dalaï Lama

Résumé

Lorsque nous venons au monde, nous avons un système digestif presque vierge. Notre microbiote se développera au fur et à mesure que notre alimentation se diversifiera. Il sera composé de différents micro-organismes constitutifs de la flore intestinal comme les bactéries, mycètes, bactériophages, etc. Un écosystème intestinal se met en place. Il se stabilisera lorsque toutes les grandes familles de micro-organismes auront réussi à s'implanter, généralement vers l'âge de deux ans.

Bien que le microbiote soit constitué principalement par deux grandes familles de bactéries, elle est unique pour chaque individu. Ainsi, elle constitue une véritable empreinte génétique que l'on appelait méta-génome. Il est très important de la préserver. Depuis quelques années, diverses publications ont montré que notre microbiote doit rester en équilibre *via* la diversité et la spécificité de sa flore intestinale pour que nous restions en bonne santé. Ce microbiote co-régule les fonctions immunitaires, digestives et neurologiques chez son hôte. Si, nous prenons l‟image simplifiée que nous pouvons avoir de l‟homme comme celle d‟un « donete ». Alors, les voies haute et basse de notre appareil digestif sont deux grandes portes d‟entrée en interaction étroite avec l‟environnement. Le microbiote intestinal est donc en lien étroit avec l‟environnement extérieur c‟est-à-dire la nature et qualité des aliments constitutifs du régime alimentaire, la culture, l‟environnement de vie et d‟évolution de son hôte.

A ce jour, très peu de données existent concernant l‟impact des changements globaux, des PGPR et leurs émissions (notamment COV) sur le microbiote humain et la santé humaine à la suite de la consommation des végétaux ayant subi : i) l‟environnement changeant ; ii) des traitements de promotions de croissances ; iii) des traitements de protection biologique intégré (PBI) ou lutte biologique impliquant des PGPR modifier génétiquement ou non.

Ces pourquoi, deux questions se posent : Y a-t-il un risque de transfert et modification dans le microbiote intestinal des mammifères notamment l‟homme ? Et, y –a-t-il un risque du point de vue évolutif aux conséquences positives ou négatives sur la santé humaine ?

Mots clefs : *Microbiote intestinal, bactéries, COVM, alimentation végétale, santé humaine.*

Abstract

When we are born, we have a pristine digestive system. Our microbiota develops gradually and with our diversified diets. It will consist of various constituent micro-organisms of the intestinal flora such as bacteria, fungi, bacteriophages, etc. The intestinal ecosystem is set up. It will stabilize when all the great families of microorganisms have successfully established, usually around the age of two years.

Although, the microbiota is constituted mainly by 4 or 5 major families of bacteria. It is unique for each individual. Thus, it is a true genetic fingerprint that meta-genome was called. It is very important to preserve. In recent years, various publications have shown that our microbiota must remain in balance through the diversity and specificity of intestinal flora to keep us healthy. This microbiota co-regulates the immune, digestive and neurological functions in its host. If, we take the simplified picture that we have of a humain as that of a "donete". Then, the upper and lower openings of our digestive system are two large doors input in close interaction with the environment. In fact, the intestinal microbiota is closely linked with the external environment that is to say, the nature and quality of the foods constituent of the diet, culture, living environment and evolution of its host.

To date, very little data exist regarding to the impact of global change, PGPR and microbial emissions (including VOC) on the human microbiota and human health due to the consumption of plants who grew in one context: i) one changing environment and global changes; ii) treatments of growth promotions; iii) treatment of integrated biological protection (PBI) or biocontrol involving genetically modify PGPR or not.

To cut a long story short, two questions arise: i) What is-the risk of a transfer and one change in the intestinal microbiota of mammals including humans? and in terms of the positive or negative effects on human health?; ii) what are the consequences for evolution?

Key words: *Intestinal Microbiota, bacteria, VOC, human diseases.*

CHAPITRE 3

Implication des micro-organismes de l'environnement sur la santé humaine dans le contrôle ou la modification du Microbiote intestinal humain

Introduction

Un tube digestif peut être peuplé de bactéries et de mycètes opportunistes et pathogènes suite : i) à l'ingestion d'aliments contaminées ou aux flores microbiennes modifiées et altérées, ii) à un mauvais entretien, iii) ou une contamination microbienne par exemple *Escherichia coli* enterotoxinogène, *Candida albicans, bactéries anaérobies* voir certaines PGPR. Il peut également être pollué par des aliments mal digérés qui risque d'encombrer le tube digestif et générer des environnements propices aux développements de ces micro-organismes au détriment du microbiote favorable. L'ensemble de ces problèmes induits des matières fécales plus ou moins nauséabondes et parfois toxiques pour l'organisme hôte humain.

Ainsi, ce phénomène est un facteur de déséquilibres et de troubles du microbiote intestinal de gravité variable comme des ulcères de l'estomac, des constipations rebelles, des ballonnements, des diarrhées, des inflammations diverses, de l'eczéma, des instabilités caractérielles. Il peut également mener à des maladies plus graves comme une colopathie fonctionnelle, une diarrhée sanglante ou un cancer du côlon et des complications lors de péritonites.

Un intestin « malpropre » entraine un risque de déficience immunitaire étant donné que la flore intestinale sert de barrière et de protection naturelle contre les invasions dues à l'environnement extérieur au même titre que la flore commensale protectrice de la peau. Les individus présentant un microbiote modifié souffre alors d'une vulnérabilité plus grande aux maladies infectieuses et inflammatoires touchant les différents appareils et systèmes comme digestif, respiratoire, urogénitale, etc. Ainsi, au moment d'une autopsie, il n'est pas rare de constater que le côlon du défunt est fortement encombré par des excréments. Cette observation est à l'origine de l'adage, « *la mort commence dans le côlon* ».

Des études montrent un lien important entre les intestins et le cerveau. Peu de gens et de médecins le savent, mais les cellules de l'intestin produisent 80% de la sérotonine trouvée dans notre corps. Il faut noter que la sérotonine est l'hormone de la bonne humeur. De plus, Notre ventre et viscères abritent plus de 200 millions de neurones interconnectés qui transmettent de nombreuses informations et ordres en son sein et avec le cerveau. De ce fait, un côlon « malade » est aussi un facteur déclenchant de troubles émotionnels et neurologiques.

D'une certaine façon, votre intestin est votre « deuxième cerveau ». Ainsi, vous devez en prendre le plus grand soin. Il est également le reflet de votre environnement et consommation d'aliments. Donc, le rôle du microbiote intestinal est d'une importance capitale pour la santé et la survie de son hôte en lien étroit avec son environnement. Dans cet état de l'art, je présenterai en premier temps : l'écosystème, le biotope et le biome intestinal en d'autres termes le microbiote intestinal humain avec ces rôles, fonctions et actions sur l'organisme hôte. Dans un deuxième temps, j'illustrerai les pathologies et traitements associés. Enfin, je présenterai les modifications observées suite à la consommation ou ingestion des micro-organismes pouvant modifier le microbiote intestinal notamment les probiotiques et PGPR. Je présenterai notamment l'importance que peut avoir le microbiote dans les mécanismes évolutifs de l'hôte notamment l'espèce humaine.

1. Ecosystème & Microbiote intestinal humain

En écologie, un **écosystème** est l'ensemble formé par une association ou communauté d'être vivants (ou biocénose) et son environnement biologique, géologique, épidaphique, hydrologique, climatique, etc. (Le biotope). Les éléments constituant un écosystème développent un réseau d'échange d'énergie et de matière permettant le maintien et le développement de la vie.

D'après ce concept, le microbiote intestinal humain est l'écosystème le plus riche en termes de densité microbienne identifié chez l'homme. Il comprend l'ensemble des micro-organismes qui se trouvent dans le tractus digestif humain, c'est-à-dire le micobiome intestinal, anciennement appelé flore intestinale humaine. Des chercheurs évoquent que le microbiote intestinal devrait être considéré comme un « organe » à part entière : « *On peut voir le microbiote comme un « organe » métabolique superbement adapté à notre physiologie, qui prend en charge des fonctions que nous n'aurions pas eu besoin de développer nous-mêmes. Ces fonctions comprennent la capacité de traiter des éléments autrement indigestes de notre régime alimentaire, comme des polysaccharides végétaux.* » (Bäckher *et al.*, 2004).

Ainsi, considérée comme un « organe » à part entière, la « flore intestinale » se compose de milliards de micro-organismes. Aujourd'hui, pour rendre plus perceptible cette extrême diversité microbienne, les spécialistes préfèrent parler de microbiote plutôt que de « flore intestinale ». Parmi les micro-organismes, nous trouvons les archées, bactéries, protistes, fungi et aussi des virus & bactériophages. Ainsi, il ne s'agit pas uniquement des bactéries intestinales, mais celles de tout le système gastro-intestinal allant de l'estomac jusqu'aux selles. Ce microbiote constitue le plus grand réservoir de micro-organismes de l'organisme humain (Corthier *et al.*, 2007).

2. Biotope, Structure ou Environnement biologique support du microbiote intestinal

2.1. L'abdomen

L'abdomen (terme grec de sens identique) est une partie du corps humain ou du corps d'un animal. Chez l'homme, il est également appelé « ventre ».

L'abdomen, ou cavité abdominale, est limité :

- En haut par le diaphragme
- Latéralement et en avant par la paroi abdominale
- Le rétropéritoine, en arrière, contenant une partie du système urinaire.

En bas, la cavité abdominale communique avec la cavité pelvienne par un détroit supérieur circonscrit par le squelette du bassin.

Le rétropéritoine est la partie de l'abdomen en arrière de la cavité péritonéale. Il contient des organes des appareils urinaire et digestif (Figure. 1a) ainsi que des vaisseaux et nerfs à destination de l'abdomen, du pelvis et des membres inférieurs. Ainsi on peut considérer cet espace comme une prolongation du médiastin.

Ainsi, l''abdomen contient la partie abdominale des organes digestifs, urinaires, des gros vaisseaux artériels, veineux, lymphatiques et leurs branches, ainsi que la rate.

Figure 1. Biotope du microbiote intestinal Humain. **a.** Appareil digestif ; **b.** Colonisation microbienne du tractus gastro-intestinal humain (d''après Holzapfel *et al.,* 1998) ; **c.** Anatomie et structure générale de l''intestin grêle et disposition des artères et des veines dans le mésentère de soutien: paroi intestinale. La muqueuse est formée de nombreux replis et valvules conniventes. Des villosités en forme de doigt sortent de ces replis. Les villosités intestinales et microvillosités (bordure de brosse) sont associées à une coupe histologique HES. L''augmentation de surface est due aux repliements, aux villosités et aux microvillosités ; **d.** Schéma simplifier du principe de digestion réalisée par l''appareil digestif humain.

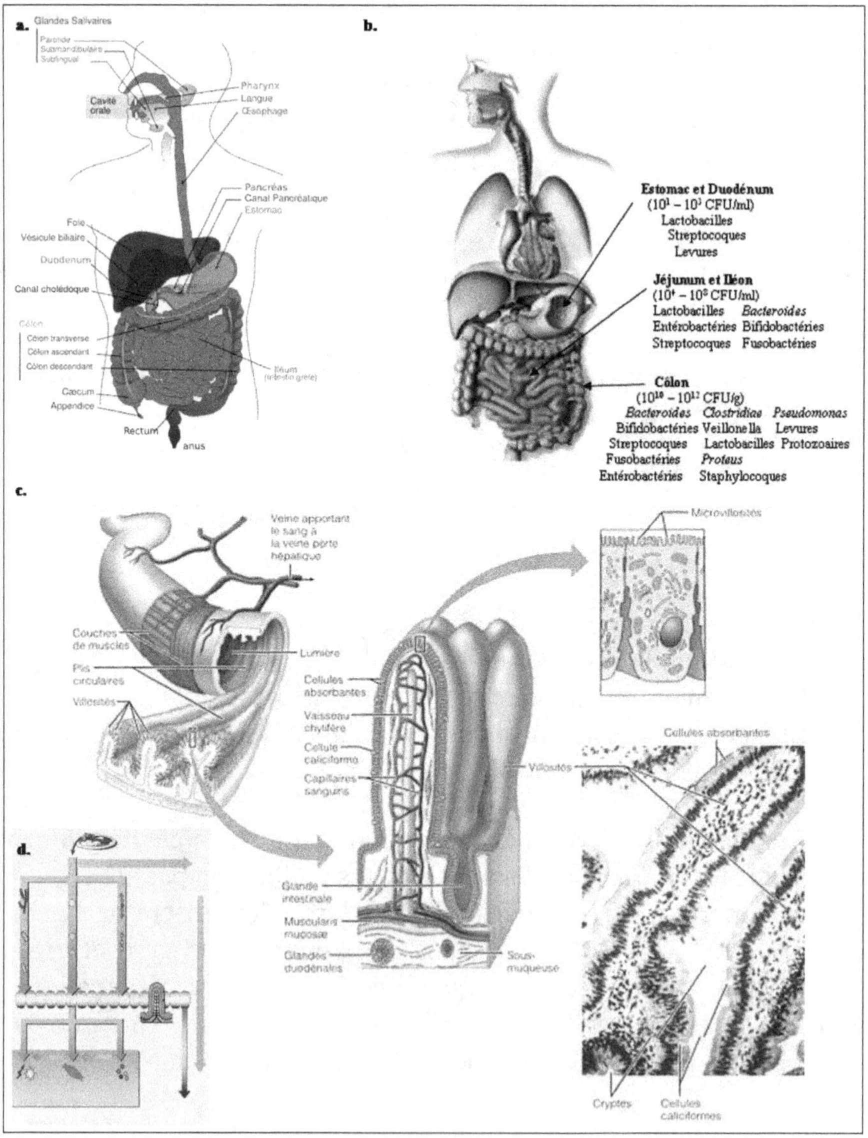

2.2. La nutrition et la digestion

L‟organisme est constitué de millier d‟espèces différentes de molécules organiques et minérales.

L‟alimentation doit apporter l‟énergie nécessaire pour assurer le bon fonctionnement des structures de l‟organisme et les briques élémentaires pour sa construction (croissance), son développement et son entretien, les aliments sont distributeurs d‟énergies calorifiques et chimiques en joules (anciennement calories). Voici, par ordre chronologiques, les étapes simplifiées d‟assimilation de la matière par l‟organisme,

- Les substances de base de l‟alimentation ;
- La digestion et son déroulement ;
- Les nutriments ;
- Les éléments constituants de l‟organisme ;

2.3. Déroulement de la digestion

L‟appareil digestif est constitué d‟un « tube digestif » et des glandes digestives. Il constitue le biotope des micro-organismes intestinaux (Figure. 1a). Il comprend :

L'entrée d'alimentation de l'appareil digestif :
- La bouche
- Le pharynx
- L‟œsophage

Le réacteur digesteur principalement chimique :
- L‟estomac
- Le duodénum

Le réacteur digesteur principalement microbien (Figure. 1b, c) :
- L‟intestin grêle
- Le côlon

Le mécanisme d'éjection des déchets :
- Le rectum
- L‟anus

Les glandes digestives comprennent :
- Les glandes salivaires
- Le foie
- La vésicule biliaire
- Le pancréas

La digestion des aliments débute dès l'ingestion, c'est-à-dire dès l'instant où pénètre l'aliment dans la cavité buccale.

L'organisme ne peut pas utiliser les aliments sous leur forme brute. Ils vont subir des transformations progressives, qui vont les réduire en substances absorbables et utilisables : les nutriments (Figure. 1d).

L'organe digestif exerce trois actions :

- Une action mécanique de broyage et de brassage
- Une action chimique, qui correspond à l'hydrolyse par des enzymes des longues molécules organiques.
- Une action biologique « microbienne », qui correspond à l'hydrolyse de composés spécifiques la plupart du temps de longues molécules organiques par des enzymes microbiennes spécifiques absentes chez l'hôte. C'est la fonction principale du microbiote.

Au cours de ce travail complexe, les nutriments obtenus traversent la paroi du tubes digestif, passent dans le sang ou dans la lymphe et sont acheminés vers le foie où ils sont inventoriés, stockés et distribués aux multiples cellules de l'organisme (Figure. 1d). C'est à l'intérieur de ces cellules que les nutriments, réduits à l'état de molécules simples (briques élémentaires), sont utilisés selon les activités métaboliques et les besoins énergétiques de chaque cellule et de l'organisme dans son ensemble.

De l'ingestion à la défécation, on distingue plusieurs phases ou temps digestifs, qui sont :

L'entrée d'alimentation de l'appareil :

- Le temps buccal
- Le temps pharyngien ou déglutition
- Le temps œsophagien

Le réacteur digesteur principalement chimique :

- Le temps gastrique
- Le temps biliaire et pancréatique

Le réacteur digesteur principalement microbien :

- Le temps intestinal (duodénum et intestin grêle)
- Le temps colique

Le mécanisme d'éjection des déchets :

- Le temps rectal (défécation)

Donc, nous pouvons toucher du doigt la complexité du support du microbiote. Son support, c''est-à-dire son biotope est sujet : i) à des phénomènes périodiques ; ii) il concerne de nombreux organes en liens avec l''environnement interne et externe de l''organisme ; iii) sa structure et ses fonctions globale et aux seins de chaque organe sont complexes. Jusqu''à ce jour, une telle complexité mécanistique et biologique ont été bien étudié de façon compartimenté. Mais, de nombreuses questions restent à explorer du point de vue des interactions et interconnexions. Telles sont les questions auxquelles je me propose de répondre dans les parties suivantes.

3. Biomes du microbiote intestinal

Du point de vue cellulaire, le nombre de cellules microbiennes est 10 fois supérieur au nombre de cellules humaines. Du point de vue génétique, le microbiote forme une banque génétique importante. De plus, le nombre des gènes du microbiote appelé le méta-génome est au moins 150 fois plus important que celui du génome humain. Ainsi, le dernier comporte 22.000 gènes contre 3,3 millions pour le premier décompte publié sur le microbiome intestinal. Tout au long du tractus digestif, il existe un gradient de concentration en bactéries (Figure. 1b ; Holzapfel *et al.,* 1998). La densité maximale de 10^{11} bactéries pour un gramme de contenu digestif est atteinte dans notre côlon distal (Holdeman *et al.,* 1976 ; Savage, 1977).

L''estomac et l''œsophage sont habituellement « stériles » à cause de leur pH acide. Le duodénum et le jéjunum comprennent essentiellement des bactéries aérobies-anaérobies facultatives (10^4 à 10^5 UFC.mL^{-1}, surtout des streptocoques). L''iléon contient des anaérobies prédominants (10^5 à 10^8 UFC.mL^{-1}). Le côlon voit une prédominance d''anaérobies stricts (10^9 à 10^{11} UFC/gramme de selles). La matière fécale contient 10^{10} à 10^{11} de bactéries vivantes et mortes/gramme de selles. L''intestin d''un humain adulte abrite environ 1kg de bactéries actives sur une surface développée d''environ 400m^2 (villosité et micro-villosités).

Pour comprendre ce qui se passe dans notre intestin, il faut savoir que les bactéries qui composent la « flore intestinale » forment une population de plus de 500 espèces différentes, totalisant de l''ordre de 100.000 milliards de bactéries ce qui correspond à environ 1,5kg de bactéries dans notre gros intestin (ou colon).

En effet, notre colon est un tube d"environ 1,50 mètre de longueur. Il n"a pas seulement une fonction d"élimination des résidus alimentaires non assimilables. Mais, il en remplit aussi bien d"autres grâce à l"action de la flore bactérienne qu"il héberge.

Cette importante flore bactérienne est composée de différents germes saprophytes qui sont dix fois plus nombreux que l"ensemble des cellules qui forment notre corps.

Pour faire connaissance avec cet écosystème intestinal qui cohabite avec nous et assiste quotidiennement notre organisme à maintenir son homéostasie, il faut savoir qu"il se divise en deux grands groupes,

- la flore dominante acquise composée de bactéries anaérobies, c"est-à-dire de bactéries incapables de vivre en présence d"air. Elles représentent environ 99 % de la population de notre flore intestinale.
- la flore sous-dominante surajoutée qui est liée à notre environnement et contrôlée par la flore dominante. Elle représente environ 1 % de notre flore.

4. Communautés microbiennes : « Flore intestinale »

Le microbiote intestinal est composé dans une très large majorité de bactéries anaérobies. La quantité d"archéa et de fungi est plus faible. La diversité des virus et bactériophages présents dans le microbiote semble très importante, mais elle reste à être explorée (Lepage *et al.,* 2008). 95% du microbiote est représenté par cinq phylums bactériens (Valentina *et al.,* 2012) Bien qu"en 2013, Morgan *et al.* annoncèrent la présence de quatre phylums constitutifs de l"intégralité du microbiome humain, c"est-à-dire les microbiotes tégumentaire, intestinal et vaginal (Figure. 2).

- les *Actinobacteria,* ce groupe inclut les genres *Collinsella* et *Bifidobacterium* (dont certaines souches de probiotiques connus) ;
- Les *Bacteroïdetes,* dans ce groupe, les **Bacteroïdes,** *Prevotella* et *Xylanibacter* dégradent une grande variété de molécules complexes comme les glycanes ;
- Les *Firmicutes,* on y trouve notamment les genres *Ruminococcus*, ***Clostridium***, *Lactobacillus* (dont plusieurs souches utilisées comme probiotiques), et des ***Eubacterium,*** *Faecalibacterium* et *Roseburia* (productrices de butyrate) ;

- les *Proteobacteria,* dont communément des ***Escherichia*** (de la famille des *Enterobacteriaceae* et des bactéries du groupe *Desulfovibrio.* Ces dernières sont des bactéries réductrices de soufre ;
- les *Verrucomicrobia,* ce groupe a été récemment découvert, il inclu les *Akkermansia* qui semblent spécialisées dans la dégradation des mucus.

La plupart des genres bactériens cités ci-dessus, c''est-à-dire *Akkermansia, Alistipes, Bacteroides, Bifidobacterium, Clostridium, Eubacterium, Faecalibacterium, Prevotella, Oscillibacter, Roseburia* et *Ruminococcus* font partie du microbiote en dominance. Les genres tels qu''*Escherichia* et *Lactobacillus* se retrouvent en plus faible quantité. D''autres groupes bactériens rares ont été détectés tel qu''*Fusobacterium, Lentisphaerae, Spirochaetes* et TM7 (Qin *et al.,* 2010 ; Tap *et al.,* 2009).

Les genres de fungi actuellement connus du microbiote intestinal incluent *Aspergillus, Candida,* et *Penicillium, Saccharomyces.* Les archées sont représentées par un seul genre : *Methanobrevibacter* et plus particulièrement l''espèce *Methanobrevibacter smithii* impliqué dans la méthanogènese intestinale (Gille *et al.,* 2006).

Figure 2. Carte de la diversité microbiologique présente dans le microbiome humain c''est-à-dire l''ensemble des microbiomes tégumentaire, intestinal, vaginal. Le microbiome humain est dominé par quatre phylums constitutifs du biome : *Actinobacteria, Bacteroidetes, Firmicutes* et *Proteobacteria* (Morgan *et al.*, 2013). Au centre se trouve un arbre phylogénétique des organismes abondants dans le microbiome humain. Les Microbes commensaux sont indiquées par des cercles et les agents pathogènes potentiels sont indiqués par des étoiles. L''anneau du milieu correspond aux sites « géographique » du corps à laquelle les différents taxons sont abondants et de couleur codée par site. Par exemple, *Ruminococcus* (bleu) se trouve surtout dans l''intestin, tandis que *Lactobacillus* (violet) se trouve surtout dans le vagin. Les hauteurs de barre à l''extérieur du cercle sont proportionnelles à l''abondance des taxons au niveau du site du corps de la plus grande prévalence. Par exemple, *Streptococcus mitis* (jaune) domine l''intérieur de la joue, tandis que le tube digestif est abonde d''une variété de *Bacteroides.* L''intensité des couleurs externes correspond à la prévalence des espèces dans chaque partie du corps.

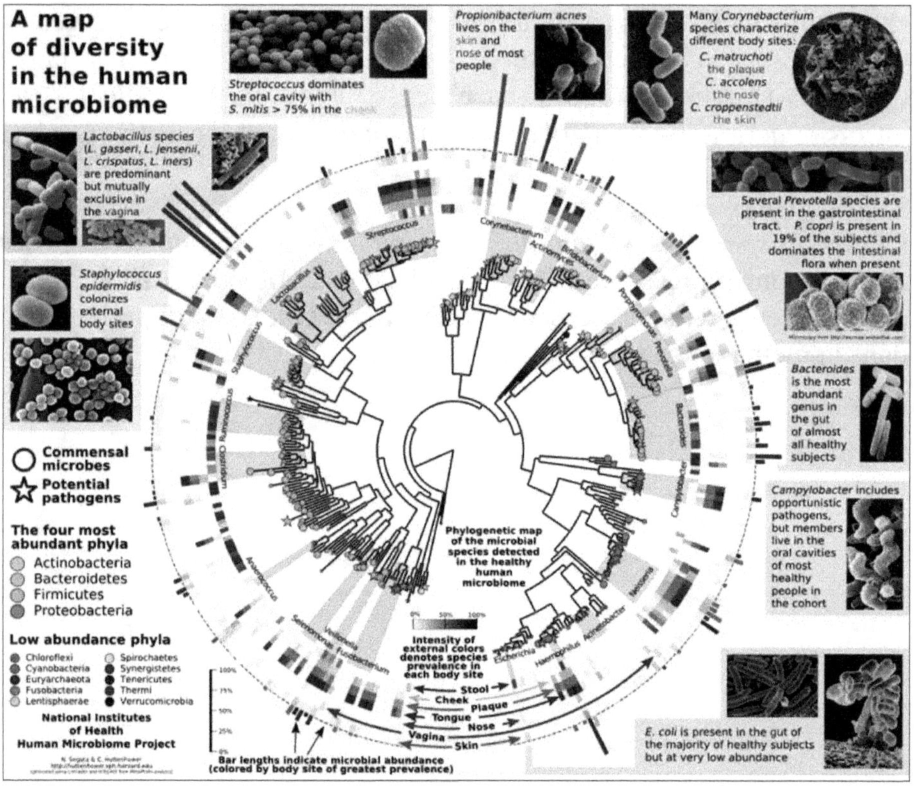

5. Biodiversité du microbiome intestinal

5.1. Noyau phylogénétique et fonctionnel

Chaque personne possède son propre microbiote intestinal, mais des chercheurs ont mis en évidence l''existence d''un petit nombre d''espèces partagées par tous. Elles constitueraient le noyau phylogénétique du microbiote intestinal humain (Tap *et al.,* 2009). Les individus sains semblent partager une centaine d‟espèces bactériennes. Cet ensemble partagé représente en masse plus du tiers du microbiote intestinal (Tap *et al.,* 2009). Le microbiote regroupe un ensemble de fonctions essentielles à son hôte humain, également partagées par tous les individus sains (Qin *et al.,* 2010). En 2013, un arbre phylogénétique a été publié est illustre clairement la biodiversité et les fonctions génomiques du microbiome humain (Figure. 2 ; Morgan *et al.,* 2013).

5.2. Entérotypes

Par individu, le microbiote intestinal a une diversité de 500 à 1.000 espèces microbiennes. De manière générale, bien que l‟abondance des espèces microbiennes soit différente d‟un individu à l‟autre, il semble que la composition du microbiote reste relativement stable chez l‟adulte sain. Il semblerait que l‟assemblage des espèces microbiennes dans le microbiote ne s‟effectue pas au hasard. En effet, il existerait un ensemble limité de communautés possibles appelées « entérotypes » (Arumugam *et al.,* 2011). Jusqu‟à présent trois types de communautés du microbiote ont été décrits : i) l‟une étant dominée par le genre *Bactéroïdes* ; ii) l‟autre par *Prevotella ;* et *iii)* enfin une dernière plus complexe et plus diversifiée, dominée par les genres microbiens appartenant à l‟ordre des *Clostridiales* tel que *Ruminococcus* (Arumugan *et al.,* 2011). Ces trois grands entérotypes serait non-influencés par le sexe, l‟âge ou l‟origine géographique (Arumugan *et al.,* 2011).

Plusieurs autres études, réalisées sur des cohortes de patients, ont pu également détecter des entérotypes (Wu *et al.,* 2011 ; Claesson *et al.,* 2012) mais l‟existence même des entérotypes reste encore discutée (Jeffery *et al.,* 2012).

Par ailleurs, ces entérotypes pourraient être associés à une alimentation particulière (Wu *et al.,* 2011). En effet, les entérotypes dominés par les *Bacteroïdes* sont associés à une alimentation riche en graisses animales et/ou en protéines. Ceux dominés par les *Prevotella* correspondant aux régimes riches en glucides (Wu *et al.,* 2011).

Une autre étude récente a montré qu‟il existait des entérotypes similaires à l‟Homme chez les chimpanzés. Ochman *et al.* (2010) suggèrent que les entérotypes seraient issus de la coévolution entre l‟hôte et son microbiote.

5.3. Evolution au cours de la vie

Chez l‟adulte en bonne santé, les composantes principales du microbiote restent stables. En revanche, chez les bébés, le microbiote change très rapidement au cours des trois premières années de vie avant de devenir mature. C‟est-à-dire qu‟il devient identique à celui de l‟adulte. Donc, la composition de son microbiote varie selon : i) le mode de naissance par voie basse ou césarienne ; ii) puis selon l‟environnement post-natal : antibiothérapies ; iii) l‟alimentation au sein ou au lait de vache, etc. En vieillissant, le microbiote devient plus sensible et peut parfois se déséquilibrer.

5.4. Grossesse

En 2012, dans une étude publiée dans la revue *Cell,* 91 femmes enceintes ont été suivies afin de caractériser précisément l‟évolution du microbiote intestinal pendant la grossesse (Koren *et al.,* 2012). Il s‟avère que la composition du microbiote change fortement au cours du temps. Des échantillons fécaux du 1er puis du 3e trimestre ont été comparés. Ils ont permis de décrire une évolution menant vers une plus grande inflammation et une perte d‟énergie. Au cours de la même étude, ces observations ont été confirmées par transplantation de microbiote dans des souris axéniques, c‟est-à-dire dépourvues de microbiote (Koren *et al.,* 2012).

5.4.1. Détermination à la naissance

La composition de votre flore intestinale dépend avant tout de la façon dont se déroule votre naissance (Matamoros *et al.,* 2013). Quand vous étiez dans le ventre de votre mère, votre tube digestif était stérile. Il ne contenait aucun micro-organisme.

Ce n‟est qu‟au moment de l‟accouchement que des bactéries et des levures s‟y sont installées : 72 heures après votre naissance, votre tube digestif contenait déjà des milliards de bactéries et levures. Mais d‟où proviennent ces bactéries et levures ? Matamoros *et al.* (2013) ont établi une chronologie des facteurs externes influençant l‟établissement du microbiote intestinal humain (Figure. 3).

Figure 3. Facteurs externes capables d'influencer l'établissement du microbiote intestinal chez le nourrisson ; ↑ : modifications bénéfiques ; ↑↓ : modifications considérées comme néfastes pour un développement sain. (Matamoros *et al.*, 2013).

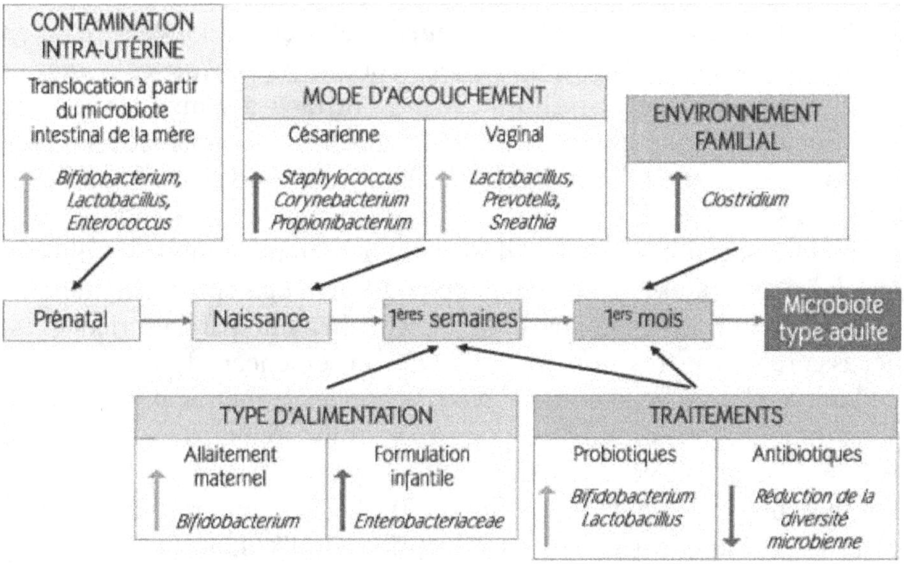

Cette chronologie d'évènements permet d'initier un début de réponse. Très peu de gens le savent, mais ces bactéries et levures viennent, pour les enfants nés par voie naturelle, de la flore vaginale de leur mère.

Or, cette flore vaginale est très dépendante de la flore intestinale. En conséquence, une femme qui aura une bonne flore intestinale dans les dernières semaines de sa grossesse donnera en héritage à son enfant les bonnes espèces microbiennes pour ensemencer son intestin. Si, par contre l'intestin de la mère est contaminé par des espèces opportunistes et pathogènes, son bébé en héritera malheureusement. Ainsi constate-on que certaines prédispositions aux maladies sont liées à une microflore particulière transmise par les mères à leurs enfants au moment de la naissance. C'est en particulier le cas des lignées familiales d'asthmatiques et d'eczémateux. Si, au cours des derniers mois précédant l'accouchement, la mère régénère sa microflore, son enfant ne sera pas porteur d'une microflore induisant de l'eczéma ou/et de l'asthme. Donc, cette simple mesure permet de préserver le nouveau-né d'une déficience qui risque d'handicaper toute sa vie avec la perspective de la terminer dans les souffrances d'une bronchite chronique, sous assistance respiratoire particulièrement invalidante.

Mais, un autre cas très problématique est celui des enfants nés par césarienne.

Dans ce cas, le nouveau-né est directement extrait du placenta (stérile). Le bébé né par césarienne n‟a aucun contact avec la flore de sa mère. Il reçoit alors la microflore de l‟environnement. Dans ce cas, il s‟agit de l‟environnement hospitalier. Celui-ci est souvent riche en bactéries résistantes aux antibiotiques comme *Staphylococcus aureus* (staphylocoque doré). Si elle n‟est pas corrigée à temps, cette flore intestinale d‟origine hospitalière peut avoir des conséquences néfastes sur tout le reste de l‟existence de l‟individu. C‟est également pour cette raison que les plantes et fleurs sont interdites en milieu hospitalier, car d‟éventuels PGPR ou autres micro-organismes plus ou moins néfaste pour la santé humaine pourraient également s‟installer.

Donc, pour les mamans dont l‟accouchement par césarienne est nécessaire, il est très important qu‟elles ensemencent le tube digestif de leur bébé, dès la naissance, avec de bonnes bactéries permettant la constitution d‟un microbiote pleinement fonctionnel. Dans certaines sociétés, le grand-père crache traditionnellement dans la bouche de l‟enfant nouvellement né (Aribit, 2007). Ce comportement semble contribuer à la construction du microbiote de l‟enfant. De plus, il lui permet d‟obtenir de nombreux micro-organismes suite au contact avec sa mère.

5.4.2. Nouveau-né & Enfance

Au plan quantitatif, le nouveau-né se constitue rapidement un microbiote aussi complexe que celui des adultes, notamment au cours de la diversification alimentaire lors du sevrage (Matamoros *et al.*, 2013). Ce microbiote atteint un équilibre fonctionnel au bout de deux ou trois années (Braly, 2012).

L‟allaitement contribue à assurer un microbiote intestinal équilibré à l‟enfant. La composition de l‟alimentation de l‟enfant et de l‟adolescent influe fortement sur celle du microbiote. Ainsi, le microbiote fécal d‟enfants africains ruraux ayant une alimentation plus riche en fibres et produits végétaux présente moins de Firmicutes et un taux plus élevé de *Bacteroidetes* comme *Prevotella* et *Xylanibacter. A contrario,* les enfants italiens ayant une alimentation plus sucrée et carnée ont un microbiote plus riche en *Enterobacteriaceae* principalement constituée d‟*Escherichia* (De Filippo *et al.,* 2010). Le microbiote semble dans les deux cas s‟être adapté à l‟alimentation de l‟hôte.

5.4.3. L'âge adulte & la vieillesse

Dès la diversification alimentaire, les espèces appartenant aux phyla *Bacteroidetes* et *Firmicutes* surpassent en nombre les populations bactériennes de départ.

Enfin, chez les personnes âgées, l'écosystème intestinal permet plus d'aérobiose. De ce fait, on y trouve une proportion plus importante de protéobactéries, dont l'espèce *Escherichia coli.* En parallèle, la population de bifidobactéries décline et leur diversité s'affaiblit. Les changements de composition du microbiote peuvent être dus à une altération partielle du tractus intestinal de ces capacités digestives et peuvent être à l'origine de la malnutrition des personnes âgées (Guigoz *et al.,* 2008).

Cependant, même une bonne flore intestinale à la naissance peut se déséquilibrer avec le temps et l'environnement de vie. Plus généralement, ce sont les pratiques culturelles, les styles de vie, les modes alimentaires à l'échelle locale voir mondiale qui entreraient en jeu dans l'interaction entre le microbiote et la santé (Yatsunenko *et al.,* 2012).

6. Mission du microbiote intestinal

Le microbiote intestinal et son hôte humain sont un exemple de mutualisme. C'est-à-dire qu'il existe une coopération avantageuse pour chacun des différentes sortes d'organismes. Mais, il faut bien là distinguer de la symbiose et du commensalisme. Le microbiote se montre même capable de réguler l'expression de certains gènes de l'hôte, ce qui pourrait évoquer des relations symbiotiques avancées (Dethlefsen *et al.,* 2006 ; Larsson *et al.,* 2012) au même titre que les PGPR chez les plantes (cf. tome 2).

La mission du microbiote consiste à protéger l'organisme contre l'invasion de micro-organismes aux effets néfastes pour la santé de l'hôte comme certaines bactéries indésirables. Chez un individu en bonne santé, les activités métaboliques du microbiote intestinal humain en font un organe à part entière dans la physiologie humaine. Sans la présence du microbiote intestinal, le système immunitaire de l'hôte est immature et la maturation de l'épithélium intestinal incomplète (Mazmanian *et al.,* 2005). Elle participe au bon fonctionnement du système immunitaire. Elle exerce une « fonction de dialogue avec le tube digestif ».

Mais, le champ d'action du microbiote va bien au-delà de ces missions (Figure. 4). Les communautés constitutives de la flore intestinale interviennent dans l'"absorption des lipides et la régulation de la glycémie.

Figure 4. Schéma de synthèse présentant les champs d'"action du microbiote intestinal: **a.** Liens entre l'"appareil digestif et quelques autres systèmes et appareil. **b**. Quelques effets bénéfiques des communautés microbiennes. **c**. liens entre le microbiote et certains organes. (Légende : flèche verte : effet de l'"appareil digestif sur d'"autres systèmes et appareils ; flèche rouge : effet des autres systèmes et appareil sur l'"appareil digestif ; encadré : structure ; texte : fonction).

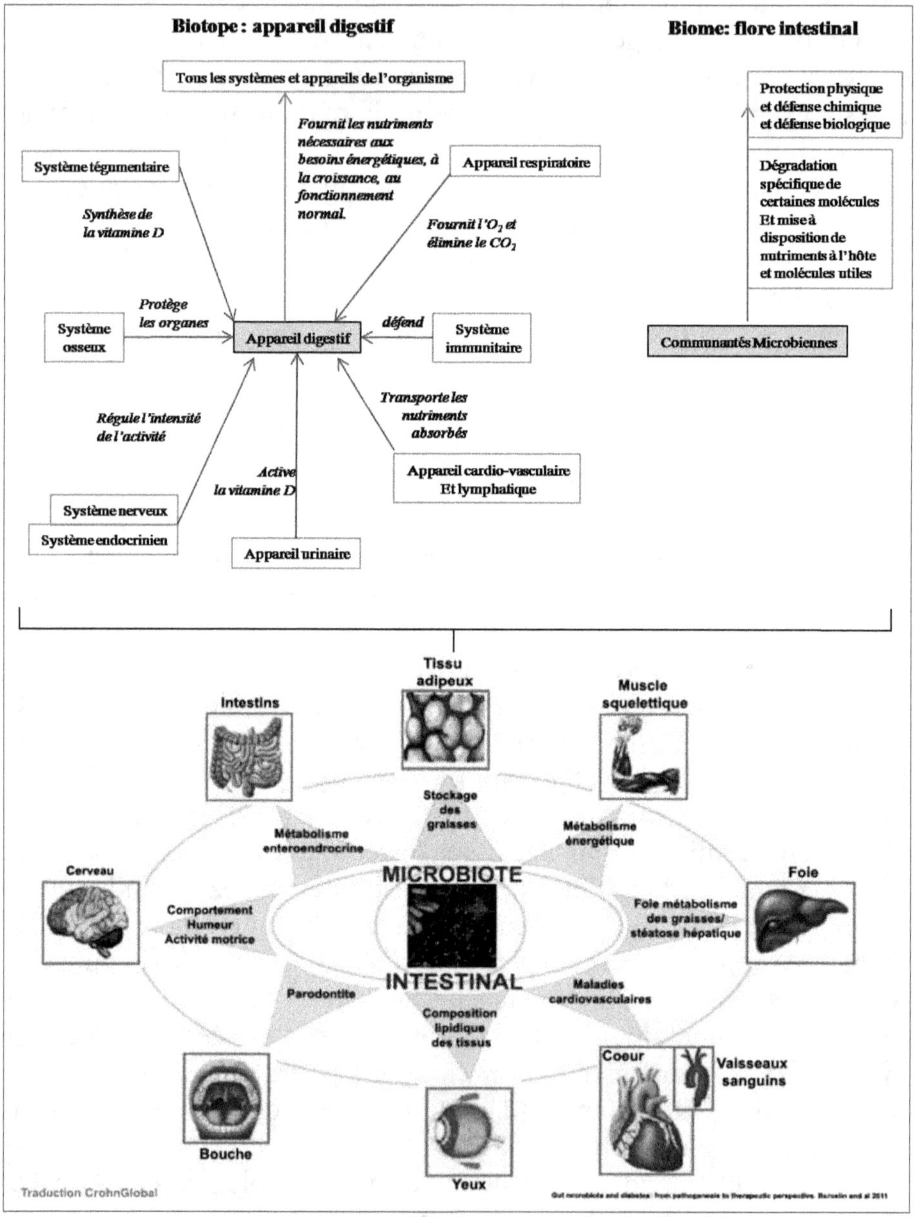

Donc, c‟est un organe à part entière avec une mission bien précise. Il n‟agit pas seulement sur le tube digestif, mais sur différents aspects du métabolisme. De plus, du point de vue nutritionnel, il permet aux systèmes digestifs de fermenter les fibres alimentaires et de synthétiser les vitamines dites essentielles (Bäckher *et al.,* 2005 ; Ley *et al.,* 2008). Elle intervient en effet, dans la dégradation des fibres alimentaires insolubles, qui ont un rôle bénéfique sur le plan anti-inflammatoire.

Si efficace et puissante soit-il, notre microbiote intestinal s‟avère toutefois bien fragile. En cas de dysbiose intestinale, qui se définit comme un changement dans la composition ou la stabilité des populations bactériennes de l‟intestin, le microbiote peut être associé à des désordres métaboliques tel que le diabète de type II, l‟obésité ou bien les maladies cardiovasculaires. Certains aliments, le stress ou l‟utilisation d‟antibiotiques peuvent le perturber passagèrement. Il s‟ensuit un inconfort digestif, des ballonnements voir des diarrhées. L‟exemple-type, est celui de la diarrhée secondaire à une antibiothérapie. Le traitement, qui cible en principe les germes pathogènes, va provoquer des dommages collatéraux et déséquilibrer la flore intestinale associés à des multi-résistances jusqu‟à l‟émergence de totaux-résistances suite à la pression de sélections microbiologiques rendue possible grâce à la présence des antibiotiques. Par ailleurs, certaines composantes du microbiote ont été associées aux maladies inflammatoires chroniques telles que la maladie de Crohn ou la rectocolite hémorragique (Swidsinski *et al.,* 2002 ; Manichanh *et al.,* 2006 ; Vasquez *et al.,* 2007), mais aussi au développement d‟allergies (MacDonald *et al.,* 2011) et au cancer colorectal (Sobhani *et al.,* 2011). D‟autre part, si notre flore dominante se dégrade, elle ne pourra plus assumer ces nombreuses fonctions et rôles ce qui affaiblira notre foie, notre immunité, notre assimilation et notre digestion. On verra apparaître une multiplication des micro-organismes néfastes et des opportunistes (bactéries, levures, champignons, parasites, etc.) entraînant à leur tour des conséquences négatives sur l‟ensemble de notre organisme.

7. Fonctions, rôle & action du microbiote intestinal

Comme nous l‟avons vu, certains auteurs suggèrent de considérer le microbiote en tant qu‟entité ou organe métabolique associé à l‟organisme de leur porteur (Figure. 5). Donc, il s‟agit d‟un organe ou « bioréacteur naturel » composé d‟un nombre d‟organismes pouvant atteindre 10^{13} individus, dominés par des bactéries anaérobies, et pouvant inclure 500 à environ 1.000 espèces dont le génome collectif est estimé contenir 100 fois plus de gènes que le génome humain. Dans la littérature scientifique, on distingue et attribut cinq grandes « fonctions » au microbiote intestinal humain :

- Fonction **physiologique :** l'épaisseur et le renouvellement de la muqueuse de l'intestin, la taille des villosités et de la bordure en brosse, l'angiogénèse sont co-régulés par le microbiote (Sekirov *et al.,* 2010).
  Rôle & actions :
  Le microbiote : i) co-régule des modifications histologiques comme l'épaisseur et renouvellement de la muqueuse de l'intestin, taille des villosités et de la bordure en brosse ; ii) l'accélération du transit ; iii) l'angiogénèse (développement du réseau sanguin) ;

- Fonction de **protection :** par la diversité biologique des bactéries contre la pullulation d'une seule espèce bactérienne ou contre la colonisation du tube digestif par d'autres micro-organismes qui seraient pathogènes (Guarner, 2006) ;

- Fonction **immunitaire :** sans microbiote, le système immunitaire est moins actif. Le microbiote est impliqué dans certaines maladies inflammatoires et allergiques (Mazmanian *et al.,* 2005).
  Rôle & actions :
  Elle joue un rôle important au niveau de l'immunité en empêchant la pénétration d'antigènes hostiles en constituant une barrière de défense. Elle a d'ailleurs une activité anti-toxique égale à celle du foie.

- Fonction **digestive/métabolique :** Les matériaux alimentaires non-digestibles sont dégradés par le microbiote comme les fibres de polysaccharides végétaux. La dégradation est réalisée via la fermentation colique et contribue à renforcer la fonction de digestion. Par la même occasion, on observe des synthèses de vitamines, des bioconversions de substances en micro-nutriments assimilables bénéfiques pour la santé (Gibson *et al.,* 2004) ou influençant le stockage de graisses (Bäckhed *et al.,* 2004). ;

Rôle & actions :

Elle soutient notre système digestif en achevant la digestion des aliments par un processus de fermentation des glucides dans le colon droit et un processus de putrescence des protéines dans le colon gauche.

Elle permet une bonne assimilation des nutriments essentiels.

Elle permet également la synthèse des vitamines du groupe B (notamment la B12 qui est anti-anémique) et de la vitamine K (nécessaire pour la coagulation sanguine).

- Fonction **Neurologique :**

  Rôle & actions :

  Etablie un lien avec ou système nerveux centrale & le « cerveau principal » encéphale, les émotions et perceptions de l'environnement.

  Il constitue un « cerveau secondaire » permettant de libérer le « cerveau principal » de certaines tâches et analyses de l'environnement d'évolution de l'hôte.

Figure 5. Présentation du microbiote intestinal humain considére comme "Organe" avec : i) le biotope : l'appareil digestif et un tableau illustrant l'importance de sa surface exploitable par les microorganismes au sein de l'intestin grêle ; et le biome : avec un exemple de bactéries intestinales constitutives du microbiote permettant de différencier les individus. A droite. Lien existant entre l'intestin et le système nerveux central (a), illustration de la flore bactérienne est des nombreuses communautés (b) qui la compose avec l'exemple d'*Echérichia coli* (c) ; A gauche, exemple d'image obtenue du microbiote intestinal pas microscope confocal (d'après Corthier *et al.,* 2007 ; photo du site Vulgariz.com info science médecine technologie du 23 avril 2011).

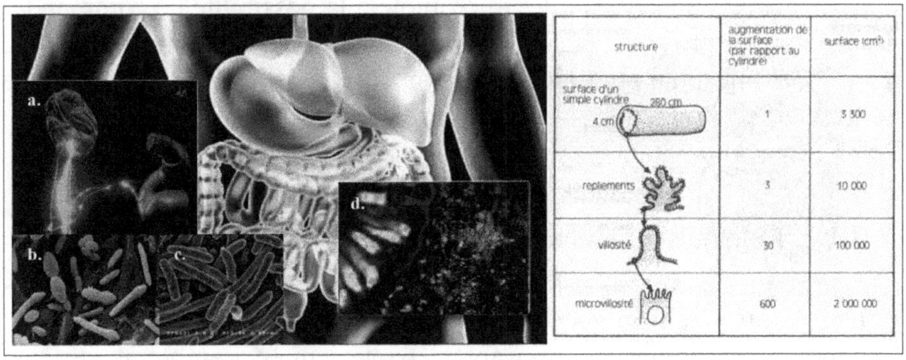

7.1. Fonction immunitaire

7.1.1. Activation et stimulation du système immunitaire

Le système immunitaire d'un organisme est un système biologique constitué d'un ensemble coordonné d'éléments de reconnaissance et de défense qui discrimine le « soi » du « non-soi ». Le système immunitaire est responsable de la reconnaissance et de la réponse à apporter à la présence de molécules étrangères ou locales. Il apparaît que certaines fonctions du système immunitaire sont liées au rapport qu'a l'hôte humain avec son microbiote (Macpherson & Harris, 2004). Les populations microbiennes de notre microbiote intestinal ont des effets directs sur notre système immunitaire. En effet, les systèmes immunitaires inné et adaptatif collaborent pour maintenir l'homéostasie à la surface luminale de l'interface microbienne de l'hôte, ce qui est crucial pour le maintien d'une bonne santé. Le système immunitaire exerce également une communication bidirectionnelle avec le système nerveux central (SNC), ce qui en fait une cible de choix pour la transduction de substances produites par nos microbes à l'intention du système nerveux central. Par ailleurs, quelques espèces bactériennes symbiotiques ont montré une capacité à prévenir le développement de maladies inflammatoires. Le microbiote contient également des micro-organismes capables de susciter l'inflammation sous certaines conditions (Round & Mazmanian, 2009 ; Kamada *et al.,* 2013). Ainsi, les effets indirects du microbiote et des bactéries dites probiotiques sur le système immunitaire inné peuvent entraîner des modifications dans les niveaux des cytokines pro-inflammatoires et anti-inflammatoires qui affectent directement le fonctionnement du cerveau. Le microbiote a la possibilité de commander des réponses pro- et anti-inflammatoires. Donc, la composition du microbiote intestinal pourrait être liée au bon fonctionnement du système immunitaire (Round & Mazmanian, 2009 ; Duerkop *et al.,* 2009 ; Purchiaroni *et al.,* 2003).

7.1.2. Maladies inflammatoires chroniques de l'intestin (MICI)

Le rôle du microbiote intestinal humain dans les maladies inflammatoires chroniques de l'intestin reste encore à explorer. Cependant, certaines composantes bactériennes semblent être en relation avec la maladie de Crohn. En effet, chez les malades atteints par la maladie de Crohn, les groupes de bactéries faisant parties des *Clostridiales* comme *Faecalibacterium* sont appauvris (Vasquez *et al.,* 2007). Par ailleurs, il est montré que l'espèce *Faecalibacterium prauznitzii* peut être un marqueur de la récidive chronique chez les malades de Crohn (Vasquez *et al.*, 2007) et qu"il semble avoir un rôle protecteur par ses propriétés anti-inflammatoires (Sokol *et al.*, 2008).

7.1.3. Implication des sucres présents dans les parois cellulaires bactériennes

Les polysaccharides exo-cellulaires de la couche extérieure de bactéries dites probiotiques sont en grande partie responsables de la plupart de leurs effets favorables à la santé. En effet, les polysaccharides exo-cellulaires d"espèces comme *Bifidobacterium* protègent ces bactéries de l"acide et de la bile se trouvant dans les intestins et protègent également ces bactéries de la réponse immune de l"hôte. Ces découvertes ouvrent la possibilité de composants bactériens comme bases thérapeutiques. En effet, comme les métabolites neuroactifs, les composants des parois cellulaires des micro-organismes dans la lumière intestinale ou attachés aux cellules épithéliales sont aptes à libérer des molécules qui modulent la signalisation des neurones et qui agissent directement sur les axones primaires afférents (Cryan & Dinan, 2012).

7.2. Fonction métabolique

7.2.1. Métabolisme du tryptophane

Un nombre croissant d"éléments de preuves du dérèglement de la kynurénine est la voie métabolique du tryptophane. La kynurénine est très souvent négligée. Or, elle représente plus de 95% du tryptophane périphérique disponible chez les mammifères (Cryan & Dinan, 2012).

La L-kynurénine (énantiomère S) est un métabolite de l"acide aminé tryptophane utilisé dans la production de la niacine connue aussi sous le nom de vitamine B3. Il y a de nombreux éléments de preuves sur le rôle de la kynuréine au niveau de nombreux troubles à la fois du cerveau et du tractus gastro-intestinal. Il y a des preuves évidentes que des bactéries telles que *Bifidum infantis* peuvent modifier les concentrations de kynurénine (Cryan & Dinan, 2012). Ce n"est pas une propriété universelle de toutes les souches *Bifidobacterium*, par exemple *Bifidobacterium longum* n"a montré avoir aucun effet sur les niveaux de kynurénine, mais elle a d"autres fonctions. Le tryptophane se trouve également dans de nombreux aliments comme les bananes mûres, les mangues, ainsi que d"autres fruits et légumes.

7.2.2. Métabolismes microbiens et digestion des fibres alimentaires

Sans microbiote intestinal, l'organisme humain ne peut utiliser les polysaccharides complexes tel que les fibres alimentaires, car les cellules humaines ne possèdent pas les enzymes nécessaires à leur dégradation (Duncan *et al.,* 2003 ; 2007). Ainsi, des bactéries intestinales modulent différentes réactions métaboliques de l'hôte, conduisant à la production de métabolites tels que les acides biliaires, la choline et des acides gras à chaîne légère qui sont essentiels pour la santé de l'hôte. En effet, les fibres alimentaires végétales sont digérées puis ensuite fermentées dans le côlon par des micro-organismes intestinaux qui produisent des acides gras à chaîne légère tels que le butyrate, l'acétate et le propionate, qui sont connus pour avoir des propriétés neuro-actives (Cryan & Dinan, 2012).

7.2.3. Obésité

L'augmentation des Bacteroïdes et la chute des Firmicutes s'accompagneraient d'une faculté du microbiote à stocker plus facilement l'énergie apportée par l'alimentation. Ceci constituerait un facteur de risque pour l'obésité (Backhed *et al.,* 2004 ; Ley *et al.,* 2006). Cependant, ces résultats restent encore controversés (Duncan *et al.,* 2007). A ce jour, ils n'ont pas été reproduits par d'autres études.

7.2.4. Diabète

Le microbiote intestinal est un facteur clef dans l'insulino-résistance (Qin *et al.,* 2012). Des chercheurs ont réussi à classer des patients atteints de diabète de type II en fonction de leur microbiote intestinal (Qin *et al.,* 2012). Chez ces patients une baisse significative de bactéries produisant du butyrate et une hausse de bactéries opportunistes ont été observées. Par ailleurs, cette modification cause un état inflammatoire chronique. Environ 60.000 gènes du microbiote intestinal seraient associés au statut du diabète de type II diagnostiqué chez un patient (Qin *et al.,* 2012).

Une étude sur des patients obèses ayant d'une part un diabète de type II et d'autre part subi une opération de chirurgie briatrique montre que leur microbiote s'adapte à leurs paramètres métaboliques et inflammatoires (Kong *et al.,* 2013).

7.3. Fonction neurologique : « Ce ventre notre deuxième cerveau » Axe cerveau/Microbiote (intestin/micro-organisme)

Chaque être humain héberge dans son intestin un écosystème composé de dix fois plus de bactéries que notre corps ne contient de cellules. L'ensemble des génomes de ces micro-organismes constitue ce que les biologistes appellent le méta-génome intestinal humain. Objet d'intenses recherches, il a été la vedette du congrès international MetaHIT, qui a réuni 600 chercheurs à Paris du 19 au 21 mars 2012 (op cité Le Monde, 24 mars 2012). Comme nous l'avons vu, notre tube digestif héberge en moyenne 200 espèces de bactéries. On les sait indispensables à la digestion, on les découvre essentielles à la maturation de notre système immunitaire. Plus surprenant encore, des chercheurs ont démontré qu'elles seraient capables d'interagir avec notre cortex cérébral, car notre ventre abrite plus de 200 millions de neurones connectés qui transmettent des informations et ordres. Ce *« cerveau secondaire du bas »,* qui règne sur de multitude de communautés microbiennes, décide-t-il de nos humeurs ?

Les scientifiques se sont aperçus qu'il existait quantité de neurones dans notre ventre, à peu près autant que dans le cortex d'un chat ou d'un chien. Ce qui correspond à des capacités potentielles de mémorisation & d'analyses d'un enfant de 6 ans. Ils s'occupent, entre autres, de notre digestion. Si l'organisme humain ne dispose que d'un seul cerveau, celui « du haut », l'espèce Humaine aurait été absorbée en permanence par ce processus très complexe. Il n'aurait pas pu se développer et évoluer vers de nouvelles fonctions et activités intellectuelles. Ainsi, le fait d'avoir deux systèmes de contrôle neurologique et de gestions de l'information que l'on peut considérer comme « deux cerveaux » a joué un rôle majeur dans notre évolution (Figure. 6).

Figure 6. a. Relations existantes entre le microbiote, les intestins et le cerveau ; **b.** Présentation de l''axe microbiote-cerveau (système nerveux central: SNC). (modifiée d''après VF Mici sans frontières-Nature & Microbiology).

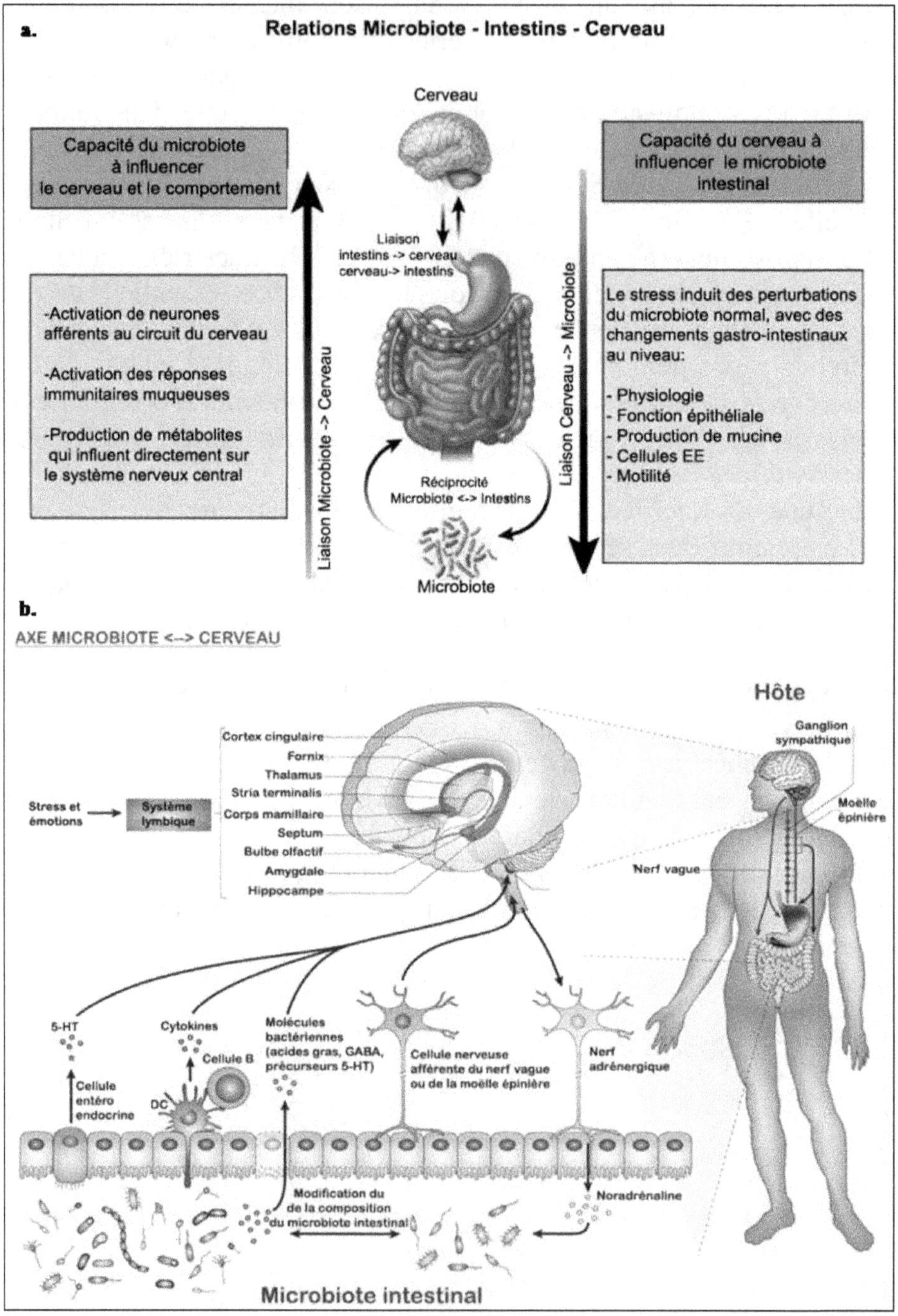

7.3.1. L'abdomen « ventre » participe à la gestion de nos émotions

De nombreux chercheurs travaillent sur ce sujet dans des universités ou services hospitaliers en France, aux Etats-Unis, en Allemagne, en Chine, en Belgique ou au canada. Leurs objectif est de mieux comprendre l'impact que peut avoir le fonctionnement de notre abdomen « ventre » sur nos comportements. Par exemple, des chercheurs ont découvert que notre « cerveau entérique », c'est-à-dire celui du « ventre », produisait 95 % de la sérotonine. Cette molécule est un neurotransmetteur qui participe à la gestion de nos émotions (Werckmann, 2011 ; Cryan & Dinan, 2012). L'acupuncture abdominale, pratiquée depuis longtemps en Chine, soigne de nombreuses pathologies dont la maladie de Parkinson, celle d'Alzheimer et la dépression. Les théories et Aspects holistiques des médecines asiatiques semblent fondées et efficaces. D'après Dr Werckmann Albert *« L'importance du microbiote, patiemment défendu par une poignée de médecins pionniers d'avant-garde s'inscrit dans une démarche en phase avec une pratique médicale holistique. Cette perspective a d'abord fait sourire puis rencontré beaucoup d'opposition. La médecine conventionnelle se l'approprie depuis peu ignorant que les recherches les plus modernes et innovantes rejoignent ici les sagesses et les médecines traditionnelles. A l'heure où on annonce que « l'espérance de vie en bonne santé est en baisse », où se multiplient les maladies chroniques et les affections neuro dégénératives et que s'embrase l'épidémie du cancer, le Collège européen de neuropsychopharmacologie affirme qu'en Europe, 38,2% de la population (de 2 ans à plus de 80 ans) souffre de maladie mentale. Anxiété, dépression, dépendance, insomnie, démence, hyperactivité... soit près de 165 millions de personnes touchées, confirmant ainsi que les maladies mentales sont largement majoritaires devant les cancers et les maladies cardiovasculaires »* (Werckmann, 2011).

7.3.2. Mécanismes par lesquels le microbiote affecte la fonction du système nerveux central

La composition du microbiote intestinal comprend plusieurs espèces qui ont pour chacune différents rôles et qui agissent de plusieurs façons. Par exemple, certaines d'entre elles se servent des fibres alimentaires végétales comme substrats de croissance. Elles catalysent les sucres en produits de fermentations tels que des acides gras à chaîne légère comme par exemple le butyrate et générer des substrats de croissance par exemple, des polysaccharides exo-cellulaires ou des vitamines. D'autres bactéries produisant des bactériocines sur la paroi entérique, améliorant la fonction de la barrière intestinale, réduisant l'"inflammation (Cryan & Dinan, 2012). Ces interactions inter-espèces permettent de réguler des colonisations intestinales et de modifier la persistance tout en stimulant les réponses immunitaires innées, ceci ayant des effets prononcés sur les voies de signalisation intestin-cerveau (Figure. 7 ; Cryan & Dinan, 2012).

Figure 7. Voies impliquées dans la communication bidirectionnelle entre le microbiote intestinal et le cerveau. Des chemins multiples directs et indirects existent à travers lesquels le microbiote intestinal peut moduler l'"axe cerveau-intestin. (Cryan & Dinan, 2012).

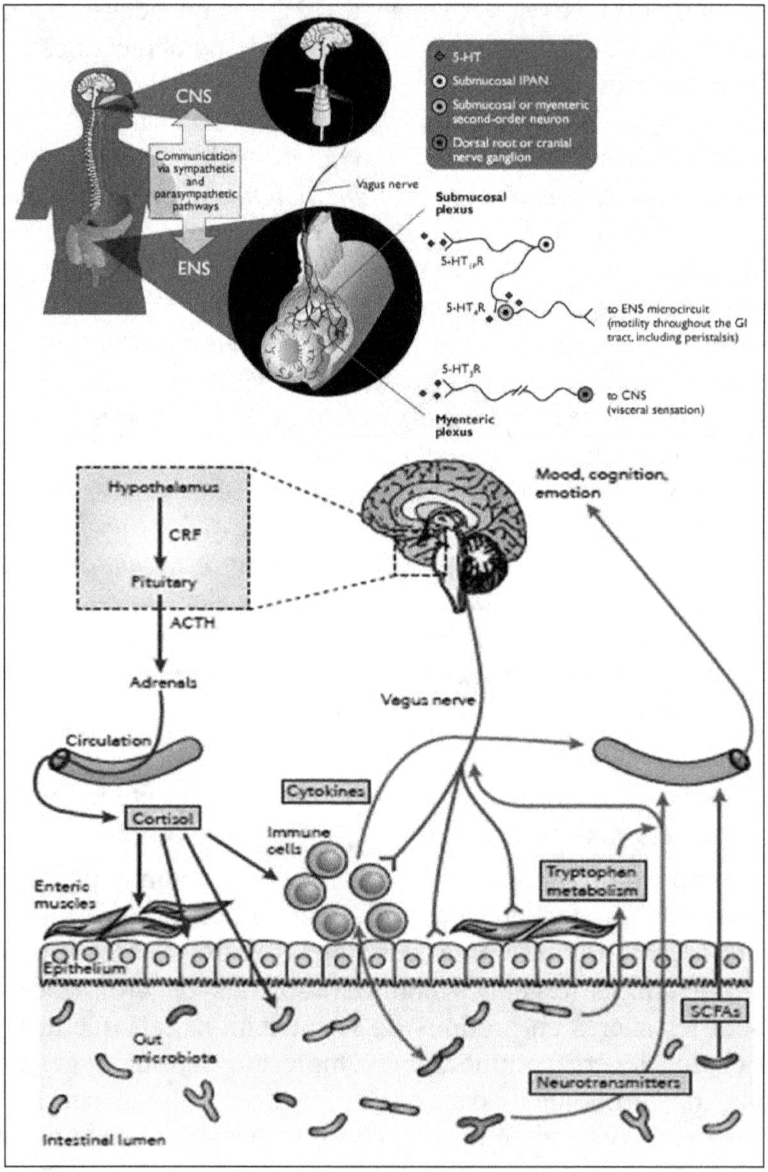

7.3.3. Neuro-métabolites microbiens

Les bactéries ont la capacité de générer de nombreux neuro-transmetteurs et neuro-modulateurs (Figure. 6b ; 7). Il a été montré que par exemple que des espèces *Lactobacillus* et *Bifidobacterium* produisent du GABA ; des *Escherichia* spp.et *Bacillus* spp produisent de la noradrénaline ; que *Candida* spp., *Streptococcus* spp., *Escherichia* spp. et *Enterococcus* spp.produisent de la sérotonine ; des *Bacillus* spp. produisent de la dopamine, et des *Lactobacillus* spp. produisent de l‟acétylcholine (Cryan & Dinan, 2012).

Des microbes modulent également les concentrations des récepteurs opioïdes et cannabinoïdes dans l‟épithélium intestinal. Cependant, comment cet effet local se produit ou se traduit par des effets anti-nociceptifs observés dans des modèles animaux lors de douleur viscérale, tout n‟est actuellement pas encore éclairci et d‟autres recherches se poursuivent (Cryan & Dinan, 2012). Néanmoins, il est concevable que les neurotransmetteurs sécrétés par des micro-organismes dans la lumière intestinale peuvent induire chez les cellules épithéliales la libération de molécules qui à leur tour modulent la signalisation neuronale dans le système nerveux entérique, ou agissent directement sur les axones primaires afférents (Cryan & Dinan, 2012).

7.3.4. Nerf vague

Le nerf vague ou nerf crânien X a deux rôles, efférent et afférent (Figure. 7). C‟est le nerf majeur de la division parasympathique du système nerveux autonome qui régule les fonctions de plusieurs organes, y compris les constrictions bronchiques, la fréquence cardiaque et la motilité intestinale. De plus, l‟activation du nerf vague a été démontrée pour avoir des capacités anti-inflammatoires prononcées, protégeant contre le sepsis induit par des micro-organismes au sein du récepteur nicotinique à l‟acétylcholine α7 sous-unité mode-dépendant. Environ 80% des fibres nerveuses sensorielles transmettent des informations sur l‟état des organes du corps vers le SNC (Système Nerveux Central). Bon nombre de fonctions cérébrales se sont avérées être dépendantes de l‟activation vagale et cette dernière peut être dépendantes de l‟activation provenant du microbiote intestinal (Cryan & Dinan, 2012).

Toutefois, des mécanismes vague-indépendants sont également en jeu dans les interactions cerveau-microbiote, ainsi une vagotomie n‟affecte pas les effets de traitements antimicrobiens sur le cerveau ou le comportement (Cryan & Dinan, 2012). Par ailleurs, les mécanismes par lesquels les afférences vagales sont activées par le microbiote intestinal sont étudiés avec soin afin de mieux comprendre ces interactions.

7.3.5. Parkinson & l'incroyable complexité de nos abdomens

Pour la maladie de Parkinson, des chercheurs se sont aperçus que celle-ci s'attaque aux neurones du cerveau et s'en prend également au niveau intestinal. Cette maladie neurodégénérative démarre longtemps avant que les premiers troubles moteurs n'apparaissent. Or, il est souvent trop tard lorsque les tremblements surviennent. A ce stade, 70 % des neurones sont déjà détruits. Désormais, nous savons qu'une « conversation secrète » existe entre les « deux cerveaux » qui sont étroitement liés avec le système digestif, le microbiote et le taux de glucose générer par le système au moment de la digestion. Elle ouvre d'immenses espoirs thérapeutiques.

7.3.6. Autisme

Plusieurs études ont montré une dérégulation immunitaire chez les patients atteints d'autisme. Cependant, les causes sous-jacentes restent à élucider. Les facteurs environnementaux tels que le stress ou l'alimentation peuvent également jouer un rôle. Quelques études ont tenté de comparer les microbiotes de patients atteints d'autisme et ceux de sujets sains. Des changements significatifs de la composition bactérienne sont signalés, mais non confirmés. De plus, il est difficile d'établir si ces changements sont la cause ou la conséquence de la maladie (Louis, 1987).

7.3.7. Stress & anxiété

Une étude a montré que des souris axéniques, c'est-à-dire dépourvues de microbiote, présentaient une altération de la réponse au stress. Par conséquent, ces souris développaient une baisse de l'anxiété en comparaison avec des souris conventionnelles disposant d'un microbiote (Heijtz *et al.,* 2011).

7.3.8. Impact des antibiotiques

Les traitements par antibiotiques affectent l'écologie du microbiote intestinal et ses rapports avec l'hôte humain. Dethlefsen *et al.,* (2008) ont montré que la ciprofloxacine avait un effet important et rapide sur le microbiote intestinal associée à une perte de la diversité bactérienne et un changement de la composition de la communauté en 3 à 4 jours après le début de l''antibiothérapie. La Ciprofloxacine est bactéricide. Elle appartient à la famille desquinolones de deuxième génération ou fluoroquinolones. Elle neutralise les enzymes bactériennes de réplication empêchant toutes multiplications cellulaires. Elle agit sur les ADN gyrases et particulièrement sur la topoisomérase IV. Elle est habituellement efficace sur les bactéries Gram positives et négatives, les germes atypiques (intracellulaires) et certains genres anaérobies constituent une cible. Elle est efficace sur la famille des *Enterobactériaceae, Vibrio, Haemophilus influenzae & ducreyi, Neisseria gonorrhoeae & meningitidis, Moraxella catarrhalis, Brucella, Campylobacter, Arcobacter, Mycobacterium intracellulare, Legionella sp, Pseudomonas aeruginosa, Bacillus anthracis.* Elle a une activité diminuée sur *Streptococcus pneumoniae, Chlamydia trachomatis & pneumoniae.* Et, *Bacteroïdes, Burkholderia cepacia, Enterococcus faecium, Ureaplasma urealvticum et Streptococcus pyogenes sont* habituellement résistance à cet antibiotique. On peut noter que quelques bactéries résistances à cet antibiotique font partie des PGPR émetteur de COV.

8. Comment l'équilibre de votre microflore risque de se rompre ?

Après la naissance, l''équilibre de la microflore intestinale est en continuelle évolution. Il s''agit d''un équilibre dynamique qui peut être rompu par différents *facteurs endogènes et exogènes*,

- *facteurs endogènes ou causes intérieures à votre corps,* un déficit immunitaire, ou une maladie métabolique discrète peut entraîner une modification de votre flore intestinale. En cas de blessure ou d''opération chirurgicale, d''inflammation, de constipation chronique ou de tumeurs dans l''intestin, votre microflore peut également être gravement perturbée, ce qui empirera les symptômes de votre maladie, et retardera votre convalescence ;
- *facteurs exogènes ou les causes extérieures à votre corps*, alimentation déséquilibrée, contamination par des métaux lourds, des pesticides utilisés en agriculture et des additifs alimentaires antimicrobiens, infection par des germes pathogènes ou opportunistes, stress intense, traitement aux antibiotiques, vaccination, peuvent contribuer à inhiber certains

de vos micro-organismes, ce qui laissera la place aux germes opportunistes et pathogènes responsables de maladies et leurs permettra de se multiplier.

Les conséquences sont de gravité variable : des simples troubles de la digestion jusqu'à la rupture complète des barrières de défense de l'organisme. Dans ce cas, vous risquez la prolifération de germes jusqu'à la septicémie, c'est-à-dire l'infection généralisée, donc, potentiellement, la mort. Cela montre qu'un microbiote intestinal équilibré joue un rôle essentiel pour votre santé et votre résistance aux maladies. Tout doit être fait pour maintenir un ensemble de communautés microbiennes dans un bon état biologiques et équilibres écologiques.

9. Facteur favorisant la dégradation de notre flore intestinale

De nombreux facteurs contribuent à la dégradation de notre flore intestinale. Ils induisent cinq principaux problèmes d'ordres environnementale, mode de vie et d'initiation de la digestion :

➢ **Problème dû à la nature de l'aliment :**

- consommer des aliments trop raffinés ;
- consommer une alimentation trop cuite ;
- ne pas consommer suffisamment de fruits et de légumes frais et biologiques ;
- consommer trop de protéines animales et acidifiantes ;
- consommer des huiles raffinées et hydrogénées ;
- consommer des produits laitiers (en particulier à base de lait de vache) ;
- mélanger trop d'aliments différents au cours d'un même repas ;
- consommer du sucre industriel et des sucreries ;

➢ **Problème d'hydratation & dû à la qualité et nature des liquides :**

- ne pas boire suffisamment d'eau ;
- consommer des excitants (café, thé, boissons gazeuses comme les sodas type coca, etc.) ;
- consommer régulièrement de l'alcool ;

- ➢ **Problème liées au mode de vie :**
- – avoir un mode de vie trop rapide et trop stressé ;
- – une mastication insuffisante ;
- – manger trop rapidement ;

- ➢ **Problème liées à la consommation de médicaments :**
- – utiliser des médicaments et des antibiotiques de façon exagérée ;

- ➢ **Problème mécanique :**
- – une mastication insuffisante ;
- – manger trop rapidement ;

10. Comment détecter un déséquilibre de la flore intestinale ?

Plusieurs problèmes de santé peuvent être associés à une présence exagérée de bactéries opportunistes :

- Au niveau du système nerveux : fatigue, autisme, dépression, insomnie, anxiété, problèmes de comportement et d‟apprentissage, maux de tête, migraines, dépression bipolaire, sclérose en plaques, perte de confiance en soi, schizophrénie ;
- Au niveau du revêtement cutané et dermatome : démangeaisons, psoriasis, acné, acné rosacée, pied d‟athlète, se fait des bleus facilement, infections fongiques chroniques de la peau ou des ongles, engourdissements.
- Au niveau de l‟appareil respiratoire : on peut voir apparaître des problèmes d‟asthme, d‟infections chroniques des voies respiratoires (sinusite bronchite, rhume et grippe, rhinite allergique, otites) ;
- Au niveau de l‟appareil digestif : il peut y avoir des problèmes de constipation, ballonnement, maladies de Crohn, diarrhée, démangeaisons anales, côlon irritable, crampes, érythème fessier, aphte, inflammation des gencives, langue chargée, etc.
- Au niveau de l‟appareil reproducteur : on peut souffrir du syndrome prémenstruel, d‟endométriose, de menstruations irrégulières, d‟infertilité, de diminution de la libido ;
- Au niveau de l‟appareil urogénital : il peut y avoir des démangeaisons, des brûlures et décharges vaginales, des démangeaisons et inflammations vulvaires, des douleurs vaginales, pelviennes ;

11. Méthode d'analyse du microbiote intestinal humain

11.1. Techniques anciennes de microbiologie classique utilisées pour l'étude du microbiote et des flores intestinales

75% des bactéries présentes dans l''intestin ont un métabolisme anaérobie. La culture en laboratoire de ces bactéries anaérobies est difficile (cf. chapitre A-Bactéries solvantogènes ou émettrices de COVM, métabolismes et première classification-tome 4 et tome 5). Donc, ce sont les techniques de biologie moléculaire associées à des outils bio-informatiques qui ont permis de décrire précisément l''écologie et la structure du microbiote intestinal humain (Suau *et al.*, 1999).

11.2. Etude du microbiote à l'aide d'animaux axéniques

Un des moyens d''étudier les missions, rôles, fonctions & actions, les propriétés et interactions des microbiotes avec la physiologie et le métabolisme de l''hôte est de coloniser de manière contrôlée le tube digestif de rats ou souris axéniques. Ces rats ou souris axéniques sont nés et élevés sans exposition à des microbes vivants. Ainsi, ces animaux sont *colonisés* par une flore microbienne sélectionnée d''une ou plusieurs espèces, ou de communautés entières provenant de murins normaux, malades ou d''humains. Les chercheurs peuvent alors examiner la transmissibilité de phénotypes supposés physiologiques et/ou pathologiques.

De ce fait, il est possible de tester le rôle et actions du microbiote pour un ou plusieurs phénotype(s) particulier(s). Ainsi, chez les souris, les chercheurs ont récemment montré que le microbiote intestinal contrôle ou régule la masse osseuse (Sjogren *et al.*, 2012), le stockage des graisses corporelles (Bäckhed *et al.*, 2004), l''angiogénèse intestinale (Reinhardt *et al.*, 2012 ; Stappenbeck *et al.*, 2002) et le bon développement de la réponse immunitaire (Gaboriau-Routhiau *et al.*, 2009). Chez les souris axéniques, des chercheurs ont également montrés que la flore intestinale semble jouer un rôle majeur dans le métabolisme énergétique. Des liens plus ou moins grands existeraient avec une partie des formes d''obésité (Backhed *et al.*, 2004 ; Ley *et al.*, 2006).

Enfin, Le microbiote se montre même capable de réguler l''expression de certains gènes de l''hôte, ce qui pourrait évoquer des relations symbiotiques avancées (Larsson *et al.*, 2011).

11.3. Etude du microbiote par l'approche méta-génomique

La méta-génomique est le séquençage et l''analyse de l''ADN des micro-organismes présents dans les échantillons de divers environnements (océan, sols, air, corps humain, etc.) sans que la culture de ces micro-organismes soit requise. Cette technique a représenté une avancée majeure dans la compréhension du microbiote intestinal humain, environnement dans lequel seul 75% des bactéries ne sont pas cultivables.

Le 11 avril 2008 est lancé le projet européen MetaHIT (MetaHIT seventh framework programme, http.//www.metahit.eu/). Coordonné par l'INRA, il a pour but d'étudier le génome de l''ensemble des bactéries constituant la flore intestinale humaine afin de caractériser ses fonctions et ses implications sur la santé.

En 2010, les premiers résultats de MetaHIT sont obtenus : à l'âge adulte, chaque personne héberge dans son tube digestif 170 espèces bactériennes différentes. Cela représente un métagénome 150 fois plus important que le génome humain. Parmi ces 170 espèces, seul une cinquantaine sont commune à plus de 90% des individus (Junjie *et al.,* 2010). Cette étude met en évidence 19.000 fonctions différentes de cette flore : désagrégation de substances que notre propre système est incapable de démanteler, par exemple les cartilages et les polymères cellulosiques ; fonctions immunitaires ; synthèse de substances indispensables, par exemple la vitamine K, qui joue un rôle essentiel dans la coagulation sanguine.

En 2011, d'autres résultats de MetaHIT sont publiés. Ils révèlent que les individus possèdent trois « entérotypes » comparable à des groupes sanguins. Ces entérotypes sont de véritables « signatures bactériennes intestinales ». D'après Manimozhiyan Arumugam *et al.*, (2011), un entérotype est spécifique d'un individu et indépendant de l'origine géographique (pays, continent, etc.), de l'âge et de l'état de santé de l'individu. Il est défini par l'abondance de certains types bactériens et par leur « potentiel génétique », c'est-à-dire par les fonctions codées par leurs gènes qui lui sont associés » (Manimozhiyan Arumugam *et al.*, 2011).

12. Exemple de pathologies associées au micobiote intestinal

Depuis le début des années 2000, il y a un consensus médical sur l'importance du microbiote pour la santé (Tremaroli & Bäckhed, 2012). Chez l'animal de laboratoire et chez l'humain, les données acquises et leurs comparaisons laissent à penser qu'un microbiote intestinal normal améliore le métabolisme de son hôte en accroissant le rendement énergétique et la qualité de la digestion (Tremaroli & Bäckhed, 2012). De plus, le microbiote intervient en modifiant certains composés dérivés de l'hôte et certaines voies métaboliques, et améliorant l'immunité de celui-ci (Tremaroli & Bäckhed, 2012).

Lorsque les flores constitutives du microbiote se dégradent, l'organisme va progressivement devenir surchargé d'éléments qui lui sont étrangers. Il n'a plus ce dont il a besoin pour bien fonctionner et l'équilibre interne est rompu. C'est dans ces conditions que vont commencer à proliférer des germes, bactéries, levures, champignons et autres parasites indésirables. Le *Candida albicans*, par exemple, est un champignon microscopique présent normalement dans nos intestins et notre tube digestif depuis notre naissance.

Quand notre flore intestinale est équilibrée, nos « bonnes » bactéries contraignes et maintiennent les micro-organismes néfastes en empêchent leurs développements de manière anarchique. À l'inverse, une flore intestinale déséquilibrée crée un environnement favorable à la prolifération de certaines flores néfastes qui produit des toxines comme l'accroissement de *candida*. Ces composés affaiblissent notre système immunitaire par exemple des composés organiques volatiles (COV) et mycotoxines. Ils augmentent également la perméabilité de la muqueuse gastro-intestinale, permettant ainsi la pénétration dans le sang de nombreuses substances indésirables pouvant alors provoquer des allergies ou intolérances alimentaires. Comme nous l'avons vu, un déséquilibre du microbiote intestinal peut induire ou permettre le développement de pathologies telles que l'obésité, les maladies cardiovasculaires et certains syndromes métaboliques tels le diabète de type II et la production d'inflammasomes (Tremaroli & Bäckhed, 2012) et d'autres pathologies de l'appareil digestif couramment rencontré comme illustré par la figure 8. Cependant, la grande complexité de ces communautés microbiennes, virales et fongiques fait que les liens de cause à effet sont encore mal compris.

Figure 8. Exemple de pathologies associées au microbiote intestinal humain.

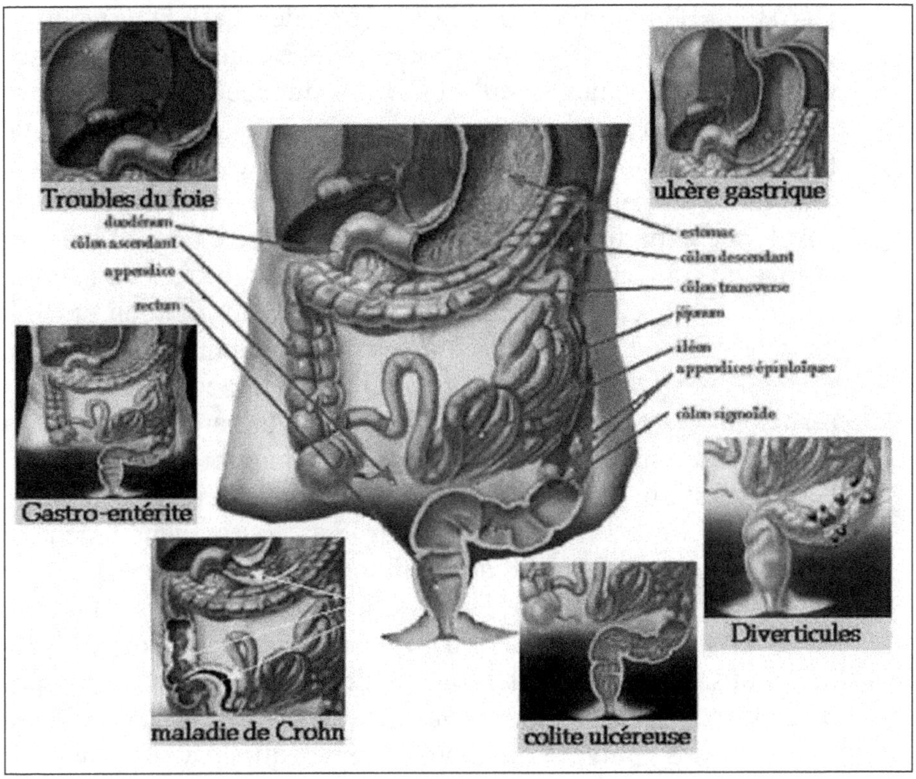

Les études actuelles montrent que différentes fonctions du microbiote sont affectées par des syndromes et maladies :

- Fonction physiologique
- Pour le syndrome du côlon irritable, une diminution des symptômes est constatée lors de l'administration de probiotiques ou d'un placebo (Drouault-Holowacz *et al.,* 2008). Une altération de la microflore est retrouvée chez les patients. Leur biofilm est moins diversifié que celui des sujets sains avec une prédominance de clotridies et d'eubactéries (Piche, 2009) ;
- La durée d'une diarrhée infectieuse aiguë (Allen *et al.,* 2010) ou d'une diarrhée persistante chez l'enfant (Bernaola Aponte *et al.,* 2010) est diminuée par absorption de probiotiques ;
- Gastro-entérite, ulcère gastro-duodénal et autres pathologies intestinales d'origine infectieuse ou inflammatoire sont étroitement liées à un déséquilibre du microbiote (Marteau & Camus, 2011 ; Colarelli, 2010 ; Vanderhoof, 2001) ;

– Le cancer du côlon se développe à partir de la muqueuse du « gros intestin » ou colon. Dans 70% des cas, la tumeur se développe dans le sigmoïde (boucle située dans la fosse iliaque gauche). Les cancers du côlon et du rectum étant assez semblables, on les regroupe sous le terme de cancer colorectal (Figure. 9), (Bonithon-Kopp & Benhamiche, 1999). Il s‟agit toujours d‟une tumeur maligne ; adénocarcinome lieberkhünien, développé à partir de la muqueuse. C‟est le second cancer, en termes de fréquence, chez la femme (après le cancer du sein) et le troisième chez l‟homme (après le cancer du poumon et celui de la prostate). Les cancers coliques ont une fréquence élevée en France. On sait que le développement de polypes colo-rectal est associé à une plus grande perméabilité de la paroi intestinale, à la production de molécules antimicrobiennes ou à l‟augmentation de l‟expression de différents facteurs inflammatoires. En travaillant sur des souris génétiquement modifiées et traitées avec des antibiotiques de manière à ce que leur microbiote soit détruit, des chercheurs de l‟Université de New York dirigés par Sergio Lira ont montré qu‟en dépit des mutations génétiques, les rongeurs ne développaient ni polypes ni cancers. Les personnes souffrant de cancer colo-rectal ont toujours des polypes d‟abord bénins qui peuvent devenir cancéreux par la suite. Il est très important de comprendre comment vont se localiser ces polypes dans le côlon, car les observations radiologiques montrent que cette localisation ne dépend pas simplement de la génétique. Selon les chercheurs, les bactéries pourraient utiliser la perméabilité de la paroi épithéliale pour pénétrer des zones qui leur sont normalement inaccessibles et provoquer une réaction inflammatoire de la part du corps humain. Cette pénétration augmenterait le risque de formation de polypes à l‟origine des cancers. Il reste cependant à déterminer quelles sont les espèces de bactéries sont impliquées dans ces processus inflammatoires et leurs localisations colo-rectales afin de proposer un traitement préventif qui vise à diminuer leurs populations.

Figure 9. a. Cancer du côlon (Bonithon-Kopp & Benhamiche, 1999); **b.** Formation des polypes lors d'un cancer colorectal se fait en quatre étapes principales.
Etape 0 : Le cancer n'a pas augmenté au-delà de la paroi interne du côlon ou du rectum. Une polypectomie ou une colectomie (résection du côlon) est généralement tout ce qui est nécessaire. **Phase I :** Le cancer s'est propagé à travers plusieurs couches de l'intestin ou du rectum. Habituellement, une résection du côlon (colectomie) est effectuée et les ganglions lymphatiques l'entourant sont enlevés. Le rayonnement peut être inclus dans le traitement. **Stade II :** Le cancer est passé à travers la paroi du côlon ou du rectum, et peut s'étendre dans les tissus voisins. La chirurgie peut être le seul traitement nécessaire. La chimiothérapie peut également être recommandée, bien que tous les médecins s'accordent à dire lorsque la chimiothérapie doit être utilisée pour la phase II de cancers colorectaux. La radiothérapie peut être donnée avant ou après la chirurgie. **Stade III :** Le cancer s'est propagé aux ganglions lymphatiques. La chirurgie et la chimiothérapie sont les traitements standards pour cette étape. La radiothérapie peut également être utilisée. Le médecin peut choisir de traiter le cancer avec la chimiothérapie et la radiothérapie avant que la chirurgie soit effectuée. **Stade IV :** le cancer s'est propagé dans le côlon ou le rectum à des organes distants, tels que le foie, les poumons, ou les ovaires. Une combinaison de chirurgie, la chimiothérapie et le rayonnement sont souvent utilisés. De nombreux facteurs, y compris le stade affecté, l'emplacement du cancer du côlon, le type de chirurgie nécessaire, et les objectifs et les souhaits du patient, permettront de déterminer si une colostomie ou d'une iléostomie est construit et, dans l'affirmative, si la stomie sera temporaire ou permanent. Un autre système de stadification du cancer utilisé est le système de classification de Dukes ou Astler - Coller. Plus d'informations sur les systèmes d'arrêt, peuvent être consultés sur le site Web de l'American Cancer Society (ACS) et le site Web de recherche sur le cancer du Royaume-Uni. (Image from **National Cancer Institute** www.cancer.gov); **c.** Photographie d'un polype induit lors de cancer colo-rectal.

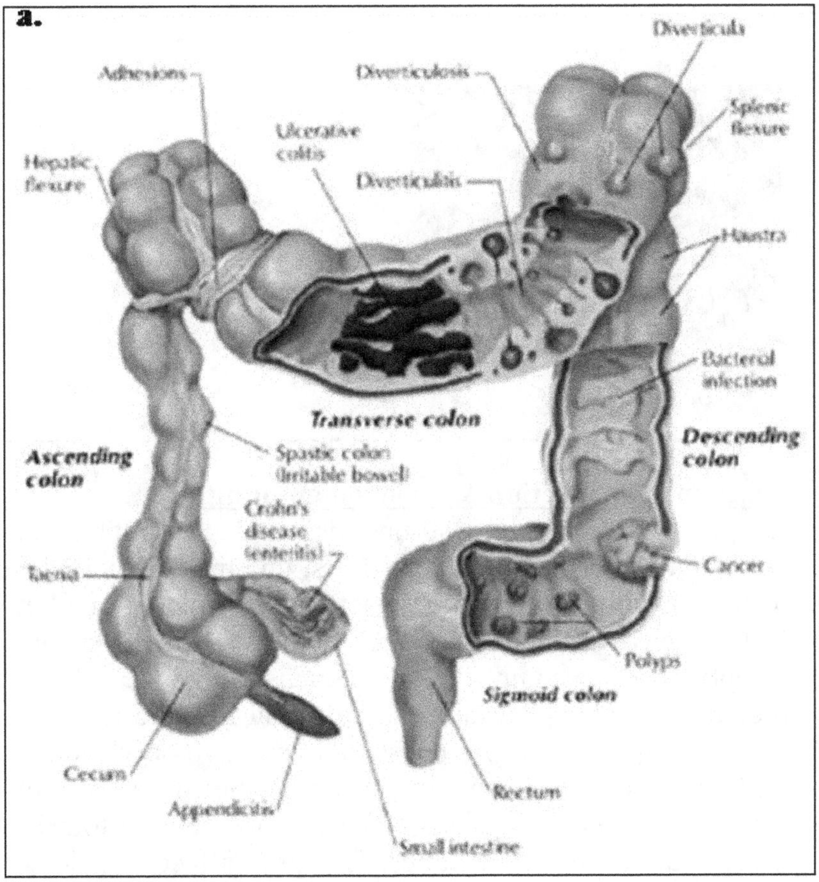

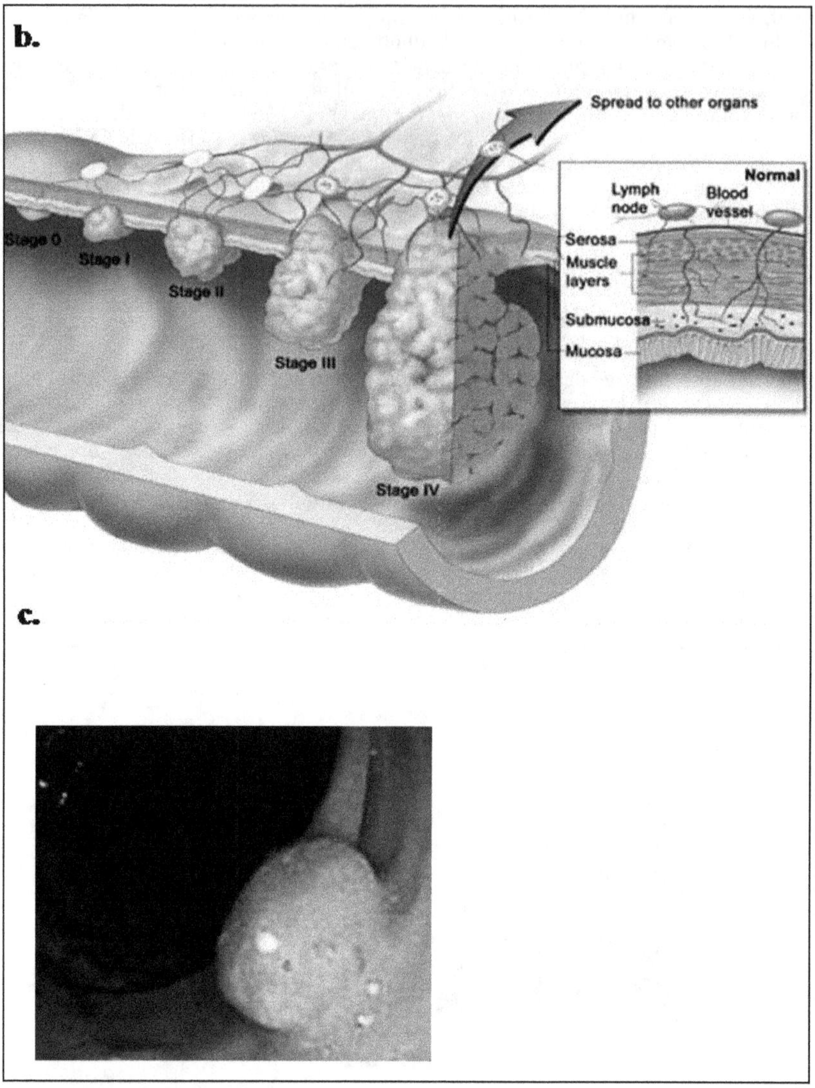

- Fonction de **protection** & Fonction **immunitaire** :

– La maladie de Crohn est une des maladies inflammatoires chroniques intestinales (MICI). C‟est une maladie complexe où intervient une composante génétique, le microbiome et des facteurs environnementaux. Pour certains, elle est encore mal comprise. Ces composantes interagissent entre elles pour produire l‟arrière-plan auto-immun de la maladie (Marcuzzi *et al.,* 2013) qui évolue par poussées alternative de phases aiguës et de phases dites de rémission, c‟est-à-dire de disparition des signes cliniques de la maladie. Elle peut atteindre tout le tube digestif de la bouche à l‟anus. Elle peut affecter également la peau, mais se développe le plus souvent sur quelques parties du tube digestif préférentiellement le côlon et une partie de l'intestin grêle ou de l'anus. Pour la maladie de Crohn, le microbiote intestinal des patients atteints montre une modification du rapport *Firmicutes/Bacteroïdetes*, avec un rapport qui s'échelonne de 1/1 à 3/1 au lieu de 10/1 chez le sujet sain. On constate un déficit marqué du groupe *Firmicutes*, à la fois en nombre d'espèces et en proportion ;

- Fonction **digestive/métabolique** :

– Le syndrome métabolique désigné par les acronymes *SMet* (pour *syndrome métabolique*) ou *MetS* (pour *Metabolic syndrome* chez les anglophones) désigne l'association d'une série de problèmes de santé ayant en commun un mauvais métabolisme corporel. Il fait partie des syndromes émergeants. Sa signification clinique et son origine exacte restent controversées. Des études en cours cherchent à éclaircir ces questions. Nous ne pouvons encore affirmer qu'il s'agit réellement d'une maladie plutôt qu'un simple regroupement de facteurs de risques plus ou moins liés par une origine commune, des cibles métaboliques ou des mécanismes communs. Pour le syndrome métabolique, une altération de la richesse en espèces et en gènes du microbiote a été observé (Cani & Delzenne, 2009) ;

– Un individu obèse aurait un déséquilibre de son microbiote avec un ratio *Firmicutes/Bacteroidetes* de l'ordre de 100/1. Cette modification est associée à un fort déficit en *Bacteroidetes*. La perte de poids semble liée à l'augmentation de la proportion de *Bacteroidetes* avec un changement du ratio qui évolue vers 10/1 ;

– Les personnes souffrant de constipation ont une augmentation de la composante méthanogène et bifidogène de leur microbiote intestinal (Levitt *et al.,* 2006). La production de méthane semble être associée à un ralentissement du transit intestinal (Soares *et al.,* 2005).

- Fonction **Neurologique** :

– De nombreux symptômes et maladies voir maladies neurologiques peuvent être expliqués par un dérèglement ou altération de cette fonction du microbiote, mais elles restent à êtres répertorié ou à découvrir. Mais d'après Cryan & Dinan

(2012), il est clairement admis qu''un lien étroit existe entre l''environnement, la santé ou maladies et l''axe microbiote (intestin-micro-organisme)-cerveau (Figure. 10).

Figure 10. Impact du microbiote sur l''axe intestin-cerveau dans la santé et la maladie (Cryan & Dinan, 2012).

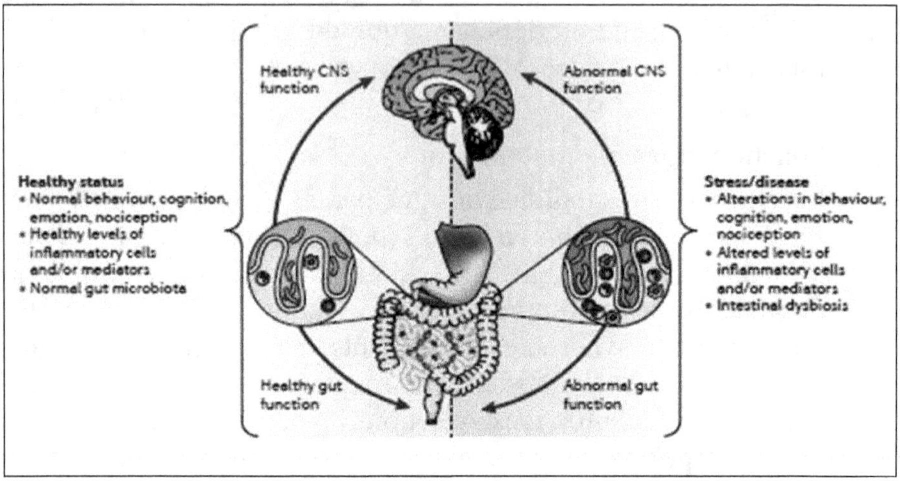

Donc, il est nécessaire de mieux comprendre le fonctionnement des interactions entre le microbiote et son hôte. Cette meilleure compréhension permettrait d''améliorer les traitements de maladies métaboliques-physiologique, neurologique par l''utilisation par exemple de probiotiques, prébiotiques, bactériothérapie fécale, d''aliments à flores microbiennes spècifiques ou contrôlé type *Bifidobacterium,* PGPR spécifiques, phages. L''exploration du méta-génome qui correspond à l''association du génome humain ou de l''hôte et de celui du microbiote semble bien plus riche en fonctionnalités génomiques (Tremaroli & Bäckhed, 2012).

13. Désordres liés au microbiote intestinal humain, Traitement des maladies &Amélioration du microbiote

13.1. Création et reconstitution de notre « flore intestinale » bactérienne pour un microbiote équilibrée

Refaire ou régénérer le microbiote et la flore intestinale est d''un grand intérêt. Mais, de nombreuses questions restes à ce jour sans réponses : Est-t-il possible de reconstruire ou de créer un microbiote et sa flore ? Et Comment ? Pouvons-nous lui attribuer de nouvelles missions, rôles, fonctions et action ?

Une bonne flore intestinale est un des secrets de santé. Mais : i) Le microbiote peut-il se reconstruire? Quel type de communautés microbiennes et flores introduires ? Et, à partir de quelques flores intestinales par exemples les ferments lactiques, etc ? Est-ce qu'un probiotique associé à un prébiotique sont suffisants ? Quelques souches de bactéries de la flore intestinale sont connus et contenus dans le microbiote comme les probiotiques ? Ou entrent dans cette définition ? Existe-t-il d'autres micro-organismes à effets bénéfiques pour la santé et pour l'ensemble du microbiote et qui ne font pas partie des pro et prébiotique ? par exemple les bactériophages.

Les probiotiques sont censés reconstituer la flore intestinale. En 2001, l'Organisation mondiale de la Santé (OMS) et l'Organisation des Nations unies pour l'alimentation et l'agriculture (FAO) ont donné une définition officielle des probiotiques qui sont des « *micro-organismes vivants qui, lorsqu'ils sont ingérés en quantité suffisante, exercent des effets positifs sur la santé, au-delà des effets nutritionnels traditionnels* » (FAO, 2001).

13.2. Restauration du microbiote

Manger des yaourts aux *Bifidobacterium* « bifidus » anciennement *Lactobacillus bifidus*, de la levure de bière ou prendre de l'ultra-levure ne suffit pas à restaurer un microbiote intestinal déséquilibrée.

A la suite de prises d'antibiotiques ou d'une intoxication alimentaire, des ballonnements, des aigreurs d'estomac, une fermentation intestinale, une mycose intestinale suite champignon ou levure comme *Candida albicans*, des troubles du transit intestinal, une intolérance au lactose, des allergies, des gaz intestinaux, une constipation, une diarrhée, des infections à répétition apparaissent parfois.

Ces symptômes ont tous pour cause un problème d'équilibre de l'écologie intestinale, du microbiote et de la flore intestinale associée. Le rôle de la flore intestinale étant d'aider à la digestion et de nous protéger des bactéries pathogènes ou des mycoses en renforçant le système immunitaire.

Un tube digestif équilibré est essentiel pour le maintien d'une bonne santé. Quand il n'y a pas assez de bactéries à effets bénéfiques dans le corps, les bactéries saprophytes et pathogènes commencent à proliférer, provoquant alors des problèmes de santé et des déséquilibres pouvant toucher tous nos différents systèmes. Ainsi, à ce jour, quatre techniques sont employer pour initier une reconstitution du microbiote, i) phagothérapie, ii) l'utilisation de pro et pré-biotique associée à un régime alimentaire spècifique ; iii) la bactériothèrapie, et iv) la phagothèrapie utiliser depuis la guerre froide en URSS faute d'antibiotique (Chanishvili, 2001 & 2011 ; Dublanchet, 2009 ; Berger Savin, 2014).

13.3. Prébiotiques et probiotiques

Un prébiotique est un ingrédient non digestible qui a des effets bénéfiques sur la santé en stimulant sélectivement la croissance ou l'activité d'une bactérie spécifique ou d'une population bactérienne spécifique du côlon. Selon l'OMS/FAO, un probiotique est « *un micro-organisme vivant qui, ingéré en quantité suffisante, produit des effets bénéfiques sur la santé de celui qui le consomme* » (FAO, 2001).

13.4. Un organe transplantable initiant les techniques de bactériothérapies

Le microbiote intestinal et la flore intestinale qui lui est associé s'avère pleine de ressources. En plus de nous protéger contre des micro-organismes indésirables et autres substances toxiques, elle abrite des micro-organismes capables de synthétiser pour nous des vitamines et des acides gras aux fonctionnalités intéressantes.

Très récemment, une technique de biothérapie qui consiste à greffer la flore bactérienne afin de rétablir l'équilibre de l'écosystème intestinal a été mise en place. Nous avons 10.000 milliards de bactéries dans notre système digestif. Aujourd'hui, les chercheurs se rendent compte que la flore d'un obèse transplanté à des rats et souris, les rendent obèse. Les microbiotes auraient-ils un rôle majeur sur notre santé ? Il s'emble que oui d'après cette étude bibliographique.

Depuis fort longtemps, nous connaissons l'effet positif des yaourts, fromages et autres aliments issues de la fermentation lactique lors d'un traitement antibiotiques : si vous ne les consommez pas, vous risquez une infection par exemple à *Clostridium difficile* qui provoque flatulences et diarrhées. *Clostridium difficile* est une espèce de bactéries du genre *Clostridium.* Il s'agit de bacilles gram positifs, anaérobies stricts et sporulés. Chez les patients sous antibiothérapies, c'est le principal agent étiologique de la diarrhée nosocomiale. Or, lorsque nous introduisons ces micro-organismes dans le microbiote par la voie haute ou par la voie basse, le résultat est le même : on permet à des souches bienveillantes ou non de s'implanter.

De plus, il y aurait des translocations et conjugaison permettant le transfert de matériel génétique de manières horizontales et verticales et d'une bactérie à l'autre pouvant induire : i) des multi-résistances aux traitements chimiques et antibiotiques ; et ii) de nouvelles fonctionnalités métaboliques bénéfiques ou non. Donc, ces micro-organismes deviennent plus compétitifs. Enfin, ce problème génétique et additionnée de problèmes d'ordre toxicologique est également mis en avant par certains chercheurs lors de la consommation d'OGM pouvant potentiellement induire des effets cancérigènes chez l'hôte ou le consommateur.

13.5. Bactériothérapie fécale

La bactériothérapie fécale, également appelée transplantation ou greffe fécale, consiste à utiliser le microbiote d'un individu sain, qui agit comme donneur de selles, comme traitement d'un patient dont le microbiote intestinal est perturbé (Bakken *et al.,* 2012, Samuel *et al.,* 2014). Cette technique est pour le moment principalement utilisée pour le traitement des infections récurrentes par *Clostridium difficile*, mais est également envisagée pour le traitement d'autres maladies (Brandt, 2012).

14. Problèmes dus à la consommation ou ingestion indirecte de micro-organismes pouvant modifier le microbiote intestinal

14.1. Flore nuisible et mauvaises odeurs entrainant un statut anormale

La principale fonction de votre côlon est de fermenter les aliments incomplètement digérés pour en extraire les derniers nutriments et les faire passer dans le sang. Lorsque votre côlon est sain et fonctionne bien, il ne laisse que des déchets inutilisables qui sont évacués régulièrement et n'ont pas de mauvaise odeur.

Par contre, en présence, de bactéries et de levures nuisibles, le transit est perturbé, entraînant constipation ou diarrhée et les résidus alimentaires deviennent malodorants. De plus, lorsqu'une mauvaise digestion s'installe, en plus d'être désagréable en soi, elle empêche votre corps d'extraire les nutriments de votre nourriture de façon optimale. Si vous ne faites rien, des déficits nutritionnels, voire des carences, peuvent s'installer.

Cette flore nuisible produit aussi du gaz carbonique, COV, du méthane et de l'hydrogène en abondance. Dans le cas où, vous laissez la situation s'installer, ces germes vont proliférer jusqu'à provoquer des poches de gaz tout au long de votre côlon, jusqu‟à ce que vous ayez l‟impression qu‟il va exploser. Les flatulences et les ballonnements n‟ont rien de drôle. Ils indiquent que votre nourriture est mal digérée et que votre côlon a besoin d‟aide. Ce cercle vicieux est déclenché par le manque de bactéries bénéfiques, favorables à la digestion.

14.2. Problèmes dus aux probiotiques

Les mécanismes des probiotiques reposent sur un effet de commensalisme voir de symbiose, qui permet au microbiote de conserver une flore intestinale dominante majoritairement non pathogène. Même si le niveau de son efficacité peut être critiqué, la prescription de probiotiques reste un traitement peu cher et avec un très faible risque (Butler *et al.,* 2012).

En 2012, le biologiste Didier Raoult a réalisé une méta-analyse d‟essais portant sur l‟effet de probiotiques sur la prise de poids chez l‟homme et sur des animaux de laboratoire. Les résultats de son étude suggèrent que *Lactobacillus acidophilus* entraîne une prise de poids chez l‟homme et chez l‟animal. *Lactobacillus fermentum* et *Lactobacillus ingluviei* ont le même et uniquement effet chez l‟animal. À l‟opposé, *Lactobacillus gasseri* est associée à une perte de poids chez les hommes et animaux obèses alors que *Lactobacillus plantarum* a le même effet uniquement chez l‟animal (Million *et al.,* 2012).

14.3. Problèmes dus à la consommation ou ingestion indirecte des PGPR lors de la mise en place de lutte biologique de pleins champs pouvant induire des problèmes potentiels chez le microbiote humain

A ce jour, très peu d‟études existent et recensent les effets des activités de luttes biologiques sur la santé et les microbiotes humains. Dans cette étude bibliographique, j‟ai présenté dans un premier temps les effets des émissions de COV sur la santé humaine (cf. B-Interactions médiées par les volatils entre les bactéries, les champignons et les plantes dans le sol – Tome 4). A présent est venu le temps de s‟intéresser aux rares études sur les éventuels transferts microbiens chez l‟humain.

Intéressons-nous aux bactéries telluriques, solvantogènes et PGPR qui sont des acteurs mondiaux ambivalents de la rhizosphère pouvant affecter le microbiote humain.

Ainsi, pour obtenir une approbation et un agrément permettant l'exploitation et l'utilisation d'un nouvel agent de lutte biologique de type microbiologique (LCOM ; new microbiological biocontrol agent : MBCA) comme les PGPR, des informations sur sa persistance dans l'environnement, ses capacités de propagations et ces effets potentiels sur la santé humaine lors d'exposition sont exigés par la plupart des pays. Pour ce faire, ces études doivent identifier le principal moyen de traitement employé lors de la mise en place de la lutte biologique. La plupart des cultures de micro-organismes sont utilisés par pulvérisations, fumigations, aérosols et épandages. Parmi ces cultures, seules trois micro-organismes ont été actuellement évalués : deux genres bactériens (*Stenotrophomonas maltophilia & rhizophila. ; Pseudomonas brassicacearum* MA250) et un genre de champignon imparfaits (deutéromycètes) (*Fusarium)*. En voici, les principaux résultats.

- Pour le genre *Stenotrophomonas* : Il est d'un grand intérêt biotechnologique, écologique, mais également médical en raison de la polyvalence des différentes espèces comme *S. maltophilia* et *S. rhizophila.* Elles sont abondantes dans la rhizosphère et ont un large éventail phylogénétique dans le règne végétal. Ce micro-organisme démontre de grandes capacités d'interactions avec les cellules eucaryotes. Les résultats en matière de promotion de la croissance des végétaux et d'application en lutte biologique contre les agents pathogènes fongiques des plantes s'emblent prometteur. Malheureusement, la pathogénicité pour les humains et ses multi-résistantes sont reconnues par exemple chez *S. maltophilia* (Müller *et al.,* 2011). Les souches de *S. maltophilia* sont des colonisateurs de végétaux et peuvent se multiplier activement dans la rhizosphère. Par ailleurs, elles intègrent facilement l'environnement clinique et peuvent également modifier des souches d'origines cliniques (Müller *et al.,* 2011).

Elles peuvent améliorer la productivité des plantes par plusieurs mécanismes, par exemple : i) la production de l'acide indole-3-acétique qui est une phytohormone ; ii) la fixation de l'azote ; et iii) l'oxydation du soufre élémentaire qui fournit à son tour sulfate pour les plantes. Les souches de *Stenotrophomonas* sont connus pour leur potentiel d'hydrolyse extraordinairement élevé et leur production de composés organiques volatils (COV) ayant un effet toxique pour l'homme et le mycelium de *Rhizoctonia solani* (Müller *et al.,* 2011). Cependant, en raison du caractère opportuniste de *S. maltophilia,* seule la non- pathogène pour l''homme *S. rhizophila*, est un candidat prometteur pour la lutte biologique, la promotion de croissance des végétaux et de la protection contre les stress des plantes. Un protocole facile permettant de distinguer les deux espèces est disponible sur le marché. Un fait intéressant est à noter. Seules les souches de *S. maltophilia* sont capables de coloniser les environnements cliniques et humains, qui ont des taux plus élevés de mutation et de hyper-mutations (Müller *et al.*, 2011).

- Cependant, pour le genre *Pseudomonas brassicacearum* MA250 : Ce micro-organisme est un antagoniste de *Microdochium nivale*. Il provoque la moisissure des neiges. Il ne peut pas être détecté sur les parties vertes de la plante potentiellement consommable (Johnsson *et al.*, 2011). D''après Johnsson *et al.* (2011), il est peu probable que cette lutte biologique bactérie antagoniste aurait des effets négatifs importants sur les organismes non visés.

- Pour le genre Fusarium : le *Fusarium Head blight* (FHB) est l''une des maladies d''altérations culturales les plus importantes chez le blé. Elle est également présente chez la plupart des monocotylédones notamment les graminées. Cette maladie est principalement causée par le pathogène végétale nommé *Fusarium graminearum* bien que d''autres *Fusarium sp.* peuvent être impliqués. Or, l''interaction plante-pathogène conduit à la production de mycotoxines potentiellement toxiques pour les humains et les animaux.

En outre, la présence de mycotoxines dans les résidus de récolte de blé, de sol et de produit fini peut modifier la dynamique des populations de *F. graminearum* et avoir un impact sur le comportement de l''ensemble des communautés bactériennes et fongiques par exemple du sol ainsi que l''activité des nématodes phytophages et des vers de terre. La présence de mycotoxines produite par *F. graminearum* dans les résidus de récolte de blé ne donne pas un avantage concurrentiel ni pour lui, ni aux autres communautés microbiennes, mais affectes négatives les nématodes (Leplat *et al.*, 2011).

À ce jour, il est déjà clair que les résidus de récolte forme des niches écologiques d''importances variables selon leur nature, l''emplacement et la décomposition ultérieure des matières organiques résultant des interactions multi-trophiques dans le sol et la rhizosphère (Leplat *et al.*, 2011). La gestion de ces résidus peut être une clef pour contrôler l''inoculum primaire de *F. graminearum*, empêcher la fusariose et contrôler les quantités de mycotoxines présente dans les résidus et produits finis délivrés pour la consommation humaine. Ce qui peut potentiellement modifier le microbiote intestinal.

15. Le microbiote intestinal & l'évolution des espèces

Récemment, les Dr Robert Brucker et Seth R. Bordenstein de l"Université Vanderbilt à Nashville (Etats-Unis) ont publié des résultats qui semblent fournir des indices renforçant la « Théorie de l"évolution de l"hologénome » (Bucker & Rordenstein, 2013).

Cette théorie a été décrite pour la première fois en 2007 par Eugene Rosenberg et Ilana Zilber-Rosenberg (Rosenberg *et al.,* 2007). La « Théorie de l"évolution de l"hologénome » propose que l"objet de la sélection naturelle ne soit pas l"organisme individuel, mais le holobionte, c"est-à-dire l"organisme avec ses communautés microbiennes associées. L"ensemble des gènes qu"il contient est appelé l"hologénome. Cette théorie semble s"intégrer dans le cadre de la coévolution et de la théorie du super-organisme. Le concept de l"hologénomique est basé sur quatre points clefs suivants :

- Tous les organismes établissent des relations avec des micro-organismes ;
- L"association entre l"hôte et ses microbes affecte l"interaction avec l"environnement ;
- Les variations dans l"hologénome résultent d"une modification des gènes de l"hôte ou de ses micro-organismes constitutifs de leurs microbiotes et flores microbiennes associées ;
- Les micro-organismes sont transmis de génération en génération.

Ainsi, les micro-organismes intestinaux dirigent également l"évolution des espèces. Mais, les micro-organismes présents dans la rhizosphère et favorisant la production de nos aliments conditionnent également nos régimes alimentaires. Il semble exister des liens étroits entre les différents hologénomes présent dans la chaine alimentaire.

Dans le cadre du microbiote humain, Bucker & Rordenstein (2013) pensent que la théorie de l"hologénomique s"applique. Ils stipulent également que les organismes évoluent de concert avec leur flore intestinale. Le patrimoine génétique seul de l"individu ne semble pas être l"intervenant unique permettant son évolution. Des chercheurs ont montré que la flore digestive influençait ce processus chez les guêpes (Pannebakker *et al.,* 2007 ; Brucker & Bordenstein, 2013). Ces différents résultats mettent en lumière les capacités phénoménales sur l'évolution dont dispose le microbiote intestinal. Suite à leurs travaux, Bucker & Rordenstein (2013) suggèrent que le microbiome intestinal peut avoir une influence fondamentale dans l'évolution de l'espèce humaine.

Conclusion

Depuis l'antiquité jusqu'à nos jours, vous trouverez de nombreux produits et méthodes visant à nettoyer et entretenir votre tube digestif par voies hautes ou basse. Mais, vos intestins notamment le côlon ne sont ni une cheminée que l'on ramone, ni une tuyauterie que l'on débouche avec du « débouche canalisation ».

Pour entretenir et protéger votre système digestif plus particulièrement vos intestins, la Nature a tout prévu. Une « armée » de milliards de micro-organismes peuplent votre côlon qui correspond à la dernière partie de l'intestin juste avant le rectum. Le microbiote protège, nettoie nuit et jour, et empêche les bactéries et levures nuisibles de se développer. Il permet à aux flores microbiennes favorables à l'organisme d'occuper la place de manière prépondérante.

Ces micro-organismes sont en très grand nombre, c'est-à-dire cent fois plus nombreux que les cellules de votre corps, soit 100.000 milliards. Cette « armée » immense s'appelle la « flore intestinale ». Elle est un élément clef du « microbiote ».

L'utilisation de la terminologie « flore » surprend pour ce type d'endroit, mais c'est une référence au grand nombre d'espèces de bactéries et de levures (au moins 200 espèces) qui cohabitent dans cet écosystème intestinal, comme dans un « jardin botanique ». Cet ensemble nous est aussi personnel que nos empreintes digitales. Il ne tient qu'à vous d'entretenir ce jardin, de le réensemencer régulièrement. Dans ce second cas, le joli parc à l'anglaise peut vite se transformer en affreux dépotoir nauséabond qui deviendront le refuge d'espèces nuisibles, déclencheuses de maladies.

Ainsi, veiller à conserver ou retrouver un bon état intestinal constitue une base de santé physique, énergétique et mentale. Cette démarche comporte généralement quatre phases qu'il est bien sûr nécessaire d'individualiser pour chaque personne et situation. Elles se regroupent sur deux conceptions médicales complémentaires :

- **Concept de médecine non-conventionnelle holistique :**

– **Ré-équilibrage énergétique** via les méthodes holistiques de médecine chinoise ou traditionnelles notamment l'acuponcture, ostéopathie associés à la médecine par les plantes ;

- **Concept de médecine traditionnelle par les plantes notamment médicinales :**

– Mentionnons par exemples quelques plantes médicinales utilisées contre les maux et symptômes suivant, i) Ballonnement, matricaire (*Matricaria)* principalement sous forme d'infusion, Plantes à mucilage, Mauve (*Malva)*, etc.) ; ii) Diarrhée et diarrhée légère, plantes astringentes tel que des préparations de bourgeons et feuilles de noyer commun (*Juglans regia* L.) employer après des cures d'antibiotiques, de ronce (*Rubus fructicosus* L.), Mélisse (*Melissa officinalis* L.), Aigremoine eupatoire (*Agrimonia eupatoria* L.), semences apiacées (appelées également d'ombellifères) comme le fenouille (*Foeniculum vulgare* L.), aneth (*Anethum graveolens* L.), angélique (*Angelica archangelica* L.), etc., la Gemmothérapie ; iii) Constipation, Mauve officinale (*Malva sylvestris* L.*),* feuille de Frêne (*Fraxinus ornus* L.*)* par exemple sous forme de boisson comme la frênette nommé champagne du pauvre, feuille plantain sauvage (*Plantago lanceolata* L.*),* Laxatif, racine de rhubarbe (*Rheum rhabarbarum* L.*),* une cuillère d'huile d'olive *(Olea europaea* L.), *etc,* ; iv) Maladies de Crohn, grande absinthe (*Artemisia absinthium* L.) ; v) Gaz intestinaux malodorants, verre d'eau chaude ou de citron chaud *Citrus limon*, cure thermale, etc.

- **Concept de médecine conventionnelle :**

– **une phase de drainage** qui va permettre de vider le côlon. Cette phase est généralement réalisée par l'ingestion de mélanges à base de plantes, fibres douces, magnésium et autres molécules ou bien par nettoyage mécanique comme le lavement et l'hydrothérapie du côlon ;

– **une phase d'assainissement** qui va viser à purifier le colon avec des produits comme la chlorophylle (grâce à l'utilisation de chlorella, végétaux, etc.), la propolis, l'extrait de pépin de pamplemousse, le charbon, l'argile, etc.

– **une phase de réensemencement** qui va permettre de retrouver une flore active saine grâce à un apport d'aliments spécifiques tel le pollen frais ou les légumes lacto-fermentés impérativement crus comme la choucroute. Nous pouvons également prendre des produits prébiotiques qui stimulent le développement de la bonne flore ; et probiotiques qui apportent des bactéries bénéfiques.

Concernant l'impact du microbiote intestinal sur le cerveau et le comportement, les microbes dont nous sommes les hôtes agissent dans la régulation de l'anxiété, de l'humeur, de la cognition et de la douleur. Ainsi, la modulation de la composition du microbiote par le premier geste de modifications alimentaires est une stratégie pour le développement de traitements dans les troubles liés par exemple au système nerveux central. Ces chemins comprennent le système endocrinien (par exemple le cortisol), le système immunitaire (par exemple les cytokines) et les voies neurales (les systèmes nerveux, entériques et vagues). Le cerveau recrute ces mêmes mécanismes pour influencer la composition du microbiote intestinal, par exemple dans des conditions de stress.

L'axe hypothalamus-pituitaire-surrénales régule la sécrétion de cortisol, et le cortisol peut affecter les cellules immunitaires, la sécrétion de cytokines, à la fois au niveau systémique et local dans les intestins. La production de cortisol peut également faire modifier la perméabilité intestinale, la fonction barrière, et modifier la composition du microbiote intestinal. Inversement, le microbiote intestinal et les probiotiques, ainsi que les fibres végétales que l'on puise dans les fruits et légumes peuvent modifier les niveaux de cytokines en circulation, ce qui peut avoir un effet marqué sur la fonction cérébrale.

Le nerf vague et la modulation des niveaux de tryptophane sont fortement impliqués dans la transmission de l'influence du microbiote intestinal sur le cerveau. En outre, les acides gras à chaînes courtes des fibres alimentaires végétales sont des métabolites bactériens neuroactifs qui peuvent aussi moduler le cerveau et le comportement. Ainsi, les changements globaux qui influencent la quantité (productivité) et qualité des récoltes des végétaux de grandes cultures ou sauvages peuvent modifier le microbiote et donc le bien-être mental et comportement du consommateur.

De ces faits, prendre en main sa santé par l'intermédiaire du microbiote est une démarche individuelle, collective et sociale. Cette démarche mobilise notre enthousiasme créatif et permet d'approfondir le lien de solidarité entre les hommes, l'aspect rural, rurbain et urbain et avec les différents règnes de la nature. Ces microbiotes permettent d'identifier un bocage et un « ilot de culture et d'humanité ». Mais, cela implique avant tout de chercher à comprendre ce qu'il en est de l'homme, de sa santé et d'accepter de prendre en compte l'impact de l'environnement et de l'évolution.

Or, il est à noter que de nombreux adages concernant l'importance du régime alimentaire, la qualité de l'alimentation et de l'environnement sur la santé de l'homme ont été répertoriés depuis l'existence de l'écriture. En voici quelques exemples qui laissent à réfléchir sur les technologies anciennes :

« Que ton aliment soit ta seule médecine » (Hippocrate) ; *« Nous sommes ce que nous mangeons » (auteur inconnu)* ; *« Si tu es malade, recherche d'abord ce que tu as fait pour le devenir » (Hippocrate)* ; *« J'ai décidé d'être heureux parce que c'est bon pour la santé » (Voltaire)* ; *« L'homme sage est celui qui va bien de l'intestin » (Bouddha)* ; *« Claude Bernard avait raison, le microbe n'est rien, le terrain est tout » (Pasteur) ; « Tout est poison, rien n'est poison, seule la dose compte » (Paracelsce)* ; *« La vraie médecine nutritionnelle est en train de naître ».* ; « *C'est d'elle que viendront les solutions aux maladies de notre temps » (Linus Pauling, Prix Nobel de chimie (1954), prix Nobel de la paix (1962))* ; *« La majorité des gens ignorent gaiement les effets éventuellement désastreux que peut avoir leur nourriture parce qu'il n'y a pas d'effets immédiats » (Howard Straus)* ; *« Quel que soit le père de la maladie, un mauvais régime en est la mère » (Georges Herbert, écrivain anglais 1593-1633).*

Mais, de nombreuses questions restent à ce jour sans réponses : Si l'on considère les racines des plantes comme des intestins inverser : Existe-t-il un microbiote tellurique pour les végétaux éventuellement présents dans la rhizosphère ? Si oui, la présence de symbiose et commensalisme démontrer par l'action des PGPR serait dû à une avance évolutive d'environ 275 millions d'années vis-à-vis des mammifères comme le montre la chronologie des grands évènements évolutifs de la terre :

- -4 600 millions d'années : formation de la planète Terre,
- -4 000 millions d'années : apparition des cellules procaryotes,
- -3 000 millions d'années : apparition de la photosynthèse,
- -2 000 millions d'années : apparition des cellules eucaryotes,
- -1 000 millions d'années : apparition d'une vie multicellulaire,
- -600 millions d'années : apparition d'animaux simples,
- -570 millions d'années : apparition des arthropodes,
- -550 millions d'années : apparition d'animaux complexes,
- -500 millions d'années : apparition des poissons et des proto-amphibiens,

- **-475 millions d'années : apparition des plantes terrestres,**
- *-445 millions d'années : extinctions massives fin de l'Ordovicien,*
- -400 millions d''années : apparition des insectes et des graines,
- *-360 millions d'années : extinctions massives fin du Dévonien,*
- -360 millions d''années : apparition des amphibiens,
- -300 millions d''années : apparition des reptiles,
- *-250 millions d'années : extinctions massives fin du Permien,*
- *-200 millions d'années : extinctions massives fin du Trias,*
- **-200 millions d'années : apparition des mammifères,**
- -150 millions d''années : apparition des oiseaux,
- -100 millions d''années : apparition des fleurs,
- *-445 millions d'années : extinctions massives fin de l'Ordovicien,*
- *-65 millions d'années : disparition des dinosaures non-aviaires,*
- *-12 000 ans : début extinctions massives de l'Holocène,*

Dans quelques milliers d''années, le microbiote intestinal humain peut-il s''orienter vers des symbioses et permettent à l''homme d''accéder à de nouvelles fonctions biologiques ?

Donc, les plantes qui nous entoures et leurs microflores jouent un rôle non négligeable sur notre développement, notre santé, nos maladies et notre bien-être mentale par exemple les PGPR et leurs émissions de COV. La flore dominante et sous dominante de notre microbiote peuvent être largement influencées par les végétaux et PGPR associées ingérés générant des transferts potentiels. Bien qu''à ce jour, très peu de données existent concernant l''impact des PGPR et leurs émissions sur le microbiote humain et la santé humaine suite à la consommation des végétaux ayant subi des traitements de promotions de croissances ou lors de Protection Biologique Intégré (PBI) impliquant des PGPR modifier génétiquement ou non.

Enfin, peut-il y avoir un lien étroit entre la flore microbienne intestinale et la flore microbienne des végétaux constitutifs de notre régime omnivore ? Qui est finalement le reflet de notre environnement, régime alimentaire et mode de vie & culture (Figure. 11). Mieux comprendre le fonctionnement des interactions entre le microbiote et son hôte devrait permettre d''améliorer le diagnostic, le prognostique et le traitement de maladies notamment métabolomiques. L''utilisation de probiotique, prébiotique et la mise en place de greffe ou transferts de microbiotes est envisageable. L''exploration du méta-génome qui correspond à l''association du génome humain ou de l''hôte et de celui du microbiote qui lui est associée semble bien plus riche. Le génome du microbiote, qui s''appelle méta-génome, pourrait contribuer à l''amélioration des fonctions essentielles pour l'homme et sa bonne santé dans un environnement donnés et comprendre son dérèglement lors des changements globaux.

Figure 11. La composition de notre microbiote dépend de notre environnement, culture, mode & hygiène de vie, de nos envies alimentaires et nos goûts. Notre alimentation conditionne notre microbiote au cours de notre vie et de l'évolution. **a**. Groupe de voyageurs partageant un repas simple composé de pain et de vin- livre du roi Modus et de la reine Ratio- XIVème Siècle ; **b.** Le mariage et repas à la campagne au XIXème siècle : « Repas de Noce à Yport » Huile sur toile d'Albert Auguste FOURIE (1886) – Musée des Beaux-Arts de Rouen. **c.** style de vie et régimes alimentaires des peuples présentent dans le monde au XX et XXIème Siècles (Afrique, Amérique et Europe, japon-Asie et Moyen-Orient). **d.** Exemple d'aliment qui seront plus abondant sur le marché alimentaire dans le future voir en perspective pour palier au déficit de ressources alimentaires (algues, insecte, produits « BIO » *vs* OGM, viande de synthèse).

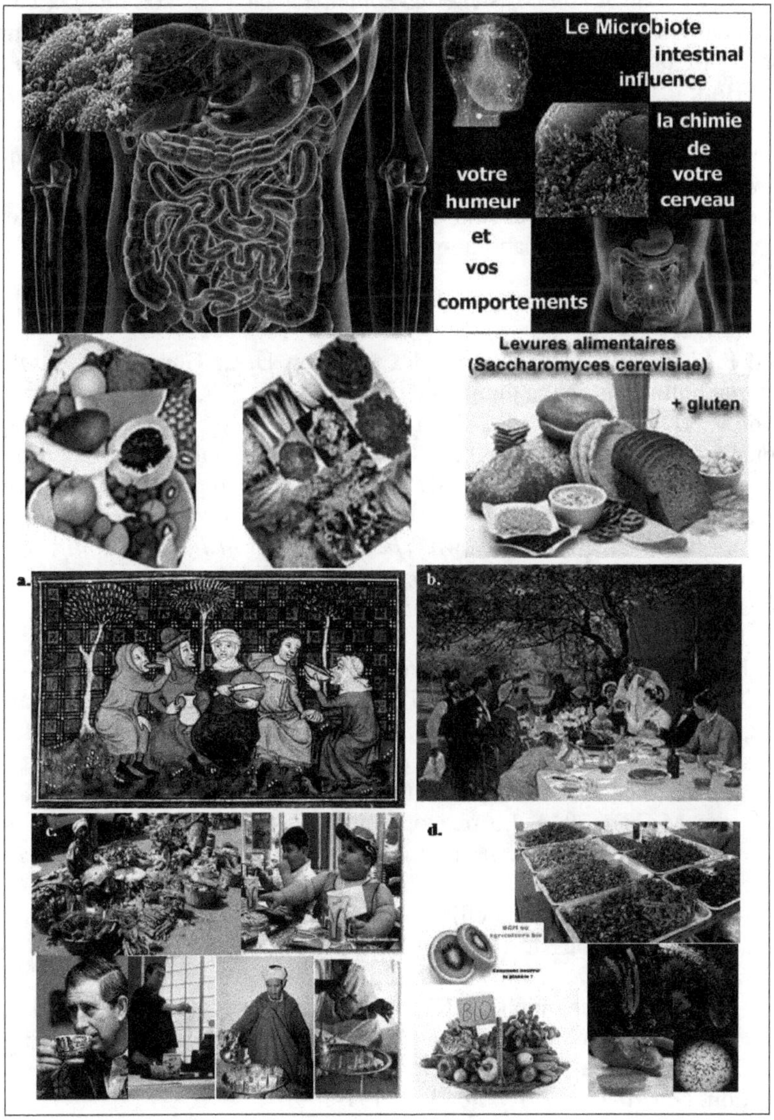

RÉFÉRENCES BIBLIOGRAPHIQUES

Les références citées dans les articles de ce manuscrit ne sont pas reprises dans cette bibliographie.

A

Allen S.J., Martinez E.G., Gregorio G.V., Dans L.F., 2010. Probiotics for treating acute infectious diarrhoea. *Cochrane Database of Systematic Reviews* 11, 126.

Arumugam M., Raes J., Pelletier E., Le Paslier D., Yamada T., Mende D.R., Fernandes G.R., Tap J., Bruls T., Batto J.M., Bertalan M., Borruel N., Casellas F., Fernandez L., Gautier L., Hansen T., Hattori M., Hayashi T.,Kleerebezem M., Kurokawa K., Lecler M., Levenez F., Manichanh C., Nielsen H.B., Nielsen T., Pons N., Poulain J., Qin J., Sicheritz-Ponten T., Tims S., Torrents D., Ugarte E., Zoetendal E.G., Wang J., Guarner F., Pedersen O., de Vos W.M., Brunak S., Doré J., Meta H.I.T. (Consortium-additional members), Weissenbach J., Ehrlich S.D., Bork P., 2011. Enterotypes of the human gut microbiome. *Nature* 473, 1-7.

Aribit F., 2007. Breton-Bataille, Autopsie du Cadavre. *La Boîte Alerte*, Communication présentée lors du colloque *Représentations littéraires et picturales de la Douleur du XIXe au XXIe siècle,* Colloque organisé par les doctorants & jeunes chercheurs du CRLMC et du CRRR de Université Blaise Pascal Clermont II en collaboration avec l'École Doctorale LSHS, 21p.

B

Bäckhed F., Ley R.E., Sonnenburg J.L., Peterson D.A., Gordon J.I., 2005. Host-bacterial mutualism in the human intestine. *Science* 307, 1915 - 1920.

Bäckhed F., Ding H., Wang T., Hooper L.V., Young Koh G., Nagy A., Semenkovich C.F., Gordon J.I., 2004. The gut microbiota as an environmental factor that regulates fat storage. « *The microbiota can be viewed as a metabolic « organ » exquisitely tuned to our physiology that performs functions that we have not had to evolve on our own. These functions include the ability to process otherwise indigestible components of our diet, such as plant polysaccharides.* » *Procedings of the National Academy of Sciences of the United States of America.* 101, 15718-15723.

Bakken J.S., Borody T., Brandt L.J., Brill J.V., Demarco D.C., Franzos M.A., Kelly C., Khoruts A., Louie T., Martinelli L.P., Moore T.A., Russell G., Surawics C., 2012. Treating *Clostridium difficile* Infection with Fecal Microbiota Transplantation. *Clin Gastroenterol Hepatol.* 9(12), 1044-1049.

Braly J.P., 2012. Sans microbes, pas d'immunité efficace. *La Recherche* 468, 48.

Berger Savin M.C.E., 2014. La phagothèrapie, historique et potentielle utilisation contre les infections à bactéries multirésistantes. *Thèse de doctorat vétérinaire de la faculté de médecine de Créteil.* 172p.

Bernaola Aponte G., Bada Mancilla C.A., Carreazo Pariasca N.Y., Rojas Galarza R.A., 2010. Probiotics for treating persistent diarrhoea in children. *Cochrane Database of Systematic Reviews* 11, 22p.

Bonithon-Kopp C., Benhamiche A.M., 1999. Are there several colorectal cancers? Epidemiological data. *Eur J Cancer Prev* 8(1), S3-12.

Brandt L.J., 2012. Fecal Transplantation for the Treatment of *Clostridium difficile* Infection. *Gastroenterol Hepatol* 8(3), 191-194.

Bucker R.M., Rordenstein S.R., 2013. The Hologenomic Basis of Speciation, Gut Bacteria Cause Hybrid Lethality in the Genus *Nasonia. Science* 341(6146), 667-669.

Butler C.C., Duncan D., Hood K., 2012. Does taking probiotics routinely with antibiotics prevent antibiotic associated diarrhea? *BMJ* 344, e682.

C

Cani P.D., Delzenne N.M., 2009. The role of the Gut Microbiota in energy metabolism and metabolic disease. *Current Pharmaceutical Design* 15, 1546-1558.

Chanishvili N., Chanishvili T., Tediashvili M., Barrow P.A., 2001. Phages and their application against drug-resistant bacteria. *Journal of Chemical Technology and Biotechnology* 76, 689-699.

Chanishvili N., 2011. Experience of the Eliava Institute of Bacteriophage, Microbiology and Virology in development of the innovative bio-preparations and their commercialization. Presented at the Innovative Drug Discovery Workshop, ISTC, Toronto, Canada.

Colarelli M., 2010. Les probiotiques, du conseil officinal à la prise en charge micronutritionelle. Thèse de doctorat de l'‘université Henri Poincaré - Nancy-1. 218p.

Corthier G., Sokol H., Doré J., 2007. Diversité du microbiote et de ses fonctions. *Obes* 2(3), 215-220.

Cryan J.F., Dinan T.G., 2012. Mind-altering microorganisms, the impact of the gut microbiota on brain and behaviour. *Nature Review Neuroscience* 13, 701-712.

D

De Filippo C., Cavalieri D., Di Paola M., Ramazzotti M., Poullet J.B., Massart S., Collini S., Pieraccini G., Lionetti P., 2010. Impact of diet in shaping gut microbiota revealed by a comparative study in children from Europe and rural Africa. *Proceedings of the National Academy of Sciences of the United States of America* 107, 14691-6.

Dethlefsen L., Eckburg P.B., Bik E.M., Relman D.A., 2006. Assembly of the human intestinal microbiota. *Trends Ecol Evol.* 21, 517-523.

Dethlefsen L., Huse S., Sogin M.L., Relman D.A., 2008. The pervasive effects of an antibiotic on the human gut microbiota, as revealed by deep 16S rRNA sequencing. *PLoS Biology* 6, e280.

Drouault-Holowacz S., Bieuvelet S., Burckel A., Cazaubiel M., Dray X., Marteau P., 2008. A double blind randomized controlled trial of a probiotic combination in 100 patients with irritable bowel syndrome. *Gastroenterol Clin Biol.* 32(2),147-52.

Dublanchet A., 2009. La phagothérapie au secours des antibiotiques. Fabre eds. 240p.

Duerkop B.A., Vaishnava S, Hooper L.V., 2009. Immune Responses to the Microbiota at the Intestinal Mucosal Surface. *Immunity.* 31(3), 368-376.

Duncan S.H., Holtrop G., Johnstone A.M., Flint H.J., Lobley G.E., 2007. Reduced dietary intake of carbohydrates by obese subjects results in decreased concentrations of butyrate and butyrate-producing bacteria in feces. *Applied and Environmental Microbiology* 73, 1073-1078.

Duncan S.H., Scott K.P., Ramsay A.G., Harmsen H.J.M., Welling G.W., Stewart C.S., Flint H.J., 2003. Effects of alternative dietary substrates on competition between human colonic bacteria in an anaerobic fermentor system » *Applied and environmental microbiology* 69, 1136-1142.

F

FAO., 2011. Report of a Joint FAO/WHO Expert Consultation on Evaluation of Health and Nutritional Properties of Probiotics in Food Including Powder Milk with Live Lactic Acid Bacteria (Consulté le 01 Octobre 2001 & 2013).

FAO., 2001. Health and Nutritional Properties of Probiotics in Food including Powder Milk with Live Lactic Acid Bacteria. Food and Agriculture Organization of the United Nations, F.A.O. <http,//www.who.int/foodsafety/publications/fs_management/en/probiotics.pdf> ((Consulté le 01 Octobre 2001, 2013, 2015).

G

Gaboriau-Routhiau V., Rakotobe S., Lécuyer E., Mulder I., Lan A., Bridonneau C., Rochet V., Pisi A., De Paepe M., Brandi G., Eberl G., Snel J., Kelly D., Cerf-Bensussan N., 2009. The key role of segmented filamentous bacteria in the coordinated maturation of gut helper T cell responses. *Immunity* 31, 677-689.

Gibson G.R., Probert H.M., Loo J.V., Rastall R.A., Roberfroid M.B., 2004. Dietary modulation of the human colonic microbiota, updating the concept of prebiotics. *Nutr Res Rev.* 17, 259-275.

Gill SR., Pop M., DeBoy R.T., Eckburg P.B., Turnbaugh P.J., Samuel B.S., Gordon J.I., Relman D.A., Fraser-Liggett C.M., Nelson K.E., 2006. Metagenomic analysis of the human distal gut microbiome. *Science* 312, 1355-1359.

Guarner F., 2006. Enteric flora in health and disease. *Digestion* 73(1), 5-12.

Guigoz Y., Doré J., Schiffrin E.J., Dore J., 2008. The inflammatory status of old age can be nurtured from the intestinal environment » *Current opinion in clinical nutrition and metabolic care* 11, 13-20.

H

Heijtz R.D., Wang S., Anuar F., Qian Y., Björkolm B., Samielsson A., Hibberd M.L., Forssberg H., Pettersson S., 2011. Normal gut microbiota modulates brain development and behavior. *Proceedings of the National Academy of Sciences of the United States of America* 108, 1-6.

Holdeman L.V., Good I.J., Moore W.E.C., 1976. Human fecal flora , variation in bacterial composition within individuals and a possible effect of emotional stress. *Applied and Environmental Microbiology* 31, 359-375.

Holzapfel W.H., Haberer P., Snel J., Schillinger U., Huis in't Veld J.H.J., 1998. Overview of gut flora and probiotics. *Int J Food Microbiol.* 41, 85-101.

J

Johnsson Holmberg A.I., Melin P., Nilsson A.I., Sundh I., 2011. Persistence and spread of a biocontrol *Pseudomonas* bacterium used in crop production - implications for human and environmental safety assessment. *6th IOBC Working Group Meeting on Multitrophic Interactions in Soil.* Cordoba, Spain, 80.

K

Kamada N., Seo S.U., Chen G.Y., Núñez G., 2013. Role of the gut microbiota in immunity and inflammatory disease. *Nat Rev Immunol.* 13(5), 321-35.

Kong L.C., Tap J., Aron-Wisnexsky J., Pellow V., Basdevant A., Bouillot J.L., Zucker J.D., Doré J., Clément K., 2013. Gut microbiota after gastric bypass in human obesity, increased richness and associations of bacterial genera with adipose tissue genes. *Am J Clin Nutr.* 98(1), 16-24.

Koren O., Goodrich J.K., Cullender T.C., Spor A., Laitinen K., Bäckhed H.K., Gonzalez A., Werner J.J., Angenent L.T., Knight R., Bäckhed F., Isolauri E., Salminen S., Re L., 2012. Host remodeling of the gut microbiome and metabolic changes during pregnancy. *Cell* 150, 470-80.

L

Larsson E., Tremaroli V., Lee Y.S., Koren O., Nookaew I., Fricker A., Nielsen J., Ley R.E., Bäckhed F., 2012. Analysis of gut microbial regulation of host gene expression along the length of the gut and regulation of gut microbial ecology through MyD88. *Gut* 61, 1124-1131.

Lepage P., Colombet J., Marteau P., Sime-Ngando T., Doré J., Leclerc M., 2008. Dysbiosis in inflammatory bowel disease, a role for bacteriophages? *Gut* 57, 424-425.

Leplat J., Abid M., Heraud C., Fayolle L., Gautheron E., Edel-Hermann V., Mangin P., Steinberg C., 2011. Population dynamics of *Fusarium graminearum* in various crop residues using qPCR measurements. *6th IOBC Working Group Meeting on Multitrophic Interactions in Soil.* Cordoba, Spain, 68.

Levitt M.D., Furne J.K., Kuskowski M., Ruddy J., 2006. Stability of human methanogenic flora over 35 years and a review of insights obtained from breath methane measurements. *Clin Gastroenterol Hepatol.* 4(2), 123-9.

Ley R.E., Lozupone C.A., Hamady M., Knight R., Gordon J.I., 2008. Worlds within worlds, evolution of the vertebrate gut microbiota » *Nat Rev Microbiol.* 6, 776-788.

Ley R.E., Turnbaugh P.J., Klein S., Gordon J.I., 2006. Microbial ecology, human gut microbes associated with obesity. *Nature* 444, 1022-1023.

Louis P., 2012. Does the human gut microbiota contribute to the etiology of autism spectrum disorders? *Digestive diseases and sciences* 57, 1987-9.

M

MacDonald T.T., Bell I., Monteleone G., 2011. The opposing roles of IL-21 and TGFbeta1 in chronic inflammatory bowel disease. *Biochem Soc Trans.* 39, 1061-1066.

Macpherson A.J., Harris N.L., 2004. Interactions between commensal intestinal bacteria and the immune system. *Nat Rev Immunol.* 4(6), 478-85.

Manichanh C., Rigottier-Gois L., Bonnaud E., Gloux K., Pelletier E., Frangeul L., Nalin R., Jarrin C., Chardon P., Marteau P., Roca J., Dore J., 2006. Reduced diversity of faecal microbiota in Crohn"s disease revealed by a metagenomic approach. *Gut* 55, 205-11.

Marcuzzi A., Bianco A.M., Girardelli M., Tommasini A., Martelossi S., Monasta L., Crovella S., 2013. Genetic and functional profiling of Crohn"s disease, autophagy mechanism and susceptibility to infectious diseases. *Biomed Res Int.* 2013, 297501.

Marteau P., Camus M., 2011. Probiotiques et maladies inflammatoires cyptogénétiques de l'intestin. *Phytothérapie* 9(2), 113-116.

Matamoros S., Gras-Leguen C., Le Vacon F., Potel G., de La Cochetiere M.F., 2013. Develpment of intestinal microbiota in infants and its impact on health. *Trends in Microbiology,* 21(4), 167-173.

Mazmanian S.K., Liu C.H., Tzianabos A.O., Kasper D.L., 2005. An immunomodulatory molecule of symbiotic bacteria directs maturation of the host immune system. *Cell* 122, 107-118.

MetaH.I.T., seventh framework programme, <http,//www.metahit.eu/> (Consulté le 01 janvier 2015).

Million M., Angelakis E., Paul M.P., Armougom F., Leibovici L., Raoult D., 2012. Comparative meta-analysis of the effect of Lactobacillus species on weight gain in humans and animals. *Microbial Pathogenesis* 53(2), 100-108.

Morgan X.C., Segata N., Huttenhower C., 2013. Biodiversity and functional genomics in the human microbiome. *Trends in Genetics* 29(1), 51-58.

Müller H., Schmidt C., Alavi M., Martínez J.L., Berg G., 2011. *Stenotrophomonas*, an ambivalent global player from the rhizosphere. *6th IOBC Working Group Meeting on Multitrophic Interactions in Soil.* Cordoba, Spain, 50.

O

Ochman H., Worobey M., Kuo C.H., Ndjango J.B.N., Peeters M., Hahn B.H., Hugenholtz P., 2010. Evolutionary Relationships of Wild Hominids Recapitulated by Gut Microbial Communities. *PLoS Biology* 8, e1000546.

P

Pannebakker B.A., Loppin B., Elemans C.P.H., Humblot L., Vavre F. 2007. Parasitic inhibition of cell death facilitates symbiosis. *Proc. Natl. Acad. Sci. USA* 104 (1), 213-5.

Piche T. 2009. Alterations of intestinal epithelial barrier and flora in the irritable bowel syndrome. *Gastroenterol Clin Biol.* 33(1), S40-7.

Purchiaroni F., Tortora A., Gabrielli M., Bertucci F., Gigante G., Ianiro G., Ojetti V., Scarpellini E., Gasbarrini A., 2003. The role of intestinal microbiota and the immune system. *European Review for Medical and phermacological Sciences.* 17, 323-333.

Q

Qin J, Li R, Raes J, Arumugam M, Burgdirf KS, Manichanh C, Nielsen T, Pons N, Levenez F, Yamada T, Mende DR, Li J, Xu J, Li S, Li D, Cao J, Wang B, Liang H, Zheng H, Xie Y, Tap J, Lepage P, Bertalan M, Batto JM, Hansen T, Le Paslier D, Linneberg A, Nielsen HB, Pelletier E, Renault P, Sicheritz-Ponten T, Turner K, Zhu H, Yu C, Li S, Jian M, Zhou Y, Li Y, Zhang X, Li S, Qin N, Yang H, Wang J, Brunak S, Doré J, Guarner F, Kristeansen K, Pedersen O, Parkihill J, Weissenbach J, MetaHIT Consortium, Bork P, Ehrlich D, Wang J., 2010. A human gut microbial gene catalog established by metagenomic sequencing. *Nature*, 464, 59-65.

Qin J, Li Y, Cai Z, Li S, Zhu J, Zhang F, Liang S, Zhang W, Guan Y, Shen D, Peng Y, Zhang D, Jie Z, Wu W, Qin Y, Xue W, Li J, Han L, Lu D, Wu P, Dai Y, Sun X, Li Z, Tang A, Zhong S, Li X, Chen W, Xu R, Wang M, Feng Q, Gong M, Yu J, Zhang Y, Zhang M, Hansen T, Sanchez G, Raes J, Falony G, Okuda S, Almeida M, LeChatelier E, Renault P, Pons N, Batto JM, Zhang Z, Chen H, Yang R, Zheng W, Li S, Yang H, Wang J, Ehrlich SD, Nielsen R, Pedersen O, Kristiansen K, Wang J., 2012. A metagenome-wide association study of gut microbiota in type 2 diabetes. *Nature* 490, 55-60.

R

Reinhardt C., Bergentall M., Greiner T.U., Schaffner F., Ostergren-Lundén G., Petersen L.C., Ruf W., Bäckhed F., 2012. Tissue factor and PAR1 promote microbiota-induced intestinal vascular remodelling. *Nature* 483, 627-631.

Rosenberg E., Koren O., Reshef L., Efrony R., Zilber-Rosenberg I., 2007. The role of microorganisms in coral health, disease and evolution. *Nature Reviews Microbiology* 5 (5), 355-362.

Round J.L., Mazmanian S.K. 2009. The gut microbiota shapes intestinal immune responses during health and disease. *Nat Rev Immunol.* 9(5), 313-323.

S

Samuel B.P., Crumb T.L., Duba M.M., 2014. What Nurses Need to Know About Fecal Microbiota Transplantation: Education, Assessment, and Care for Children and Young Adults. J*ournal of Clinical Gastroenterology* 29(4), 354-361.

Savage D.C.C., 1977. Microbial ecology of the gastrointestinal tract. *Annual review of microbiology* 31, 107-33.

Sekirov I., Russell S.L., Antunes L.C., Finlay B.B., 2010. Gut Microbiota in Health and Disease. *Physiol Rev.* 90(3), 859-904.

Sjogren K., Engdahl C., Henning P., Lerner U.H., Tremaroli V., Lagerquist M.K., Bäckhed F., Ohlsson C., 2012. The gut microbiota regulates bone mass in mice. *J. Bone Miner. Res.* 27, 1357-1367.

Soares A.C., Lederman H.M., Fagundes-Neto U., de Morais M.B., 2005. Breath methane associated with slow colonic transit time in children with chronic constipation. *J Clin Gastroenterol.* 39(6), 512-5.

Sobhani I., Tap J., Roudot-Thoraval F., Roperch J.P., Letulle S., Langella P., Corthier G., Tran Van Nhieu J., Furet J.P., 2011. Microbial Dysbiosis in Colorectal Cancer (CRC) Patients "Microbial Dysbiosis in Colorectal Cancer (CRC) Patients". *PLoS ONE* 6, e16393.

Sokol H., Pigneur B., Watterlot L., Lakhdari O., Bermudez-Humaran L.G., Gratadoux J.J., Blugeon S., Bridonneau C., Furet J.P., Corthier G., Grangette C., Vasquez N., Pochart P., Trugnan G., Thomas G., Blottière H.M., Doré J., Marteau P., Seksik P., Langella P., 2008. *Faecalibacterium prausnitzii* is an anti-inflammatory commensal bacterium identified by gut microbiota analysis of Crohn disease patients. *Proc Natl Acad Sci U S A* 105, 16731-16736.

Stappenbeck T.S., Hooper L.V., Gordon J.I., 2002. *Developmental regulation of intestinal angiogenesis by indigenous microbes via Paneth cells. Proc. Natl Acad. Sci. USA* 99, 15451-15455.

Suau A., Bonnet R., Sutren M., Godon J.J., Gibson G.R., Collins M.D., Doré J., 1999. Direct analysis of genes encoding 16S rRNA from complex communities

reveals many novel molecular species within the human gut. *Applied and environmental microbiology* 65, 4799-807.
Swidsinski A., Ladhoff A., Pernthaler A., Swidsinski S., Loening-Baucke V., Ortner M., Weber J., Hoffmann U., Schreiber S., Dietel M., Lochs H., 2002. Mucosal flora in inflammatory bowel disease. *Gastroenterology* 122, 44-54.

T

Tap J., Mondot S., Levenez F., Pelletier E., Caron C., Furet J.P., Ugarte E., Munoz-Tamayo R., Paslier D.L.E., Nalin R., Dore J., Leclerc M., 2009. Towards the human intestinal microbiota phylogenetic core. *Environmental microbiology* 11, 2574-2584.
Tremaroli V., Bäckhed F., 2012. Functional interactions between the gut microbiota and host metabolism. *Nature* 489, 242-249.

V

Vanderhoof J.A., 2001. Probiotics, future directions. *Am J. Clin Nutr* 73, 1152S-1155S.
Vasquez N., Mangin I., Lepage P., Seksik P., Duong J.P., Blum S., Schiffring E., Suau A., Allez M., Vernier G., Tréton X., Doré J., Marteau P., Pochart P., 2007. Patchy distribution of mucosal lesions in ileal Crohn's disease is not linked to differences in the dominant mucosa-associated bacteria, A study using fluorescence in situ hybridization and temporal temperature gradient gel electrophoresis. *Inflammatory Bowel Diseases* 13, 684-692.

W

Werckmann A., 2011. Collège européen de neuropsychopharmacologie-European College of Neuropsychopharmacology ; ECNP-27 April 2011. 3p.
Wu G.D., Chen J., Hoffmann C., Bittinger K., Chen Y.Y., Keilbaugh S.A., Bewtra M., Knights D., Walters W.A., Kinght R., Sinha R., Gilroy E., Gupta K., Baldassano R., Nessel L., Li H., Bushman F., Lewis J.D., 2011. Linking Long-Term Dietary Patterns with Gut Microbial Enterotypes. *Science* 334(6052), 105-108.

Y

Yatsunenko T., Rey F.E., Manary M.J., Trehan I., Dominguez-Bello M.G., Contreras M., Magris M., Hidalgo G., Baldassano R.N., Anokhin A.P., Heath A.C., Warner B., Reeder J., Kuczynski J., Caporaso J.G., Lozupone C.A., Lauber C., Clemente J.C., Knights D., Knight R., Gordon J.I., 2012. Human gut microbiome viewed across age and geography. *Nature* 486(7402), 222-227.

CHAPITRE 4

Perspectives

« La décision d'un acte est de notre maitrise, mais il faut accepter que le choix final ne nous appartient pas et s'en remettre au « destin ». Autrement dit au choix que peut avoir le monde global qui identifie notre place dans l'ensemble qui le définit. » Auteur anonyme

XXIII. Besoins de recherches scientifiques

Dans un passé lointain (1939-1990), comme nous l'avons vu, les COVM et les bactéries émettrices de COVM ont été au centre de nombreuses recherches : 1) Militaire et 2) Industrielle lors des premières études pour la production de solvants d'origines biogènes ou d'outils biotechnologiques à application militaire ou 3) de la santé.

Dans un passé proche, les COVM ont été au centre d'un deuxième intérêt pour de nombreuses recherches et ceux-ci de deux façons : 1) comme des indicateurs de la croissance microbienne sur un substrat comme les denrées alimentaires, cosmetiques, les matériaux de constructions de bâtiments ; ou 2) comme agents étiologiques possibles pour les effets néfastes sur la santé dans les bâtiments humidité et ayant subi des dommages microbiens.

Cependant, parmi les composés identifiés à ce jour, aucune COVM n'a été vérifiée comme présent de manière « pur » et d'origine exclusivement microbienne dans les conditions de travail ou d'air intérieur d'habitation sauf dans les conditions de biotechnologie et d'agronomies comme la production de solvants ou COVM microbien en bioréaction ou au moment de la dégradation de la litière végétale lors de la formation de composte. Les groupes de candidats possibles pour ces COVM spécifiques pourraient inclure les sesquiterpènes, les furanes issus de la dégradation de certaines vitamines et les composés très volatils.

La recherche dans ce domaine nécessite le développement de méthodes analytiques spécifiques comme je l'ai présenté. D'autres approches doivent être envisagées pour augmenter l'efficience de l'interprétation des résultats des tests biologiques des effets de COVM sur supports biologiques variés de manière fiable. Ceci peut être réalisé en concentrant les données statistiques et bio-chimiques (comme les chromatogrammes) de différents domaines et secteurs de la recherche. Des études pluri-disciplinaires et statistiques poussées doivent être envisagées.

Actuellement, quelques tentatives sur l'application d'analyses statistiques multivariées en composantes principales ont été faites. Mais, ce secteur de la recherche nécessite plus d'études scientifiques. D'autre part, les analyses statistiques exigent de grandes bases de données sur les concentrations de COVM émis pour des environnements d'émissions variées, de données d'exposition aux COVM dans des environnements différents et de méthodologies de recueil de données identiques et standardisées permettant la réalisation de méta-bases et méta-analyses. Avant la mise en place de bases de données sur le sujet, les méthodes analytiques, les procédures de recueilles de données, le consensus sur la méthode d'échantillonnage et statistique recommandée devrait être mise en place par un consortium de chercheurs pluridisciplinaires. Dans le cadre médical, un groupe de chercheurs des pays Nordiques est mis en avant lors de cette étude bibliographique. Il s'agit de l'équipe Pasanen AL, Järnberg J, Korpi A. qui ont publié plusieurs articles dont un article fort interessant dans ce dommaine (Pasanen *et al.,* 2006). Cet article est fort similaire à cette partie de mon étude bibliographique car, les articles de références de basés utilisés dans ses domaines sont similaires. Dans le cadre biotechnologique, outre les équipes françaises, canadiennes, allemandes, anglo-américaines et japonaises présentées dans la période temporelle de 1930-1990 aucune nouvelle équipe ne ressort actuellement. Dans le cadre agronomique, plusieurs laboratoires de recherche ressortent sur ce sujet. Ces équipes ont été présentées lors des études bibliométriques IST réalisées entre 2010 et 2013 par mes soins.

Les précautions et mesures mentionnées ci-dessus sont nécessaires, si l'analyse de COVM est destinée à être utilisée avantageusement dans le monde de la recherche ou dans les milieux de recherche nécessitant une application de terrain. Selon les connaissances actuelles, l'utilisation des connaissances et des concentrations en COVM pour les fins mentionnées ci-dessus semble être discutable.

Considérant les effets des COVM sur la santé des mammifères obtenus lors d'étude *in vitro* et *in vivo* sur les réponses inflammatoires et immunologiques, de nouvelles analyses et tests sur d'autres COVM sont nécessaires. En outre, l'information sur les co-effets de plusieurs agents microbiologiques est toujours portée absente. Mais, dans des milieux de vie habituelle ou de travail, aucun agent unique étudié jusqu'ici n'est responsable des effets observés sur la santé chez les sujets exposés aux micro-organismes émetteur de COV. Une possibilité consiste à orienter les mesures vers des composés multiples ou surtout plus ciblés comme les amines, les acides. Ces derniers composés sont plus susceptibles d'affecter la santé humaine.

D'un autre côté les effets toxiques ou de promotions de croissances et développements induits par les COVM et les bactéries émettrices de COV commencent à être connues depuis les années 1997 chez les mammifères et végétaux. Par ailleurs, les mécanismes d'actions de ces COVM sur les végétaux sont encore très peu connus. Les secteurs de leur utilisation sur le monde vivant sont en plein expansion et les perspectives d'applications agronomiques, biotechnologiques, médicales et également militaire sont mis en avant.

XXIV. Défis d’avenir

La littérature disponible sur les volatils intervenant dans la communication et l'interaction bactérie-plante suggère que les volatils permettant une promotion de biomasse des plantes est une caractéristique très répandue parmi les bactéries de la rhizosphère (Ryu *et al.,* 2003 ; Schulz *et al.,* 2007 ; Blom *et al.,* 2011b ; Ortiz-Castro *et al.,* 2009). La grande variété de souches bactériennes et d'espèces végétales signale qu'une interaction basées sur les COV, associé à des réponses physiologiques et des molécules de signalisations, pourraient être universellement partagé chez les plantes. Ce concept est stimulant car, jusqu'ici la plupart des composés volatils bactériens ont été décrits comme intervenant principalement dans des interactions en plantes-insectes ou de communication dans les interactions bactéries-bactéries et entre les bactéries et les animaux (Pherobase ; SuperScent) (Kai *et al.,* 2009). Afin de mieux comprendre la perception par la plante de simples composés bactériens, les cascades de signalisations et les changements métaboliques induits lors de ces interactions seront des tâches de recherches majeures pour l‟avenir dans le domaine de l‟agro-écologie.

À cette fin, la première étape est l‟élucidation des molécules actives et la caractérisation de leur gamme de concentration lors de l‟activité de promotion de croissance. Alors que quelques candidats ont été mis en avant comme composés volatils promoteurs de croissances. L‟ensemble des recherches existantes sur les réponses des plantes, y compris les études de transcriptomique, de protéomique et l‟utilisation de mutant (mentionnés dans la synthèse), l‟exposition des plantes à ces mélanges complexes de substances volatiles plutôt que à des composés simples et pures, sera à généraliser dans une première phase de recherche. Bien que cela puisse être très loin de la situation naturelle, nous croyons que la caractérisation précise des composés actifs et de leurs effets sur la physiologie de la plante et de son développement est un pré-requit afin de mieux comprendre les mécanismes de communication bactérie-plante faisant intervenir ses composés volatils organiques ou non (*c-à-d* minérales ou inorganiques) comme l‟ammoniac.

Par conséquent, les effets bénéfiques des souches solvantogènes ou PGPR sur la plante doivent être quantifiés lors d‟expérimentations. La mesure des paramètres de croissance standard et de traits fonctionnels est un pas important à réaliser pour comprendre le rôle majeur de cette communication dans l‟écosystème et la rhizosphère. Cela rendrait possible les investigations expliquant l‟action des composés volatils bactériens isolés et la comparaison des effets obtenus pour chacun de ses composés purs ou dans des conditions de mélanges. Les données recueillies pour chaque condition associée à leurs effets observés dans un mélange instable de souches bactériennes rhizosphèriques sont capitales. De plus, cela permettrait un repérage du réseau de récepteurs et effecteurs dédiés aux émissions bactériennes. Si un tel réseau existe chez les plantes. Un autre point sera à clarifier. L‟identification des organes de la plante les plus sensibles est à envisager. Bien que l‟on aurait logiquement supposé que les volatils rhizobactériens viseraient principalement le système racinaire.

A ce jour, aucune étude n‟a encore évalué cette question. La plupart de la littérature disponible s‟appuie sur l‟exposition des plantules aux substances volatiles bactériennes plutôt que les racines des plantes ou de plantes entières. Mon projet de recherche (réalisé entre 2010-2013) intégrait donc cet axe de recherche. J‟ai analysé l‟impact des COV d‟une collection de Rhizobactéries sur l‟architecture racinaire et le développement de plantules par exemple

Delaplace *et al.,* (2015). Enfin, une étude au cours du développement des deux plantes modèles sera réalisée en réacteur.

La pertinence écologique de ces questions concernant la promotion de la croissance des plantes par les bactéries est fascinante. Elle est également difficile à relever. L''avantage pour les bactéries productrices de volatils est évident, puisque le coût de production de ces composés semble être faible dans la mesure où il s''agit de déchets métaboliques. La production de ces produits est susceptible d''être largement compensé par les teneurs élevés en carbone facilement mis à disposition des bactéries par l''exsudation accrue issue des racinaires. En revanche, l''avantage pour la plante est moins clair. Dans le cas d''amélioration plus rapide de la croissance, l''avantage concurrentiel vis-à-vis des autres plantes qui partagent les mêmes ressources du sol semble un atout. Mais, l''énergie investie dans la croissance est susceptible d''être détournée contrairement à celle requise pour la protection contre les stress biotiques ou abiotiques. Cela pourrait ne pas être pertinent dans la stratégie de survie des plantes cultivées en laboratoire, mais est d''une grande importance pour les cultures en conditions naturelles. Le domaine d''étude des interactions entre les bactéries et les plantes permettant la médiation de ces volatils est encore à ses balbutiements. Elle est très prometteuse pour de futures découvertes, dont certaines pourraient être d''un intérêt pour l''agronomie, non seulement en raison de la promotion de la croissance directe des plantes, mais aussi pour l''induction de résistance à la suite du contact avec ces composés volatils. De nombreuses études en ont élucidés quelques effets (Han *et al.,* 2006 ; Ryu *et al.,* 2004 ; Wang *et al.,* 2009). Par ailleurs, les futures expériences devront être effectuées dans des conditions plus proches des situations de terrain car, la configuration des boîtes de Pétri utilisée jusqu''à présent dans la plupart des études est très réductrice.

Par ailleurs, comme le suggéré Xie *et al.* (2009), la question est de savoir si l''exposition continue de plantes par des volatils est nécessaire pour la promotion de la croissance ou si une seule « bouffée » de volatils serait suffisante pour déclencher ces effets. Cette question est d''une importance capitale tant pour la compréhension des mécanismes et des bonnes applications sur le terrain comme peuvent déjà le proposer certaine entreprise (Figure 18 –cf. tome 4 chapitre des changements globaux). Deux questions principales sont émises : i) Les effets observés dans des conditions contrôlées et au laboratoire peuvent-ils être extrapolés sur le terrain ? ; ii) Ces effets de promotions et de toxicités sont-ils anecdotiques et trop faible pour être efficace en conditions réel d''application sur le terrain ? Mais, l''exposition à ces substances volatiles ou inoculations directes des cultures bactériennes productrices de volatils pourraient ouvrir de nouvelles perspectives pour l''agriculture écologique intensive (AEI) durable de demain (Adesemoye & Kloepper, 2009). Même si des études sur l''impact de ces méthodes de productions sur la santé publique seront à envisager, car il ne faut pas oublier que la plupart de ces batteries font parties des maladies nosocomiales ou à fort taux de mutations naturelles comme nous avons pu le voir dans des affaires médiatiques ayant fait le fruit de nombreux articles de journaux en 2010 sur le cas de l''utilisation d''*E. coli* lors de culture de concombre et *Serratia marcescens* pour le blé (Figure. 0) et présenté en Espagne lors congrès du 6th IOBC Working group meeting on Multitrophic Interaction in Soil en avril 2011.

Figure 0. Extrait d''articles sur les problèmes Sanitaires & Hygiéniques suite à la présence de bactéries faisant partie des bactéries du sol et notamment classées PGPR comme *Escherichia Coli* et *Serrati marcescens*.

Infections alimentaires: Le point sur les graines germées

Des graines de soja vert, également appelé haricot mungo, souvent consommées comme graines germées. DURAND FLORENCE/SIPA

SANTÉ - Ces aliments sont montrés du doigt pour leur responsabilité dans l'épidémie d'infections à l'Escherichia Coli en Allemagne et plusieurs cas en France...

Les graines germées, c'est quoi?

[illegible]

Comment sont-elles contaminées?

[illegible]

Sont-elles fréquemment sources d'infections alimentaires?

[illegible]

Quelles précautions faut-il prendre?

[illegible]

28/06/2011 - *20 Minutes* – Julien Ménielle.

L'UE interdit l'importation de graines d'Egypte face à l'E. coli

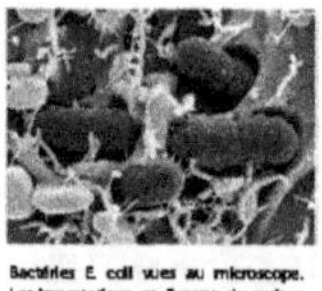

Bactéries E. coli vues au microscope. Les importations en Europe de graines et de semences en provenance d'Egypte sont interdites jusqu'au 31 octobre après avoir été identifiées comme la source la plus probable de l'épidémie d'E. coli ayant frappé l'Allemagne et la France. /Image d'archives/Reuters/Manfred Rohde/Helmholtz Zentrum für Infektionsforschung

L'importation en Europe de certaines graines et semences en provenance d'Egypte, sources la plus probable des épidémies allemande et française dues à la bactérie Escherichia coli, a été interdite jusqu'au 31 octobre, a annoncé mardi la Commission européenne.

Dans un rapport publié quelques heures plus tôt, l'Autorité européenne de sécurité des aliments (EFSA) établit un lien direct entre des graines égyptiennes de fenugrec et les épidémies de la région de Hambourg et de Bordeaux.

"*Le rapport publié aujourd'hui nous conduit à retirer certaines graines égyptiennes du marché européen et à interdire temporairement toutes les importations de semences et graines depuis ce pays*", déclare John Dalli, commissaire à la Santé et aux Consommateurs, dans un communiqué.

Sont concernées les graines et semences à germer, notamment celles de légumineuses, de fenugrec et de soja.

Toutes les graines de fenugrec exportées en Europe depuis 2009 par la firme égyptienne qui a produit les lots identifiés comme des vecteurs de la bactérie doivent être retirées du marché, analysées et détruites, explique la Commission, sans citer le nom de cette firme.

"*L'analyse des informations sur les épidémies de France et d'Allemagne mène à la conclusion qu'un lot importé de graines de fenugrec utilisées pour faire germer les graines importées d'Egypte par un importateur allemand est le lien le plus probable*", dit l'Autorité européenne de sécurité des aliments dans son rapport.

"*D'autres lots de fenugrec importés d'Egypte de 2009 à 2011 pourraient être impliqués*", poursuit-elle, exhortant la

05/07/2011 à 16:17, mis à jour le 05/07/2011 à 19:27 – *l'express*.

Le pain ensanglanté

Du sang apparaît sur les hosties en pleine messe, est-ce la manifestation du Christ en personne ? Ces phénomènes sont appelés les miracles eucharistiques.

Le miracle de Bolsena

En 1263, le prêtre de Bolsena dit sa messe comme à l'habitude. Au moment de l'eucharistie, quand les fidèles sont appelés à l'autel pour recevoir l'hostie, qu'ils considèrent comme le corps du Christ, le prêtre aperçoit un liquide rouge sur le pain sacré. Il pense à une manifestation physique du Christ. Averti, le pape Urbain IV qualifie le phénomène de miraculeux et instaure, dès 1264, un jour férié en son honneur, la Fête Dieu. Le phénomène n'est pas nouveau : déjà, en 322 avant Jésus Christ, Alexandre Le Grand et son armée constatent l'apparition de ce qui ressemble à du sang sur du pain. Qu'en dit la science ?

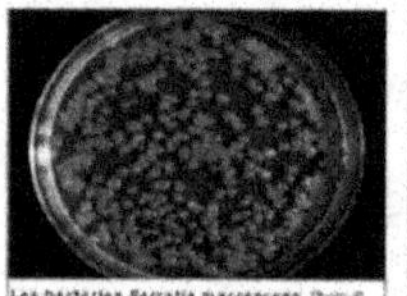

Les bactéries *Serratia marcescens*.

Le mystère de la polenta

En 1819, le sang coule à nouveau, mais cette fois-ci sur de la polenta entreposée dans un garde-manger. Une analyse est faite et les scientifiques découvrent qu'il ne s'agit pas de sang mais d'une bactérie : la *Serratia marcescens*, une bactérie à gram négatif appartenant à la famille des entérobactériacées. Sa particularité : elle est rouge comme le sang, grâce à un pigment spécial appelé la prodigiosine. Le miracle de Bolsena serait donc le résultat d'une incubation naturelle d'environ 3 jours des bactéries *Serratia marcescens* sur les hosties.

12/11/2007 - *L'internaute* - Auteur inconnu.

CHAPITRE 5

Perspective générale d'applications : des COVM et microorganismes émetteurs de COV type solvantogènes ou PGPR dans le cadre du concept de la plasticité

D'un point de vue biotechnologique et biochimique les applications sont énormes. Elles s'étalent sur de nombreux domaines allant de la santé publique et conditions hygiéniques & de sécurités, de l'alimentation, énergie, de l'agronomie & urbanisme, à l'aspect militaire (Figure. 1).

XXV. Au niveau du secteur législatif et réglementaire

L'utilisation des COV et producteurs de COV semble globalement dangereuse sans une méthode d'exploitation confinée, contrôlée et d'utilisation de processus de contrôle juridique et environnementale multi marché.

A la vue des nombreux secteurs d'activités pouvant user de ces des futures applications technologiques, il est nécessaire de mettre en place des programmes de réglementations des COV multidisciplinaires et multi secteurs. Il faut :

- i) Elargir les champs d'applications de la législation actuelle aux secteurs d'avenir pour éviter les futurs problèmes de santé publique mis en avant dans cette synthèse bibliographique et perspectives d'utilisations technologiques d'avenir qui suivent ;
- ii) Améliorer et complémenter les réglementations nationales, européennes, mondiales et leurs perspectives d'évolutions.

De nombreux outils réglementaires existent déjà comme nous l'avons vu dans la partie réservée à ce sujet. Afin de compléter les outils réglementaires sur ces différents niveaux d'organisations (national, européen, mondial), une stratégie de gestion des COV, des espèces productrices et des applications doit voir le jour. Une commission devra tabler sur ce point et réaliser une communication écrite et orale relative à la construction d'une

stratégie plus rigoureuse et précise de leurs utilisations et émissions. Elle devra présenter des conclusions relatives aux utilisations présentes et futures et permettre une adoption ou non par un conseil juridique, publique, technologique et scientifique.

Figure 1. Présentation des différents champs d'application des technologies exploitant les COVM et micro-organismes émetteur (Varin, 2015).

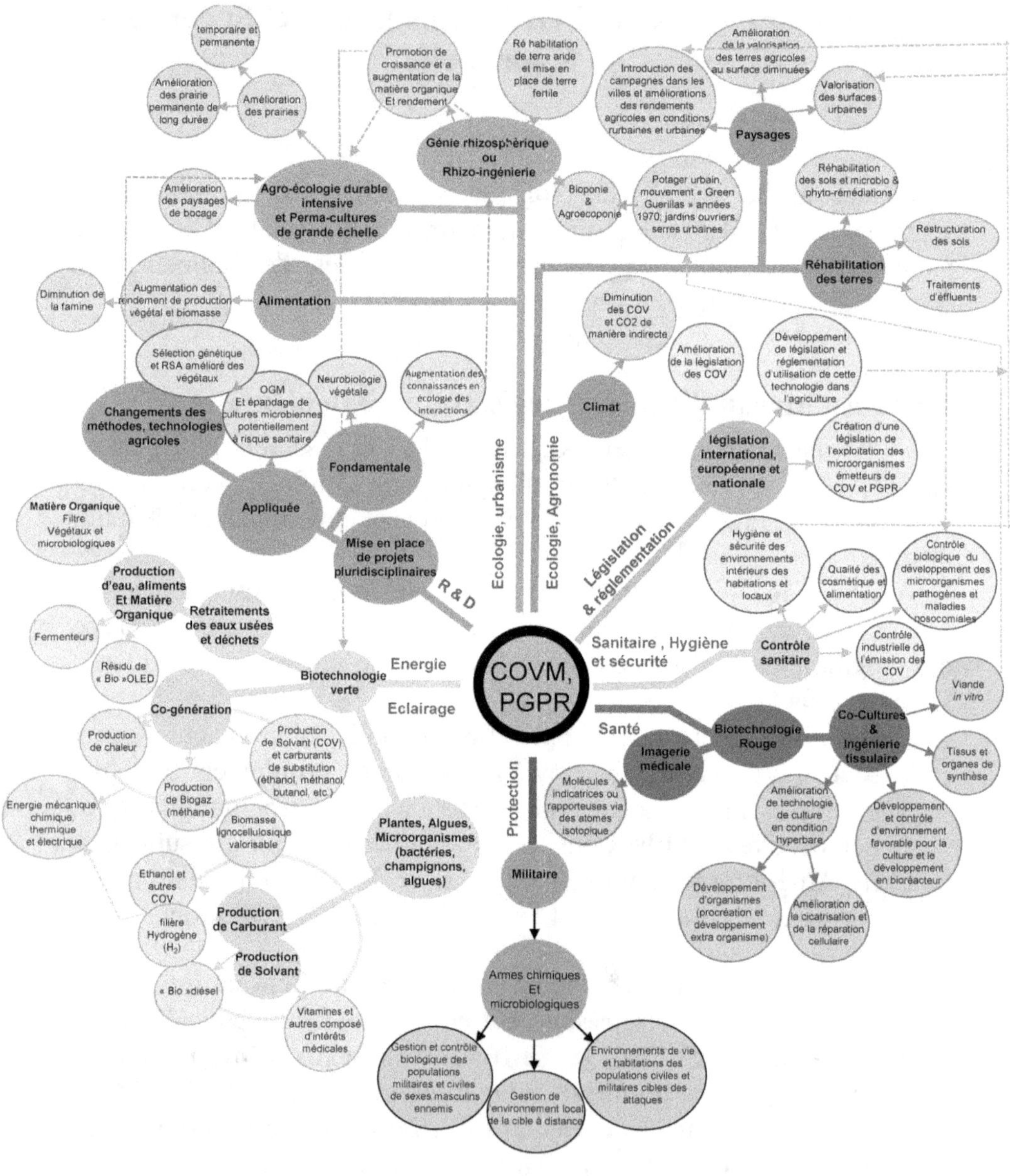

XXVI. Au niveau du secteur militaire : « *L'agriculture la poubelle de la guerre et le retour de l'investissement de l'agriculture pour la guerre* »

XXVI.1. Gestion de la dissimulation et des ressources pour les forces armées

L'utilisation des COV sous forme d'épandage à grande échelle, de bombe chimique ou d'aérosol, de fumigation permettrait un contrôle indirect des denrées alimentaires vivantes disponibles dans l'environnement pour les soldats. L'impact des COV permettrait notamment d'augmenter les teneurs en tanin chez certains végétaux présents dans des environnements ciblés par exemple les acacias d'Afrique qui induit un contrôle du taux de population des mammifères herbivores présent dans cet espace. Certaines réactions permettraient un contrôle et une gestion cynégétique des ressources alimentaires chassables disponibles pour les militaires dans un environnement ciblé comme les mammifères herbivores via une connaissance poussée et contrôle du domaine de la « *neurobiologie végétale* ». Par ailleurs, un contrôle des insectes ravageurs ou auxiliaires des cultures peut être envisagé à plus ou moins grandes échelles. L'utilisation de ce type de munitions favoriserait la production de la biomasse et du couvert végétale permettant une dissimulation physique favorisée pour les militaires de terrain évoluant dans des environnements riches en végétaux.

XXVI.2. Gestion des ressources humaines potentiellement militarisables lors de combats à long terme

Des applications de COVM seul peuvent être envisageables sur des combats à long terme et dans des cibles particulières. Ces cibles sont les ressources humaines des forces militaires ou directement sur la population humaine cibles qui constitue ou non une réserve potentielle d'humain militarisable. Les effets directs de ce type d'armement sont : des dommages neurologiques superficiels réversibles, des irritations « sensitives », oculaire, nasal et des voies aériennes. Ils sont associés aux dommages collatéraux contrôlés (Tableau I, Figures 3 & 4). Ce deuxième type de dommage correspond à des intoxications, dommage neurologique souvent quasi irréversibles via les toxines induites par les microorganismes de l'environnement dont la croissance sera favorisée comme des mycotoxines ou neurotoxines.

De plus, lors de fortes doses d'expositions de COV, l'éventualité d'une affectation des niveaux de reproduction et d'évolution de la population cibles seraient diminuées. Il faut noter que ce type de composés affecte le développement des gonades mâles. Ce qui entraînerait une diminution de la fertilité masculine au sein de la population et ce sur plusieurs générations tel qu'observée chez le rat. Enfin, une diminution des forces militaires de sexe masculin et une ressource humaine masculine de plus petits phénotypes ou morphotypes de petites tailles et forces physiques à la suite des déficiences physiologiques et hormonales induites est possible.

XXVI.3. Contrôle de la salubrité des lieux de vie et des zones de productions vivrières

D'autre part, un contrôle de la salubrité des lieux d'habitations de la population ou de vie des militaires peut être envisagé par des lots de bombes spécifiquement mises au point pour ce type d'emploi. Les COV sont connus pour caractériser la croissance et contrôler le développement de certains microorganismes émetteurs de toxines et de drogues dans les denrées alimentaires stockées ou sur les surfaces habitables. Leurs utilisations auraient un effet d'intoxication à long terme et d'éventuelles hallucinations.

Des bombes chimiques à trois compartiments asynchrones peuvent être produites et ce à grande échelle. Ce type d'armement est fortement envisageable dans un avenir proche, car déjà utilisé sous forme primaire lors de la seconde guerre mondiale (Figure. 2a) comme l'acroleine. Sur le même principe, ces technologies ce rapprochent de celles développés en 1945, nous pouvons mentionner par exemple : i) les bombes au Z-Zyclon B qui ont tué 5 millions de juifs est devenu un insecticide courant, ii) en 1945, l'agent Orange, développé à partir d'une hormone du riz pour éradiquer les terres cultivées chinoises et japonaises qui constitué le plan B si la bombe atomique n'avait pas été finalisée à temps, est devenu un herbicide réputé ; iii) les bombes développées utilisées par les USA pendant la guerre du Vietnam sous forme d'épandage de culture microbiennes sur plumes sur les rizières affectant le développement morpho anatomique de la population. Ces bombes auraient un impact à long terme et semblerait anodine au premier abord pour la population cible. Elles seraient composées d'un premier compartiment contenant de fortes concentrations de COV ou COVM couplés à des détonateurs retardés de 2 à 10 jours associés à des charges microbiologiques aux espèces contrôlés et d'une charge de substrat de culture pulvérisable pauvre en nutriments adhérent aux surfaces ciblés. Les temps retardés permettraient un développement contrôlé des charges microbiennes à espèces spécifiquement sélectionnées, des surfaces de productions et de développement des microorganismes. Le taux d''émission des drogues (type LSD), des neurotoxines ou des mycotoxines et les quantités de celles-ci pourront être favorisés par le deuxième retardateur permettant la libération des fortes concentrations de COVM.

Figure 2. a. 1. Écorché d''une ogive de missile nucléaire sol-sol *Honest John* adapté pour arme biologique et chimique. Les sous-munitions M139 devant contenir du sarin sont bien visibles et pouvant contenir des COV comme l''acroleine, etc. (photo prise vers 1960) (Historic American Engineering Record, Library of Congress, Call number HAER COLO,1-COMCI,1-191 ;U.S. Army, original print located at Rocky Mountain Arsenal, Commerce City, Colorado ; Circa, 1943) et modèles portatifs plus récents, **2.** Ziclon B utilisé pendant la seconde guerre mondiale, **3.** Epandage aéronotique de l''Agent Orange par les forces des Etats Unis d''Amérique et ces effets morpho-anatomiques sur le développement humain (photos de Bouny, 2012 ; Betra, 2012 ; Boussetta, 2013 ; Philip, 2013); **b.** Procédure de réalisation de la matrice 3D et Bioréacteur à production d''organe de synthèse sur la base de culture et différenciation de cellules souches (http://future.arte.tv/fr/sujet/lespoir-des-cellules-souches; http://actuagencebiomed.blogspot.fr/2011/11/premiere-transplantation-dune-trachee.html) adaptable en caisson hyperbare avec atmosphère modifiée comme dans les exemples de thérapies hyperbares d''oxygénothérapies hyperbares dans les réparations cellulaires de type brulures, nécroses, etc. ; **c.** le labour obligatoire associé aux cultures en lignes au Vème Siècle av JC en Chine. (Varin, 2015).

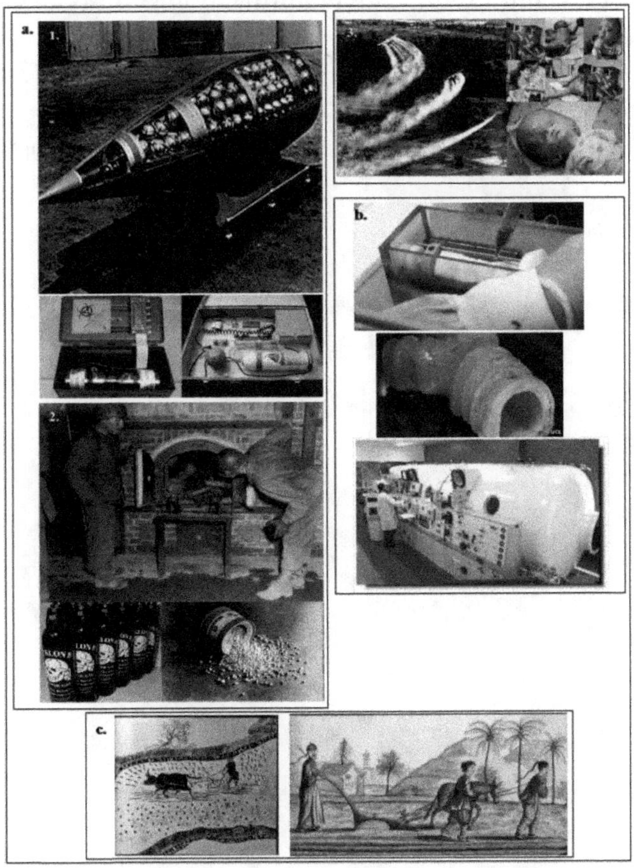

XXVII. Au niveau du secteur de la santé et Hygiène & Sécurité des conditions humaines : « *Sécurité alimentaire, Hygiène et sécurité des conditions de vie et reconstruction-amélioration fonctionnelle de l'espèce humaine* »

XXVII.1. Sécurité alimentaire, hygiène et sécurité des conditions de vie

L'"étude des COV et des émetteurs de ces composés permet de mettre en place des programmes techniques de contrôle de la salubrité et des conditions hygiéniques des habitats humains et animaux, des zones de productions de ces COVM, des aliments et cosmétiques (contamination microbienne) et également de diagnostiquer des problèmes de santés impliquant des bactéries émettrices de COV comme dans le cas d'"ulcère gastroduodénal induit par *Helicobacter pylori* ou COVM et autres problèmes intestinaux. Sur la base de cette étude bibliographique, j'"ai réalisé une synthèse des effets biologiques sur les mammifères et l'"homme (Tableau I ; Figure. 3) et une procédure de précaution face à leurs utilisation (Figure. 4).

Tableau I. Systèmes, appareils, Organes et tissus pouvant être affectés par certains COVM et dualité COV-microorganismes émetteurs avec les code numérique présent dans la figure 3 (Varin, 2015).

Systèmes, appareils et Organes touchés	Symptômes	Toxicité	Code figure
Détresses Vitales			
Générales			
Foie, système lyphoïde, muqueuse nasale et respiratoire, neurone (neurotoxicité) (Effet non négligeable)	Symptômes grippaux	Toxicité aiguë possible; Toxicité avérée; Concérigènisité avérée; Mutagénisité et génotoxicité avérée	3, 2-7, 6-9, 10, 11
Neurologique			
Système nerveux: Cerveau, nerfs, yeux, peau		Neurotoxicité	6, 9, 10
Yeux			
Mécanique	Irritation occulaire		
	Augmentation de la frequence de clignotement des yeux		
Physiologique	Augmentation de la quantité de lyzosyme des larmes et liquides nasales		
Systèmes nerveux centrale et périphérique			
Sens, Mécanique	Narcose		
	Narcose (effet gueule de bois) en phase post-alcoolique		
	Modification comportementale		
	Cephalées, etourdissement, fatigue		
	Maux de tête, étourdissement, nausée		
Physiologique	Irritation sensorielle		
	Irritation des nerf, nerf trijumeau		
	Diminution de la conduction du nerf sciatique tibiale		
Neurone			
Mécanique	Gonflement axonale, démyelinisation, neuropathie periphérique		
Physiologique	Modification du fonctionnement des nerf moteurs et sensoriels		
	Faiblesse muculaire, tremblement des extremités, difficulté à marcher et dans la manutention d'objet		
	Changement electromyographique		
Respiratoire			
Système respiratoire: Fosses nasales, gorges, nez et poumons, peau			1, 2, 7
Sens, Mécanique	Symptôme majeur des voies aeriennes respiratoires et des yeux		
	Sensation de mauvaise odeurs		
	Irritation, sensibilisation		
	Respiration sifflante, asthme		
	Congestion nasales, excretion, toux, mucosité		
	Air etouffan		
	Difficulter à ce concentrer, maux de tête, manque de vigueur		
Physiologique	Phenomene pro-inflammatoire, stimulation nerveuse vagales aux niveaus alveolaires et oedemes		
	Afflux de cellules dans les voies respiratoires		
	Diminution de la fréquence respiratoire		
Circulatoire			
Système immunitaire et hématopoïétique: Moelle osseuse Système de retraitement des déchets: appareil digestif et urinaire: foie, Reins et Vessie			3, 4, 5, 8
Peau et muqueuse			
Sens, Mécanique	Desquamation cellulaire intensive		
	Irritation de la peau		
Système Immunitaire			
Physiologique	Médiateurs d'inflammation		
	Response immunitaire induite		
	Augmentation du nombre de PNN		
	Augmentation de la myeloperoxydase et proteines cationiques eosinophiles		
Sérique			
Physiologique	Augmentation des concentration en Fer, transferrine et diminution en ferritine		
	Toxicité sur le foie et système hématopoïétique (production de cellules sanguines)		

Tableau I. Suite (Varin, 2015).

Systèmes, appareils et Organes touchés	Symptômes	Toxicité	Code figure
Reproduction et développement			
Appareil génital: testicules, uterus		Mutagénisité et génotoxicité avérée	12
General			
Physiologique, ontogénétique	Effet toxique ou promotion de croissance cellulaire et tissulaire		
	Reduction du poids corporel et du poids des organes globales		
	Modification developpementale (effet ontogenetique) possible (membres trainants)		
	Malformation phenotypique exterieur et squelettique		
	Retard d'ossification fœtal		
Femelle			
Physiologique, ontogénétique	Traverse la barrière placentaire		
	Contamination du lait modifiant l'activité motrice et réactivité fœtale		
	Malformation des uterus		
Male			
Physiologique, ontogénétique	Sterilité chez le sexe masculin, mal formation des gonades males		
	Reduction du poids et volumes des testicules		
Cellulaire et génétique			
Cycle cellulaire et developpement tissulaire, mécanisme de réparations génétiques		Mutagénisité et génotoxicité avérée et Concérigènisité avérée	13
Physiologique, ontogénétique	Effet toxique ou promotion de croissance cellulaire et tissulaire		
	Potentiel genotoxiques, clastogène, mutagène et cytotoxiques avérés		
	Induction des systemes SOS au niveau chromosomique		
Mecanisme de détoxification		Mutagénisité et génotoxicité avérée	
Effet non négligeable sur le foie, système lymphoïde, muqueuse nasale, neurone (neurotoxicité)		Toxicité avérée	1, 2, 3, 4, 5, 6, 7, 8, 9, 11
Physiologique	Par conjugaison avec l'acide glucuronique		
	Par oxydation en aldehyde, cetone, alcools puis par oxydation successive. Les produits de détoxifications se lient au macromolécules des tissus		
	Par cytochrome P450 avec induction de stress oxydatif via des ROS systèmiques		

Figure 3. Systèmes, appareils, Organes et tissus pouvant être affectés par certains COVM et dualité COV-microorganismes émetteurs (Varin, 2013).

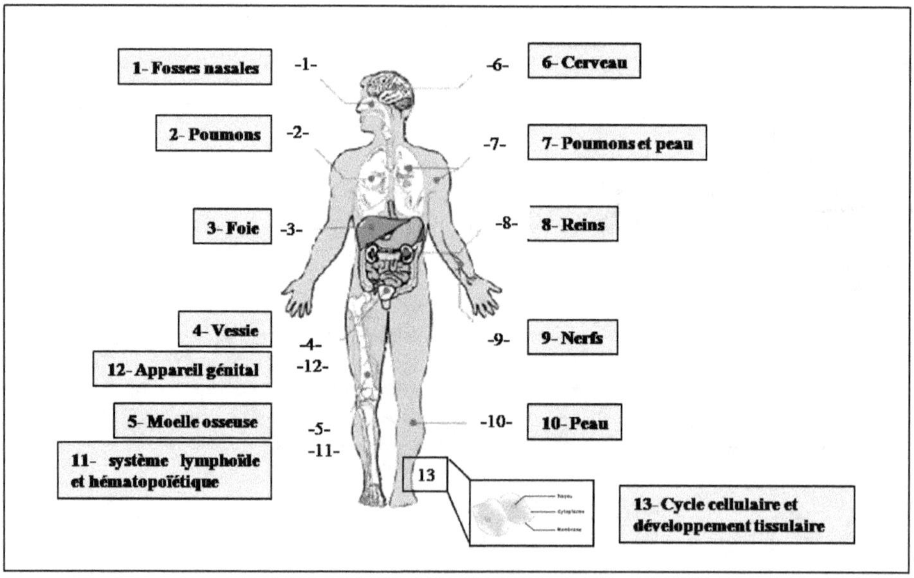

Figure 4. Résumé de la procédure de principe de précaution à mettre en place face à l'exploitation des COVM et des microorganismes émetteurs de COV (Varin, 2015).

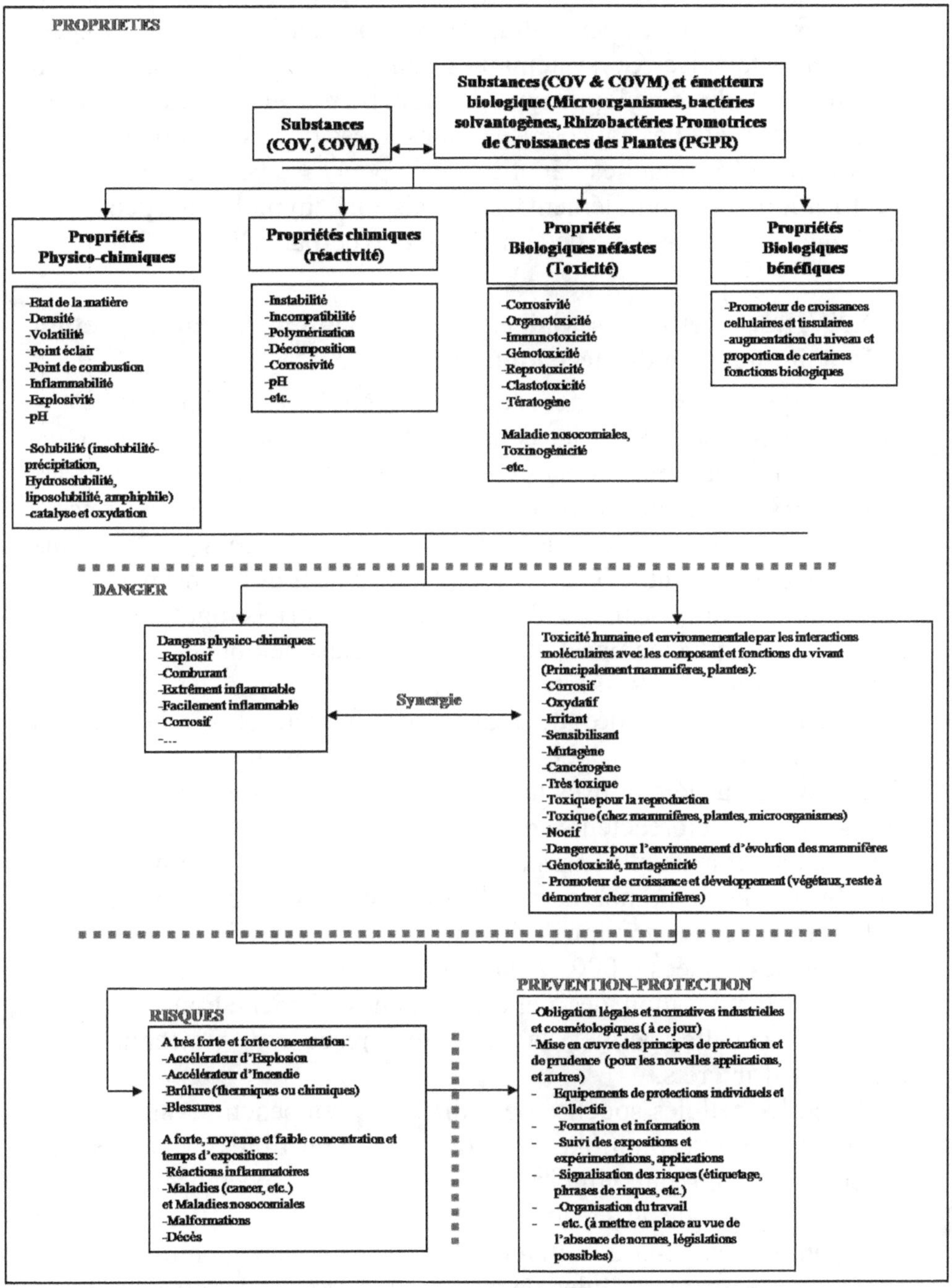

XXVII.2. Gestion des cancers et accélération de la cicatrisation

De plus, les études scientifiques actuelles révèlent des effets toxiques, d'inhibitions et de promotions de la croissance et du développement sur certains tissus chez les différents modèles d'études utilisés à ce jour. L'identification des effets de chaque COV ou mélanges de COV permettrait des applications thérapeutiques éventuelles localisés ou systémiques dans le cas d'effets toxiques ou d'inhibitions du développement exploitables pour le traitement et contrôle des maladies cancéreuses. Dans le cas des COV promoteur de croissance d'éventuelles applications pour l'amélioration de la cicatrisation en complément des caissons hyperbares peut être envisagé dans le domaine de la médecine hyperbare (Figure. 2b).

XXVII.3. Génie tissulaire, reconstruction et amélioration fonctionnelle de l'espèce humaine

Bien, que les technologies de cultures cellulaires en boites de Pétri sont très peu concluantes et contraintes à de nombreux échecs pour l'obtention de cultures proches de la réalité dite « naturelle ». Dans les années 1980-1990, des tests de cultures cellulaires réalisés sur micro-carriers et carriers 3D en bioréacteur avaient montrées des résultats très prometteurs. Actuellement, avec l'avènement des imprimantes 3D automatiques informatisées des secteurs industriels ont pu évoluer vers un aspect plus compact et s'introduire dans de nouveaux secteurs d'activités comme le secteur de la santé. Ainsi, de nombreux chercheurs ont eu l'idée de réaliser des structures d'architectures biologiques complexes permettant de faire évoluer la forme et structure des carriers utilisés jusqu'alors en biotechnologie notamment en génie des bioréacteurs ou « fermentaire ». Or, de nombreux chercheurs qui avaient pensés à ce transfert technologique non pas pu aller au terme de nombreuses réflexions et bioréacteurs pilotes à la suite des limites économiques, éthiques et techniques de l'époque.

Après les années 2000, à la suite des nombreux débats sur le clonage et l'utilisation des cellules souches, l'orientation éthique et politique actuelle permet la mise en place de biotechnologies médicales d'intérêts.

Ainsi, les cellules souches ou indifférenciées pénètrent au cœur de la structure 3D se multiplient le long des nano-fibres et peuvent ce différencier. Shukrat Mitalipov, un chercheur spécialisé dans les cellules souches de la Health&Science University de Portland dans l'Oregon, est parvenu à cultiver des cellules souches embryonnaires humaines à partir de cellules de peau en recourant à une technique de clonage thérapeutique. Ceci est d'un grand intérêt, car des organes obtenus à partir de ces cellules ne seront pas rejetés par le système immunitaire des patients. Des opérations avec transplantations d'organes à échafaudages « bio »artificiels chez les mammifères comme les humains ou greffes de tissus complexes ont déjà étaient réalisés à plusieurs reprises par exemple une transplantation de trachée artificielle respiratoire réalisée sur une femme de 36 ans le 24 octobre 2011 par le professeur Paolo Macchiarini, spécialiste de chirurgie thoracique et un des pionniers de l'ingénierie ou génie tissulaire. Le professeur propose de construire une trachée à l'aide des cellules souches du patient sur un échafaudage artificiel en nano composite.

Voilà maintenant que des imprimantes 3D, alimentées par des cartouches de différents types de cellules peuvent reconstituer des organes et former des tissus en reconstituant les couches cellulaires les unes après les autres. Bien que des tests sur imprimante 2D existent depuis quelques années déjà. L'idée de culture cellulaire sur structure 2D existe également depuis de nombreuses années avant les années 2000.

Une chercheuse, Linda Griffith est l'une des premières à avoir pu appliquer cette technologie en alimentant une imprimante 3D avec des cartouches contenant des cellules en remplacement du plastique ou de l'encre. Cela a permis de recréer en trois dimensions différents types de cellules spécialisées comme cela avait été déjà démontré sur micro-carrier 3D dans les années 1970-1990. Mais, cette technologie a permis d'accéder à un niveau de maitrise architecturale et des dimensions bien supérieures aux micro-carriers des années 1980-1990.

Il faut également noter que cette chercheuse spécialisée dans la culture des cellules, au sein d'un laboratoire du Massachusetts Institute of Technology, est surtout connue pour avoir greffé le pavillon d'une oreille humaine sur le dos d'une souris.

Donc, la culture cellulaire sur structure 3D et la production d'organes de synthèse en bioréacteur est en plein essor et voie un nouveau souffle technologique. Cela permet la réalisation de structure cellulaire, tissus et organes réalistes à la différence des cultures en boites de Pétri. La production d'organe de synthèse via des cellules souches différenciables sur structures tridimensionnelles en nano fibres de plastique, biomatériaux et collagène est désormais possible.

Le résultat de la culture en bioréacteur est une structure à aspect réel et une augmentation de la multiplication des cellules souches et de leurs différentiations adéquates sur la structure tridimensionnelle. Cela est possible avec ce type de technologie, de structure, de matériaux.

Mais, il sera nécessaire pour réaliser un tel exploit, de généré le bon environnement de culture artificiel cellulaire et tissulaire. Une maîtrise des concepts de la « Plasticité dans le monde du vivant » à l'échelle cellulaire, tissulaire, organique et systémique est nécessaire. Pour réaliser ce type de culture une maitrise des nano fibres, biomatériaux et des connaissances en écophysiologies est nécessaire.

Par ailleurs, une telle technique serait également d'un grand intérêt au niveau de l'étude des fonctions et organes en biologie végétale et animale. Elle permettrait d'accéder à un niveau de compréhension plus poussé concernant les métabolismes et la physiologie des individus végétaux et animaux. Enfin, des structures naturelles ou de conceptions totalement artificielles seront réalisables et permettront le rétablissement de fonctions perdues ou dégradées voir la mise en place de nouvelles fonctions biologies grâce à la conception *in-silico* bio-informatiques, l'imagerie médicale et du génie « plastique » et « ontogénétique ».

A plus court terme, d'autres applications peuvent être mises au point après de plus amples identifications et recherches fondamentales sur ces COV ou COVM. Je citerai l'exemple des améliorations de productions tissulaires et cellulaires dans le cas de productions de tissus greffables en *in vitro* ou d'organes de synthèses expérimentaux (Figure. 2b) utilisable dans un futur proche pour la transplantation spécifique à défaut des technologies de clonage. La technologie de productions d'organes et tissus de synthèses par co-cultures exploitera des méthodes de productions : i) dans des systèmes hyperbares associés à des atmosphères contrôlées exploitant les avantages biotechnologiques des COV comme dédifférentiateurs cellulaires, accélérateurs, promoteurs ou inhibiteurs de croissances ; ii) et des imprimantes 2D et 3D associés aux technologies d'imageries médicales.

XXVII.4. Contrôle du Microbiote intestinal humain : « *Une bombe dans vos intestins, ou la mise en place d'un asservisseur des industries agroalimentaires et pharmaceutiques à but lucratif plus ou moins bénéfique pour la santé humaine* »

A l'échelle locale et des petites sociétés de productions, la vente de PGPR pour des utilisations à but de promotions de croissances des plantes en agriculture ou de lutte biologique semblent bénéfiques au premier abord et plein de promesse. En dehors de ces utilisations pleines d'engagements pour trouver des solutions alternatives à l'utilisation des engrais et pesticides, un dessin plus sombre pourrait se dessiner à grande échelle. Celui du contrôle ou de la modification indirect du microbiote intestinal humain. Un simple transfert de micro-organismes sélectionnés par les industries pharmaceutiques &

agroalimentaires ou militaire comme les PGPR et les probiotiques à usage alimentaire, humanitaire peut modifier ce microbiote par de simples ingestions d'aérosols, d'aliments contenant des PGPR ou de gélules de micro-organismes comprenant notamment des probiotiques ou prébiotiques. Ce qui généré et entretient de nouveau cercle vertueux poison-contre poison contrôler par de grandes firmes agroalimentaires et pharmaceutiques.

Dans le cas des probiotiques, il est important de prendre un ensemble de plusieurs souches différentes, complémentaires et agissant en synergie, dont les effets soient documentés par la littérature scientifique. Cinq souches de probiotiques sont actuellement autorisés et capables de se développer dans le côlon et dans le mucus qui couvre sa muqueuse. Elles permettent une protection maximale et une restauration rapide de l'immunité : *Bifidobacterium lactis, Lactobacillus acidophilus, Lb. paracasei, Lb plantarum*, et *Lactococcus Lactis*, qui ont des aptitudes à produire majoritairement de l'acide L(+) lactique très bien métabolisé. Ces souches probiotiques produisent aussi d'autres substances inhibitrices de la microflore.

Avec les probiotiques industriels actuels, qui sont formés de microorganismes vivants, le risque d'obésité et de dérèglements du microbiote semblent multipliés et avérés. Par ailleurs, une étude de 2010 a démontré que la plupart des probiotiques vendus dans le commerce ne contiennent pas assez de bactéries vivantes pour avoir un quelconque effet. Beaucoup de probiotiques aujourd'hui sont vendus sous forme de comprimés. Deux gélules contiennent 8 milliards de bactéries, soit la dose qui permet une efficacité maximale par exemple les gélules de la société Probio Forte®. Or, d'un point de vue technologique, dans les comprimés, il y a extrêmement peu de bactéries vivantes, car la pression qui est nécessaire pour former le comprimé fait monter la température au-delà de 50°C. Ainsi, une grande partie des micro-organismes est tué par thermisation.

Donc, à ce jour, il est quasiment impossible d'avoir des comprimés de probiotiques performants. Certains fabricants prétendent avoir trouvé la parade en vendant des comprimés de probiotiques qui ont été préalablement protégés par micro-encapsulation. Le problème est que ce traitement augmente de façon démesurée le volume qu'occupent les probiotiques et le nombre de comprimer à ingérer.

Enfin, d'un point de vue civil et de santé publique, mais également dans un éventuel programme de stratégie économique (d'asservissement sociale et économique) de la part des grandes firmes ou groupes de productions, la qualité et le contenu de ces gélules est à surveiller de très près de la part des gouvernements. D'un point de vue militaire, une éventuelle maîtrise de ces technologies est envisageable et intégrable dans les denrées alimentaires distribuées sous forme de rations alimentaires ou à but humanitaire. Cela permettrait un asservissement des pays et nouvelles sociétés émergentes. Pour les firmes ou groupes, cette stratégie permettrait de forcer l'ouverture d'un marché à l'international par la création d'un nouveau besoin prétendu naturel.

XXVIII. Au niveau du secteur agronomique et de l'alimentation : « *De la terre à la bouche* »

XXVIII.1. Généralité

A la vue de l'augmentation de la population humaine et de la faim dans le monde, l'utilisation des microorganismes émetteurs de COV et COVM serait applicable en « *NeuroBiologie Végétale* », Rhizo-ingénierie, Agronomie-Agroalimentaire et agro-écologie Intensive (AEI), agro-écoponie et bioponie (culture *in door*). Mais, les applications doivent être en adéquation avec des cadres légaux et d'hygiène et sécurité contrôlés. Elle permettrait un contrôle et une orientation ciblée du développement et de la croissance des végétaux notamment du système racinaire. Cela constituerait un outil permettant l'augmentation des rendements agricoles permettant de satisfaire principalement la demande alimentaire et également énergétique (biomasse) et chimique (bio plastiques) tous en contrôlant les risques sanitaires liés aux COVM et des microorganismes émetteurs.

Enfin, il faut noter que ces applications sont possibles actuellement et à la vue de l'absence des réglementations, de la législation et de l'éthique en vigueur dans ce domaine. La seule limite actuelle et l'aspect hygiène & sécurité des conditions de vie et de travail des humains à la suite d'exploitation des COV industriels notamment de synthèse.

Une sélection des végétaux et microorganismes pourra être envisagée sur la base des réponses plastiques, des traits fonctionnels d'intérêts les plus plastiques et pertinents pour l'homme à la vue de ces besoins alimentaires. Par ailleurs, si seulement si leur existence est démontrée, l'identification de « gènes » plastiques sensible aux COV promoteur de croissances ou fonctions biologiques pourra également être d'un grand d'intérêts biotechnologiques pour la sélection et l'amélioration variétale.

XXVIII.2. Plasticité et amélioration génétique des plantes en vue d'application en Agro-Ecologie Intensive (AEI)

XXVIII.2.1. Amélioration écologique des systèmes cultivés et amélioration génétique des plantes

Avoir un raisonnement d'écologie et d'agro-écologie intensive, c'est vouloir faire co-évoluer le contenu génétique des plantes avec le contenu écologique des écosystèmes. D'après Griffon (2011ab, 2013), c'est raisonner l'équilibre entre l'innovation incluse et fixée d'un point de vue génétique dans la plante et l'innovation incluse dans l'écosystème productif. Donc, il s'agit de la fixation de certains caractères plastiques ou issus de la plasticité.

D'après Griffon (2013), « *Dès lors que l'agriculture écologiquement intensive se sert des propriétés des écosystèmes et de celles des plantes, elle n'établit pas de priorités entre le recours à l'ingénierie génétique et à l'ingénierie écologique, donc pas de priorité naturelle à l'amélioration génétique. Il n'y a en effet aucune raison de penser que les semences et les plants issus de l'ingénierie génétique répondent à toutes les contraintes de la production du futur, pas plus d'ailleurs qu'il y ait, symétriquement pour l'ingénierie écologique, de raison de mieux répondre à toutes ces mêmes questions* ».

Néanmoins, on ne connaît pas encore suffisamment le potentiel de performances de « l'écologie intensive ». De même, les connaissances accumulées sur le génome, métabolome et protéome des plantes semblent bien plus avancée que leurs équivalents en écologie que serait la connaissance des flux biogéochimiques et du contenu du réseau trophique nommé « trophome » d'un biome donné. Mais, loin de vouloir opposer ces deux approches, il conviendrait de les équilibrer et de les combiner, l'ingénierie écologique permettant de combiner entre elles au sein des écosystèmes productifs les innovations nées de l'ingénierie biologiques comme les nouvelles variétés et populations variétales résilientes, les nouvelles molécules bio-inspirées comme les éliciteurs ou les nouvelles toxines.

Ainsi, l'étude des effets positifs des rhizobactéries sur les plantes par la promotion, l'inhibition de la croissance via la mise à disposition d'azote ou émissions de COV s'intègre parfaitement dans cette perspective d'amélioration.

XXVIII.2.2. Mise en place des bases permettant l‟obtention de populations variétales résilientes chez les mono et dicotylèdones

A partir d‟une variété standard ayant une base génétique étroite, une stratégie pour créer des sous-variétés ou variétés dérivées avec des caractères complémentaires nouveaux pourrait être élaborée chez les bactéries et plantes. Ces variétés dérivées seraient mélangées pour obtenir une variété-population adaptée à des situations multirisques. Ou bien, il existerait une même population variétale avec des caractères nouveaux. Pour obtenir rapidement un tel résultat, nous devons disposer d‟une base étendue de ressources génétiques, en particulier de variétés sauvages, et d‟utiliser des méthodes rapides d‟amélioration génétique. Ainsi, j‟ai réalisé deux banques de semences d‟écotypes contrastés de *Brachypodium* et *Arabidopsis*. Les écotypes modèles ont subi une double sélection promotion de croissance médiée par les COVM émis par une bactériothèque de 19 PGPR.

XXVIII.2.3. Plasticité et Amélioration génétique des plantes dans un environnement varié et variable

Dans les conditions naturelles d‟un écosystème, il y a toujours une certaine diversité des espèces et une certaine diversité au sein de chaque espèce. Une circulation des gènes crée un potentiel d‟adaptation aux évolutions des conditions du milieu. Par exemple, dans une population, il y a des échanges spontanés de gènes intra-espèces et même quelquefois inter-espèces. C‟est cette grande « loi » qu‟il convient de maintenir dans un raisonnement « d‟écologie intensive » appliqué à des conditions environnementales futures ayant plus de variété et de variabilité. Donc, on cherchera à préserver le potentiel d‟amélioration des plantes cultivées par un recours à la diversité génétique des espèces et au sein de chaque espèce, en conservant et valorisant notamment les espèces sauvages apparentées (Ricroch *et al.,* 2011). Mais, le plus important est : i) de favoriser la plasticité individuelle pour faire faces aux variations environnementales plus présentes, plus fréquentes et aux amplitudes plus importantes ; ii) de favoriser le maintien de cette diversité en lien avec l‟environnement qui lui est lié comme le cas des améliorations de croissances ou maintien d‟un fort rendement via l‟effet positifs des rhizobactéries et des dialogues moléculaires médiées par les COV au sein de la rhizosphère.

XXVIII.2.4. Des choix et constructions génétiques optimaux pour les productions végétales

L'amélioration des plantes a bénéficié de pratiques de sélections variétales antérieures et très anciennes puisqu'elles ont commencé au Néolithique par leur domestication en induisant des choix principaux dont bénéficient les sociétés d'aujourd'hui par exemple de bons rendements, une résistance aux maladies et aux contraintes et perturbations. Mais, depuis cinq décennies, l'agriculture conventionnelle a bénéficié de l'amélioration génétique des plantes et d'améliorations techniques conjointe comme l'irrigation, le travail du sol et la mécanisation. Conjointement, elle a bénéficié des améliorations issues de la chimie comme les engrais et les produits phytosanitaires. Tous ces domaines sont issus pour un grand nombre de recherches plus ou moins privées associés à de nombreux investissements.

Par ailleurs, les variétés modernes conventionnelles ne correspondent pas obligatoirement aux conditions nouvelles crées par les pratiques écologiquement intensives qui sont celle de l'environnement externe réel. Ces variétés ont été sélectionnées en conditions optimales de production de biomasses maximales via des intrants chimiques et un « dopages-boostages » pétrochimiques-mécaniques et un contrôle environnemental extrême. C'est-à-dire, que nous sommes dans une situation similaire à des sportifs de hautes performances et de haut niveaux, mais dont ces performances s'expliquent par les technologies de dopages excessifs et des conditions de contrôles et protections des contraintes et perturbations environnementales également démesurées. Nous essayons de produire des sportifs extrêmes avec des sportifs en salles climatisées et gonflés aux dopants sélectionnées depuis des générations à ces conditions technologiques. Sans ces dopants et dans des conditions environnementales contraignantes, les individus présentent de faible biomasse maximale et de moindres performances. A la suite des études réalisées par l'Institut de recherche pour le développement (IRD) en Colombie sur des variétés modernes de riz répondent très différemment à des situations agronomiques à forte présence de verre de terre et de charbon de bois pulvérulent qui sont deux pratiques d'écologie intensive, une hypothèse émisse par Griffon (2013) indique que la sélection variétale conventionnelle peut conduire à l'altération des capacités d'interaction positive avec les organismes du sol. Ainsi, dans des conditions de promotions de croissances induites par les COV et rhizobactéries ; une sélection des espèces à fort rendements peut être envisageable en plus d'une double sélection sur les capacités d‟absorption-assimilation/remobilisation-senescence de l‟azote, phosphate, potassium, soufre.

Donc, l‟environnement des espèces et communautés va connaître dans le futur des situations de contraintes type stress, perturbations compétitions inédites de types naturelles ou en lien avec l‟activité Humaine : des changements climatiques, évolutions biophysiques, contraintes économiques et sociales modifiant les techniques de production, nécessité d‟utiliser moins d‟engrais, moins de molécules phytosanitaire et phytopharmaceutiques, nouvelles normes sanitaires et nouveaux itinéraires techniques, etc. Face à cette situation, le recours à des ressources génétiques plus diverses et mieux adaptées s‟imposent. Pour l‟avenir, on compte aussi sur les mécanismes d‟adaptation par les interactions entre les individus et des populations entre eux et avec l‟environnement comme les interactions individu-individu, individu-environnement, des réorganisations génétiques des communautés. Au final, le recours à des espèces plastiques semble indiscutable.

Cela passe par : i) la mise en place de banque de semences de génotypes & d‟écotypes contrastés ; ii) l‟analyse de la structure génétique et de la plasticité des populations d‟une espèce dans un paysage donné comme la plasticité, la génétique du paysage et de l‟historique des paysages. Depuis 2011, un programme ANR Bioadapt intitulé « des gènes aux populations ; génétique et biologie de l‟adaptation aux stress et aux perturbations » a été lancé (Felman P., 2011, Bioadapt. ANR). Ces perspectives pourraient si intégrer.

XXVIII.2.5. Obtenir les populations d‟intérêts par un itinéraire téchnique intégrant la plasticité

Le code génétique constitue une mémoire des « innovations » accumulées au long de millions d‟années d‟évolution. Ces innovations, selon leur âge dans l‟arbre de l‟évolution, sont plus ou moins communes ou plus ou moins relatives à un petit nombre d‟espèces ou à une seule. L‟agriculture écologiquement intensive cherche à utiliser le plus largement possible des fonctionnalités naturelles. Un certain nombre de ces fonctionnalités sont « mémorisées » dans le génome des plantes ou des microorganismes. Le rôle de l‟amélioration génétique est de faire bénéficier certaines espèces des « innovations » apparues chez d‟autres. Par exemple :

Le doublement chromosomique pour faciliter les échanges de gènes entre espèce

La culture *in vitro* pour accélérer les générations et reproduire à l'identique un génotype

La fusion de protoplasmes qui permet les échanges d'éléments du cytoplasme

La mutagenèse pour introduire une variation génétique nouvelle

Les marqueurs moléculaires pour repérer les gènes dans des processus de sélection

La transgénèse qui accélère le transfert de gènes dans un autre génome.

S'y ajoutent les méthodes d'analyse systématique et à débit qui concernent les génomes des plantes (génomique & transcriptomique), les protéines (protéome) et le métabolisme (métabolome), phénotypes et chimiotypes. Ainsi, il présente ensemble des transformations chimiques gouvernées par des gènes et l'environnement. Ceci exploite certains aspects de la plasticité : l'aspect épigénétique, développemental, ontogénétique et de métamorphose.

Ces méthodes permettent d'identifier les modifications du génome que l'on va alors rechercher, et tentés d'accentuer ou accélérer. La sélection assistée par marqueurs permet de guider la sélection en plus de la transgénèse ciblée du génome. Ce qui limitera l'insertion de nouveau gène de façon purement aléatoire. Ainsi, les effets collatéraux issus de l'insertion restent un peu moins incertains. Dans des plantes ou bactéries, l'introduction rapide de caractères supplémentaires ou améliorer leur permet de bénéficier de fonctionnalités écologiques inscrites dans le génome et qui présentent des grands intérêts. Par exemple : i) l'économie de phosphore-azote-potassium-soufre, certains des résistances à des maladies, caractères d'interactions plantes-plantes-environnement comme « l'allélopathie » et la promotion de croissance, le dialogue moléculaire, etc. Mais, l'optique générale resterait de produire des populations génétiquement bio-diverses avec une variabilité contrôlée et plus adaptables aux contraintes et perturbations environnementales tout en ayant de bons rendements agricoles.

XXVIII.3. Techniques de fertilités écologiquement intensives

XXVIII.3.1. Renouveler et améliorer la qualité structurale des sols

A l'état naturel, les sols sont des écosystèmes dont l'évolution se fait sur de très longue durée. Ils apparaissent comme relativement stables à l'échelle des courtes durées. Pourtant, cette stabilité est toute relative. En même temps que les sélections progressives des plantes sauvages et plus tard agronomique constituant notre paysage. Au court de l‟histoire, l‟agriculture a modifié profondément la nature et la structure des sols par des actions mécaniques destinées à favoriser l‟enracinement des plantes cultivées nommées « Le labour ». Datant de plus de 9000 ans, le labor est une invention mésopotamiennes dont l‟objectif principale était d‟occuper et de limiter les loisirs et la pensé du peuple (Ubarrechena *et al.,* 2013). Puis, le labour obligatoire et non réfléchi est venu d‟un traité impérial de Chine & Japon évitant le soulèvement populaire en temps de crise (Fukuoka M., 2005 ; Ubarrechena *et al.,* 2013) (Figure. 2c). Ainsi, il permettait une occupation paysanne pendant une grande partie de l‟année. Bien que cette labour assurait la destruction des plantes non souhaitées nommées « les adventices ». Dans le temps, elle s‟est donc avéré utilise dans une certaine limite.

Avec le temps et la demande de plus en plus prononcé en denrée alimentaire, la force humaine étant insuffisante, les sociétés ont progressivement maîtrisé la traction animale principalement bovine et équine. Par la suite, la découverte du pétrole a permis la motorisation conduisant à un travail du sol de plus en plus profond et faisant de l‟action mécanique le mode d‟action principal de la préparation des sols avant semis. La tendance à labourer plus en profondeur était justifiée par la nécessité de lutter contre le tassement qui lui-même résultait du labour. Parallèlement, était oubliée la capacité biologique naturelle des sols à se structurer. Cette action tue la faune et la flore du sol principalement anaérobie stricte. Or, cette flore anaérobie est nécessaire au maintien de la fertilisation naturelle et à la structure de ces mêmes sols. Ainsi, la modification des sols s‟est accélérée avec l‟avenue de la pétrochimie entrainant : une déstructuration, un appauvrissement biologique et fertiles des sols associés à des pollutions chimiques (pesticides, métaux lourds tel le cuivre) et biologiques (virus, maladies).

XXVIII.3.2. Techniques de structuration des sols utilisant les processus écologiques et rhizo-ingénierie

Généralement, nous attendons des sols que leur structure dispose d‟une porosité suffisante pour rendre facile le développement et la pénétration des racines ainsi que la rétention de l‟eau. Pour ce faire, nous éviterons les traitements conduisant au tassement des sols. L‟agriculture conventionnelle utilise systématiquement le labour et réduit le taux de matières organiques du sol. Elle déstructure les complexes argilo humiques et finit par favoriser le tassement et l'érosion avec des degrés plus ou moins graves selon les types de sols, selon le poids des matériels agricoles, les pentes et les climats. Ce traitement mécanique du sol favorise aussi la lixiviation des éléments nutritifs et leur migration dans les nappes phréatiques, les cours d'eau et les mers et océans générant de nombreuses pollutions notamment marines comme la prolifération des algues vertes en bordures de côtes. Les agricultures pauvres utilisant encore l'araire ne travaillent pas les sols en profondeur et limitent ces effets négatifs.

Donc, pour assurer une bonne structure du sol, l'agriculture écologiquement intensive cherche à limiter le labour voir à s'en passer. De surcroît, cet objectif se justifie encore plus en raison de coût élevé en énergie que le labour représente en plus de la fertilisation chimique toute deux issues des énergies fossiles.

C'est en effet par un fort recours à l'énergie mécanique en agriculture conventionnelle qu'est assurée la structuration du sol pour chaque cycle cultural, en remplacement des processus de structurations naturelles.

La structure du sol est en général favorable lorsque le taux de matières organiques est élevé et que celle-ci est fortement liée aux argiles formant des agrégats. Fautes d'une structuration du sol par les voies mécaniques d'origines humaines, il n'y a pas d'autres solutions pour éviter le tassement que d'avoir un taux suffisant de matières organiques.

Donc, pour régénérer de la structure, il faut accumuler de la matière organique difficilement dégradable. L'agro-écologie intensive cherche à reconstituer des processus biologiques, chimiques et physiques naturels tendant à accumuler la matière organique pour conférer une structure au sol résultant de processus écologiques naturels. Il faut pour obtenir un résultat d'accumulation correcte un nombre de cycles culturaux suffisant D'une certaine manière, on cherchera à épaissir l'horizon superficiel fertile des sols en stimulant une pédogenèse biologique de cet horizon définit comme « horizon A » en pédologie.

Les plantes via l'action mécanique de leurs racines et cycle de vie permettent une amélioration du sol par son aération et par l'apport de matières organiques utilisable par la faune et la flore. Ce qui restructure le sol. L'amélioration de la croissance et la rhizo-ingénierie par les PGPR et COVM contribue à cet effort. Mais, suivant les angles de prise en compte de la problématique, des inconvénients ou avantages peuvent avoir lieu à la suite des sélections et modifications génétiques des plantes et PGPR permettant une amélioration de croissance des plantes. Par exemple, une prospection racinaire en profondeur pour des plantes à prospection de surface associée à une amélioration des rendements issue d'une amélioration de la croissance et une plus grande résistance à la sécheresse peut induire : i) des modifications de groupes fonctionnels de plantes, ii) et des modifications de structurations et successions végétales pressentent dans les milieux et enfin induire des changements iii) de faune et flore présentent dans les différentes horizons du sol. Ces modifications globalement positives généreront des bouleversements négatifs et positifs que nous devrons anticiper et étudier avant toute mise en place dans la nature.

XXVIII.3.3. Stimuler le sol & Substituer progressivement la fertilité chimique par la fertilité organique

Depuis la moitié du XXème siècle, les engrais chimiques classiques NPK ont connu un très grand succès. Ce succès a été permis grâce au prix peu élevés des engrais et de l'énergie pétrolière. Ainsi, à partir de gisements de gaz naturel dont le prix suit celui du pétrole, nous obtenons du nitrate NO_3^- par extraction. Le phosphore sous la forme de P_2O_5 est obtenu à partir de gisements de phosphates naturels, et le potassium sous la forme K_2O est obtenu grâce à des gisements de potasse également naturels. Ces trois engrais connaîtront des hausses de prix en lien avec celle du pétrole. Les engrais azoté seront particulièrement touchés. Pour cette raison, il est prudent d'apprendre à en réduire ou s'abstenir de l'usage de ces derniers dès maintenant. L'hypothèse d'une rareté à terme a été évalué et n'est pas à exclure. Bien que les périodes d'échéances restent controversées. Mais, une autre raison en faveur de la limitation de leurs usages est le risque issu de l'apport de fortes doses qui entraine une lixiviation des éléments NPK dans les sols et des pollutions des nappes phréatiques et cours d'eau. Il faut donc trouver des formules de substitutions progressives.

C'est pourquoi, la mise en place futur de système de cultures, d'épandages de PGPR et COVM permettrait d'améliorer la fertilité des sols par : i) l'amélioration de la croissance des plantes et de leurs rendements agricoles en plus de l'effet mécanique bénéfique sur le sol que peut avoir l'action de leurs racines ; ii) de restructurer et remodeler le sol par la remise en place d'une flore dégradant la litière riche en composés organiques de nature cellulosiques ; iii) et mettant à disposition de nombreux éléments minéraux nécessaire à la croissance et au développement des végétaux et faunes du sol par accélération/amplification du cycle bio-géochimique photosynthèse-dégradation-humification-minéralisation comme un réacteur biologique. De nombreuses bactéries solvantgènes ou PGPR pourrons être un jour domestiqué comme les *Azotobacter et Azomonas* qui sont aérobie, *Citrobacter* et *Clostridium* qui sont anaérobie. Des itinéraires techniques et technologies de contrôle de l‟approvisionnement et de la multiplication de ces bactéries sera à envisager pour des applications au champ en agro-écologie intensive et en intérieur « *in door* » avec la mise en place de culture hors sol en intérieur de bâtiments que l‟on pourrait nommer agro-écoponie, aquaponie et Bioponie®.

XXVIII.3.4. Renforcer les défenses naturelles & l‟immunité innée chez les plantes dans la rhizosphère avec ou sans contact microbiens

Une idée futuriste serait d‟amplifier les capacités d‟immunité innée des plantes pour survivre à des bio-agresseurs : bactéries, virus ou insectes, mais aussi champignon. Ces mécanismes d‟immunité semblent être apparus très tôt dans l‟histoire de l‟évolution et constituent les moyens de défenses naturels des plantes ainsi que de la plupart des animaux.

L‟immunité présente les caractéristiques suivantes :

i) Elle est initiée par la reconnaissance de molécules communes à un groupe d‟organismes, agresseurs, ces molécules étant présentes dans les enveloppes cellulaires où elles participent à leur structure.

ii) La reconnaissance de ces molécules est assurée par des récepteurs généralement situés à la surface des cellules de l‟hôte ou mécanismes senseurs

iii) L‟interaction induit des cascades de signalisations dans l‟hôte aboutissant à la synthèse de composés de défenses et s‟opposant à sa progression ou le détruisant comme des miRNA, enzymes, protéines de défenses, ROS.

iv) Ces caractères généraux distinguent l‟immunité innée et l‟immunité acquise ou transmisse par les gènes de résistance des plantes. Elle aussi est innée mais spécifique.

v) Contrairement à l‟immunité adaptative des animaux, elle ne vise pas un agent infectieux et ne mémorise son identité, mais elle est transmise de génération en génération.

Les Rhizobactéries sont connues pour ses capacités d'induction de résistance aux pathogènes chez les plantes. Mais, le mécanisme de reconnaissance des *Rhizobacterium* par les cellules de la plante est encore peu connu. Certains gènes de défenses sont activés par un traitement à l'acide salicilique ou à l'acide jasmonique. De ces faits, nous pouvons envisager des traitements complémentaires par fumigations de COV ou pulvérisation de PGPR permettant de réaliser des « pseudo-vaccination » chez les végétaux d'intérêts. Donc, il est possible d'activer certaines voies et mécanismes défenses protections et d'amélioration de la « Fitness » par les COVM et bactéries solvantogènes-PGPR. Mais, elles restent à être identifiées.

Un jour peut-être, nous pourrons synthétiser et constituer des familles chimiques à l'origine de traitements nouveaux par bio-inspirations sur la base des nombreuses molécules intervenant lors de ces défenses. Comme, de nombreux produits naturels sont réputés pour avoir les mêmes effets de stimulations immunitaires et d'élicitations. Ils sont souvent cités en agriculture biologique. Ainsi, ces COV pourront être injecter de façon intravasculaires au sein des plantes comme cela est déjà le cas avec différents types d'Huiles essentiels, ou sous forme de fumigations-pulvérisations et épandage bactériens ou de mélanges de composés purifier sélectionné en fonction de leurs familles chimiques et de leurs effets sur la flore végétale et faune associée.

XXVIII.3.5. Gestion domotique, diagnostique et précision chirurgicale par l'utilisation à ultra-bas volume de composés permettant des ajustages de la fertilisation & du contrôle des maladies et ravageurs par l'utilisation des drones

Des recherches ont déjà été entreprises pour utiliser l'imagerie aérienne par des drones afin de repérer les atteintes aux cultures par exemple le procédé Airrinov. On peut imaginer que l'on puisse vraisemblablement procéder à des traitements par épandage avec précision. Ceci pourrait être permis avec les produits à très bas volumes porté par des drones radiocommandés de petites dimensions plus ou moins automatique. La précision pourrait réduire de manière importante : i) les doses de produits et ii) la surface de la zone à traiter. Cette précision va de pair avec la capacité à intervenir opportunément. Nous parlons de : « *Just in place and just in time* ». Cela n'est pas possible en grande culture avec la mécanisation conventionnelle. Les drones sont donc une perspective intéressante.

Des diagnostiques et contrôles domotiques des cultures de moyennes et grandes échelles en extérieurs ou intérieurs peuvent être réalisés par la mesures de différents bio-indicateurs grâce à l''imagerie satellitaire et associées à des détecteurs au champ ou en serre impliquant la détection des COV, COVM, CO_2, température, humidité relative, associé à la météo et production de nuages, et index de croissance-production des végétaux comme photosynthèse, quantité de chlorophylle, surface foliaire, densité végétale, couleurs du feuillage via des optiques spécifiques. La mise en place de carte en champs scalaire d''état de la culture en temps réels et d''anticipation peut être envisagée. Ces descripteurs de l''état des cultures vont permettre des applications par fumigations-pulvérisations-épandages de COVM, bactéries, virus, insectes auxiliaires, engrais et pesticides au bon endroit au bon moment avec des drones automatisés ou semis automatisés radiocommandés disposant d''optiques et analyseurs spécifiques par exemple des COV. Un ajustage ou accélération du cycle bio-géochimique photosynthèse-dégradation-humification-minéralisation par activités chimiques et microbiennes pourra être réalisé et ce simultanément avec une protection intégrée des cultures dans les zones de cultures sensibles identifiées.

XXVIII.3.6. Ensemencement et production des nuages – gestion du cycle de l''eau

L''ensemencement des nuages est une forme de modification du climat qui consiste à relâcher différents aérosol comme des nitrate d''argents ou iodure d''argent dans des nuages afin d''augmenter la condensation de la vapeur d''eau en eau liquide disponible. Ainsi, nous pouvons augmenter ou diminuer de façon artificielle le nombre et la taille des gouttelettes qui s''y trouvent. Le procédé se base sur le fait que la condensation directe de vapeur à gouttelettes est thermodynamiquement très défavorable et nécessite la présence dans l''air de noyaux de condensations solides comme l''Argent ou ioniques comme les COV. Ce processus est un procédé très bien connu de la physique des nuages.

L''ensemencement des nuages peut être utilisé pour disperser le brouillard, diminuer la grosseur des grêlons ou augmenter la quantité de précipitations. Il est utilisé dans différents domaines dont : i) l''agriculture, ii) la lutte contre la désertification, et même dans iii) le domaine militaire. C''est dans ce sens que pourra être utilisé des ensemencements artificiels aux COV, COVM au-dessus des zones de cultures ou en serre urbaine. Ces ensemencements favoriseront le cycle biogéochimique de l''eau qui sera en faveur des cultures. Tous en évitant les effets néfastes des retombées d''argent et du nitrate d''argent sur les cultures, l''homme et les animaux et le sol. Donc, l''utilisation des COVM ou COV de plantes pour cette utilité serait une avancée considérable (Figure. 5).

Figure 5. Principe de l''ensemencement des nuages par un projecteur de particules au sol ou en avion.

XXVIII.4. De la viande pour tous sans souffrance animale

XXVIII.4.1. Elevage agro écologique et viande in vitro & ingénierie tissulaire

D''ici à 2050, la consommation mondiale de viande devrait doubler. Or, jusqu''à quel point peut-on développer un élevage intensif, gourmand en eau et en énergie, producteur de gaz à effet de serre et sans égard pour la souffrance des animaux ?

Le concept d''élevage écologiquement intensif en dualité avec la production de viande *in-vitro* assisté par COVM permet de répondre à la demande d''intensification de la production tout en respectant l''animal, l''environnement et la qualité demandée et exigée de la viande à produire. Cette dualité technologique impliquant les COVM et PGPR permettra d''avoir des élevages à haute valeur environnementale, une réduction des pollutions par les effluents, un recyclage des effluents plus performant et contrôlé et une préservation des forêts, bocages, vergés et pâturages.

L‟élevage placé dans une optique agro-écologique favoriserait l‟alimentation, la santé, l‟habitat des animaux et la variabilité génétique des animaux. Cela correspond aux grandes fonctionnalités écologiques que sont la nutrition, les maladies et parasites, les relations de la santé et du comportement avec l‟habitat naturel, et l‟évolution du génome. Ce type d‟élevage limiterait l‟utilisation l‟intervention de l‟homme (absence de césariennes nécessaires chez certains bovins), l‟utilisation d‟antibiotique, de farines animales, de la baisse de la qualité par rapport au standard dit « naturel », traitements des animaux dont la nature est réduite à l‟état de machine à produire de la viande, de la production d‟effluents polluants, de la déforestation pour l‟installation des élevages par exemple de bovin.

L‟élevage agro écologique serait favorisée par : i) la mise en place de circuit de culture de viande *in-vitro* en contexte urbain et ii) l‟intégration de ces élevages dans des cultures végétales agro-écologiques promus par les technologies exploitant les COV et PGPR.

XXVIII.4.2. Viande in vitro & ingénierie tissulaire

Dès 1932, Winston Churchill, pourtant fin gourmet, dénonçait ce gaspillage et rêvait d‟un moyen de production sans animaux. « *Nous devons trouver un moyen pour produire de la viande et de fabriquer des ailes et des cuisses sans élever tout un poulet* » winston churchill

La mise au point de viande artificiel *in vitro* et de l‟ingénierie tissulaire à but alimentaire permettraient de compartimenter les différents types de productions dans le paysage et de palier à la demande mondiale en viande animale.

Elle permettra de manière concomitante la mise en place de l‟agro-eco-production de viande plus raisonnée dans le paysage. Une prise en compte de la douleur, qualité de vie, transport et mise à mort des animaux en parallèle d‟un gain de surfaces agricoles ou d‟élevages pourrait être réalisé si et seulement si ce type de production et simultané avec une production d‟un nouveau type permettant un apport de protéines en quantité importante sur le marché comme les poudres de protéines d‟insectes, protéines issue de levures de pétrole et enfin via l‟ingénierie tissulaire par la production de viande *in vitro*.

Cette production de viande *in vitro* permettrait d‟augmenter le bien-être des animaux et la quantité de protéines animales mise sur le marché. Cette technologie favorise la production de viande éthique, correct d‟un point de vue du cahier des charges de productions et d‟euthanasies des élevages industriels. Elle permettrait de diminuer le coût de la production de viande en batterie par la diminution de coût auxiliaire comme les coûts dus : i) aux pollutions environnementales tel le nitrate, ii) maladies, iii) forte consommation médicamenteuses et pharmaceutiques, iv) aux interventions vétérinaires, v) l'impact morale & éthique sur le traitement animal. Mais, il est nécessaire d'évaluer l'impact environnemental et les coûts globaux d'une éventuelle production de viande de synthèse industrielle *in vitro* comme le coût des retraitements des milieux de cultures usagés, tissus contaminés, etc. Lorsqu'un embryon technologique fiable sera mis en place. Nous pourrons réaliser un comparatif concret des coûts environnementaux, de productions et pour la santé publique de ces deux types de productions.

Ainsi, la production de viande *in vitro* permettrait une intégration en ville de sa filaire de production. Cela libérait par la même occasion de grandes surfaces agricoles utilisable pour des productions plus raisonnées et de meilleures qualités tout en diminuant les émissions de gaz à effet de serre et le gaspillage alimentaire. Par ailleurs, la production de viande *in vitro* par ingénierie tissulaire associé par promotion de croissance via les COVM ou COV est d'un grand intérêt pour le futur. Bien que l'idée de manger des cellules cancérogènes ou cancérisées, à cycle cellulaire accélérées ou à rendement cellulaire promu doit être étudié avec précision d'un point de vue toxicologique. Mais, à preuve du contraire le foie gras n'a jamais tué une personne.

XXIX. Au niveau du secteur paysager & architectural, énergétique et des traitements des effluents : « *La campagne et la nature dans la ville* »

XXIX.1. Métamorphose comportementale de l'homme et environnementale par l'intégration des technologies issues de la Plasticité des organismes

XXIX.1.1. Gestion des fonctionnalités à l'échelle des supra-exploitations et supra-structures

Le fait de maîtriser les technologies issues du concept « large » de la Plasticité des organismes (cf. tome. 1) entraine à l'échelle humaine des modifications profondes de notre société. Les applications dégagements de l'utilisation futur des PGPR et des COV contribuent à modifier le comportement Humain et participeront à la métamorphose comportementale de l'Homme débouchant sur des Réponses Plastiques Neurologiques de celui-ci à la suite des contraintes environnementales qu‟il subit également au même titre que les organismes de cette terre qu‟il étudie. Toutes les fonctionnalités écologiques correspondent à un espace donné où comme le disait Lavoisier « *rien ne se perd et ne se créer, mais tous se transforme* » que ce soit les flux d‟énergie et de matière. Ces notions associées à l‟idée que tous déchets et une matière première initient la mise en place de symbioses industrielles.

Ainsi, pour certaines fonctionnalités humaines un emboîtement d‟échelle devrait correspondre à une instance de gestion politique économie et scientifique donnée. C‟est-à-dire une instance recevant toute l‟information nécessaire, analysant les options et les conséquences, et assurant une régulation pour éviter les conséquences néfastes pour l‟homme et son environnement et ce à toutes les échelles de la société.

Par exemple, la gestion des eaux et de l‟énergie fait l‟objet d‟institutions de gestion, les agences de l‟eau et de l‟environnement & de la maitrise de l„énergie. Mais, tous les processus écologiques ne font pas l‟objet d‟une institution et encore moins les symbioses industrielles comme celles initiés par l‟exploitation futur de la technologie PGPR et des COVM. La mise en place de ce type d‟institution devra assurer la compatibilité entre les différentes échelles et technologies comme les traitements phytosanitaires et agriculture biologique entre les parcelles contiguës en arboriculture fruitière ; la cohabitation entre filières OGM et non OGM, pour des espèces où la dissémination des gènes est possible, ne fait pas l‟objet de règles et l‟intégration futures de ces technologies en ville.

XXIX.1.2. Economies d‟énergie et de matière au sein des exploitations agricoles et des villes contiguës

Les économies d‟énergie sont rendues nécessaires à la fois en raison de la forte probabilité de la hausse des prix des ressources pétrochimiques sur de longue période comme le pétrole, gaz et des engrais azotés ; et en raison des politiques de réduction de l‟utilisation des carburants fossiles. Les exploitations agricoles peuvent contribuer directement aux économies d‟énergies fossiles de différentes manières par :

- i) La non labour, ou un labour superficiel type scarification du sol, le remplacement par des techniques culturales simplifiées, ou les semis direct ;

- ii) La réduction du nombre des opérations de défense et d‟amélioration des cultures par méthodes dites « conventionnelles » ;
- iii) Le remplacement futur des moissonneuses-batteuses sur les céréales par des strippers (récolte de grain en laissant la paille) sans couper.
- iv) La substitution du chauffage au fioul et carburant par des énergies réduisant les intrants, l‟utilisation d‟énergie fossile.
- v) La réduction des engrais azotés grâce à un remplacement par d‟autres sources d‟azotes comme les légumineuses, fumiers, digestats de méthanisation, compost, etc.
- vi) L‟intégration de la production de l‟alimentation pour le bétail et l‟Homme plutôt qu‟achat d‟aliment.

Les technologies exploitant les capacités et caractéristiques des PGPR et de leurs COVM peuvent répondre à ces différentes attentes dans des conditions où la campagne intègre la ville et les exploitations agricoles entre en symbioses fonctionnelle avec les entreprises et les villes.

XXIX.2. Les services écologiques, environnementaux, paysagés et sociaux initiés par l'utilisation technologique de la rhizo-ingénierie, des bactéries solvantogénes-PGPR et COVM

XXIX.2.1. Notion de paysage & changements globaux

Après la deuxième guerre mondiale, devant l‟ampleur des reconstructions indispensables et l‟incohérence croissante de l‟occupation du territoire, l‟idée d‟aménagement nommé à l‟époque « urbanisme », s‟est répandue sur l‟ancien continent. A cette époque, la préoccupation de base n‟était pas esthétique mais économique. Depuis, des écologistes, actuellement écologue, démontrent les erreurs catastrophiques que des visions économiques à court terme peuvent commettre (Neuray, 1982 réédition 2004). L‟aménagement du territoire ne soulève pas uniquement des questions d‟ordres techniques. Il pose aussi des problèmes que la société se donne. Une société centralisatrice n‟aménage pas l‟espace comme une société décentralisée. Les impératifs de bonne gestion des ressources naturelles reprennent une importance déterminante. Désormais d‟après Neuray (1982), il apparaît clairement que les Européens devront envisager l‟organisation de leur territoire en tenant compte de la nécessité d‟épargner l‟énergie et les matières premières tout en considérant qu'il n'existe plus de déchet mais uniquement des matières premières valorisables.

La littérature scientifique moderne offre de multiples définitions du paysage. Rimbert (1973a,b) aborde de deux façons l'espace qui nous entoure. La première correspond assez sensiblement aux paysages subjectifs. La seconde coïncide aux paysages objectifs. Cet espace renferme les paysages qui nous intéressent : i) celle qui prend l'individu pour point de départ et ii) celle qui considère l'espace comme un objet d'observation.

Un « paysage objectif » est un territoire où l'observateur étudie les caractéristiques au moyen de méthodes propres à sa science. De manière traditionnelle, les données recueillies sont cartographiées (Neuray, 1982 réédition 2004 ; Deffontaines *et al.,* 2006). Ainsi, les géologues, les géomorphologues, les pédologues, les phyto-sociologues et les géographes, écologues, agronomes ont chacun « leur paysage ». Les déterminations, la classification et la délimitation de ces paysages dépendent de paramètres quantifiables par des mesures précises réalisées par ces spécialistes. Les résultats obtenus sont indépendants de l'observateur.

Pour chaque discipline, il est indispensable de préciser l'échelle de travail. Richard (1975) constate que cette méthode d'étude et de comparaison de la totalité d'un paysage est nouvelle. Une telle approche permet de déterminer les rapports entre le paysage et la notion importante d'écosystème. Cette méthode confond différentes approches dans « modèle », à la fois concept et méthode. Elle provient des sciences humaines, de la logique et de la technologie, structuralisme, théorie des ensembles, théorie de l'information, théorie des systèmes généraux, etc.

D'après Richard, il est facile de définir le terme « paysage » par rapport au terme « écosystème et système géographique » et milieu écologique. Le paysage fait partie de l'écosystème. C'est l'ensemble des masses et biomasses ou des volumes et biovolumes fournisseurs et accumulateurs d'énergie. Ce n'est que dans un deuxième temps que l'écologiste en donne la valeur ou l'équivalence énergétique. Pour Delpoux (1972), l'écosystème correspond à une notion élaborée après de longues et patientes observations.

En 1971, l'UNESCO propose une définition qui sera reprise par Richard. Elle définit le paysage comme : « *l'ensemble des éléments essentiellement stables et permanents où se produisent des mécanismes cycliques et finalisés de l'écosystème ; Le paysage est la structure de l'écosystème par opposition au fonctionnement de l'éco-*

système ». D'après Neuray (1982 réédition 2004) cette définition scientifique hollandaise du paysage correspond assez bien à cette conception.

Mais, une question se pose : Combien reste-t-il de paysages naturels en Europe ? Très peu d'après les études de Neuray (1982). Les modifications n'ont pas cessé au cours des temps historiques, suivant les circonstances et l'évolution de l'homme. Le paysage d'un même territoire a revêtu des aspects bien différents.

Aujourd'hui, au moment où les changements sont rapides et fréquents, où les terres sont affectées de manière mondiale par les fluctuations de l'économie mondiale et des changements environnementaux globaux, plusieurs définitions sont possibles (Neuray, 1982 réédition 2004 ; Deffontaines *et al.,* 2006).

Le paysage présente notamment deux volets très différents. D'une part, une dimension matérielle avec un horizon, des objets une localisation, et la façon dont l'ensemble fonctionne. De l'autre, une dimension sensible qui renvoie à des impressions, des émotions, des sentiments, des symboles humains. D'après Deffontaines *et al.* (2006) le paysage peut être défini comme une portion de territoire vu par un observateur. Des faits naturels et humains, actuels ou passés y sont inscrits. Certains aspects de ces faits sont visibles à un moment donné. Donc, on peut dire que le paysage est la somme des visions des différents observateurs ou analyses d'observateurs à un moment donné. Gourou (Fel, 1974), nous rappelle que le paysage total n'est pas un système structuré. Cette réflexion amène Fel (1974) a souligné le paradoxe suivant : « *le paysage pose les questions, mais les réponses sont ailleurs* ». L'association des réflexions suivantes aux réflexions de Neuray (1982), place le rôle des animaux architectes façonneurs de paysages comme les fourmis, castor et principalement l'homme qui a un impact au niveau mondial.

XXIX.2.2. Paysage et technologie

La stabilité biologique avérée, la conformation de l'esprit et du corps de l'homme l'obligent à maîtriser sa tendance naturelle à la paresse physique (Neuray, 1982 réédition 2004). Comme le dit si bien Neuray (1982 réédition 2004) « *Il est si facile de se laisser aller en ce siècle d'automates et de robots* ». L'univers artificiel inhumain que certains peignent comme le monde de demain risque bien, sauf modifications génétiques encore imprévisibles, d'engendrer des maladies physiques, fonctionnelles et psychiques plutôt que de procurer une bonne santé. Déjà le nombre de maladies cardio-vasculaires et de dépressions nerveuses donne un avant-goût de ce qui nous menace (Neuray, 1982 réédition 2004).

Pour conserver la santé, les muscles de l'homme doivent travailler. Cela permet de maintenir un équilibre psychique pour que les hommes aient suffisamment de rapports sociaux et de contacts avec la nature (Neuray, 1982 réédition 2004). C'est dans notre nature. Du point de vue physique, l'homme tend à une plus grande inactivité. Neuray (1982) signale que « *Ce n'est pas seulement directement et individuellement que notre civilisation technicienne se retourne contre l'homme lorsqu'on ne la maîtrise pas, mais c'est aussi indirectement et collectivement que les retombées risquent à long terme d'être catastrophiques* ».

Ainsi, il nous faut absolument contrôler l'utilisation des techniques toujours plus puissantes. Elles changent la nature et notre environnement. Il s'agit de l'éternel dilemme entre : i) l'homme « prométhéen », qui veut modeler le monde dans l'orgueil de sa science et de sa force ; ii) et l'homme « apollinien », qui magnifie la beauté plus que la puissance, l'art plus que la science, la vie plus que la mécanique. Cette contradiction en chacun de nous est également un débat philosophique de l'espèce « Humaine » signalé par de nombreux auteurs. Ce contexte nous tiraille entre l'aspiration à une vie plus simple et notre curiosité, notre désir d'action, notre volonté de changer, d'agir et notre nature « d'homo faber » notion abordée par Henri Bergson (1907) et Benjamin Franklin. Ainsi, il nous partage entre un avenir porteur d'espoirs et d'appréhensions, et un passé apparemment « plus naturel » et « plus humain ». D'après Neuray (1982 réédition 2004), le paysage traduit ces déchirements et ces contradictions.

D'après Neuray « *Si nos contemporains veulent améliorer leur environnement visuel, il faut qu'ils sachent une chose. Il ne s'agit pas uniquement de maîtriser des problèmes techniques. Toute la population est concernée. Nous devons être conscients que les paysages sont le reflet de nos choix de société, des décisions politiques et administratives, des pressions économiques, des possibilités techniques et des initiatives individuelles* » (Neuray, 1982 réédition 2004). Ce que nos paysages seront demain dépend de nous tous. A cet égard, les administrations communales ont un rôle tout particulier à jouer (Neuray, 1982 réédition 2004).

A ce jour, nous pouvons envisager les multiples paysages « urbains » de demain voir d'un avenir proche exploitant la technologie des bactéries émettrices de COV et autres biotechnologies qui pourront exploiter les bienfaits de ces émissions (Figure 7 ; 8). Dans la définition traditionnelle du paysage « *portion de territoire vue par un observateur* », l'observateur et ces connaissances sont aussi important que ce qu'il voit (Neuray, 1982 réédition 2004). Une question se pose concernant ce sujet de recherche contractuel finalisé en 2013 : Q) Que peut-on imaginer comme paysage exploitant la technologie des microorganismes émetteurs de COV et promoteur de croissance dans un proche avenir ? Pour répondre à cette question, le contexte technologique et artificiel implique une notion de maîtrise, d'hygiène & sécurité et de confinement. C'est pourquoi, l'architecture joue un rôle important dans le paysage modelé par l'homme.

XXIX.2.3. Symbiose industrielle

D'après Mies Van Der Rihe, « *L'architecture est la volonté de l'époque transformée dans l'espace* » (Architecture Intelligences Urbaines, 2012).

Les évolutions technologiques et leurs diverses utilisations ont fait apparaître une notion quelque peu ambigüe de « bâtiment intelligents ». Ce concept est généralement interprété comme relevant d'une conception « peu énergivore » et disposant d'une assistance domotique, immotique capable d'optimiser et rationaliser leurs occupations, utilisations et consommations (Architecture Intelligences Urbaines, 2012). Ces intelligences sont l'occasion de développer de nouveaux services, d'influencer les conditions de travail, de contrôler les rejets atmosphériques, de prévenir les désastres naturels, maximiser l'efficience d'utilisation de l'énergie et de sa production, de valoriser les « déchets » comme « ressources et matière premier ».

Ainsi, « *Le modèle simpliste actuel d'activité industrielle doit être remplacé par un modèle plus intégré: un écosystème industriel* ». *R. Frosch et N. Gallopoulos, General Motors Laboratories, Pour la Science, novembre 1989.* Au début des années 1990, le concept « d'écologie industrielle » émerge aux Etats-Unis. « Écologie » fait référence à l'écologie scientifique, l'étude des écosystèmes. « Industrielle » désigne la société industrielle contemporaine dans son ensemble : appareil de production, système de distribution, services publics ou privés, agriculture, collectivités, transport, habitat (Barré-Debilly *et al.,* 2009). L'écologie industrielle s'inscrit « dans l'écologie des sociétés industrielles, c'est-à-dire des activités humaines productrices et/ou consommatrices de biens et de services ». Elle propose ainsi d''appréhender la société industrielle comme un système, un « écosystème particulier de la biosphère » composé par des éléments et leurs interactions (Figure. 9 ; Barré-Debilly *et al.,* 2009). L''écologie industrielle se construit sur l''étude des flux et stocks de matières premières, d''énergie et d''informations au sein d''un système clairement délimité (zone industrielle, bassin versant, etc.).

Figure 9. a. Ecosystèmes industriels de type 1, 2 et 3 ; **b.** Principe de la symbiose industrielle (Barré-Debilly *et al.*, 2009).

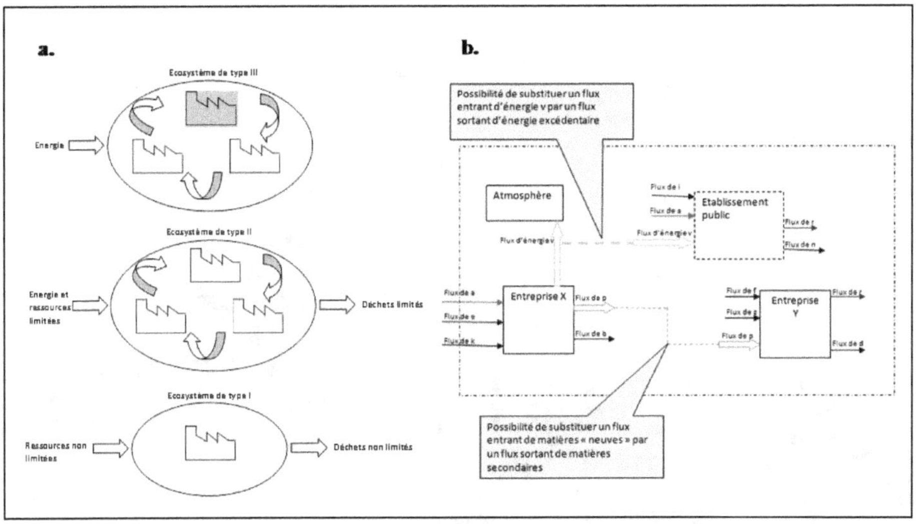

A ce jour, par exemple dans certains pays nordiques, des « symbioses industrielles ou d''entreprises » assemblaient en îlots fonctionnels commencent à apparaitre par exemple le cas de Kalundborg au Danemark (Figure. 10 ; Christensen, 2006). La notion d''urbanisme fonctionnent sur des principes biologiques, fonctionnelles, d''écosystèmes commence également à naitre. La société industrielle actuelle tend à s''appuyer sur ce modèle exemplaire caractéristique d''un modèle d''écosystème de type 2 (Figure. 9 ; Barré-Debilly *et al.,* 2009). Ce modèle repose sur deux piliers. Le premier consiste en une diminution des consommations individuelles de chaque entité, avec par exemple la mise en œuvre de procédés moins gourmands en matières et en énergie. Le second pilier consiste en une organisation alternative où les flux résiduels sont bouclés.

Figure 10. Symbiose industrielle de Kalundborg au Danemark. a. Etat en 1999 (C. Francis, d'"après J. Christensen, 1999) ; b. Etat en 2006 (Christensen, 2006 ; http://www.symbiosis.dk/).

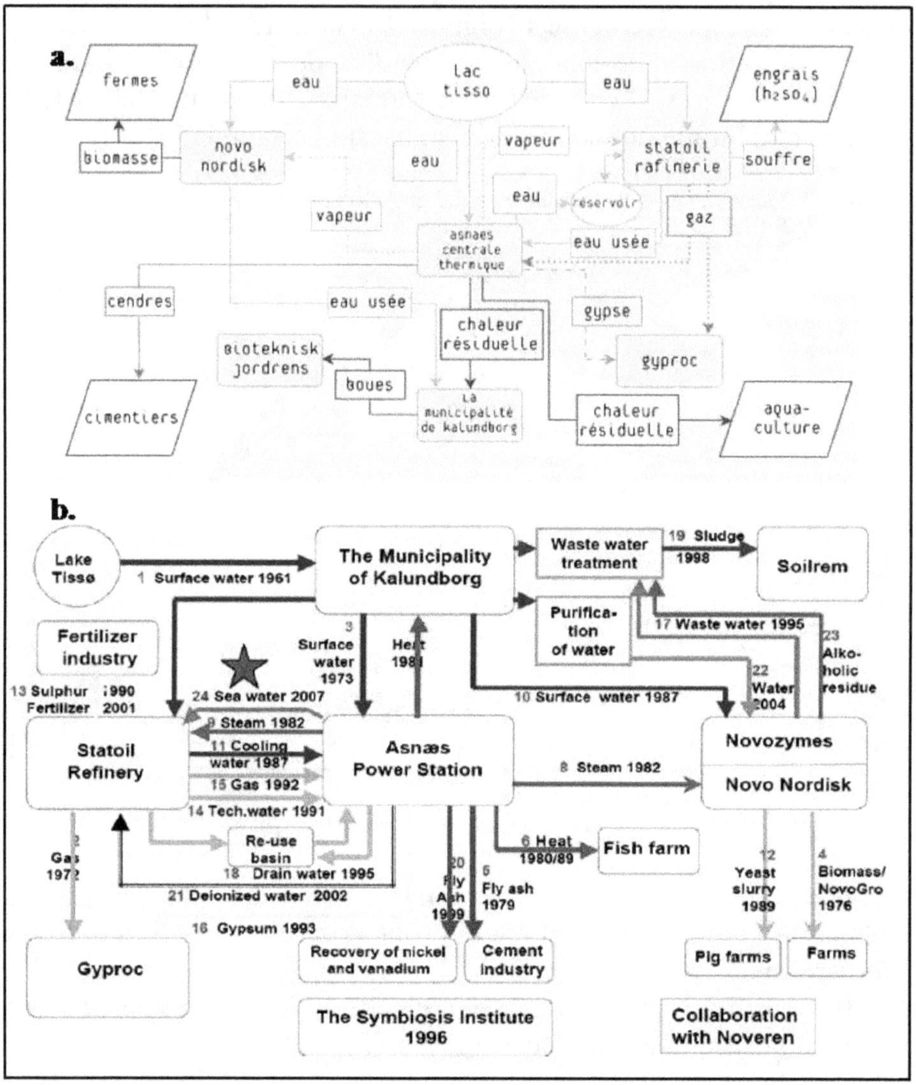

XXIX.2.4. La campagne dans la ville et Symbiose industrielles utilisant les bactéries solvantogènes-PGPR et COVM comme paysages d'"avenir

Dans ce contexte, l'"introduction de la campagne et des centrales de productions énergétiques et de retraitements de « déchets » sur la basse de la biomasse dans les villes n'"est pas un sujet nouveau (Figure 7, 8, 11, 12 ; Architecture Intelligences Urbaines, 2012 ; Bouvy, 2012 ; Process LaB, 2010, Wiscombe, 2011 ; ALGAE, 2011). Cette démarche répond notamment à une question : Si nous sortions l‟agriculture des campagnes pour la ré-installer dans les villes en produisant des fruits et légumes, viandes dans des bâtiments comme des tours et jardins maraîcher ouvriers ? Ces projets semblent ambitieux voir fou mais, ils ont déjà été abordé dans de nombreux pays au regard vue de l‟explosion démographique mondiale et du risque de pénurie alimentaire et énergétique (Architecture Intelligences Urbaines, 2012).

Des prototypes de fermes urbaines ont été conçus théoriquement lors de nombreux projets pour répondre aux exigences désormais prépondérantes en milieu urbain associés aux programmes de développement durable et d‟empreinte écologique (Figure. 7, Architecture Intelligences Urbaines, 2012 ; Figure. 8, Bouvy, 2012 ; Figure. 12, ALGAE, 2011). Il est évident. Il ne s‟agit pas de remplacer l‟agriculture traditionnelle. Ces structures permettraient d‟être : i) un complément et une compensation à la production agricole subissant une diminution ou perte de surface de production en campagne ; ii) ou bien elle permettra de localiser les surfaces de productions agricoles à but énergétiques et technologiques dans les villes comme la production de bio-énergie (éthanol, méthane, hydrogène, co-énergies) et bio-matériaux (plastiques, huiles moteurs, solvants). L‟addition d‟une agriculture citadine urbaine et péri-urbaine permet de repenser les pratiques urbaines dans sa globalité et d‟appliqué l‟agro-écologie intensive (AEI) à une échelle urbaine. Les avantages de ces nouvelles structures élaborant le paysage de demain permettra d‟être des équipements de proximité. Une ferme urbaine renforce le fonctionnement local, réduit les transports, réduit l‟impact carbone et la pollution. Dans une situation de pollution, l‟absence d‟utilisation de produits phytosanitaire, les multiples cycles d‟échange avec la ville font de cette ferme un modèle d‟impact environnemental positif. Elle permet d‟envisager une évolution de l‟agriculture intensive valorisant les surfaces urbaines. Ces fermes de différentes dimensions confirmeront et attesteront du rapport entre le trinôme fermiers–producteurs et consommateurs des denrées alimentaires. Elles renforceront la valorisation et remettront les jardins ouvriers et maraîchers d‟autrefois au goût du jour associé aux technologies de pointes. L‟exploitant sera responsable de ses productions, de ses produits, du choix des modes de productions. Il sera en contact direct avec le public et consommateurs. Ces échanges recréeront des liens sociaux.

Figure 8. a. Quand la campagne envahit la ville. Le 9 février 2012, à Linkoping, ville de moins de 100 000 habitants au sud de la Suède, le maire Paul Lindvall, le PDG de Plantagon, Hans Hassle, et Anders Jonsson, Directeur Général de la compagnie régionale de l''énergie Tekniska Verken, ont posé la première pierre de la Plantagon Greenhouse (Bouvy, 2012 ; http://www.thenewbubble.net/green/quand-la-campagne-envahit-la-ville/). **a.** Développée par « Plantagon et Sweco », en partenariat avec de nombreuses sociétés, cette serre urbaine est une solution énergétique moderne et un nouveau concept de ferme technologique et design. Elle produit une partie de l''énergie qu''elle consomme, mais surtout permet la culture de fruits et légumes en centre-ville, à quelques pas du marché où ces produits seront vendus, en réduisant ainsi les émissions polluantes dues au transport. **b, c.** Le gratte-ciel suédois n''est pourtant pas le seul dans son genre. En France, l''agence SOA de Paris a développé la « Tour Vivante ». A la base de ce projet, on retrouve les mêmes problématiques : l''étalement des zones urbaines, la réduction des terres agricoles, la nécessité d''optimiser la consommation énergétique et de réduire les émissions polluantes. **d.** Enfin, il faut citer d''autres projets semblables qui rivalisent les uns avec les autres en termes de design : « Dragonfly » conçu par Vincent Callebaut et la Harvest Green Tower pensée pour Vancouver (http://www.geo.fr/environnement/actualite-durable/architecture-ecologie-dragonfly-37411).

Figure 12. Exemple de ferme « urbaine » structurant le paysage et exploitant notamment les plantes et les algues. The 2011 International ALGAE competition. Algae Landscape Designs Featured examples for Algae Landscape Designs from other design competitions. (http://www.algaecompetition.com/projects/algae-landscape-designs/). **a.** « *Clepsydra* », Clepsydra Urban Farming. Source: Buckminster Fuller Challenge. (http://challenge.bfi.org/application_summary/2342); **b.** « *Living Algae Building* » Source: Softsailor.com: Technology News and Reviews. (http://www.algaecompetition.com/projects/living-algae-building/); **c.** « *Hydrogenase* », le dernier projet de l'"architecte Vincent Callebaut. L'"*Hydrogenase*, Moyen de transport *100% auto-suffisant* (il crée sa propre énergie) et à zéro émissions de Carbone. L'"*Hydrogenase* utilise l'"hydrogène comme énergie. L'"auteur nous propose par la suite de découvrir cette véritable station d'"épuration biologique, traversant les mers et les airs afin de les nettoyer (http://slowest.wordpress.com/2010/05/10/hydrogenase-par-vincent-callebaut/). **d.** L'"architecte visionnaire bruxellois, Luc Schuiten, estime que nous avons peut-être trop vite oublié que nous sommes avant tout des êtres biologiques installés sur une planète elle même vivante. A travers différentes perspectives futuristes, évoluant dans le temps, un monde cohérent et poétique, faisant appel à l'"imaginaire se construit progressivement (Luc Schuiten) (Schuiten, 2010 ; Gauthier *et al.*, 2010 ; Gauthier & Schuiten, 2010).

Le paysage composé de ces structures pourrait donner place à une nouvelle typologie de « verdurisation » et « introduction de la nature » dans la ville. Cela permettra de recréer un lien plus étroit entre l‟Homme et la Nature. L‟environnement intérieur des tours et extérieur sont totalement investis par la végétation. Ainsi, les habitants sont projetés dans des champs d‟un nouveau genre visible depuis les appartements associés à une efficience d‟utilisation des voies et méthodes de transports moins polluants et moins gourmandes en énergie par exemple les voies fluviales (Architecture Intelligences Urbaines, 2012 ; Bouvy, 2012). En outre, les fermes-urbaines et fermes-industrielles sont couvertes de serres qui se « propagent » jusque sur les toits avoisinants et prolongent ainsi le paysage. Ce concept valorise l‟idée de « poumon vert ». Ce nouveau paysage urbain permettra de réaliser les fonctions suivantes (Figure. 11) : i) Stockage du carbone et production d‟énergie permettant de mettre en évidence de nouvelles sources de revenus ; ii) Réduction de la pollution et retraitement des eaux amélioré ; iii) Aménagement des milieux et structuration du paysage et culturelle ; iv) Elargissement de la biodiversité. Les serres exploiteront les dernières technologies et procédures d‟hygiènes & sécurités. Cela évitera les problèmes : i) de contagions par de nouvelles maladies comme la grippe aviaire ; ii) permettra l‟utilisation de technologies d‟amélioration de la production de biomasses microbiologiques, végétales et animales comme les COV et l‟application de bactéries solvantogènes ou PGPR également applicable dans des jardins maraîchers, agro-écoponie, aquaponie & Bioponie®, d‟OGM et de viande *in-vitro* ; et iii) réhabilitera la production d‟énergie verte, bio-matériaux ou OGM en évitent l‟utilisation des terres agricoles vouées à l‟alimentation humaine et animal comme le « bio » éthanol, « bio » diesel et solvants, « bio » plastiques et « Bio » OLED (Organic Light-Emitting Diode) (Figure. 6).

Figure 6. a. Présentation des différentes petites molécules et polymères permettant la production d'OLED (Organic Light Emitting Diods) ou PLED (Polymer Light Emitting Diod). **b.** Une pyoverdine utilisable comme Bio OLED. C'est un sidérophore fluorescent et un oligopeptide antibiotique produit notamment par un *Pseudomonas aeruginosa* et *Pseudomonas fluorescens,* des bactéries à gram négatif faisant partie des PGPR émetteur de COVM. Nous connaissons actuellement une soixantaine de molécules fluorescentes apparentées comme la verdine. Les pyoverdines agissent comme facteur de virulences chez les *Pseudomonas*. Où la Matlaline qui est un composé fluorescent produit par certain végétaux comme *Eysenhardtia polystachya.* Les pointiller bleu les structures moléculaires proches des OLED pouvant justifier de leurs utilisation comme bio OLED. **c.** La photographie présente les propriétés spectrales et lumineuses de la pyoverdine

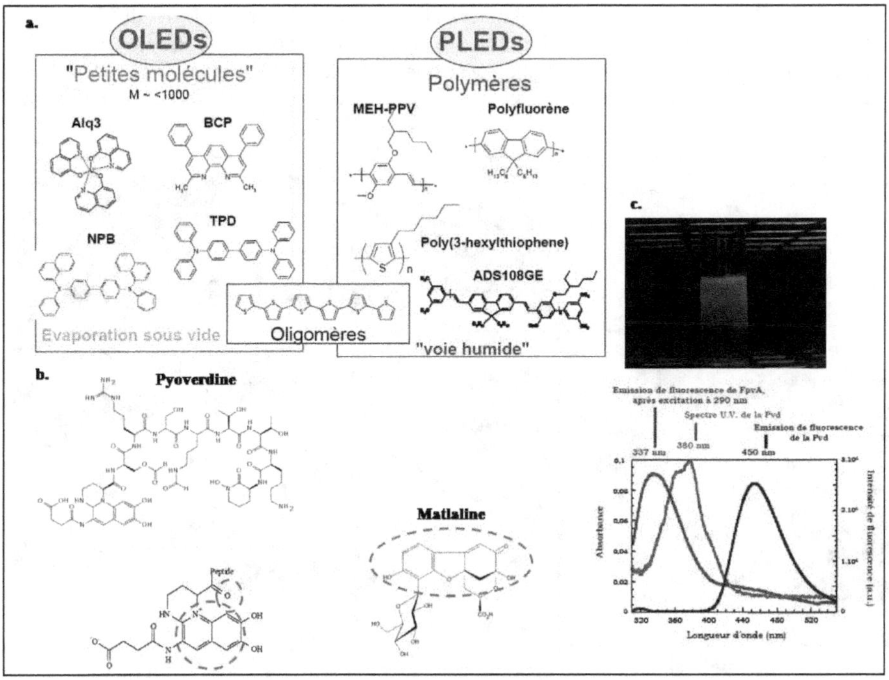

Des exemples de projets théoriques de grands ensembles introduisant la production végétale (Figure. 7, Architecture Intelligences Urbaines, 2012 ; Figure. 12a, b, ALGAE, 2011) et producteur d'énergie par biomasse en son sein (Figure. 11 ; Process LaB, 2010, Wiscombe, 2011). Ils permettent le bourgeonnement de nouveaux paysages rurbains acceptant un compromis avec la nature et de faire renaitre la campagne, la production d'énergie dans les villes sous une nouvelle forme. Ceci permettra de combler les besoins énergétiques, alimentaires, matériels, sociaux et psychologiques des habitants. C'est l'image d'une nouvelle société issue d'une technologie d'intersection multidisciplinaire celle des COV et micro-organismes régulateurs de croissances et développements impliqués dans le cadre de l'AEI. Cela permettra par la même occasion de mieux valoriser les terres agricoles et terres agricoles de faible intérêt paysager plus ou moins fortement consommé par l'urbanisation au regard de l'augmentation de la population humaine tout en tenant compte des envies et besoins de la population contemporaine. Ils permettront une flexibilité des tracés tenant plus ou moins compte de la morphologie du terrain et d'une re-végétalisation possible même dans des zones aux paysages et climats plus rigoureux.

Figure 7. a. Ferme urbaine ; **b,d.** ville intelligente ; **c.** réaffectation d'anciens immeubles de bureaux (Architecture Intelligences Urbaines. Dossier réalisé par IPM IMMO, décembre 2012 ; Extraits et sources : LUA - Laboratoire d'Urbanisme Agricole, *Cahier thématique* N°11 (2012). Agriculture métropolitaine, Métropole Agricole, *Editions de la Maison des sciences de l'homme,* Paris/Co-éditeur Ecole nationale supérieure d'architecture et de paysage de Lille).

Figure 11. Project "Photo-bioreactor Produces Biofuel as Art". Dans l'‘installation de photo-réacteurs proposé dans ce projet avec un design architectural d'‘Art, il y a sept éléments liés entre eux par une connexion plissé de couleur bigarrée proche du terrain constituant le paysage qui suit le réseau de lignes productrice de biocarburants (**a.** vue de jour ; **b.** vue de nuit, telle qu'‘indiqué sur le plan du site (**c.**). ©2011 Emergent Architecture / Tom Wiscombe. **d. Process.** {LaB}. 2010. Posted: February 22nd, 2010 Filled under: algae cultivation, LA 4101 No Comments.
(http://www.solaripedia.com/13/335/photobioreactor_produces_biofuel_as_art.html)
(http://www.algaecompetition.com/projects/algae-landscape-designs/).
(http://lab.visual-logic.com/2010/02/process/).

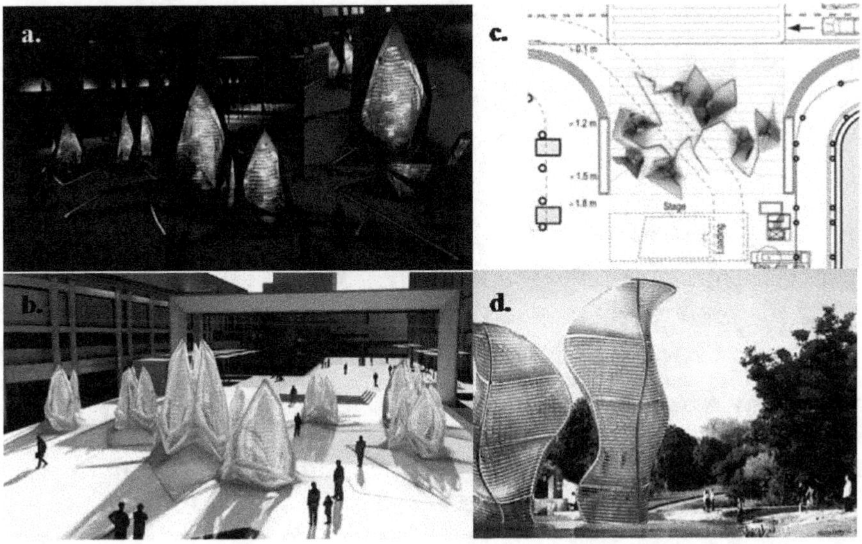

À propos de l'‘implantation d'‘usines isolées de moyenne à grande dimension dans les campagnes ou zones industrielles végétalisables, un autre exemple intègre la « symbiose industrielle » (Figure. 9, 10) alliant retraitement des effluents, eaux usées, filtres végétaux et centrales de productions de COV d'‘intérêts, solvants et d'‘énergies par exemple sous forme de production de méthane, hydrogène, solvants ou hydrocarbures microbiens (COVM), de biomasse végétale à croissance augmentée par l'‘effet promoteur de ces COVM et PGPR permettant la production d'‘éthanol, d'‘huile et bio-plastique associée à des centrales de co-générations énergétiques et bio-énergétiques (Figure. 13). Ce type de structure de zone industrielle permettrait la production d'‘eau saine épurée : i) chimiquement (de ses résidus pharmaceutiques et chimiques) ; ii) et biologiquement. L'‘eau sera utilisable pour la consommation humaine grâce à l'‘action conjuguais de micro et phytoremédiation et épuration.

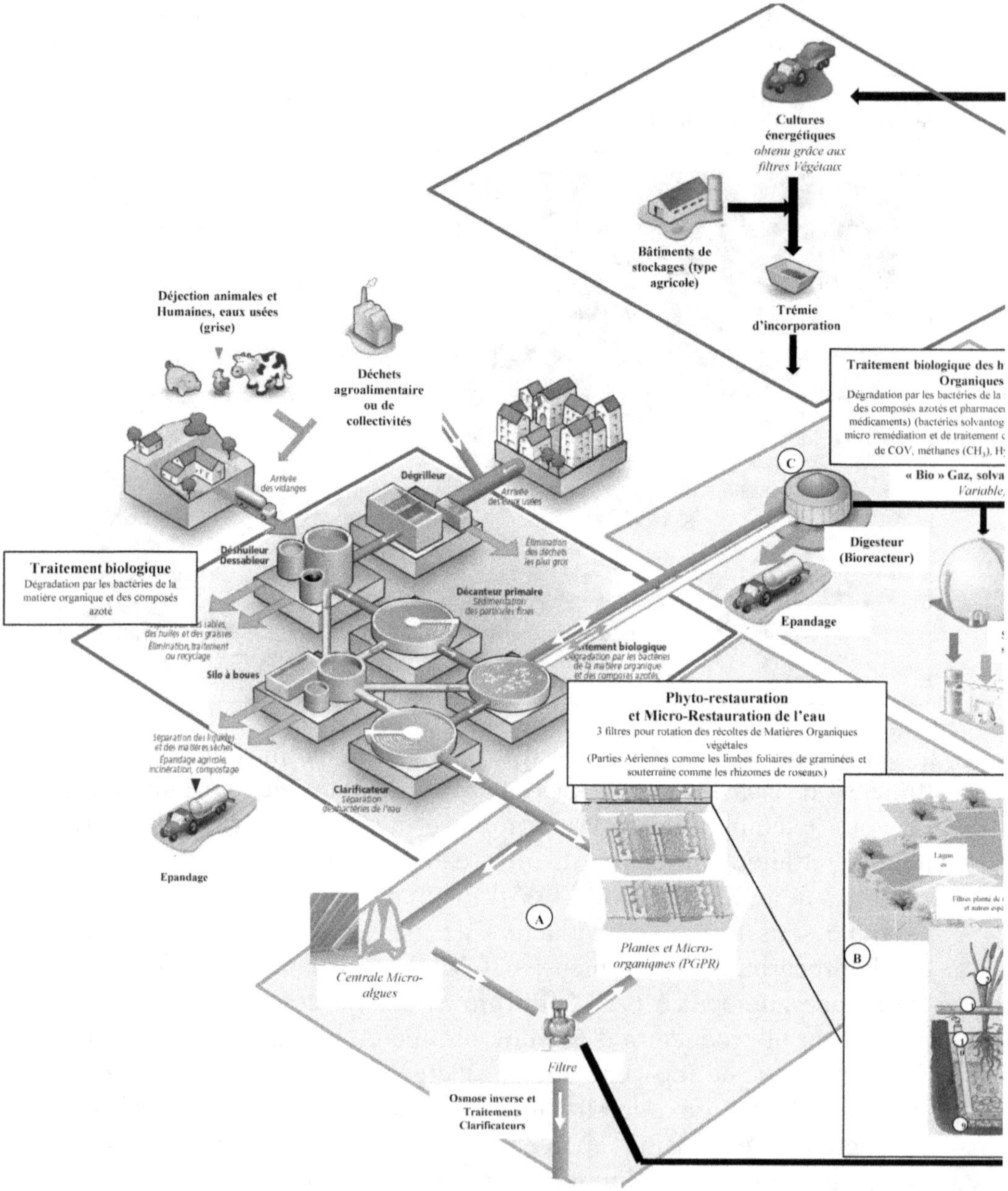
Cultures énergétiques
obtenu grâce aux filtres Végétaux
Bâtiments de stockages (type agricole)
Trémie d'incorporation
Déjection animales et Humaines, eaux usées (grise)
Déchets agroalimentaire ou de collectivités
Traitement biologique des h
Organiques
Dégradation par les bactéries de la
des composés azotés et pharmace
médicaments) (bactéries solvantog
micro remédiation et de traitement
de COV, méthanes (CH_4), H
« Bio » Gaz, solva
Variable,
Arrivée des vidanges
Dégrilleur
Arrivée des eaux usées
Élimination des déchets les plus gros
Déshuileur Dessableur
Traitement biologique
Dégradation par les bactéries de la matière organique et des composés azoté
Décanteur primaire
Sédimentation des particules fines
Digesteur (Bioreacteur)
Epandage
Élimination, traitement ou recyclage
Silo à boues
Phyto-restauration et Micro-Restauration de l'eau
3 filtres pour rotation des récoltes de Matières Organiques végétales
(Parties Aériennes comme les limbes foliaires de graminées et souterraine comme les rhizomes de roseaux)
Séparation des liquides et des matières sèches
Épandage agricole, incinération, compostage
Clarificateur
Séparation des bactéries de l'eau
Epandage
A
B
C
Centrale Micro-algues
Plantes et Micro-organiqmes (PGPR)
Filtre
Osmose inverse et Traitements Clarificateurs
EAU consommable
traitées chimiquement, biologiquement

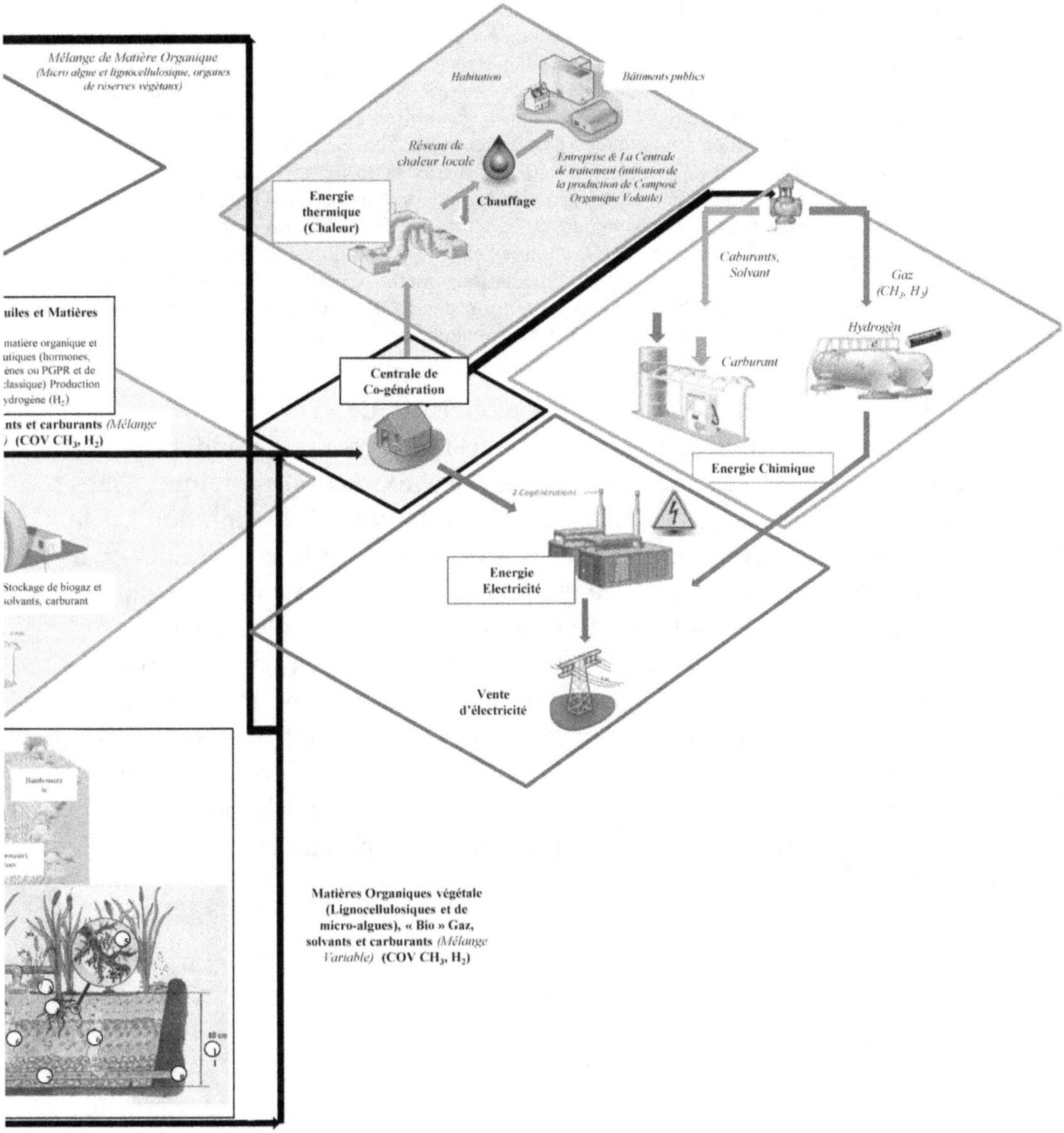

Mélange de Matière Organique
(Micro algue et lignocellulosique, organes de réserves végétaux)
Habitation
Bâtiments publics
Réseau de chaleur locale
Entreprise & La Centrale de traitement (initiation de la production de Composé Organique Volatile)
Energie thermique (Chaleur)
Chauffage
Caburants, Solvant
Gaz (CH3, H2)
uiles et Matières
Hydrogèn
Carburant
Centrale de Co-génération
nts et carburants (Mélange
) (COV CH3, H2)
Energie Chimique
Energie Electricité
Stockage de biogaz et
solvants, carburant
Vente d'électricité
Matières Organiques végétale (Lignocellulosiques et de micro-algues), « Bio » Gaz, solvants et carburants (Mélange Variable) (COV CH3, H2)

Figure 13. Exemple de symbiose industrielle: entreprise et système de traitement biologique et chimique des Eaux usée-déchets et production végétale associé à une cogénération d'énergie. A Intervention des PGPR ou anciennement bactéries solvantogènes pour : i) Promotion de croissance & Production de MO végétale associée à une phytorémédiation et couplage avec la production de micro-algues (« Bio »éthanol, « bio »diésel) ; ii) Production de COVM par les PGPR. **; B. Exemple de bassin et filtres végétaux à écoulement verticale en coupe transversale à croissance accélérée médiée par des COV émis par des PGPR** [1. Arrivée des eaux brutes à épurer ; 2. Plantes filtrantes valorisable sous forme de Biomasse (Roseaux *Phragmites communis* ; Brassicaceae : Colza ; Graminées : Rays Grass, Brachypodes, etc.) subissant des épandages ou traité aux PGPR ; 3. Accumulation en surface des matières en suspension ; 4. Système racinaire des plantes riche en micro-organismes promoteurs de croissance et utiliser pour la micro-lixiviation et dégradation des molécules organiques (pharmaceutiques, hormones) ; 5. Rhizosphère ; 6. Circulation des effluents par percolation verticale à travers le massif filtrant - Filtration et épuration à travers le sables fins, sables grossiers, graviers et galets ; 7. Drain de collecte des eaux épurées et traitées (tuyau de drainage cas d'"un massif étanche) ; 8. Evacuation des eaux usée traitées ; 9. Membrane étanche (facultative selon les contraintes du site) ; 10. Event de ventilation ; 11. Massif filtrant (phytorémédiation, micro-rémédiation et production de Matières organiques valorisables] **; C. Intervention des PGPR ou anciennement bactéries solvantogénes pour :** i) Production de COVM, solvants, méthane, dihydrogène par les PGPR et bactéries solvantogénes et ii) Micro-rémédiation (Varin, 2013).

De plus, les boues et la biomasse de certaines bactéries solvantogènes ou PGPR pourront servir : i) pour l'"épandage après compostage, ii) ou subir un recyclage par extraction protéique. Dans ce second cas, les protéines peuvent servir pour l'"alimentation ou la création de « Bio »-OLED comme la pyoverdine produite par *Pseudomonas fluorescens*. Ce qui bouleversera notre mode d'"éclairage (Figure. 6) et de répartition de notre consommation électrique. Enfin, cette technologie dissimule et intégré les complexes dans le paysage, permet d'"obtenir des « écosystème industrielle de type II et également plus complexe » et peut avoir une valorisation amplifiée par la prise en compte de la topographie du terrain d'"implantation qui permettra de réduire l'"influence visuel de l'"usine tout en ayant la possibilité de rendre les écoulements des flux plus ou moins passifs et contrôlables.

RÉFÉRENCES BIBLIOGRAPHIQUES

Les références citées dans les articles de ce manuscrit ne sont pas reprises dans cette bibliographie.

A

Adesemoye A.O., Kloepper J.W., 2009. Plant-microbes interactions in enhanced fertilizer-use efficiency. *ApplMicrobiol Biotechnol* 85, 1-12.

ALGAE., 2011. The 2011 International ALGAE competition. Algae Landscape Designs Featured examples for Algae Landscape Designs from other design competitions. (<http://www.algaecompetition.com/projects/algae-landscape-designs/ > Consulté le 01 janvier 2012).

Architecture Intelligences Urbaines., 2012. Dossier réalisé par IPM IMMO, décembre 2012 ; Extraits et sources: LUA - Laboratoire d'Urbanisme Agricole, *Editions de la Maison des sciences de l'homme, Cahier thématique* N°11. Agriculture métropolitaine, Métropole Agricole, Co-éditeur Ecole nationale supérieure d'architecture et de paysage de Lille, Paris.

B

Barré-Debilly F., Colnet P., Galinie L., Haddad M., Manriquez A., 2009. Kalundborg, le cas emblématique d'écologie industrielle ou comment l'ingénierie peut contribuer à définir et penser le développement durable. GE12: Economie des Territoires.

Bergson H., 1907. L'Évolution créatrice. *Éd. PUF, coll. "Quadrige", 2007 (édition critique),* chap. II, 138-140.

Betra M.A., 2012. Agent orange, arme chimique de destruction massive. (<http://www.accrosstheworld.com/index-1.1.php > Consulté le 25 avril 2012).

Blom D., Fabbri C., Eberl L., Weisskopf L., 2011b. Volatile-mediated killing of *Arabidopsis thaliana* by bacteria is mainly mediated due to hydrogen cyanide. *Appl. Environ. Microbiol.* 77, 1000–1008.

Blom D., Fabbri C., Connor E.C., Schiestl F.P., Klauser D.R., Bolle R.T., Eberl L., Weisskopf L., 2011a. Production of plant growth modulating volatiles is widespread among rhizosphere bacteria and strongly depends on culture conditions. *Environ. Microbiol.* 13, 3047–3058.

Blom D., Fabbri C., Eberl L., Weisskopf L., 2011b. Volatile-mediated killing of *Arabidopsis thaliana* by bacteria is mainly mediated due to hydrogen cyanide. *Appl. Environ. Microbiol.* 77, 1000–1008.

Bouny A., 2010., Agent Orange, Apocalypse Viêt Nam. Éditions Demi-Lune, Paris, 416p.

Boussetta C., 2013. Dossier agent orange au Vietnam : Guerre chimique américaine. Publié le 22 Mai 2013.

Bouvy G., 2012. A quoi ressembleront nos habitats du futur. Le figaro. 06/07/2012. <http://www.lefigaro.fr/immobilier/2012/07/06/05002-20120706DIMFIG00606-a-quoi-ressembleront-nos-habitats-du-futur.php#comment-box> ; <http://www.thenewbubble.net/green/quand-la-campagne-envahit-la-ville/ > Consulté le 06 juiller 2012).

C

Christensen J., 1999. "Industrial Symbiosis: A Profitable Potential for Environmental Benefits", *In: Proceeding of the Workshop on Industry and Environment,* (P. Pangotra, S. Erkman et H. Singh, eds)., Held at Indian Industrie of Management, Ahmedabad, Inde, 56-77.

Christensen J., 2006. EPFL – UNIL International Conference on Industrial Ecology. Lessons to be learned from The Industrial Symbiosis at Kalundborg, Denmark, By *Jørgen Christensen,* JC consult, Consultant to the Symbiosis Institute, Lausanne.

D

Deffontaines J.P., Ritter J., Deffontaines B., Michaud D., 2006. Petit guide de l"observation du paysage. INRA 60 ans de recherche agronomique. *Alimentation Agriculture Environnement INRA,* édition Quae, éditions Cemagref, Cirad, Ifremer, INRA, 31p.

Delaplace P., Delory B.M., Baudson C., Mendaluk-Saunier de Cazenave M., Spaepen S., Varin S., du Jardin P., 2015. Influence of rhizobacterial volatiles on the root system architecture and the production and allocation of biomass in the model grass *Brachypodium distachyon* (L.) P. Beauv. *BMC Plant Biology* 15, 195-210.

Delpoux M., 1972. Ecosystème et paysage. *Revue géographique des Pyrénées et du Sud-Ouest* 43(2), 157-174.

F

Fel A., 1974. Paysages, géographie, semiology. *L'espace géographique* 2, 149.

Felman P., 2011. Rapport annuel ANR. ANR BIOADAPT-funded project AFFAIRS. *In Rapidly-changing environments,* Adaptation of Fragmented Freshwater Assemblages. 134p.

Fukuoka M., 2005. La révolution d"un seul brin de paille. Edition La Maisnie-Tredaniel. 302p.

G

Gauthier C., Loze P., Schuiten L., 2010. Archiborescence (nouvelle édition), *Edition Mardage*. 168p. ISBN : 978-2-8047-0052-2.

Gauthier L., Schuiten L., 2010. Vers une cité végétale. *Edition Mardage.* 168p. ISBN : 978-2-8047-0053-9.

Griffon M., 2011a. Quel peut être l"apport des biotechnologies végétales à l"agriculture durable ? *In : Biotechnologies végétales,* (A. Ricroch, et al., eds), Paris, Vuibert.

Griffon M., 2011b. Pour un monde Viable. Paris, Odile Jacob.

Griffon M., 2013. Qu"est-ce que l"agriculture écologiquement intensive? Collection Matière à débattre et décider, Edition Quae. 222p.

H

Han S.H., Lee S.J., Moon J.H., Park K.H., Yang K.Y., Cho B.H., Kim K.Y., Kim K.W., Lee M.C., Anderson A.J., Kim Y.C., 2006. GacS-dependent production of 2R, 3Rbutanediol by *Pseudomonas chlororaphis* O6 is a major determinant for eliciting systemic resistance against *Erwinia carotovora* but not against *Pseudomonas syringae* pv. tabaci in tobacco. *Mol Plant Microbe Interact* 19, 924-30.

K

Kai M., Haustein M., Molina F., Petri A., Scholz B., Piechulla B., 2009. Bacterial volatiles and their action potential. *Appl. Microbiol. Biotechnol.* 81, 1001–1013.

N

Neuray G., 2004. Des paysages – Pour qui ? Pourquoi ? Comment ? *Réédition de l'ouvrage de 1982. Les presses agronomiques de Gembloux, ASBL,* 589 p.

O

Ortíz-Castro R., Contreras-Cornejo H.A., Macias-Rodriguez L., Lopez-Bucio J., 2009. The role of microbial signals in plant growth and development. *Plant Signal Behav* 4, 701-12.

P

Pasanen A-L., Järnberg J., Korpi A., 2006. The Nordic Expert Group for Criteria Documentation of Health Risks from Chemicals. 138. Microbial volatile organic compounds (MVOCs). *Arbete och Hälsa* 13, 1-78.

Philip B., 2013. Au Vietnam, l'"agent orange" répandu par les Américains continue de tuer ; Le Monde | 29.04.2013. (<http://www.lemonde.fr/planete/article/2013/04/29/au-vietnam-l-agent-orange-repandu-par-les-americains-continue-de-tuer_3168154_3244.html> Consulté le 29 avril 2013).

Process., {LaB}. 2010. Posted: February 22nd, Filled under: algae cultivation, LA 4101, No Comments.

R

Richard J.F., 1975. Paysages, écosystèmes, environnement : une approche géographique. *L'espace géographique* 2, 81-92.

Ricroch A., Dattée Y., Fellous M., 2011. Les complexes d'éspèces et les flux de gènes entre les espèces sauvages et cultivées. *In : Richo A, Dattée Y, Fellous M., Biotechnologies végétales.* Paris, Vuilbert – AFVB.

Rimbert S., 1973a. Approche des paysages. *L'espace géographique* 3, 233-241.

Rimbert S. 1973b. Les paysages urbains. *Paris, Librairie Armand Collin,* 240 p.

Ryu C.M., Farag M.A., Hu C.H., Reddy M.S., Kloepper J.W., Pare P.W., 2004. Bacterial volatiles induce systemic resistance in *Arabidopsis. Plant Physiol* 134, 1017-26.

Ryu C.M., Farag M.A, Hu C.H., Reddy M.S., Wie H.X., Paré P.W., Klopper J.W., 2003. Bacterial volatiles promote growth in *Arabidopsis*. *Proc. Natl. Acad. Sci. U.S.A.* 100, 4927–4932.

S

Schulz S., Dickschat J.S., 2007. Bacterial volatiles: the smell of small organisms. *Nat. Prod. Rep.* 24, 814–842.

Schuiten L., 2010. *Coffret : Un autre possible (Archiborescence et Vers une cité végétale).* Edition Mardage. ISBN : 978-2-8047-0054.

U

Ubarrechena D., Oxley G., Ducerf G., 2013. Manifeste gourmand des herbes folles: se faire du bien en dégustant les plantes sauvages. Edition du Toucan. 368p.

W

Wang S., Wu H., Qiao J., Ma L., Liu J., Xia Y., Gao X., 2009. Molecular mechanism of plant growth promotion and induced systemic resistance to tobacco mosaic virus by *Bacillus* spp. *J Microbiol Biotechnol* 19, 1250-8.

Wiscombe T., 2011. Project Photo-reactor Produces Biofuel as Art. *Emergent Architecture.* (<http://www.solaripedia.com/13/335/photobioreactor_produces_biofuel_as_art.html> Consulté en février 2011).

X

Xie X., Zhang H., Pare P.W., 2009. Sustained growth promotion in Arabidopsis with long-term exposure to the beneficial soil bacterium *Bacillus subtilis* (GB03). *Plant Signal Behav* 4, 948-53.

REMERCIEMENTS

J‟espère que par un exposé assez détaillé du concept de la Plasticité dans le monde du vivant (Tomes I, II) dans le contexte des changements globaux, des mécanismes et techniques de génie rhizosphèrique (ou rhizo-ingénieries) (Tomes II, III) et de production des composés organiques volatils d‟origines microbiennes intervenant dans les dialogues moléculaires (Tomes III, IV) exploitant ce concept dans un cadre Agro-écologique, Agroforestier et Permacultural, de ses avantages et des problèmes rencontrés pour le développement et l‟évolution de notre société, j‟ai œuvré pour une plus grande diffusion, à la base, de ce moyen de production d‟énergie, d‟alimentation et d‟amélioration de la santé publique qui sauvegarde à la fois la qualité de l‟environnement, la fertilité des sols et notre santé, trois conditions nécessaires pour permettre aux générations futures de mieux manger et vivre avec plus d‟autonomie dans un contexte de changements climatiques globaux.

Que toutes les personnes ou organismes, qui par leur apport précieux de compétences ont contribué à ce travail qui sans eux n'aurait eu aucune chance d'aboutir, reçoivent ici l'expression de ma plus profonde gratitude. Et, plus particulièrement, mes parents et les équipes belges au sein de laquelle deux ans de collaboration et les équipes françaises au sein de laquelle plus de quatre ans de collaborations ont pour une grande part permis mon travail de recherche sur la plasticité & acquisition des nutriments (principalement le fruit de mon travail de technicien-ingénieur, thèse et chercheur contractuel ; livre tome I, II, III) et d'autre part sur les composés organiques volatils (fruit de mon travail de chercheurs contractuel post doctorant présenté dans ce mémoire ; tomes III, IV et technologique).

Si des critiques sont à formuler ou des informations complémentaires à apporter sur ce qui sera dit plus loin, qu'elles m'arrivent sans crainte, elles seront les bienvenues, la qualité d'un travail de cette importance ne pouvant qu'être améliorée par une critique collective. Encore merci !

Ainsi, mon dernier souhait serait que toutes les remarques sur le contenu actuel du dossier seront les bienvenues. Soyez-en remercié à l"avance.

Sébastien Varin.

Les Flux d'informations, de matières et d'énergies au sein de l'organisme :

Livre 1 : Plasticité & Instabilité Développementale – Concept en biologie : exemple des végétaux *(Plasticity & Developmental instability – Concept in Biology: Plant example).*

Livre 2 : Ontogénèse et Variations Génétiques de l"Architecture du système racinaire des mono et dicotylédones modèles
(Ontogenesis and Genetic Variations in root system architecture of mono and dicotyledonous models).

L'Environnement et ces Flux d'informations :

Livre 3 : Rhizobactéries & PGPR émettrices de Composés Organiques Volatils et implication Agro-Ecologique
(Rhizobacteria & PGPR emitting the Volatile Organic Compounds and Implication in Agro-Ecology).

Livre 4 : Implication des Bactéries Solvantogénes et Rhizobactéries émettrices de COV dans les Changements Globaux et La Plasticité
(Implication of Solvantogenic Bacteria and Rhizobacteria emitting the VOCs in Global Changes and Plasticity).

LISTE DES ABRÉVIATIONS

A

ABA : Acide abscissique
ABE : Acétone, Butanol, Ethanol
ACC : 1-Aminocyclopropane-1-carboxylate
ACC desaminase : 1-amino cyclopropane-1-carboxylique désaminase
acd : Accelerated cell death
ACGIH : American Conference of Governmental Industrial Hygienists
ACR : Aldéhyde/cétone réductases
ADH : Alcool déshydrogénase
ADN : Acide Desoxyribonucleique
ADNc : Acide Desoxyribonucleique complémentaire
ADP : Adénosine diphosphate
AFM :Anti-fungal metabolite ou Métabolites anti-fongiques
AFNOR : Agence Française pour la Normalisation
AFP : Anti-Freeze Proteins
AGI : *Arabidopsis* Genome Initiative
AHLs N-acyl homoserine lactones
AIA : Acide indole-3-acétique (auxine)
Al : Aluminium
AM : champignons mycorhiziens arbusculaires
ANOVA : Analysis of variance
ARF: Auxin-Responsive Factors
ARN : Acide Ribonucléique
ARNm : Acide Ribonucléique messager
ASTM: American Society for Testing and Materials
At : Arabidopsis thaliana L.
ATP : Adénosine-5‘‘-triphosphate
Aux : Auxine voir AUX/IAA
avr: Protéine d‘‘avirulence

B

BABA : Acide DL-3-amino-n-butyrique ou acide β-amino butyrique
BCA : Bio Control Agent
Bd : Brachypodium distachyon (L.)
BL : Brassinolide
BPC : Biphényles polychlorés

BR : Brassinostéroïdes
BRX : BREVIS RADIX
BTH : Acide benzo-(1,2,3)-thiadiazole-7- carbothioïque
BYMV : Bean yellow mosaic potyvirus ou Virus II de la mosaïque jaune du haricot

C

C : Carbone
^{11}C : Isotope stable 11 du carbone
^{13}C : Isotope stable 13 du carbone
^{14}C : Isotope stable 14 du carbone
Ca^{2+} : Ion calcium
$CaCO_3$: Carbonate de calcium
CARB: California Air Resources Board
CAS: Chemical Abstract Service
CBF : Cold Binding Factor
CCME : Conseil canadien des ministres de l"environnement
CDK : kinases cycline-dépendantes
CH_4 : Méthane radicalaire avec électron libre
CIRC : Centre international de Recherche sur le Cancer
CK : Cytokinines
CL_{50} : Concentration létale 50
CLV: CLAVATA
CO : Monoxyde de carbone
CO_2 : Dioxyde de carbone
CO_2 : Dioxyde de carbone radicalaire avec électron libre
CO_2 : Dioxyde de carbone radicalaire avec électron libre
CoA : Co-enzyme A
Col: Columbia
COLIPA : Association Européenne des produits cosmétiques et des parfums
COV : Composé Organiques Volatiles
COVM : Composé Organique Volatiles d"origines Microbiennes ou MVOCs
CS: Character stat
CSA: Cambridge Scientific Abstracts
CSI Central insecticide board
CT: X-ray computed tomography
CTFA : Cosmetics, Toiletries and Fragrances Association
Cu : Cuivre
CV : Coefficient de variation

D

d : Variation infinitésimale
Δ : Variation
DAMPs: Dammage-Associated Molecular Pattern
DAPG : 2,4-diacetylphloroglucinol
DL_{50} : Dose létale 50
DMS : Diméthyle sulfure organique
DMS : Disulfure de diméthyle

DMSP : Diméthylpropionate
dnd : defense, no death
DNPH 2,4-dinitrophenyl hydrazine
DOVE-MO : Database Of Volatiles Emitted by MicroOrganisms - base de données des substances volatiles émises par les micro-organismes
DSEO : Dose sans effet observable ou NOEL
DSSS : Dimethyltrisulfide

E

E : Environnement
EDS: Enhanced disease suceptibility
ELISA : Enzyme-Linked Immunosorbent Assay
EMS : Méthane-sulfonate d‟éthyle
EPA : Agence de protection de l‟environnement
ePGPR : PGPRs extracellulaires
ESPI: Environmentally Standardized Plasticity Index
EST : *expressed sequence tag*
ET : Ethylene
ETI : Effector-Triggered Immunity-Immunité secondaire
ETS : Effector-Triggered Susceptibility

F

FAO: Food and Agricultural Organization
Fe : Fer
FID : Flame ionisation detector-Détecteur à ionisation de flamme
FNRS : Fonds de la Recherche Scientifique

G

G : Génotype
GA : Gibbérelline ou acide gibbérellique
GC : Gas chromatography-Chromatographie en phase Gazeuse à haute résolution
GC/MS : Chromatographie en gazeuse couplée à de la spectrométrie de masse ou Gaz Chromatography/Mass Spectrometry
Glc : Glucose
::GUS : Transposon associé à un gène rapporteur GUS

H

H^+ : Ion proton
H_2: Dihydrogène
H_2O : Eau
H_2O_2 : Peroxyde d‟hydrogène radicalaire avec electron libre
H_2O_2 : Peroxyde d‟hydrogène
H_2PO^{4-} : Anion Phosphate soluble monobasique
H_2S : Sulfure d‟hydrogène
HCN : Cyanure
HCO_3^- : Ion bicarbonate radicalaire avec électron libre

$HO_2^{\cdot-}$: Radicalhydroperoxyle radicalaire avec électron libre
HPO_4^{2-} : Anion phosphate soluble diabasique radicalaire avec électron libre

I

IAA ou AIA : acide 3-indole acétique
IARC International Agency for Research on Cancer
IBE : Isopropanol, Butanol, Ethanol
IFRA : International Fragrance Association
IL : couche intérieure
INA : Acide 2,6- dichloroisonicotinique
INRA : Institut National de la Recherche Agronomique (France)
iPGPR : PGPRs intracellulaires
ISR Induced systemic resistance
ISR : Resistance Systémique Induite
IST : Information Scientifique et Technique
IUPAC: International Union of Pure and Applied Chemistry

J

JA : Acide jasmonique ou jasmonate

K

K : Potassium
K^+ : Cation Potassium
KOH : Hydroxyde de potatium (Patasse)

L

LAR : Leaf Area Ratio-Rapport de Surface Foliaire
LC50: Lethal concentration for 50 % of the animals at single exposure
LCLo : Lowest observed lethal concentration
LD50 : Lethal dose for 50 % of the exposed animals at single administration
LEP : Limites d‟exposition professionnelle
LMR : Leaf Mass Ratio-Rapport de Biomasse Foliaire
LOEL : Lowest observed effect level
LOX : Lipoxygenase
LPS : Lipopolysaccharides
LR : Lateral Root-racines latérales
LRP ou PRL : Lateral Root Primordium -tissus
LTP : Lipid Transfer Protein

M

MAK Maximale Arbeitsplatz-Konzentration
MAMPs: Microbial-Associated Molecular Pattern
MAP : Mitogen-Activated Protein
MAPK : Mitogen-activated protein kinase
MAPKKK : MAPK kinase kinase

MAPKs : Mitogen-Activated Protein Kinases
MeJA : Methyljasmonate (en solution aqueuse) ou acide méthyl jasmonique
MELISA : Dosage des lymphocytes mémoire d‛une Immunostimulation
Mg : Magnésium
Mg^{2+} : Anion Magnésium
MGM: Microorganismes génétiquement modifiés
Mn : Manganèse
MO : Matière Organique
MOS : Matière Organique du Sol
MP: MONOPTEROS
MPS : Phosphate solubilizing microorganisms
MR-VP : Méthyl-Rouge-Voges-Proskauer
MS : Mass spectrometry-spectrométrie de masse
MS : Murashige & Skoog
MVOCs : Microbial Volatile Organic Compounds

N

N : Azote
N_2 : Diazote
N_2 : Diazote avec un électron libre forme radicalaire
NADH : Nicotinamide Adénine Dinucléotide
NADP : Nicotinamide Adénine Dinucléotide Phosphate oxydé
NADPH : Nicotinamide Adénine Dinucléotide Phosphate réduit
NahG: Salicylate hydroxylase
NaOH : Hydroxyde de sodium (soude)
NAR : Net Assimilation Rate-Taux d‛Assimilation Net
NCMS : National Center for Manufacturing Sciences
NH_3 : Ammoniac radicalaire avec électron libre
NH_4^+ : Ammonium radicalaire avec électron libre
NH_4^+ : Cation ammonium
NH_4OH : Hydroxyde d‛azote
NO : Monoxyde d‛azote
NO_3^- : Anion nitrate radicalaire avec électron libre
NO_3^-: Ion nitrate
NO_3^{2-} : nitrate radicalaire avec électron libre
NOEL : de l‛anglais *No Observed Effect Level* ou DSEO
NoR : Norme de réaction
NO_x : Oxydes d‛azote
NPA : Acide **N**-(1-naphtyl) **p**htal**a**mique
NPR-1 : Non-expressor of PR-1
NTP : United States National Toxicology Program
NUE: Nitrogen Use Efficiency

O

O_3 : Ozone
OEL Occupational exposure limit
OGM : Organismes génétiquement modifiés
OH^- : Ions hydroxyle

OH˙ : Radicalhydroxyle
OL : Couche extérieure
ONU : Organisation des Nations Unies
OPDA : Acide 12-oxo-phytodiènoïque

P

P : Phosphate
PAL Phenylalanine ammonia-lyase
PAMPs : Pathogenic-Associated Molecular Pattern
Pb : Plomb
PCBs Polychlorinated biphenyls
PCR : Polymerase Chain Reaction
PDI : Pourcentage d'incidence des maladies
pdr : A phosphate deficiency response
PEG : Poly Ethylène Glycol
PEP : Phosphoénolpyruvate
PGPB : Plant Growth Promoting Bacterium
PGPF : Plant Growth Promoting Fungus
PGPM : Plant Growth Promoting Microorganism
PGPR : Plant Growth Promoting Rhizobacteria - Rhizobactéries promotrice de croissance des plantes
PGPY : Plant Growth Promoting Yeast
Pi : phosphate inorganique
PID: PINOID
PLT: PLETHORA
PMN : Polymorphonuclear neutrophil
PNN : Polynucléaires neutrophiles
PO Peroxidise
PO : Peroxydase
Po : Plasticité ontogénétique
PO_4^{2-} : Phosphates inorganiques radicalaire avec électron libre
PO_4^{3-}: Phosphate
PP : Pyrophosphate
Pp : Plasticité phénotypique
Ppm : Parties par millions
PPO : Polyphénol oxydase
PR : Pathogenesis Related
PRRs: Pattern-Recognition Receptor
PTI : PAMP Triggered Immunity-Immunité primaire
PTR-MS : Réactions transfert de proton/spectrométrie de masse
PYG : Peptone-Yeast-Glucose

Q

QC : Centre quiescent
QS Quorum sensing
QTL : Quantitative Trait Locus
QTLs : Quantitative trait loci
QTN : Quantitative Trait Nucleotide

R

r : Taux de croissance
R: Protéine de résistance
RD50 : Concentration associated with a 50 % decrease in the respiratory rate
RDPI: Relative Distance Plasticity Index
RFLP Restriction fragment length polymorphism
RGR : Relative Growth Rate-taux de croissance relatif
RH : Réaction d‟hypersensibilité
RIL : Recommended indoor air level-niveau d‟air intérieur recommandé
RMN : Résonance magnétique nucléaire
RN : Register Number
ROS : Reactive Oxygen Species-espèce reactive de l‟oxygène
RRLC: Rapid resolution liquid chromatography-chromatographie liquide à haute résolution rapide
RSA : Root System Architecture-architecture du système racinaire
RZT Root zone temperature

S

S : Soufre
SA : Acide salicylique
SAR : Resistance Systèmique Acquise
SAUR: Small auxin up RNA
SESI-MS : pulvérisation secondaire d‟électrons permettant la ionisation/spectrométrie de masse
SID : Salicylic-acid-induction deficient
SIFT-MS : Sélection de flux d‟ions tube/spectrométrie de masse
SLA : Specific Leaf Area-Surface Foliaire Spécifique
SO_4^{2-}: Sulfate
SO_x : Oxydes de soufre radicalaire avec électron libre
SPAK : *Self-Pruning associated k inase*
SPME : Solid-phase microextraction - Micro-extraction en phase solide
SRL : Specific Root Length- longueur racinaire spécifique
STEL : Short-term exposure limit
STM: SHOOTMERISTEMLESS
STS : Stilbène synthase
SO_4^{2-}: Sulfate

T

t : Temps
TDM: Tomodensitométrie
TLV®: Threshold limit value
TOXNET : Bases de données toxicologie et santé environnementale
TWA : Time weighted average

U

Ulg : Université de Liégé
UNESCO :
UV : Radiation Ultra Violette

V

V : Variance
VE : Variation d‘'origine environnementale
VG : Variation d‘'origine génétique
VLE : Valeurs limites d‘'exposition
VLEP : Valeur limites d‘'exposition professionnelle ou Occupational exposure limits OEL
VOC : Volatile Organique Compounds

W

W : Poids sec ou masse sèche
WHO : Organisation mondiale de la Santé
WUS: WUSCHEL

Y

y : Correspond à un trait
YCF1 : Yeast cadmium factor protein

Z

Zn: Zinc

TABLE DES MATIÈRES